KARL O. TILTMANN (Hrsg.)

HANDBUCH ABFALL WIRTSCHAFT UND RECYCLING

KARL O. TILTMANN (Hrsg.)

HANDBUCH ABFALL WIRTSCHAFT UND RECYCLING

GESETZE · TECHNIKEN · VERFAHREN

Mit 166 Bildern und 62 Tabellen

Die Deutsche Bibliothek – CIP-Einheitsaufnahme

Handbuch Abfall-Wirtschaft und Recycling: Gesetze, Techniken, Verfahren; mit 62 Tabellen / Karl O. Tiltmann (Hrsg.). – Braunschweig; Wiesbaden: Vieweg, 1993
ISBN 3-528-04119-6
NE: Tiltmann, Karl O. [Hrsg.]

Der Verlag Vieweg ist ein Unternehmen der Verlagsgruppe Bertelsmann International.

Satz: Vieweg, Braunschweig
Druck und buchbinderische Verarbeitung: Wilhelm + Adam, Heusenstamm
Gedruckt auf chlorfreiem Papier
Printed in Germany

ISBN 3-528-04119-6

Vorwort des Herausgebers

Wachsendes Umweltbewußtsein und das Wissen um die Endlichkeit der Ressourcen unseres Ökosystems führen zu der Erkenntnis, daß die Umweltgüter „Luft, Wasser und Boden" nicht zur freien Verfügung stehen und nach Belieben für die Produktion, den Konsum und die Ablagerung genutzt werden können.

Im Sinne einer ökologischen Abfallwirtschaft wird im Rahmen eines Kreislaufwirtschafts- und Abfallgesetzes der Grundsatz aufgestellt, daß alle bei bzw. nach Produktion oder Konsum anfallenden Rückstände, soweit diese nicht vermeidbar sind, zunächst als Sekundärrohstoffe in den Wirtschaftskreislauf zurückzuführen sind. Erst wenn die Nichtverwertbarkeit nachgewiesen ist, ergibt sich die Notwendigkeit zur Entsorgung als Abfall.

Die umweltverträgliche rückstandsarme Kreislaufwirtschaft hat sich an der Rangfolge

- Vermeiden
- stoffliche Verwertung
- thermische Behandlung und Verwertung
- Entsorgung

auszurichten.

Dem Recycling, also der stofflichen Verwertung, wird dadurch ausdrücklich der Vorrang vor der Verbrennung eingeräumt.

Vermeidung kann sich nicht auf die Frage nach Verzicht oder Verbot bestimmter Produkte beschränken, sondern fordert vor allem auch zu Überlegungen nach Substitution bestimmter Fertigungstechniken heraus. Hier sind u.a. verwertungsfreundliche Materialien, leichte Demontagemöglichkeit, Vereinheitlichung von Werkstoffen und deren Kennzeichnung und Langlebigkeit von Produkten gefragt.

Dem Abfallaufkommen steht trotz aller erfolgreichen Vermeidungs- und Verwertungsanstrengungen keine ausreichende Entsorgungskapazität gegenüber.

Dem kann nur ursächlich entgegengewirkt werden durch eine konsequente Durchsetzung von Produktverantwortung.

Das vorliegende Handbuch soll dem Leser das erforderliche Informationsmaterial hierzu liefern. Es wurde von Experten aus Industrie, Fachinstitutionen und Verbänden geschrieben.

Mein Dank gilt allen, die zum Gelingen des Buches beigetragen haben.

Duisburg, im Mai 1993 *Dr.-Ing. Karl O. Tiltmann*

Inhaltsverzeichnis

1 Einführung

Dieses Handbuch soll die Beziehungen zwischen Abfallwirtschaft und Recycling darstellen, einen vertieften Einblick in die Materie bringen und Problemlösungen aufzeigen.
Es wurde von Fachleuten aus Industrie, Forschung und Behörden geschrieben.

Die Autoren

Prof. Dr.-Ing. habil Werner Bidlingmaier
studierte an der Universität Stuttgart Bauingenieurwesen, wo er auch 1979 promoviert wurde und sich 1990 habilitierte. Nach Abschluß des Diploms war er wissenschaftlicher Angestellter am Institut für Siedlungswasserbau, Wassergüte- und Abfallwirtschaft und ab 1976 stellvertretender Ableitungsleiter der Abteilung Abfalltechnik. März 1993 Übernahme des Lehrstuhls für Abfallwirtschaft an der Universität Essen.

Prof. Dr.-Ing. Bernd Bilitewski
ist apl. Professor für Abfallwirtschaft und liest an der TU Berlin über die Projektierung und Vorkalkulation von Abfallbehandlungsanlagen und an der TU Dresden die Einführung in die Abfallwirtschaft. Nach Absolvierung der Promotions- und Assistentenzeit von 1975–81 an der TU Berlin war er von 1982–84 als Direktor zur Sanierung der Recycling-Anlage in Wien tätig. Mit der Gründung des INTECUS – Ingenieurgesellschaft für Technischen Umweltschutz – im Jahre 1985 ist er geschäftsführender Gesellschafter in Berlin und Dresden. Seit 1986 öffentlich bestellter und vereidigter Sachverständiger für „Abfallwirtschaft" der IHK Berlin.

Dr.-Ing. Volker Franzius
studierte an der Technischen Hochschule Hannover Bauingenieurwesen in der Vertieferrichtung Wasserbau. Nach dem Studium war er wissenschaftlicher Assistent am Institut für Wasserbau an der Technischen Hochschule Darmstadt, wo er auch 1977 promovierte. Seit 1978 ist er im Umweltbundesamt Berlin zunächst als wissenschaftlicher Mitarbeiter im Bereich Ablagerung von Abfällen und später als Leiter des Fachgebietes Gewässerschutz und Sanierung von kontaminierten Standorten tätig. 1991 übernahm er im Umweltbundesamt die Leitung des neu eingerichteten Fachgebietes Altlasten. Der Referent ist Autor und Herausgeber zahlreicher Publikationen zum Thema Altlasten. Er ist Gründungsmitglied und stellvertretender Vorsitzender des 1990 ins Leben gerufenen Ingenieurtechnischen Verbandes Altlasten e.V. (ITVA).

Prof. Dr.-Ing. Christoph Heckötter
hat 1973 an der TU Hannover sein Diplom als Bauingenieur abgelegt. Danach war er 5 Jahre in einem Konstruktionsbüro in Hannover und einem Bauunternehmen in Braunschweig tätig. 1978 wechselte er an die Universität-GH-Essen zum Fachgebiet Grundbau und Bodenmechanik, wo er 1984 promoviert wurde. Seit 1992 ist er Professor an der Fachhochschule Münster und vertritt dort das Fach Grundbau und Bodenmechanik.

Joachim Helms
Dipl.-Ing., studierte Maschinenbau und Verfahrenstechnik an der TH Aachen. Seine Tätigkeiten führten ihn anschließend zur Lurgi-Öl GmbH, Frankfurt/Main, sowie zum Patentamt nach München, wo er die Prüfung zum Patentassessor ablegte. Seit 1975 ist er freiberuflich als Patentanwalt und zugelassener Vertreter vor dem Europäischen Patentamt in München tätig.

Karl Jasper
Jurist, war als Dezernent für Abfallwirtschaft und Altlasten beim RP Arnsberg in der Zeit von 1982 bis 1987 für die Durchführung von Planfeststellungsverfahren verantwortlich. Nach seiner anschließenden Tätigkeit als Dezernent für Städtebauförderung beim RP Arnsberg leitet er seit 1991 das Referat „Angelegenheiten der Internationalen Bauausstellung Emscher-Park" im Ministerium für Stadtentwicklung und Verkehr NRW.

Dr. Wolfgang Klett
ist Diplom-Ingenieur der Fachrichtung Städtebau und Rechtsanwalt; der Schwerpunkt seiner Tätigkeit liegt im Bereich des Fachplanungsrechts. Er ist Berater von Bundesverbänden der Recycling- und Entsorgungswirtschaft sowie Verfasser mehrerer Veröffentlichungen zum Abfall- und Reststoffrecht.

Wilfried Kreft
ist Diplom-Ingenieur der Fachrichtung Verfahrenstechnik. Von 1972–1986 arbeitete er auf den Gebieten der Energie- und Umwelttechnik bei der thermischen Behandlung von Roh- und Reststoffen in der Forschungsabteilung der KRUPP POLYSIUS AG.
Seit 1987 ist er freiberuflich als Beratender Ingenieur (IBK-Ingenieurbüro Kreft, 4722 Ennigerloh) für mittelständische Betriebe und Unternehmen tätig.
Planung, Beratung, Gutachten, Studien und Projektbetreuung sind seine Hauptarbeitsgebiete und Dienstleistungen.

Dr. Wilfried Lankes
legte im Jahre 1969 an der Universität Köln sein Examen als Diplom-Kaufmann ab und promovierte an derselben Universität im Jahre 1973 zum Dr. rer. pol..
Nach einigen Berufsjahren als Leiter der volkswirtschaftlichen Abteilung einer Ingenieurberatung und Projektmanager im internationalen Anlagenbau ist er seit Anfang der 80er Jahre in leitender Funktion in der Entsorgungswirtschaft tätig.
Zu seinen Aufgaben als Mitglied der Geschäftsleitung der WESTAB Holding in Duisburg gehört auch die Entwicklung des Unternehmens auf dem internationalen Entsorgungsmarkt.
Durch Beirats- und Aufsichtsratsmandate in europäischen Tochter- und Beteiligungsgesellschaften hat er unmittelbaren Zugang zu Problemen des europäischen Entsorgungsmarktes.

Dr.-Ing. Helmut Offermann
ist Bauingenieur und promovierte im Fach Baubetrieb mit dem Thema „Recycling von Bauschutt". Danach arbeitete er in der Bauleitung eines Bauunternehmens, im Technologietransfer und leitet seit 1990 im Betriebswirtschaftlichen Institut der Westdeutschen Bauindustrie das Arbeitsgebiet „Umweltschutz und Ingenieurwirtschaft".

Dr. Karl-Heinz Pitz
Nach dem Studium der Wirtschaftswissenschaften und der Promotion war er zunächst in der Holding der Thyssen Industrie AG in Essen tätig. 1985 trat er in die Geschäftsführung der OFRA Organ-Faser Aufbereitungs GmbH, Arnsberg, ein. 1990 wurde er in Personalunion zum Geschäftsführer der Muttergesellschaft, der NTG Neuhaus-Schwermann Technologie GmbH, Berlin, sowie weiterer Schwester- und Tochtergesellschaften bestellt. Die NTG-Gruppe ist auch auf dem Sektor der Wasser- und Abwasserbehandlung tätig.

Dr.-Ing. Heinz Steffen
studierte an der RWTH Aachen Bauingenieurwesen. Nach Diplom 1956 und Promotion 1959 ist er als geschäftsführender Gesellschafter der Dr.-Ing. Steffen Ingenieurgesellschaft und der DEGEV Betriebs- und Vertriebs-GmbH tätig. Arbeitsschwerpunkte sind Altlasten, Deponietechnik, Grundwasser, Deponiegas, Beratung, Planung und Kontrolle. Er ist Mitglied in verschiedenen Arbeitskreisen und der Bayerischen Ingenieurkammer-Bau als Beratender Ingenieur.

Friedrich Tettinger
Wirtschaftswissenschaftliches Studium in Köln, Dipl.-Volkswirt; seit 1964 verschiedene Tätigkeiten im Bereich der Industrie- und Handelskammern NW, zuletzt seit 1971 in Duisburg; Leiter des Dezernates Industrie und Umweltschutz; außerdem Federführung für Umweltschutz der Industrie- und Handelskammern NW, Mitglied des DIHT-Umweltausschusses, Mitglied des Landesbeirates für Immissionsschutz und des Wasserbeirates der Landesregierung NW.

Dr.-Ing. Josef Tränkler
ist Bauingenieur und arbeitete als wissenschaftlicher Mitarbeiter an der Technischen Universität München, der Universität-GH-Essen sowie der Rheinisch-Westfälischen Technischen Hochschule Aachen im Bereich der Abwasserreinigung, Klärschlammentsorgung, Altlastensanierung und industriellen Abfallwirtschaft. Er promovierte über Umweltbeeinträchtigungen bei der Bauschuttentsorgung. Seit 1992 am Bayerischen Institut für Abfallforschung als stellvertretender wissenschaftlicher Direktor tätig.

Ein Wort des Verlages

Änderungen von Gesetzestexten, neue Verordnungen und Technische Anleitungen, der Europäische Binnenmarkt und nicht zuletzt die ständige Weiterentwicklung aktueller Techniken und Verfahren zwingen Autoren, Herausgeber und Verlag gerade beim Thema Abfallwirtschaft und Recycling zu einem pragmatischen Vorgehen. Besonders trifft dies für die Herausgabe des hiermit vorgelegten Handbuches zu, an dem nicht weniger als 16 Einzelautoren beteiligt sind.

Der herausgeberischen Koordinaten ist es zu verdanken, daß Autoren so unterschiedlicher Herkunft in einem diesen Sammelband stimmig ein aufeinander aufbauendes Nachschlagewerk gemeinsam erstellen konnten. Ohne die permanente Abstimmung in Einzelfragen hätte das Buch nicht realisiert werden können.

Dennoch ist es trotz Anpassung der Produktion an den Aktualitätsbezug nicht zu verhindern, daß in einigen wenigen Beiträgen eine weitere Aktualisierung über den angegebenen Redaktionsschluß hinaus nicht mehr möglich war. In diesen Fällen ist am Ende des jeweiligen Beitrages der Redaktionsschluß des Autors angegeben.

Sollten Sie als Leser und Nutzer dieses Handbuches Hinweise und Anregungen zu dessen Verbesserung haben, sollten Sie nicht zögern, uns diese mitzuteilen. Autoren, Herausgeber und Verlag sind stets an Rückmeldungen interessiert, um dieses Nachschlagewerk in der weiteren Entwicklung noch konsequenter an den Bedürfnissen der Benutzer auszurichten.

Verlag Vieweg — im Mai 1993

2 Gesetze, Verordnungen, Verwaltungsvorschriften, Merkblätter und Richtlinien

von Wolfgang Klett

2.1 Einführung

Die besondere Aktivität der Gesetzgebungsorgane der Bundesrepublik Deutschland auf dem Gebiet des Umweltrechtes in den letzten Jahren und herausragende politische Entwicklungen wie die Vereinigung der beiden deutschen Staaten und der bevorstehende Gemeinsame Markt in Europa machen es zu einem von vorneherein aussichtslosen Unterfangen, die im Zusammenhang mit der Abfallwirtschaft und dem Recycling maßgeblichen gesetzlichen Bestimmungen auch nur annähernd vollständig zusammenzustellen.
Zwangsläufig hat der Verfasser deswegen eine Auswahl unter sämtlichen in diesem Sachzusammenhang in Betracht kommenden Vorschriften treffen müssen. Dabei hat sich die Auswahl an praktischen Gesichtspunkten orientiert, d. h. in die Zusammenstellung sind alle diejenigen Vorschriften aufgenommen worden, die für Entscheidungen über den Umgang mit Abfällen oder mit Reststoffen grundlegend sind. Bei der Zusammenstellung sind auch Verwaltungsvorschriften, Merkblätter und Richtlinien berücksichtigt worden, weil diesen Vorschriften bei der Ausfüllung des den zuständigen Behörden eingeräumten Ermessens Bedeutung zukommt.
Ausgenommen worden sind sämtliche Vorschriften über Ordnungswidrigkeiten und Straftaten, die den Umgang mit Abfällen bzw. Reststoffen betreffen. Ebensowenig haben die für Mitgliedsstaaten der Europäischen Gemeinschaft geltenden Vorschriften Erwähnung gefunden. Dies soll einer Neuauflage des Jahrbuches vorbehalten bleiben.

2.2 Grundsätze für Abfallwirtschaft und Recycling

Die zu einer Übersicht zusammengestellten geltenden Gesetze, Verordnungen und Verwaltungsvorschriften enthalten einige Grundsätze, die für den Umgang mit Reststoffen besonders herausgestellt werden sollen.

2.2.1 Zur Abgrenzung zwischen Abfall und Wirtschaftsgut

Die Beantwortung der Frage, welche gesetzlichen Bestimmungen für den Umgang mit einem Reststoff im Einzelfall anzuwenden sind, hängt wesentlich davon ab, ob es sich dabei um Abfall oder Wirtschaftsgut handelt.
Wann ein Reststoff als Abfall einzustufen ist, ergibt sich allgemein unmittelbar aus § 1 Abs. 1 Abfallgesetz (AbfG). Es bereitet in der alltäglichen Praxis aber immer wieder Schwierigkeiten, im Einzelfall die Legaldefinition für den „Abfall"-Begriff anzuwenden. Dabei ist weniger die Feststellung problematisch, daß der Besitzer einer beweglichen Sache sich dieser entledigen will (subjektiver Abfallbegriff in § 1 Abs. 1 Satz 1 1. Alternative AbfG), als vielmehr die Entscheidung darüber, ob die geordnete Entsorgung einer beweglichen Sache zur Wahrung des Wohls der Allgemeinheit, insbesondere des Schutzes der Umwelt, geboten ist (objektiver Abfallbegriff in § 1 Abs. 1 Satz 1 2. Alternative AbfG). Wenn nämlich die Voraussetzungen des objektiven Abfallbegriffs erfüllt sind, ist zugleich auch die zuständige Behörde ermächtigt, dem Besitzer die Befugnis zu dem Umgang mit dem Abfall zu entziehen, zumindest einzuschränken.
Die Entscheidung über diese Art der Enteignung ist das Ergebnis einer auch die Verkehrsauffassung berücksichtigenden Gesamtabwägung zwischen den durch die Nichtentsorgung der Stoffe als Abfall drohenden Gefahren für die Allgemeinheit einerseits und den Verwirklichungsaussichten einer sinnvollen wirtschaftlichen Weiterverwertung durch den Besitzer andererseits (vgl. OVG Berlin, Urteil vom 13.06.1980 – OVG 2 B 48/78 – Gewerbearchiv 1980, Seite 279 f.).

Kann der Reststoffbesitzer dagegen objektiv nachvollziehbar den Weg der Verwertung unter Angabe der zur Aufbereitung zugelassenen Anlagen und der für eine umweltverträgliche Verwendung vorgesehenen Einsatzgebiete aufzeigen, besteht kein rechtlicher Grund, einen Reststoff dem Anwendungsbereich abfallrechtlicher Bestimmungen zu unterwerfen.
Allerdings besteht bei den Reststoffbesitzern in diesen Fällen häufig die unzutreffende Vorstellung, wenn das Abfallrecht keine Anwendung finde, eröffne sich ein rechtsfreier Raum für den Umgang mit den Reststoffen. Auch neben dem Abfallrecht ergeben sich Anforderungen an den Umgang mit Reststoffen, insbesondere soweit sie wassergefährdende Stoffe enthalten oder als Gefahrgut einzustufen sind, aus dem Immissionsschutz-, Wasser- und Baurecht sowie aus dem Recht über gefährliche Güter, die dafür maßgeblichen gesetzlichen Vorschriften gelten zum Teil sogar zusammen mit abfallrechtlichen Bestimmungen.
Hinweise für die Abgrenzung von Abfall und Reststoff finden sich zudem in Ziffer 1.2 der Musterverwaltungsvorschrift zur Durchführung der §§ 11 und 12 des Abfallgesetzes und der Abfall- und Reststoffüberwachungs-Verordnung (s. 2.3.1.1 lit. c) (3)).

2.2.2 Anwendungsbereich gesetzlicher Bestimmungen

Wenn Reststoffe in Anlagen anfallen, die nach dem Bundes-Immissionsschutzgesetz (BImschG) genehmigungsbedürftig sind, hat der Anlagenbetreiber im Rahmen seiner Grundpflichten die Anlage so zu errichten und zu betreiben, daß Reststoffe vermieden werden, es sei denn, sie werden ordnungsgemäß und schadlos verwertet, oder, soweit Vermeidung und Verwertung technisch nicht möglich oder unzumutbar sind, als Abfälle ohne Beeinträchtigung des Wohls der Allgemeinheit beseitigt (§ 5 Abs. 1 Nr. 3 BImschG; vgl. hierzu Musterverwaltungsvorschrift unter Ziffer 2.3.1.2 lit. c) (3)). Insoweit gibt es eine dem Abfallgesetz vorgelagerte Verwertung von Reststoffen (so auch Rebentisch, Abfallvermeidung durch Reststoff-Vermeidung und Reststoff-Verwertung nach § 5 Abs. 1 Nr. 3 BImschG, UPR 1989, Seite 209 (211)).
Eine derartige Verpflichtung besteht für Betreiber nichtgenehmigungsbedürftiger Anlagen im Sinne von § 22 BImschG nicht (s. Bild 2-1).
Auch in den sonstigen Fällen ist wie nach der Überprüfung gem. § 5 Abs. 1 Nr. 3 BImschG, wenn Reststoff-Vermeidung und -Verwertung nicht in Betracht kommen, festzustellen, ob die Voraussetzungen des subjektiven oder objektiven Abfallbegriffs erfüllt sind.
Gegebenenfalls ist weiter abzuklären, ob es sich um Abfall handelt, der nach anderen gesetzlichen Bestimmungen und Verordnungen zu beseitigen ist, wie sie in § 1 Abs. 3 AbfG abschließend aufgeführt sind. Denn auf solchen Abfall findet das Abfallgesetz keine Anwendung. Beispielhaft seien hier genannt Tierkörperteile, Kernbrennstoffe und sonstige radioaktive Stoffe, Abfälle aus dem Bergbau sowie Stoffe, die in Gewässer- oder Abwasseranlagen eingeleitet werden.
Andernfalls, wenn es sich also nicht um Abfall nach § 1 Abs. 1 AbfG handelt, kann der Reststoff gleichwohl der Überwachung durch die Abfallbehörden unterliegen. Dies gilt für die überwachungsbedürftigen Reststoffe im Sinne der Reststoffbestimmungs-Verordnung (RestBestV; vgl. Ziffer 2.3.1.1 lit b) (2)).
Im übrigen unterliegt der Umgang mit Reststoffen, die nicht überwachungsbedürftig sind, lediglich den Anforderungen, die sich aus dem Wasser- und Baurecht ableiten.
Einen Grundsatz des Abfallrechts, der etwa lautet: „Einmal Abfall, immer Abfall!" gibt es nicht. Dies bedeutet, daß ein Reststoff, der aufgrund besonderer Umstände beim Besitzer zum Abfall im Sinne von § 1 Abs. 1 Satz 1 1. Alternative AbfG geworden ist oder wegen bisher fehlender Verwertungsmöglichkeiten als Abfall im Sinne von § 1 Abs. 1 Satz 1 2. Alternative AbfG zu entsorgen war, die Abfalleigenschaft durch Entwidmung verlieren kann (s. Bild 2-1). Entsprechendes gilt für stoffliche Anteile eines Abfalls, die erst nach dessen Behandlung für die weitere Verwertung benutzt werden können.
Insoweit gibt es, abgesehen von der gesetzlichen Fiktion in § 1 Abs. 1 Satz 2 AbfG für Stoffe, die beseitigungspflichtigen Körperschaften oder von diesen beauftragten Dritten überlassen werden, eine Verwertung innerhalb des Abfallgesetzes (vgl. § 3 Abs. 2 AbfG für Abfälle im Sinne von § 3

Abs. 1 AbfG und § 3 Abs. 4 Satz 2 AbfG für Abfälle im Sinne von §§ 2 Abs. 2 und 3 Abs. 3 AbfG), die mit der Reststoffverwertung in unmittelbarer Verbindung steht (s. Bild 2-1).

Ist auf einen Stoff das Abfallgesetz anzuwenden, dann gilt es, abgesehen von Ausnahmen, sowohl für dessen Einsammlung und Beförderung als auch für dessen Behandlung, Lagerung und Ablagerung. Denn Abfälle dürfen gewerbsmäßig oder im Rahmen wirtschaftlicher Unternehmen nur mit Genehmigung eingesammelt oder befördert werden (§ 12 Abs. 1 Satz 1 AbfG), ebenso wie sie nur in dafür zugelassenen Anlagen behandelt, gelagert und abgelagert werden dürfen (§ 4 Abs. 1 Satz 1 AbfG). Im Rahmen des Verfahrens für die Erteilung der Genehmigung nach § 12 AbfG kann auch die Vorlage von Zulassungen, Genehmigungen oder Bescheinigungen nach nationalen oder internationalen Vorschriften über die Beförderung gefährlicher Güter verlangt werden (§ 4 Abs. 2 Abfall- und Reststoffüberwachungs-Verordnung – AbfRestÜberwV).

Die Zulassung von Abfallentsorgungsanlagen erfolgt durch Planfeststellungsbeschluß (§ 7 Abs. 1 AbfG) bzw. durch Plangenehmigung (§ 7 Abs. 2 AbfG). Auf das Planfeststellungsverfahren finden die Vorschriften des Verwaltungsverfahrensgesetzes Anwendung (siehe Abschnitt 4). Mit der 5. Novelle des Abfallgesetzes (vgl. Gesetz zur Förderung einer abfallarmen Kreislaufwirtschaft und Sicherung der umweltverträglichen Entsorgung von Abfällen- Kreislaufwirtschafts- und Abfallgesetz – KrW-/AbfG – Artikel 1 eines Gesetzes zur Vermeidung von Rückständen, Verwertung von Sekundärstoffen und Entsorgung von Abfällen – Entwurf der Bundesregierung, Stand: 26.10.1992 – Referat WA II 2 – WA II 2 – 30101-1/1 – ist unter anderem beabsichtigt, das Zulassungsverfahren zu ändern. Mit Ausnahme von Deponien soll für Abfallentsorgungsanlagen die Genehmigungsbedürftigkeit nach dem Bundes-Immissionsschutzgesetz gelten. Darüber hinaus werden Rückstände grundsätzlich dem Geltungsbereich des Kreislaufwirtschafts- und Abfallgesetzes unterworfen, sei es, daß sie als Sekundärrohstoffe der Verwertung zugeführt werden, oder sei es, daß sie als Abfall der Entsorgung überlassen werden.

Ob mit dieser Gesetzesinitiative die Schwierigkeiten bei der Abgrenzung der Begriffe „Abfall" und „Wirtschaftsgut" im geltenden Abfallrecht überwunden worden sind und zugleich die Harmonisierung deutschen und europäischen Abfallrechts erreicht worden ist, wird sich erst bei der Anwendung der geänderten gesetzlichen Bestimmungen herausstellen, worüber letztlich politisch noch nicht entschieden ist.

Die Dichte der geltenden abfallrechtlichen Regelungen ist für die besonders überwachungsbedürftigen Abfälle im Sinne von § 2 Abs. 2 AbfG am größten (s. Bild 2-2). Sie nimmt ab bei den überwachungsbedürftigen, ausgeschlossenen Abfällen, weil bei diesen nur im Einzelfall durch Anordnung der zuständigen Behörde die Zulässigkeit der Entsorgung geprüft wird (§ 8 Abs. 1 AbfRestÜberwV). Sie nimmt weiter ab bei den Abfällen, die der Besitzer der beseitigungspflichtigen Körperschaft zu überlassen hat (§ 3 Abs. 1 AbfG).

Das Abfallgesetz gilt bei überwachungsbedürftigen Reststoffen (§ 2 Abs. 3 AbfG) lediglich eingeschränkt, nämlich hinsichtlich einzelner Bestimmungen bei §§ 11 bis 13 b AbfG.

Auf nicht überwachungsbedürftige Reststoffe findet es schließlich keine Anwendung, es sei denn, einzelne Stoffe werden durch eine Regelung zur Pfanderhebung oder Rücknahmeverpflichtung im Rahmen einer Verordnung nach § 14 AbfG erfaßt.

Schließlich findet nicht das Abfallgesetz, sondern finden Sondervorschriften für die in § 1 Abs. 3 AbfG genannten Stoffe Anwendung.

Kommt nicht das Abfallgesetz, sondern kommen andere Vorschriften für den Umgang mit einem Reststoff zur Anwendung, ist zu prüfen, ob danach auch für deren Beförderung bzw. für deren Behandlung Genehmigungen erforderlich sind.

Die Anforderungen an die Beförderung leiten sich im wesentlichen aus dem Gefahrgutrecht her (s. 2.3.1.1 lit. a) (7)).

Die nach dem Bundes-Immissionsschutzgesetz genehmigungsbedürftigen Anlagen sind abschließend in der 4. Verordnung zur Durchführung des Bundes-Immissionsschutzgesetzes (s. 2.3.1.2 lit. b) (1)) aufgeführt. Bei anderen als den dort genannten Anlagen handelt es sich um nichtgenehmigungsbedürftige Anlagen im Sinne von § 22 BImschG, für die unter Umständen eine Genehmigung nach dem Baurecht, d. h. nach dem jeweiligen Bauordnungsrecht der Länder, erforderlich ist. Darüber

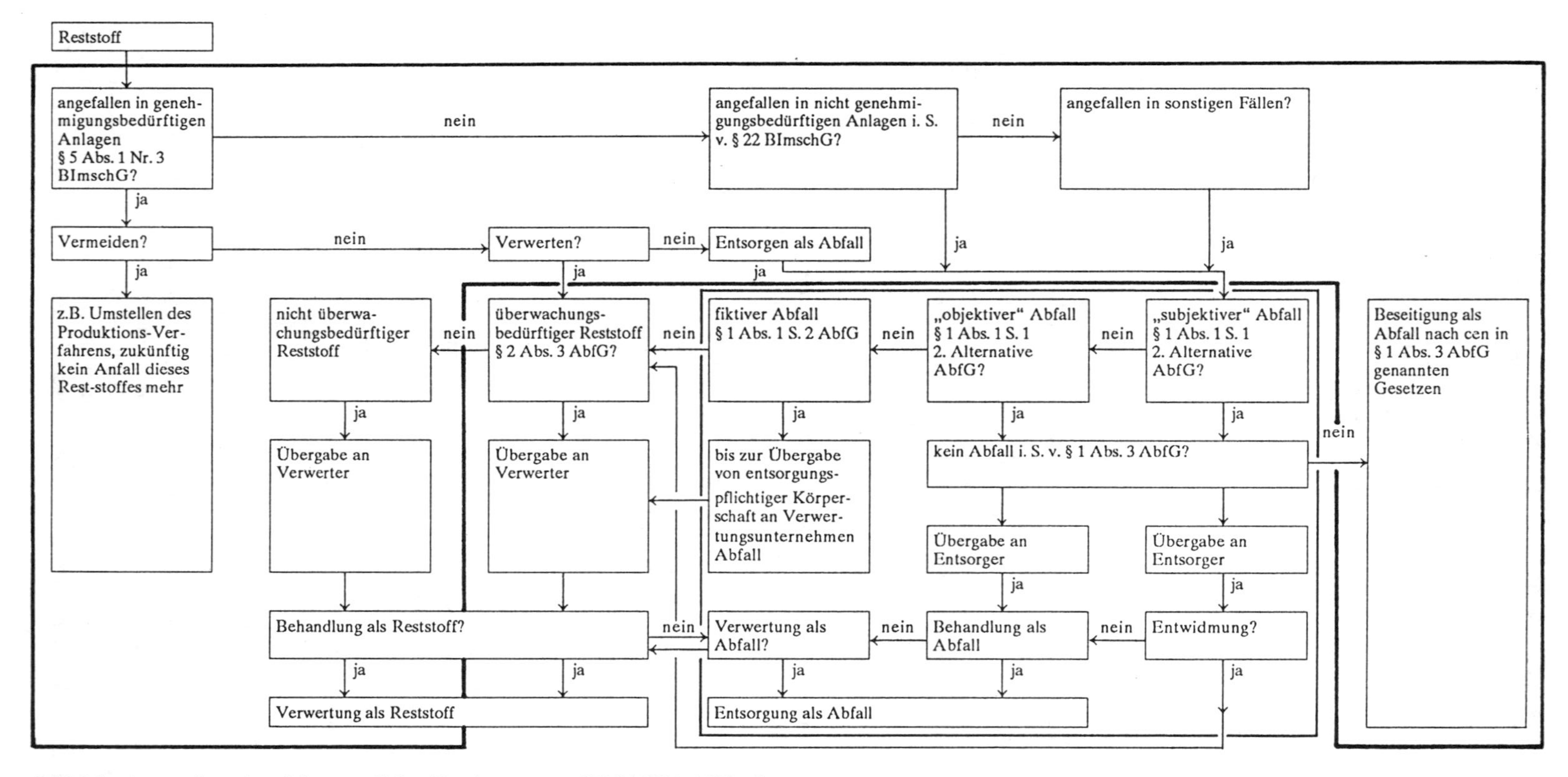

Bild 2-1 Anwendungsbereich gesetzlicher Bestimmungen (05.06.1991–1425–w)
— Abfallrecht
Abfallrecht eingeschränkt
— Immissionsschutz-, Wasser- und Baurecht, sonstige Gesetze i. S. v. § 1 Abs. 3 AbfG

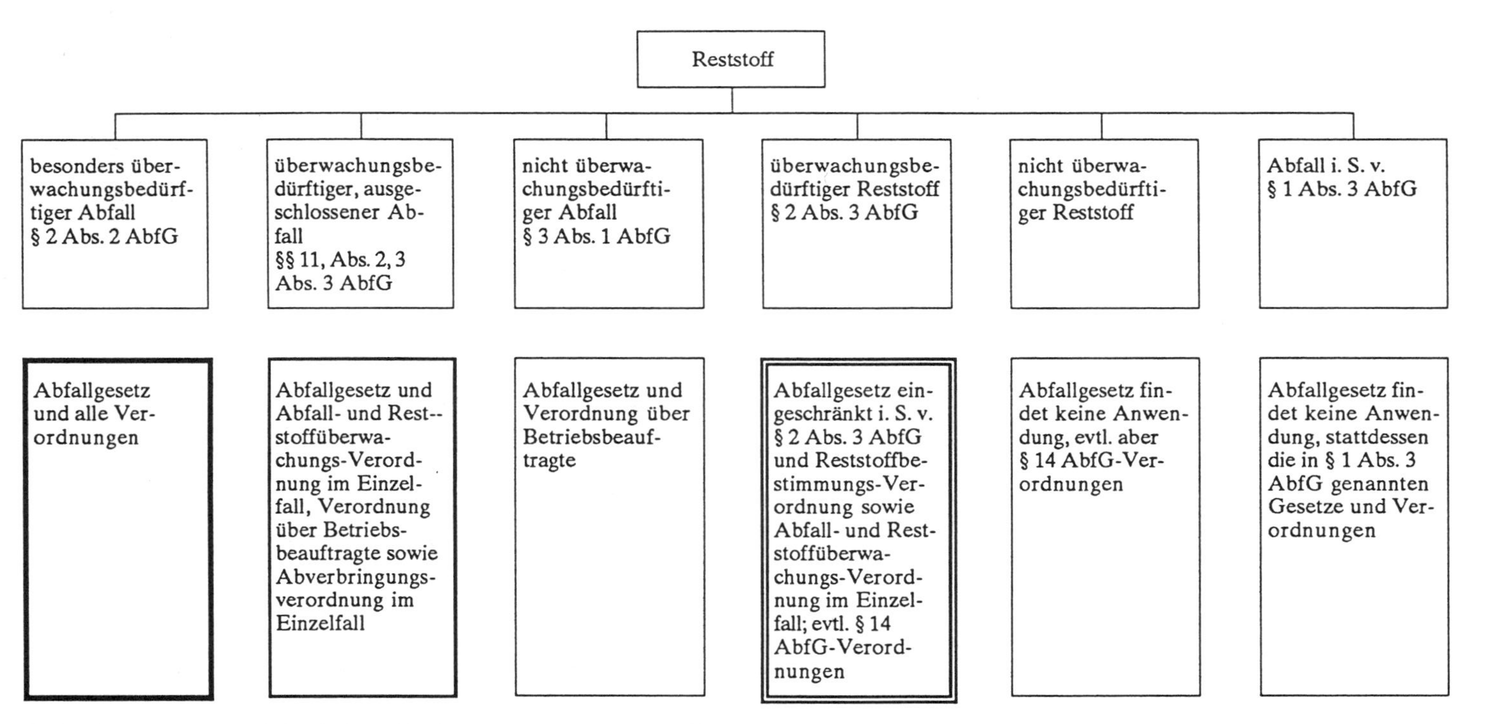

Bild 2-2 Anwendung abfallrechtlicher Bestimmungen auf Abfall und Reststoff

hinaus können auch Eignungsfeststellungen oder Bauartzulassungen nach Wasserrecht (§ 19 h WHG) notwendig sein, wenn die Behandlung und Lagerung des Reststoffes den Umgang mit wassergefährdenden Stoffen betrifft.

2.3 Übersicht

Die Übersicht über Gesetze, Verordnungen, Verwaltungsvorschriften, Merkblätter und Richtlinien enthält eine Auswahl geltender Vorschriften (Stand: Januar 1993), die bei der rechtlichen Beurteilung des Erfordernisses von Genehmigungen für die Einsammlung und Beförderung sowie für die Behandlung, Lagerung und Ablagerung von Abfällen bzw. von Reststoffen von Bedeutung sind. Darüber hinaus sind Änderungen dieser geltenden Vorschriften in Erarbeitung begriffen, auf die in dem nachfolgenden Abschnitt 2.4 noch eingegangen wird.

2.3.1 Bundesrecht

Gesetz zur Umsetzung der Richtlinie des Rates vom 27.06.1985 über die Umweltverträglichkeitsprüfung bei bestimmten öffentlichen und privaten Projekten (85/337/EWG) vom 12.02.1990 (BGBl. I S. 205), geändert durch Drittes Gesetz zur Änderung des Bundes-Immissionsschutzgesetzes vom 11.05.1990 (BGBl. I S. 870) und Gesetz zur Regelung der Fragen der Gentechnik vom 20.06.1990 (BGBl. I S. 1080).

2.3.1.1 Abfallrecht

a) Gesetze

(1) Gesetz über die Vermeidung und Entsorgung von Abfällen (Abfallgesetz – AbfG) vom 27.08.1986 (BGBl. I S. 1410, ber. Seite 1501), geändert durch Gesetz vom 12.02.1990 (BGBl. I S. 205) und vom 11.05.1990 (BGBl. I S. 870), durch das Einigungsvertragsgesetz vom 23.09.1990 (BGBl. II Seite 885) und durch Gesetz vom 26.06.1992 (BGBl. I S. 1161),

(2) Gesetz über die Beseitigung von Tierkörpern, Tierkörperteilen und tierischen Erzeugnissen (Tierkörperbeseitigungsgesetz – TierkBG) vom 02.09.1975 (BGBl. I Seite 2313, ber. Seite 2610),

(3) Fleischhygienegesetz in der Fassung vom 24.02.1987 (BGBl. I S. 649), geändert durch Gesetz vom 22.01.1991 zur Verbesserung des Lebensmittel-, Straf- und -ordnungswidrigkeitenrechts sowie des Fleischhygienerechts (BGBl. I S. 118),

(4) Tierseuchengesetz (TierSG) in der Fassung vom 28.03.1980 (BGBl. I S. 386), geändert durch 1. Änderungsgesetz vom 15.02.1991 (BGBl. I S. 461); Neufassung vom 22.01.1991 (BGBl. I S. 482),

(5) Gesetz zum Schutz der Kulturpflanzen (Pflanzenschutzgesetz – PflSchG) vom 15.09.1986 (BGBl. I S. 1505), geändert durch Gesetz zur Änderung des Chemikaliengesetzes vom 14.03.1990 (BGBl. I, S. 493) und Drittes Rechtsbereinigungsgesetz vom 28.06.1990 (BGBl. I S. 1221),

(6) Gesetz zu den Übereinkommen vom 15.02.1972 und 29.12.1972 zur Verhütung der Meeresverschmutzung durch das Einbringen von Abfällen durch Schiffe und Luftfahrzeuge (Hohe-See-Einbringungs-Gesetz) vom 11.02.1977 (BGBl. II S. 165), geändert durch Gesetze vom 10.05.1978 (BGBl. I S. 613), vom 28.03.1980 (BGBl. I S. 373) und vom 28.04.1980 (BGBl. II S. 607),

(7) Gesetz über die Beförderung gefährlicher Güter vom 06.08.1975 (BGBl. I S. 2121), zuletzt geändert durch Drittes Rechtsbereinigungsgesetz vom 28.06.1990 (BGBl. I S. 1221).

b) Verordnungen

(1) Verordnung zur Bestimmung von Abfällen nach § 2 Abs. 2 des Abfallgesetzes (Abfallbestimmungs-Verordnung – AbfBestV) vom 03.04.1990 (BGBl. I S. 614),

(2) Verordnung zur Bestimmung von Reststoffen nach § 2 Abs. 3 des Abfallgesetzes (Reststoffbestimmungs-Verordnung – RestBestV) vom 03.04.1990 (BGBl. I S. 631, ber. Seite 862),

(3) Verordnung über das Einsammeln und Befördern sowie über die Überwachung von Abfällen und Reststoffen (Abfall- und Reststoffüberwachungs-Verordnung – AbfRestÜberwV) vom 03.04.1990 (BGBl. I S. 648),

(4) Verordnung über die grenzüberschreitende Verbringung von Abfällen (Abfallverbringungs-Verordnung – AbfVerbrV) vom 18.11.1988 (BGBl. I S. 2126, ber. Seite 2418),

(5) Verordnung über Betriebsbeauftragte für Abfall vom 26.10.1977 (BGBl. I S. 1913),
(6) Altöl-Verordnung (AltölV) vom 27.10.1987 (BGBl. I S. 2335),
(7) Klärschlamm-Verordnung (AbfKlärV) vom 15.04.1992 (BGBl. I S. 912),
(8) Verordnung über die Rücknahme und Pfanderhebung von Getränkeverpackungen aus Kunststoffen vom 20.12.1988 (BGBl. I S. 2455), am 01.01.1993 aufgrund der Verpackungsverordnung außer Kraft getreten,
(9) Verordnung zum Verbot von polychlorierten Biphenylen, polychlorierten Terphenylen und zur Beschränkung von Venylchlorid (PCB-, PCT-, VC-Verbots-Verordnung) vom 18.07.1989 (BGBl. I S. 1482),
(10) Verordnung über die Entsorgung gebrauchter halogenierter Lösemittel (HKBAbfV) vom 23.10.1989 (BGBl. I S. 1918),
(11) Verordnung zum Verbot von bestimmten die Ozonschicht abbauenden Halogenkohlenwasserstoffen (FCKW-Halon-Verbots-Verordnung) vom 06.05.1991 (BGBl. I S. 1090),
(12) Verordnung über die innerstaatliche und grenzüberschreitende Beförderung gefährlicher Güter auf Straßen (Gefahrgut-Verordnung StraBe – GGVS), Neufassung vom 13.11.1990 (BGBl. I S. 2454), zuletzt geändert durch § 22 der Gefahrgut-Verordnung-See vom 24.07.1991 (BGBl. I S. 1714),
(13) Verordnung über die Vermeidung von Verpackungsabfällen (Verpackungsverordnung – VerpackV) vom 12.06.1991 (BGBl. I S. 1234).

c) Verwaltungsvorschriften, Erlasse
(1) Allgemeine Abfallverwaltungsvorschrift über Anforderungen zum Schutz des Grundwassers bei der Lagerung und Ablagerung von Abfällen vom 31.01.1990 (GMBl. Seite 74),
(2) Zweite Allgemeine Verwaltungsvorschrift zum Abfallgesetz (TA Abfall, Teil 1: Technische Anleitung zur Lagerung, chemisch/physikalischen und biologischen Behandlung und Verbrennung von besonders überwachungsbedürftigen Abfällen vom 10.04.1990 (GMBl. Seite 169),
(3) Musterverwaltungsvorschrift zur Durchführung der §§ 11 und 12 des Abfallgesetzes und der Abfall- und Reststoffüberwachungs-Verordnung vom 02.10.1990,
(4) Behandlung von Abfällen im Bereich der Bundeswehr, Erlaß des Bundesministers der Verteidigung vom 01.10.1982 (VMBl. Seite 257).

2.3.1.2 Immissionsschutzrecht

a) Gesetze
(1) Gesetz zum Schutz vor schädlichen Umwelteinwirkungen durch Luftverunreinigung, Geräusche, Erschütterungen und ähnliche Vorgänge (Bundes-Immissionsschutzgesetz – BImschG) in der Fassung vom 11.05.1990 (BGBl. I S. 870), geändert durch Einigungsvertragsgesetz vom 23.09.1990 (BGBl. II S. 885), Art. 4 Gesetz über die Umwelthaftung vom 10.02.1990 (BGBl. I S. 2634) und Gesetz vom 26.06.1992 (BGBl. I S. 1161),
(2) Gewerbeordnung in der Fassung vom 01.01.1987 (BGBl. I S. 425), zuletzt geändert durch Gesetz zur Änderung der Gewerbeordnung vom 09.11.1990 (BGBl. I S. 2442) und Art. 8 Gesetz über Verbraucherkredite, zur Änderung der Zivilprozeßordnung und anderer Gesetze vom 17.12.1990 (BGBl. I S. 2840).

b) Verordnungen
(1) Vierte Verordnung zur Durchführung des Bundes-Immissionsschutzgesetzes (Verordnung über genehmigungsbedürftige Anlagen – 4. BImschV) in der Fassung vom 24.07.1985 (BGBl. I S. 1586), zuletzt geändert am 28.08.1991 (BGBl. I S. 1838, 2044),
(2) Neunte Verordnung zur Durchführung des Bundes-Immissionsschutzgesetzes (Grundsätze des Genehmigungsverfahrens – 9. BImschV) vom 18.02.1977 (BGBl. I S. 274), in der Neufassung vom 29.05.1992 (BGBl. I S. 1001),
(3) Siebzehnte Verordnung zur Durchführung des Bundes-Immissionsschutzgesetzes (Verordnung über Verbrennungsanlagen für Abfälle und ähnliche brennbare Stoffe – 17. BImschV) vom 23.11.1990 (BGBl. I S. 2545, ber. Seite 2832).

c) Verwaltungsvorschriften
(1) Allgemeine Verwaltungsvorschrift über genehmigungsbedürftige Anlagen nach § 16 der Gewerbeordnung - GewO (Technische Anleitung zum Schutz gegen Lärm - TA Lärm - vom 16.07.1988 - Beilage zum Bundesanzeiger Nr. 137 vom 26.07.1968 -, zuletzt geändert durch Einigungsvertragsgesetz vom 23.09.1990 (BGBl. II S. 885),
(2) Erste Allgemeine Verwaltungsvorschrift zum Bundes-Immissionsschutzgesetz (Technische Anleitung zur Reinhaltung der Luft - TA Luft -) vom 27.02.1986 (GMBl. Seite 95, ber. Seite 202), zuletzt geändert durch Einigungsvertragsgesetz vom 23.09.1990 (BGBl. II S. 885),
(3) Entwurf einer Musterverwaltungsvorschrift zur Vermeidung, Verwertung und Beseitigung von Reststoffen nach § 5 Abs. 1 Nr. 3 BImschG vom 10.10.1988.

2.3.1.3 Wasserrecht

a) Gesetz
Gesetz zur Ordnung des Wasserhaushalts (Wasserhaushaltsgesetz - WHG) in der Fassung vom 23.09.1986 (BGBl. I S. 1529), geändert durch Gesetz vom 12.02.1990 (BGBl. I S. 205).

b) Verordnungen
(1) Verordnung über die Herkunftsbereiche von Abwasser (Abwasserherkunftsverordnung - AbwHerkV) vom 03.07.1987 (BGBl. I S. 1578), zuletzt geändert vom 27.05.1991 (BGBl. I S. 1197),
(2) Verordnung über wassergefährdende Stoffe bei der Beförderung in Rohrleitungsanlagen vom 19.12.1973 (BGBl. I S. 1946), geändert durch Verordnung vom 05.04.1976 (BGBl. I S. 915).

c) Verwaltungsvorschriften
(1) Allgemeine Verwaltungsvorschriften über die nähere Bestimmung wassergefährdender Stoffe und ihre Einstufung entsprechend ihrer Gefährlichkeit - VwV - wassergefährdende Stoffe (VwVS) vom 09.03.1990 (GMBl. Seite 114),
(2) Allgemeine Rahmen-Verwaltungsvorschrift über Mindestanforderungen an das Einleiten von Abwasser in Gewässer (Rahmen-AbwasserVwV) vom 08.09.1989 (GMBl. Seite 518), geändert durch allgemeine Verwaltungsvorschrift vom 19.12.1989 (GMBl. Seite 798), vom 27.08.1991 (GMBl. S. 686) und vom 04.03.1992 (GMBl. S. 178).

2.3.2 Landesrecht

Informationsschriften, Merkblätter und Richtlinien der Länderarbeitsgemeinschaft Abfall (LAGA)

(1) Informationsschriften
- Informationsschrift: Abfallarten (Stand: Herbst 1990),
- Informationsschrift: Gefährdungsabschätzung und Sanierungsmöglichkeiten bei Altablagerungen (Stand: 1990),
- Informationsschrift: Deponiegas (Stand: Mai 1983),
- Informationsschrift: Sickerwasser aus Hausmüll und Schlackendeponien (Stand: Oktober 1984),
- Informationsschrift über Möglichkeiten und Grenzen der Verwertung von Klärschlamm in der Landwirtschaft (Stand: 12.10.1987),
- Informationsschrift Verwertung von festen Siedlungsabfällen (Stand: 09/1987).

(2) Merkblätter
- Merkblatt: Die geordnete Ablagerung von Abfällen (Stand: 01.09.1979),
- Merkblatt: Entsorgung asbesthaltiger Abfälle (Stand: 04/1989),
- Merkblatt über die Errichtung und den Betrieb von Anlagen zur Lagerung und Behandlung von Autowracks (Autowrack-Merkblatt, Stand: 29.07.1988),
- Merkblatt zur Beseitigung von Pflanzen-Behandlungsmittelresten (Stand: Mai 1977),
- Merkblatt: Beseitigung PCB-haltiger Abfälle (Stand: Februar 1992),
- Merkblatt: Entsorgung von PCB-verunreinigten Transformatoren und mineralischer oder synthetischer Kühlflüssigkeit (Stand: Februar 1992),

- Merkblatt: Entsorgung PCB-haltiger Kleinkondensatoren (Stand: 15.03.1989),
- Merkblatt: Qualitätskriterien und Anwendungsempfehlungen für Kompost aus Hausmüll und Müll/Klärschlamm (Stand: 10/1984),
- Merkblatt: Verwertung von festen Verbrennungsrückständen aus Hausmüllverbrennungsanlagen (Stand: September 1983).

(3) Richtlinien über das Vorgehen bei physikalischen und chemischen Untersuchungen im Zusammenhang mit der Beseitigung von Abfällen
- PN 1/75, Entnahme von Wasserproben,
- CN 1/75, Bestimmung des Cyanids in Wasserproben,
- RA/75, Durchführung von Ringanalysen,
- UP 1/75, Darstellung von Untersuchungsergebnissen aus der Untersuchung von Wasserproben und Eluaten,
- EW/77, Bestimmung der Eluierbarkeit von festen und schlammigen Abfällen mit Wasser,
- WÜ/77, Umfang der Überwachung von Grund-, Oberflächen- und Sickerwasser im Bereich von Abfallbeseitigungsanlagen,
- SM 1/78, Bestimmung von Schwermetallen in Wasserproben und Eluaten mittels Atomadsorptionsspektrometrie,
- CN 2/79, Bestimmung des Cyanids in Abfällen (Stand: 12/1983),
- PN 2/78 K, Grundregeln für die Entnahme von Proben aus Abfällen und abgelagerten Stoffen (Stand: 12/83),
- PN 2/78, Entnahme und Vorbereitung von Proben aus festen, schlammigen und flüssigen Abfällen (Stand: 12/83),
- SM 2/79, Bestimmung von Schwermetallen in festen und schlammigen Abfällen (Stand: 12/83),
- UP 2/80, Darstellung von Untersuchungsergebnissen aus der Untersuchung von Abfällen,
- LM/84, Bestimmung leichtverdampfbarer organischer Lösemittel in Abfällen (Stand: 04/1986),
- AGR/84, Bestimmung der Ausbrandgüte von festen Rückständen aus der thermischen Behandlung von Abfällen (Stand: 04/1986).

2.3.2.1 Baden-Württemberg

a) Gesetze

(1) Gesetz über die Vermeidung und Entsorgung von Abfällen und die Behandlung von Altlasten in Baden-Württemberg (Landesabfallgesetz – LAbfG) vom 08.01.1990 (GBl. Seite 1), zuletzt geändert durch Gesetz vom 12.12.1991 (GBl. S. 860),
(2) Landesabfallabgabengesetz vom 11.03.1991 (GBl. Seite 133).

b) Verordnung

(1) Abfall-Andienungsverordnung vom 05.02.1990 (GBl. Seite 62), geändert durch Verordnung vom 06.05.1992 (GBl. S. 281),
(2) Verordnung des Umweltministers über die Erstellung von Abfallbilanzen (AbfBilanzVO) vom 08.11.1991 (GBl. S. 801).

2.3.2.2 Bayern

Gesetz zur Vermeidung, Verwertung und sonstigen Entsorgung von Abfällen und zur Erfassung und Überwachung von Altlasten in Bayern (Bayerisches Abfallwirtschafts- und Altlastengesetz – BayAbfAlG) vom 27.02.1991 (GVBl. Seite 64).

2.3.2.3 Berlin

a) Gesetz
Gesetz über Stadtreinigung (Stadtreinigungsgesetz – StRG) vom 24.06.1969 (GVBl. Seite 768), zuletzt geändert durch Gesetz vom27.09.1990 (GVBl. Seite 2114).

b) Verordnung
Verordnung über die Beseitigung von Abfällen außerhalb von Beseitigungsanlagen vom 25.08.1975 (GVBl. Seite 2198).

2.3.2.4 Brandenburg

a) Gesetz
Vorschaltgesetz zum Abfallgesetz für das Land Brandenburg (Landesabfallvorschaltgesetz – LAbfVG) vom 20.01.1992 (GVBl. S. 16).

2.3.2.5 Bremen

a) Gesetz
Bremisches Ausführungsgesetz zum Gesetz über die Vermeidung und Entsorgung von Abfällen (Bremen AG AbfG) vom 15.09.1988 (GBl. S. 241).

b) Verordnung
Verordnung über die Beseitigung von Abfällen außerhalb von Abfallbeseitigungsanlagen vom 06.09.1976 (GBl. S. 196).

2.3.2.6 Hamburg

a) Gesetz
Hamburgerisches Ausführungsgesetz zum Abfallbeseitigungsgesetz (HA AbfG) vom 06.02.1974 (GVBl. S. 72).

b) Verordnung
(1) Verordnung über den Ausschluß von der Staatlichen Abfallbeseitigung vom 29.10.1974 (GVBl. S. 323), zuletzt geändert durch Verordnung vom 20.12.1987 (GVBl. S. 254),
(2) Verordnung über die Beseitigung von Abfällen außerhalb von Abfallbeseitigungsanlagen vom 15.10.1974 (GVBl. S. 311),
(3) Verordnung über die Benutzung von Abfallbeseitigungseinrichtungen (AbfBenVO) vom 16.04.1992 (GVBl. S. 163),

2.3.2.7 Hessen

a) Gesetze
(1) Gesetz über die Vermeidung, Verminderung, Verwertung und Beseitigung von Abfällen und die Sanierung von Altlasten (Hessisches Abfallwirtschafts- und Altlastengesetz – HAbfAG – vom 10.07.1989 (GVBl. S. 197), geändert durch Gesetz vom 19.12.1990 (GVBl. S 773) in der Neufassung vom 26.02.1991 (GVB. S. 106), geändert durch Gesetz vom 26.06.1991 (GVBl. S. 218),
(2) Hessisches Sonderabfallabgabengesetz (HSondAbfAbgG) vom 26.06.1991 (GVBl. S. 218).

b) Verordnungen
(1) Verordnung über die Beseitigung von pflanzlichen Abfällen außerhalb von Abfallbeseitigungsanlagen vom 17.03.197 (GVBl. S. 48),
(2) Verordnung über die Beseitigung von Sonderabfällen aus Industrie und Gewerbe (Sonderabfall-Verordnung) vom 13.11.1978 (GVBl. S. 556),
(3) Verordnung zur Bestimmung des Trägers der Altlastensanierung (Altlastensanierungsträger-Verordnung) vom 30.10.1989 (GVBl. S. 436),
(4) Verordnung zur grenzüberschreitenden Entsorgung von Hausmüll (Abfallausfuhr-Verordnung) vom 27.09.1989 (GVBl. S. 276),

(5) Verordnung über die Einrichtung und Führung einer Verdachtsflächendatei (VerdachtsflächendateiVO) vom 01.10.1991 (GVBl. S. 314).

c) Verwaltungsvorschrift
Verwaltungsvorschrift über die Entsorgung von unbelastetem Erdaushub und unbelastetem Bauschutt vom 11.10.1990 (StAnz 44/1990, S. 2170).

2.3.2.8 Mecklenburg-Vorpommern

a) Gesetz
Abfallwirtschafts- und Altlastengesetz für Mecklenburg-Vorpommern (AbfAlG M-V) vom 04.08.1992 (GVBl. S. 450).

2.3.2.9 Niedersachsen

a) Gesetz
(1) Niedersächsisches Abfallgesetz (NAbfG) vom 21.03.1990 (GVBl. S. 91), zuletzt geändert durch Gesetz vom 17.12.1991 (GVBl. S. 363),
(2) Niedersächsisches Abfallabgabengesetz (NAbfAbgG) vom 17.12.1991 (GVBl. S. 373).

b) Verordnungen
(1) Verordnungen über die Andienung von Sonderabfällen vom 25.09.1990 (GVBl. S. 439), geändert durch Verordnung vom 26.11.1991 (GVBl. S. 350),
(2) Verordnung über die Entsorgung von Abfall außerhalb von Abfallentsorgungsanlagen (KompostVO) vom 15.05.1992 (GVBl. S. 141),
(3) Verordnungen über das Aufbringen von Gülle und Geflügelkot (Gülleverordnung) vom 09.01.1990 (GVBl. S. 9),
(4) Verordnungen über den Gebrauchtwagen-, Edelmetall- und Altmetallhandel (Gebrauchtwarenverordnung vom 01.03.1985 (GVBl. S. 55).

2.3.2.10 Nordrhein-Westfalen

a) Gesetze
(1) Abfallgesetz für das Land Nordrhein-Westfalen (Landesabfallgesetz – LAbfG) vom 21.06.1988 (GVBl. S. 250), geändert durch Gesetz vom 20.06.1989 (GVBl. S. 366) und vom 14.01.1992 (GVBl. S. 32),
(2) Gesetz über die Gründung des Abfallentsorgungs- und Altlastensanierungsverbandes Nordrhein-Westfalen vom 21.06.1988 (GVBl. S. 268).

b) Verordnungen
(1) Verordnung über die Beseitigung pflanzlicher Abfälle außerhalb von Abfallbeseitigungsanlagen (Pflanzen-Abfall-Verordnung) vom 06.09.1978 (GVBl. S. 530), geändert durch Verordnung vom 06.11.1984 (GVBl. S. 670),
(2) Verordnung über das Aufbringen von Gülle und Jauche (Gülleverordnung) vom 13.03.1984 (GVBl. S. 210),
(3) Verordnung über die Festsetzung der Lizenzentgelte nach dem Landesabfallgesetz (Lizenzentgeltverordnung) vom 08.06.1989 (GVBl. S. 334).

2.3.2.11 Rheinland-Pfalz

a) Gesetz
Landesabfallwirtschafts- und Altlastengesetz (LAbfWAG) vom 30.04.1991 (GVBl. S. 251).

b) Verordnung
Erste Landesverordnung zur Durchführung des Abfallbeseitigungsgesetzes vom 04.07.1974 (GVBl. S. 299, ber. S. 344), geändert durch Verordnung vom 22.08.1985 (GVBl. S. 202).

2.3.2.12 Saarland

a) Gesetz
Saarländisches Abfallgesetz (SAbfG) vom 03.06.1987 (Amtsbl. S. 849).

b) Verordnungen
(1) Verordnung über die Entsorgung von Sonderabfällen aus Industrie-, Gewerbe- und Dienstleistungsbereichen (Sonderabfall-Verordnung) vom 22.10.1987 (Amtsbl. S. 1425),
(2) Verordnung über die Beseitigung pflanzlicher Abfälle auBerhalb von Abfallbeseitigungsanlagen vom 17.09.1974 (Amtsbl. S. 854),
(3) Verordnung über Abfallberater/-innen vom 28.11.1988 (Amtsbl. S. 1350).

2.3.2.13 Sachsen

a) Gesetz
Erster Gesetz zur Abfallwirtschaft und zum Bodenschutz im Freistaat Sachsen (EGAB) vom 12.08.1991 (GVBl. S. 306).

2.3.2.14 Sachsen-Anhalt

a) Gesetz
Abfallgesetz des Landes Sachsen-Anhalt (AbfG LSA) vom 14.11.1991 (GVBl. S. 422).

2.3.2.15 Schleswig-Holstein

a) Gesetz
Abfallwirtschaftsgesetz für das Land Schleswig-Holstein (Landesabfallwirtschaftsgesetz – LAbfWG) vom 06.12.1991 (GVBl. S. 640).

b) Verordnungen
(1) Verordnung über den Abfallbeseitigungsplan für Abfälle, die besonders zu beseitigen sind (Sonderabfallbeseitigungsverordnung – SAbfVO) vom 11.08.1981 (GVBl. S. 143),
(2) Verordnung über die Beseitigung von pflanzlichen Abfällen außerhalb von Abfallbeseitigungsanlagen vom 09.03.1983 (GVBl. S. 153),
(3) Verordnung über das Aufbringen von Gülle (Gülleverordnung) vom 27.06.1989 (GVBl. S. 74).

2.3.2.16 Thüringen

a) Gesetz
Gesetz über die Vermeidung, Verminderung, Verwertung und Beseitigung von Abfällen und die Sanierung von Altlasten (Thrüinger Abfallwirtschafts- und Altlastengesetz – ThAbfAG) vom 31.01.1991 (GVBl. S. 273).

b) Verordnung
Thüringer Verordnung über die Entsorgung von Sonderabfällen aus Indusrie und Gewerbe (Sonderabfall-Verordnung) vom 31.01.1992 (GVBl. S. 65).

2.4 Anmerkungen

Die vorstehende Übersicht geltender Vorschriften spiegelt naturgemäß nicht wider, welche Gesetzesvorhaben zur Zeit in Bund und Ländern in Erarbeitung begriffen sind.

2.4.1 Entwürfe des Bundes

Darüber hinaus beinhaltet das abfallpolitische Gesamtkonzept der Bundesregierung für die 12. Legislaturperiode
- eine Verordnung über die umweltverträgliche Entsorgung von Druckerzeugnissen,
- eine Verordnung über die Vermeidung und getrennte Entsorgung schadstoffhaltiger Produkte,

- eine Verordnung über die umweltverträgliche Entsorgung von Kraftfahrzeugen,
- eine Verordnung über die umweltverträgliche Entsorgung von Elektronikschrott,
- eine Verordnung über die Vermeidung und Getrennthaltung von Bauabfällen,
- eine Verordnung zur Sicherung und zum Ausbau der Mehrwegsysteme im Getränkebereich,
- ein Abfall-Abgabengesetz,
- weitere technische Anleitungen für Sonderabfälle, nämlich für Salzschlacken, halogenierte Kohlenwasserstoffe, Galvanikschlämme, Farb- und Lackschlämme sowie für Shredderrückstände und
- eine technische Anleitung für Siedlungsabfälle.

Als Entwürfe befinden sich zur Zeit im Verfahren:

- Verordnung über die Entsorgung schadstoffhaltiger Baustellenabfälle - Stand: 15.12.1989 (WA II 3-530114-1/4),
- Verordnung über die Entsorgung gebrauchter Hydrauliköle und Schmieröle pflanzlicher Herkunft (Pflanzenöl-AbfV) - Stand: 30.10.1989 (WA II 3-530-114-1/6),
- Verordnung zur Verwertung und Entsorgung gebrauchter Batterien und Akkumulatoren (Batterieverordnung - AbfBattV) - Stand: 10.06.1992,
- Verordnung über die Vermeidung, Verringerung und Verwertung von Abfällen gebrauchter elektrischer und elektronischer Geräte (Elektronik-Schritt-Verordnung) - Stand: 11.07.1991 (WA II 3-30114-5),
- Verordnung zur Förderung von Getränkemehrwegsystemen (GetränkemehrwegV) - Stand: 28.11.1991 (WA II 4-30114-1/5),
- Abfallabgaben-Gesetz - Stand: 26.03.1991 (WA II 2-30102-1/1),
- Vierte Allgemeine Verwaltungsvorschrift zum Abfallgesetz (TA Abfall), Teil 3: Technische Anleitung zur Vermeidung und Verwertung von Reststoffen und Abfällen aus Anlagen zum Schmelzen und zur Verarbeitung von Aluminium - Stand: 13.03.1991 (WA II 5-30121-1/12); IGI12-556016-5/12),
- Fünfte Allgemeine Verwaltungsvorschrift zum Abfallgesetz (TA Abfall), Teil 4: Technische Anleitung zur Vermeidung und Verwertung von Reststoffen und Abfällen aus Anlagen zur Behandlung von Oberflächen mit halogenierten Lösemitteln - Stand: 16.04.1991 (WA II 5-30121-1/12); IGI2-556016-5/2).

Des weiteren befinden sich Anhänge zur allgemeinen Rahmen-Verwaltungsvorschrift über Mindestanforderungen an das Einleiten von Abwasser in Gewässer in Überarbeitung bzw. Vorbereitung, die sowohl Abwasser aus der oberirdischen Ablagerung von Abfällen (Anhang 51) als auch Abwasser aus chemisch/physikalischen, biologischen Behandlungsanlagen für Abfälle (Anhang 56) betreffen.

2.4.2 Entwürfe der Länder

Das Recht der Abfallbeseitigung ist Gegenstand der konkurrierenden Gesetzgebung des Bundes (Art. 74 Nr. 24 GG). Im Bereich der konkurrierenden Gesetzgebung haben die Länder die Befugnis zur Gesetzgebung, solange und soweit der Bund von seinem Gesetzgebungsrecht keinen Gebrauch macht (Art. 72 Abs. 1 GG).

Während nach Erlaß des Abfallbeseitigungsgesetzes vom 07.06.1972 (BGBl. I S. 873) zunächst die Länder überwiegend nur Ausführungsbestimmungen zum Abfallbeseitigungsgesetz regelten, wurde von ihnen in der Folgezeit zunehmend auch das vom Bund nicht in Anspruch genommene Gesetzgebungsrecht ausgefüllt. Diese Novellen der landesrechtlichen Regelungen zum Abfallbeseitigungsgesetz stellten das Abfallrecht der zweiten Generation dar (vgl. Bothe, Rechtliche Spielräume für die Abfallpolitik der Länder nach Inkrafttreten des Abfallgesetzes vom 27.08.1986, NVwZ 1987, Seite 938; Klages, Vermeidungs- und Verwertungsgebote als Prinzipien des Abfallrechts, Umwelt- und Technikrecht Band 13, Düsseldorf, 1991, Seite 28 ff.). Inzwischen ist das Abfallrecht der Länder dritter Generationen in Kraft getreten, das auch Regelungen zur Erfassung, Gefährdungsabschätzungen und Sanierung von Altlasten enthält.

Darüber hinaus haben die Länder Baden-Württemberg, Hessen und Niedersachsen jeweils ein Landesabfallabgabengesetz in Kraft treten lassen, das bei Inkrafttreten eines Abfallabgaben-Gesetzes des Bundes wegen des Vorrangs von Bundesrecht keine Geltung mehr beanspruchen kann (Art. 31 GG).

Redaktionsschluß 1.6.1991

3 Abfallwirtschaft in der EG

von Wilfried Lankes

3.1 Vorbemerkung

Eine Darstellung der Situation und der Entwicklung der Abfallwirtschaft in den Ländern der Europäischen Gemeinschaft darf in diesem Jahrbuch nicht fehlen, da gerade die Frage der Behandlung der Abfallwirtschaft im Rahmen der Liberalisierung des Binnenmarktes, die bekanntlich ab 1993 Wirklichkeit werden soll, bei den politisch Verantwortlichen heftig und kontrovers diskutiert wurde und wird. Der Anspruch, dieses Thema in Form einer vergleichenden Darstellung der Abfallwirtschaftssituation unter besonderer Berücksichtigung der Sonderabfallwirtschaft in den EG-Ländern abzuhandeln, kann jedoch aufgrund der z. Z. noch völlig unzureichenden Datenbasis nicht erfüllt werden. Dennoch wird es in der vorliegenden Form aufgegriffen mit der Absicht, es in den folgenden Jahrbüchern zu ergänzen und zu vertiefen, um somit im Laufe der Jahre einen vollständigen Überblick über den quantitativen und qualitativen Zustand der Abfallwirtschaft in der EG zu erhalten.

3. 2 Zielsetzung

Ein Vergleich der Abfallwirtschaft in den einzelnen europäischen Ländern ergibt ein äußerst unterschiedliches Bild. Hat Deutschland z. B. mit der Technischen Anleitung Abfall, die zum 01.10.1990 zum festen Bestandteil der deutschen Entsorgungswirtschaft geworden ist, ein Regelungswerk für die Behandlung und Entsorgung von Sonderabfällen vorliegen, so fehlen in anderen europäischen Ländern wie z. B. Spanien oder Portugal, die Voraussetzungen fast völlig, um ein derartiges Ordnungswerk überhaupt in Angriff zu nehmen. Die Niederlande und Belgien streben eine ähnliche Regelung, wie sie in der Bundesrepublik mit der TA Abfall bereits vollzogen wurde, an. Dieser Vergleich zeigt, wie weit die Mitgliedstaaten der EG von einer Harmonisierung dieses Wirtschaftsbereiches, der ohnehin wie kaum ein anderer Sektor reglementiert ist, entfernt sind.
Hierfür gibt es verschiedene Gründe:

- in einigen Ländern beginnt die Umweltverwaltung erst jetzt sich zu entwickeln und zu organisieren
- für die Bestimmung der Abfälle fehlt eine einheitliche Nomenklatur
- Daten über die anfallenden Rückstände werden entweder überhaupt nicht oder nur lückenhaft erfaßt und aufbereitet, so daß sie für gesamtwirtschaftliche oder umweltpolitische Entscheidungen kaum herangezogen werden können.

In Deutschland z. B. wurden im Frühjahr 1991 Abfallwirtschaftsdaten für eine Veröffentlichung vorbereitet, die sich auf das Jahr 1987 beziehen. Die heute noch offiziell verwendeten Zahlen stammen von einer Erhebung aus dem Jahre 1984. Dieses Material, das vom Statistischen Bundesamt herausgegeben wird, ist darüber hinaus nicht kompatibel mit statistischen Erfassungen, die die verschiedenen Abfallwirtschaftsämter an Hand der Daten, die den Begleitscheinen entnommen werden, zusammenstellen. Von einer EG-einheitlichen und europaweit verwendbaren Statistik der Abfall-, im besonderen auch der Sonderabfallmengen, sind wir weit entfernt.
Der Versuch einer statistischen Erfassung wurde in einer Untersuchung gemacht, die im Jahre 1989 durchgeführt wurde, und ist in Bild 3-1 wiedergegeben. Sie zeigt die Bandbreite möglicher Mengenschwankungen deutlich auf.
Um die Qualität der Entsorgung beurteilen zu können, wäre es notwendig zu wissen, welche Behandlungs- und Entsorgungsanlagen in welchem technischen Zustand und mit welchen Kapazitäten wo bestehen und welche Funktion sie in einer ökologisch wünschenswerten Entsorgung erfüllen. Für Belgien, Deutschland und die Niederlande liegen diese Informationen zumindest teilweise vor, in Italien, Portugal und Spanien bewegen wir uns hier in einer erheblichen Grauzone.

Land	Hazardous waste (1)*	(2)*	(3)*	chemische Abfälle	gefährliche Abfälle der chem. Industrie (1)*	(2)*	Toxische Abfälle (Hettelst. 1989)
	in Mio Tonnen/jahr						
Belgien	1,1	n.a.	1,5	2,8	1,0	0,9	1,0
– Flandern			1,0	2,4	0,8	0,8	
Dänemark	0,1	0,35	0,1	n.a.	0,04	0,12	0,067
BRD	18,0	4,0	4,5	10,0	3,0	(3,0)	4,5
Frankreich	2,0	2,0	2,0	10,0	0,5–0,8	1,8	4,8
Irland	0,1	0,075	0,075	n.a.	(0,04)	0,08	0,076
Italien	4,8	2–5	2–5	3,0	0,9	1,3	2–5
Niederlande	0,5	1,0	1,0	1,1	(0,5)	0,8	1,0
Großbritannien	3,7	1,7/4,4	2/5	5–10	1/2, 5	1,6	3,7
Spanien							1,8

* Die Angaben stammen aus verschiedenen Literaturquellen
1) Quelle: EurEco S.-a.r.l., 1989, Sonderabfallmanagement im Binnenmarkt

Bild 3-1 Produktionsmengen gefährlicher Abfälle in der Europäischen Gemeinschaft

Diese beispielhafte Aufzählung von Tatbeständen, die für die Beurteilung der europäischen Entsorgungswirtschaft erforderlich sind, konkretisiert gleichzeitig die Zielsetzung von Themen, die in den folgenden Ausgaben dieses Jahrbuches behandelt werden sollen und müssen. Dies sind im wesentlichen folgende Bereiche:
- die Organisation der Umweltverwaltung in den einzelnen Ländern und auf EG-Ebene, rechtliche Rahmenbedingungen, Durchsetzbarkeit, Kontrollinstanzen
- abfallstatistische Grundlagen, Abfallmengen, Vergleichbarkeit
- Entsorgungsanlagen, Kapazitäten, technischer Zustand, Rolle in der Erfüllung der Entsorgungsfunktion

3.3 Die Umweltpolitik der EG

3.3.1 Einige rechtliche Grundlagen

In den römischen Verträgen von 1957 sind Bestimmungen über eine gemeinsame Umweltschutzpolitik nicht enthalten. Diese wurde de facto anläßlich eines Treffens der Staats- und Regierungschefs im Jahre 1972 ins Leben gerufen. In der Zwischenzeit hat die Gemeinschaft mehr als 100 verschiedene Richtlinien verabschiedet, die sich auf Wasser- und Luftverschmutzung, Chemikalien, Abfallbeseitigung, Lärmbekämpfung, Arten- und Naturschutz und die internationale Zusammenarbeit beziehen.
Obwohl die Abfallbeseitigung insgesamt angesprochen wird, sind für den Bereich der Sonderabfallentsorgung erst einige Einzelbestimmungen erlassen worden. Es fehlt bis dato eine Gesamtkonzeption für die rechtliche Regelung der Sonderabfallbeseitigung innerhalb der EG.[1)]
Es wurden bisher die in der folgenden Zusammenstellung aufgeführten Richtlinien des Rates der EG im Zusammenhang mit der Abfallwirtschaft erlassen:

1) Im März 1991 hat der Rat eine Richtlinie entworfen, die die Regelung der Sonderabfallentsorgung in Verbindung mit der Richtlinie des Rates vom 18. März 1991 zur Änderung der Richtlinie 75/442/EWG über Abfälle in Angriff nimmt. Auf beide Richtlinien wird weiter unten kurz eingegangen.

Jahr	Nr. der Richtlinie und Quelle	Titel	Regelungstatbestand
1975	75/439 ABl. L 194 S. 31 vom 25.07.75	Richtlinie des Rates vom 16. Juni 1975 über die Altölbeseitigung*	Bestimmungen zur schadlosen Sammlung und Beseitigung von Altölen
1975	75/442 ABl. L 194 S. 47 vom 25.07.75	Richtlinie des Rates vom 15. Juli 1975 über Abfälle*	Maßnahmen zur Einschränkung der Abfallentstehung und Bestimmungen zur gefahrlosten Beseitigung
1976	76/403 ABl. L. 108 S. 41 vom 26.04.76	Richtlinie des Rates vom 6. April 1976 über die Beseitigung polychlorierter Biphenyle und Terphenyle*	Verbot der unkontrollierten Beseitigung, Verpflichtung zur gefahrlosen Beseitigung, Einführung eines Genehmigungsverfahrens für die Beseitigung
1978	78/319 ABl. 084 S. 43 vom 31.03.78	Richtlinie des Rates vom 20. März 1978 über giftige und gefährliche Abfälle	Förderung der Einschränkung der Abfallentstehung und der Wiederverwertung
1984 und 1986	84/631 ABl. L 326 S. 31 vom 13.12.84 86/279	Richtlinie des Rates vom 6. Dezember 1984 über die Überwachung und Kontrolle - in der Gemeinschaft - der grenzüberschreitenden Verbringung gefährlicher Abfälle*	Regelung der grenzüberschreitenden Verbringung gefährlicher Abfälle innerhalb der EG und in Drittländer
1986	86/278 ABl. L 181 S. 6 vom 04.07.86	Richtlinie des Rates vom 12. Juni 1986 über den Schutz der Umwelt und insbesondere der Böden bei der Verwendung von Klärschlamm in der Landwirtschaft*	Kontrollsystem für das Aufbringen von Klärschlamm in der Landwirtschaft
1987	87/101 ABl. L 42 S. 43 vom 12.02.87	Richtlinie des Rates vom 22. Dezember 1986 über Altöl*	Verschärfung der Richtlinie 75/439. Reduzierung des PCB/PCT-Gehalts im Altöl
1991	91/156 ABl. L 78 S. 32 vom 26.03.91	Richtlinie des Rates vom 18. März 1991 zur Änderung der Richtlinie 75/442/EWG über Abfälle	Bestimmung zur Schaffung einer einheitlichen Terminologie und Definition der Abfälle, Entsorgungsautarkie, Aufstellung von Abfallbewirtschaftungsplänen

* in Kraft getreten

Bild 3-2 Auszug aus den Richtlinien des Rates der EG im Bereich Abfallbehandlung und saubere Technologien

Die Umsetzung dieser Richtlinien muß in den einzelnen Mitgliedsländern durch nationales Recht geregelt werden. Welche Richtlinien bisher Eingang in die nationalen Rechtsprechungen gefunden haben, ist in der Aufstellung Bild 3.2 durch „ * In Kraft getreten" gekennzeichnet. Selbst wenn die EG-Richtlinien von den Mitgliedstaaten in nationales Recht umgesetzt worden sind, ergeben sich in der Durchführung und Durchsetzung erhebliche Unterschiede und Schwierigkeiten. Dies führt de facto dazu, daß die EG-Verordnungen in den Einzelstaaten nicht richtlinienkonform angewendet werden, wodurch eine EG-einheitliche Regelung verhindert wird. Dies hängt u. a. damit zusammen, daß unterschiedliche Begriffsbestimmungen keine eindeutige Definition des Abfalles zulassen. Zudem sind in den einzelnen EG-Mitgliedsländern die Zuständigkeiten sehr unterschiedlich geregelt, welches die Durchsetzung bestehender Verordnungen zusätzlich erschwert.

Ohne im einzelnen weiter auf die Probleme der Umsetzung derartiger EG-Richtlinien in den einzelnen Mitgliedstaaten einzugehen, sollen die Schwierigkeiten beispielhaft an den Richtlinien 76/403/EWG und 78/319/EWG verdeutlicht werden.[2)]
Für die Beseitigung polychlorierter Biphenyle und Terphenyle entsprechend der Richtlinie 76/403/EWG haben nur 3 Mitgliedstaaten, nämlich Frankreich, Irland und Luxemburg, eine besondere Rechtsvorschrift erlassen. In den anderen Ländern der Gemeinschaft ist diese Bestimmung nicht eindeutig in besondere einzelstaatliche Rechtsvorschriften umgesetzt worden. Die Entsorgung von PCB/PCT wird im Rahmen der Rechtsvorschriften über die Beseitigung der giftigen Abfälle im allgemeinen oder im Rahmen der Vorschriften zur Altölbeseitigung – dies trifft für die Bundesrepublik Deutschland zu – geregelt.
Auf die Probleme im Zusammenhang mit der Durchsetzung der Richtlinie 78/319/EWG über giftige und gefährliche Abfälle wurde weiter oben bereits kurz hingewiesen. In den EG-Mitgliedstaaten sind die Abfälle, die die Gemeinschaft als giftig und gefährlich definiert, unter verschiedenen Begriffen und Definitionen erfaßt. So wird z. B. in den Rechtsvorschriften der Benelux-Länder und Italiens die Höhe der Konzentration eines Schadstoffes als Kriterium für die Einstufung der Abfälle angesehen. Die für die Bestimmung herangezogenen Konzentrationsgrade können in den einzelnen Mitgliedsländern allerdings unterschiedlich sein. Im Vereinigten Königreich geschieht die Einstufung als Sondermüll durch Schädlichkeitstests oder nach der Herkunft.
Diese Beispiele verdeutlichen die Komplexität der Umsetzung der von der EG erlassenen Richtlinien. Eine Vielzahl weiterer Besonderheiten bestehen z. B. in der Planung und Durchführung der Entsorgung und im Transport der Rückstände.[3)]
Mit seiner Richtlinie 91/156/EWG vom 18. März 1991 versucht der Rat der Europäischen Gemeinschaften in Ergänzung und/oder Abänderung der Richtlinie 75/442/EWG, eine einheitliche Grundlage für den Abfallwirtschaftsmarkt in der EG herbeizuführen. Diese Richtlinie führt im wesentlichen aus, daß

- für eine effizientere Abfallbewirtschaftung in der Gemeinschaft eine gemeinsame Terminologie und eine Definition der Abfälle erforderlich ist. In Artikel 1 der Richtlinie werden Begriffe wie Abfall, Erzeuger, Besitzer, Bewirtschaftung, Beseitigung, Verwertung, Einsammeln definiert, die Abfälle selbst sind in Anhang I in 16 Abfallgruppen zusammengefaßt. Ebenfalls werden in Anhang II A und II B die zugelassenen Beseitigungs- und Verwertungsverfahren aufgeführt
- Maßnahmen zu treffen sind, um das Entstehen von Abfällen zu begrenzen, und zwar insbesondere durch die Förderung sauberer Technologien und wiederverwertbarer und wiederverwendbarer Erzeugnisse
- die Rückführung und Wiederverwendung von Abfällen als Rohstoffe zu fördern ist und
- die Gemeinschaft in ihrer Gesamtheit Entsorgungsautarkie erreichen soll.

Die Durchführung dieser Forderungen soll mit Hilfe von Abfallbewirtschaftungsplänen, die jedes Mitgliedsland zu erstellen hat, unterstützt werden.
Die Mitgliedstaaten sind aufgefordert, die erforderlichen Rechts- und Verwaltungsvorschriften zu erlassen, um der Richtlinie spätestens zum 1. April 1993 nachzukommen.
Damit hat die EG erstmalig die Initiative ergriffen, die bisher fehlenden und allseits geforderten Voraussetzungen zu schaffen, um eine auf Fakten basierende europäische Abfallwirtschaftspolitik betreiben zu können.
Zwischenzeitlich liegt ebenfalls der Entwurf des Rates für eine Sonderabfallrichtlinie zur Beratung vor, die die Richtlinie 78/319/EWG ersetzen wird. Es ist damit zu rechnen, daß diese Richtlinie innerhalb der nächsten 2 Jahre einen europäischen Sonderabfallkatalog vergleichbar der TA-Abfall

---

[2)] Siehe hierzu Bericht der Kommission über die Durchführung der Richtlinien der EWG im Bereich Abfall: 75/442/EWG, 75/439/EWG, 76/403/EWG und 78/319/EWG durch die Mitgliedstaaten, Kommission der Europäischen Gemeinschaften, SEK (89) 1455 ENDG. Brüssel, den 27. September 1989

[3)] Siehe auch Komission der Europäischen Gemeinschaften, Bericht der Kommission über die Durchführung ... a. a. O.

hervorbringen wird. Es wird hierin ebenfalls festgeschrieben werden, daß Regelungen, die in den Richtlinien 75/442 resp. 91/156 enthalten sind, ebenfalls für den Sonderabfallmarkt gültig sind. Damit wird auch für diesen Teilmarkt der Abfallentsorgung die Grundlage für eine europäische Behandlung geschaffen.

3.3.2 Die Einordnung des Entsorgungsmarktes in den gemeinsamen Binnenmarkt

In Art. 59 des EWG-Vertrages ist die schrittweise Verwirklichung des freien Dienstleistungsverkehrs festgeschrieben.

Banken, Versicherungen und der Verkehrssektor bereiten sich mit Macht auf die Liberalisierung durch Kooperationen und Firmenzusammenschlüsse vor. Die Frage, ob und in welcher Form diese traditionellen Dienstleistungen in einem gemeinsamen Binnenmarkt freigegeben werden sollen, ist beantwortet. Nicht so in der Entsorgungswirtschaft. Soll nach den Vorstellungen der EG-Kommission auch der grenzüberschreitende Transport von Abfällen künftig grundsätzlich frei sein, so verfolgt die Bundesregierung eine Politik der regionalen Lösung, d. h. Rückstände dort zu entsorgen, wo sie anfallen, um somit einen grenzüberschreitenden Abfalltransport – und dies trifft ja auch auf Landesgrenzen innerhalb Deutschlands zu – zu vermeiden. Die Beurteilung und Beantwortung dieser Thematik sollte einer differenzierten Betrachtung unterzogen werden: Solange Abfallentsorgung – und dies trifft besonders für die Sonderabfallentsorgung zu – mit einer Ablagerung auf teilweise nicht geeigneten Deponien gleichgesetzt wird, ist eine Beschränkung dieser Entsorgungsmethode auf die Wirtschaftsregionen, in denen diese Abfälle anfallen, nur zu verständlich. Werden Abfälle allerdings unter Nutzung spezifischer, technisch anspruchsvoller Behandlungsanlagen, wie sie z. B. chemisch-physikalische Aufbereitungsanlagen, Verbrennungsanlagen oder Recyclinganlagen darstellen können, entsorgt, ist eine Reglementierung abzulehnen. Derartige Anlagen sind – produktionstechnisch betrachtet – nicht anders einzustufen als andere Industrieanlagen auch und stellen unter ökologischen Gesichtspunkten kein höheres Gefährdungspotential dar als z. B. eine Chemiefabrik, ein Stahlwerk oder eine Aluminiumhütte. Die EG-Kommission hat zu diesem Fragenkomplex im Jahre 1989 eine Stellungnahme erarbeitet, die im wesentlichen folgendes vorschlägt: „Maßnahmen zu ergreifen, die sicherstellen, daß die Abfälle soweit wie möglich in den am nächsten gelegenen Anlagen nach den geeignetsten Technologien entsorgt werden, die ein hohes Niveau des Umweltschutzes und der öffentlichen Gesundheit gewährleisten."[4)] Dieser Vorschlag stellt also nicht auf Ländergrenzen ab, sondern auf Wirtschaftsräume, deren Behandlungskapazitäten und Entsorgungsbedarf. Er verlangt allerdings auch eine Kontrolle der Abfälle auf der Ebene der Gemeinschaft und eine Regelung des Abfallverkehrs, wie er in Deutschland ohnehin schon besteht. Der Entsorgung in Abfallverbrennungsanlagen oder auf Deponien gehen aus dem Vorschlag der Kommission eine Reihe von Prüfungen vorweg, die das Ziel haben, den zu entsorgenden Abfall zu reduzieren, wiederzuverwerten oder die Entsorgung zu optimieren.

Die Postulate

- Vermeidung
- Wiederverwertung und
- Optimierung der Entsorgung

werden zukünftig somit verstärkt die Entsorgungswirtschaft in den EG-Mitgliedstaaten bestimmen. Darüber hinaus empfiehlt die Kommission neben den o. a. Regelungen des Transports Maßnahmen im Bereich der Altlastensanierung, die somit ebenfalls Eingang in die Strategieempfehlungen der EG-Kommission findet.

3.3.3 Die Regelung grenzüberschreitender Abfalltransporte

Die grenzüberschreitende Verbringung von Abfällen ist in der Abfallverbringungsverordnung vom 18. November 1988 geregelt[5)] und wird durch einen Antrags- und Genehmigungsvordruck, der für

---

[4)] Kommission der Europäischen Gemeinschaft, Mitteilung der Kommission an den Rat und an das Europäische Parlament über die Gemeinschaftsstrategie für die Abfallwirtschaft, Kommissionsvorschlag Nr. 8753/89 ENV 171 SEK (89) 934 endg. S. 23

[5)] BGBL I S. 2126, ber. S. 2418

die EG einheitlich festgelegt ist, genehmigt.[6] Die Verbringung kann in Form einer Einzel- oder Sammelgenehmigung erteilt werden. Die Sammelgenehmigung hat eine Laufzeit von bis zu einem Jahr.
Aus der Sicht eines Entsorgungsunternehmens, welches z. B. Sonderabfälle aus Deutschland in ein anderes EG-Land verbringen möchte, ist es erforderlich, daß das Empfängerland oder die zuständige Genehmigungsbehörde die Einwilligung erteilen, ob ein Abfall in eine im Empfängerland vorhandene Entsorgungsanlage verbracht werden darf. Wird diese Genehmigung erteilt, erhält der Abfallexporteur in der Regel auch die Transportgenehmigung seiner Heimatbehörde, um die Entsorgung durchführen zu können. Im Falle einer Sammelgenehmigung, mit der mehrere Entsorgungsvorgänge genehmigt worden sind, bestätigt die Genehmigungsbehörde des Empfängerlandes jeden einzelnen Entsorgungsvorgang. Dem Abfallexport geht in der Regel ein langwieriges, zeitaufwendiges Genehmigungsverfahren voraus. Dies hängt damit zusammen, daß sowohl die Behörden des Empfängerlandes als auch des Exportlandes umfangreiche Prüfungen des Abfalls, der entsorgt werden soll, verlangen und vornehmen. Aus der Sicht der deutschen Behörde, die im Falle eines Abfallexportes aus Deutschland in ein anderes EG-Land die Transportgenehmigung erteilt, spielen u. a. Fragen der Akzeptanz und des technischen Zustandes der Anlage, die im Ausland angefahren werden soll, eine wichtige Rolle. Solange es Vorbehalte hinsichtlich der Eignung von Entsorgungsverfahren und -anlagen, die in den verschiedenen EG-Ländern praktiziert bzw. betrieben werden, gibt, solange wird auch die Freizügigkeit der Wahl des Entsorgungsstandortes stark eingeschränkt bleiben. Rein wirtschaftliche Aspekte sollen bei dieser Betrachtung zunächst einmal außer acht bleiben.
Grenzüberschreitende Entsorgungstransporte sind in der Vergangenheit von Deutschland aus vor allem nach Frankreich und England, in geringen Mengen auch nach Holland und Belgien durchgeführt worden. In dieser Richtung wurden in erster Linie Verbrennungs-, Behandlungsanlagen und Deponien angefahren.
In umgekehrter Richtung wurden Sonderabfälle auf die Deponie Schönberg und die im Harz bestehende Untertagedeponie verbracht.

3.4 Administrative und technische Harmonisierungsnotwendigkeiten

Die kurze Betrachtung des europäischen Entsorgungsmarktes hat gezeigt, daß Europa erst am Anfang einer Entwicklung steht, die diesen Dienstleistungsbereich mehr als eine europäische als eine nationale oder gar regionale Aktivität ansieht. Eine Analyse der Entwicklungsvoraussetzungen macht deutlich, daß die administrativen und technischen Grundlagen für eine gemeinsame Entsorgungspolitik weitgehend fehlen. Ursache hierfür ist nicht nur eine unbefriedigend entwickelte Organisation der Entsorgungsverwaltung und -wirtschaft auf europäischer Ebene, sondern in weit stärkerem Maße noch die völlig unzureichende Entsorgungswirtschaft in einigen EG-Mitgliedstaaten. Wenn in Deutschland, welches in der EG quasi eine Vorreiterrolle in der Umweltschutzpolitik insgesamt spielt, schon keine aktuellen und aufeinander abgestimmten Zahlen des Entsorgungsmarktes vorliegen, wie soll dann eine EG-Entsorgungspolitik betrieben werden, wenn bisher nicht einmal eine einheitliche Terminologie besteht, die ja nun Grundvoraussetzung für jede Verständigungsmöglichkeit ist. Handlungsbedarf liegt hier in verstärktem Maße auch bei der Entsorgungswirtschaft selbst, die durch die Schaffung oder Stärkung bestehender Gewerbeorganisationen eine wichtige Funktion in der Erarbeitung einer Abfallnomenklatur und von Basisdaten übernehmen könnte. Versuche, nationale Verbandsorganisationen der Entsorgungswirtschaft zu europäischen Interessenvertretungen zusammenzuschließen, laufen zur Zeit, sind aber zeit- und kraftraubend, u. a. deshalb, weil die nationalen Vereinigungen zum Teil bis dato zu schwach entwickelt sind und noch keine aktive Rolle in der internationalen Verbandsarbeit übernehmen können.[7]

---

[6] European Community – Transfrontier Shipment of Hazardous Waste

[7] Eine Auflistung der in der CEADS Europäische Vereinigung der Sonderabfallwirtschaft zusammengeschlossenen Verbände befindet sich auf Seite 17 ff.

Informations- und Harmonisierungsdefizite bestehen ebenfalls in großem Umfange für die in der EG vorhandenen Abfallentsorgungsanlagen. Nicht nur Vorschriften und Regelungen für den Bau und Betrieb der Anlagen sind zu erlassen, sondern in vielen Ländern ist auch die Entsorgungstechnik selbst regelungsbedürftig. Das Strategiepapier der EG-Kommission kommt daher zu dem Schluß:
„Angesichts der heute existierenden großen Unterschiede zwischen den technischen Vorschriften für die Abfallentsorgungsanlagen oder gar des Fehlens einer spezifischen Regelung besteht die Gefahr, daß in einem großen Binnenmarkt die Abfälle vorzugsweise den kostengünstigsten Anlagen zugeführt werden" und führt weiter aus: „Die Harmonisierung der technischen Vorschriften für solche Anlagen ist somit für den Umweltschutz vorrangig und muß auf ein hohes Schutzniveau ausgerichtet sein."[8]

CEADS – MEMBER-ASSOCIATIONS

BELGIUM

ENVIROBEL
Association des Centres de Traitement et
Acquereurs Professionnels de Déchets
Industriels
Rue du Canal 59
B – 1000 Bruxelles
Tel.: (32) – 2 – 2 11 38 11
Telex: (46) – 6 16 09
Fax: (32) – 2 – 2 18 40 19

FRANCE

SYPRED
Syndicat Professionnel des Propriétaires
Exploitants de Plateformes d'Elimination
des Déchets Industriels
B.P. No. 2
F – 39190 Cousance
Tel.: (33) – 84 – 85 97 77
Telex: (42) – 36 01 25
Fax: (33) – 84 – 48 96 02

GERMANY

Bundesverband Sonderabfallwirtschaft e. V.
(BPS)
Am Weiher 11
D – 5300 Bonn 3
Tel.: (49) – 2 28 – 48 00 25 / 26
Teletex: ( ) – (17) 2 28 38 78
Fax: (49) – 2 28 – 48 44 36

GREAT BRITAIN

NAWDC
National Association of Waste Disposal
Contractors
Mountbarrow House
6 – 20 Elisabeth Street
GB – London SW1W 9RB
Tel.: (44) – 71 – 8 24 88 82
Fax: (44) – 71 – 8 24 87 53

[8] Mitteilung der Kommission an den Rat ..., a. a. O., S. 21

NETHERLANDS	NVVCA Nederlandse Vereniging van Verwerkers van Chemische Afvalstoffen Voordijk 32 NL – 4209 SC Schelluinen Tel.: (31) – 18 30 – 2 37 71 Fax: (31) – 18 30 – 2 37 41
ITALY	U.I.D.A Unione Imprese Difesa Ambiente Piazza Diaz, 2 I – 20123 Milano Tel.: (39) – 2 – 80 90 06 Telex: (43) – 31 03 92 Fax: (39) – 2 – 86 13 06
SPAIN	VALLS QUIMICA, S. A. Psg. Sant Joan 94, 2.o., 2.a. E – 08009 Barcelona Tel.: (34) – 3 – 2 57 09 02 / 03 Telex: (52) – 9 92 66 Fax: (34) – 3 – 2 57 39 01

Redaktionsschluß 28.2.1991

4 Zulassungsverfahren

von Karl Jasper

Die Zulassung von Abfallentsorgungsanlagen wird in § 7 Abfallgesetz (AbfG) [1] geregelt. § 7 Abs. 1 AbfG bestimmt grundsätzlich, daß die Errichtung und der Betrieb von ortsfesten Abfallentsorgungsanlagen sowie die wesentliche Änderung einer solchen Anlage oder ihres Betriebes der Planfeststellung durch die zuständige Behörde bedürfen (= 4.1).
§ 7 Abs. 2 AbfG läßt für die in Satz 1 Nr. 1 bis 3 geregelten Fälle zu, daß die zuständige Behörde anstelle eines Planfeststellungsverfahrens auf Antrag oder von Amts wegen ein Genehmigungsverfahren durchführen kann (= 4.2).
Bei Abfallentsorgungsanlagen, die Anlagen im Sinne des § 4 des Bundesimmissionsschutzgesetzes (BImschG) [2] sind, erfolgt die Zulassung durch die Genehmigung nach § 4 BImschG, wenn die Voraussetzungen für die Durchführung eines Genehmigungsverfahrens nach § 7 Abs. 2 AbfG vorliegen (= 4.3)

4.1 Planfeststellungsverfahren gem. § 7 Abs. 1 AbfG in Verbindung mit §§ 72 ff VwVfG [3]

§ 7 Abs. 1 AbfG ordnet die Durchführung eines Planfeststellungsverfahrens an. Mangels eigener verfahrensrechtlicher Regelungen des AbfG gelten für die Durchführung des Planfeststellungsverfahrens die §§ 72 ff VwVfG.

4.1.1 Grundsätze der Planfeststellung

Für die Durchführung des Planfeststellungsverfahrens und den Planfeststellungsbeschluß sind die sich aus ihrem Wesen und ihren Rechtswirkungen ergebenden Grundsätze der Planfeststellung zu beachten. Gem. § 75 Abs. 1 VwVfG wird durch die Planfeststellung die Zulässigkeit des Vorhabens einschließlich der notwendigen Folgemaßnahmen an anderen Anlagen im Hinblick auf alle von ihm berührten öffentlichen Belange festgestellt; neben der Planfeststellung sind andere behördliche Entscheidungen, insbesondere öffentlichrechtliche Genehmigungen, Verleihungen, Erlaubnisse, Bewilligungen, Zustimmungen und Planfeststellungen nicht erforderlich (Konzentrationswirkung). Durch die Planfeststellung werden alle öffentlich-rechtlichen Beziehungen zwischen dem Träger des Vorhabens und den durch den Plan betroffenen Rechtsgestalten geregelt (Gestaltungwirkung). Im Hinblick auf diese Rechtswirkungen und dem sich aus § 2 Abs. 1 Satz 2 AbfG ergebenden Gebot zur Wahrung des Wohls der Allgemeinheit folgt, daß die abfallrechtliche Planfeststellung von dem Grundsatz der einheitlichen Problembewältigung ausgeht [4].

4.1.1.1 Konzentrationswirkung

Die Konzentrationswirkung besteht sowohl in verfahrensrechtlicher als auch in materiell-rechtlicher Hinsicht.
In verfahrensrechtlicher Hinsicht bedeutet sie, daß die für die Zulassung der Abfallentsorgungsanlage nach § 7 AbfG zuständige Behörde auch für die nach anderen Gesetzen zu erteilenden Genehmigungen, Erlaubnissen ... für die Zulassung der Abfallentsorgungsanlage und der notwendigen Folgemaßnahmen zuständig wird, und daß für die Durchführung des Verfahrens allein die §§ 72 ff. VwVfG Anwendung finden, nicht jedoch andere spezial gesetzlich geregelte Verfahrensvorschriften [5].
Daraus ergibt sich auch, daß den Behörden, die ihre Zuständigkeit verlieren, keine Mitentscheidungsbefugnis (Einvernehmen, Zustimmung) bei der Entscheidung der Planfeststellungsbehörde zusteht [6].
In materiell-rechtlicher Hinsicht bedeutet die Konzentrationswirkung, daß die Planfeststellungsbehörde die einzelgesetzlichen Regelungen darauf überprüfen muß, ob sie zwingende Zulassungsvoraussetzungen für bestimmte Vorhaben normieren, ob sie Leitsätze für die Planung aussprechen oder

ob sie nur sektorale Belange schützen, die im Rahmen der planerischen Abwägung zu berücksichtigen sind, und im übrigen die von jenem Recht geschützten Belange in die Abwägung einzubringen hat [7].
Das bedeutet z. B., daß die mit der Errichtung und dem Betrieb einer Deponie verbundene Verlegung eines Gewässers oder einer Druckrohrleitung für das Ableiten von Sickerwasser, die Beseitigung von Wald und Neuaufforstung, die Errichtung eines Gebäudes für Sozialräume, Labor und technische Ausstattung mit dem Planfeststellungsbeschluß abschließend geregelt werden, ohne daß es einer eigenen Entscheidung der ansich zuständigen Wasserbehörde, Forstbehörde oder Bauaufsichtsbehörde bedarf.
Davon zu unterscheiden ist jedoch der Fall, wenn das abfallrechtliche Vorhaben mit einem anderen selbständigen Vorhaben zusammentrifft, für dessen Zulassung ebenfalls ein Planfeststellungsverfahren vorgeschrieben ist. Dies kann z. B. zutreffen, wenn die Zufahrt zu einer Deponie über eine neu zu errichtende Straße erfolgen soll, die darüber hinaus als Ortsumgehung zur Entlastung des Durchgangsverkehrs gebaut werden soll. Wenn in diesem Fall für beide Vorhaben oder für Teile von ihnen nur eine einheitliche Entscheidung möglich ist, so regelt § 78 VwVfG, daß für diese Vorhaben oder für deren Teile nur ein Planfeststellungsverfahren stattfindet. Zuständigkeiten und Verfahren richten sich dann nach den Vorschriften über das Planfeststellungsverfahren für das Vorhaben, das einen größeren Kreis öffentlich-rechtlicher Beziehungen berührt (§ 78 Abs. 2 Satz 1 VwVfG). Anhaltspunkte für den „größeren Kreis öffentlich-rechtlicher Beziehungen" sind vor allem die Größe des erfaßten Gebietes, die Zahl der zu beteiligenden Personen, das Gewicht des öffentlichen Interesses an der Durchführung des Vorhabens, die Bedeutung der betroffenen subjektiven Rechte sowie die Intensität und Reichweite der vom Vorhaben ausgehenden nachteiligen Wirkungen sowie die Möglichkeiten ihrer Verhinderung bzw. Eindämmung [8].

4.1.1.2 Gestaltungswirkung

Indem die Planfeststellung alle öffentlich-rechtlichen Beziehungen zwischen dem Träger des Vorhabens und den durch den Plan Betroffenen rechtsgestaltend regelt (§ 75 Abs. 1 Satz 2 VwVfG), und dadurch, daß nach Unanfechtbarkeit des Planfeststellungsbeschlusses Ansprüche auf Unterlassung des Vorhabens, auf Beseitigung oder Änderung der Anlagen oder auf Unterlassung ihrer Benutzung ausgeschlossen sind (§ 75 Abs. 2 Satz 1 VwVfG), zeigt sich die umfassende Gestaltungswirkung des Planfeststellungsbeschlusses. Diese besteht einerseits in der Zulassung des Vorhabens und der Ersetzung aller notwendigen anderen öffentlich-rechtlichen Entscheidungen zugunsten des Trägers des Vorhabens sowie in dessen Verpflichtung, Auflagen gem. § 8 Abs. 1 AbfG zur Wahrung des Wohls der Allgemeinheit sowie Auflagen zum Schutze Drittbetroffener gem. § 8 Abs. 3 Satz 2 Nr. 3 AbfG zu erfüllen und andererseits in der Verpflichtung Drittbetroffener, alle sie berührenden Auswirkungen des Vorhabens zu dulden [9].

4.1.1.3 Grundsatz der Problembewältigung

Das Bundesverwaltungsgericht hat mit Beschluß vom 20.07.1979 grundlegend entschieden, daß die in der Rechtsprechung entwickelten Grundsätze zur planerischen Gestaltungsfreiheit für Planungsakte auch für abfallrechtliche Planfeststellungen gelten [10]. Nach diesen Grundsätzen ergibt sich „die planerische Gestaltungsfreiheit – auch ohne ausdrückliche Erwähnung – aus der Übertragung der Planungsbefugnis auf die Planfeststellungsbehörde in Verbindung mit der Erkenntnis, daß die Befugnis zur Planung – hier wie anderweit – einen mehr oder weniger ausgedehnten Spielraum an Gestaltungsfreiheit einschließt und einschließen muß, weil Planung ohne Gestaltungsfreiheit ein Widerspruch in sich wäre" [11].
Dieser Spielraum an Gestaltungsfreiheit bedeutet für die abfallrechtliche Planfeststellung zum einen, daß sie an die verfassungsrechtlich gebotenen Grenzen der planerischen Gestaltungsfreiheit gebunden ist, und zum anderen, daß sie einen bestimmten Lebenssachverhalt planerisch gestaltet.
Die Grenzen der Gestaltungsfreiheit ergeben sich

- aus der Planrechtfertigung des Vorhabens,
- aus den Planungsleitsätzen des AbfG und anderer gesetzlicher Vorschriften und
- aus den Anforderungen des Abwägungsgebotes [12] .

Nach dem für hoheitliche Planungen geltenden Grundsatz der Problembewältigung sind bei der Planung eines konkreten Vorhabens in umfassender Weise alle planerischen Gesichtspunkte einzubeziehen, die zur möglichst optimalen Verwirklichung der vorgegebenen Planungsaufgabe, aber auch zur Bewältigung der von dem Planvorhaben in seiner räumlichen Umgebung aufgeworfenen Probleme von Bedeutung sind. Da ein Planfeststellungsbeschluß abschließend, einheitlich und umfassend über die Zulässigkeit eines Vorhabens entscheidet, müssen alle wesentlichen Fragen Gegenstand der durch den Planfeststellungsbeschluß vorgenommenen Prüfung sein [13].

4.1.2 Antrag

Gemäß § 73 Abs. 1 Satz 1 VwVfG beginnt das Planfeststellungsverfahren damit, daß der Träger des Vorhabens den Plan bei der Anhörungsbehörde einreicht. Das Planfeststellungsverfahren beginnt demnach nur zu laufen, wenn ein entsprechender Antrag auf Feststellung des Planes zur Durchführung eines bestimmten Vorhabens eingereicht wird.
Nicht zum Planfeststellungsverfahren gehört die in der Mehrzahl aller Fälle stattfindende Erörterung zwischen dem Antragsteller und der Planfeststellungsbehörde über Gegenstand, Inhalt und Umfang des Antrages. Im Gegensatz zu § 2 Abs. 2 9. BImschV enthalten weder das Abfallgesetz noch das Verwaltungsverfahrensgesetz Regelungen darüber, daß die Planfeststellungsbehörde den Träger des Vorhabens im Hinblick auf die Antragstellung beraten soll [14]. Im Hinblick auf die sog. Betreuungs- und Fürsorgepflicht der Behörde gem. § 25 VwVfG ist es jedoch nicht nur als zweckmäßig, sondern auch als rechtmäßig anzusehen, wenn die Planfeststellungsbehörde den Träger des Vorhabens darüber informiert und berät, welche Anforderungen an einen Antrag zu stellen sind, der den o.g. Grundsätzen der Planfeststellung genügen soll.
Zu beachten ist jedoch, daß diese Beratung nicht zu einer Art „Vorverhandlung" [15] führt, in der über die Zulässigkeit des Vorhabens wesentliche Vorentscheidungen getroffen werden [16]. Daß eine derartige Konfliktlage denkbar ist, zeigt sich daran, daß in Nordrhein–Westfalen der Regierungspräsident als obere Abfallwirtschaftsbehörde sowohl für die Durchführung des Planfeststellungsverfahrens gem. § 38 in Verbindung mit § 34 LAbfG [17] als auch für die Aufstellung des Abfallentsorgungsplanes gem. § 17 in Verbindung mit § 34 LAbfG zuständig ist. Der „Rechtsgrundsatz des fairen Verwaltungsverfahrens" [18] für die Durchführung des Planfeststellungsverfahrens dürfte grundsätzlich dann verletzt sein, wenn die Planfeststellungsbehörde sich aufgrund der „Vorverhandlungen" in sachwidriger Weise für ihre spätere Entscheidung einengen lassen würde [19].

4.1.2.1 Der Plan

Der Plan, den der Träger des Vorhabens zur Einleitung des Planfeststellungsverfahrens bei der Behörde vorzulegen hat, besteht gem. § 73 Abs. 1 Satz 2 VwVfG aus Zeichnungen und Erläuterungen, die das Vorhaben, seinen Anlaß und die von dem Vorhaben betroffenen Grundstücke und Anlagen erkennen lassen.
Im Hinblick auf die o.g. Grundsätze der Planfeststellung muß der Plan so beschaffen sein, daß
- potentiell Betroffene das Ob und das Ausmaß ihres Betroffenseins erkennen können,
- zu beteiligende Behörden,insbesondere diejenigen, deren Entscheidung durch den Planfeststellungsbeschluß ersetzt wird, zu dem Vorhaben substantiiert Stellung nehmen können und
- der Verfahrensbehörde eine umfassende tatsächliche und rechtliche Prüfung ermöglicht wird [20].

Als Hilfe für Antragsteller stellt der Regierungspräsident Arnsberg das in Anlage 1) wiedergegebene „Merkblatt über die erforderlichen Antragsunterlagen zur Durchführung von Planfeststellungs- und Plangenehmigungsverfahren nach dem Abfallgesetz" zur Verfügung. In der Vorbemerkung zu dem Merkblatt heißt es ferner: „Die Antragsunterlagen sollen es der Genehmigungsbehörde und den übrigen beteiligten Stellen ermöglichen, das Vorhaben vollständig zu beurteilen, dessen Notwendigkeit zu erkennen und seine Auswirkungen auf alle eventuell betroffenen Bereiche abzuschätzen.
Vorbereitende Gespräche mit Fach- und Genehmigungsbehörden sind zu empfehlen, um alle erforderlichen Gesichtspunkte im Antrag darstellen zu können.

Anlage 1

Merkblatt

I. Antrag

1. Antragsteller (Name und Anschrift)
2. Entwurfsverfasser (Name und Anschrift)
3. Örtliche Lage der Anlage (Angabe der benutzten Grundstücke nach Gemarkung, Flur, Flurstück)
4. Inhaltsverzeichnis der beigefügten Unterlagen
5. Unterschrift

II. Erläuterungsbericht

Der Erläuterungsbericht ist in textlicher Form zu erstellen. Er kann durch Karten, Pläne, Skizzen und Bilder sinnvoll ergänzt werden bzw. ist auf die Planunterlagen (VI) zu verweisen.

1. Veranlassung, Aufgabenstellung und Vertragsregelungen
2. Flächenauswahl, Standortbegründung (Alternativen)
3. Beschreibung der Abfälle
   - 3.1 Abfallschlüsselnummer der Abfallstoffe
   - 3.2 Angaben über Mengen, Art, Zusammensetzung und Herkunft der Abfallstoffe
   - 3.3 Entsorgungsgebiet
   - 3.4 Angabe der Anlieferer
4. Standortbeschreibung
   - 4.1 Vorhandene Oberflächen- und Landschaftsgestaltung
   - 4.2 Metereologische Einflüsse
   - 4.4 Nachbarschaft und Einflußbereich, Flächennutzung (Abstände, Schutzgebiete)
5. Vorhandene Genehmigungen
6. Deponienvolumen, Umfang der Anlage
7. Geplante Laufzeit
8. Prognostizierte Anlieferungsmenge, auch Teilmengen (jährlich, täglich)
9. Wasserwirtschaftliche Situation (z.B. Lage zum Vorfluter, Überschwemmungsgebiet, Wasserschutzgebiet)
10. Angaben über öffentliche und private Trinkwassergewinnungsanlagen im Einflußbereich der Deponie
11. Eignung des Untergrundes aus geologischer bzw. hydrogeologischer Sicht (VIII)
12. Benennung einer verantwortlichen Person (Betriebsbeauftragten für Abfall) für die Errichtung, die Führung und Aufsicht der Anlage und Einhaltung der Auflagen. Es ist die volle dienstliche und private Anschrift und Telefonnummer anzugeben.
13. Höhe der Investitionskosten (Grundstück, Bau, Einrichtung)

III. Betriebseinrichtungen

1. Erschließung und Straßenanbindung
2. Einrichtungen zum Immissionsschutz (z.B. Reifenwaschanlage, Abrollstrecke, Kehrmaschine, Papierfangeinrichtungen, Lärmschutz)
3. Vorgesehene Sicherung der Anlage (z.B. Zaun)
4. Bauliche Anlagen (z.B. Wärterhaus, Sanitäreinrichtungen, Waage, Labor, Werkstatt, Lagerräume, s. auch VII)
5. Ver- und Entsorgungseinrichtungen (z.B. Energie, Wasser, Abwasser)
6. Umladestation, Kleinanlieferungseinrichtung
7. Dichtungssystem (Planum, Dränage, Abdichtung, Schutzschicht)
8. Sickerwasserableitung und -behandlung (z.B. Dränage, Leitungen, Schächte, Speicherung, Abwasserbehandlung)
9. Oberflächenwasserableitung (z.B. Randgräben, Rückhaltebecken)
10. Deponiegaserfassung, -ableitung, -entsorgung, -verwertung
11. Kontrolleinrichtungen (z.B. Grundwasser, Emissionen)
12. Wetterstation

IV. Deponiebetrieb

1. Öffnungszeiten/Betriebszeiten
2. Personalausstattung und -einsatz
3. Geräteausstattung und -einsatz
4. Arbeits- und Unfallschutz
5. Annahmekontrolle
6. Betriebsablauf der Deponie (z.B. Schüttphasen, besondere Ablagerungsbereiche, Zwischenabdeckung, Einbau, Einbaukontrolle, Verkehrsführung, Ablagerungsplan, Dokumentation, Sickerwasserreduzierung)
7. Brandschutz
8. Betriebsanweisung, Deponieordnung
9. Eigenüberwachung, Kontrollen

V. Abschluß der Anlage und Rekultivierung

1. Oberste Abfallschicht
2. Aufbau der Abschlußschicht, -abdeckung
3. Nutzung des Geländes nach Abschluß des Betriebes
4. Landschaftspflegerischer Begleitplan
5. Pflanzlisten, -schema
6. Ausgleichs- und Ersatzmaßnahmen
7. Oberflächenwasserableitung

VI. Berechnung und Bemessung von Anlageteilen

1. Ermittlung der Ablagerungsmengen und -arten aus dem Einzugsgebiet
2. Einrichtung für die Wasserversorgung (Trink-, Brauch-, Löschwasser)
3. Einrichtungen für die Abwasserbeseitigung (Anfall, Belastung, Behandlung, Kontrolle, Ableitung, Grundstücksentwässerung, hydraulische Nachweise)
4. Sammlung, Behandlung und Ableitung von Sickerwasser
5. Sammlung und Ableitung des Grund- und Oberflächenwassers
6. Nachweise des Deponievolumens
7. Statische Nachweise baulicher Anlagen
8. Bodenmechanische Nachweise (Standsicherheit, Setzung des Deponiekörpers und -untergrundes)
9. Deponieentgasung und -behandlung
10. Materialeingangsprüfungen
11. Schallemissionen und -immissionen

VII. Planunterlagen

1. Übersichtskarte M 1 : 100.000 bis 1 : 200.000 mit Eintragung des Entsorgungsgebietes und des Standortes
2. Übersichtskarte (topographische Karte) M 1 : 10.000 bis 1 : 50.000 mit Eintragung der Anlage und der örtlichen Erschließung (Verkehr, Wasser, Abwasser, Strom) sowie der umliegenden Grund- und Oberflächenwassernutzungen
3. Lageplan M 1 : 1000 und 1 : 5000 mit Eintragung der tatsächlichen Nutzung – insbesondere der Wohnbebauung – der umliegenden Grundstücke
4. Grundstücksverzeichnis und amtlicher Katasterplan
5. Lageplan M 1 : 1000 bis M 1 : 5000 mit Höhenlinien und Eintragung sämtlicher Einrichtungen und Nebenanlagen (z.B. Zufahrt, Umzäunung, Betriebsgebäude, Wasser- und Stromzuführung, Fernmeldeeinrichtungen, Sammlung, Behandlung und Ableitung von Oberflächen- und Sickerwässern, Grundwasserhöhengleichen, Grundwasserfließrichtung). Darstellung der Höhenlinien auch für den geplanten Endzustand.
6. Detailpläne (z.B. Eingangsbereich, Schnitte für Zufahrtsstraßen, wasserbauliche Anlagen)
7. Querschnitte und Längsschnitte M 1 : 1000 bis M 1 : 5000 (Höhenmaßstab M 1 : 100) des Deponiegeländes und des Deponiekörpers für die verschiedenen Betriebszustände mit Eintragung des höchsten gemessenen Grundwasserspiegels und der Zeitangabe der Messung, sowie Profilpläne (Schichtenverzeichnis) (Schüttphasenplan)
8. Meßstellen und Plan von Überwachungseinrichtungen

9. Bauzeichnungen M 1 : 50 bis M 1 : 200 (Grundrisse, Schnitte, Ansichten)
10. Entwässerungsplan für Oberflächen-, Schicht-, Sicker- und Abwasser in den einzelnen Teilabschnitten
11. Betriebsplan (Angaben zur Lage der Schüttflächen, Schutzwälle und Deponiestraßen in den einzelnen Teilabschnitten)
12. Landschaftspflegerischer Begleitplan (Rekultivierung) mit Angaben aller Maßnahmen während der Betriebszeit sowie der Endgestaltung des Deponiekörpers und späteren Nutzung des Geländes
13. Zur Veranschaulichung der Planung empfehlen sich auch Luftbilder, Modelle und Darstellungen in unverzerrten Schnitten

Im übrigen sollen sich die baulichen Unterlagen nach der Bauvorlagenverordnung richten.

VIII. Fachgutachten

1. Vergleichendes Gutachten zur Auswahl des Deponiestandortes
2. Geologisches und hydrogeologisches Gutachten mit Angaben über Untergrund und Grundwasserverhältnisse, Durchlässigkeit des Untergrundes, erforderliche Abdichtungsmaßnahmen
3. Meterologisches Gutachten
4. Emissions- bzw. Immissionsgutachten
5. Bodenmechanisches Gutachten
6. Gutachten zur Basisabdichtung
7. Gutachten zur Deponiegasbildung, -fassung und -behandlung
8. Gutachten zur Sickerwassersammlung und -behandlung

Das Merkblatt ist eine Zusammenstellung aller regelmäßig erforderlichen Angaben und Unterlagen. Ob jedoch Aussagen zu sämtlichen Punkten erforderlich oder möglich sind, ist im Einzelfall zu entscheiden.
Die Antragsunterlagen sind nach Abstimmung mit der Genehmigungsbehörde X-fach vorzulegen. Sämtliche Antragsunterlagen sind urschriftlich vom Antragsteller und vom Entwurfsverfasser rechtsverbindlich zu unterschreiben".

4.1.2.2 Vollständigkeit und Schlüssigkeit

Der Regierungspräsident prüft die Vollständigkeit und Schlüssigkeit des eingereichten Planes, d. h., ob

- ein wirksamer Antrag im Sinne des § 22 Nr. 2 VwVfG vorliegt und
- der Plan den Anforderungen des § 73 Abs. 1 Satz 2 VwVfG genügt.

Denn nur bei Vorliegen dieser Voraussetzungen besteht Anlaß, das Anhörungsverfahren zu beginnen [21].
Ergeben sich bei dieser Prüfung Mängel des Antrages, so ist der Antragsteller aufzufordern, die Planunterlagen entsprechend zu ergänzen.
Ergeben sich zu diesem Zeitpunkt bereits zwingende Versagungsgründe im Sinne des § 8 Abs. 3 AbfG, oder kommt der Antragsteller seiner Substantiierungspflicht nach § 73 Abs. 1 Satz 2 VwVfG nicht nach, so ist die Behörde nicht verpflichtet, das Anhörungsverfahren durchzuführen. Sie weist in diesem Falle den Antrag zurück [22].
Zwingende Versagungsgründe bereits im Zeitpunkt der Antragstellung können vorliegen, wenn z. B.. ein privates Unternehmen, das gemäß § 3 Abs. 4 AbfG für die in seinem Betrieb anfallenden Abfälle entsorgungspflichtig ist, für die Errichtung einer Abfallentsorgungsanlage Grundstücke Dritter in Anspruch nehmen muß, die dieser Inanspruchnahme jedoch widersprochen haben; für diesen Fall der sog. „privatnützigen Planfeststellung" [23] wäre ein zur Durchsetzung des Vorhabens notwendiges Enteignungsverfahren unzulässig, da gemäß Artikel 14 Grundgesetz eine Enteignung nur zur Durchsetzung eines übergeordneten öffentlichen Interesses zulässig ist [24].
Dem Antragsteller bleibt es unbenommen, die rechtlichen Hindernisse für die Durchführung des Planfeststellungsverfahrens zu beseitigen und einen erneuten Antrag zu stellen.

4.1.2.3 Aktivlegitimation

Als Antragsteller für die Durchführung eines abfallrechtlichen Planfeststellungsverfahrens kommen regelmäßig nur die Entsorgungspflichtigen oder die von ihnen Beauftragten gemäß § 3 AbfG in Betracht. Entsorgungspflichtige Körperschaften im Sinne von § 3 Abs. 2 AbfG sind in Nordrhein-Westfalen die Kreise und kreisfreien Städte gemäß § 5 LAbfG oder Abfallbeseitigungsverbände gemäß § 6 LAbfG. Regelfall der abfallrechtlichen Planfeststellung ist ein Vorhaben, das zur Erfüllung der öffentlich-rechtlichen Entsorgungspflicht der o.g. öffentlich-rechtlichen Körperschaften durchgeführt weden soll (sog. „Gemeinnützige Planfeststellung" [25].
Da sich die öffentlich-rechtlichen Körperschaften zur Erfüllung ihrer Entsorgungspflicht auch privater Dritter bedienen können (§ 3 Abs. 2 Satz 2 AbfG), kommen als Antragsteller für ein gemeinnütziges Planfeststellungsverfahren auch private Entsorgungsunternehmen in Betracht. Voraussetzung für die Einleitung des Planfeststellungsverfahrens ist in diesen Fällen, daß der private Antragsteller den Nachweis erbringt, daß er durch die entsorgungspflichtige Körperschaft zur Durchführung des Vorhabens beauftragt worden ist. Kann er diesen Nachweis nicht erbringen, so ist die Durchführung des Verfahrens wegen fehlender Aktivlegitimation des Antragstellers abzulehnen.

4.1.3 Anhörungsverfahren

Das in § 73 VwVfG geregelte Anhörungsverfahren hat zwei Ziele zum Gegenstand:

1) Die Planfeststellungsbehörde soll sich möglichst umfassend über den für ihre Entscheidung maßgeblichen Sachverhalt unterrichten und für die von ihr zu treffende Abwägungsentscheidung von allen abwägungserheblichen Gesichtspunkten Kenntnis erhalten, um diese in ihrer Entscheidung über die Zulassung des Planes einstellen zu können [26].
2) Als Ausfluß des verfassungsrechtlichen Grundsatzes des rechtlichen Gehörs gewährt § 73 VwVfG den von dem Vorhaben Betroffenen einen Anspruch darauf, „sich zu den Auswirkungen der Planung auf ihre Belange äußern zu können, was selbstverständlich auch ihren Anspruch darauf beinhaltet, daß ihre Einwendungen zur Kenntnis genommen und berücksichtigt – d. h. in die Abwägung eingestellt werden" [27]. Diese Funktion des Anhörungsverfahrens wird unter dem Begriff der „substantiellen Anhörung" nach der Rechtsprechung des Bundesverwaltungsgerichts dahingehend verstanden, daß die Planbetroffenen nicht nur Gelegenheit erhalten, das Ausmaß ihrer persönlichen Betroffenheit darlegen zu können, sondern zugleich auch die Gelegenheit, sich jedenfalls zu den entscheidungserheblichen Tatsachen zu äußern.

Der Ablauf des Anhörungsverfahrens ist nach § 73 VwVfG so vorgesehen,

1) daß die Stellungnahmen der Behörden eingeholt werden, deren Aufgabenbereich durch das Vorhaben berührt wird (§ 73 Abs. 2 VwVfG),
2) daß der Plan in den Gemeinden, in denen sich das Vorhaben voraussichtlich auswirkt, 1 Monat zur Einsicht ausgelegt wird (§ 73 Abs. 3 Satz 1 VwVfG),
3) daß jeder, dessen Belange durch das Vorhaben berührt werden, bis 2 Wochen nach Ablauf der Auslegungsfrist Einwendungen gegen den Plan erheben kann (§ 73 Abs. 4 Satz 1 VwVfG) und
4) daß die Verfahrensbehörde in einem Erörterungstermin die rechtzeitig erhobenen Einwendungen gegen den Plan und die Stellungnahmen der Behörden zu dem Plan mit dem Träger des Vorhabens, den Behörden, den Betroffenen sowie den Personen, die Einwendungen erhoben haben, erörtert (§ 73 Abs. 6 Satz 1 VwVfG).

4.1.3.1 Beteiligte

Die genannten Regelungen über den Ablauf des Anhörungsverfahrens lassen folgenden beteiligten Kreis erkennen:

1. Anhörungsbehörde
2. Träger des Vorhabens
3. Behörden,

3.1 deren Entscheidung ersetzt wird, z. B. Baugenehmigungsbehörde,
3.2 denen ein gesetzliches Mitwirkungsrecht zusteht, z. B. Landschaftsbehörde,
3.3 deren fachspezifischer Aufgabenkreis eine Mitwirkung erforderlich macht, z. B. Staatliches Amt für Wasser und Abfallwirtschaft, und

3.4 die zu abwägungserheblichen Gesichtspunkten unter Beachtung des Wohls der Allgemeinheit im Sinne des § 2 Abs. 1 AbfG sowie unter Beachtung der potentiellen Betroffenheit Dritter ihren fachlichen Beitrag leisten, z. B. Gesundheitsbehörde,

4. Gemeinden als

4.1 Träger der Planungshoheit gemäß Artikel 28 Abs. 2 Grundgesetz, soweit sich der Standort des Vorhabens auf ihrem Gebiet befindet oder sich das Vorhaben oder sein Betrieb auf ihr Gebiet voraussichtlich auswirken wird,

4.2 Grundstückseigentümer, soweit für das Vorhaben gemeindeeigene Grundstücke in Anspruch genommen werden müssen,

4.3 Träger von Behörden im Sinne von Nr. 2 und

4.4 Träger kommunaler Einrichtungen, entweder als Ausfluß der kommunalen Selbstverwaltungshoheit oder aufgrund gesetzlicher Vorschriften, wie z. B. der kommunalen Trinkwasserversorgung, der Abwasserentsorgung oder des Brandschutzes [28].

5. Verbände, denen entweder ein bestimmter öffentlich-rechtlicher Wirkungskreis übertragen worden ist oder denen besondere Verfahrensrechte eingeräumt worden sind, z. B. Naturschutzverbände gemäß § 29 Bundesnaturschutzgesetz, sondergesetzliche Wasserverbände oder der Gemeindeunfallversicherungsverband zur Beachtung von Regelungen des Arbeitsschutzes für Bedienstete öffentlich-rechtlicher Körperschaften,

6. Betroffene,

7. Einwender und

8. Sachverständige, die die Verfahrensbehörde hinzugezogen hat, weil die Beurteilung des Sachverhalts eine besondere Sachkunde erfordert, die kein Angehöriger der Behörde oder der beteiligten Behörden besitzt [29].

4.1.3.2 Verfahren vor der Auslegung

Gemäß § 73 Abs. 2 VwVfG holt die Anhörungsbehörde die Stellungnahmen der Behörden ein, deren Aufgabenbereich durch das Vorhaben berührt wird.

Diese „Behördenbeteiligung" erfolgt in der Regel dergestalt, daß neben den in 3.1 genannten Behörden auch die betroffenen Gemeinden und Verbände eine Ausfertigung des vom Antragsteller eingereichten Plans übersandt bekommen, um zu dem Vorhaben Stellung zu nehmen.

Als wirksames Instrument der Verfahrensbehörde zur Sachverhaltsaufklärung erweist sich in diesem Stadium des Verfahrens die Durchführung eines sog. „Behördentermins". Mit der Übersendung der Planunterlagen werden die zur Stellungnahme aufgeforderten Behörden, Gemeinden und Verbände zu einer gemeinsamen Ortsbesichtigung und einem ersten Meinungsaustausch eingeladen. Der Termin sollte regelmäßig rd. 1 Monat nach Versenden der Antragsunterlagen stattfinden.

Für die Sachverhaltsaufklärung durch die Verfahrensbehörde trägt dieser „Behördentermin" in mehrfacher Hinsicht bei:

- Textliche und zeichnerische Erläuterungen des Planes können vor Ort erläutert und in ihren Auswirkungen erkennbar gemacht werden; Zweck des Termins ist es auch, alle Beteiligten zumindest einmal „vor Ort" zusammenzuführen, um „Stellungnahmen vom Grünen Tisch" zu vermeiden;
- der Träger des Vorhabens hat Gelegenheit, aufgetretene Fragen zu seinem Vorhaben zu erläutern;
- die von den beteiligten Behörden, Gemeinden und Verbänden gestellten Fragen, erbetene Hinweise auf Erläuterungen oder erste vorläufige Stellungnahmen tragen insgesamt zur Meinungsbildung aller an dem Termin Beteiligten bei und können somit auch für die behördliche Stellungnahme verwertet werden;
- aus dem Termin kann sich bereits die Aufforderung an den Antragsteller ergeben, seine Planunterlagen in wesentlichen Punkten zu ergänzen.

Die abgegebenen Stellungnahmen ermöglichen der Verfahrensbehörde die Entscheidung,

- ob ein zwingender Versagungsgrund im Sinne des § 8 Abs. 3 AbfG vorliegt,
- ob die Planunterlagen für eine Auslegung gemäß § 73 Abs. 3 VwVfG geeignet sind oder
- ob zur Klärung bestimmter Fragen ein Sachverständiger zu dem Verfahren hinzuzuziehen ist.

Eine Auslegung der Planunterlagen kommt nur in Betracht, wenn kein zwingender Versagungsgrund gegen das Vorhaben vorliegt. Ist zur positiven Entscheidung über das Vorliegen eines zwingenden Versagungsgrundes allerdings eine Abwägung zwischen den Belangen der Abfallwirtschaft und anderen Belangen, z. B. denen des Natur- und Landschaftsschutzes gemäß § 4 Landschaftsgesetz NW erforderlich, so ist das Anhörungsverfahren zu beenden. In diesen Fällen bedarf es also der Auslegung der Planunterlagen, da mit dem weiteren vorgesehenen Verfahren, u. a. dem Erörterungstermin, sich weitere Gesichtspunkte für den Abwägungsprozeß der Planfeststellungsbehörde ergeben können.

4.1.3.3 Auslegung

Gemäß § 73 Abs. 3 Satz 1 VwVfG ist der Plan auf Veranlassung der Anhörungsbehörde in den Gemeinden, in denen sich das Vorhaben voraussichtlich auswirkt, 1 Monat zur Einsicht auszulegen. Die Auslegung dient der Information der von dem Vorhaben potentiell Betroffenen und der Allgemeinheit über das Vorhaben [30]. Die Auslegung hat vor allem „Anstoßfunktion" [31], da sie den von der Planung potentiell Betroffenen Anlaß geben soll zu prüfen, ob ihre Belange von der Planung berührt werden und ob sie deshalb im Anhörungsverfahren zur Wahrung ihrer Rechte Einwendungen erheben sollen [32].

Die Anforderungen an den ausgelegten Plan richten sich danach, daß die Auslegung ihren Informationszweck erfüllen muß. Aus diesem Grunde ist es selbstverständlich, daß die ausgelegten Planunterlagen von der gleichen Qualität sein müssen wie diejenigen, die den beteiligten Behörden zur Stellungnahme übersandt worden sind.

Eine regelmäßige Erörterung ruft jedoch die Frage hervor, ob über die vom Träger des Vorhabens vorgelegten Unterlagen (Erläuterungsbericht und Zeichnungen) hinaus weitere Unterlagen ausgelegt werden müssen, nämlich

- die Stellungnahmen der beteiligten Behörden, Gemeinden und Verbände,
- die vom Antragsteller selbst eingeholten Gutachten und
- die von der Verfahrensbehörde eingeholten Gutachten.

Zu allen drei Punkten besteht übereinstimmende Auffassung, daß der Wortlaut des § 73 Abs. 3 VwVfG keine Rechtspflicht der Anhörungsbehörde begründet, den ausgelegten Plan um diese Unterlagen zu ergänzen [33].

Wenn demnach die Entscheidung darüber, welche weiteren Unterlagen ausgelegt werden, ins Ermessen der Verfahrensbehörde gestellt ist, so ist die Ausübung dieses Ermessens an dem Zweck des Anhörungsverfahrens zu orientieren.

Soll das Verfahren einer „substantiellen Anhörung" (s. o. zu 3.) genügen, so dürfte regelmäßig geboten sein, die vom Antragsteller beigebrachten Gutachten mitauszulegen, die die Unbedenklichkeit des Vorhabens belegen sollen.

Hat die Verfahrensbehörde selbst vor der Auslegung Gutachten eingeholt, um die von dem Vorhaben ausgehenden Wirkungen auf die Belange des Wohls der Allgemeinheit oder gar auf die Rechte Dritter untersuchen zu lassen, so ist es zumindest sehr empfehlenswert, diese Gutachten ebenfalls mit auszulegen. Die Auslegung auch dieser Gutachten gewährleistet im Sinne einer „substantiellen Anhörung", daß sich die von dem Vorhaben potentiell Betroffenen ein Urteil über Ob und Ausmaß ihres Betroffenseins bilden können, eine begründete Entscheidung treffen können, ob sie gegen das Vorhaben Einwendungen erheben und dementsprechend ihren Beitrag für die Beurteilung aller entscheidungserheblichen Tatsachen leisten können.

Ob sich aus dieser Überlegung heraus für die Anhörungsbehörde eine Ermessensreduzierung auf Null dahingehend ergibt, daß sie alle Ermittlungsergebnisse mit auszulegen hat [34], kann für die hier vertretene Auffassung in bezug auf die Auslegung von Gutachten offenbleiben; hinsichtlich der Stellungnahmen der beteiligten Behörden, die ebenfalls als „Ermittlungsergebnisse" anzusehen sind, ist eine solche Rechtsfolge jedoch nicht geboten. Vom Sinn der „Anstoßfunktion" der Auslegung ist nicht erfaßt, daß den ausgelegten Unterlagen auch die Beurteilungen und Bewertungen des vom Gesetz in § 73 Abs. 2 VwVfG vorgesehenen Beteiligtenkreis beizugeben sind. Im Hinblick auf die Funktion der Auslegung, neben den potentiell Betroffenen auch die Allgemeinheit über das Vorhaben zu informieren, ist die Auslegung von dem Recht auf Akteneinsicht gemäß § 29 VwVfG zu unterscheiden [35].

Da gemäß § 29 Abs. 1 Satz 2 VwVfG das Recht auf Akteneinsicht bis zum Abschluß des Verwaltungsverfahrens eingeschränkt gilt, erscheint es um so naheliegender, daß sich das Prinzip der „substantiellen Anhörung" im Planfeststellungsverfahren hinsichtlich der Stellungnahmen der Behörden darauf beschränkt, daß die Stellungnahmen der Behörden in dem Erörterungstermin gemäß § 73 Abs. 4 VwVfG erörtert werden.
Ort der Auslegung sind gemäß § 73 Abs. 3 VwVfG regelmäßig die Gemeinden, in denen sich das Vorhaben voraussichtlich auswirkt. Damit ist in jedem Fall die Standortgemeinde des Vorhabens gemeint. Darüber hinaus sind die Pläne jedoch auch in den Gemeinden auszulegen, die durch das Vorhaben dergestalt betroffen sind, daß von ihrem Gebiet die Erschließung der Anlage erfolgen soll, die Entsorgung von Sickerwässern geplant ist, oder daß Einwendungsberechtigte im Sinne des § 73 Abs. 4 VwVfG dort ihren Hauptwohnsitz haben [36]. Die Dauer der Auslegung beträgt 1 Monat, wobei für die Berechnung der Monatsfrist der Tag, an dem die Planunterlagen erstmals ausgelegt werden, mitgerechnet wird; gemäß § 31 Abs. 1 VwVfG in Verbindung mit §§ 187 Abs. 2, 188 Abs. 2 II. Alternative BGB bedeutet dies, daß die Planunterlagen, die am 20.05. erstmals ausgelegt werden, bis zum 19.06. ausliegen müssen [37].
Gemäß § 73 Abs. 5 Satz 1 VwVfG haben die Gemeinden, in denen der Plan auszulegen ist, die Auslegung mindestens 1 Woche vorher ortsüblich bekanntzumachen. In welcher Weise ortsüblich bekanntgemacht wird, regelt sich nach dem jeweiligen kommunalen Ortsrecht; die Bekanntmachung kann daher durch Aushang, durch Bekanntmachung im amtlichen Mitteilungsblatt oder durch Veröffentlichung in der Tageszeitung erfolgen.
§ 73 Abs. 5 Satz 2 VwVfG regelt den Inhalt der Bekanntmachung. Danach ist in der Bekanntmachung darauf hinzuweisen,

- wo und in welchem Zeitraum der Plan zur Einsicht ausgelegt ist;
- daß etwaige Einwendungen bei den in der Bekanntmachung zu bezeichnenden Stellen innerhalb der Einwendungsfrist vorzubringen sind;
- daß bei Ausbleiben eines Beteiligten in dem Erörterungstermin auch ohne ihn verhandelt werden kann und verspätete Einwendungen bei der Erörterung und Entscheidung unberücksichtigt bleiben können;
- daß
  a) die Personen, die Einwendungen erhoben haben, von dem Erörterungstermin durch öffentliche Bekanntmachung benachrichtigt werden können,
  b) die Zustellung der Entscheidung über die Einwendungen durch öffentliche Bekanntmachung ersetzt werden kann, wenn mehr als 300 Benachrichtigungen oder Zustellungen vorzunehmen sind.

Für die Fälle, daß von dem Vorhaben Dritte als Grundstückseigentümer betroffen sind, die jedoch ihren gewöhnlichen Aufenthalt nicht in der Gemeinde haben, sieht § 73 Abs. 5 Satz 3 VwVfG vor, daß diese nicht ortsansässigen Betroffenen von der Gemeinde über die Auslegung informiert werden, soweit deren Person und Aufenthalt bekannt sind oder sich innerhalb angemessener Frist ermitteln lassen; Gegenstand der Benachrichtigung ist der in der ortsüblichen Bekanntmachung bekanntgegebene Inhalt (zur Aufforderung an die Gemeinde und zum Text der Bekanntmachung vgl. Anlagen 2 und 3; Seite 37 und 38).

4.1.3.4 Einwendungen

Gem. § 73 Abs. 4 Satz 1VwVfG kann jeder, dessen Belange durch das Vorhaben berührt werden, bis 2 Wochen nach Ablauf der Auslegungsfrist schriftlich oder zur Niederschrift bei der Anhörungsbehörde oder bei der Gemeinde Einwendungen gegen den Plan erheben.
Das Gesetz selbst definiert den Begriff der Einwendung nicht näher. Als Bestandteil des Anhörungsverfahrens ist die Einwendung als eine Verfahrenshandlung anzusehen, mit der das Ziel verfolgt wird, auf den weiteren Ablauf des Verfahrens und den Inhalt der von der Planfeststellungsbehörde zu treffenden Entscheidung Einfluß zu nehmen. In diesem Sinne wird die Einwendung als „sachliches, auf die Verhinderung oder Modifizierung des Vorhabens abzielendes Gegenvorbringen" verstanden [38].
Entsprechend dem Gesetzeswortlaut wird man daher die Einwendung als ein Vorbringen zu verstehen haben, mit dem geltend gemacht wird, durch das Vorhaben in eigenen Belangen berührt

Anlage 2

DER REGIERUNGSPRÄSIDENT ARNSBERG

Postanschrift: Regierungspräsident, Postfach, 5760 Arnsberg 2

Bekanntmachung

hat gemäß § 7 Abs. 1 des Gesetzes über die Vermeidung und Entsorgung von Abfällen (Abfallgesetz - AbfG) die Feststellung folgenden Planes beantragt:

Errichtung und Betrieb einer in der Gemarkung , Flur , Flurstück .

Der Plan, aus dem sich Art und Umfang des Vorhabens ergeben, liegt einen Monat in der Zeit vom bis bei während der Dienststunden aus.

Jeder, dessen Belange durch das Vorhaben berührt werden, kann nach § 73 Abs. 4 Verwaltungsverfahrensgesetz (VwVfG NW) bis 2 Wochen nach Ablauf der Auslegungsfrist schriftlich oder zur Niederschrift bei oder beim Regierungspräsidenten Arnsberg - Dezernat 54.1 -, Seibertzstr. 1, 5760 Arnsberg 2, Einwendungen gegen den Plan erheben.

Es wird gebeten, daß Einwendungen den Namen, Vornamen und die genaue Anschrift des Einwenders enthalten.

Nach Ablauf der Einwendungsfrist werden die rechtzeitig erhobenen Einwendungen gegen den Plan und die Stellungnahmen der Behörden zu dem Plan mit dem Träger des Vorhabens, den Behörden, den Betroffenen sowie den Personen die Einwendungen erhoben haben, in einem Erörterungstermin erörtert.
Der Erörterungstermin wird mindestens eine Woche vorher ort bekanntgemacht.
Dieser Termin ist nicht öffentlich.

Es wird darauf hingewiesen, daß

a) verspätete Einwendungen bei der Erörterung und Entscheid berücksichtigt bleiben können,

b) bei Ausbleiben eines Beteiligten in dem Erörterungstermi ohne ihn verhandelt und entschieden werden kann,

c) die Personen, die Einwendungen erhoben haben, von dem Erörterungstermin durch öffentliche Bekanntmachung benachrichtigt werden können und

d) die Zustellung der Entscheidung über die Einwendungen durch öffentliche Bekanntmachung ersetzt werden kann, wenn mehr als 300 Benachrichtigungen oder Zustellungen vorzunehmen sind.

Die Auslegung des Planes wird hiermit bekanntgemacht.

Az.: 54.1.21-2.

Der Regierungspräsident
Arnsberg, den

Anlage 3

DER REGIERUNGSPRÄSIDENT ARNSBERG

Postanschrift: Regierungspräsident, Postfach, 5760 Arnsberg 2

Gegen Empfangsbekenntnis

Dienstgebäude : Seibertzstraße 1
Telefon : 02931/82
Zimmer-Nr. :
Auskunft erteilt:

Ihr Zeichen und Tag | Mein Zeichen 54.1.21-2. | Arnsberg,

Betrifft:
hier:

Anlage:

Als Anlage übersende ich eine Ausfertigung der Planunterlagen und den Text der Bekanntmachung (fach) mit der Bitte

- den um Zeit- und Ortsangaben zu ergänzenden Text Ihrer Satzung entsprechend ortsüblich bekannt zu machen und

- die Ausfertigung der Planunterlagen nach § 73 Abs. 5 VwVfG auszulegen.

Nicht ortsansässige Betroffene, deren Person und Aufenthalt bekannt sind oder sich innerhalb angemessener Frist ermitteln lassen, bitte ich durch ein besonderes Schreiben mit dem Bekanntmachungstext auf die Auslegung hinzuweisen.

Die Planunterlagen bitte ich nach Ablauf der Einwendungsfrist zurückzusenden. Beizufügen sind:

1. eine Liste der auf die Bekanntmachung besonders hingewiesenen Personen,

2. der Nachweis über die erfolgte Auslegung des Planes (jede einzelne Anlage des Planes bitte ich mit dem Auslegungsvermerk zu versehen),

3. die mit Ihrem Eingangsstempel versehenen Einwendungsschreiben oder Niederschriften von Einwendungen.

Den Nachweis über die erfolgte ortsübliche Bekanntmachung bitte ich mir bereits vor der Planauslegung zu übersenden.

Im Auftrag

zu werden. Aus dieser Bedeutung der Einwendung und entsprechend dem Zweck eines „substantiellen“ Anhörungsverfahrens ergeben sich die inhaltlichen Anforderungen an die Einwendung.

- Die Einwendung muß substantiiert erkennen lassen, welches seiner Rechtsgüter der Einwender für gefährdet hält und welche Beeinträchtigung befürchtet wird. Dabei gilt nach der Rechtsprechung des Bundesverfassungsgerichts als substantiierter Vortrag, wenn die Einwendung das gefährdete Rechtsgut und die befürchteten Beeinträchtigungen in groben Zügen erkennen lassen [39].
  Daraus ergibt sich, daß ein bloßes Nein („Ich erhebe gegen den Plan Einwendungen“) ebensowenig als Einwendung im Sinne des § 73 Abs. 4 VwVfG gilt wie die Ablehnung des Vorhabens aus allgemeinen abfallwirtschaftspolitischen oder gesellschaftlichen Erwägungen heraus [40].
- Eine Begründung der Einwendung ist nicht erforderlich. Es braucht daher nicht angegeben zu werden, aus welchem Grund von dem Vorhaben die befürchteten Gefährdungen ausgehen [41].

Einwender kann jeder sein, dessen Belange durch das Vorhaben berührt werden.

Als Belange sind alle subjektiven Rechte und sonstigen rechtlich nicht geschützten Interessen, nämlich wirtschaftliche, soziale, kulturelle, ideelle und sonstige Interessen zu verstehen. Dabei wird regelmäßig eine Beziehung des Einwenders zu den geltend gemachten Belangen von gewisser Dauer und Intensität zu fordern sein. Diese Beziehung ist regelmäßig gegeben, wenn der Einwender im Einwirkungsbereich des Vorhabens wohnt, seinen Arbeitsplatz oder Ausbildungsstätte hat, einen gewerblichen Betrieb (z. B. Hotel) unterhält oder sich kulturell, sozial oder in anderer Form betätigt (z. B. Heimatverein, Sportverein). Ob auch derjenige, der seinen Urlaub an dem Standort des Vorhabens entweder regelmäßig verbringt oder verbringen will, zu den Einwendungsberechtigten zu zählen ist, weil er in einer ideellen Beziehung zu dem Standort steht, ist in der Literatur zwar umstritten [42], dürfte für die Praxis jedoch nur von geringfügiger Bedeutung sein. Da für die Behörde grundsätzlich keine Verpflichtung besteht, die Einwendungsbefugnis zu prüfen, erscheint es daher in solchen Zweifelsfällen zweckmäßig, die Einwendungsberechtigung anzuerkennen [43].

Ob die Belange von dem Vorhaben „berührt“ werden, hängt davon ab, daß eine auch nur annähernde Möglichkeit besteht, daß sich das Vorhaben auf die Belange auswirkt [44]. Die Frage nach dem Berührtsein stellt sich z. B. in den Fällen, in denen vorgebracht wird, landwirtschaftliche Produkte ließen sich auf den Märkten der Umgebung nicht mehr oder schlechter verkaufen, weil der Ursprungsort dieser Produkte mit dem Negativimage eines „Müllzentrums“ versehen sei. Aber auch in diesen Fällen gilt die Erwägung, daß es regelmäßig zweckmäßiger ist, die Einwendungsberechtigung anzuerkennen, als in einen möglicherweise langwierigen Entscheidungsprozeß über die Einwendungsbefugnis zu treten.

Einwendungen erheben kann jede natürliche oder juristische Person sowohl des privaten als auch des öffentlichen Rechts, soweit die Beteiligten- und Handlungsfähigkeit gemäß §§ 11 und 12 VwVfG gegeben sind.

Hinsichtlich der Einwendungsbefugnis von Gemeinden ist zu beachten, daß auch sie darauf beschränkt sind, mit Einwendungen lediglich die Beeinträchtigung *eigener* Belange geltend machen zu dürfen. Als Träger der kommunalen Planungshoheit oder als Träger gemeindlicher Einrichtungen, z. B. Trinkwasserversorgung, kann die Gemeinde eigene Belange geltend machen; die Gemeinde kann jedoch nicht als allgemeiner Interessenvertreter der Bürgerschaft auftreten. Ein derartiges Vorbringen gegen das Vorhaben kann nicht als Einwendung im Sinne des § 73 Abs. 4 VwVfG gewertet werden [45].

Hinsichtlich *Form* und *Frist* regelt § 73 Abs. 4 Satz 1 VwVfG, daß die Einwendungen entweder schriftlich oder zur Niederschrift bei der Anhörungsbehörde oder der Gemeinde, in der der Plan ausliegt, bis zum Ablauf von 2 Wochen nach Ablauf der Auslegungsfrist erhoben werden können. Dem Zweck der Einwendung entsprechend wird dem Formerfordernis regelmäßig Genüge getan, wenn sich Name und Anschrift entnehmen lassen und die Einwendung unterschrieben ist; eine Einwendung im Sinne des § 73 Abs. 4 VwVfG liegt auch vor, wenn jemand unter Angabe seines Namens und seiner Anschrift eine „Sammeleinwendung“ unterschrieben hat [46].

§ 73 Abs. 4 Satz 1 VwVfG regelt, bis zu welchem Zeitpunkt die Einwendung erhoben werden kann. Die Regelung bedeutet jedoch nicht, daß erst nach Ablauf der Auslegungsfrist Einwendungen erhoben werden können; das bedeutet, daß auch bereits während der Auslegung Einwendungen wirksam erhoben werden können.

Etwas anderes gilt in den Fällen, in denen das Beschlußorgan einer entsorgungspflichtigen Körperschaft (z. B. der Kreistag) durch Beschluß die Verwaltung beauftragt hat, das Planfeststellungsverfahren zur Errichtung einer Abfallentsorgungsanlage einzuleiten, der Oberkreisdirektor den Antrag jedoch noch nicht gestellt hat. Zu diesem Zeitpunkt beim Regierungspräsidenten eingebrachte Eingaben gegen das Vorhaben können nicht als Einwendungen im Sinne des § 73 Abs. 4 Satz 1 VwVfG gewertet werden, da das Planfeststellungsverfahren noch nicht begonnen hat.
In den Fällen, in denen nach Ablauf der Zwei-Wochen-Frist Einwendungen erhoben werden, besteht die Wirkung der *Fristversäumnis* in der sog. „formellen Präklusion". Das bedeutet, daß der Einwender keinen Anspruch darauf hat, daß seine Einwendung im Erörterungstermin und im Planfeststellungsbeschluß behandelt wird und er zum Erörterungstermin geladen wird [47].
Zu beachten ist jedoch, daß gemäß § 73 Abs. 6 Satz 1 zweiter Halbsatz VwVfG im Erörterungstermin grundsätzlich auch verspätet erhobene Einwendungen erörtert werden können. Die Entscheidung darüber ist in das Ermessen der Anhörungsbehörde gestellt.
Aus Gründen der Zweckmäßigkeit sollte diese Möglichkeit großzügig angewandt werden. Da die Behörde ungeachtet der Präklusionswirkung zur sorgfältigen Aufklärung des Sachverhaltes und zur gerechten Abwägung verpflichtet ist, wird sie auch bei verspäteten Einwendungen prüfen müssen, ob mit der Einwendung eine Verletzung eigener Rechte geltend gemacht wird, die dieBefugnis zur Klageerhebung nach § 42 Abs. 2 VwGO [48] beinhaltet. Da mit der formellen Präklusion die Möglichkeit zur Klageerhebung nicht ausgeschlossen wird, sollte bei der Entscheidung über die Zulassung der verspätet erhobenen Einwendung berücksichtigt werden, daß die Einwendung zu einem späteren Zeitpunkt in einem verwaltungsgerichtlichen Prozeß doch noch erörtert werden muß. Aus diesem Grunde drängt sich eine großzügige Ermessensausübung nahezu auf [49].
Da nach dem Rechtsgedanken der formellen Präklusion auch grundsätzlich die Erhebung einer Anfechtungsklage gegen den Planfeststellungsbeschluß nicht ausgeschlossen wird, wenn jemand, der keine Einwendungen erhoben hat, eine Rechtsverletzung im Sinne § 42 Abs. 2 VwGO geltend machen kann, so kann dies jedoch nur mit folgenden Einschränkungen gelten. Dem Zweck einer „substantiellen Anhörung" des Planfeststellungsverfahrens kann nur Genüge getan werden, wenn mit dem Anspruch eines potentiell Betroffenen, an einer umfassenden Erörterung über das Vorhaben beteiligt zu werden, auch eine Mitwirkungspflicht seinerseits korrespondiert, daß er die Behörde über abwägungsrelevante und entscheidungserhebliche Belange seinerseits informiert. In den Fällen, in denen jemand die Verletzung eigener Rechte durch den Planfeststellungsbeschluß geltend macht, kann dieser Beschluß nicht mit Erfolg angefochten werden, wenn es sich um Belange handelt, die der Behörde weder bekannt waren noch sich im Planfeststellungsverfahren aufdrängen mußten, und die von dem Betroffenen im Verfahren nicht vorgetragen wurden, obwohl er dazu Gelegenheit gehabt hätte und es ihm auch zumutbar gewesen wäre [50].

4.1.3.5 Erörterungstermin

Gemäß § 73 Abs. 6 Satz 1 VwVfG hat die Anhörungsbehörde nach Ablauf der Einwendungsfrist die rechtzeitig erhobenen Einwendungen gegen den Plan und die Stellungnahmen der Behörden zu dem Plan mit dem Träger des Vorhabens, den Behörden, den Betroffenen sowie den Personen, die Einwendungen erhoben haben, zu erörtern. Der Erörterungstermin wird als Kernstück und Höhepunkt des Planfeststellungsverfahrens bezeichnet [51].
Da „die Anhörungsbehörde die Erörterung nach pflichtgemäßem Ermessen erst beginnen darf, wenn eine hinreichend problembezogene Erörterung zu erwarten steht" [52], ist in jedem Fall zu prüfen, ob aufgrund der eingegangenen Einwendungen Anlaß besteht, zu neu aufgeworfenen Fragen weitere Gutachten einzuholen. Sollte diese Frage positiv beantwortet werden, kann dies dazu führen, daß der Plan zusammen mit den eingeholten Gutachten erneut ausgelegt wird. Ein Regelsatz dazu läßt sich jedoch nicht aufstellen, da es dafür zu sehr auf die Betrachtung jedes Einzelfalles ankommt.
Zweckmäßig zur Vorbereitung des Erörterungstermins ist es ferner, den Träger des Vorhabens zur Stellungnahme zu den eingegangenen Einwendungen aufzufordern. Gegenstand des Erörterungstermins sind die Darstellung des Vorhabens, die Stellungnahmen der Behörden und die gegen das Vorhaben erhobenen Einwendungen. Aus den gegen das Vorhaben erhobenen Einwendungen lassen sich in der Regel Schwerpunkte der gegen das Vorhaben erhobenen Bedenken bilden, nach

denen eine inhaltliche Struktur des Erörterungstermins vorbereitet werden kann. Eine problembezogene Erörterung ist eher möglich, wenn der Termin nach Themenschwerpunkten strukturiert wird, als daß die erhobenen Einwendungen nacheinander verhandelt werden.

Zweck des Erörterungstermins ist es nicht, entsprechend einer gerichtlichen Hauptverhandlung mit einem „Urteilsspruch" über das Vorhaben zu enden. Mit dem Erörterungstermin als Kernstück des Anhörungsverfahrens werden vielmehr vier Ziele verfolgt:

1. Schaffen einer Beurteilungsgrundlage
   Dem Erörterungstermin kommt eine wesentliche Funktion bei der Sachverhaltsaufklärung durch die Verfahrensbehörde zu.
2. Wahrung des rechtlichen Gehörs
   Gerade dem Erörterungstermin kommt hier eine besondere Funktion zu, da hier von einer „Anhörung" des Betroffenen zur Vorbereitung einer Entscheidung, die ihn in seinen Rechten berühren kann, auch tatsächlich gesprochen werden kann.
3. Interessenausgleich
   Wie sich aus der Formulierung des § 74 Abs. 2 Satz 1 VwVfG ergibt, wonach im Planfeststellungsbeschluß über die Einwendungen eine Entscheidung zu treffen ist, „über die bei der Erörterung vor der Anhörungsbehörde keine Einigung erzielt worden ist", dient der Erörterungstermin gerade dazu, eine Einigung zwischen Antragsteller und Einwender zu erreichen. Gegenstand einer solchen Einigung sind in der Regel die Festsetzung von Schutzauflagen, die mit dem Planfeststellungsbeschluß verbunden werden sollen.
4. Erörterung
   Um dem Zweck eines „substantiierten Anhörungsverfahrens" gerecht zu werden, kommt es für das Anhörungsverfahren gerade auf den Erörterungstermin an. Wie oben zu 3.3 dargelegt, ist substantiiert eine Anhörung dann, wenn der durch das Vorhaben potentiell Betroffene Gelegenheit erhält, zu allen für die Entscheidung bedeutsamen Gesichtspunkten Stellung zu nehmen und Anlaß, Gegenstand und Ausmaß des Vorhabens umfassend zu erörtern.

Dieses Ziel des Erörterungstermins kann nicht erreicht werden, wenn Einwender nur zu den Themenkomplexen zugelassen werden, zu denen sie sich auch geäußert haben [53]. Dies schließt jedoch eine Erörterung nach Themenkomplexen nicht aus, sondern verlangt sie eher, da eine problembezogene Erörterung des Vorhabens ohne die sachlich gebotene Strukturierung des Erörterungstermines nicht durchgeführt werden kann.

Ort und Zeit des Erörterungstermins sind im Gesetz nicht vorgegeben. Regelmäßig sollte der Erörterungstermin in der Gemeinde stattfinden, in der das Vorhaben durchgeführt werden soll. Der Erörterungstermin sollte erst dann anberaumt werden, wenn die Anhörungsbehörde nach der Auswertung der gegen das Vorhaben erhobenen Einwendungen davon überzeugt ist, daß der Erörterungstermin den o. g. vier Zielen auch gerecht werden kann. Kommt die Behörde bereits nach Einholen der behördlichen Stellungnahmen zu einer solchen Bewertung, so kann sie gemäß § 73 Abs. 7 VwVfG bereits mit der Bekanntmachung über die Auslegung des Planes den Erörterungstermin festsetzen.

Da die Erörterung des Vorhabens in einem „Termin" erfolgen soll, so ist für den Erörterungstermin eine Zeit vorzusehen, in der eine sachliche Erörterung regelmäßig stattfinden kann, die gleichzeitig zeitlich strukturiert werden kann. Aus diesem Grunde kann der Erörterungstermin über mehrere Tage gehen, sollte auf jeden Fall jedoch immer morgens beginnen. In fast jedem Erörterungstermin beginnt die Erörterung mit der „Rüge des Verfahrensfehlers", daß der Termin nicht in den Abendstunden (nach Feierabend) stattfinde, weil während der Tageszeit nicht jeder an dem Termin teilnehmen könne. Grundsätzlich schließt das Gesetz eine Erörterung in den Abendstunden nicht aus. Zweckmäßigkeitsgesichtspunkte legen jedoch regelmäßig die Erörterung während der Tageszeit nahe. Die Teilnahme von Sachverständigen und von Vertretern der beteiligten Behörden, Gemeinden und Verbände erfordern in der Regel deren An- und Abreise zu dem Veranstaltungsort, der gerade bei Benutzung von öffentlichen Verkehrsmitteln eine Veranstaltung in den Abendstunden ausschließt. Eine sachliche Erörterung hängt zudem von der Kondition und Konzentration der Beteiligten ab, so daß auch aus physiologischen Gründen die Tageszeit nahegelegt wird. Im übrigen ist darauf hinzuweisen, daß Einwender, die an der Teilnahme am Termin verhindert sind, sich durch einen Vertreter vertreten lassen können.

Der Erörterungstermin ist gemäß § 73 Abs. 6 VwVfG mindestens 1 Woche vorher ortsüblich bekanntzumachen, während die Behörden, der Träger des Vorhabens und diejenigen, die Einwendungen erhoben haben, von dem Erörterungstermin zu benachrichtigen sind. Gemäß § 73 Abs. 6 Satz 4 VwVfG können diese Benachrichtigungen durch öffentliche Bekanntmachung ersetzt werden, wenn mehr als 300 Benachrichtigungen (sog. „Massenverfahren") vorzunehmen sind. Die öffentliche Bekanntmachung wird dadurch bewirkt, daß im amtlichen Veröffentlichungsblatt des Regierungspräsidenten und außerdem in örtlichen Tageszeitungen bekanntgemacht wird, die in dem Bereich verbreitet sind, in dem sich das Vorhaben voraussichtlich auswirken wird. Zum Inhalt der Bekanntmachung vergleiche Anlage 4.
Der Ablauf des Erörterungstermins gestaltet sich in der Regel in folgenden Schritten:

1. Eröffnung durch den Verhandlungsleiter mit Hinweisen auf
   Zweck und Inhalt des Erörterungstermin,
   vorgesehenen zeitlichen und thematischen Ablauf,
   Organisationsfragen wie Gebrauch der Lautsprecheranlage, Mittagessen etc.,
   Vorstellen der Teilnehmer und
   Darstellung des bisherigen Verfahrens.
2. Darstellung des Vorhabens durch den Antragsteller
3. Erörterung der Einwendungen

3.1 Geordnet nach Themenkomplexen
3.2 Einzeleinwendungen

Gerade in sog. Massenverfahren wird oft versucht, den Erörterungstermin zu einer Art „Tribunal" über die Abfallwirtschaft im allgemeinen und im besonderen zu machen. Aus diesem Grunde kommt der Verhandlungsleitung im Erörterungstermin besonderes Gewicht zu, auf einen offenen und fairen Erörterungsprozeß hinzuwirken.
Dazu gehört in erster Linie die Zulassung der Presse zum Erörterungstermin. Gemäß § 73 Abs. 6 VwVfG in Verbindung mit § 68 VwVfG ist der Erörterungstermin nicht öffentlich. Anderen Personen kann der Verhandlungsleiter die Anwesenheit gestatten, wenn kein Beteiligter widerspricht. Vertreter von Presseorganen dürfen daher nur dann an dem Termin teilnehmen, wenn keiner der Beteiligten widerspricht; diese Vorschrift hat durchaus auch Schutzfunktion für Einwender, die ihre Unbefangenheit zu Äußerungen verlieren können, wenn sie davon ausgehen, am anderen Tag in der Zeitung unter ihrem Namen zitiert zu werden.
Auch wird in der Regel zu Beginn des Erörterungstermins von dem Verhandlungsleiter darauf hingewirkt, daß zwischen allen Anwesenden eine Einigung über die vorgesehene Tagesordnung und den vorgesehenen Ablauf des Termins erreicht wird.
Der Beginn eines Erörterungstermin wird oft dadurch gekennzeichnet, daß Verfahrensrügen geltend gemacht und Befangenheitsanträge gestellt werden. Ob mit derartigen Anträgen lediglich eine Verzögerung des Erörterungstermins erreicht werden soll, kann letztendlich dahinstehen, da auch diese Fragen für die ordnungsgemäße Durchführung des Planfeststellungsverfahrens geklärt sein müssen. Hinsichtlich der Dauer, der Intensität und des materiellen Gehalts der Erörterung ist immer der Zweck des „substantiellen" Anhörungsverfahrens zu beachten. In diesem Zusammenhang sind Äußerungen von Behördenvertretern, die auf die schriftlichen Stellungnahmen zu dem Vorhaben verweisen, für den Erörterungstermin wenig hilfreich. Es muß vielmehr erwartet werden, daß jeder, der sich im laufenden Anhörungsverfahren zu dem Vorhaben bereits geäußert hat, dies auch in der Erörterung mit allen am Erörterungstermin Beteiligten tun kann. Aus diesem Grunde ist es auch sehr wichtig, daß die beteiligten Behörden zu diesem Termin Vertreter entsenden, die genügend mit der Materie und dem Vorhaben und bisherigen Verfahren vertraut sind.
Der Zweck des Anhörungsverfahrens verlangt eine umfassende und problembezogene Erörterung. Daraus ergibt sich zum einen der Schluß, daß die Erörterung zu einzelnen Punkten keine endlose sein darf, sondern daß sie ergebnisorientiert sein muß. Ergebnis des Erörterungstermins kann in diesem Fall nur sein, ob ein Interessenausgleich erreicht werden kann, oder aber ob die Planfeststellungsbehörde über die Einwendungen noch entscheiden muß. Eine ausgiebige Erörterung der einzelnen Gesichtspunkte verlangt jedoch, daß jeder, der zu einem vorgesehenen Themenkomplex eine Aussage treffen will, diese auch vorbringt und zur Erörterung stellt. Dies kann dazu führen, daß der Erörterungstermin mehrere Tage dauert. Diese Zeit hat jedoch jedes Planfeststellungsverfahren.

Anlage 4

DER REGIERUNGSPRÄSIDENT ARNSBERG

Postanschrift: Regierungspräsident, Postfach, 5760 Arnsberg 2

Bekanntmachung

In dem Planfeststellungsverfahren zur Errichtung und zum Betrieb einer in der Gemarkung , Flur , Flurstücke , werden die Einwendungen gegen den Plan und die Stellungnahmen der Behörden zu dem Plan mit dem Träger des Vorhabens, den Behörden, den Betroffenen sowie den Personen, die Einwendungen erhoben haben, erörtert.
Die Erörterung findet am

statt.

Der Erörterungstermin wird hiermit gem. § 73 Abs. 6 Satz 3 Verwaltungsverfahrensgesetz für das Land Nordrhein-Westfalen (VwVfG. NW.) bekanntgemacht.

Ich weise darauf hin, daß bei Ausbleiben eines Beteiligten auch ohne ihn verhandelt und entschieden werden kann.

Der Termin ist nicht öffentlich.

Diese Bekanntmachung ist zugleich eine Bekanntmachung gem. § 73 Abs. 6 Satz 5 VwVfG NW.

54.1.21-2. Der Regierungspräsident
Arnsberg, den

Auch eine mehrtägige Dauer eines Erörterungstermins kann nicht unter den Gesichtspunkten der zeitlichen Verzögerung des Planfeststellungsverfahrens behandelt werden. Die Dauer selbst mehrtägiger Erörterungstermine steht in keinem Verhältnis zu dem Zeitaufwand, der für die Erstellung von Planunterlagen, für die Einholung von Gutachten oder auch für die gelegentlich vorkommenden Versuche von Antragstellern aufgewandt werden, auf „politischem Wege" Einfluß auf die Durchführung des Planfeststellungsverfahrens durch den Regierungspräsidenten zu nehmen [54].
Gemäß § 68 Abs. 4 VwVfG ist über den Erörterungstermin eine Niederschrift zu fertigen, die Angaben enthalten muß über

- den Ort und den Tag der Verhandlung,
- die Namen den Verhandlungsleiters, der erschienenen Beteiligten, Zeugen und Sachverständigen,
- den behandelten Verfahrensgegenstand und die gestellten Anträge,
- den wesentlichen Inhalt der Aussagen der Zeugen und Sachverständigen,
- das Ergebnis eines Augenscheins.

Die Niederschrift ist von dem Verhandlungsleiter und, soweit ein Schriftführer hinzugezogen worden ist, auch von diesem zu unterzeichnen.
Die Niederschrift ist kein Wortprotokoll des Erörterungstermins, sondern lediglich eine ergebnisorientierte Zusammenfassung der Erörterung [55]. Gleichwohl nehmen die Fälle zu, in denen die Verfahrensbehörde von dem Erörterungstermin ein Tonbandprotokoll verfaßt. Soweit der Erörterungstermin unter dem Gesichtspunkt seiner Funktion gesehen wird, eine Beurteilungsgrundlage für die Planfeststellungsbehörde zu schaffen, so kann das Tonbandprotokoll eine Hilfe für die Planfeststellungsbehörde sein. Ermöglicht es doch, jeden Gesichtspunkt des Erörterungstermines

nachzuhalten. Aus dem Umfang derartiger Protokolle läßt sich jedoch in der Praxis eine Tendenz entnehmen, die bei Erörterungsterminen zudem festzustellen ist. Dies ist die sehr intensive wissenschaftliche Auseinandersetzung zu Einzelfragen, die das Vorhaben auslöst. Dies hängt damit zusammen, daß wesentliche Fragen, die im Zusammenhang mit dem Vorhaben stehen, einer gutachterlichen Prüfung und Erläuterung fähig sind, so daß im Erörterungstermin eine intensive Diskussion zwischen den Gutachtern zustandekommt, die von dem Träger des Vorhabens, den Einwendern und der Verfahrensbehörde beigezogen worden sind. Es ist grundsätzlich unbestritten, daß die Wichtigkeit der mit einer geordneten Abfallentsorgung zusammenhängenden Fragen auch einer gründlichen fachlichen und wissenschaftlichen Untersuchung und Beurteilung bedarf. Es ist aber gerade im Interesse der Betroffenen in einem Anhörungserfahren geboten, die Diskussion zwischen den „Fachleuten" in einem vertretbaren Maße gegenüber der Erörterung durch und mit den Betroffenen zu halten.

4.1.3.6 Änderung des Planes

Aufgrund der Ergebnisse des Anhörungsverfahrens, insbesondere aufgrund eines im Erörterungstermin erreichten Interessenausgleichs, kann der Träger des Vorhabens veranlaßt sein, den eingereichten Plan zu ändern und somit eine Lösung zu ermöglichen, die den berührten Belangen besser als die Ursprungsplanung gerecht wird.
Gemäß § 73 Abs. 8 VwVfG ist für diese Fälle eine Verfahrensvereinfachung vorgesehen. Nur wenn der Aufgabenbereich einer Behörde oder Belange Dritter erstmalig oder stärker als bisher berührt werden, ist diesen die Änderung mitzuteilen und ihnen Gelegenheit zu Stellungnahmen und Einwendungen innerhalb von 2 Wochen zu geben. Ziel dieses vereinfachten Änderungsverfahrens ist es in der Regel, Verbesserungen zugunsten der Betroffenen zu ermöglichen; gleichzeitig soll der Träger des Vorhabens in die Lage versetzt werden, ohne besondere zeitliche Verzögerungen seinen Antrag entsprechend den sich aus dem Verfahren ergebenden Erfordernissen umzustellen [56].
Von dem vereinfachten Änderungsverfahren gemäß § 73 Abs. 8 VwVfG zu unterscheiden ist der Fall, daß aufgrund der Ergebnisse des Anhörungsverfahrens der Träger des Vorhabens zu einer Planänderung veranlaßt wird, die eine erneute Planauslegung gebietet. Als Unterscheidungskriterium wird man heranziehen, ob es sich bei den Änderungen um solche handelt, die sich nur auf Detailfragen der Planung beziehen, oder um solche, die für die Entscheidung über das Gesamtkonzept wesentlich sind [57]. In den Fällen, in denen das bislang verfolgte Gesamtkonzept der Planung geändert werden soll, bedarf es einer erneuten Planauslegung mit der sich anschließenden Fortsetzung des Anhörungsverfahrens wie bisher beschrieben.

4.1.4 Entscheidung über den Antrag

Nach Abschluß des Anhörungsverfahrens gemäß § 73 VwVfG entscheidet die Planfeststellungsbehörde unter Würdigung des Gesamtergebnisses des Verfahrens über den Antrag; im Falle einer positiven Entscheidung stellt sie den Plan fest (Planfeststellungsbeschluß), oder sie lehnt den Antrag ab.

4.1.4.1 Positive Entscheidung = Planfeststellungsbeschluß

Gemäß § 74 Abs. 1 VwVfG stellt die Planfeststellungsbehörde den Plan fest. Gemäß § 74 Abs. 2 Satz 1 VwVfG entscheidet die Planfeststellungsbehörde über die Einwendungen, über die bei der Erörterung vor der Anhörungsbehörde keine Einigung erzielt worden ist. Nach § 8 Abs. 1 Satz 1 AbfG kann der Planfeststellungsbeschluß unter Bedingungen erteilt und mit Auflagen verbunden werden, soweit dies zur Wahrung des Wohls der Allgemeinheit erforderlich ist. Unter Berücksichtigung der zwingenden Versagungsgründe des § 8 Abs. 3 AbfG sowie den Grundsätzen der Planfeststellung (s. o.), insbesondere des Abwägungsgebotes, enthält ein Planfeststellungsbeschluß folgendes Erscheinungsbild und Struktur:

Planfeststellungsbeschluß

„Auf den Antrag des Oberkreisdirektors des Kreises D vom ... Az.: – .... wird der Plan festgestellt, in der Gemarkung A, Flur ... mit Flurstücken .... eine Abfallentsorgungsanlage zu errichten und zu betreiben.

Die Einwendungen werden zurückgewiesen. Die Kosten des Verfahrens hat der Antragsteller zu tragen.
Durch diese Planfeststellung wird die Zulässigkeit des Vorhabens einschließlich der notwendigen Folgemaßnahmen an anderen Anlagen im Hinblick auf alle von ihm berührten öffentlichen Belange festgestellt, soweit sie nicht einer späteren Entscheidung vorbehalten werden; neben der Planfeststellung sind andere behördliche Entscheidungen, insbesondere öffentlich-rechtliche Genehmigungen, Verleihungen, Erlaubnisse, Bewilligungen, Zustimmungen und Planfeststellungen nicht erforderlich.
Folgende, mit meinem Feststellungsvermerk versehenen Antragsunterlagen sind Bestandteil dieses Beschlusses und, soweit in diesem Beschluß nichts anderes bestimmt ist, maßgebend für die Errichtung und den Betrieb der Abfallentsorgungsanlage:

Planunterlagen
Die Abfallentsorgungsanlage sowie die übrigen im Plan vorgesehenen Anlagen und Einrichtungen sind entsprechend dem vorgelegten Plan unter Beachtung folgender Nebenbestimmungen zu errichten und zu betreiben."

I. Vorbehalte:
Gemäß § 74 Ab 3 VwVfG ist in den Fällen, in denen eine abschließende Entscheidung noch nicht möglich ist, diese im Planfeststellungsbeschluß vorzubehalten; hinsichtlich der Grenzen dieser Möglichkeit siehe unten zu 4.3.

II. Stoffkatalog
„Auf der Abfallentsorgungsanlage dürfen folgende Abfälle entsorgt werden"...
Es folgt eine Aufstellung der zugelassenen Abfallarten nach Abfallschlüsselnummern und genauer Bezeichnung.

III. Auflagen
Auflagen sind gemäß § 8 Abs. 1 Satz 1 AbfG nur zulässig, wenn sie zur Wahrung des Wohls der Allgemeinheit erforderlich sind. Dieses Erfordernis hängt vom Ergebnis des Abwägungsvorganges ab; siehe dazu die Ausführungen zu 4.2. Die Auflagen sind auf das Vorhaben im allgemeinen, auf die Errichtung und den Betrieb der Abfallentsorgungsanlage im besonderen ausgerichtet.

IV. Hinweise
Hier wird allgemein auf bestehende gesetzliche Beschränkungen oder auch Befugnisse der Überwachungsbehörden im Zusammenhang mit dem Betrieb der Abfallentsorgungsanlage verwiesen; es handelt sich hierbei nicht um vollziehbare Nebenbestimmungen im Sinne des § 3 6 VwVfG [58].

V. Rechtsgrundlagen
Dieser Beschluß beruht auf den §§ 7 und 8 AbfG und den §§ 72 bis 75 VwVfG in Verbindung mit §§ 38 und 34 LAbfG.

VI. Kostenentscheidung
Die Kosten des Verfahrens sind vom Antragsteller zu tragen.
Der Planfeststellungsbeschluß ergeht verwaltungsgebührenfrei.

VII. Begründung
1. Anlaß und Notwendigkeit des Vorhabens
Wie oben zu 1.3 dargestellt ist, ergeben sich die Grenzen der planerischen Gestaltungsfreiheit, und somit für den Erlaß eines Planfeststellungsbeschlusses, u. a. aus der Planrechtfertigung des Vorhabens. Im Planfeststellungsbeschluß ist daher zu begründen, daß die Abfallentsorgungsanlage objektiv erforderlich ist [59].
2. Kurzbeschreibung des Vorhabens
Zu diesem Punkt erfolgt eine Erläuterung der planfestgestellten Abfallentsorgungsanlage und ihres Betriebes, wie er sich nach dem Planfeststellungsbeschluß stellen wird.
3. Verfahren
Zu diesem Punkt erfolgt eine Darstellung des bisherigen Anhörungsverfahrens mit zusammengefaßter Wiedergabe der Stellungnahmen, die von Behörden, Gemeinden und Verbänden sowie Einwendern abgegeben worden sind. Es erfolgt ferner der Hinweis auf vorgelegte oder eingeholte Gutachten sowie auf die Durchführung und das Ergebnis des Erörterungstermines.
4. Entscheidung über den Antrag und die Einwendungen
„Die Prüfung des Vorhabens hat ergeben, daß der Plan unter Würdigung des Gesamtergebnisses des Verfahrens nach sorgfältiger Abwägung der verschiedenen Interessen und Belange mit den Auflagen und Ergänzungen dieses Beschlusses festgestellt werden kann."
4.1 „Zwingende Versagungsgründe nach § 8 Abs. 3 AbfG liegen nicht vor."
4.1.1 „Das Verfahren widerspricht keinem nach § 6 4 AbfG aufgestellten Abfallentsorgungsplan (§ 8 Abs. 3 Satz 1 AbfG)".
Es folgen nunmehr Ausführungen dazu, ob für das bestehende Bundesland ein Abfallentsorgungsplan gemäß § 6 AbfG besteht, inwiefern das beantragte Vorhaben in diesem Plan berücksichtigt ist. Zu beachten ist, daß ein zwingender Versagungsgrund im Sinne von § 8 Abs. 3 Satz 1 AbfG nur gegeben ist, wenn der Antrag einem Abfallentsorgungsplan tatsächlich widerspricht ; es reicht nicht aus, daß die Anlage in einem bestehenden Abfallentsorgungsplan nicht oder noch nicht enthalten ist [60].

4.1.2 „Beeinträchtigungen des Wohls der Allgemeinheit sind unter Berücksichtigung der im Plan vorgesehenen Maßnahmen und der in diesem Beschluß zusätzlich angeordneten Schutzmaßnahmen nicht zu erwarten (§ 8 Abs. 3 Satz 2 Nr. 1 AbfG). Wann eine Beeinträchtigung des Wohls der Allgemeinheit vorliegt, ist in § 2 Abs. 1 AbfG beispielhaft erläutert, indem die wesentlichen Gesichtspunkte aufgezählt werden, die bei der Entsorgung von Abfällen zu beachten sind. Die dort genannten Belange sind in diesem Beschluß berücksichtigt."

Es folgt eine begründete Auseinandersetzung und Darstellung, daß

1) *die Abfälle unter Beachtung der mit den übrigen Regelungen des AbfG vorgesehenen Gesamtordnung der Abfallentsorgung dort entsorgt werden, wo sie entstanden sind (§ 2 Abs. 1 Satz 1 AbfG),*
2) *die Gesundheit der Menschen nicht gefährdet und ihr Wohlbefinden nicht beeinträchtigt wird (§ 2 Abs. 1 Satz 2 Nr. 1 AbfG),*
3) *Nutztiere, Vögel, Wild und Fische nicht gefährdet werden (§ 2 Abs. 1 Satz 2 Nr. 3 AbfG),*
4) *Gewässer, Boden und Nutzpflanzen nicht schädlich beeinflußt werden (§ 2 Abs. 1 Satz 2 Nr. 3 AbfG),*
5) *schädliche Umwelteinwirkungen durch Luftverunreinigungen oder Lärm nicht herbeigeführt werden (§ 2 Abs. 1 Satz 2 Nr. 4 AbfG),*
6) *die Belange des Naturschutzes und der Landschaftspflege sowie des Städtebaus gewahrt sind (§ 2 Abs. 1 Satz 2 Nr. 5 AbfG) oder*
7) *auch sonstige öffentliche Sicherheit und Ordnung nicht gefährdet oder gestört wird (§ 2 Abs. 1 Satz 2 Nr. 6 AbfG) sowie*
8) *die Ziele und Erfordernisse der Raumordnung und Landesplanung beachtet werden (§ 2 Abs. 1 Satz 3 AbfG); ferner, daß*
9) *keine Tatsachen vorliegen, aus denen sich Bedenken gegen die Zuverlässigkeit der für die Einrichtung, Leitung oder Beaufsichtigung des Betriebes der Abfallentsorgungsanlage verantwortlichen Personen ergeben (§ 8 Abs. 3 Satz 2 Nr. 2 AbfG), oder*
10) *nachteilige Wirkungen auf das Recht eines anderen, die durch Auflagen oder Bedingungen weder verhütet noch ausgeglichen werden können, nicht zu erwarten sind (§ 8 Abs. 3 Satz 2 Nr. 3 AbfG).*

Zu den einzelnen Punkten erfolgt jeweils eine Begründung, in der eine Auseinandersetzung mit den Stellungnahmen der Behörden sowie den Einwendungen erfolgt.

4.2 „Die Vorschriften über das Verwaltungsverfahren sind eingehalten worden" Zu diesem Punkt erfolgt eine Auseinandersetzung mit verfahrensrechtlichen Fragen, soweit diese geboten ist. Dies kann insbesondere dann vorliegen, wenn sich die Planfeststellungsbehörde einzelne Entscheidungen vorbehält, da dann eine Erörterung über den Grundsatz der Problembewältigung angebracht ist.

4.3 „Nach Abwägung aller öffentlichen Belange untereinander und der öffentlichen und privaten Belange untereinander konnte das Vorhaben planfestgestellt werden." Hier folgt eine Darstellung des Abwägungsvorganges und seines Ergebnisses.

VIII. Rechtsbehelfsbelehrung

IX. Unterschrift

4.1.4.2 Grundsätze des Abwägungsgebots

Nach den o. g. Grundsätzen der Planfeststellung findet die planerische Gestaltungsfreiheit der Planfeststellungsbehörde u. a. in den Anforderungen an eine gerechte Abwägung ihre Grenzen. Das Bundesverwaltungsgericht hat die rechtlichen Anforderungen an das Gebot der gerechten Abwägung wie folgt zusammengefaßt:

1. Das Abwägungsgebot verlangt, daß überhaupt eine Abwägung stattfindet.
2. Das Abwägungsgebot verlangt ferner, daß in die Abwägung an Belangen eingestellt wird, was nach Lage der Dinge in sie eingestellt werden muß.
3. Das Abwägungsgebot verlangt darüber hinaus, daß weder die Bedeutung der betroffenen öffentlichen und privaten Belange verkannt noch der Ausgleich zwischen ihnen in einer Art und Weise vorgenommen wird, die zur objektiven Gewichtigkeit einzelner Belange außer Verhältnis steht.

Diese Anforderungen richten sich grundsätzlich sowohl an den Abwägungsvorgang als auch an das in der Entscheidung zum Ausdruck kommende Abwägungsergebnis [61]. Das Abwägungsgebot spielt gerade bei der Frage nach der Notwendigkeit des Vorhabens überhaupt und seines Standortes eine erhebliche Rolle. Zu diesem Punkt ist regelmäßig eine intensive Erörterung über mögliche Alternativen erforderlich. Dabei ist jedoch das Abwägungsgebot grundsätzlich immer beachtet, wenn sich die Planfeststellungsbehörde innerhalb des Rahmens, der aufgrund der genannten Anforderungen des Abwägungsgebotes gegeben ist, bei einer Gegenüberstellung zweier verschiedener Belange sich für die Bevorzugung des einen und die Zurückstellung des anderen entscheidet [62].

Für die Entscheidung über das Ob und den Standort einer Abfallentsorgungsanlage bedeutet dies, daß die Grenzen des Abwägungsgebotes dort überschritten sind, wo entweder eine Alternative zu dem Vorhaben oder ein anderer Standort eindeutig besser geeignet ist, wo sich die Alternativen also geradezu aufdrängen. Neben der grundsätzlich erforderlichen Abwägung durch die Planfeststellungsbehörde über das Vorhaben sind zwei Fälle von abwägungserheblicher Relevanz besonders hervorzuheben:

Die Belange des Landschafts- und Naturschutzes

Handelt es sich bei der Abfallentsorgungsanlage um einen Eingriff in Natur und Landschaft im Sinne des § 4 Abs. 2 LG, so ist gemäß § 4 Abs. 5 LG ein solcher Eingriff zu untersagen, wenn die Belange des Naturschutzes und der Landschaftspflege bei der Abwägung aller Anforderungen an Natur und Landschaft im Range vorgehen und die Beeinträchtigung nicht zu vermeiden oder nicht im erforderlichen Maße auszugleichen ist. Ist demnach die Maßnahme nicht ausgleichbar im Sinne des Landschaftsrechtes, so ist eine Abwägung zwischen den Belangen des Natur- und Landschaftsschutzes einerseits sowie mit dem Vorhaben andererseits allein unter den Gesichtspunkten des Landschaftsrechtes durchzuführen. Das dieser Abwägung zugrundeliegende Abwägungsgebot des § 1 Abs. 2 LG besagt, daß die sich aus den Zielen des Naturschutzes und der Landschaftspflege ergebenden Anforderungen untereinander und gegen die sonstigen Forderungen der Allgemeinheit an Natur und Landschaft abzuwägen sind. Die Abwägung zwischen den Belangen des Natur- und Landschaftsschutzes und dem öffentlichen Interesse an dem Vorhaben unter dem Gesichtspunkt einer geordneten Abfallentsorgung geht der allgemeinen Abwägung vor..

Enteignung

Wenn die Planfeststellung dazu dienen soll, einem Privaten Grundeigentum notfalls im Wege der Enteignung zu entziehen, kommt der Eigentumsschutz nach Artikel 14 Grundgesetz voll zur Geltung, indem er vor einem Eigentumsentzug schützt, der nicht zum Wohl der Allgemeinheit erforderlich oder nicht gesetzmäßig ist (Artikel 14 Abs. 3 GG) [63]. Die Gesetzmäßigkeit wiederum setzt voraus, daß den rechtstaatlichen Anforderungen des Abwägungsgebotes genügt wird. Während jedoch grundsätzlich das Abwägungsgebot dem von der Planung Betroffenen lediglich das Recht einräumt, daß seine eigenen rechtlich geschützten Belange gerecht abgewogen werden, kommt die Rechtsprechung in diesem Fall zu dem Ergebnis, daß der Grundrechtschutz des Artikel 14 GG bereits auf den Planfeststellungsbeschluß und den damit einhergehenden Abwägungsvorgang ausstrahlt. Das bedeutet auch, daß der Planfeststellungsbeschluß den Anforderungen an eine gerechte Abwägung insgesamt genügen muß, d. h., auch eine gerechte Abwägung zwischen vorhandenen öffentlichen Belangen untereinander vorgenommen sein muß, um einen Planfeststellungsbeschluß als Grundlage einer späteren möglichen Enteignung überhaupt als rechtmäßig anerkennen zu können [64].

4.1.4.3 Grundsatz der Problembewältigung

Nach dem für hoheitliche Planungen geltenden Grundsatz der Problembewältigung sind bei der Planung eines konkreten Vorhabens in umfassender Weise alle planerischen Gesichtspunkte einzubeziehen, die zur möglichst optimalen Verwirklichung der vorgegebenen Planungsaufgabe, aber auch zur Bewältigung der von dem Vorhaben in seiner räumlichen Umgebung aufgeworfenen Probleme von Bedeutung sind (s. o.). Da ein Planfeststellungsbeschluß abschließend, einheitlich und umfassend über die Zulässigkeit eines Vorhabens entscheidet, müssen alle wesentlichen Fragen Gegenstand der durch den Planfeststellungsbeschluß vorgenommenen Prüfung sein.

Nach der zum Grundsatz der Problembewältigung ergangenen Rechtsprechung kann die Einheitlichkeit der Planungsentscheidung ausnahmsweise jedoch auch dann gewahrt sein, wenn in dem Planfeststellungsbeschluß hinsichtlich bestimmter, als regelungsbedürftig erkannter Festsetzungen eine ergänzende Planfeststellung ausdrücklich vorbehalten wird.

Erforderlich ist, daß der Vorbehalt seinerseits unter Einhaltung der Grenzen der planerischen Gestaltungsfreiheit, insbsondere unter Beachtung des Abwägungsgebotes erfolgt [65].

Der Vorbehalt ist regelmäßig dann zulässig, wenn sein Regelungsgegenstand einzelne Maßnahmen zur Errichtung oder zum Betrieb der Abfallentsorgungsanlage betreffen, die eine einheitliche Entscheidung unter Beachtung der Grundsätze der Planfeststellung nicht zwingend erforderlich machen.

4.1.4.4 Bekanntmachung

Gemäß § 74 Abs. 4 VwVfG stellt der Regierungspräsident den Planfeststellungsbeschluß den Beteiligten zu, und veranlaßt, daß der Beschluß und eine Ausfertigung des festgestellten Planes öffentlich ausgelegt werden; er veranlaßt ferner die ortsübliche Bekanntmachung über die Auslegung. In den Fällen, in denen mehr als 300 Zustellungen vorzunehmen sind, können sie gemäß § 74 Abs. 5 VwVfG durch öffentliche Bekanntmachung ersetzt werden. Die öffentliche Bekanntmachung wird dadurch bewirkt, daß der verfügende Teil des Verwaltungsaktes und die Rechtsbehelfsbelehrung im amtlichen Veröffentlichungsblatt des Regierungspräsidenten und außerdem in örtlichen Tageszeitungen bekanntgemacht werden, die in dem Bereich verbreitet sind, in dem sich die Entscheidung voraussichtlich auswirken wird.

4.1.4.5 Negative Entscheidung

Kommt der Regierungspräsident unter Würdigung des Gesamtergebnisses des Verfahrens zu einer negativen Entscheidung über den Antrag, so lehnt er den Antrag ab. Diese Entscheidung ist schriftlich zu erlassen, schriftlich zu begründen und den Beteiligten zuzustellen. Diese Regelung ergibt sich zwar nicht direkt aus § 74 VwVfG, allerdings durch die Anwendung der §§ 72 in Verbindung mit § 69 Abs. 2 VwVfG. Auch in diesen Fällen gilt das zu der Bekanntmachung einer positiven Entscheidung gemäß 4.1.4.4 Gesagte, falls mehr als 300 Zustellungen vorzunehmen sind.

4.1.5 Rechtsmittel

Gemäß § 72 in Verbindung mit § 70 VwVfG bedarf es vor Erhebung einer verwaltungsgerichtlichen Klage gegen den Planfeststellungsbeschluß keiner Nachprüfung in einem Vorverfahren. Dies gilt sowohl für den Planfeststellungsbeschluß als auch für eine negative Entscheidung über den Antrag. Die Rechtsmittelfrist beginnt gemäß § 74 Abs. 4 Satz 3 und Abs. 5 Satz 3 VwVfG mit dem Ende der Auslegungsfrist, da in diesem Moment der Beschluß den Betroffenen und denjenigen gegenüber, die Einwendungen erhoben haben, als zugestellt gilt. Bis zum Ablauf der Rechtsmittelfrist kann übrigens im sog. Massenverfahren gemäß § 74 Abs. 5 Satz 4 VwVfG der Planfeststellungsbeschluß bei der Behörde schriftlich angefordert werden.
Als Klagearten gemäß § 42 VwGO kommen für den Antragsteller im Falle einer negativen Entscheidung die Verpflichtungsklage in der Form einer Bescheidungsklage in Betracht, während Betroffene und diejenigen, die geltend machen, durch den Planfeststellungsbeschluß in eigenen Rechten verletzt worden zu sein, die Anfechtungsklage erheben. In der Rechtsbehelfsbelehrung des Planfeststellungsbeschlusses ist regelmäßig anzugeben, vor welchem Gericht die Klage zu erheben ist.

4.2 Genehmigungsverfahren nach § 7 Abs. 2 AbfG

Gemäß § 7 Abs. 2 AbfG kann die zuständige Behörde anstelle eines Planfeststellungsverfahrens auf Antrag oder von Amts wegen ein Genehmigungsverfahren durchführen, wenn

- die Einrichtung und der Betrieb einer unbedeutenden Abfallentsorgungsanlage oder die wesentliche Änderung einer Abfallentsorgungsanlage oder ihres Betriebes beantragt wird oder
- mit Einwendungen nicht zu rechnen ist oder
- die Errichtung und der Betrieb einer Abfallentsorgungsanlage beantragt wird, die ausschließlich oder überwiegend der Entwicklung und Erprobung neuer Verfahren zur Behandlung und Verwertung von Abfällen dient und die Genehmigung für einen Zeitraum von höchstens 2 Jahren nach Inbetriebnahme der Anlage erteilt werden soll; dieser Zeitraum kann auf Antrag bis zu einem weiteren Jahr verlängert werden [66].

4.2.1 Unterschiede zwischen Planfeststellungsverfahren und Genehmigungsverfahren

Bei dem Genehmigungsverfahren gemäß § 7 Abs. 2 AbfG handelt es sich um ein nichtförmliches Verwaltungsverfahren. Insbesondere sind nicht erforderlich die Auslegung der Pläne und die

Durchführung eines Erörterungstermines. Das Verfahren ist als Ausnahme vom Planfeststellungsverfahren zugelassen worden, um in einzelnen vom Gesetz näher bezeichneten Fällen eine Beschleunigung des Verfahrens zu erreichen.
Zu beachten ist allerdings, daß der Plangenehmigung nach § 7 Abs. 2 AbfG auch keine Konzentrations- und Ersetzungswirkung zukommt; das bedeutet, daß andere behördliche Entscheidungen mit Ausnahme der Baugenehmigung gemäß § 60 BauO NW erforderlich bleiben. Die Zulassung nach anderem Recht kann unter Umständen mit einem Zeitaufwand verbunden sein, der dem Beschleunigungszweck des § 7 Abs. 2 AbfG zuwiderläuft [67].

4.2.2 Antrag

Hinsichtlich des Antrages gelten die zu 4.1.2 gemachten Ausführungen entsprechend.

4.2.3 Verfahren

Zur Berücksichtigung des Wohls der Allgemeinheit sind auch im Genehmigungsverfahren alle Behörden und Stellen anzuhören, deren Geschäfts- und Aufgabenbereich durch das vorgesehene Vorhaben betroffen werden. Gleichzeitig werden die anerkannten Naturschutzverbände angehört. Wird durch das Vorhaben ein Dritter unmittelbar betroffen, so ist dieser gemäß § 28 VwVfG ebenfalls anzuhören.
Zu jedem Zeitpunkt des Verfahrens muß die Behörde prüfen, ob die Voraussetzungen für die Durchführung eines Genehmigungsverfahrens noch bestehen, oder aber, ob ein Planfeststellungsverfahren durchzuführen ist. Dies gilt insbesondere für den Fall, daß das Genehmigungsverfahren durchgeführt wird, weil mit Einwendungen nicht zu rechnen ist.

4.2.4 Entscheidung über den Antrag

Bei der Entscheidung über den Antrag nach einem Genehmigungsverfahren im Sinne von § 7 Abs. 2 AbfG ist zu bedenken, daß die Anforderungen an die geordnete Abfallentsorgung gemäß § 2 Abs. 1 AbfG in gleicher Weise gelten. Zur Wahrung der Belange des Wohls der Allgemeinheit muß damit im Zeitpunkt der Entscheidung sichergestellt sein, daß die nach anderen Rechten erforderlichen Erlaubnisse und Genehmigungen auch erteilt werden können. Denn wenn eine wasserrechtliche Erlaubnis aus materiell-rechtlichen Gründen verweigert werden muß, so können auch die Belange des Gewässerschutzes im Sinne von § 2 Abs. 1 Satz 2 Nr. 3 AbfG nicht gewahrt sein.
Daraus folgt nicht, daß im Zeitpunkt der abfallrechtlichen Entscheidung die nach anderen Rechten zu treffenden Entscheidungen ebenfalls schon vorliegen müssen. Das Behördenbeteiligungsverfahren im Verfahren nach § 7 Abs. 2 AbfG soll jedoch gewährleisten, daß die entsprechenden Behörden frühzeitig deutlich machen, ob sie sich in der Lage sehen, die entsprechenden Genehmigungen zu erteilen.

4.2.5 Rechtsmittel

Vor Erhebung eines Klageverfahrens gegen die Entscheidung über den Antrag nach § 7 Abs. 2 AbfG ist gemäß § 68 VwGO ein Vorverfahren durchzuführen. Soweit der Regierungspräsident nach § 38 in Verbindung mit § 34 LAbfG für die Durchführung des Genehmigungsverfahrens zuständig ist, entscheidet er auch über den Widerspruch (§ 73 Abs. 1 Satz 2 Nr. 2 VwGO [68].

4.3 Immissionsschutzrechtliches Verfahren gemäß §§ 4 ff. BImschG in Verbindung mit 9. BImschV

In den Fällen, in denen es sich bei der Abfallentsorgungsanlage gleichzeitig um eine Anlage im Sinne des § 4 BImschG handelt, ist anstelle eines Planfeststellungsverfahrens ein immissionsschutzrechtliches Genehmigungsverfahren durchzuführen,

- wenn die Voraussetzungen nach § 7 Abs. 2 AbfG vorliegen,
- wenn die zuständige Behörde ein Genehmigungsverfahren nach § 7 Abs. 2 AbfG anstelle eines Planfeststellungsverfahrens durchführen will und
- weil § 13 BImschG die Plangenehmigung nach § 7 Abs. 2 AbfG mit erfaßt.

Zuständige Behörde nach der Verordnung zur Regelung von Zuständigkeiten auf dem Gebiet des Arbeits-, Immissions- und technischen Gefahrenschutzes [69] ist für die hier in Betracht kommenden Fälle der Abfallentsorgungsanlagen der Regierungspräsident, so daß dieser gemäß § 7 Abs. 3 AbfG auch zu einer Entscheidung über die Durchführung eines abfallrechtlichen Planfeststellungsverfahrens oder Genehmigungsverfahrens befugt ist, letzteres mit der Folge, daß dann ein immissionsschutzrechtliches Genehmigungsverfahren durchgeführt werden muß.
Die Arten der immissionsschutzrechtlich genehmigungsbedürftigen Anlagen sind in dem Anhang zur 4. BImschV festgelegt.

4.3.1 Unterschiede zu Planfeststellungsverfahren und Plangenehmigungsverfahren gem. § 7 AbfG

Das Genehmigungsverfahren nach § lo BImschG und der dazu erlassenen 9. BImschV unterscheidet sich vom Planfeststellungsverfahren in folgenden Punkten:

Gebundene Entscheidung

Gemäß § 6 BImschG ist die Genehmigung zu erteilen, wenn

- sichergestellt ist, daß die sich aus § 5 und einer aufgrund des § 7 erlassenen Rechtsverordnung ergebenden Pflichten erfüllt werden und
- andere öffentlich-rechtliche Vorschriften und Belange des Arbeitsschutzes der Errichtung und dem Betrieb der Anlage nicht entgegenstehen.

Ob auch bei einer immissionsschutzrechtlichen Genehmigung einer Abfallentsorgungsanlage von einer gebundenen Entscheidung im Sinne des § 6 BImschG auszugehen ist, darf gerade im Hinblick auf § 2 Abs. 1 AbfG bezweifelt werden. Danach setzt eine positive Entscheidung über die Zulassung einer Abfallentsorgungsanlage immer voraus, daß die Belange des Wohls der Allgemeinheit gewahrt werden. Aus den in § 2 Abs. 1 AbfG beispielhaft genannten verschiedenen Belangen des Wohls der Allgemeinheit ergibt sich, daß diese teilweise selbst in einer Art Interessenkollision gegenüberstehen können. Dies setzt regelmäßig eine Abwägung zwischen den verschiedenen Belangen des Wohls der Allgemeinheit voraus. Das bedeutet grundsätzlich für jede abfallrechtliche Zulassung, daß die Zulassungsbehörde eine nach den Regeln der gerechten Ermessensausübung zu treffende Entscheidung zu fällen hat, nicht jedoch in ihrer Entscheidung gebunden ist [70].

Verfahren

Gemäß § 10 Abs. 3 BImschG sind der Antrag und die Unterlagen im Gegensatz zum Planfeststellungsverfahren 2 Monate zur Einsicht auszulegen [71].

Konzentrationswirkung des § 13 BImschG

Gemäß § 13 BImschG werden eingeschlossen nur solche behördlichen Entscheidungen, die die Anlage betreffen. Nicht eingeschlossen sind z. B. Entscheidungen aufgrund wasserrechtlicher Vorschriften oderZustimmungen nach den straßenrechtlichen Vorschriften [72].

Baurechtliche Entscheidung

Wegen § 38 BauGB gelten die Vorschriften des Bauplanungsrechts auch im immissionsschutzrechtlichen Verfahren nur als Belange im Sinne des § 2 Abs. 1 Satz 2 Nr. 5 AbfG, wenn es sich um die Zulassung einer Abfallentsorgungsanlage handelt [73].

4.3.2 Praktische Relevanz des immissionsschutzrechtlichen Zulassungsverfahrens

Da ein vereinfachtes Genehmigungsverfahren nach § 19 BImschG in Verbindung mit § 2 Abs. 1 Satz 1 Nr. 2 IV. BImschV für Abfallentsorgungsanlagen in der Regel nicht in Betracht kommt [74], wäre grundsätzlich eine immissionsschutzrechtliches Zulassungsverfahren durchzuführen, das sich vom Planfeststellungsverfahren nur graduell unterscheidet, dessen abschließende positive Entscheidung jedoch nicht so weitreichend ist wie ein Planfeststellungsbeschluß.
Aus diesen Gründen drängt sich geradezu auf, daß ein abfallrechtliches Genehmigungsverfahren gemäß § 7 Abs. 2 AbfG nur in den Fällen durchgeführt werden wird, in denen keine immissionsschutzrechtliche Genehmigung miterteilt werden muß. Im übrigen wird der Regelfall die Durchführung eines Planfeststellungsverfahrens gemäß § 7 AbfG in Verbindung mit §§ 72 ff. VwVfG sein. Die Durchführung eines immissionsschutzrechtlichen Zulassungsverfahrens gemäß § 10 BImschG in

Verbindung mit der 9. BImschV hat für die Zulassung von Abfallentsorgungsanlagen wenig praktische Relevanz. Aus diesem Grund kann hier auf die sehr detaillierten Verfahrensregelungen in §§ 10, 11 bis 14 BImschG sowie der 9. BImschV und den Verwaltungsvorschriften zum Genehmigungsverfahren nach dem Bundesimmissionsschutzgesetz in Nordrhein-Westfalen [75] verwiesen werden.

Literatur

[1] Gesetz über die Vermeidung und Entsorgung von Abfällen (Abfallgesetz – AbfG) vom 27. August 1986 (BGB1. I S. 1410, berichtigt S. 1501), zuletzt geändert durch Einigungsvertrag vom 23. September 1990 (BGBl. II S. 885)
[2] Gesetz zum Schutz vor schädlichen Umwelteinwirkungen durch Luftverunreinigungen, Geräusche, Erschütterungen und ähnliche Vorgänge (Bundes-Immissionsschutzgesetz – BImschG) vom 15. März 1974 (BGB1. I S. 721, berichtigt S. 1193), zuletzt geändert durch Gesetz vom 10. Dezember 1990 (BGBl. I S. 2634)
[3] Verwaltungsverfahrensgesetz für das Land Nordrhein-Westfalen (VwVfG NW) vom 21. Dezember 1976 (GV. NW S. 438/SGV. NW 2010), geändert durch Artikel 3 des Gesetzes vom 15. März 1988 (GV.NW. S. 160)
[4] Bundesverwaltungsgericht – Urteil vom 09.03.1979-4 C 41.75 – in BVerwG 57, 297
VG Düsseldorf, Urteil vom 21.02.1982 – 17 K 678/82 u. a. –
[5] *Obermayer*, Kommentar zum Verwaltungsverfahrensgesetz, Darmstadt, Neuwied 1983; § 45 RN 17
[6] *Ronellenfitsch*, Die Planfeststellung in Verwaltungsarchiv 80. Band 1989, Seite 92 ff (Seite 94)
[7] ebenda Seite 95, *Obermayer* § 75 RN 22
[8] *Obermayer* § 78 RN 17, Kopp, Verwaltungsverfahrensgesetz, 4. Auflage München 1986, § 78 RN 6
[9] *Obermayer* § 75 RN 52
[10] Bundesverwaltungsgericht, Beschluß vom 20.07.1979 – 7 CB 21/79 in NJW 80, 953
[11] ebenda
[12] VG Arnsberg, Urteil vom 11.06.1985 – 7 K 133/84 –
[13] VG Düsseldorf, siehe Fußnote 4
[14] Nach Inkrafttreten des Gesetzes zur Umsetzung der Richtlinien des Rates vom 27. Juni 1985 über die Umweltverträglichkeitsprüfung bei bestimmten öffentlichen und privaten Projekten (85/337/EWG) – Gesetz über die Umweltverträglichkeitsprüfung – (UVPG) vom 12. Februar 1990 (BGB1. I S. 205) werden die Planfeststellungsbehörden gemäß § 5 UVPG in den Vorbereitungsprozeß formal mit einbezogen. Sie sollen den Träger des Vorhabens über den voraussichtlichen Untersuchungsrahmen der Umweltverträglichkeitsprüfung unterrichten. Gemäß § 20 Nr. 2 UVPG bleibt die nähere Ausgestaltung dieser Rechtspflicht einer allgemeinen Verwaltungsvorschrift vorbehalten, die bisher lediglich in einem Arbeitsentwurf vorliegt. Die Ausführungen zum Planfeststellungsverfahren erfolgen ungeachtet des am 1. August 1990 in Kraft getretenen UVPG; die sich aus dem UVPG ergebenden Konsequenzen für die Durchführung des Planfeststellungsverfahrens bedürfen eines gesonderten Beitrages.
[15] *Ule/Laubinger*, Verwaltungsverfahrensrecht, 3. Auflage Köln, Berlin, Bonn, München 1986, Seite 250
[16] *Schwermer* in Kunig, Schwermer, Versteyl, Abfallgesetz München 1988, § 7 RN 23
[17] Abfallgesetz für das Land Nordrhein-Westfalen (Landesabfallgesetz – LAbfG) vom 21. Juni 1988 (GV. NW S. 250/SGV.NW. 74, zuletzt geändert durch Gesetz vom 14. Januar 1992 (GV.NW. S. 32)
[18] Bundesverwaltungsgericht
[19] *Schwermer* s. o. § 7 RN 23
[20] *Obermayer*, § 73 RN 52 bis 54
[21] *Obermayer*, § 73 RN 46
[22] *Obermayer*, § 73 RN 48
[23] *Franßen*, Abfallrecht in Salzwedel (HRSG.) Grundzüge des Umweltrechts, 1982, Seite 399 ff. (Seite 436)
[24] ebenda
[25] *Kuschnerus*, Planänderungen vor Erlaß eines Planfeststellungsbeschlusses in DVBl. 1990, Seite 235 ff. (Seite 237); Bundesverwaltungsgericht, Urteil vom 05.12.1986 – 4 C 13.85 – in DVB1. 1987, 573 ff.
[26] *Kuschnerus*, siehe oben Seite 237
[27] ebenda
[28] *Kopp* § 73 RN 30
[29] *Kopp* § 26 RN 20
[30] *Obermayer* § 73 RN 76
[31] *Kopp* § 73 RN 17
[32] Bundesverwaltungsgericht, Urteil vom 14.04.1978 – 4 C 68.76 in DVB1. 1978, 618 (620)
[33] *Kopp* § 73 RN 17
[34] *Kuschnerus* a.a.O Seite 237
[35] *Kopp* § 73 RN 17
[36] *Kopp* § 73 RN 16

[37] *Bonk* in Stelkens, Bonk, Leonard Verwaltungsverfahrensgesetz 2. Auflage München 1983, § 73 RN 25
[38] *Kopp* § 73 RN 42, *Ule/Laubinger* Seite 258
[39] Bundesverfassungsgericht – Beschluß vom 08.07.1982 – in BVerwGE 61 Seite 82 ff. (117)
[40] *Ule/Laubinger* Seite 258
[41] ebenda
[42] Dafür: *Obermayer* § 73 RN 113; dagegen: *Kopp* § 73 RN 29
[43] So auch *Kopp* § 73 RN 40
[44] *Ule/Laubinger* Seite 261
[45] *Ule/Laubinger* Seite 260
[46] *Kopp* § 73 RN 44
[47] *Ule/Laubinger* Seite 262
[48] Verwaltungsgerichtsordnung – VwGO – vom 21.01.1960 (BGB1. I S. 17)
[49] *Kopp* § 73 RN 51
[50] *Kopp* § 73 RN 50
[51] *Ule/Laubinger* Seite 268; Ronellenfitsch aao Seite 104, der im Erörterungstermin zumeist auch die „ des Anhörungsverfahrens" sieht
[52] Bundesverwaltungsgericht, Urteil vom 05.12.1986 – 4 C 13.85 – in BVerwGE 75, 214 (226)
[53] so auch Ronellenfitsch a.a.O Seite 104
[54] Zu den Grenzen von Besprechungen auf „politischer Ebene" vergleiche Bundesverwaltungsgericht Urteil vom 05.12.1986 – 4 C 13.85 – in BVerwGE 75, 214 (230 ff.)
[55] *Kopp* § 68 RN 20
[56] *Kuschnerus* a.a.O Seite 238
[57] ebenda Seite 239
[58] *Kopp* § 36 RN 6
[59] OVG Münster – Beschluß vom 21.09.1983 – 20 B 1497/83
[60] Zum Verhältnis zwischen Abfallentsorgungsplan und Planfeststellung vergleiche Bundesverwaltungsgericht, Beschluß vom 20.12.1988 – 7 NB 2.88 – in UPR 1989 Seite 184 (187)
[61] Bundesverwaltungsgericht , Urteil vom 07.07.1978 – 4 C 79.76 in DÖV 78, 804
[62] Bundesverwaltungsgericht, Beschluß vom 20.07.1979 – 7 CB 21/79 – in NJW 1980, Seite 953 (954)
[63] Bundesverwaltungsgericht, Urteil vom 18.03.1983 – 4 C 80.79 –
[64] ebenda
[65] Bundesverwaltungsgericht , Urteil vom 23.01.1982 – 4 C 68.78 in Natur und Recht 1982, Seite 261 (Seite 262)
[66] Nr. 3 wurde eingeführt durch das UVP-Gesetz vom 12. Februar 1990, das zum 01.08.1990 in Kraft getreten ist; mit dem UVP-Gesetz wird gleichzeitig folgende Einschränkung eingeführt: Satz 1 Nr. 1 und 2 gilt nicht für die Errichtung und den Betrieb von Anlagen zur Verbrennung, zur chemischen Behandlung oder zur Ablagerung von Abfällen im Sinne des § 2 Abs. 2, wenn hiervon erhebliche Auswirkungen auf die Umwelt ausgehen können. Eine Vermutung für das Vorliegen einer unbedeutenden Anlage spricht ferner § 7 Abs. 2 Satz 2 aus, wonach Abfallentsorgungsanlagen, in denen Stoffe aus den in Haushaltungen anfallenden Abfällen oder gleichartigen Abfällen durch Sortieren für den Wirtschaftskreislauf zurückgewonnen werden und Anlagen zur Kompostierung von Abfällen mit einer Durchsatzleistung von bis zu 0,75 t je Stunde als unbedeutende Anlagen gelten.
[67] *Schwermer* a.a.O § 7 RN 53
[68] Soweit gemäß § 38 Abs 2 Nr. 2 in Verbindung mit § 34 LAbfG der Oberkreis- oder Oberstadtdirektor für die Zulassung eines Autowracklagerplatzes zuständig ist, ist Widerspruchsbehörde der Regierungspräsident.
[69] Verordnung vom 06.02.1973 (GV. NW 66), zuletzt geändert durch Verordnung vom 16.12.1986 (GV. NW 87, 2)
[70] anderer Ansicht *Franßen* a.a.O, der gebundene Entscheidung annimmt
[71] gemäß Artikel 4 des UVP-Gesetzes vom 12. Februar 1990 wird § 10 BImschG dahingehend geändert, daß die Unterlagen nur noch 1 Monat zur Einsicht auszulegen sind
[72] *Sellner*, Immissionsschutzrecht und Industrieanlagen, 2. Auflage München 1988, RN 191 ff.
[73] *Schwermer*, § 7 RN 63
[74] Hierfür kommen in der Regel nur Autoshredder mit einer Nennleistung von 100 bis weniger als 500 KW in Betracht, vergleiche auch Schwermer § 7 RN 67
[75] Verwaltungsvorschriften zum Genehmigungsverfahren nach dem Bundes-Immissionsschutzgesetz – Gemeinsamer Runderlaß des Ministers für Arbeit, Gesundheit und Soziales, des Innenministers und des Ministers für Wirtschaft, Mittelstand und Verkehr vom 21.11.1975, zuletzt geändert mit Erlaß vom 10.07.1986

Redaktionsschluß 10.5.1992

5 Deponietechnik

von Heinz Steffen

5.1 Allgemeine Anforderungen an Deponien

Deponien müssen so gebaut und betrieben werden, daß sie einen möglichst vollkommenen Schutz der Umwelt vor Emissionen bieten, womit Gerüche, Staub, Lärm und Ungeziefer während der Betriebsphase sowie Sickerwässer und Gase in der Betriebs- und in der Nachfolgephase gemeint sind.
Die unterschiedlichen Emissionen erfordern auch unterschiedliche Maßnahmen, bei denen sich der Schutz des Grundwassers und der Schutz vor Gasemissionen im wesentlichen auf bautechnische Maßnahmen begrenzt. Deren Ausmaß kann unter Umständen von betrieblichen Möglichkeiten wie Eingrenzung des Abfallkataloges beeinfluß werden. Geruch, Lärmschutz, Staub und Ungezieferbelästigungen sind durch betriebliche und bautechnische Maßnahmen zu lösen.
Die Sicherheit, mit der ein Schutz vor Emissionen erreicht werden muß, ist unterschiedlich anzusetzen. Bei den Emissionen, die während der Betriebsphase auftreten, handelt es sich im Normalfall um belästigende und nur im Dauerzustand oder bei besonderen Deponien um gefährdende Emissionen. Die Bürger und die Landschaft sowie das sonstige Umfeld müssen vor diesen Emissionen geschützt werden. Der Sicherheitsgrad kann hier aber insoweit eingeengt werden, daß z.B. bei Windrichtungen, die möglicherweise nur an ein oder zwei Tagen im Jahr auftreten, eine geringe Belästigung durch Gerüche zumutbar sein kann. Es ist auch durchaus vertretbar, daß Maßnahmen zum langfristigen Lärmschutz, wie z.B. die Errichtung von Lärmschutzwällen, eben selbst auch einen gewissen Lärm erzeugen und dieser Lärm dann während eines kurzen Zeitraumes toleriert werden muß.
Anders sieht es bei den Emissionen aus, die sowohl in der Betriebsphase als auch in der Nachfolgephase auftreten. Das sind die Beeinträchtigungen durch Gasemissionen, sofern diese bei dem zu deponierenden Abfall auftreten können, und die möglicherweise gegebene Beeinträchtigungen des Grundwassers. Hier sind erheblich höhere Ansprüche zu stellen.
Beim Schutz des Grundwassers ist sicherzustellen, daß keine schädliche Beeinträchtigung des Grundwassers auftritt; deshalb sind mehrere unabhängig voneinander wirkende Sicherheitsmaßnahmen zu treffen.
Beim Deponiegas ist mit Sicherheit zu verhindern, daß gefährdende Mengen toxischer Gase oder Explosionsgefahren auftreten. Darüber hinaus ist eine Schädigung des Wachstums in der Rekultivierungsschicht zu verhindern. Letzteres ist im allgemeinen durch die schärfere Forderung nach dem Explosionsschutz von vornherein gegeben.

5.2 Einteilung der Deponien

5.2.1 Einteilung nach der Art des Ablagerungsgutes

Durch die Technischen Anleitungen der Zweiten allgemeinen Verwaltungsvorschrift zum Abfallgesetz (TA Abfall), Teil 1, und durch die sogenannte TA Siedlungsabfall, die sich zur Zeit in der Bundesratsberatung befindet (Drucksache 594/92), ist eine Einteilung der Deponien in drei Klassen vorgesehen:
Und zwar einmal die Deponie für besonders überwachungspflichtige Abfälle nach TA Abfall, Teil 1 der allgemeinen Verwaltungsvorschrift, und zum anderen die Deponieklassen I und II nach der sogenannten TA Siedlungsabfall.
In der TA Abfall wird im Anhang C katalogmäßig aufgeführt, welche Abfälle welchen Entsorgungsweg gehen sollen, und zwar aufgeteilt nach der chemisch-physikalischen Behandlungsanlage, der Hausmüllverbrennungsanlage, der Sonderabfallverbrennungsanlage, der Hausmülldeponie, der Sonderabfalldeponie und der Untertagedeponie.
Im Anhang D (Bild 5.1) werden die Zuordnungskriterien für die Zulassung zur Ablagerung auf Sonderabfalldeponien im einzelnen aufgeführt.

Anhang D

Zuordnungskriterien

Bei der Zuordnung von Abfällen zur oberirdischen Ablagerung sind die folgenden Zuordnungswerte einzuhalten:

Nr.	Parameter[1]	Zuordnungswert
D1	Festigkeit[2]	
D1.01	Flügelscherfestigkeit	≥ 25 kN/m²
D1.02	Axiale Verformung	≤ 20 %
D1.03	Einaxiale Druckfestigkeit (Fließwert=	≥ 50 kN/m²
D2	Glühverlust des Trockenrückstandes der Originalsubstanz	≤ 10 Gew.-%
D3	Extrahierbare lipophile Stoffe	≤ 5 Gew.-%
D4	Eluatkriterien	
D4.01	pH-Wert	4–13
D4.02	Leitfähigkeit	≤ 100 000 µS/cm
D4.03	TOC	≤ 200 mg/l
D4.04	Phenole	≤ 100 mg/l
D4.05	Arsen	≤ 1 mg/l
D4.06	Blei	≤ 2 mg/l
D4.07	Cadmium	≤ 0,5 mg/l
D4.08	Chrom-VI	≤ 0,5 mg/l
D4.09	Kupfer	≤ 10 mg/l
D4.10	Nickel	≤ 2 mg/l
D4.11	Quecksilber	≤ 0,1 mg/l
D4.12	Zink	≤ 10 mg/l
D4.13	Fluorid	≤ 50 mg/l
D4.14	Ammonium	≤ 1 000 mg/l
D4.15	Chlorid	≤ 10 000 mg/l
D4.16	Cyanide, leicht freisetzbar	≤ 1 mg/l
D4.17	Sulfat	≤ 5 000 mg/l
D4.18	Nitrit	≤ 30 mg/l
D4.19	AOX	≤ 3 mg/l
D4.20	Wasserlöslicher Anteil	≤ 10 Gew.-%

1) Analysevorschriften siehe Anhang B

2) D1.02 kann gemeinsam mit D1.03 gleichwertig zu D1.01 angewandt werden

Bild 5-1 Zuordnungskriterien für Deponien nach TA Abfall

Die TA Abfall läßt unter dem Punkt 4.4.3.3 eine *Monoablagerung* zu; es dürfen einzelne Kriterien des Anhangs D überschritten werden mit Ausnahme von D 1. Es ist aber insgesamt darzulegen, daß sich die oberirdische Monoablagerung insgesamt nicht nachteiliger auf die Umwelt auswirken wird als eine Ablagerung nach den Anforderungen des Punktes 4.4.3.1 (allgemeine Zuordnungskriterien für die oberirdische Ablagerung).

Weiter ist ausgeführt (Punkt 9.2), daß die besonderen Anforderungen an oberirdische Deponien (Punkt 9) auch für oberirdische Monoablagerungen (4.4.3.3) gelten mit Ausnahme, daß, falls die Zuordnungswerte nach Anhang D mit Ausnahme von D 1 (Festigkeit) wesentlich unterschritten werden, nach 2.4 Ausnahmen zulässig sind. 2.4 (*Ausnahmeregelungen*) besagt, daß die zuständige Behörde Abweichungen von den Anforderungen dieser Technischen Anleitung zulassen kann, wenn im Einzelfall der Nachweis erbracht wird, daß durch andere geeignete Maßnahmen das Wohl

der Allgemeinheit, gemessen an den Anforderungen dieser Technischen Anleitung, nicht beeinträchtigt wird.
Die TA Siedlungsabfall, die den Untertitel „Technische Anleitung zur Vermeidung, Verwertung, Behandlung und sonstigen Entsorgung von Siedlungsabfällen" trägt, geht entsprechend diesem Titel sehr stark auf die Vermeidungs- und Verwertungsgrundsätze ein und teilt die Entsorgungsverfahren unter Punkt 7.1 nach den *Zuordnungskriterien für die Verwertung* so ein, daß diese durchzuführen ist, wenn

a) dies technisch möglich ist,
b) die hierbei entstehenden Mehrkosten im Vergleich zu anderen Verfahren der Entsorgung nicht unzumutbar sind, und
c) für die gewonnenen Produkte ein Markt vorhanden ist oder insbesondere durch Beauftragung Dritter geschaffen werden kann.

Unter 7.2 gibt sie *Zuordnungskriterien für die Ablagerung* an, die nachstehend aufgeführt sind:

TA Siedlungsabfall

7.2.1 ***Allgemeines***

Abfälle können nur dann der Deponie zugeordnet werden, wenn sie nicht verwertet werden können und die Zuordnungskriterien des Anhangs C (Bild 5.2) eingehalten werden.
Bei nicht ausreichender Festigkeit ist eine Verfestigung zur Einhaltung der entsprechenden Zuordnungswerte zulässig.
Abfälle, bei denen aufgrund der Herkunft oder Beschaffenheit durch die Ablagerung wegen ihres Gehaltes an langlebigen oder bioakkumulierbaren toxischen Stoffen (z.B. organische Halogenverbindungen, organische Phosphorverbindungen) eine Beeinträchtigung des Wohl der Allgemeinheit zu besorgen ist, sind grundsätzlich nicht einer oberirdischen Deponie zuzuordnen.
Bodenaushub soll grundsätzlich verwertet und in der Regel nicht abgelagert werden.

7.2.2 ***Deponieklasse I***

Abfälle können der Deponieklasse I zugeordnet werden, wenn sie die entsprechenden Zuordnungswerte des Anhangs C einhalten.

7.2.3 ***Deponieklasse II***

Abfälle können der Deponieklasse II zugeordnet werden, wenn sie die entsprechenden Zuordnungswerte des Anhangs C einhalten.

7.2.4 ***Monodeponie***

Für die Monodeponie gelten die Anforderungen der Nrn. 7.2.1 bis 7.2.3.
Eine Ablagerung auf Monodeponien soll insbesondere dann erfolgen, wenn aufgrund der Schadstoffgehalte im Abfall oder der Bindungsform der Schadstoffe in den Abfällen eine Mobilisierung der Schadstoffe und nachteilige Reaktionen mit anderen Abfällen ausgeschlossen werden sollen. Die zuständige Behörde kann dabei im Einzelfall eine Zuordnung von Abfällen zur Monodeponie auch dann zulassen, wenn einzelne Zuordnungswerte des Anhangs C mit Ausnahme C 1 und C 2 nicht eingehalten werden.
Eine Ablagerung von nachweislich nicht verwertbarem Bodenaushub kann auch dann zugelassen werden, wenn die Zuordnungswerte der Nr. 2 (organischer Anteil) des Anhanges C nicht eingehalten werden.
Asbesthaltige Abfälle sind in jedem Fall gesondert abzulagern.

Bei der Monodeponie kann also eine Abweichung von einzelnen Parametern des Anhangs C mit Ausnahme von C 1, nämlich den mechanischen Festigkeitswerten, zugelassen werden. Zur Zeit wird eine verlängerte Übergangsfrist für Reststoffe, die einer sogenannten kalten Inertisierung unterzogen sind, diskutiert. Hier sollen für einen Zeitraum von 15 Jahren bis zu 25 % zulässigem Glührückstand geplant werden.

5.3 Anforderungen für die Standortwahl oberirdischer Ablagerungen

Bei Deponien für besonders überwachungspflichtige Abfälle ist in dem Abschnitt 9.1 bis 9.3 der TA Abfall im einzelnen festgelegt, welche Grundbedingungen an den Standort zu stellen sind. Da die TA Siedlungsabfall die neuere Vorschrift ist und viele Punkte der TA Abfall übernommen hat, wird im folgenden auf deren Festlegungen eingegangen und auf evtl. Unterschiede zur TA Abfall verwiesen.

Anhang C

Zuordnungskriterien für Deponien

Bei der Zuordnung von Abfällen zu Deponien sind die folgenden Zuordnungswerte, denen die im Anhang B genannten oder gleichwertige Analyseverfahren zugrunde liegen, einzuhalten:

Nr.	Parameter				
1	Festigkeit[1]				
1.01	Flügelscherfestigkeit	≥ 25	kN/m²	≥ 25	kN/m²
1.02	Axiale Verformung	≤ 20	%	≤ 20	%
1.03	Einaxiale Druckfestigkeit	≥ 50	kN/m²	≥ 50	kN/m²
2	Organischer Anteil des Trockenrückstandes der Originalsubstanz[2]				
2.01	bestimmt als Glühverlust	≤ 2	Masse-%	≤ 5	Masse-%
2.02	bestimmt als TOC	≤ 1	Masse-%	≤ 5	Masse-%
3	Extrahierbare lipophile Stoffe der Originalsubstanz	≤ 0,4	Masse-%	≤ 0,8	Masse-%
4	Eluatkriterien				
4.01	pH-Wert	5,5–12,0		5,5–12,0	
4.02	Leitfähigkeit	≤ 6 000	µS/cm	≤ 50 000	µS/cm
4.03	TOC	≤ 20	mg/l	≤ 100	mg/l
4.04	Phenole	≤ 0,2	mg/l	≤ 50	mg/l
4.05	Arsen	≤ 0,1	mg/l	≤ 0,5	mg/l
4.06	Blei	≤ 0,2	mg/l	≤ 1	mg/l
4.07	Cadmium	≤ 0,05	mg/l	≤ 0,1	mg/l
4.08	Chrom-VI	≤ 0,05	mg/l	≤ 0,1	mg/l
4.09	Kupfer	≤ 1	mg/l	≤ 5	mg/l
4.10	Nickel	≤ 0,2	mg/l	≤ 1	mg/l
4.11	Quecksilber	≤ 0,005	mg/l	≤ 0,02	mg/l
4.12	Zink	≤ 2	mg/l	≤ 5	mg/l
4.13	Fluorid	≤ 5	mg/l	≤ 25	mg/l
4.14	Ammonium-N	≤ 4	mg/l	≤ 200	mg/l
4.15	Chlorid	≤ 500	mg/l	≤ 5 000	mg/l
4.16	Cyanide, leicht freisetzbar	≤ 0,1	mg/l	≤ 0,5	mg/l
4.17	Sulfat[3]	≤ 500	mg/l	≤ 1 400	mg/l
4.18	Nitrit	≤ 3	mg/l	≤ 6	mg/l
4.19	AOX	≤ 0,3	mg/l	≤ 1,5	mg/l
4.20	Wasserlöslicher Anteil (Abdampfrückstand)	≤ 5	Masse-%	≤ 6	Masse-%

1) 1.02 kann gemeinsam mit 1.03 gleichwertig zu 1.01 angewandt werden. Die Festigkeit ist entsprechend den statischen Erfordernissen für die Deponiestabilität jeweils gesonders festzulegen. 1.02 in Verbindung mit 1.03 darf dabei insbesondere bei kohäsiven, feinkörnigen Abfällen nicht unterschritten werden.

2) 2.01 kann gleichwertig zu 2.02 angewandt werden; Anforderung gilt nicht für verunreinigten Bodenaushub, der auf einer Monodeponie abgelagert wird.

3) Überschreitung bis zu 1400 mg/l SO_4 für Gipsausbhug und Gipsbaureststoffe sowie anderen gipshaltigen Bauschutt unter der Bedingung zulässig, daß die Ca-Konzentration im Eluat mindestens die 0,43-fache SO_4-Konzentration erreicht.

Bild 5-2 Zuordnungskriterien für Deponien der Klasse I und Deponien der Klasse II nach TA Siedlungsabfall (Entwurf)

TA Siedlungsabfall

Die TA Siedlungsabfall gibt in der Fassung der Bundesratsdrucksache eine etwas allgemeinere Angabe zur Auswahl des Standortes, insbesondere in Bezug auf die geologischen Grundfragen. Diese Änderung beruht zu einem großen Teil auf Erfahrungen aus der Standortsuche der letzten Jahre, in denen sich zeigte, daß in weiten Bereichen eine geologische Barriere mit 10^{-7} m/s zwar mit im Durchschnitt deutlich besseren Werten gefunden werden kann, in einzelnen Werten durch dünnschichtige Einlagerungen jedoch immer wieder Ausreißer aufweist. Die von der TA Siedlungsabfall geforderte Gesamtsicht für die geologische Barriere ist die konsequente Folge, um ein Ausweichen auf irgendwelche beliebigen Standorte dann mit einer technischen Barriere zu vermeiden.

Diese Anforderungen sind im einzelnen in Punkt 13 *„Besondere Anforderungen an Deponien"* der TA Siedlungsabfall beschrieben worden:

13 Besondere Anforderungen an

13.1 Grundsatz

Deponien sind so zu planen, zu errichten und zu betreiben, daß

a) durch geologisch und hydrogeologisch geeignete Standorte,

b) durch geeignete Deponieabdichtungssysteme,

c) durch geeignete Einbautechnik für die Abfälle,

d) durch Einhaltung der Zuordnungswerte nach Anhang C, (bei TA Abfall Anhang D)

mehrere weitgehend voneinander unabhängig wirksame Barrieren geschaffen und die Freisetzung und Ausbreitung von Schadstoffen nach dem Stand der Technik verhindert wird. Durch die Einhaltung der Zuordnungswerte nach Anhang C soll insbesondere erreicht werden, daß sich praktisch kein Deponiegas entwickelt, die organische Sickerwasserbelastung sehr gering ist und nur geringfügige Setzungen als Folge eines biologischen Abbaus von organischen Anteilen in den abgelagerten Abfällen auftreten.

Bei der Planung, Errichtung und Betrieb ist anzustreben, den erforderlichen Aufwand für Nachsorgemaßnahmen und deren Kontrollen gering zu halten.

Der Deponiebetrieb hat so zu erfolgen, daß durch bestmögliche Verdichtung der abgelagerten Abfälle eine maximale Ausnutzung des verfügbaren Deponievolumens erreicht wird.

Die nachfolgenden Anforderungen gelten grundsätzlich sowohl für die Deponieklasse I als auch für die Deponieklasse II, es sei denn, abweichende Anforderungen werden ausdrücklich erwähnt.

13.3.2 Geologische Barriere

Als geologische Barriere wird der Bereich im natürlich anstehenden Untergrund einer Deponie bezeichnet, der aufgrund seiner Eigenschaften und Abmessungen maßgeblich die Schadstoffausbreitung behindert.

Grundsätzlich muß die geologische Barriere (der Deponieuntergrund) aus natürlich anstehenden schwach bis sehr schwach durchlässigen Locker- bzw. Festgesteinen (DIN 18 130) von mehreren Metern Mächtigkeit und hohem Schadstoffrückhaltepotential bestehen, die eine über den Ablagerungsbereich hinausgehende flächige Verbreitung (mind. ca. 50 m) aufweisen sollen.

Sollten diese Anforderungen an die geologische Barriere im Nahbereich der Deponie nicht oder nur teilweise erfüllt werden, ist nachzuweisen und ggf. sicherzustellen, daß dies nicht zu einem erhöhten Risiko für das Grundwasser führt.

Für den letzten Absatz bestehen Änderungsvorschläge.

Für Deponien der Klasse I werden keine besonderen Anforderungen an die geologische Barriere gestellt.

In der TA Abfall ist eine mindestens 3 m mächtige Schicht mit hohem Adsorptionsvermögen gefordert, wobei diese Eigenschaft bei tonmineralhaltigem Untergrund mit einer Durchlässigkeit von mindestens $k = 1 \times 10{-}7$ m/s als im allgemeinen gegeben angesehen wird.

13.3 Standort

13.3.1 Allgemeines

Deponien dürfen nicht errichtet werden:

a) in Karstgebieten und Gebieten mit stark klüftigem, besonders wasserwegsamem Untergrund; für Deponieklasse I sind Ausnahmen möglich, wenn sich aus der Einzelfallprüfung die Eignung des Standortes ergibt,

b) innerhalb von festgesetzten, vorläufig sichergestellten oder fachbehördlich geplanten Trinkwasser- oder Heilquellenschutzgebieten sowie Wasservorranggebieten (Gebiete, die im Interesse der Sicherung der künftigen Wasser-

versorgung raumordnerisch ausgewiesen sind); in Wasservorranggebieten ist die Errichtung von Deponien der Klasse I nach Einzelfallprüfung im Hinblick auf die zu erwartende Gewässernutzung grundsätzlich möglich,

c) innerhalb eines festgesetzten, vorläufig sichergestellten oder fachbehördlich geplanten Überschwemmungsgebietes,

d) in Gruben, aus denen eine Ableitung von Sickerwasser in freiem Gefälle nicht möglich ist.

Darüber hinaus sind insbesondere folgende Gegebenheiten in den Planfeststellungs- und Genehmigungsunterlagen nach Nr. 4 zu beschreiben und bei der Prüfung der Eignung des Standortes zu berücksichtigen:

e) geologische, hydrogeologische und geotechnische Verhältnisse am Deponiestandort und im weiteren Grundwasserabstrombereich,

f) Lage zu einem vorhandenen oder ausgewiesenen Siedlungsgebiet; es ist ein Schutzabstand zum Deponiekörper von mindestens 300 m anzustreben; Einzelbebauungen sind gesondert zu betrachten,

g) Lage in erdbebengefährdeten Gebieten und tektonisch aktiven Störungszonen,

h) Lage in Gebieten, in denen Hangrutsche und Bergsenkungen noch nicht abgeklungen sind oder in denen mit Tagesbrüchen als Folge ehemaligen Bergbaus zu rechnen ist,

i) das Setzungsverhalten verfüllter Tagebaue und sonstiger verfüllter Restlöcher.

Der Umfang der geologischen und hydrogeologischen Untersuchungen hängt von den standortspezifischen Gegebenheiten ab. Er ist im Einzelfall so festzulegen, daß eine hinreichend genaue Beschreibung des Untergrundes bis in größere Tiefen (etwa 50 m) möglich ist.

Der Untergrund muß so tragfähig sein, daß die Lasten der Deponie verformungsarm aufgenommen werden können, so daß keine Schäden am Deponiebasisabdichtungssystem entstehen und die Stabilität des Deponiekörpers nicht gefährdet wird. Die unterschiedlichen Schüttphasen des Deponiekörpers sind zu berücksichtigen.

13.3.3 *Lage zum Grundwasser*

Das Deponieplanum muß so angelegt werden, daß es nach Abklingen der Untergrundsetzungen unter der Auflast der Deponie mindestens 1 Meter über der höchsten zu erwartenden Grundwasseroberfläche bzw. Grundwasserdruckfläche bei freiem oder gespanntem Grundwasser nach DIN 4099, Teil 1 (Ausgabe September 1979) liegt.

Höhere Druckspiegel sind zulässig, wenn nachgewiesen wird, daß das am Grundwasserkreislauf aktiv teilnehmende Grundwasser nicht nachteilig beeinträchtigt wird.

Eine derartige Beeinträchtigung ist insbesondere dann nicht zu erwarten, wenn der Untergrund aus sehr gering durchlässigen Böden oder Gesteinsschichten mit ausreichender Mächtigkeit und erheblicher flächenhafter Ausbreitung über den eigentlichen Deponiebereich hinaus besteht.

Zur Standortwahl geben verschiedene Empfehlungen einzelner Bundesländer, die teilweise als Entwurf und teilweise auch schon als fertige Empfehlung vorliegen, nähere Handlungsanweisungen mit genauen Verfahrensschritten sowohl aus geologischer Sicht als auch in allgemeinen umweltrelevanten Punkten, die bei der Standortsuche beachtet werden müssen.

Festzuhalten ist, daß bei der Standortsuche sehr genau nach den gesetzlichen Grundalgen vorzugehen ist, denn die Standortsuche hat sich im allgemeinen als der kritische Punkt bei den Genehmigungsverfahren für Deponien erwiesen. In der Vergangenheit sind sehr oft politische Festlegungen bei der Standortwahl getroffen worden, die sich nicht mit den allgemeinen Regeln vertrugen. Solche Festlegungen können z.B. sein, nicht in bewaldete Gegenden zu gehen oder der Hinweis auf besondere Nutzungsformen, z.B. Nutzung von alten Kiesgruben, o.ä.. Hier ist darauf zu verweisen, daß nur bei einer annähernden Gleichwertigkeit eine politische Entscheidung möglich ist. Standorte, die gewählt wurden, obwohl offensichtlich andere Standorte eine bessere, auf der Hand liegende Eignung aufweisen, können leicht zu einem Scheitern im Planfeststellungsverfahren oder im Verwaltungsgerichtsverfahren führen.

Nach Festlegung des Standortes unter Berücksichtigung der in den Bundesländern unterschiedlichen Verfahrensmöglichkeiten, z.B. im Raumordnungsverfahren oder Gebietsentwicklungsplänen, sind die Planungsarbeiten für das Planfeststellungsverfahren einzuleiten. Hierzu sind die Bedingungen der TA Abfall bzw. der TA Siedlungsabfall wiederum Vorgabe, von denen nur in besonders begründeten Fällen abgewichen werden kann.

Ein wesentliches Kriterium, daß für alle Deponieformen gilt, ist die freie Vorflut, die für das Sickerwasser gegeben sein muß. Diese Forderung bedeutet, daß Grubendeponien – wenn die Grube nicht eine sehr große Ausdehnung hat, wie sie z.B. beim Tagebau vorkommen können – für derartige Maßnahmen ausscheiden, es bei denn, wie es z.B. bei Steinbrüchen in einem Einzelfall gemacht wurde, daß durch Stollensysteme eine künstliche freie Vorflut durch Durchbrechen der

Wand geschaffen wurde, oder Schächte außerhalb der Deponien im alten Grubenbereich unterzubringen sind (letztes ist noch in der Diskussion).
Deponien in Kiesgruben, die in der Vergangenheit häufig unter dem Argument der Heilung von Landschaftswunden in die Diskussion gebracht wurden, scheiden somit im Normalfall aus.
Deponieabdichtungssysteme sind unter den Punkten *9.4.1* der TA Abfall und in Punkt *13.4.1* der TA Siedlungsabfall für die Deponieklassen I und II im einzelnen festgelegt worden.
TA Siedlungsabfall verweist auf die TA Abfall Anhang E, in dem die Anforderungen im einzelnen beschrieben sind. Für beide Fälle ist, mit Ausnahme der Deponieklasse I, eine sogenannte Kombinationsdichtung als Regelabdichtung vorgeschrieben.

TA Abfall

9.4.1.1 Allgemeines

Deponieabdichtungssysteme sind nach den Nrn. 9.4.1.3 und 9.4.1.4 einzubauen.
Auflastbedingte Verformungen des Dichtungsauflagers dürfen die Funktionstüchtigkeit der Deponieabdichtungssysteme nicht nachteilig beeinträchtigen. Hierzu sind die Setzungen und Verformungen zu berechnen.
Rohrdurchdringungen des Dichtungssystems im Böschungsbereich sind kontrollierbar und reparierbar auszuführen.
Es gelten die Anforderungen im Anhang E. Die Eignung von Kunststoffdichtungsbahnen in Deponieabdichtungssystemen sollte in der Regel mit Hilfe eines geeigneten Gutachters – z.B. des Instituts für Bautechnik, Berlin, oder der Bundesanstalt für Materialprüfung, Berlin – festgestellt werden. Prüfpflichten nach anderen Rechtsvorschriften – z.B. des Bauordnungsrechts in Form der allgemeinen bauaufsichtlichen Zulassung oder des Wasserrechts – bleiben hiervon unberührt.
Die TA Siedlungsabfall schreibt: Es dürfen nur für Deponieabdichtungssysteme zugelassene Kunststoffdichtungsbahnen verwendet werden. Für den speziellen Anwendungsfall hat eine Eignungsfeststellung zu erfolgen.
Von den Anforderungen nach Abs. 1 bis 3 an diese Deponieabdichtungssysteme kann abgewichen werden, wenn nachgewiesen wird, daß das Alternativsystem gleichwertig ist. (Die Möglichkeit der Alternativsysteme wird wahrscheinlich in der endgültigen Fassung TA Siedlungsabfall noch stärker herausgestellt.) Die Anforderungen von Abs. 4 gelten insoweit entsprechend.
Für die Herstellung eines Deponieabdichtungssystems ist ein verantwortlicher Auftragnehmer zu bestellen.
Für die ordnungsgemäße Herstellung der Deponieabdichtungssysteme ist ein Wetterschutz vorzusehen und ggf. einzusetzen. Es gelten insbesondere die Anforderungen nach den Nrn. 3.1.1 Buchstabe b und 3.1.2 Buchstabe d im Anhang E.

9.4.1.2 Qualitätssicherungsplan (nach DIN 55 350)

Vor der Herstellung der Deponieabdichtungssysteme ist ein Qualitätssicherungsplan aufzustellen. In diesem sind die speziellen Elemente der Qualitätssicherung sowie die Zuständigkeit, sachlichen Mittel und Tätigkeiten so festzulegen, daß die nachfolgenden und die unter Nr. 9.4.1.3 und Nr. 9.4.1.4 genannten Qualitätsmerkmale der Deponieabdichtungssysteme eingehalten werden.
Der Qualitätssicherungsplan hat mindestens folgendes zu enthalten:

a) die Verantwortlichkeit für die Aufstellung, Durchführung und Kontrolle der Qualitätssicherung,
b) die Ergebnisse der Eignungsprüfungen für die erforderlichen Materialien,
c) die Maßnahmen zur Qualitätslenkung, z.B. durch Spezifizierung des Herstellungsverfahrens,
d) die Maßnahmen zur Qualitätsüberwachung und -prüfung während und nach der Herstellung der Deponieabdichtungssysteme,
e) die Art der Dokumentation der Herstellung (Bestandspläne und Erläuterungsberichte).

Bei der Festlegung von Maßnahmen zur Qualitätsüberwachung und -prüfung nach Buchstabe d sind die folgenden, voneinander unabhängigen Funktionen zu unterscheiden:

f) Eignungsprüfung des Herstellers,
g) Fremdprüfung durch Dritte im Einvernehmen mit der zuständigen Behörde, z.B. durch ein externes Ingenieurbüro bzw. Institut,
h) Überwachung durch die zuständige Behörde.

Die Qualitätsprüfung ist nach Nr. 3.2 des Anhangs E durchzuführen.
Die Wahrnehmung der Fremdprüfung soll keine unangemessenen Verzögerungen bei der Herstellung der Abdichtungssysteme zur Folge haben. Erforderlichenfalls sind für diese Zwecke zusätzliche Laboreinrichtungen für bodenmechanische Untersuchungen auf der Baustelle vorzuhalten.
Der Beginn der einzelnen Arbeitsschritte für die Herstellung eines Deponieabdichtungssystems ist der zuständigen Behörde rechtzeitig mitzuteilen.

9.4.1.3 ***Deponiebasisabdichtungssystem***

Auf dem Deponieplanum nach Nr. 9.3.2 ist ein Deponiebasisabdichtungssystem auf der Sohle und den Böschungsflächen anzuordnen. Für das Deponieplanum gelten die Anforderungen nach Nr. 9.3.2, Abs. 4

Vertikale Durchdringungen des Dichtungssystems sind unzulässig. Das Deponiebasisabdichtungssystem hat gem. Bild 1 aus den folgenden, unmittelbar übereinanderliegenden Systemkomponenten zu bestehen, deren Material- und Prüfanforderungen im Anhang E genannt sind:

a) Die Dichtung ist aus einer mineralischen Dichtungsschicht mit direkt aufliegender Kunststoffdichtungsbahn als Kombinationsdichtung auszuführen. Die Dicke der mineralischen Dichtungsschicht darf 1,50 m nicht unterschreiten. Ein Durchlässigkeitsbeiwert von $k \leq 5 \times 10^{-10}$ *m/s bei i = 30 (Laborwert) ist einzuhalten. Die Kunststoffdichtungsbahn muß eine Dicke von* $d \geq 2{,}5$ *mm haben. Sie ist durch geeignete Maßnahmen vor auflastbedingten Beschädigungen zu schützen. Die Oberfläche der Dichtung soll dachprofilartig geformt werden. Nach Abklingen der Setzungen des Dichtungsauflagers muß die Oberfläche der Dichtungsschicht ein Quergefälle ≥ 3 % und ein Längsgefälle ≥ 1 % aufweisen.*

b) Das Entwässerungssystem ist in einer Dicke von $d \geq 0{,}3$ *m herzustellen.*
Das Entwässerungsmaterial ist flächig aufzubringen und soll langfristig einen Durchlässigkeitsbeiwert von $k = 1 \times 10^{-3}$ *m/s nicht überschreiten.*

Es sind zusätzlich spülbare und kontrollierbare Sickerrohre (Sammler) und Entwässerungsschächte zur Sickerwassererfassung und -ableitung vorzusehen.

Das Gesamtabdichtungssystem ist in Bild 5.3 wiedergegeben.

Die TA Siedlungsabfall übernimmt nahezu wörtlich unter 13.4.1 Deponieabdichtungssysteme die oben angeführten Anforderungen. Für den Aufbau gelten die Punkte 13.4.1.3.1 und 13.4.1.3.2 mit den Darstellungen des Bildes 5.4.

Der Anhang E „Material- und Prüfanforderungen bei der Herstellung von Deponieabdichtungssystemen", der für beide Anleitungen gilt, beschreibt im einzelnen die Material- und Einbauparameter für die mineralischen Abdichtungen, für die Kunststoffdichtungsbahn und auch für das Entwässerungssystem in den Einzelheiten für das Vorgehen bei der Auswahl und beim Nachweis der Eigenschaften.

Die Festlegungen sind so umfangreich, daß sie hier nicht wörtlich zitiert werden können. Es sei jedoch darauf hingewiesen, daß unter 1.2 *Kunststoffdichtungsbahn* qualitätsmäßige Anforderungen allgemeiner Art getroffen werden, jedoch keineswegs ein bestimmter Baustoff für die Kunststoffdichtungsbahn festgelegt wurde, wie es verschiedentlich angenommen wird.

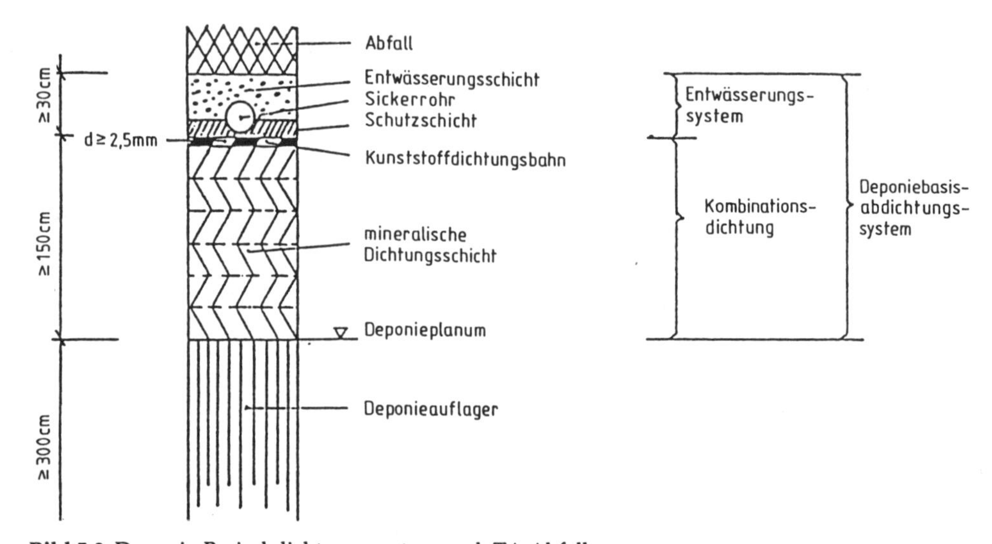

Bild 5-3 Deponie-Basisabdichtungssystem nach TA Abfall

* Anmerkung in der endgültigen Fassung wahrscheinlich 12 Jahre

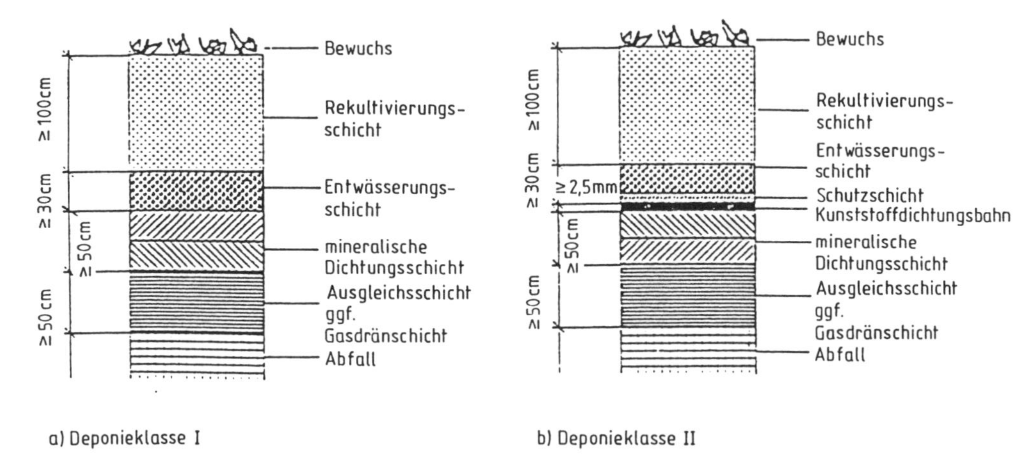

Bild 5-4 Deponie-Basisabdichtungssystem nach TA Siedlungsabfall

Ein ganz wesentlicher Punkt des Anhangs E ist, daß die Ergebnisse der Eignungsprüfungen bei Vorbeginn der Maßnahme durch ein Probefeld im Feldversuch nachgewiesen werden müssen. Dieses Probefeld hat insbesondere die Aufgabe, die Eignung der Misch- und Einbauverfahren und die Eignung der Mannschaft zu überprüfen und bestimmte Verfahrensschritte festzulegen, die bei der Qualitätssicherung eine Qualitätssteuerung erlauben. Ein Nichterreichen der verlangten Werte im Probefeld sollte also normalerweise zur Veränderung der Einbaumethode und nicht zur Veränderung der Rezeptur führen.

Neben der in den Verordnungen angegebenen Kombinationsdichtung sind zur Zeit andere Dichtungssysteme in der Diskussion, wie die Asphaltbetondichtung und auch Sonderformen der mineralischen Dichtung mit einem besonderen Mineralanteil und einer besonderen Herstellungsform.

Im BEDAS-Ausschuß (Beurteilung von Deponieabdichtungssystemen), der beim Umweltbundesamt angesiedelt ist, werden zur Zeit die Grundbedingungen für die Gleichwertigkeit von Deponieabdichtungssystemen diskutiert. Es ist davon auszugehen, daß in naher Zukunft hier Bewertungskriterien festgelegt werden, die andere Dichtungssysteme als das Kombinationsdichtungssystem ermöglichen werden.

Erkenntnisse bei der Herstellung der Kombinationsdichtung und Stabilitätsfragen beim Bau von Kombinationsdichtungen an Böschungen lassen es jedoch sinnvoll erscheinen, daß auch über andere Dichtungssysteme nachgedacht wird.

Ein weiterer Punkt, der Erschwernisse beim Bau von Kombinationsdichtungen bringt, ist die Aufbringung der Drainschichten. Hier ist es erforderlich, um durch die relativ groben Drainschichten in der Körnung 16/32 mm oder 8/16 mm nach TA Abfall eine Beschädigung der Kunststoffdichtungsbahn zu vermeiden, daß relativ aufwendige Schutzschichten gebaut werden müssen, die wiederum Ansatzpunkte für Schwierigkeiten in der Standsicherheitsberechnung wegen der im allgemeinen geringen Reibungsbeiwerte zwischen dieser Schutzschicht und der Kunststoffdichtungsbahn zur Folge haben. Eine gewisse Milderung können strukturierte Oberflächen der Kunststoffdichtungsbahn bringen. Allerdings darf die Strukturierung nicht so weit getrieben werden, daß die Permeationsvorteile der Kombinationsdichtung durch fehlenden Preßverbund hierdurch aufgehoben werden.

Es sei hier jedoch ausdrücklich darauf hingewiesen, daß das Kombinationsdichtungssystem eine deutliche Verbesserung gegenüber den bisherigen Systemen, die zum Teil einfache Kunststoffdichtungsbahn oder qualitativ nicht genau beschriebene mineralische Abdichtung vorsahen, darstellte und eine ganz erhebliche Erhöhung der Sicherheit des Grundwasserschutzes bei ordnungsgemäßer Herstellung ermöglicht hat.

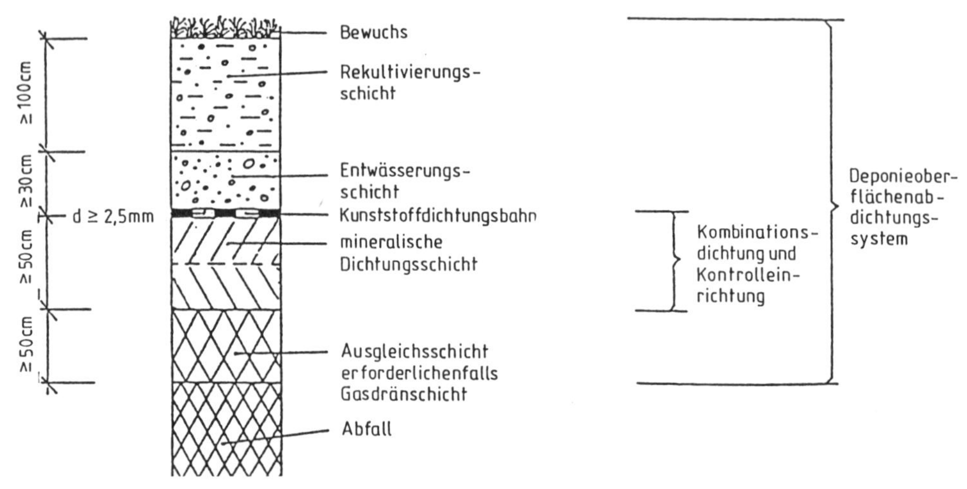

Bild 5-5 Deponie-Oberflächenabdichtungssysteme nach TA Abfall

Es ist in den Verordnungen unter *9.4.1.2* bzw. *13.4.1.2* festgelegt, daß ein *Qualitätssicherungsplan* vor der Herstellung der Deponieabdichtungssysteme aufzustellen ist. In der Praxis ist es allerdings erforderlich, zumindest nach Ansicht des Verfassers, daß wenigstens der Einbau der 1. Lage des Abfalls gleichfalls in den Qualitätssicherungsplan mit eingebunden wird, da nur hierdurch verhindert werden kann, daß mit dem unkontrollierten Einbau nachträglich Beschädigungen am Abdichtungssystem verursacht werden, dies gilt zumindest für die Kombinationsdichtung mit ihren empfindlichen Bauelementen.
Nach Einbringen des Abfalls ist in dem jeweiligen Deponieabschnitt nach der Oberflächengestaltung eine Oberflächenabdichtung aufzubringen. Die TA Abfall sieht dafür die in Bild 3 „Deponieoberflächenabdichtungssystem (schematisch)" angegebene Form der Abdichtung vor.

9.4.1.4 ***Deponieoberflächenabdichtungssystem***

Nach der Verfüllung eines Deponieabschnittes ist auf dem Deponiekörper ein Oberflächenabdichtungssystem gemäß Bild 2 aufzubringen.

Das Deponieoberflächenabdichtungssystem ist so auszuführen, daß Undichtigkeiten für die Dauer der Nachsorge lokalisiert und repariert werden können.

Das Deponieoberflächenabdichtungssystem (schematisch) ist in Bild 5.5 wiedergegeben.

Das Deponieoberflächenabdichtungssystem (schematisch) ist in Bild 5.5 wiedergegeben.

Die Forderung nach einer Kontrollierbarkeit der Deponieoberflächenabdichtung erfolgt ohne aber einen Hinweis zu geben, wie dies bei den vorgegebenen Systemen möglich ist. Aus diesem und auch aus anderen Gründen dürfte das Oberflächenabdichtungssystem der TA Abfall noch nicht das Optimum darstellen.

TA Siedlungsabfall

13.4.1.4 ***Deponieoberflächenabdichtungssysteme***

Nach der Verfüllung eines Deponieabschnittes ist auf dem Deponiekörper ein Oberflächenabdichtungssystem aufzubringen.

Das Deponieoberflächenabdichtungssystem ist in Bild 5.6 wiedergegeben.

Für die einzelnen Elemente gelten die folgenden Anforderungen:

a) Als Dichtungsauflager ist eine verdichtete Ausgleichsschicht auf homogenem, nicht bindigem Material herzustellen. Die Dicke darf 0,5 m nicht unterschreiten. Sofern eine Gasbildung festgestellt wird und das Gas in der Ausgleichsschicht nicht gefaßt und abgeleitet werden kann, ist zusätzlich über der Ausgleichsschicht eine Gasdrainschicht mit einer Mindestdicke von d ≥ 0,3 m anzuordnen. Der Kalziumcarbonatanteil des Materials der Entgasungsschicht darf nicht mehr als 10 Masse-% betragen.

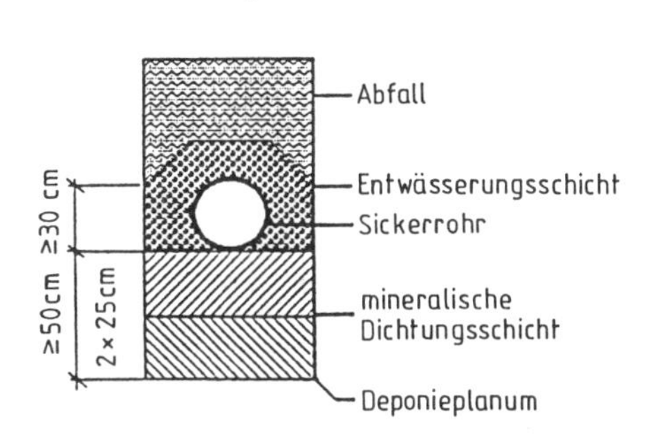

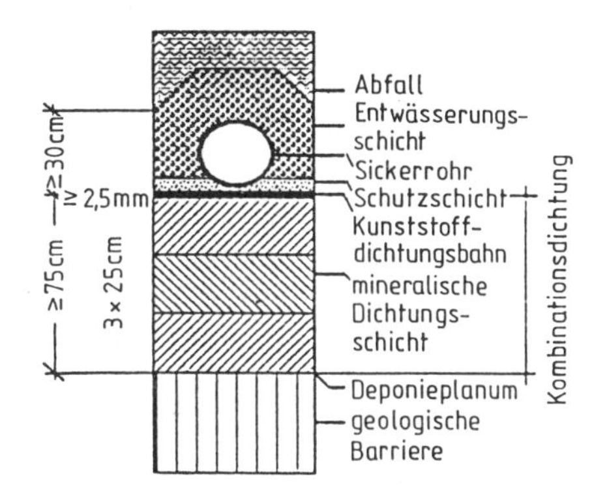

Bild 5-6 Deponie-Oberflächenabdichtungssystem nach TA Siedlungsabfall

b) *Die Dichtung ist bei Deponien der Klasse I als mineralische Abdichtung gemäß Bild 5 auszuführen; fällt an der Deponiebasis behandlungsbedürftiges Sickerwasser an, muß eine Kombinationsdichtung gemäß Bild 6 aufgebracht werden.*
Für Deponien der Klasse I ist die Dichtung als Kombinationsdichtung gemäß Bild 6 auszuführen. Die Dicke der mineralischen Dichtungsschicht darf 0,5 m nicht unterschreiten. Ein Durchlässigkeitsbeiwert von $k \leq 5 \times 10^{-10}$ *m/s bei i = 30 (Laborwert) ist einzuhalten. Die Kunststoffdichtungsbahn muß eine Mindestdicke von d ≥ 2,5 mm haben.*
Nach Abklingen der Setzungen des Dichtungsauflagers muß ein Gefälle ≥ 5 % vorhanden sein. Nr. 3.1.1 Buchstabe k) des Anhangs E der TA Abfall findet keine Anwendung. Anmerkung: betrifft mineralische Dichtung, bei denen wegen der Steilheit ein böschungsparalleler Einbau nicht möglich ist.

c) *Für die Entwässerungsschicht gelten die Anforderungen nach Nr. 13.4.1.3.2 Buchstabe b) Satz 1 und 2. Darüber hinaus sind eine Berechnung der Menge des versickernden Niederschlagwassers und ein hydraulischer Nachweis der Leistungsfähigkeit des Systems (Entwässerungsschicht und Sickerrohre) erforderlich.*

d) *Die Rekultivierungsschicht hat aus einer mindestens 1 m dicken Schicht aus kulturfähigem Boden zu bestehen, die mit geeignetem Bewuchs zu bepflanzen ist. Sie ist so auszuführen, daß die Dichtung vor Wurzel- und Frosteinwirkungen geschützt wird. Der Bewuchs hat ausreichenden Schutz gegen Wind- und Wassererosion zu bieten.*
Unter Beachtung der nach Nr. 13.6.6.2 in Verbindung mit Tabelle 1 des Anhangs G der TA Abfall zu erfassenden meteorologischen Datenreihen und unter Anwendung von Wasserhaushaltsbetrachtungen ist der Bewuchs darüber hinaus so auszuwählen, daß die Infiltration von Niederschlagswasser in das Entwässerungssystem minimiert wird.

Das in der Deponie anfallende und gesammelte Sickerwasser ist einer Behandlung zuzuführen, die entweder eine Indirekteinleiterqualität des Sickerwassers erreicht oder aber eine so weitgehende Reinigung gewährleistet, daß eine Direkteinleitung in den Vorfluter vorgenommen werden kann. Die Anlagen selbst können hier im Rahmen dieses Papiers nicht im einzelnen beschrieben werden. Die TA Abfall Anhang F nennt einige Angaben zum Vergleich von Sickerwasserbehandlungsverfahren. Da die TA Siedlungsabfall nach der Übergangszeit von 8 Jahren* ebenfalls eine von organischen Stoffen freie Ablagerung verlangt, wird von diesem Zeitpunkt an mit ähnlichen Sicherwasserbehandlungsanlagen auch für die Deponie der TA Siedlungsabfall zu rechnen sein. In der Übergangsphase ist hier mit einem höheren Anfall an organisch abbaubaren Bestandteilen zu rechnen. Es empfiehlt sich also, zu überprüfen, ob und in welcher Form eine biologische Reinigungsanlage vorzusehen ist.
Bei einer Direkteinleitung ist es empfehlenswert, Rückhaltebecken vorzusehen, um eine Kontrollmöglichkeit zu bekommen, damit bei einem eventuellen Durchbruch durch die Sickerwasserreinigungsanlage keine Beeinträchtigung des Vorfluters eintritt.

* Anmerkung: in der endgültigen Fassung wahrscheinlich 12 Jahre

Zu beachten ist, daß beide Technische Anleitungen Übergangszeiträume festlegen, bis zu denen die Werte der TA Abfall und auch der TA Siedlungsabfall einzuhalten sind. Diese Übergangsphasen sollen es ermöglichen, daß die Entsorgungseinrichtungen für die sonst nicht zuzulassenden Abfälle, wegen Überschreitung der Kataloge D oder C, genehmigt und gebaut werden können. Beide Technische Anleitungen geben auch Hinweise für das Verfahren bei bestehenden Anlagen, die im einzelnen in diesen Anleitungen nachzulesen sind.
Da die Auswahl der Abdichtungssysteme durch die Öffnungsklauseln gegeben ist, werden im folgenden Angaben gemacht, die Hinweise für die Auswahl einzelner Dichtungselemente bzw. -systeme geben. Die Dichtungssysteme, die von in den Verordnungen jeweils angegebene Regelbauweise abweichen, können natürlich nur unter dem Vorbehalt einer behördlichen Anerkennung z.B. nach Empfehlung des BEDAS-Ausschusses als gültige Bauweise anerkannt werden.

5.4 Basisabdichtung

Bei der *mineralischen Abdichtung* ist zu prüfen, welche Form der mineralischen Abdichtung die günstigeren Bedingungen bringt. Es gibt hier die Bandbreite zwischen einer reinen Tondichtung und der kornabgestuften Dichtung. Reine Tondichtungen weisen durch die Tonmineralien eine relativ gute Homogenität auf, aber auch eine gewisse Neigung zum Schrumpfen. Durch den hohen Wassergehalt besitzen Tondichtungen mit hoher Wahrscheinlichkeit eine bessere Zugängigkeit für Diffusionsvorgänge. Positiv ist bei der Abdichtung mit Tonmaterialien das hohe Adsorptionsvermögen der Tonminerale für Schwermetalle und andere Stoffe, das teilweise zu einer Mineralumbildung führt, die dann auch wieder eine Verringerung der Durchlässigkeit zur Folge hat.
Das andere Extrem stellen die kornabgestuften Abdichtungen entsprechend der Fullerkurve (Bild 5.7) dar. Hier werden sehr gute Undurchlässigkeiten bei homogener Durchmischung erreicht. Die Gefahr ist allerdings, daß Schwankungen im Kornaufbau auftreten, so daß bei Verformungen nicht genügend Feinmaterial vorhanden ist und daß durch Risse unter Umständen Schwachstellen entstehen können; andererseits sind diese Dichtungen sehr widerstandsfähig auch gegen Schrumpfen durch Austrocknung und auch gegenüber Durchfeuchtung im Bauzustand. Eine optimale Lösung ist eine kornabgestufte Dichtung mit einem möglichst hohen Tonkornanteil (Bild 7), um auch die Adsorptionsmöglichkeiten des Tons nutzbar zu machen und gleichzeitig eine Verformbarkeit der Dichtung zu gewährleisten.
Ob die in der Diskussion befindliche Größenordnung von 20 % Tonkornanteil, bei der 10 % reine Tonminerale sein sollen, der richtige Weg ist, muß in Frage gestellt werden. Der Feinkornanteil kann beispielsweise örtlich so hoch werden, daß wieder Schrumpfgefahr entsteht. Bei der Festlegung der Tonmineralien ist es unbedingt notwendig, zu unterscheiden, ob es sich um sehr aktive Tonmineralien oder um wenig aktive Tonmineralien handelt. So können von der Adsorption her 2 % Montmorillonit bessere Möglichkeiten bieten, als 10 % Kaolinit. Neben der Tonfraktion ist gleichzeitig das Gleichgewicht zwischen Tonfraktion und Schluftfraktion zu betrachten, um für die Abdichtung günstige Bedingungen zu erreichen. Dieses sind aber technische Details, die über den Rahmen dieses Beitrages hinausgehen. Sie sollen nur angeschnitten werden, da sich Entwicklungen abzeichnen, die nicht unbedingt zu einer Verbesserung der Dichtungen führen und bewährte gute Dichtungen unter Umständen ausschließen könnten.
Kunststoffdichtungsbahnen können, wenn sie ausreichende Alterungsbeständigkeit, Widerstandsfähigkeit gegen Chemikalien und ausreichende mehraxiale Dehnbarkeit besitzen, gleichfalls zum Grundwasserschutz eingesetzt werden.
Kunststoffdichtungsbahnen haben ebenso wie die mineralischen Abdichtungen in der Bundesrepublik Deutschland eine weitgehende Verbreitung gefunden. Sie erfüllen bei richtiger Materialauswahl die Anforderungen an den normalen Grundwasserschutz. Sie müssen als Dichtungssystem betrachtet werden. Ähnlich wie beim Asphaltbeton ist auch hier die Frage des Untergrundes von Bedeutung; und zwar muß ein spezieller Unterbau erstellt werden, der einen Ausgleich von rauhen scharfkantigen Stellen sicherstellt. Zusätzlich muß eine Schutzlage oberhalb der Dichtung vorgenommen werden, die eine Beschädigung der Dichtung von oben verhindert.

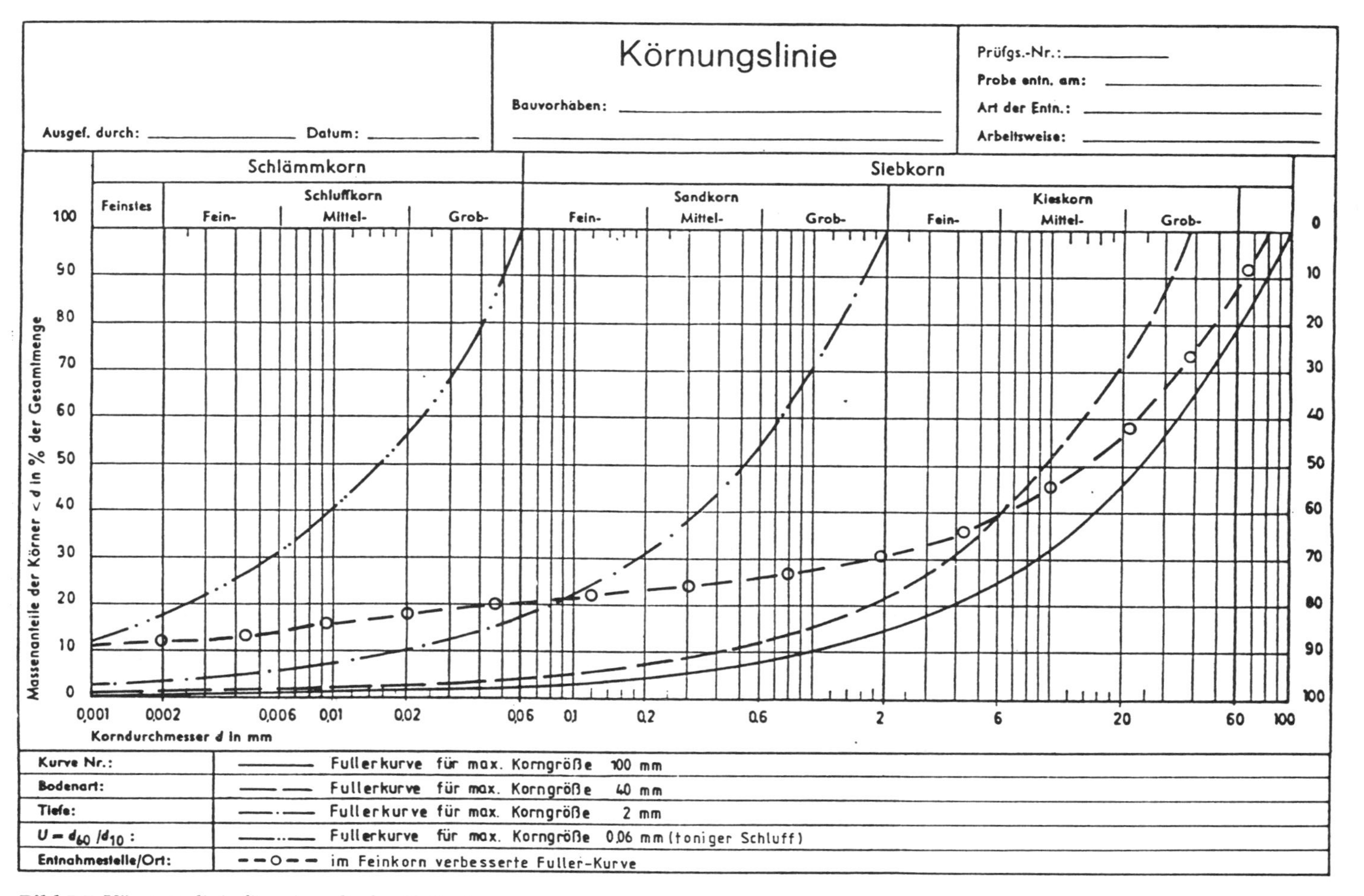

Bild 5-7 Körnungslinie für mineralische Abdichtungen

Bei den Kunststoffdichtungsbahnen ist wegen der begrenzten Dicke von 2,5 bis 3 mm allerdings die Frage der Permeation von Bedeutung. Die Permeation ist der Durchtritt von bestimmten chemischen Substanzen durch ein Dichtungssystem. Kunststoffdichtungsbahnen sind gegen Wasser dicht, sie können aber Kohlenwasserstoffe und ähnliche Materialien durchpermeieren lassen. Hierüber gibt es eine reichhaltige Literatur (z.B. 8 bis 10) die aufzeigt, in welchen Größenordnungen die Permeation auftritt. Die Permeation ist sehr von der Dicke abhängig, so daß durch die Dicke und Auswahl des Materials eine Begrenzung vorgenommen werden kann.

Kombinationsdichtungen haben mehrere Vorteile. Als erstes sollen die Permeationsvorgänge betrachtet werden. Die mineralischen Abdichtungen haben eine Diffusion, die etwa der Permeation bei Kunststoffdichtungsbahnen entspricht. Diese Diffusion ist im wesentlichen gegen wasserlösliche Materialien gegeben. Das Wasser im Boden dient hier als Transportmittel für die diffundierenden Stoffe. Mit Ausnahme der wasserlöslichen Kohlenwasserstoffe sind diese durchdiffundierenden Materialien aber nicht permeationsgängig bei Kunststoffdichtungsbahnen. Die durch Kunststoffdichtungsbahnen hindurch permeierenden nichtwasserlöslichen Kohlenwasserstoffe diffundieren dagegen im Boden nur minimal, wenn überhaupt. Durch die Kombination von Kunststoffdichtungsbahn und mineralischer Abdichtung ergibt sich so in der Grenzfläche ein Permeationsstau, der das Konzentrationsgefälle zwischen Oberkante und Unterkante der KDB soweit minimiert, daß die Permeation offensichtlich gestoppt wird und die Mengen, die durch die Kunststoffdichtungsbahnen permeieren, keine große Reichweite haben. Versuche [11 und 14] haben gezeigt, daß der Preßverbund zwischen Kunststoffdichtungsbahn und mineralischer Dichtung den entscheidenden Einfluß auf die Verringerung der Permeationsraten in diesem Dichtungssystem hat. Aus diesen Gründen scheint von der Permeation her die Kombinationsdichtung eine nahezu ideale Lösung zu sein.

Weiterhin bietet die Kombinationsdichtung noch den Vorteil, daß sie einen Fehlerausgleich zur Folge hat. Durch den Preßsitz zur mineralischen Dichtung durch die Müllauflast können durch Beschädigungen der Kunststoffdichtungsbahn eingedrungene Wässer nur sehr begrenzt in der Nachbarschaft dieses Loches, in der Grenzschicht zwischen Kunststoffdichtungsbahn und mineralischer Abdichtung, verteilt werden und dann in dieser Fläche entsprechend der Durchlässigkeit der mineralischen Abdichtung durchsickern.

Zusammenfassend kann gesagt werden, daß eine derartige kombinierte Abdichtung einen sehr hohen Schutz des Grundwassers gegenüber Verunreinigungen bietet. Zum einen, weil die Durchlässigkeit der Dichtungselemente gegen unterschiedliche Stoffe auch unterschiedlich ist. Zum anderen, weil ein Ausgleich möglicher Fehler in der mineralischen Abdichtung oder in der Kunststoffdichtungsbahn bei dem mindestens 3-lagigen Aufbau dieser Dichtung sichergestellt ist. Das heißt, daß keine Fehlstellen übereinander liegen und durch den Preßsitz eine Verringerung der Permeation durch die Kunststoffdichtungsbahn erreicht wird. Es ist hier zu erwähnen, daß bei ordnungsgemäß geführten Reststoffdeponien Permeationen durch kohlenwasserstoffstämmige Materialien nicht zu erwarten sind.

Die Sicherheit der Kombinationsdichtung gegen Wasserdurchtritte zeigt eine Modellrechnung, bei der entgegen der normalen Erfahrungen eine Beschädigung der Kunststoffdichtungsbahn an acht Stellen auf 30.000 m^2 angesetzt wurde. Diese theoretische Loch-Anzahl ist nach unseren Erfahrungen sehr viel höher, als sie in der Praxis eintritt. Diese Modellrechnung ergab eine theoretische Durchsicherung von 0,7 m^3/a auf der Gesamtfläche von 30.000 m^2. Diese Durchsicherung ist somit als so klein anzusehen, daß eine schädliche Beeinträchtigung des Grundwassers nicht anzunehmen ist. Diese mit äußerst ungünstigen Annahmen ermittelte Durchlässigkeit ist in ihrer Auswirkung wegen der Adsorptionsmöglichkeit der mineralischen Abdichtung und der geologischen Barrieren noch zu reduzieren. Hier ist also von der Basisabdichtung eine sehr hohe Gesamtsicherheit geschaffen worden, um eine Beeinträchtigung des Grundwassers zu vermeiden. Die Wirkung des Preßverbundes geht durch eine Wellen- oder gar Faltenbildung der KDB für die Bereiche ohne Kontakt zwischen Bahn und mineralische Dichtung verloren.

An dieser Stelle sind die Dichtungen aus Asphaltbeton zu erwähnen. Diese sind in der Bundesrepublik Deutschland in den 70er Jahren in einigen Bundesländern und neuerdings in Baden Württemberg und Bayern mehrmals angewandt worden. In der Schweiz wird diese Bauweise nahezu als Regelbauweise verwendet. Bei ausreichend stabilem Untergrund ist die Asphaltbetondichtung eine

zuverlässige Abdichtung. Die chemische Resistenz ist jeweils zu überprüfen und durch entsprechenden Kornaufbau und auch Auswahl der Gesteine sicherzustellen [18].
Wenn irgendwo eine Basisabdichtung angeordnet ist, so wird damit ein Sickerwasserstrom im Deponiekörper an dieser Zone gestoppt. Es muß also oberhalb der Basisabdichtung eine Entwässerungsschicht (Drainschicht) angeordnet werden, die in ihrer Funktion sicher sein muß.

5.4.1 Drainagen

Bei den Drainagen haben sich in den letzten Jahren relativ einkörnige Drainschichten durchgesetzt, da es sich gezeigt hat, daß sich in einigen Fällen abgestufte Drainschichten chemisch oder biologisch so zugesetzt haben, daß sie nicht mehr zu reinigen waren.
Bei der Wahl einer einkörnigen Drainschicht ist zu beachten, daß diese nicht filterstabil gegen den Müllkörper ist. Durch Suffusionsvorgänge ausgetragene Feinbestandteile können insbesondere bei feinkörnig-einkörnigem Abfall deshalb langsam aber stetig den Drainagekörper füllen, so daß bei den einkörnig grobkörnigen Drainschichten, z.B. beim 16/32-mm-Material, die Sammelsysteme in besonderem Maße einer Inspektion und auch einer Reinigung bedürfen. Die Durchmesser dieser Sammelsysteme sind so zu bemessen, daß sowohl Inspektion als auch Reinigung in der vorgegebenen Länge möglich sind. Das hat dazu geführt, daß 200 oder 300 mm dicke Drainrohre in den Planfeststellungen festgelegt wurden. Die TA Abfall fordert nunmehr generell für die Drainrohre einen Mindestdurchmesser von 300 mm.
Bei den grobkörnigen Drainschichten kann ein Schutz gegen Zusetzen durch fehlende Filterstabilität, gegen feinkörnigen und einkörnigen Abfall durch einen oberflächigen Schutz durch ein grobporiges/grobfaseriges vernadeltes Geotextil gegeben sein. Es wird angenommen, daß diese Geotextilien sich bei Hausmülldeponien durch biologische Vorgänge zusetzen können, sie sind daher zu diesem Zweck bei Hausmülldeponien nicht genehmigungsfähig. Dieses Risiko ist bei Reststoffdeponien nicht in dem Maße wie bei Hausmülldeponien gegeben – es ist gegen das des Zersetzens im einzelnen abzuwägen.
Zu beachten ist bei allen Dichtungssystemen, daß die grobkörnigen Drainmaterialien mechanisch filtersicher zu der Dichtung sein müssen, damit sie nicht unter Auflast in die Dichtung hinein gedrückt werden; d.h. bei feinkörnigen mineralischen Abdichtungen ist eine Trennschicht z.B. durch ein Gewebe oder durch ein Vlies anzuordnen.
Bei Kombinationsdichtungen ist die größte Gefährdung der KDB durch die aufliegende Drainschicht bei Verwendung einer empfohlenen Körnung 16/32 mm zu erwarten. Es treten dann Spannungsspitzen auf, die sich bei punktförmiger Belastung durch das Drainmaterial ergeben. Die Auswirkungen dieser Spannungsspitzen sind noch größer, wenn die KDB zusätzlich auf Zug infolge unterschiedlicher Setzungen beansprucht ist. Für das Drainmaterial muß aber eine relativ große Körnung gefordert werden, die aber auch z.B. ein 8/6-mm-Material aufweist, damit ein schneller Abfluß von belastetem Wasser gewährleistet wird.
Eine Möglichkeit, die Spannungsspitzen abzubauen bzw. zu vergleichmäßigen, ist der vom Land Niedersachsen empfohlene Einbau einer 10 bis 15 cm dicken Schutzschicht aus kalziumarmem Brechkorngemisch 0/8 mm zwischen KDB und Drainschicht. Hierbei ist jedoch ein verlangsamter Sickerwasserstrom zu erwarten, der einmal die Verweilzeit von Konzentrationen an der KDB erhöht und zum anderen einen Einstau bewirkt. Bei eventueller Beschädigung der Kunststoffdichtungsbahn wird die mineralische Dichtung dann stärker beansprucht. Ein weiterer Gesichtspunkt ist das mögliche Zusetzen bzw. Verockern dieser Schicht, die dadurch eine unerwünschte Starrheit bekäme und zumindest entwässerungstechnisch teilweise ihre Funktion verliert und zu Bereichen mit höherem und permanenten Einstau führt. Weiterhin besteht die Schwierigkeit, diese dünne Schicht ohne Beschädigung der KDB aufzubringen.
Bei der Verwendung eines Geotextils zum Schutz der KDB treten die hydrologischen Mängel und die Einbauprobleme wie bei der Schicht aus Brechkorn 0/8 mm nicht auf. Das Geotextil soll zwar die KDB schützen, unterliegt aber gemeinsam mit dieser den oben genannten Beanspruchungen, welche durch eine Drainschicht aus 16/32-mm-Material erheblich sind. Das Geotextil selbst darf ebenfalls nicht unzulässig verformt werden. Zum Schutz der KDB ist eine entsprechend hohe Dimensionierung des Geotextils erforderlich. Versuche zeigten, daß bei Drainschichten aus 16/32-mm-Mate-

rial Geotextilgewebe > 2.000 g/m^2 (auch mit Bentonit verfüllte) zum Schutz der KDB erforderlich sind. Aus mechanischen und letztlich aus wirtschaftlichen Gesichtspunkten für eine mögliche geringere Dimensionierung von Geotextilien erscheint es deshalb sinnvoller, für die Drainschicht eine Körnung 8/16 mm zu verwenden, zumindest bei der Ablagerung von Reststoffen aus Recycling-Verfahren bei anzunehmenden geringen organischen Anteil. Die Spannungsspitzen sind beim 8/16-mm-Material bei ordentlicher Kornform geringer, und die Lasteintragung auf die KDB ist gleichmäßiger. Bei gleicher Kornform hat ein 8/16-mm-Material mit 40 % etwa den gleichen Porenanteil wie Kies 16/32 mm, bei gebrochenem Material liegt dieser für beide Körnungen sogar bei 50 %. Ein schnelleres Zusetzen oder Verockern ist trotz der kleineren Hohlraumgröße und trotz des größeren Oberflächenverhältnisses von 1,8 bis 2:1 im Vergleich zum 16/32-mm-Korn nicht zu erwarten. Unterschiede der Durch-lässigkeitsbeiwerte lassen sich meßtechnisch nicht mehr feststellen, die Werte liegen im Bereich $k_f \sim 10^{-1}$ m/s.
Die Drainsysteme müssen luftdicht abgeschlossen sein, es sollte eine Überdeckung von nach Möglichkeit 2 m Hausmüll (bei Deponien mit einem höheren Organismenanteil) vorhanden sein, um zu verhindern, daß in die Drainsysteme Sauerstoff eindringen kann, da dieser durch den verrottenden Organikanteil abgebaut wird. Es hat sich bei sehr vielen Entgasungsversuchen gezeigt, daß diese Mülldicke bei Hausmüll ausreichend ist, um durch aerobe oder anaerob/aerobe Vorgänge den Sauerstoffgehalt der Luft auch bei intensiven Absaugungen zu verbrauchen, während der Stickstoffgehalt noch deutlich meßbar blieb. Bei Stoffen, die frei von organischen Bestandteilen sind und somit keine Gasbildung erwarten lassen, kann ein Luftzutritt (Sauerstoff) auf diese Art nicht verhindert werden. Es ist jeweils von Fall zu Fall zu prüfen, ob materialbedingt ein Sauerstoffanfall gefährlich werden kann, bzw. ob und wie er verhindert werden kann.
Für die einwandfreie Ableitung der Sickerwässer müssen zur Verknüpfung von Sammel- und Ableitungssystemen Schächte angeordnet werden. Wenn Schächte innerhalb des Müllkörpers liegen, sind sie erheblichen Verformungskräften ausgesetzt. Diese Kräfte, die neben horizontalen Bewegungen auch durch die erheblichen Setzungen einer Mülldeponie entstehen, bringen über die Mantelreibung eine Belastung in die Fundamente ein. Diese Belastung führte in verschiedenen Deponien schon zu einer Zerstörung des Verbundes zwischen Bauwerk und Abdichtung bzw. zur Zerstörung der Schächte. Eine Lösung für den Abbau der vertikalen Verformungskräfte ist durch die Verwendung von Teleskopschächten gegeben, die sich vertikal deformieren können; seitliche Beanspruchungen müssen durch einen gezielten Einbau des Abfalls minimiert werden.
Die Kontrollfähigkeit der Draineinrichtungen bei Schächten innerhalb der Deponie ist nur begrenzt gegeben. Spülungen sind äußerst fragwürdig. Es ließe sich eventuell mit sternförmig angelegten Rigolen zu den Schächten eine Reinigung der Drainleitungen erreichen; aber die erforderlichen Sicherheitsbedingungen aufgrund des Methan- und des CO_2-Gehaltes in den Schächten machen diese Arbeiten fast undurchführbar.
Aus den genannten Gründen sollten Schächte nicht in der Deponie angeordnet werden. Dies ist manchmal nicht vermeidbar, vor allem bei großflächigen Deponien, bei denen Haltungslängen wesentlich über 300 m auftreten, die nur von einer Seite zugängig sind. Diese Haltungslängen würden Kontrollen, Reinigungen und Reparaturen behindern bzw. unmöglich machen.
Etwas günstiger erweisen sich Entwässerungsschächte, wenn sie aus dem Deponiekörper herausgelegt werden und dadurch eine Kontrolle der Draineinrichtungen vorhanden ist. Allerdings sind diese Schachtbauwerke komplizierte Konstruktionen.
Zu den Schachtbauwerken an den Schnittstellen zwischen Sickerwasserfassung in der Drainage und Sickerwasserableitung im Vollrohr ist anzumerken, daß die Einführung des Drainrohres als Siphon ausgestattet werden muß. Hierdurch werden Luftzutritte in das Drainsystem, die zum einen Verokkerungen der Drainage nach sich ziehen, zum anderen zu Falschlufteintritten bei der aktiven Entgasung führen, ausgeschlossen. Schächte und Rohre außerhalb der abgedichteten Flächen sind doppelwandig entsprechend der Verwaltungsvorschrift für die Lagerung und den Transport wassergefährdeter Stoffe auszuführen. Durch die Doppelwandigkeit ist eine zusätzliche Sicherheit gegeben.

5.5 Anforderungen an die Betriebs- und an die Nachfolgephase

5.5.1 Begrenzung des Abfallkataloges

Um keine vermeidbaren Beanspruchungen der bautechnischen Barrieren einer Deponie zu erhalten, ist auf eine vernünftige Begrenzung des Abfallkataloges zu achten, in der Art, daß Abfälle, wie sie z.B. in Georgswerder auf die Deponie gekommen sind, auszuschließen sind. Abfälle, deren Ablagerung unumgänglich ist, müssen ablagerungsfähig sein, oder, sofern dies nicht der Fall ist, zuerst in eine ablagerungsfähige Form gebracht werden. Andernfalls werden die Deponien von heute zu Altlasten von morgen. Bei Deponien sind nicht nur die geogenen Eigenschaften des Standortes und technische Abdichtungsmaßnahmen entscheidend, sondern vor allem die Eigenschaften der abzulagernden Abfälle. Die Abfälle selbst müssen die wirksamste und dauerhafteste Barriere gegen einen Schadstoffeintrag in den Untergrund bilden. Folglich sind die abzulagernden Abfälle erforderlichenfalls durch thermische oder sonstige chemisch-physikalische Behandlung weitestgehend von Schadstoffen zu entfrachten bzw. zu mineralisieren und zu stabilisieren. Art und Menge der Schadstoffe in Deponiesickerwässern sind – soweit dies der Stand der Technik zuläßt – auf ein Minimum zu reduzieren.
Die Daten über das angelieferte Entsorgungsgut und dessen Ablagerung sind aufzunehmen und zu sichern.
Die TA Abfall und die TA Siedlungsabfall geben für die Begrenzung des Abfallkatalogs eindeutige Vorgaben.

5.5.2 Betriebsweise

Die Betriebsweise der Ablagerung ist so zu wählen, daß der Anfall an Sickerwasser soweit wie möglich reduziert wird. Für Abfalldeponien muß eine Abdeckung gefordert werden, welche die Sickerwasserbildung minimiert. Diese Abdeckungen müssen selbstverständlich bei Hausmülldeponien mit Einrichtungen zur Abführung des Deponiegases verbunden sein, um keine Störung anderer Art hervorzurufen. Bei relativ jungen Deponien ist zu prüfen, ob dort eine frühzeitige Abdichtung gegen Niederschlagswasser sinnvoll ist.
Es ist jedoch zu beachten, daß ein biologischer Abbau des Hausmülls vom Anfang der Ablagerung kontinuierlich bis in die Endphase des Abbaus möglich sein muß, da andernfalls ein unverrotteter Müllkörper für die Zukunft zurückgelassen wird. Bei einem späteren unbeabsichtigten Öffnen der Abdichtung sind dann die Bildung von Sickerwasser und Gas sowie alle Beeinträchtigungen zu erwarten, die aus einer feuchten, d.h. aktiven Deponie entstehen können.
Bei Deponien für Recycling-Materialien ist jeweils zu prüfen, ob der biologisch abbaubare Anteil einen nennenswerten Einfluß haben kann, und ob aus der spezifischen Zusammensetzung der Reststoffe eventuell Sonderbeanspruchungen entstehen können. Auch bei sehr geringem Anteil an biologisch abbaubaren Materialien sollte unter der Oberflächenabdichtung eine Gasausgleichsschicht angeordnet werden, die erforderlichenfalls für eine Abwehrentgasung heranzuziehen ist.

5.5.3 Kontrolleinrichtungen für den Grundwasserschutz

Die Wirksamkeit der Abdichtungsmaßnahmen zum Grundwasserschutz ist durch Pegel im Unterstrom des Grundwassers zu kontrollieren. Diese Pegel sollten nicht zu weit auseinander gesetzt werden, da sich einzelne Verschmutzungs fahnen im Grundwasser je nach Art des Grundwasserleiters unter Umständen erst auf größere Entfernungen hin ausbreiten. Kontrolleinrichtungen unter Basisabdichtungen sind zur Zeit großtechnisch noch nicht erprobt. Es gibt Systeme, die in Zukunft über Diffusion in dünne Schlauchsysteme möglicherweise eine Anzeigemöglichkeit für leichtflüchtige Anteile bieten können. Es ist auf alle Fälle darauf zu achten, wenn solche Systeme angeordnet werden, daß durch die Kontrolleinrichtung der Ansatzpunkt für eine Zerstörung der Abdichtung gegeben sein kann. Hier sei an die Gefährdung von Stauwerken im Talsperren- und Schiffahrtskanalbau durch Drainagen erinnert. Es haben sich die meisten Fehlschläge im Dammbau durch geringfügige Zerstörungen in Drainsystem ergeben, die dann zu Materialaustrag und weiter fortschreitenden Zerstörungen im Dichtungs- oder Dammkörper geführt haben. Die direkte Kontrolle

unter der Dichtung, so erstrebenswert sie auch ist, sollte deshalb mit äußerster Vorsicht vorgenommen werden.
Für das Sicherheitskonzept sind Überlegungen anzustellen, in welcher Form bei unzulässigen Schmutzfrachten im Grundwasser Hilfsmaßnahmen durchgeführt werden können, um den Schaden auf den eigentlichen Deponiebereich zu begrenzen. Lösungen können z.B. durch vertikale Abdichtungssysteme im Untergrund oder durch hydraulische Maßnahmen gefunden werden. Eine ausführungsreife Planung in den Antragsunterlagen für derartige Maßnahmen scheint zur Zeit nicht sinnvoll, da die Entwicklung auf diesem Gebiet noch sehr fortschreitet und Festschreibungen zum jetzigen Zeitpunkt keine neuen Entwicklungen zulassen würden. In den Antragsunterlagen für eine Plangenehmigung sollte jedoch für ungünstige Untergrundverhältnisse, eine jetzt technisch realisierbare Lösung (z.B. Schlitzwände) platzmäßig möglich sein und verbal oder mit Systemskizzen angegeben werden.

5.5.4 Schutz vor Staub, Geruch, Ungeziefer und Lärm

Beeinträchtigungen durch Emissionen während des Betriebes durch Staub, Geruch, Ungeziefer und Lärm sind in der Betriebsphase zu verhindern oder so klein zu halten, daß keine unzumutbare Belästigung entsteht. Hierzu dient als eine ganz wesentliche Maßnahmen eine Umwallung des Arbeitsbereiches, die vor den eigentlichen Ablagerungsarbeiten vorweg zu laufen hat. Je nach Örtlichkeit können diese Randdämme aus Bauschutt, Bodenaushub oder anderen Inertmaterialien ausgeführt werden. Es ist jedoch auch denkbar und auch schon durchgeführt worden, daß sehr schnell hochgeführte Randdämme aus Hausmüll oder anderen Abfällen aufgebaut werden. Diese müssen dann allerdings unverzüglich einen seitlichen Abschluß erhalten, der eine Begrünung dieser Fläche ermöglicht, um nicht von außen einen unangenehmen Anblick, Geruchsbelästigung und auch Ungezieferansammlungen zu ermöglichen. Ob diese Abdeckung bereits die endgültige Oberflächenabdichtung bzw. Rekultivierungsschicht sein kann, ist jeweils projektbezogen zu entscheiden.
In Gebieten mit einem sehr geringen Bodenaushub- oder Bauschuttanfall oder in denen eine gute Bauschuttentsorgung bzw. Wiederverwertung vorhanden ist, erscheint diese Lösung durchaus erwägenswert, da hierdurch einerseits wertvoller Deponieraum freigehalten wird, andererseits die Randwälle in unverhältnismäßig kürzerer Zeit hochgebracht werden können. Darüber hinaus werden erdstatische Probleme, die durch unterschiedliche Setzungsverhalten bei herkömmlichen Randwällen auftreten können, verhindert.
Im eigentlichen Deponiebereich ist ferner eine zügige und direkt nach dem Abkippen erfolgende Verdichtung mit stark durchknetenden Kompaktoren erforderlich, die das Ablagerungsgut, zumindest Hausmüll, so dicht einlagern, daß nach dem Abwalzen Papierflug und Staubbildung normalerweise nicht mehr auftreten. Die Bildung von Papierflug geschieht überwiegend im Zeitraum des Abladens und kann in dieser Phase nicht verhindert werden. Hier ist durch Fangeinrichtungen in nicht zu großer Entfernung von der Arbeitsfläche Vorsorge dafür zu treffen, daß der Papierflug nicht aus dem eigentlichen Deponiegelände hinaus kommt. Bei Monodeponien mit staubförmigen Gütern sind hier besondere Maßnahmen, die jeweils unterschiedlich sein werden, anzuordnen. Bei Stäuben oder Schlämmen ist von einer Vorbehandlung der Abfälle auszugehen. Diese besteht allgemein aus Einmischen von Wasser, Bindemitteln oder aus entwässernden bzw. wasserbindenden und versteifenden bzw. erhärtenden Zusätzen oder in Entwässerungsmaßnahmen bei Schlämmen.
Die Bekämpfung von Ungeziefer ist im allgemeinen durch die Verdichtung und den schnellen Betrieb der Deponie bei Nagetieren und ähnlichen Tieren nicht mehr als Problem anzusehen. Schwer vermeidbar ist eine Belästigung durch Vogelflug. Hier ist eigentlich bei allen Deponien mit organischen Abfällen, gleichgültig, ob sie abgedeckt oder nicht abgedeckt sind, sofern eine günstige Lage zu Gewässerflächen vorhanden ist, eine Belästigung durch Vogelflug gegeben. Wenn man die gemischte Population von Kleinvögeln, Möwen und Raubvögeln betrachtet, werden biologische Maßnahmen wie Nachahmen von Vogelschreien oder gar die gezielte Förderung des Bestandes an Raubvögeln kaum einen nachhaltigen Erfolg haben. Auch das Abstreuen hat sich als nicht sehr

erfolgreich erwiesen, da sich die Vögel direkt neben den Einbaumaschinen auf der frisch gekippten Fläche aufhalten und dort in der entsprechenden Dichte vorhanden sind. Hier helfen grundsätzlich nur jagdliche Maßnahmen.
Die Frage der Geruchsbelästigung läßt sich durch eine frühzeitige Entgasung der Deponie erheblich reduzieren, da durch eine nachhaltige Entgasung eine Luftansaugung in die obere Zone vorgenommen wird, zumindest aber ein Gasaustritt verhindert ist und so nur der nicht vermeidbare leichte Fäulnisgeruch in der Oberfläche wirksam werden kann. Dieser hat im allgemeinen keine große Reichweite.
Eine tägliche Abdeckung kann eine weitere Verringerung dieser Geruchsemissionen bewirken. Es ist jedoch bei der täglichen Abdeckung der Mülldeponie sehr große Vorsicht zu empfehlen, da diese Abdeckung den biologischen Abbau in der Deponie meist behindert und unnötige Wasserstauhorizonte schafft, die einerseits zu seitlichen Austritten im Deponiekörper führen können und sich andererseits für Entgasungsmaßnahmen nachteilig auswirken.

5.5.5 Gasschutz

Der Schutz vor Deponiegas ist aus vielerlei Gründen erforderlich. Bei Altdeponien ist er in seitlich nicht gedichteten Grubendeponien aus Explosionsschutzgründen für eine benachbarte Bebauung erforderlich. Es sind durchaus weitläufige Gaswanderungen in kiesigem Untergrund festgestellt worden, so daß diese Frage von der Sicherheitstechnik her durchaus eine Bedeutung hat. Diese Aufgabe sollte allerdings in Zukunft nicht mehr im Vordergrund stehen, da neuere Deponien nicht ohne Basis- und, wenn sie eine Grubendeponie sind, auch nicht ohne Seitenabdichtung gebaut werden. Hier ist allerdings bei bereits längerer Zeit genehmigten Deponien mit noch nicht veränderten Bescheiden mit einer gewissen Grauzone zu rechnen, so daß diese Aufgabe noch bestehen bleibt.
Die weitere Aufgabe ist die Verhinderung des Gasaustrittes aus der Deponie, einerseits um die Geruchsbelästigung in der Nachfolgezeit niedrig zu halten, andererseits auch, um von dem eigentlichen Deponiegelände Explosionsgefahren fernzuhalten und vor allen Dingen, um eine Rekultivierung der Deponie in angemessener Zeit zu ermöglichen. Die Frage der Gasentsorgung tritt unmittelbar im Zusammenhang mit der Abdeckung der Deponie auf. Sie bekommt durch die Abdeckung, zumindest in den ersten Betriebsjahren, eine erhöhte Bedeutung, da die Gasbildung in unverminderter Form weiter fortläuft und der Gasaustritt jetzt großflächig behindert ist und sich auf Spalten und größere durchlässige Bereiche konzentrieren wird. An diesen Stellen sind nicht nur Belästigungen, sondern auch Gefährdungen zu erwarten.
Entgasungsmaßnahmen sollen bei Neudeponien nur noch als aktive Entgasung, d.h. mit Absaugung geplant werden, sie sollen aus horizontalen, vertikalen und aus der Verknüpfung von beiden Systemen bestehen.
Das abgesaugte Gas kann je nach Art des Gases entweder über Biolfilter, Aktivkohlefilter oder durch Abfackeln entsorgt werden, bei entsprechendem Heizwert aber auch direkt bzw. durch Gasmotoren einer Nutzung zugeführt werden.

Literatur

[1] Der Bundesminister für Umwelt, Naturschutz und Reaktorsicherheit (Hrsg.): Entwurf: Dritte Allgemeine Verwaltungsvorschrift zum Abfallgesetz (TA Sonderabfall)

[2] Richtlinien über Deponiebasisabdichtungen aus Dichtungsbahnen – Dichtungsbahnen-Richtlinien –. Ministerialblatt für das Land Nordrhein-Westfalen – Nr. 60 vom 06.09.1985

[3] Verordnung über gefährliche Arbeitsstoffe (Arbeitsstoff-Verordnung) vom 11.02.1982 (BGBl. I S. 144) mit Anhängen I und II; Beschlüsse und „Technische Regeln für gefährliche Arbeitsstoffe" (TRgA)

[4] Verordnung über Anlagen zur Lagerung, Abfüllen und Beförderung brennbarer Flüssigkeiten zu Lande (Verordnung über brennbare Flüssigkeiten – VbG) vom 27.02.1980 (BGBl. I S. 220), Technische Regeln für brennbare Flüssigkeiten (TRbA)

[5] Die Beseitigung von Abfällen aus Krankenhäusern, Arztpraxen und sonstigen Einrichtungen des medizinischen Bereiches ZfA-Merkblatt Nr. 8 (9/74) Müll und Abfall Lfg. II/75

[6] Ordnungsbehördliche Verordnung über den Schutz von Mensch, Tier und Umwelt beim Handeln mit Giften und bei der Anwendung von Giften – Giftverordnung (GiftVO), Gesetz- und Verordnungsblatt für das Land Nordrhein-Westfalen, Nr. 9 vom 29.02.1984

[7] Verordnung über den Handel mit giftigen Pflanzenschutzmitteln vom 09.01.1962, zuletzt geändert durch Verordnung vom 08.03.1963, GV.NW. S. 41

[8] *August, H., Tatzky, R., Pastuska, G., Win, T.*: Untersuchung des Permeationsverhaltens von handelsüblichen Kunststoffdichtungsbahnen als Deponiebasisabdichtung gegenüber Sickerwasser, organischen Lösungsmitteln und deren wässrige Lösungen. Bundesanstalt für Materialprüfung (BAM), Berlin-Dahlem, Forschungsbericht Nr. 103 02 208, Abfallwirtschaft, 2/84, Umweltbundesamt Texte

[9] *August, H., Tatzky, R.*: Ermittlung und Beurteilung von Restdurchlässigkeiten bei Kunststoffdichtungsbahnen. Beiheft zu Müll und Abfall (1985), H. 22, S. 75–80

[10] *August, H., Tatzky, R.*: Permeationsverhalten von Kunststoffdichtungsbahnen als Deponiebasisabdichtung gegenüber organischen Lösungsmitteln. Amts- und Mitteilungsblatt der Bundesanstalt für Materialprüfung (BAM), 12 (1982), Nr. 1, S. 9–14

[11] *Paßmann, J.*: Permeationsverhalten unterschiedlicher Kunststoffdichtungsbahnen für Deponiebasisabdichtungen in einer Kombinationsabdichtung. Diplomarbeit, RWTH Aachen, 1989

[12] Bundesanstalt für Materialforschung und -prüfung (BAM): „Richtlinie für die Zulassung von Kunststoffdichtungsbahnen als Bestandteil einer Kombinationsabdichtung für Siedlungs- und Sonderabfalldeponien sowie für Abdichtungen von Altlasten"; Juli 1992

[13] *Schlagintweit, F.*: „Beiträge zur Abdichtung von Deponien"; Schriftenreihe Heft 120 des Bayerischen Landesamtes für Umweltschutz (1992)

[14] *Schneider, L.*: „Der Einfluß von Prüfflüssigkeiten (organische Säuren und chlorierte Kohlenwasserstoffe) auf Deponiebasisabdichtungen (kalkhaltige mineralische Basisabdichtungen, Kombinationsabdichtungen)"; Dissertation (31.01.1992)

[15] *Steffen, H.*: „Die Eignung von Asphalt zur Deponieabdichtung"; Referat anläßlich der Fachtagung TU Berlin: Abdichtung von Deponien und Altlasten (24.–27.03.1992)

[16] *Steffen, H.*: „Asphaltdichtungen für Abfalldeponien"; Referat anläßlich des 8. Nürnberger Deponieseminars, Nürnberg: Geotechnische Probleme beim Bau von Abfalldeponien (21./22.05.1992)

[17] *Steffen, H.*: „Risikoabschätzung bei der Planung neuer Deponien"; Referat anläßlich des 16. Mülltechnischen Seminars, München: Die Deponie des 21. Jahrhunderts (28.10.1992)

[18] *Arand, W., Haas, H., Steinhoff G.*: „Eignung von Asphalten als Baustoff für Basisabdichtungen von Deponien"; AIF-Forschungsvorhaben Nr. 7559, Braunschweig (1992)

6 Abfallbeseitigung

von Karl O. Tiltmann

Seit dem 1. 10. 90 ist die Abfallbestimmungsverordnung (AbfBestV) in Kraft. Diese Verordnung soll einen bundeseinheitlichen Vollzug und eine einheitliche Anzeigepflicht und Überwachung sicherstellen.
Die AbfBestV enthält als Anlage den Katalog der besonders überwachungsbedürftigen Stoffe. Dieser Katalog nennt für jede Abfallart:

- den Abfallschlüssel (5stellig)
- die Bezeichnung (Abfallart einschließlich Eigenschaften und Inhaltsstoffe)
- die Herkunft (beispielhaft)

In der ebenfalls am 1. 10. 90 in Kraft tretenden Abfall- und Reststoffüberwachungs-Verordnung (AbfRestÜberwV) wird die Handhabung der besonders überwachungsbedürftigen Stoffe geregelt: *Entsorgungs-/Verwertungsnachweis (ESN).*
Der ESN ist als Instrument für die Überwachung der Abfallströme das Kernstück der Abfall- und Reststoffüberwachungs-Verordnung.
Der ESN ist zu erbringen, wenn das Nachweisverfahren gem. § 11 Abs. 2 AbfG für Abfälle oder Reststoffe im Sinne des § 2 Abs. 3 AbfG angeordnet wurde oder nach § 11 Abs. 3 AbfG für Abfälle im Sinne des § 2 AbfG obligatorisch durchzuführen ist.
Damit ist gewährleistet, daß die Abfälle entsprechend den Vorgaben der TA Abfall den vorgesehenen Entsorgungsweg gehen. Der Verfahrensablauf bei der Entsorgung besonders überwachungsbedürftiger Stoffe ist wie folgt:

- *Der Erzeuger hat zunächst die Verwertbarkeit des Abfalls zu prüfen.*

Eine sonstige Entsorgung ist nur zulässig, wenn für jeden einzelnen Entsorgungsvorgang oder für gleichbleibende Entsorgungsvorgänge für eine bestimmten Zeitraum schriftlich dargelegt wird, daß die Verwertung des Abfalls nicht möglich ist. Diese Angaben werden von der Behörde nachgeprüft.

- *Ist der Abfall nach Prüfung durch den Abfallerzeuger nicht verwertbar, dann beschreibt er seinen Abfall in der Verantwortlichen Erklärung.*

Die Angaben, die zum Ausfüllen der Verantwortlichen Erklärung erforderlich sind, müssen vom Abfallerzeuger auf eigene Kosten festgestellt und z. B. durch Laboranalysen ermittelt werden. Hiermit kann der Abfallerzeuger auch Dritte beauftragen.

- *Der Abfallerzeuger kann seinen Abfall einem Entsorgungsweg gemäß dem Katalog der besonders überwachungsbedürftigen Abfälle zuordnen und einem Entsorger andienen.*

Der Entsorger prüft anhand der Verantwortlichen Erklärung und seiner Anlagenzulassung, ob er den Abfall entsorgen kann.

- *Der Entsorger erklärt gem. § 9 Abs. 2 AbfRestÜberwV seine Annahmebereitschaft und füllt den Teil „Annahmeerklärung" des Entsorgungsnachweises aus und sendet diese Erklärung gemeinsam mit der Verantwortlichen Erklärung an die zuständige Behörde.*

Die Behörde prüft, ob die Aufnahme des Abfalls in die Anlage des Entsorgers zulässig ist. Gleichzeitig überprüft die Behörde auch, ob der Abfall entsprechend den Vorgaben des Abfallerzeugers tatsächlich nicht verwertet werden kann.

- *Ergibt sich bei der Überprüfung durch die zuständige Behörde die Bestätigung der Nichtverwertbarkeit und die Zulässigkeit der Entsorgung, erteilt die Behörde die Entsorgungsbestätigung.*

Soweit der vorgesehene Entsorgungsweg nicht zulässig ist, wird durch die Regelung des § 9 Abs. 7 AbfRestÜberwV sichergestellt, daß die ordnungsgemäße Entsorgung auf andere Weise erfolgt.
In § 9 Abs. 8 AbfRestÜberwV ist das Verfahren für die Ausfuhr von Abfällen aus dem Geltungsbereich des Abfallgesetzes geregelt.

Fließbild zur Handhabung des Entsorgungsnachweises

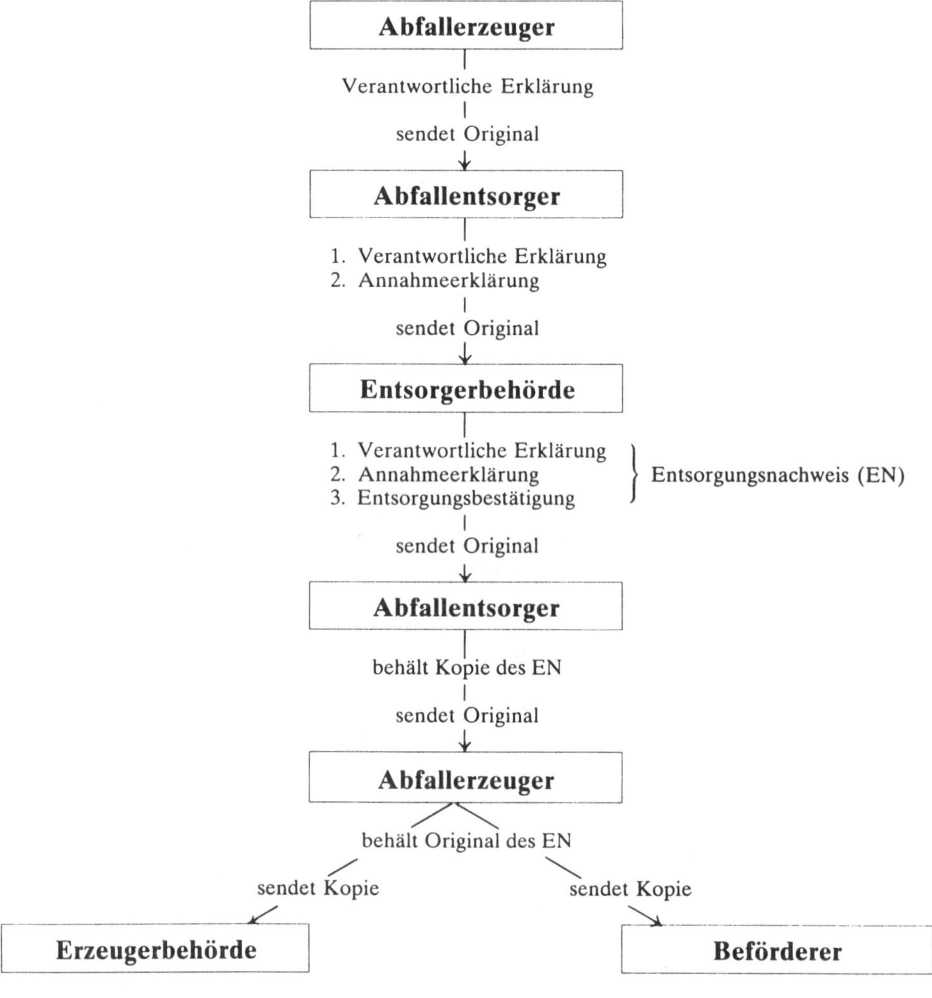

Bei **Ablehnung** durch die Entsorgungsbehörde erhält der Abfallerzeuger sein Original mit der Ablehnung; der für den Abfallerzeuger zuständigen Behörde sowie dem Abfallentsorger werden Kopien der Ablehnung zugesandt.

Bild 6.1 Fließbild zur Handhabung des Entsorgungsnachweises

- *Bei Zulässigkeit der Entsorgung und vor dem Einsammeln und Befördern übergibt nach § 9 Abs. 9 AbfRestüberwV der Abfallerzeuger dem von lhm beauftragten Abfallbeförderer Ablichtungen der Blätter 1, 4, 6, 8 und 9 des Entsorgungsnachweises.*

Diese sind zur Erleichterung von Überprüfungen durch die zuständigen Überwachungsbehörden bei der Einsammlung und Beförderung mitzuführen.

Nach § 8 Abs. 2 S. 2 AbfRestÜberwV gilt der Entsorgungsnachweis längstens 5 Jahre, wenn sich zwischenzeitlich keine Veränderungen bezüglich der Abfallzusammensetzung oder der Entsorgungsanlage ergeben.

- *Durch Vorlage des Entsorgungsnachweises bei der jeweils zuständigen Behörde können Abfallerzeuger, Abfallbeförderer und Abfallentsorger gem. § 8 Abs. 3 AbfRestÜberwV ihrer Anzeigepflicht nach § 11 Abs. 3 S. 2 AbfG nachkommen.*

Aufkommen nachweispflichtiger Abfälle nach § 2 Abs.2 AbfG im Produzierenden Gewerbe und in Krankenhäusern

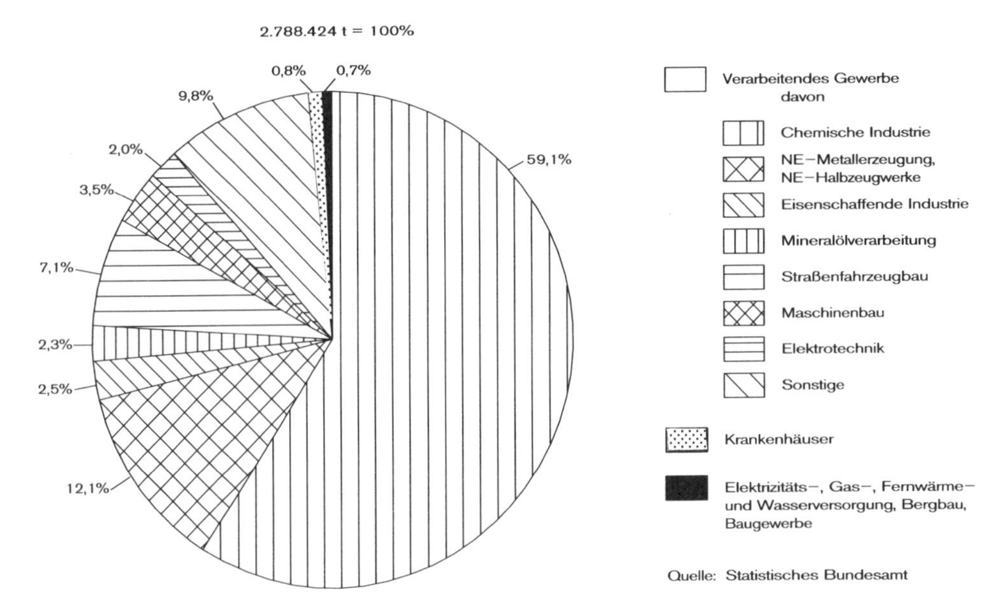

Quelle: Statistisches Bundesamt

Das Abfallaufkommen für Abfälle nach § 2 Abs. 2 AbfG stellt sich nach den Ergebnissen der vom Umweltbundesamt durchgeführten Begleitscheinauswertung wie folgt dar:

Aufkommen von Abfällen nach § 2 Abs. 2 AbfG im Produzierenden Gewerbe und in Krankenhäusern in Mio. t

Abfallart Abfallgruppe		1984	1985
144	Abfälle aus Gerbereien	8,9	7,9
1	Abfälle pflanzlichen und tierischen Ursprungs	8,9	7,9
311	Ofenausbrüche, Hütten- und Gießereischutt	9,9	8,5
312	Metallurgische Schlacken, Krätzen und Stäube	160,1	177,7
314	Sonstige feste mineralische Abfälle	125,0	140,3
3	Abfälle mineralischen Ursprungs	294,9	326,6
511	Galvanikschlämme, Metallhydroxidschlämme	16,1	18,1
515	Salze	11,8	11,1
520	Säuren, Laugen und Konzentrate	0,1	0,2
521	Säuren, anorganisch	1392,8	1288,8
524	Laugen	30,8	24,7
527	Konzentrate	327,1	214,9
531	Abfälle von Pflanzenschutzmitteln	8,7	9,7
535	Abfälle von pharmazeutischen Erzeugnissen	6,6	11,2
544	Emulsionen und Gemische von Mineralölprodukten	679,6	832,1
548	Rückstände aus Mineralölraffination	33,0	22,7
549	Abfälle von Mineralölprodukten	2,1	3,8
550	Organische Lösemittel, Farben, Lacke	0,3	0,6
552	Halogenhalt. org. Lösemittel	137,9	173,5
553	Org. Lösemittel	65,1	86,5
554	Lösemittelhaltige Schlämme	56,8	53,4
555	Farb- und Anstrichmittel	599,1	730,2
577	Gummischlämme und -emulsionen	0,7	0,7
595	Katalysatoren	4,3	2,5
599	Sonstige Abfälle	7,1	12,0
5	Abfälle aus Umwandlungs- und Syntheseprozessen	3378,9	3497,2
971	Krankenhausspezifische Abfälle	63,9	152,6
9	Siedlungsabfälle	63,6	152,6
	Summe	3746,4	3984,3

Quelle: Umweltbundesamt, Bundesweite Auswertung der Begleitscheine

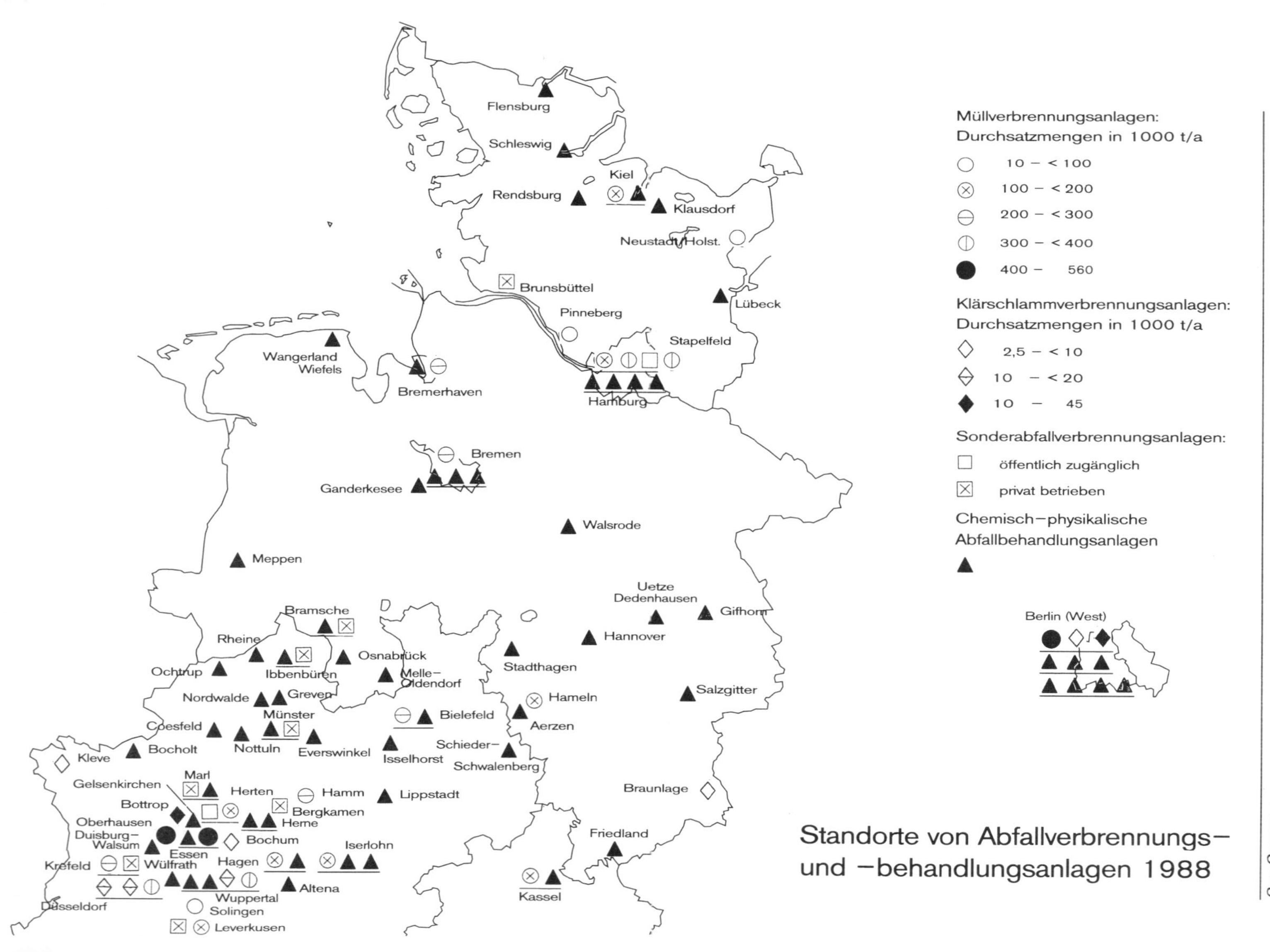

Flensburg
Schleswig
Rendsburg
Kiel
Klausdorf
Neustadt/Holst.
Lübeck
Brunsbüttel
Pinneberg
Stapelfeld
Hamburg
Wangerland
Wiefels
Bremerhaven
Bremen
Ganderkesee
Walsrode
Meppen
Uetze
Dedenhausen
Gifhorn
Hannover
Bramsche
Rheine
Osnabrück
Ochtrup
Ibbenbüren
Melle-
Oldendorf
Stadthagen
Nordwalde
Greven
Münster
Hameln
Salzgitter
Bielefeld
Coesfeld
Aerzen
Bocholt
Nottuln
Everswinkel
Isselhorst
Schieder-
Schwalenberg
Kleve
Marl
Gelsenkirchen
Herten
Hamm
Lippstadt
Braunlage
Bottrop
Bergkamen
Oberhausen
Herne
Duisburg-
Walsum
Bochum
Iserlohn
Essen
Friedland
Krefeld
Wülfrath
Hagen
Altena
Kassel
Wuppertal
Düsseldorf
Solingen
Leverkusen
Müllverbrennungsanlagen:
Durchsatzmengen in 1000 t/a
10 – < 100
100 – < 200
200 – < 300
300 – < 400
400 – 560
Klärschlammverbrennungsanlagen:
Durchsatzmengen in 1000 t/a
2,5 – < 10
10 – < 20
10 – 45
Sonderabfallverbrennungsanlagen:
öffentlich zugänglich
privat betrieben
Chemisch-physikalische
Abfallbehandlungsanlagen
Berlin (West)
Standorte von Abfallverbrennungs–
und –behandlungsanlagen 1988

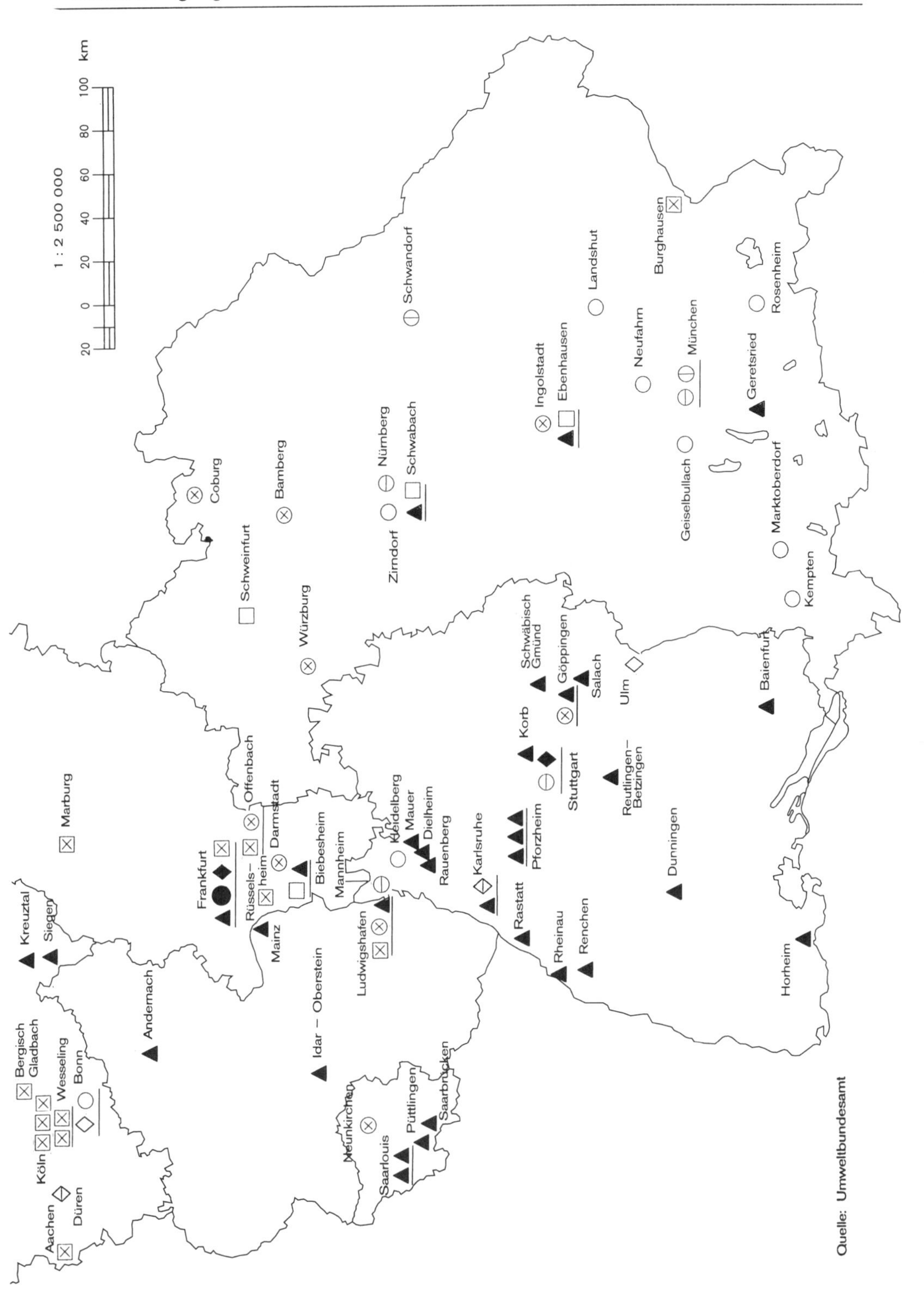

Quelle: Umweltbundesamt

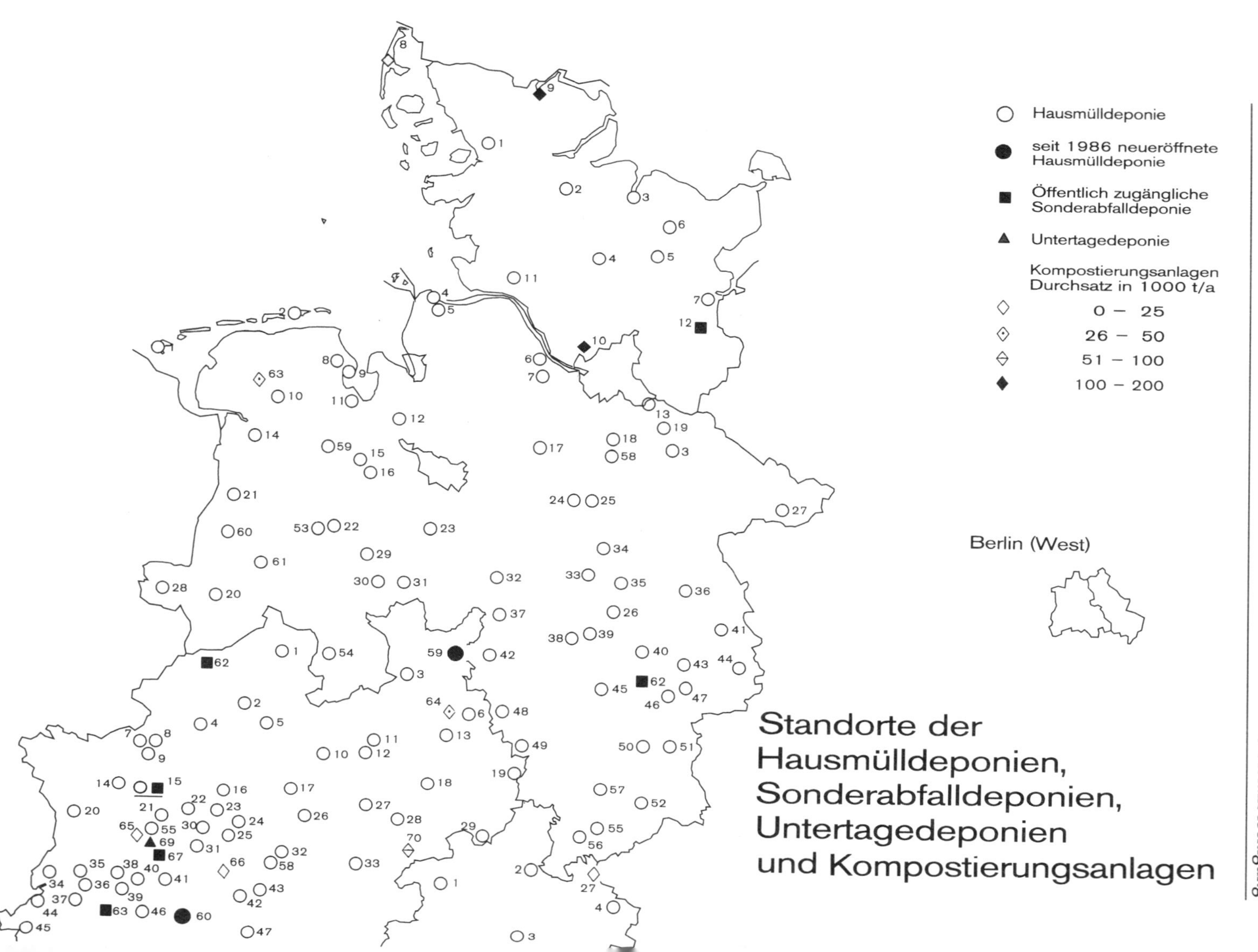

Standorte der Hausmülldeponien, Sonderabfalldeponien, Untertagedeponien und Kompostierungsanlagen

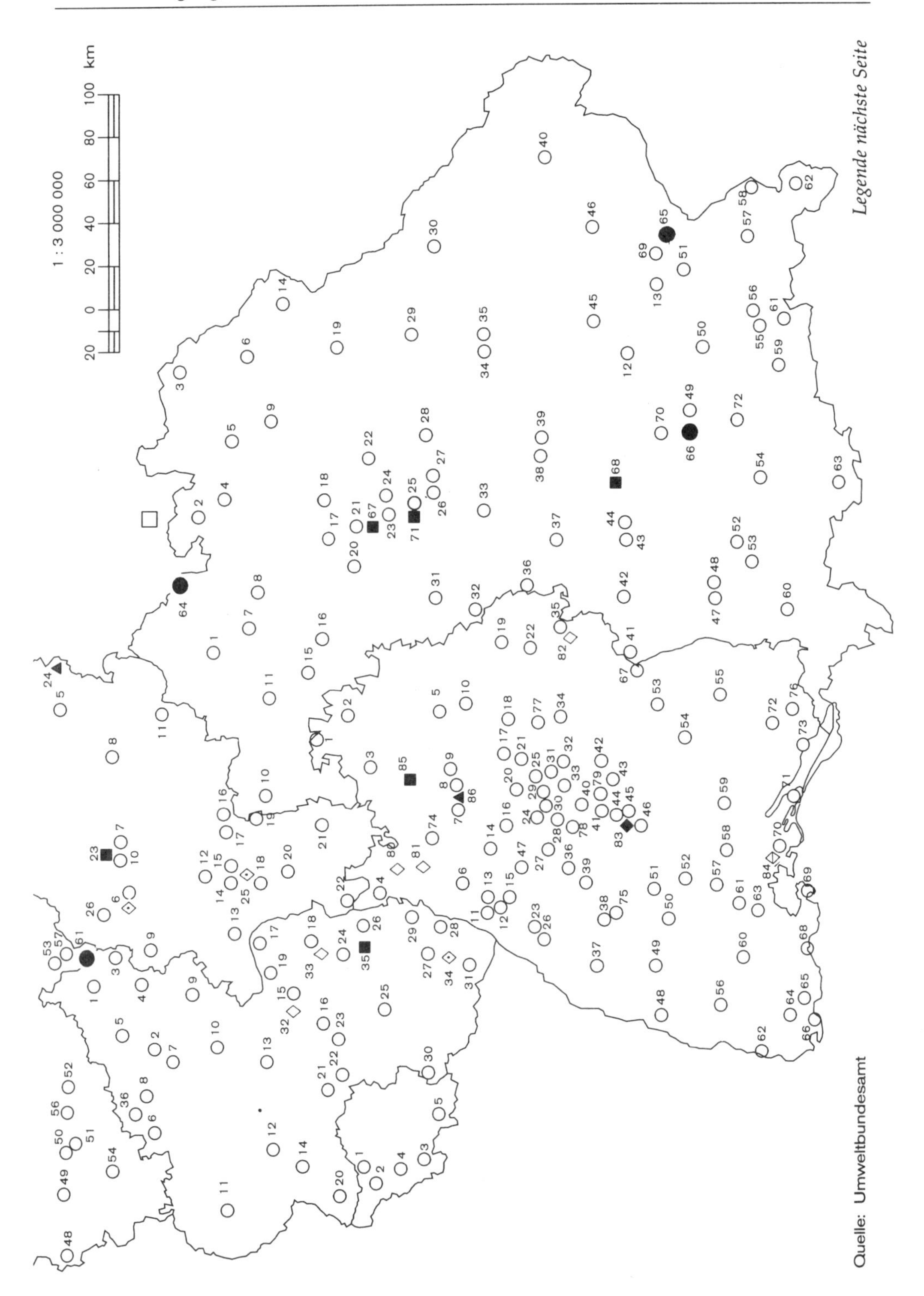

Quelle: Umweltbundesamt

Legende nächste Seite

Bayern

1 Amshausen
2 Blumenrod
3 Hof am Silberberg
4 Oberlangheim
5 Höferänger
6 Sandmühle
7 Rothmühle
8 Wonfurt
9 Heinersgrund
10 Stockstadt
11 Karlstadt
12 Haag–Marchenbach
13 Haag–Schachenwald
14 Steinmühle
15 Hopferstadt
16 Nenzenheim
17 Medbach
18 Gosberg
19 Mantel–Kalkhäusl
20 Diespeck
21 Herzogenaurach
22 Neunkirchen a.S.
23 Fürth–Atzenhof
24 Eibacher Forst
25 Schwabach Neuses
26 Georgensgmünd
27 Pyras
28 Neumarkt–Blomenhof
29 Mathiaszeche
30 Sengenbühl
31 Aurach
32 Wörth
33 Cronheim
34 Haslbach
35 Posthof
36 Nördlingen
37 Binsberg
38 Eberstetten
39 Starkertshofen
40 Außernzell
41 Pfuhl
42 Burgau
43 Augsburg–Gersthofen
44 Gallenbach
45 Oberglaim
46 Asbach–Malgersdorf
47 Derndorf
48 Egelhofen
49 München–Nord
50 Ebersberg–Schafweide
51 Taufkirchen/Unterriesbach
52 Oberostendorf
53 Kaufbeuren
54 Erbenschwang
55 Stephanskirchen
56 Urschalling
57 Litzlwalchen
58 Freilassing–Eham
59 Hausham
60 Kempten–Ursulasried
61 Flintsbach
62 Bischofswiesen–Winkl
63 Schwaiganger
64 Herbstadt
65 Eisenfelden
66 München–Nord–West
67 Raindorf
68 Gallenbach
69 Töging
70 Jedenhofen
71 Schwabach
72 Greiling

Baden–Württemberg

1 Heegwald–Wertheim Dörlesberg
2 Tauberbischofsheim
3 Buchen–Sanshecken
4 Mannheim–Friesenheimer Insel
5 Kupferzell–Beltersrod
6 Bruchsal
7 Schwaigern–Stetten
~~8 Heilbronn–Vogelsang~~
9 Eberstadt
10 Schwäbisch–Hall–Hessental
11 Karlsruhe–Grötzingen
12 Karlsruhe–West
13 Karlsruhe–Ost
14 Maulbronn–Zaisersweiher
15 Karlsbad–Ittersbach
16 Vaihingen/Horrheim
17 Backnang–Steinbach
18 Kaisersbach
19 Ellwangen–Killingen
20 Poppenweiler–Lemberg
21 Winnenden–Eichholz
22 Essingen–Ellert
23 Gaggenau–Oberweier
24 Leonberg–Rübenloch
25 Fellbach–Diebsklinge
26 Baden–Baden
27 Simmozheim
28 Sindelfingen–Dachsklinge
29 Stuttgart–Hedelfingen
30 Neustadt–Hohenacker
31 Esslingen–Katzenbühl
32 Nürtingen–Blumentobel
33 Filderstadt–Ramsklinge
34 Göppingen–Sachsentobel
35 Nattheim
36 Neubulach–Oberhaugstett
37 Oberkirch–Nußbach
38 Bengelbruck–Baiersbronn
39 Altensteig–Walddorf
40 Dettenhausen
41 Tübingen–Schweinerain
42 Dettingen–Wachtertal
43 Pfullingen
44 Dußlingen
45 Mössingen
46 Hechingen
47 Hohberg–Pforzheim
48 Ringsheim–Kahlenberg
49 Haslach
50 Schramberg–Finsterbach
51 Oberndorf–Bochingen
52 Rottweil–Keltenberg
53 litzholz–Ehingen
54 Unlingen–Riedlingen
55 Ochsenhausen–Rheinstetten
56 Freiburg–Eichelbuck
57 Tuningen
58 Tuttlingen–Wurmlingen
59 Ringgenbach
60 Titisee–Neustadt
61 Hüfingen
62 Neuenburg
63 Wutach–Münchingen
64 Wieslet
65 Wehr–Lachengraben
66 Rheinfelden–Herten
67 Ulm–Eggingen
68 Tiengen
69 Lottstetten
70 Singen–Rickelshausen
71 Konstanz–Bettenberg
72 Ravensburg–Gutenfurt
73 Weiherberg–Friedrichshafen
74 Sinsheim–Saugrund
75 Horb–Rexingen
76 Wangen–Obermooweiler
77 Schorndorf
78 Böblingen–Oberer Kerferhau
79 Reutlingen–Schinderteich
80 Heidelberg–Feilheck
81 Wiesloch
82 Heidenheim
83 Dußlingen
84 Singen
85 Billigheim
86 Salzbergwerk Heilbronn

Hessen

1 Flechtdorf
2 Kirschenplantage
3 Uttershausen
4 Weidenhausen
5 Am Mittlrück
6 Aßlar
7 Reiskirchen
8 Bastwald
9 Beselich
10 Allendorf
11 Kalbach
12 Brandholz
13 Dyckerhoffbruch
14 Wicker
15 Buchschlag
16 Hailer
17 Hohenzell
18 Mörfelden
19 Zellhausen
20 Bodenkippe–West
21 Brombachtal
22 Lampertheimer Wald
23 Kirchhain–Kleinseelheim
24 Herfa–Neurode
25 Bischofsheim
26 Schelderwald
27 Witzenhausen

Niedersachsen

1 Borkum
2 Spiekeroog
3 Gifkendorf
4 Cuxhaven
5 Heeßel II
6 Ketzendorf II
7 Vinstedt
8 Wiefels
9 Wilhelmshaven Nord
10 Großefehn
11 Varel Hohenberge
12 Brake Mitte
13 Drage
14 Breinermoor
15 Oldenburg/Osternburg
16 Bargloy
17 Helvesiek–Rehr
18 Dibbersen
19 Bardowick
20 Venneberg
21 Dörpen
22 Sedelsberg
23 Bassum
24 Hillern
25 Fahrenholz
26 Kolenfeld
27 Woltersdorf
28 Wilsum II
29 Tonnenmoor
30 Aschen
31 Kuppendorf
32 Nienburg
33 Wietze
34 Offen
35 Kiebitzsee
36 Wesendorf
37 Rehburg–Loccum
38 Hannover
39 Burgdorf
40 Stedum
41 Barnbruch
42 Nienstädt
43 Watenbüttel
44 Süpplingenburg
45 Heinde
46 Gebhardshagen
47 Bornum
48 Aerzen
49 Polle
50 Bornhausen
51 Morgenstern
52 Hattorf
53 Stapelfeld
54 Piesberg
55 Deiderode
56 Meensen
57 Blankenhagen
58 Nindorf
59 Mansie
60 Wesuwe
61 Flechum
62 Hoheneggelsen
63 Aurich

Nordrhein–Westfalen

1 Ibbenbüren II
2 Altenberge
3 Kirchlengern
4 Coesfeld–Höven
5 Münster II
6 Dörentrup
7 Borken–Hoxfeld
8 Altstätte III
9 Bocholt–Lankern III
10 Ennigerloh
11 Westerwiehe II
12 Halle–Künsebeck II
13 Hellsiek
14 Winterswick
15 Hünxe–Schermbeck
16 Datteln–Löringhof
17 Hamm–Zum Torkesfeld
18 Elsen–Warthe
19 Wehrden
20 Geldern–Pont
21 Bottrop–Donnersberg
22 Emscherbruch
23 Castrop–Rauxel
24 Huckarde
25 Grevel
26 Werl
27 Erwitte
28 Fröndenberg–Ost–Büren
29 Warburg
30 Kornharpen
31 Hattingen
32 Hemer–Landhausen
33 Meschede
34 Brüggen II
35 Viersen II–Nothofer
36 Radermühlenberg
37 Schlibeck
38 Neuss
39 Frimmersdorf–Süd
40 Hubbelrath
41 Plöger Steinbruch
42 Halver–Oberbrügge
43 Lüdenscheid–Kleinleifinghausen
44 Wasserberg–Rothenbach
45 Birgden–Hahnbusch
46 Dormagen Gohr–Broich
47 Leppe
48 Alsdorf–Warden
49 Horm
50 Vereinigte Ville,Hürt
51 Haus Forst
52 St. Augustin Buisdorf
53 Fludersbach
54 Mechernich
55 Oberhausen–Hühnerheide
56 Bornheim–Hersel
57 Winterbach
58 Halbeswig
59 Pohlsche Heide
60 Burscheid (Heiligen–Eiche)
61 Burbach–Würgendorf
62 Ochtrup
63 Grevenbroich–Neuenhausen
64 Lemgo
65 Duisburg
66 Ennepetal
67 Breitscheid
68 Hünxe–Schermbeck
69 Zeche Zollverein
70 Brilon

Rheinland–Pfalz

1 Nauroth
2 Linkenbach
3 Rennerod
4 Meudt–Beckershaid
5 Neustadt (Wied) Ferntal
6 Schuld
7 Ochtendung–Eiterköpfe
8 Brohl–Lützing
9 Singhofen
10 Gondershausen
11 Plütscheid
12 Sehlem
13 Kirchberg–Unzenberg
14 Mertesdorf
15 Langenlonsheim
16 Meisenheim–Callbach
17 Budenheim
18 Framersheim
19 Sprendlingen
20 Saarburg
21 Reichenbach
22 Gutsbezirk Baumholder
23 Lauterecken
24 Eisenberg
25 Kaiserslautern–Kapiteltal
26 Heßheim
27 Edesheim–Knöringen
28 Berg
29 Speyer
30 Zweibrücken–Rechenbachtal
31 Billigheim–Ingenheim
32 Bad Kreuznach
33 Alzey
34 Landau
35 Gerolsheim
36 Oedlingen

Schleswig–Holstein

1 Ahrenshöft
2 Alt Duvenstedt
3 Schönwohldt
4 Ehndorf
5 Damsdorf
6 Rastorfer Kreuz
7 Niemark
8 Westerland
9 Flensburg
10 Pinneberg
11 Ecklak–Kanalstrich
12 Rondeshagen

Saarland

1 Losheim
2 Fitten–Hilbringen
3 Lisdorf
4 Steinbach
5 Ormesheim

Hausmüll- und Wertstoffsortieranlagen in der Bundesrepublik Deutschland (Stand Juli 1988)

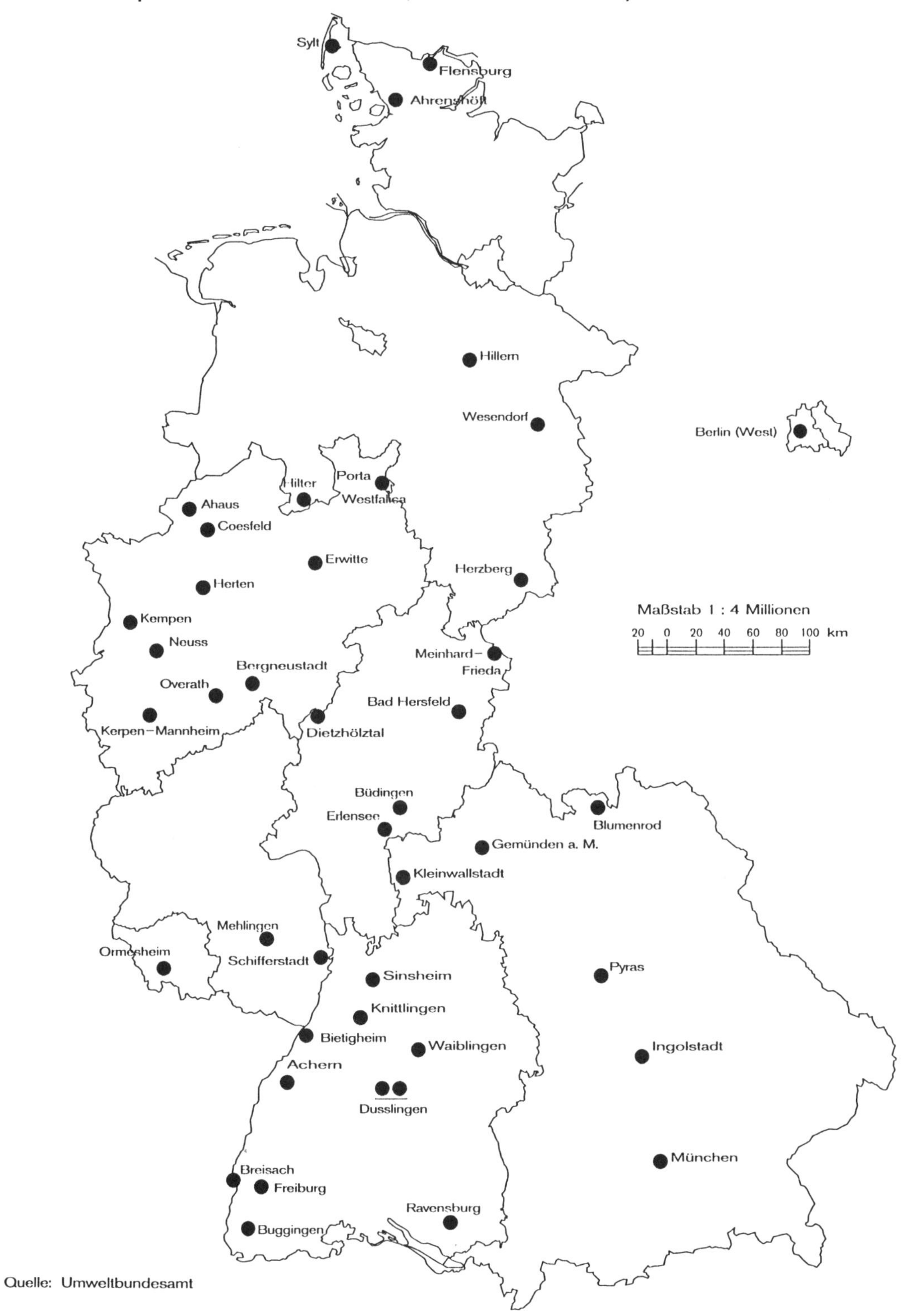

Quelle: Umweltbundesamt

Baden-Württemberg

Anlagenart	Standort	Betreiber	Stoffgruppen
Deponie	6951 Billigheim Neckar-Odenwald-Kreis Tel. (0 62 65) 80 17	Gesellschaft zur Beseitigung von Sonderabfällen in Baden-Württemberg mbH (SBW) Welfenstraße 15 7012 Fellbach-Schmiden Tel. (07 11) 51 10 34	Ablagerung von festen Abfällen entgiften, neutralisierten und entwässerten Schlämmen und mineralöl- bzw. sonst verunreinigtem Bodenmaterial (nach Einzelgenehmigung)
Verbrennungsanlage	7320 Göppingen	Müllheizkraftwerk Iltishofweg 40 7320 Göppingen Tel. (0 71 61) 6 90 36 u. 6 90 37	17103, 17 115, 18 709, 31 428, 54 202, 54 203, 54 401, 54 703 54 502, 54 801 55 501, 55 503, 57 202, 57 501, 58 109, 58 110, 59 701, 91 201.
Sammelstelle, Emulsionstrennanlage, fahrbare Kammerfilterpresse	7335 Salach Lkdr. Göppingen	Fa. Weber GmbH Industrie- und Städtereinigung, Sonderabfallbeseitigung Im Dugendorf 28 7335 Salach Tel. (0 71 62) 50 01	
Sammelstelle (geplant)	7070 Schwäbisch Gmünd Ostalbkreis	Fa. Sopp GmbH & Co. Transporte KG Hindenburgplatz 5 7070 Schwäbisch Gmünd Tel (0 71 71) 6 63 43	
Behandlungsanlage	7054 Korb Rems-Murr-Kreis	Fa. Herbert Kölz Lange Straße 26 7054 Korb Tel (0 71 51) 3 17 12	Inhalte von Öl- und Benzinabscheidern
Sammelstelle, Emulsionstrennanlage	7550 Rastatt	Mittelbadische Sonderabfallvernichtungs-GmbH u. Co. KG, MVG. Industriegelände „Im Steingerüst" 7550 Rastatt Tel (07 22) 3 20 22, 3 26 04	

Anlagenart	Standort	Betreiber	Stoffgruppen
Sammelstelle	6800 Mannheim	Fa. Goerig GmbH & Co. KG Härtemittelwerk Industriestraße 1a 6800 Mannheim 1 Tel. (06 21) 31 30 51	Härtesalze (515 33, 515 34)
Behandlungs-anlage	6909 Dielheim Rhein-Neckar-Kreis	Fa. Haberkorn GmbH Kurpfalzstraße 5 6906 Dielheim Tel. (0 62 22) 20 17	Inhalte von Öl- und Benzinabscheidern
Sammelstelle, Emulsions-trennanlage, Kammerfilter-presse	7896 Wutöschingen-Horheim Ldkr. Waldshut	Fa. Walter Reinger Industriestraße 4 7896 Wutöschingen-Horheim Tel. (0 77 46) 5071/5072	
Behandlungs-anlage	7201 Nendingen Ldkr. Tuttlingen	Fa. Herbert Schilling Grubenentleerungen Kreuzstraße 16 7201 Nendingen Tel. (0 74 61) 36 44	Mineralölemulsionen
Behandlungs-anlage	7213 Dunningen Ldkr. Rottweil	Fa. Max Schrägle GmbH Gruben- und Kanal-reinigung Schramberger Str. 61	Inhalte von Öl- und Benzinabscheidern
Behandlungs-anlage	7597 Rheinau-Hausgereut Ortenaukreis	Fa. Franz Seifermann Kapellenstraße 1 7597 Rheinau Hausgereut Tel (0 78 44) 8 50	Inhalte von Öl- und Benzinabscheidern
Behandlungs-anlage	7809 Kollnau	Fa. Eduard Oschwald Kastelbergstraße 14 7809 Kollnau Tel. (0 76 81) 70 52	Inhalte von Öl- und Benzinabscheidern
Sammelstelle (geplant) Behandlungs anlage	79 82 Baienfurt Lkrs. Ravensburg	Fa. Wolfgang Kappler Schachenerstraße 20 7982 Baienfurt Tel. (07 51) 20 88	Sandfangrückstände Inhalte von Öl- und Benzinabscheidern
Sammelstelle (geplant)	7980 Ravensburg	Fa. Bausch KG Bleicherstraße 35 7980 Ravensburg Tel. (07 51) 27 26	

Anlagenart	Standort	Betreiber	Stoffgruppen
Sammelstelle	7454 Bodelshausen	Fa. Karl Haag Bahnhofstraße 35 7454 Bodelshausen	metallhaltige Kühl- und Schmiermittel
Verbrennungs-anlage	7910 Neu-Ulm	Tiefbauamt der Stadt Ulm 7900 Ulm/Donau Tel (07 31) 1 61–37 80	Klärschlamm, Mitverbrennung von Altöl und mineralölhaltigen Rückständen
Regenerierung von Lösemitteln (Sammelstelle)	7310 Plochingen	Dr. H. Janßen Nachf. Inh. K. H. Dürr Technische Chemie Rheinkai 26 7310 Plochingen Tel. (0 71 53) 7 18 00	Lösemittel
Regenerierung von Lösemitteln	6979 Lauda-Königshofen Main-Tauber-Kreis	Fa. C. Dürr Hugo-Wolf-Straße 2 6979 Lauda-Königs-hofen Tel. (0 93 43) 6 32	Lösemittel
Regenerierung von Lösemitteln	7261 Althengstett	Fa. Monoral-Chemie Industriestraße 8–10 7261 Althengstett Tel. (0 70 51) 18 20 u. 18 29	Lösemittel
Regenerierung von Lösemitteln	7210 Rottweil	Fa. Bernd Braun Neckartal 24 7210 Rottweil Tel. (07 41) 4 15	Lösemittel
Entgiftungs- und Neutralisa-tionsanlage	7530 Pforzheim	Fa. Agosi Allgemeine Gold- und Silberscheideanstalt AG Kanzlerstraße 17 7530 Pforzheim Tel (0 72 31) 6 10 61	Edelmetallhaltige Konzentrate
Entgiftungs- und Neutralisa-tionsanlage	7530 Pforzheim	Fa. Dr. Th. Wieland Gold- und Silber-scheideanstalt Schwenninger Str. 13 7530 Pforzheim Tel (0 72 31) 3 70 50	Edelmetallhaltige Konzentrate
Entgiftungs- und Neutralisa-tionsanlage	7530 Pforzheim	Fa. Doduco KG Im Altgefäll 12 7530 Pforzheim Tel. (0 72 31) 60 20	Edelmetallhaltige Konzen-trate

Anlagenart	Standort	Betreiber	Stoffgruppen
Behandlungs-anlage	7500 Karlsruhe	LAV-Gesellschaft für Industrie- und Abfall verwertung GmbH Rudolfstraße 5 7500 Karlsruhe Tel. (07 21) 6 04 84	Fixierbad, Entwickler
Behandlungs-anlage	7410 Reutlingen-Betzingen	Fa. Herter GmbH Jörg-Wurster-Straße 7 7410 Reutlingen-Siekenhausen	Fixierbad, Entwickler
Behandlungs-anlage (geplant)	7980 Ravensburg-Furt	Fa. Fischer Chemotechnik GmbH Furt Nr. 9 7980 Ravensburg-Furt	Fixierbad, Entwickler
Verwertungs-anlage	6901 Mauer Rhein-Necker-Kreis	Fa. Johannes Martens Leimfabrik Bahnhofstraße 28 6901 Mauer Tel (0 62 26) 15 19	Fettabscheiderinhalte, Altfette
Verwertungs-anlage	7592 Renchen Ortenaukreis	Fa. Gerd Schneider Am Brünnel 5 7592 Renchen Tel. (0 78 43) 22 97	Fettabscheiderinhalte
Sammelstelle (geplant) Verwertungs-anlage	7900 Ulm	Fa. RIS Recycling Hildenbrand GmbH Schillerstraße 1a 7900 Ulm	Fettabscheiderinhalte

Bayern

Anlagenart	Standort	Betreiber	Stoffgruppen
Deponie Deponie	8540 Schwabach und 8501 Raindorf	Zweckverband „Sondermüllplätze Mittelfranken (ZVSMM) Rother Straße 56 Postfach 18 65 8540 Schwabach Tel. (0 91 22) 79 77 u. Sondermüll-Deponie Raindorf Seckendorfer Straße 2 8501 Veitsbronn-Raindorf Tel. (0 91 01) 20 31	Ablagerung von festen Abfällen, entgifteten, neutralisierten und entwässerten Schlämmen und mineralöl- bzw. sonst verunreinigtem Bodenmaterial

Anlagenart	Standort	Betreiber	Stoffgruppen
Deponie	8891 Gallenbach Ldkr. Aichach-Friedberg Oberneul 7 8890 Aichbach Tel. (0 82 05) 5 69	Gesellschaft zur Beseitigung von Sondermüll in Bayern mbH (GSB) Herzogstraße 60 8000 München 40 Tel. (0 89) 38 99–0	Ablagerung von festen Abfällen, entgifteten neutralisierten und entwässerten Schlämmen und mineralöl- bzw. sonst verunreinigtem Bodenmaterial
Verbrennungsanlage	8540 Schwabach Rother Straße 56	Zweckverband „Sondermüllplätze Mittelfranken" (ZVSMM) Rother Straße 56 8540 Schwabach Tel. (0 91 22) 7 97–0	
Sammelstelle, Verbrennungsanlage	8720 Schweinfurt Uferstraße 10 Tel. (0 97 21) 8 44 58 Telex: 67 33 77	Gesellschaft zur Beseitigung von Sondermüll in Bayern mbH (GSB) Herzogstraße 60 8000 München 40 Tel. (0 89) 38 99–0	fest und schlammförmige brennbare Sonderabfälle, hausmüllähnliche Industrie- und Gewerbeabfälle
Sammelstelle, Verbrennungsanlage	8076 Ebenhausen-Werk (b. Ingolstadt) Ldkr. Pfaffenhofen Tel. (0 84 53) 6 26 Telex: 55 626	GSB (Anschrift s. o.)	feste, schlammförmige und flüssige brennbare Sonderabfälle, hausmüllähnliche Industrie- und Gewerbeabfälle, feste Rückstände aus Shredderanlagen
Regenerierung von Lösemitteln	8192 Geretsried Geltinger Weg 21 Ldkr. Bad Tölz-Wolfratshausen) Tel. (0 81 71) 6 04 41	GSB (Anschrift s. o.)	Lösemittel
Sammelstelle	8750 Aschaffenburg Staatshafen Limesstraße Tel. (0 60 21) 8 74 96	GSB (Anschrift s. o.)	sämtliche produktionsspezifischen Abfälle
Sammelstelle	8359 Sandbach (bei Passau) Tel. (0 85 48) 3 46	GSB (Anschrift s. o.)	sämtliche produktionsspezifischen Abfälle
Sammelstelle	8440 Straubing-Ittling Imhoffstraße 97 Tel. (0 94 21) 54 09	GSB (Anschrift s. o.)	sämtliche produktionsspezifischen Abfälle
Sammelstelle	8596 Mitterteich Birkigt 2 Tel. (0 96 33) 5 51	GSB (Anschrift s. o.)	sämtliche produktionsspezifischen Abfälle

Anlagenart	Standort	Betreiber	Stoffgruppen
Sammelstelle	8000 München-Großlappen Freisinger Landstraße 219 Tel. (0 89) 3 89 92 11	GSB (Anschrift s. o.)	sämtliche produktionsspezifischen Abfälle
Sammelstelle	8900 Augsburg Schönbachstr. 171 Tel. (08 21) 41 34 40	GSB (Anschrift s. o.)	sämtliche produktionsspezifischen Abfälle
Sammelstelle, Emulsionstrennanlage	7910 Neu-Ulm/ Pfuhl Im Steinhäusle/ Fischerholzweg Tel. (07 31) 71 98 94	GSB (Anschrift s. o.)	sämtliche produktionsspezifischen Abfälle
Sammelstelle und Aufbereitung	8000 München 2	Werner Sening & Co. KG Platenstraße 2 8000 München 2 Tel. (0 89) 76 43 06	metallisches Quecksilber
Sammelstelle	8031 Olching bei München	Fa. Argentum Gutenbergstraße 33 8031 Olching Tel. (0 89) 4 17 42 und (0 81 42) 34 35	

Berlin

Anlagenart	Standort	Betreiber	Stoffgruppen
Behandlungs anlage	Buckower Damm 11 1000 Berlin 47	Boeck & Co. GmbH Buckower Damm 11 Tel. (0 30) 6 06 72 05/ 6 06 20 64	Laugen, Emulsionen und Gemische von Mineralölprodukten
Behandlungsanlage	Ahornstraße 6 1000 Berlin 41	Schröder Galvanik GK Ahornstraße 6 1000 Berlin 41 Tel. (0 30) 7 91 20 61	Säuren, Laugen, Konzentrate
Behandlungsanlage, Zwischenlager	Koloniestraße 114 1000 Berlin 65	Gillen-Service Koloniestraße 114 1000 Berlin 65 Tel. (0 30) 33 10 11	Galvanikschlämme (entgiftet bzw. cadmiumfrei) Lack- und Farbschlamm, Farbmittel, Anstrichmittel (Bautenfarbenrückstände)
Zwischenlager	Parkstraße 13 1000 Berlin 20	Rhenus AG Parkstraße 13 1000 Berlin 20 Tel. (0 30) 3 35 03–0	Härtesalze, cyanidhaltig; Härtesalze, nitrat- und nitrithaltig

Anlagenart	Standort	Betreiber	Stoffgruppen
Zwischenlager	Kanalstraße 47–51 1000 Berlin 47	Edelhoff & Neuling Gesellschaft für Sonderabfallbeseitigung mbH Kanalstraße 47–51 Postfach 13 68 1000 Berlin 47 Tel. (0 30) 60 60 60/61	Galvanikschlämme, Säuren, Laugen, Abfälle von pharmazeutischen Erzeugnissen, Emulsionen und Gemische von Mineralölprodukten, halogenhaltige, organische Lösemittel und Lösemittelgemische, halogenfreie organische Lösemittel und Lösemittelgemische, lösemittelhaltige Schlämme, Farbmittel und Anstrichmittel, Gummischlämme und -emulsionen
Umschlagstation, Zwischenlager	Umschlagstation Ruhleben Freiheit 24–25 1000 Berlin 20 Tel. (0 30) 33 00 41 Telex: 0184 520	Berliner Stadtreinigungsbetriebe (BSR) Ringbahnstraße 96 1000 Berlin 42 Tel. (0 30) 75 92–1 Telex: 01 844 522	Ofenausbrüche, Hütten- und Gießereischutt, metallurgische Schlakken, Krätzen und Stäube, sonstige feste, mineralische Abfälle, NE-Metallabfälle, Galvanikschlämme, Säuren, Konzentrate, Abfälle von Pflanzenbehandlungs- und Schädlingsbekämpfungsmitteln, Abfälle von pharmazeutischen Erzeugnissen, Emulsionen und Gemische von Mineralölprodukten, Rückstände aus Mineralölraffination, sonstige Abfälle von Mineralölprodukten aus der Erdölverarbeitung und Kohleveredelung. Halogenhaltige organische Lösemittel und Lösemittelgemische, halogenfreie organische Lösemittel und Lösemittelgemische, lösemittelhaltige Schlämme, Farbmittel und Anstrichmittel, Gummischlämme und -emulsionen, Katalysatoren.
Aufbereitungsanlage	Haynauer Straße 58 1000 Berlin 46 Tel. (0 30) 7 75 30 88/89	Chemische Fabrik Dr. W. Kalisch Nachfolger Inh. Kurt Kolhoff Haynauer Straße 58 1000 Berlin 46 Tel. (0 30) 7 75 30 88/89	Emulsionen und Gemische von Mineralölprodukten, Lösemittel und Lösemittelgemische

Anlagenart	Standort	Betreiber	Stoffgruppen
Bremen			
Neutralisations- und Entgiftungsanlage	2800 Bremen Bei den Oken 2 Tel. (04 21) 3 97 20/1	Amt für Stadtentwässerung u. Stadtreinigung Hinter dem Ansgarikirchhof 14 2800 Bremen	saure, alkalische cyanidische und chromsaure Konzentrate, Entwickler- u. Fixierbäder
Emulsionsspaltanlage	2800 Bremen Beim Industriehafen 165 Tel. (04 21) 61 20 81	C.F. Plump Gewässerschutz GmbH Beim Industriehafen 165 2800 Bremen	Abfallarten lt. Planfeststellungsbeschluß
Kammerfilterpresse	dto.	dto.	dto.
Entwässerungscontainer	dto.	dto.	dto.
Eindicken von Zuschlagstoffen	dto.	dto.	dto.
Zwischenlager	dto.	dto.	dto. (ca. 290 Abfallarten)
Emulsionsspaltanlage (Durchlaufflotationsanlage)	2800 Bremen 44 Strotthoffkai 18 Tel. (04 21) 41 15 21	Rolf Märtens GmbH & Co. KG Sondermüll Strotthoffkai 18 2800 Bremen 44	Abfallarten lt. Planfeststellungsbeschluß
Eindicken mit Zuschlagstoffen	dto.	dto.	dto.
Hamburg			
(AVG) Verbrennungsanlage, Separationsanlage	2000 Hamburg 74 (Billbrook) Borsigstraße 2 Tel. (0 40) 7 33 00 31 Telex: 2 161 279 o. 2 164 213	KG Abfallverbrennungsges. mbH & Co. Grimm 8 2000 Hamburg 11	Sonderabfälle, fest, pastös, flüssig
(AVG–CPA) Chemisch-physikalische Abfallbehandlungsanlage (Entgiftungsanlage)	2000 Hamburg 74 (Billbrook) Borsigstraße 2 Tel. (0 40) 7 33 00 31 Telex: 2 161 279 o. 2 164 213	KG Abfallverbrennungsges. mbH & Co. Grimm 8 2000 Hamburg 11	Lösungen, alkalisch (Nitrit); Säuren und saure metallsalzhaltige Lösungen (Chromat); Schwermetallhydroxidschlämme; galvanische Lösungen (Cyanid-Nitrit)

Anlagenart	Standort	Betreiber	Stoffgruppen
(AVG) Zwischenlager	2000 Hamburg 74 (Billbrook) Borsigstraße 2 Tel. (0 40) 7 33 00 31 Telex: 2 161 279 o. 2 164 213	KG Abfallverbrennungsges. mbH & Co. Grimm 8 2000 Hamburg 11	sämtliche Sonderabfälle, die in andern Spezialanlagen (Verbrennung, Deponie) oder in eigenen Anlagen beseitigt oder einer Wiederverwertung zugeführt werden können
(HÖG) Aufbereitungsanlage	2102 Hamburg 93 (Wilhelmsburg) Kattwykstraße 20	Hamburger Ölverwertungs-Ges. mbH & Co. Kattwykstraße 20 2102 Hamburg 93 Tel. (0 40) 75 77 04	Ballast- und Bilgenwasser sowie Tankreinigungsrückstände und Bohrölemulsionen
Verwertungsanlage	2000 Hamburg 28 (Hamburg-Veddel) Hovestraße 50 Tel. (0 40) 78 83–1	Norddeutsche Affinerie Alsterterasse 2 2000 Hamburg 36 Tel. (0 40) 4 41 96–1	Säureharze und Abfallsäure aus der Mineralölindustrie
Aufbereitungsanlage	2100 Hamburg 90 (Hamburg-Harburg) Bahnhofsinsel 2	W.E.H. Biesterfeld Bahnhofsinsel 2 2100 Hamburg 90 Tel. (0 40) 7 71 73–1	organische Lösemitel einschl. chlorierte Kohlenwasserstoffe
Hessen			
Untertagedeponie	6432 Heringen-Herfa-Neurode Ldkr. Hersfeld-Rotenburg/Hessen	Kali und Salz AG Hauptverwaltung Postfach 407 3500 Kassel Tel. (05 61) 30 11	Ablagerung von Härtesalzrückständen, festen Rückständen aus der organisch-chemischen Produktion (Destillationsrückstände u. ä.), Katalysatorrückständen, Arzneimittel- u. Pflanzenbehandlungsmittelrückständen sowie überlagerten Produkten; PCB-hatige Trafo- und Kondensatorengehäusen (nach Einzelgenehmigung)
Deponie	3575 Kirchhain-Kleinseelheim Ldkrs. Marburg-Biedenkopf	HIM, Hess. Industriemüll GmbH Kranzplatz 11 6200 Wiesbaden Tel. (0 61 21) 37 30 74–78 Telex: 0 4 186/546 him d	feste Abfälle, stichfeste anorganische Schlämme

Anlagenart	Standort	Betreiber	Stoffgruppen
Sammelstelle, Behandlungs-anlage	6000 Frankfurt (Main-)-Fechenheim Orber Straße 65 Tel. (0 69) 41 90 33/34	HIM, Hess. Industrie-müll GmbH	Sämtliche Sonderabfälle, soweit sie zu sammeln und für die Beseitigung vorzubereiten sind (z. B. verpacken für die Untertagedeponie, chemisch-physikalische Behandlung von Säuren, Laugen, Konzentraten
Sammelstelle, Behandlungs-anlage	3500 Kassel-Bettenhausen Am Lossewerk 9 Tel. (05 61) 5 99 05	HIM, Hess. Industrie-müll GmbH	Sämtliche Sonderabfälle, soweit sie zu sammeln und für die Beseitigung vorzubereiten sind (z. B. verpacken für die Untertagedeponie, chemisch-physikalische Behandlung von Säuren, Laugen, Konzentrationen sowie von Emulsionen
Verbrennungs-anlage, Emulsions-trennanlage	6083 Biebesheim Ldkr. Groß-Gerau	HIM, Hess. Industrie-müll GmbH Postfach 11 64 6083 Biebesheim Tel. (0 62 58) 60 61	Öl-Wasser-Gemische; Emulsionen aus der metallverarbeitenden Industrie, Ölschlämme, halogenierte und nichthalogenierte Lösemittel; flüssige PCB-haltige Abfälle; organisch hochbelastete Wässer, Feststoffe
Sammelstelle und Aufbereitung	6230 Frankfurt/ M-Höchst	Fa. Elwenn und Frankenbach GmbH Ludwigshafener Str. 52 6230 Frankfurt/M 80 Tel. (0 69) 31 13 81	Quecksilberhaltige Kleinbatterien
Aufbereitungs-anlage	6390 Usingen 1	HEFRA Thermochemische Fabrik GmbH Usaweg 1 6390 Usingen 1 Tel. (0 60 61) 30 88	Altfette, Abscheiderfette und Kanalfette
Niedersachsen			
Deponie	3201 Söhlde OT. Hoheneggelsen Ldkr. Hildesheim	SDH Ziegeleiweg 1 3201 Söhlde 2 Tel. (0 51 29) 80 80 Telex: 927 417 damag d	feste produktionsspezifische Abfälle; Einzeleinlagerungsgenehmigung muß durch LK Hildesheim erteilt werden

Anlagenart	Standort	Betreiber	Stoffgruppen
Deponie	2117 Wistedt Ldkr. Harburg	GAREG-Garagen-Reinigungs-Gesellschaft Heinrich Riechert & S. Offakamp 23 2000 Hamburg 54 Tel. (0 40) 5 53 10 06 u. 5 53 20 53	ölverunreinigter Boden
Verbrennungs-, Neutralisations-, Entgiftungsanlage	4550 Bramsche OT. Achmer Ldkr. Osnabrück	Edelhoff Städtereinigung GmbH & Co. Geschäftsbereich Sonderabfall Am Kanal 4550 Bramsche 3 – Achmer Tel. (0 54 61) 30 48–49 Telex: 941 420 gsg d	flüssige und feste produktionsspezifische Abfälle
Verbrennungs-, Emulsionsspaltanlage	3250 Hameln OT. Afferde Ldkr. Hameln-Pyrmont	Elektrizitätswerk Wesertal GmbH Bahnhofstraße 18–20 3250 Hameln 1 Tel. (0 51 51) 1 08–1	Altöle und bestimmte mineralölhaltige Flüssigkeiten der Gefahrklasse A II
Behandlungsanlage	3300 Braunschweig	Chem. Fabrik Dr.-Ing. H. Worbs Grotrian-Steinweg-Str. 3 3300 Braunschweig Tel. (05 31) 8 70 81	Lösemittel (Verschmutzung der Stoffe muß unter 60 % liegen, Siedepunkt 160-180 °C.)
Pyrolyseanlage	3320 Salzgitter OT. Drütte Stadt Salzgitter	Salzgitter Pyrolyse GmbH Eisenhüttenstraße 99 3320 Salzgitter 41 Tel. (0 53 41) 21 43 60–61	feste und flüssige pyrolisierbare Abfälle
Behandlungsanlage	3162 Uetze-Dedenhausen Ldkr. Hannover	Recycling-Chemie Meinecke GmbH & Co. KG Zum Bahnhof 38 3162 Uetze-Dedenhausen Tel. (0 51 73) 76 66	mineralölhaltige Schlämme

Anlagenart	Standort	Betreiber	Stoffgruppen*)
Nordrhein-Westfalen			
Verbrennungs-anlage	Krefeld-Uerdingen RP Düsseldorf	Bayer AG Postfach 166 4150 Krefeld 1 Tel. (0 21 51) 8 81	171, 187, 314, 531, 535, 541, 542, 544, 547, 549, 552, 553, 554, 555, 571, 572, 593, 594, 597
Verbrennungs-anlage	Grevenbroich Kreis Neuss RP Düsseldorf	RWE AG Braunkohlen-kraftwerk Frimmers-dorf II, Anlieferung nur über Sammellager (Beseitigernr. E 116 16401) der Fa. M. Loers & Co., Jakobshöhe 15 4050 Möchenglad-bach Tel. (0 21 61) 6 07 91/2	521, 524, 527, 541, 542, 544, 547, 549 553, 559
Verbrennungs-anlage	Köln-Niehl RP Köln	Ford Werke AG Ottoplatz 2 5000 Köln 60 Tel. (02 21) 7 10–1	314, 541, 542, 544, 547, 554, 555, 559
Verbrennungs-anlage	Leverkusen-Bürrig RP Köln	Bayer AG 5090 Leverkusen Tel. (02 14) 30–1	144, 171, 187, 314, 531, 535, 541, 542, 544, 547, 548, 549, 552, 553, 554, 555, 559, 572, 573, 577, 581, 593, 594, 595, 597, 599
Verbrennungs-anlage	Wesseling Erftkreis RP Köln	Union Rheinische-Braunkohlen-Kraftstoff AG Ludwigshafenstraße 5047 Wesseling Tel. (0 22 36) 79–1	171, 314, 541, 542, 544, 547, 548, 549
Verbrennungs-anlage	Wesseling Erftkreis RP Köln	Rhein. Olefinwerke GmbH Postfach 31 5047 Wesseling Tel. (0 22 36) 72–1	171, 187, 314, 541, 544, 547, 549, 552, 553, 554, 572, 593, 595

*) Die Angabe einer Abfall-Untergruppe bedeutet nicht, daß alle Abfallarten dieser Untergruppe zur Beseitigung zugelassen sind.

Anlagenart	Standort	Betreiber	Stoffgruppen
Verbrennungs-anlage	Bergisch-Gladbach Rheinisch-Bergi-scher Kreis RP Köln	Zanders An der Gohrsmühle 5060 Bergisch-Glad-bach 2 Tel. (0 22 02) 1 50	+ 171, 187, 553
Verbrennungs-anlage	Münster RP Münster	BASF Farben- u. Fasern AG Unternehmensbereich Lackchemie, Verbrennungsanlage Max-Winkelmann-Straße 80 4400 Münster-Hiltrup Tel. (0 25 01) 1 41	171, 187, 314, 353, 521, 524, 541, 542, 544, 547, 548, 549, 553, 554, 555, 559, 577, 581, 593
Verbrennungs-anlage	Herten Kreis Reckling-hausen RP Münster	Rohstoffrückgewin-nung Ruhr (RZR) AGR Abfallbeseitigungs-Gesellschaft Ruhrge-biet mbH Rüttenscheider Str. 66 4300 Essen 1 Tel. (02 01) 72 26–0	144, 171, 187, 314, 316, 355, 521, 524, 527, 531, 535, 541, 542, 544, 547, 548, 549, 552, 553, 554, 555, 559, 572, 573, 577, 581, 593, 594, 595, 597, 971
Verbrennungs-anlage	Marl Kreis Reckling-hausen RP Münster	Chem. Werke Hüls AG Postfach 11 80 4370 Marl Tel. (0 23 65) 4 91	134, 137, 171, 187, 314, 541, 542, 544, 547, 549, 553, 554, 555, 559, 571, 572, 573, 577, 581, 593, 594, 597
Verbrennungs-anlage	Bergkamen Kreis Unna RP Arnsberg	Schering AG Postfach 15 4619 Bergkamen Tel. (0 23 07) 1 91	314, 531, 535, 541, 542, 544, 547, 548, 549, 552, 553, 554, 555, 559, 572, 573, 577, 593, 597, 599
Deponie	Krefeld-Uerdingen RP Düsseldorf	Bayer AG, Werk Uerdingen Rheinuferstraße 4150 Krefeld-Uerdin-gen Tel. (0 21 51) 88 32 75	+ produktionsspezifische Abfälle der Bayer AG, Werk Uerdingen (spez. Negativliste)
Deponie	Breitscheid Kreis Mettmann RP Düsseldorf	Muscheid Hummelsbeck 110 4030 Ratingen Tel. (0 21 02) 1 79 92	171, 187, 311, 312, 313, 314, 316, 353, 355, 511, 513, 515, 535, 547, 548, 549, 559, 573, 581, 594

+) Grundsätzlich nur betriebseigene Abfälle.

Anlagenart	Standort	Betreiber	Stoffgruppen
Deponie	Monheim/Baumberg Kreis Mettmann RP Düsseldorf	Henkel KGaA Henkelstraße 67 4000 Düsseldorf Tel. (02 11) 7 97 37 51	+ produktionsspezifische Abfälle der Fa. Henkel (spez. Negativliste)
Deponie	Grevenbroich-Neuenhausen RP Düsseldorf	Trienekens Lövelingerstr. 101 4040 Neuss 22 Tel. (0 21 01) 86 61	171, 187, 311, 312, 313, 314, 316, 353, 355, 511, 513, 515, 547, 549, 554, 555, 559, 581
Deponie	Dormagen Kreis Neuss RP Düsseldorf	Bayer AG Awalu-Betriebe 4047 Dormagen Tel. (0 21 06) 51 58 02	+ produktionsspezifische Abfälle der Bayer AG, Werk Dormagen sowie der EC Dormagen (spez. Negativliste)
Deponie	Hünxe-Schermbeck Kreis Wesel RP Düsseldorf	Abfallbeseitigungs-Gesellschaft Ruhrgebiet mbH & Co. Rüttenscheider Str. 66 4300 Essen 1 Tel. (02 01) 72 26–0	144, 171, 187, 311, 312, 313, 314, 316, 353, 355, 511, 513, 515, 531, 535, 542, 547, 548, 549, 554, 555, 559, 572, 573, 577, 581, 593, 594, 595, 597, 599
Deponie	Wehofen Kreis Wesel RP Düsseldorf	Thyssen AG Kaiser-Wilhelm-Str. 100 4100 Duisburg 11 Tel. (02 03) 5 22 42 04	+ 311, 312, 313, 314, 316
Deponie	Leverkusen-Bürrig RP Köln	Bayer AG 5090 Leverkusen Tel. (02 14) 30–1	171, 311, 312, 313, 314, 316, 353, 513, 515, 531, 535, 555, 573, 581, 595, 597, 599
Deponie	Hürth Erftkreis RP Köln	Hoechst AG Werk Knapsack 5030 Hürth-Knapsack Tel. (0 22 33) 48–1	+ 171, 187, 311, 314, 316, 353, 513, 515, 521, 555, 573, 581, 593
Deponie	Rhein-Sieg-Kreis RP Köln Troisdorf-Sieglar	Dynamit Nobel AG Postfach 1209 5210 Troisdorf Tel. (0 22 41) 85–1	+ 171, 187, 313, 314, 316, 351, 355, 515, 542, 547, 559, 571, 572, 577, 581, 593, 595, 599, 912, 915, 917, 941, 946, 947
Deponie	Karl Kreis Recklinghausen RP Münster Tel. (0 23 65) 4 91	Chemische Werke Hüls AG Postfach 11 80 4370 Marl 573, 577, 581, 595	+ 171, 187, 311, 313, 314, 316, 353, 513, 515, 524, 547, 548, 549, 559, 571, 572,

+) Grundsätzlich nur betriebseigene Abfälle.

Anlagenart	Standort	Betreiber	Stoffgruppen
Deponie	Waltrop Kreis Reckling- hausen RP Münster	VAW, Vereinigte Alu- miniumwerke AG Postfach 2110 4670 Lünen Tel. (0 23 06) 10 61	+ 311, 312, 313, 316
Deponie	Castrop-Rauxel Kreis Reckling- hausen RP Münster	Gewerkschaft Victor Chem. Werke Postfach 506 4620 Castrop-Rauxel Tel. (0 23 05) 70 61	+ 313, 314, 316
Deponie	Gelsenkirchen RP Münster	VEBA Oel AG Werksgruppe Ruhr Postfach 45 4660 Gelsenkirchen- Buer	+ 548, 549 (nur Filterku- chen)
Deponie	Ochtrup Kreis Steinfurt RP Münster	GMU, Gesellschaft für Materialrückgewin- nung und Umwelt- schutz mbH Heerstraße 29–43 4690 Herne 2 Tel. (0 23 35) 78 92 20/21 Deponie: Tel. (0 25 53) 44 10	144, 171, 187, 313, 314, 316, 353, 355, 511, 515, 521, 541, 542, 544, 547, 548, 549, 552, 553, 554, 555, 559, 572, 573, 577, 581, 594, 595, 597, 599
Zwischenlager	Essen RP Düsseldorf	Kleinzholz Recycling GmbH Rolandstraße 9 4300 Essen 1 Tel. (02 01) 2 05 71	55220
Zwischenlager	Mönchengladbach RP Düsseldorf	Loers Jakobshöhe 15 4050 Mönchenglad- bach Tel. (0 21 61) 6 07 91	521, 524, 527, 541, 542, 544, 547, 549, 553, 559
Zwischenlager E 166 1406	Kempen Kreis Viersen RP Düsseldorf	Städtereinigung Schönmackers GmbH & Co. KG Am Selder 7–9 4152 Kempen 1 Tel. (0 21 52) 15 31	316, 355, 541, 542, 544, 547, 553, 555, 577, 581
Zwischenlager	Köln-Rondorf RP Köln	Buchen GmbH Postfach 50 18 60 5000 Köln 50 (Sürth) Tel. (0 22 36) 6 10 11-15	171, 187, 314, 541, 544, 547, 552, 553, 554, 555, 559, 581, 599

+) Grundsätzlich nur betriebseigene Abfälle.

Anlagenart	Standort	Betreiber	Stoffgruppen
Zwischenlager	Köln-Niehl RP Köln	K. Löffler KG Postfach 60 02 60 5000 Köln 60 (Niehl) Tel. (02 21) 74 54 58	552, 553
Zwischenlager	Kerpen-Mannheim Erftkreis RP Köln	Edelhoff Städtereinigung GmbH & Co. KG Kaiser-Friedrich-Str. 13 5860 Iserlohn Tel. (0 23 71) 39 61	171, 187, 314, 541, 544, 547, 548
Zwischenlager	Hürth-Kalscheuren Erftkreis RP Köln	A. Talke KG Jägerpfad 1–8 5030 Hürth-Kalschuren Tel. (0 22 33) 6 07–0	313, 314, 515, 595
Zwischenlager	Erkelenz-Holzweiler Kreis Heinsberg RP Köln	Städtereinigung Schönmackers Am Selder 9 4152 Kempen 1 Tel. (0 21 52) 15 31	541, 542, 544, 547, 553, 555, 581
Zwischenlager	Overath Rheinisch-Bergischer Kreis RP Köln	K. Schwammborn Postfach 85 01 24 5000 Köln 80 Tel. (02 21) 68 26 92	314, 316, 541, 542, 544, 547, 555
Zwischenlager	Gelsenkirchen RP Münster	AGR, Abfallbeseitigungs-Gesellschaft Ruhrgebiet mbH Rüttenscheider Str. 66 4300 Essen 1 Tel. (02 01) 72 26–0	511, 515, 531, 535, 593, Abfälle für Untertagedeponie Herfa-Neurode
Zwischenlager	Bielefeld RP Detmold	Stockmeier Chemie KG Eckendorfer Straße 10 4800 Bielefeld 1	541
Zwischenlager	Steinhagen Kreis Gütersloh RP Detmold	Hanke & Seidel GmbH & Co. KG Waldbadstraße 20–22 4803 Steinhagen	554
Sammelstelle	Bochum RP Arnsberg	FÄKA, Werner Elend GmbH & Co. Max-Planck-Ring 20 4018 Langenfeld-Richrath Tel. (0 21 73) 72 05	541, 544, 547

Anlagenart	Standort	Betreiber	Stoffgruppen
Zwischenlager	Hagen-Hohenlimburg RP Arnsberg	Edelhoff Städtereinigung GmbH & Co. KG Friedrich-Kaiser Str. 13 5860 Iserlohn Tel. (0 23 71) 39 61	541, 542, 547, 548, 549, 552, 553, 554, 555, 559, 577, 594, 597
Zwischenlager	Balve Märkischer Kreis RP Arnsberg	Chem. Fabrik Wocklum Gebr. Hertin GmbH & Co. KG Hönnetalstraße 3e 5983 Balve 1	521, 524
Zwischenlager	Wilnsdorf-Niederdilfen Kreis Siegen RP Arnsberg	Egbert Langanki Floxdorfstraße 7 5902 Wilnsdorf 2	541, 544
Zwischenlager	Kreuztal-Krombach Kreis Siegen RP Arnsberg	Siegerländer Abfuhrbetrieb M. Lindenschmidt Krombacher Straße 46 5910 Kreuztal-Krombach	171, 187, 314, 316, 521, 524, 527, 535, 541, 542, 544, 547, 552, 553, 554, 555, 559, 577, 581, 597
Zwischenlager, Behandlungsanlage	Ibbenbüren Krs. Steinfurt RP Münster	Woitzel GmbH & Co. KG Erikastraße 36 4530 Ibbenbüren	187, 316, 351, 353, 542, 544, 547, 912
Eindicker-, Dekantier- und Emulsionsspaltanlage	Duisburg-Walsum RP Düsseldorf	Abfallbeseitigungsbetriebe Ruhrgebiet GmbH & Co. auf dem Gelände der Firma Heinrich Kluge oHG Hülsermannshof 36 4100 Duisburg-Walsum Tel. (02 03) 49 65 82	316, 511, 513, 521, 542, 527, 541, 542, 544, 547, 548, 549, 552, 553, 555, 559, 573, 577
Destillations-, Neutralisations- und Behandlungsanlage	Essen RP Düsseldorf	Kleinholz Recycling GmbH Rolandstraße 9 4300 Essen 1 Tel. (02 01) 2 05 71	313, 316, 515, 521, 524, 527, 541, 544, 547, 552, 553, 554, 559
Emulsionsspaltanlage	Wuppertal RP Düsseldorf	Kugelfischer Mettmanner Str. 79–99 5600 Wuppertal Tel. (02 02) 39 51	316, 511, 515, 521, 524, 541, 542, 544, 547, 548, 549
Emulsionsspaltanlage	Wülfrath Kreis Mettmann RP Düsseldorf	Ford Werke AG Ottoplatz 2 5000 Köln 60 Tel (02 21) 7 0-1	544

Anlagenart	Standort	Betreiber	Stoffgruppen
Emulsions-spaltanlage	Langenfeld-Rheinland Kreis Mettmann RP Düsseldorf	FÄKA GmbH & Co. Max-Planck-Ring 20 4018 Langenfeld-Richrath Tel. (0 21 73) 7 20 45	541, 544, 547
Schlamment-wässerungs-anlage	Heiligenhaus-Talburg Kreis Mettmann RP Düsseldorf	Kreis Mettmann Düsseldorfer Str. 26 4020 Mettmann Tel. (0 21 04) 79 02 52 und Ruhrverband Kronprinzenstraße 37 4300 Essen 1 Tel. (02 01) 17 84 10	511, entgiftet und neutralisiert
Entgiftungs- und Neutralisationsanlage	Köln-Niehl RP Köln	Ford Werke AG Ottostraße 2 5000 Köln 60 Tel. (02 21) 7 10–1	+ 511, 521, 524, 544
Emulsions-trennanlage	Köln-Niehl RP Köln	Ford Werke AG Ottostraße 2 5000 Köln 60 Tel. (02 21) 7 10–1	515, 527, 541, 544, 547, 555
Behandlungs-anlage	Münster-Handorf RP Münster	Heinrich Greitens GmbH Gildestraße 34 4400 Münster	547
Behandlungs-anlage	Bocholt Kreis Borken RP Münster	Uebbing Lowickerstraße 23 4290 Bocholt	316, 547
Behandlungs-anlage	Marl Kreis Recklinghausen RP Münster	Rethmann TBA KG Rennbachstraße 101 4370 Marl Tel. (0 23 65) 1 50 83–85	12, 199, 316, 513, 515, 521, 524, 527, 541, 542, 544, 547, 548, 549, 577, 943, 945, 946, 947, 949
Behandlungs-anlage	Ochtrup Kreis Steinfurt RP Münster	Kockmann Schützenweg 4434 Ochtrup 2	316, 547
Behandlungs-anlage	Greven Kreis Steinfurt RP Münster	Ahlert, Brennstoffhandelsgesellschaft mbH & Co. KG Emsdettener Straße 18 4402 Greven 1	316, 547
Behandlungs-anlage	Everswinkel Kreis Warendorf RP Münster	Fögeling Am Steinbusch 9 4401 Everswinkel	316, 547

+) Grundsätzlich nur betriebseigene Abfälle.

Anlagenart	Standort	Betreiber	Stoffgruppen
Entgiftungs-anlage	Bielefeld RP Detmold	Stadt Bielefeld 4800 Bielefeld	316, 355, 399, 511, 513, 521, 524, 527
Emulsions-spaltanlage	Bielefeld RP Detmold	Werner Spilker Schelpmilser Weg 13 4800 Bielefeld 1 Tel. (05 21) 33 00 13	123, 125, 184, 316, 355, 524, 527, 541, 542, 544, 547, 553, 555, 559, 573, 577, 581, 941, 947
Emulsions-spaltanlage	Isselhorst Kreis Gütersloh RP Detmold	E. Zimmermann Gottlieb-Daimler-Straße 3–7 4830 Gütersloh 12 Tel. (0 52 41) 6 00 60	125, 316, 355, 511, 521, 524, 527, 541, 544, 547, 552, 553, 554, 555, 559, 573, 581, 941, 947
Emulsions-spaltanlage	Schwalenberg Kreis Lippe RP Detmold	Peter Kirchmann Postfach 60 3284 Schieder-Schwalenberg Tel. (0 52 84) 4 23– 4 26	123, 125, 314, 316, 511, 521, 541, 544, 547, 552, 553, 555, 559, 577
Emulsions-spaltanlage	Hagen-Hohenlimburg RP Arnsberg	Edelhoff Städtereinigung GmbH & Co. KG Friedrich-Kaiser-Straße 13 5860 Iserlohn Tel. (0 23 71) 39 61	316, 355, 511, 521, 524, 527, 541, 544, 547, 548, 573
Behandlungs-anlage	Herne RP Arnsberg	Anton Müntefering Kirchhausstraße 79 4960 Herne 2 Tel. (0 23 25) 7 60 63–4	316, 511, 547
Behandlungs-anlage (Entgiftungs, Neutralisation und Emulsions-spaltung)	Herne RP Arnsberg	GMU, Gesellschaft für Materialrückgewinnung und Umweltschutz mbH Heerstraße 29–43 4690 Herne 2 Tel. (0 23 25) 78 90	144, 313, 316, 355, 511, 515, 521, 524, 527, 541, 544, 547, 548, 549, 552, 553, 554, 555, 559, 573, 577, 581, 593
Zentrale Entgiftungsanlage (Entgiftung, Neutralisation, Entwässerung)	Iserlohn Märkischer Kreis RP Arnsberg	Ruhrverband Abt. Hagen Wittekindstraße 37 5800 Hagen Tel. (0 23 31) 3 11 61 i. A. der Ges. für Wirtschaftsförderung mbH Kurt-Schuhmacher-Ring 5 5860 Iserlohn Tel. (0 23 31) 2 56 25	316, 511, 513, 515, 521, 524, 527, (nur aus dem nördl. Bereich des Märkischen Kreises)

Anlagenart	Standort	Betreiber	Stoffgruppen
Entwässerungsanlage, Filterpresse	Lüdenscheid-Kleinleifringhausen Märkischer Kreis RP Arnsberg	Edelhoff Städtereinigung GmbH & Co. KG Friedrich-Kaiser-Str. 13 5860 Iserlohn Tel. (0 23 71) 39 61	316, 511, (entgiftet und neutralisiert)
Neutralisationsanlage	Altena Märkischer Kreis RP Arnsberg	Industrieabwasserverband Altena Wertigerstraße 188 5990 Altena 1 Tel. (0 23 52) 7 11 33	521
Emulsionsspaltanlage	Iserlohn-Letmate Märkischer Kreis RP Arnsberg	Städtereinigung Lobbe GmbH Stenglingser Weg 10–12 5860 Iserlohn-Letmate Tel. (0 23 74) 18 54	541, 544, 547
Emulsionsspaltanlage	Siegen Kreis Siegen RP Arnsberg	Karl Kölsch jun. GmbH & Co. KG Leimbachstraße 197 5900 Siegen 1 Tel. (02 71) 33 20 71/2	187, 314, 316, 355, 511, 513, 515, 521, 524, 527, 541, 542, 544, 547, 552, 553, 554, 555, 593
Emulsionsspaltanlage	Kreuztal-Krombach Kreis Siegen RP Arnsberg	Siegerländer Abfuhr betrieb M. Lindenschmidt Krombacher Straße 46 5910 Kreutal-Krombach Tel. (0 27 32) 84 39 u. 8 04 39	316, 544, 547, 554, 577
Entgiftungs-, Neutralisations- und Entwässerungsanlage	Lippstadt Kreis Soest RP Arnsberg	Westfälische Metallindustrie KG Hueck & Co. (WMI) Postfach 604 4780 Lippstadt	316, 355, 511, 513, 515, 521, 524, 527, 555, 593
Entwässerungsanlage	Lippstadt Kreis Soest RP Arnsberg	Hermann Lönne Städtereinigung Postfach 343 4780 Lippstadt	316, 513
Behandlungsanlage	Nottuln-Appelhülsen Kreis Coesfeld RP Münster	Lösch Städtereinigung GmbH Industriestraße 5 4405 Nottuln-Appelhülsen	316, 547, 555
Behandlungsanlage (Verfestigungsanlage)	Rheine Krs. Steinfurt RP Münster	RGR Abfallbehandlungs-GmbH Kanalstraße 71 4440 Rheine	313, 314, 316, 399, 511, 513, 521, 524, 527, 541, 542, 544, 547, 548, 549, 553, 554, 555, 573, 577, 581, 941, 947

Anlagenart (mobile Anlagen)	Stoffgruppen
Siebbandpresse	Broicher-Grünacher & Co. KG Städtereinigungsbetrieb Am Weidenbach 8–10 5063 Overath 1 Tel. (0 22 06) 22 91–94
Kammerfilterpresse	Edelhoff Städtereinigung GmbH & Co. KG Friedrich-Kaiser-Straße 13 5860 Iserlohn Tel. (0 23 71) 39 61
Kammerfilterpresse, Neutralisationsanlage, Emulsionsanlage	FÄKA GmbH Werner Elend Industrie- und Städtereinigung Max-Planck-Ring 20 4018 Langenfeld-Richrath Tel. (0 21 73) 7 20 45–47
Kammerfilterpresse (in Planung: Emulsionsspaltanlage)	GRUBA, Wilh. Bach GmbH & Co. KG Kleinkollenburgstraße 60 4156 Willich 2 Tel. (0 21 56) 10 74–75
Kammerfilterpresse Schlammzentrifuge mit Neutralisationseinrichtung	Siegerländer Abfuhrbetrieb M. Lindenschmidt Krombacher Straße 46 5910 Kreuztal-Krombach Tel. (0 27 32) 84 39 u. 8 04 39
Kammerfilterpresse	Hermann Lönne Postfach 343 4780 Lippstadt Tel. (0 29 41) 1 22 25
Kammerfilterpresse	Niko-Entsorgungsgesellschaft Huiskampstraße 93–95 4190 Kleve 1 Tel. (0 28 21) 9 12 76 und 9 34 94
Kammerfilterpresse	Geschw. Schagen GmbH & Co. KG Städtereinigung Erlenstraße 1 5650 Solingen 11 Tel. (0 21 22) 7 90 23–24
Kammerfilterpresse, Zentrifuge, Chemische Behandlungsanlage	S + I Schlammpreß-Technik und Industriereinigung GmbH & Co. KG Stresemannstraße 80 4100 Duisburg 1 Tel. (02 03) 3 90 21
Entwässerungsanlage	Schreiber Städtereinigung GmbH & Co. KG Berlingser Weg 5 4773 Möhnesse-Körbecke Tel. (0 29 24) 79 75–79
Kammerfilterpresse	Karl Stock GmbH & Co. Beethovenstraße 194 5650 Solingen 1 Tel. (0 21 22) 2 45 77

Anlagenart (mobile Anlagen)	Stoffgruppen
Schlammentwässerungs- und Emulsionsspaltanlage	Ernst Thienhaus KG Aurikelweg 5000 Köln 40 Tel. (02 21) 48 65 95/48 11 98
Kammerfilterpresse, Emulsionsspaltanlage	Städtereinigung H. Dickel KG Chr.-Becker-Straße 7 5790 Brilon
Kammerfilterpresse, Emulsionsspaltanlage	GMU, Gesellschaft für Materialrückgewinnung und Umweltschutz mbH Heerstraße 29–43 4690 Herne 2 Tel. (0 23 25) 78 90
Kammerfilterpresse	ABR, Abfallbeseitigungs- und Recycling GmbH Horster Straße 297 4250 Bottrop Tel. (0 20 41) 99 01
Kammerfilterpresse	Vier-Jahreszeiten Entsorgungs-GmbH & Co. Wiehningen 21 4416 Evertswinkel 1 Tel. (0 25 82) 85 28

Anlagenart	Standort	Betreiber	Stoffgruppen
Rheinland-Pfalz			
Deponie	6711 Gerolsheim LK Bad Dürkheim	Gesellschaft zur Beseitigung von Sonderabfällen in Rheinland-Pfalz mbH (GBS) Postfach 0 13 6710 Frankenthal/ Pfalz Tel. (0 62 33) 77 06–0 Telex: 468 637 GBS D Telefax: (0 6 233) 71 339	Ablagerung nach Einzelzulassung; insbesondere feste Abfälle, entgiftete, neutralisierte und entwässerte Schlämme
Neutralisations- und Entgiftungsanlage	6580 Idar-Oberstein Im Almerich	GBS	511, 521, 524, 527
Emulsionsspaltanlage	5470 Andernach Industriestraße	GBS	Benzin- und Ölabscheidewasser, Emulsionen mit und ohne Nitrit
Sonderabfallsammelstelle	6711 Gerolsheim Bei der Deponie	GBS	

Anlagenart	Standort	Betreiber	Stoffgruppen
Sonderabfall-sammelstelle	6580 Idar-Oberstein Im Almerich	GBS	
Sonderabfall-sammelstelle	5470 Andernach Industriestraße	GBS	Lacke, Farben, Lösungsmittel, Galvanikfestschlämme und Altmedikamente
Behandlungs-anlage	6700 Ludwigshafen/Rhein	Fa. Leschke u. Zlatovic Frankenthaler Str. 202 6700 Ludwigshafen/Rh. (im Auftrag der GBS)	PCB-Abfälle, PCB-Trafos und Kondensatoren
Emulsions-spaltanlage	6500 Mainz	Fa. Tiefbau für die Stadt Mainz (im Auftrag der GBS)	Rückstände aus Leichtflüssigkeitsabscheidern
Schleswig-Holstein			
Deponie	2061 Groß Weeden Gemeinde Rondeshagen	Gesellschaft zur Beseitigung von Sonderabfällen mbH 1261 Groß Weeden Tel. (0 45 01) 13 61	Abfälle gemäß Positivkatalog: 35326, 31101, 31108, 31109, 31215, 31216, 31301, 31309, 31310, 31311, 31401, 31402, 31419, 31423, 31424, 31433, 31435, 31436, 31437, 31438, 31439, 31440, 31445, 31618, 31619, 31620, 31621, 31632, 31638, 31639, 35325, 35502, 39903, 51100, 51502, 51505, 51507, 51539, 55507, 55509, 94103, 94104
Zwischenlager	2200 Elmshorn	Fa. Jan. Heitmann Gerlingweg 74 Tel. (0 41 21) 8 28 28	Sonderabfälle
Zwischenlager	2210 Itzehoe	Fa. Schreiber Städtereinigung GmbH u. Co. KG De-Vos-Straße 33 Tel. (0 48 21) 8 11 66	Sonderabfälle
Zwischenlager	2241 Hemmingstedt	Fa. Müllverwertung Dithmarschen Niederendweg 7 Tel. (04 81) 6 10 36	Rückstände aus Leichtflüssigkeitsabscheidern
Zwischenlager	2251 Ahrenshöft	Fa. Müll-Ex West GmbH & Co. KG Tel. (0 48 46) 10 01	Sonderabfälle

Anlagenart	Standort	Betreiber	Stoffgruppen
Zwischenlager	2300 Kiel	Ties Neelsen Rendsburger Land- straße 246 Tel. (04 31) 68 00 95	Sonderabfälle
Separations- anlage	2300 Kiel 16	Fa. Erich Nöhren Friedrichsruher Weg 20 Tel. (04 31) 32 15 16	Rückstände aus Leicht- flüssigkeitsabscheidern, Emulsionen, Öl-Wasser- gemische
Separations- anlage	2390 Flensburg	Fa. Georg Assmussen OHG Kielseng 14 Tel. (04 61) 1 70 18	Rückstände aus Leicht- flüssigkeitsabscheidern, Emulsionen, Öl-Wasser- gemische
Separations- anlage	2390 Flensburg	Fa. Städtereinigung Nord GmbH & Co. KG Eckernförder Land- straße 300 Tel. (04 61) 9 70 14	Rückstände aus Leicht- flüssigkeitsabscheidern, Emulsionen, Öl-Wasser- gemische
Separations- anlage	2370 Rendsburg	Fa. WEVO-Städtereini- gung GmbH Lilienstraße 14 Tel. (0 43 31) 2 70 10	Rückstände aus Leicht- flüssigkeitsabscheidern, Emulsionen, Öl-Wasser- gemische
Altölentwässe- rungsanlage	2390 Flensburg	Georg Asmussen OHG Kielseng 1 Tel. (04 61) 1 70 18/19	Öl-Wassergemische (Bil- genentölung)
Deponie	2390 Flensburg	Georg Asmussen OHG Kielseng 1 Tel. (04 61) 1 70 18/19	Ölverunreinigter Boden und ölhaltige Schlämme
Zwischenlager, Seperations- anlage	2400 Lübeck	Fa. Fritz Walters OHG Am Geninger Ufer 2 Tel. (04 51) 5 40 24	Sonderabfälle, Rück- stände aus Leichtflüssig- keitsabscheidern, Emul- sionen, Öl-Wassergemi- sche

Öffentlich zugängliche Sonderabfalldeponien

Baden-Württemberg:

Billigheim — Sonderabfallentsorgung Baden Württemberg GmbH (SBW)
Welfenstraße 15
7012 Fellbach 4 (Schmiden)
Tel. 07 11 – 51 83 90

Inbetriebnahme: 1989; Betriebsende ca. 2000

Bayern:

Gallenbach
Gesellschaft zur Beseitigung von
Sonderabfällen in Bayern mbH (GSB)
Herzogstraße 60
8000 München 40
Tel. 0 89 – 38 99–0
Inbetriebnahme: 1975; Betriebsende ca. 2000

Raindorf
Zweckverband Sondermüll-Entsorgung
Mittelfranken (ZVSMM)
Seckendorfer Straße 2
8501 Veitsbronn-Raindorf
Tel. 0 91 01 – 7 06–0
Inbetriebnahme: 1985; Betriebsende ca. 1996

Hessen:

Mainhausen
Hessische Industriemüllges. mbH (HIM)
Hohenstaufenstraße 7
6200 Wiesbaden
Tel. 0 61 21 – 71 49–0
Inbetriebnahme: Ende 1992 (geplant); Betriebsende ca. 2022

Niedersachsen:

Hoheneggelsen
Niedersächsische Sonderabfalldeponie
Hoheneggelsen GmbH (SDH)
Ziegeleiweg 1
3201 Söhlde OT Hoheneggelsen
Tel. 0 51 29 – 10 77
Inbetriebnahme: 1971; Betriebsende ca. 2010

Nordrhein-Westfalen:

Grevenbroich-Neuhausen
Firma Trienekens
Greefsallee 1–5
4060 Viersen
Tel. 0 21 62 – 3 76–0
Inbetriebnahme 1973; Betriebsende ca. 1998

Hünxe Schermbeck
AGR-Abfallbeseitigungsges. Ruhrgebiet
Gildehofstraße 1
4300 Essen 1
Tel. 02 01 – 24 29–0
Inbetriebnahme 1980

Ochtrup
Gesellschaft für Materialrückgewinnung
und Umweltschutz mbH
Heerstraße 29–43
4690 Herne 2
Tel. 0 23 25 – 43 00–1
Inbetriebnahme:1976; Betriebsende 1994

Rheinland-Pfalz:

Gerolsheim	Gesellschaft zur Beseitigung von Sonderabfällen in Rheinland-Pfalz mbH (GBS) Postfach 013 6710 Frankenthal Tel. 0 62 33 - 77 06-0

Inbetriebnahme: 1977; Betriebsende ca. 1992

Saarland:

Eft-Hellendorf	Sonderabfall Entsorgung Saar GmbH (SES) Ursulinenstraße 35 6600 Saarbrücken Tel. 06 81 - 3 87 04-0

Inbetriebnahme: 1992 (geplant)

Schleswig-Holstein:

Rondeshagen	Müllverbrennungsanlage Stapelfeld GmbH Zum Gutshof 2061 Groß Weeden Tel. 0 45 01 - 13 61

Inbetriebnahme: 1982; Betriebsende ca. 2002

keine Sonderabfalldeponien in Berlin, Bremen, Haburg

Öffentlich zugängliche Untertagedeponien

Baden-Württemberg:

Salzbergwerk Heilbronn	Südwestdeutsche Salzwerke AG Postfach 3120 7100 Heilbronn Tel. 0 71 31 - 1 37-1

Inbetriebnahme: 1987;
nur für Rückstände aus MVA-Abgasreinigung

Hessen:

Herfa-Neurode:	Kali und Salz AG Werk Wintershall Herfagrund 6432 Heringen, Werra 1 Hauptverwaltung: Postfach 407 3500 Kassel Tel. 06 66 24 - 81-0 05 61 - 3 01-0

Inbetriebnahme: 1972; Betriebsende ca. 2010

7 Altlastensanierung

von Volker Franzius

7.1 Einführung

Die Altlastenproblematik hat sich im Laufe von knapp zehn Jahren zu einem der wichtigsten Umweltprobleme entwickelt. Die Zahl der altlastverdächtigen Flächen nimmt im Zuge der laufenden Erfassungsaktionen weiterhin ständig zu. Die Fälle mit z. T. gravierenden Umweltauswirkungen häufen sich, so daß dieser neue Umweltbereich zu Recht eine zentrale Bedeutung in der Umweltpolitik einnimmt.
Waren es in der jüngsten Vergangenheit spektakuläre Schlüsselfälle wie die Altablagerungen Hamburg-Georgswerder, Bielefeld-Brake oder die Sonderabfalldeponie Gerolsheim sowie die Altstandorte Dortmund-Dorstfeld oder Marktredwitz, so sind es heute ökologische Erblasten als Folge 40jähriger zentralistischer Kommandowirtschaft im südlichen Industriegürtel der chemischen Industrie (Raum Bitterfeld) sowie der Nichteisenmetallurgie (Raum Freiberg und Mansfelder Land), die der Altlastenproblematik in den neuen Ländern eine besorgniserregende Dimension bescheren.
Bereits im Jahre 1984 hat die Umweltministerkonferenz (UMK) der Umweltminister und -senatoren des Bundes und der Länder der sich abzeichnenden Bedeutung der Altlastenproblematik Rechnung getragen, indem sie die Länderarbeitsgemeinschaft Abfall (LAGA) unter Beteiligung weiterer Gremien von Bund und Ländern beauftragte, Lösungsansätze für die Erfassung, Überwachung. Untersuchung und Gefahrenbeurteilung von Altlasten zu erarbeiten. Dieser Auftrag wurde 1985 auch auf die Sanierung ausgedehnt. Auf die Thematik und den Handlungsbedarf wurde im gleichen Jahre im Rahmen der Bodenschutzkonzeption der Bundesregierung hingewiesen [1]. Im Sondergutachten „Altlasten" des Rates von Sachverständigen für Umweltfragen (SRU) stellt der Rat u. a. fest, daß Stoffeinträge in Böden Untergrund und Grundwasser an vielen Altablagerungsplätzen und Altstandorten längst nicht mehr im Gleichgewicht mit dem Reinigungs- und Regelungsvermögen dieser Umweltmedien stehen und äußert darüber hinaus die Befürchtung, daß der ganze Umfang und die ganze Problematik, insbesondere die der Altstandorte, noch unterschätzt werden [2].
Im folgenden Abschnitt wird auf Ursachen und Entwicklung der Altlastenproblematik, auf Vorgehensweisen und Dimension dieses Umweltbereichs sowie auf Verfahren zur Altlastensanierung eingegangen. Auf Verfahren zur Sicherung von Altlasten wird in diesem Abschnitt nur kurz hingewiesen. Da das Schrifttum zur Altlastenproblematik mittlerweile einen erheblichen Umfang angenommen hat, beschränkt sich das Literaturverzeichnis auf eine Auswahl der wichtigsten Quellenangaben.

7.2 Ursachen und Entwicklung der Altlastenproblematik

7.2.1 Ursachen

Daß die Altlastenproblematik gerade heute in den Mittelpunkt der umweltpolitischen Diskussion gerät, hängt einerseits von der enormen Entwicklung bei der Herstellung chemischer Stoffe und Produkte in den vergangenen Jahrzehnten und andererseits von den zunehmenden Erkenntnissen über deren Auswirkungen auf die menschliche Gesundheit und die Umwelt ab. Wenn auch zum heutigen Zeitpunkt von der Vielzahl dieser Stoffe und Produkte die stofflichen Wirkungszusammenhänge mehr oder weniger unbekannt sind, so ist man aufgrund der modernen Analytik zumindest in der Lage, eine große Anzahl dieser Stoffe in den Umweltmedien, insbesondere im Boden und im Grundwasser, nachzuweisen. Gestiegenes Umweltbewußtsein und sich häufende Altlastfälle haben mit dazu beigetragen, daß altlastverdächtige Flächen hinsichtlich ihres Emissionsverhaltens und ihrer Wirkung auf Mensch und Umwelt systematisch beurteilt werden.
Altlasten haben ihre Ursache im unsachgemäßen und z. T. fahrlässigen Umgang mit umweltgefährdenden Stoffen bei der industriellen Produktion sowie in der unzulänglichen Abfallbeseitigung der anfallenden umweltgefährdenden Abfälle und Stoffe. Das Jahr 1972 kennzeichnet mit Inkrafttreten

des Abfallbeseitigungsgesetzes des Bundes (AbfG) eine Trendwende, bis zu der eine sachgemäße und kontrollierte Beseitigung von umweltgefährdenden Abfällen nicht gewährleistet war. Neben dem unsachgemäßen Umgang mit umweltgefährdenden Stoffen und Abfällen sind überschätzte Materialeigenschaften, z. B. für Umschließungen von umweltgefährdenden Stoffen, sonstige Störfälle und in großem Umfang auch Kriegseinwirkungen Ursache für Altlasten.
Im Vergleich zu dem in der Regel relativ gut verfügbaren Vorwissen bei Produktionsbranchen hinsichtlich anfallender umweltgefährdender Stoffe, die auf Betriebsgeländen abgelagert oder direkt in den Untergrund gelangt sind, besteht die besondere Problematik bei der Ablagerung von Abfällen auf den vor 1972 betriebenen Ablagerungsplätzen darin, daß sie unterschiedlichste Abfälle enthalten können, über die heute meist keine oder nur sehr lückenhafte Aufzeichnungen vorliegen. Diese als Altablagerungen bezeichneten Abfallablagerungsplätze sind neben den ehemaligen als Altstandorten bezeichneten Produktionsstätten als potentielle Altlasten anzusehen. Altablagerungen können neben Hausmüll und Bauschutt Sonderabfälle enthalten, deren Ablagerung aus heutiger Sicht nur unter besonderen Vorkehrungen hinsichtlich Grundwasserschutzes zulässig ist. Die in der Vergangenheit praktizierten Methoden der unkontrollierten gemeinsamen Ablagerung von Abfällen mit unterschiedlichen Gefährdungspotentialen ohne besondere Vorsorgemaßnahmen müssen angesichts gravierender Altlastenfälle vom naturwissenschaftlichen Standpunkt als folgenschwere Irrtümer der Vergangenheit bezeichnet werden. Das für diese Ablagerungspraxis in Anspruch genommene und häufig überstrapazierte Selbstreinigungsvermögen des Untergrundes belegt dies eindeutig. Es zeigt sich heute, daß die ausschließlich unter wirtschaftlichen Gesichtspunkten erfolgte billige Abfallbeseitigung vor dem Hintergrund der enormen Aufwendungen für die Altlastensanierung als weiterer folgenschwerer Irrtum bezeichnet werden muß.
Die Ursachen der Altlastenproblematik sind in den alten und neuen Bundesländern nahezu identisch: Fehlende Kenntnisse über Verhalten, Ausbreitung und Wirkung gefährlicher Stoffe sowie unsachgemäßer und teilweise fahrlässiger Umgang mit diesen. Allerdings unterscheiden sich Ausmaß und Intensität in den neuen Ländern wegen des absoluten Vorrangs der Planerfüllung vor Umweltschutz deutlich von den alten Bundesländern. Besonderes Kennzeichen der Altlastenproblematik ist derzeit generell, daß deren Ausmaß bislang noch nicht exakt ökologisch und ökonomisch quantifizierbar ist.

7.2.2 Begriffsbestimmungen

Der Begriff Altlasten ist rechtlich nicht bestimmt. Er wird erstmals im Umweltgutachten 1978 des SRU im Zusammenhang mit verlassenen Ablagerungsplätzen gebraucht: „Es wird auf Dauer offenbar eine Anzahl ungesicherter Ablagerungsplätze mit erheblichen Emissionen als ‚untilgbare Altlast' hingenommen werden müssen" [3]. Im Zuge erster Giftmüllskandale Mitte der 70er und Anfang der 80er Jahre setzte sich der Begriff Altlast in der aktuellen umweltpolitischen Diskussion mehr und mehr durch und wurde als Synonym für umweltgefährdende Abfallablagerungen und später auch für umweltgefährdende ehemalige Industriegelände verwendet.
Nach einer im Jahre 1980 einberufenen Arbeitsgruppe der LAGA, die sich erstmals länderübergreifend mit der Problematik der Altablagerungen auseinandersetzte und 1983 eine Informationsschrift veröffentlichte, sind Altablagerungen verlassene und stillgelegte Ablagerungsplätze mit kommunalen und gewerblichen Abfällen, Aufhaldungen und Verfüllungen mit Bauschutt und Produktionsrückständen sowie wilde Ablagerungen jeglicher Art. Zur Abgrenzung wird darauf hingewiesen, daß Munitions- und Kampfmittelablagerungen in dieser Informationsschrift nicht als Altablagerungen betrachtet werden. Für Schadstoffanreicherungen im Boden, die z. B. auf Kriegseinwirkungen, Unfälle oder den unsachgemäßen Umgang mit wassergefährdenden Stoffen zurückzuführen sind, wird in dieser Informationsschrift noch keine Begriffsbestimmung vorgenommen. Es wird aber darauf hingewiesen, daß die Ausführungen hierfür sinngemaß gelten können [4].
Ein erweiterter Begriff Altlasten wurde 1983 in einem Bericht an die OECD eingeführt. Danach werden kontaminierte Standorte in Altablagerungen und kontaminierte Betriebsgelände untergliedert. Als Altlasten werden nur problematische Altablagerungen und problematische kontaminierte Betriebsgelände bezeichnet [5].

Die Bodenschutzkonzeption der Bundesregierung von 1985 [1] berücksichtigt die Erweiterung auf kontaminierte Betriebsgelände und gibt folgende Definition: Verlassene und stillgelegte Ablagerungsplätze mit kommunalen und gewerblichen Abfällen, wilde Ablagerungen, Aufhaldungen und Verfüllungen mit umweltgefährdenden Produktionsrückständen, auch in Verbindung mit Bergematerial und Bauschutt, ehemalige Industriestandorte, Korrosion von Leitungssystemen, defekte Abwasserkanäle, abgelagerte Kampfstoffe, unsachgemäße Lagerung wassergefährdender Stoffe und andere Bodenkontaminationen können sogenannte Altlasten zur Folge haben. Im Zusammenhang mit dieser Definition wird gleichzeitig auf die ebenfalls zur Boden- und Grundwasserbelastung beitragenden Kontaminationen aus dem Bereich der Landwirtschaft, z. B. durch Überdüngung oder durch Rückstände aus Pflanzenschutzmitteln etc. hin gewiesen.
Die bereits erwähnte, im Auftrag der UMK eingerichtete Arbeitsgruppe der LAGA hat 1989 eine Informationsschrift „Erfassung, Gefahrenbeurteilung und Sanierung von Altlasten" vorgelegt, die folgende Begriffsdefinitionen enthält [6]:

- *Flächen*, die aufgrund bestimmter, meist in ihrer Vorgeschichte begründeter Anhaltspunkte Altlasten sein oder werden können, werden „altlastverdächtig" genannt.
- Als *Altlasten* werden bestimte Flächen mit Verunreinigungen im Boden oder im Untergrund bezeichnet, die in der Vergangenheit begründet sind und die die menschliche Gesundheit, die Umwelt oder sonst die öffentliche Sicherheit gefährden oder stören.
- *Altablagerungen* sind frühere künstliche Erhöhungen (Aufhaldungen), Verfüllungen des Geländes mit Material, das sich von dem natürlichen Untergrund unterscheidet. Altlastverdächtig sind in der Regel stillgelegte Anlagen zum Ablagern von Abfällen und Grundstücke, auf denen vor dem 11. Juni 1972 (Inkrafttreten des AbfG) abgelagert worden ist.
- *Altstandorte* sind (zumeist aufgegebene) Betriebsgelände, auf denen in der Vergangenheit mit umweltgefährdenden Stoffen umgegangen wurde.

Sonstige Bodenverunreinigungen, die z. B. durch Einwirkung von Luftverunreinigungen, Überschwemmungen, Verrieselung von Abwässern, Aufbringung von belasteten Schlämmen, Anwendung von heute verbotenen Pflanzenschutzmitteln sowie durch Leckagen in Rohrleitungen entstanden sein können, werden in einigen Bundesländern als altlastverdächtige Flächen, in anderen im Zusammenhang mit Bodenschutzaktivitäten erfaßt [6].
In seinem Sondergutachten Altlasten schlägt der Rat von Sachverständigen für Umweltfragen (SRU) folgende bundeseinheitliche Definition für Altlasten vor [2]:
Altlasten sind Altablagerungen und Altstandorte, sofern von ihnen Gefährdungen für die Umwelt, insbesondere die menschliche Gesundheit, ausgehen oder zu erwarten sind.
Altablagerungen sind

- verlassene und stillgelegte Ablagerungsplätze mit kommunalen und gewerblichen Abfällen,
- stillgelegte Aufhaldungen und Verfüllungen mit Produktionsrückständen auch in Verbindung mit Bergematerial und Bauschutt sowie
- illeale („wilde") Ablagerungen aus der Vergangenheit;

Altstandorte sind

- Grundstücke stillgelegter Anlagen mit Nebeneinrichtungen,
- nicht mehr verwendete Leitungs- und Kanalsysteme sowie
- sonstige Betriebsflächen und Grundstücke,

in denen oder auf denen mit umweltgefährdenden Stoffen umgegangen wurde, aus den Bereichen der gewerblichen Wirtschaft oder öffentlicher Einrichtungen.
Diese Definition entspricht im wesentlichen der vorgenannten LAGA-Definition. Sie bezieht allerdings stillgelegte Leitungs- und Kanalsysteme unter dem Begriff Altstandort mit ein. Nach Auffassung des SRU erlaubt diese Definition eine systematische Unterscheidung von Altlasten und neuen umweltgefährdenden Verunreinigungen, die durch andauernde Aktivitäten verursacht werden; dementsprechend rechnen

- Verunreinigungen der Böden und des Untergrundes durch in Betrieb befindliche Anlagen aus dem Bereich der gewerblichen Wirtschaft oder der öffentlichen Einrichtungen einschließlich Umschlag- und Lagerplätze sowie

- Versickerungen von umweltgefährdenden Stoffen aus undichten, noch in Betrieb befindlichen Rohrleitungen und Abwasserkanälen

nicht zu Altlasten.

Weiterhin beschränkt sich die Definition auf die kleinflächigen, d. h. räumlich enger begrenzten Flächen und schließt die großflächigen, weiträumigen und diffusen Belastungen aus. Kriegs- und rüstungsbedingte Altlasten können sowohl dem Bereich der Altablagerungen als auch dem der Altstandorte zugerechnet werden [2].

Die erstmalige gesetzliche Berücksichtigung des Begriffes Altlasten erfolgte im neuen Abfallgesetz des Landes Nordrhein-Westfalen von 1988, das zuletzt durch das Gesetz vom 14. 1. 92 geändert wurde und dessen siebter Teil Altlasten in § 28 folgende Begriffsbestimmung und sachlichen Geltungsbereich enthält [7].

Altlasten sind Altablagerungen und Altstandorte, sofern von diesen nach den Erkenntnissen einer im einzelnen Fall vorausgegangenen Untersuchung und einer darauf beruhenden Beurteilung durch die zuständige Behörde eine Gefahr für die öffentliche Sicherheit oder Ordnung ausgeht.

Altablagerungen sind

1. stillgelegte Anlagen zum Ablagern von Abfällen,
2. Grundstücke, auf denen vor dem 11. Juni 1972 Abfälle abgelagert worden sind,
3. sonstige stillgelegte Aufhaldungen und Verfüllungen.

Altstandorte sind

1. Grundstücke stillgelegter Anlagen, in denen mit umweltgefährdenden Stoffen umgegangen worden ist, soweit es sich um Anlagen der gewerblichen Wirtschaft oder im Bereich öffentlicher Einrichtungen gehandelt hat, ausgenommen der Umgang mit Kernbrennstoffen und sonstigen radioaktiven Stoffen im Sinne des Atomgesetzes
2. Grundstücke, auf denen im Bereich der gewerblichen Wirtschaft und im Bereich öffentlicher Einrichtungen sonst mit umweltgefährdenden Stoffen umgegangen worden ist, ausgenommen der Umgang mit Kernbrennstoffen und sonstigen radioaktiven Stoffen im Sinne des Atomgesetzes, das Aufbringen von Abwasser, Klärschlamm, Fäkalien oder ähnlichen Stoffen und von festen Stoffen, die aus oberirdischen Gewässern entnommen worden sind, sowie das Aufbringen und Anwenden von Pflanzenbehandlungs- und Düngemitteln.

(4) Die Vorschriften des siebten Teils dieses Gesetzes dienen nicht dem Aufsuchen und Bergen von Kampfmitteln.

Die Neufassung des Gesetzes über die Vermeidung, Verminderung Verwertung und Beseitigung von Abfällen und die Sanierung von Altlasten (Hessisches Abfallwirtschafts- und Altlastengesetz) von 1989, das 1991 novelliert wurde, enthält im zweiten
Teil „Sanierung von Altlasten" in § 16 folgende Begriffsbestimmungen [8]:

Altlastenverdächtige Flächen im Sinne dieses Gesetzes sind:

1. stillgelegte Abfallentsorgungsanlagen und Grundstücke außerhalb von stillgelegten Abfallentsorgungsanlagen, auf denen Abfälle behandelt, gelagert oder abgelagert worden sind (Altablagerungen),
2. Grundstücke von stillgelegten industriellen oder gewerblichen Betrieben, in denen so mit Stoffen umgegangen wurde, daß Beeinträchtigungen des Wohls der Allgemeinheit im Sinne des § 2 Abs. 1 Satz 2 des Abfallgesetzes nicht auszuschließen sind (Altstandorte),

soweit ein hinreichender Verdacht besteht, daß von ihnen Auswirkungen ausgehen, die das Wohl der Allgemeinheit wesentlich beeinträchtigen oder künftig beeinträchtigen werden.

(3) Altlasten sind die in Abs. 2 genannten Flächen, wenn nach § 18 Satz 1 festgestellt ist, daß von ihnen wesentliche Beeinträchtigungen des Wohls der Allgemeinheit ausgehen.

Entsprechende Begriffsbestimmungen und Regelungen sind in den nachfolgend novellierten bzw. neu erlassenen Landesabfallgesetzen (Baden-Württemberg 1990, Niedersachsen 1990, Rheinland-Pfalz 1991, Bayern 1991, Thüringen 1991, Sachsen 1991, Sachsen-Anhalt 1991; Brandenburg 1992, Mecklenburg-Vorpommern 1992) enthalten, die zwar ähnliche Grundstrukturen und Begriffsbestimmungen aufweisen, sich im Detail jedoch voneinander unterscheiden. Im Abfallgesetz des Bundes fehlen bislang entsprechende Begriffsbestimmungen zum Altlastenbereich. Sie werden Bestandteil des in Vorbereitung befindlichen Bundes-Bodenschutzgesetzes sein.

Eine im Rahmen des ökologischen Sanierungs- und Entwicklungsplans für die neuen Länder eingerichteten Arbeitsgruppe legte 1990 einen Bericht über eine erste Bestandsaufnahme von Altlasten und altlastenverdächtigen Flächen für das Gebiet der ehemaligen DDR vor. Danach wurde der Begriff Altlasten wie folgt definiert: „Altlasten sind Altablagerungen sowie Betriebe und Anlagen, in denen mit toxischen und schadstoffhaltigen Stoffen umgegangen wurde bzw. wird und von denen eine Gefahr für Mensch und Umwelt ausgeht" [9]. Im Gegensatz zu den Definitionen der alten Bundesländer und des Sachverständigenrates wurden hierbei noch arbeitende Betriebe und Anlagen bzw. noch in Betrieb befindliche Deponien mit einbezogen.
Neben den genannten Begriffen ist in jüngster Zeit der Begriff Rüstungsaltlasten geprägt worden, der sich auf alle Boden-, Wasser- und Luftverunreinigungen durch Chemikalien aus konventionellen und chemischen Kampfstoffen, von denen eine Gefahr für Mensch oder Umwelt oder eine Störung der öffentlichen Sicherheit ausgeht, bezieht [10]. Der Sachverständigenrat erweitert den Begriff auf kriegs- und rüstungsbedingte Altlasten und versteht darunter die durch Produktion, Lagerung, Einsatz, Delaborierung und Ablagerung von Rüstungsgütern verursachten Altlasten [2]. Zur Abgrenzung von kriegs- und rüstungsbedingten Altlasten, die sich auf die Zeit bis zum 9. Mai 1945 beziehen, gegen nachfolgende Altlasten aus militärische Aktivitäten hat sich der Begriff militärische Altlasten (auch Verteidigungsaltlasten) eingebürgert, der sich auf Altlasten der Bundeswehr, der ehemaligen Nationalen Volksarmee (NVA), der Westgruppe der ehemaligen sowjetischen Truppen in der ehemaligen DDR sowie auf die allierten Streitkräfte in der Bundesrepublik bezieht.
Zusammenfassend kann für vorhandene Begriffsbestimmungen und Definitionen festgestellt werden, daß diese zwar in der Grundtendenz ähnlich sind, jedoch im Detail abweichende und unterschiedliche Formulierungen enthalten. Im Hinblick auf eine bundeseinheitliche Handhabung bei der Bestandsaufnahme altlastenverdächtiger Flächen wird die vom Sachverständigenrat befürwortete bundesgesetzliche Initiative, durch die Bund und Länder an die vom Sachverständigenrat genannte Definition für Altlasten gebunden werden [2], mit Nachdruck unterstützt.

7.2.3 Vorgehensweise

Zur Bearbeitung der Altlastenproblematik gibt es keine bundeseinheitliche Vorgehensweise. Die generelle Vorgehensweise umfaßt im wesentlichen die Phasen

- Erfassung
- Untersuchung und Bewertung (Gefährdungsabschätzung)
- Überwachung, Sicherung und Sanierung.

Bild 7.1 enthält ein vereinfachtes Ablaufschema für diese Vorgehensweise. Die unterschiedlichen Vorgehensweisen der Länder beinhalten im wesentlichen diese Phasen.
In Phase 1 werden alle bekannten und neu ermittelten Verdachtsstandorte erfaßt und lokalisiert. Mit Hilfe unterschiedlicher Methoden werden alle verfügbaren Daten gesammelt und zweckmäßigerweise durch automatische Datenverarbeitung verfügbar gemacht. In Phase 1 werden in aller Regel noch keine Untersuchungen vor Ort durchgeführt.
In Phase 2 werden die erfaßten Verdachtsstandorte einer Gefährdungsabschätzung unterzogen, die meist mehrstufig durchgeführt wird und mit einer Erstbewertung auf der Basis der verfügbaren Daten beginnt. Diese Erstbewertung kann möglicherweise schon zu einer Einstufung als Altlast führen, wenn eine Gefährdung der menschlichen Gesundheit und/oder der Umwelt nachgewiesen oder mit hinreichender Wahrscheinlichkeit zukünftig nicht auszuschließen ist. In der Regel dürfte die Aktenlage jedoch nur unvollständig sein, so daß Untersuchungen vor Ort für die Gefahrenbeurteilung erforderlich sind. Ergeben sich auf Grund der Erstbewertung keine Gefahren für die menschliche Gesundheit und/oder die Umwelt bzw. können diese mit hinreichender Sicherheit zukünftig ausgeschlossen werden, so können solche Flächen von der weiteren Bearbeitung ausgeschlossen und ggf. aus der regelmäßigen Überwachen entlassen werden. Untersuchungen vor Ort laufen zweckmäßigerweise mehrstufig ab und beinhalten u. a. Routine- und ggf. Spezialuntersuchungen im Bereich der Grundwasser-, Boden-, Bodenluft- und Abfallanalytik sowie der Hydrologie. Die Bewertung der Verdachtsstandorte kann jeweils durch Einzelfallbeurteilung oder im Hinblick auf

Prioritätensetzung für weitere Bearbeitungsschritte auch durch vergleichende Bewertung erfolgen. Hierzu haben einige Bundesländer formalisierte Verfahren entwickelt, die zusammenfassend in [11] dargestellt sind.
Phase 3 umfaßt die Überwachung, Sicherung und Sanierung von Altlasten. Neben Sofortmaßnahmen, die grundsätzlich in jeder Phase zur Abwehr akuter Gefährdungen zu prüfen sind, müssen für sicherungs- und sanierungsbedürftige Altlasten zielgerichtete Sanierungsuntersuchungen durchgeführt werden. Nach Abschluß von Sicherungsmaßnahmen müssen derartige Standorte regelmäßig

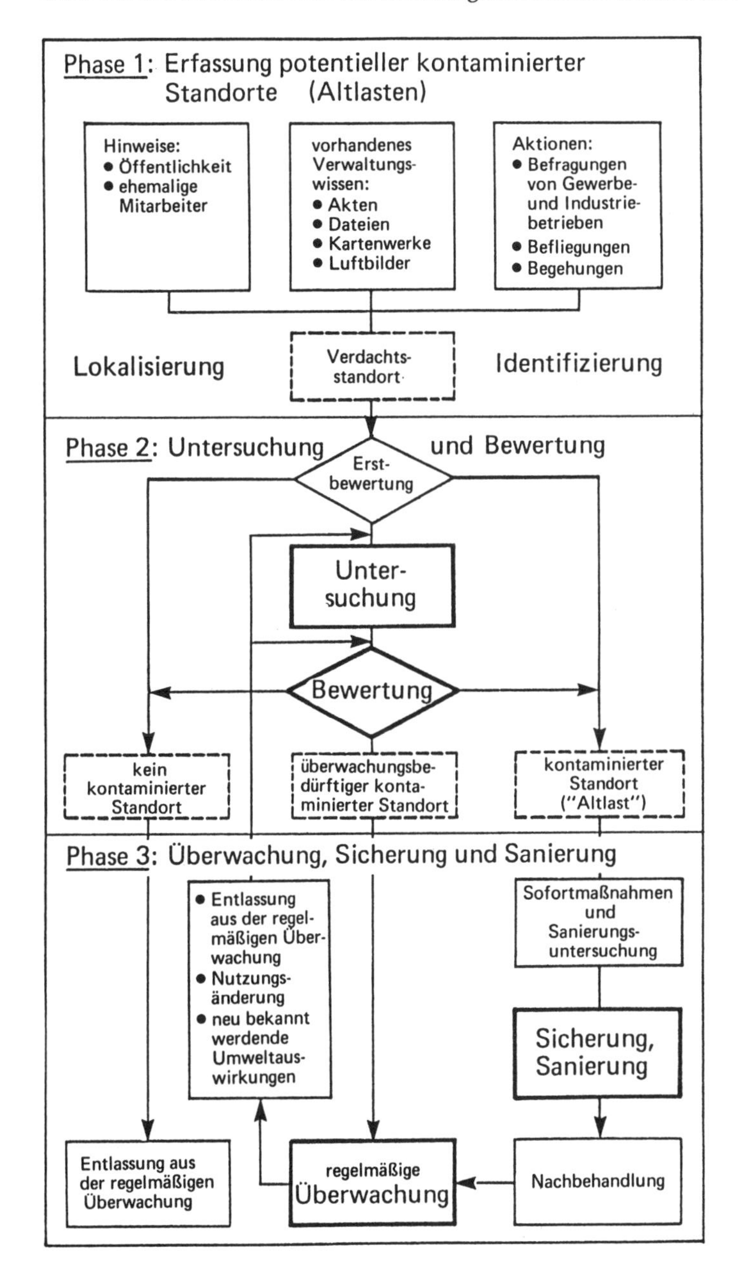

Bild 7.1
Ablaufschema zur generellen Vorgehensweise bei der Altlastenbearbeitung

überwacht werden. Sanierte Standorte können aus der regelmäßigen Überwachung entlassen werden. Bei beabsichtigter Entlassung von überwachungsbedürftigen Standorten aus der regelmäßigen Überwachung, bei Änderung der Standortnutzung oder bei neu bekannt werdenden Umweltauswirkungen müssen ggf. erneute Untersuchungen mit abschließender Bewertung durchgeführt werden.

Nach der Informationsschrift Altlasten der LAGA ist folgende Phasengliederung vorgesehen [6]:

I Erfassungsbewertung
II Orientierungsphase
III Detailphase
IV Sanierungsuntersuchung
V Sicherung und Sanierung
VI Nachsorge.

In jeder dieser Phasen muß über Sofortmaßnahmen und Prioritäten entschieden werden. Diese Phasengliederung entspricht den Phasen 2 und 3 in Bild 7.1. Phase V wird, wie später ausgeführt, vom SRU als Sicherung und Dekontamination bezeichnet.

7.2.4 Dimensionen

Mehr als 5 Jahre nach Vorlage des Umweltprogramms der Bundesregierung griff der SRU in seinem zweiten umfassenden Umweltgutachten von 1978 die Problematik der Sanierung, Sicherung und Rekultivierung von Abfallablagerungsplätzen auf [3]. Im Zusammenhang mit der seinerzeit geschätzten Ausgangszahl von 50 000 Ablagerungsplätzen wirft der SRU die Frage auf, in welchem Ausmaß bisher Beeinträchtigungen und Folgeschäden aus unsachgemäßer Abfallbeseitigung behoben oder verhütet wurden und stellt hierzu fest, daß stichhaltige Daten weitgehend fehlen.

Es bleibt festzustellen, daß zum damaligen Zeitpunkt weder die rein zahlenmäßige Situation noch das Ausmaß der Umweltgefährdung ansatzweise bekannt war. Kostenschätzungen lagen nur in konkreten Einzelfällen vor.

Anläßlich des Symposiums „Kosten der Umweltverschmutzung" im Bundesministerium des Innern im Jahre 1985 wurde versucht, für den Umweltbereich Altlasten eine bundesweite Darstellung der Dimension einschließlich der Kosten für die Sanierung zu geben. Die in Tabelle 7.1 enthaltenen Angaben und Zahlen basieren auf veröffentlichten Berichten, Parlamentsdrucksachen und Informationen aus den Ländern und spiegeln als damaliges Zwischenergebnis der inzwischen eingeleiteten Erhebungen oder vorgenommenen Schätzungen die rein zahlenmäßige Dimension erfaßter oder geschätzter Verdachtsstandorte wider. In der Summe ergeben sich danach rd. 35 000 Verdachtsstandorte [12]. Zur Tabelle 7.1 ist anzumerken, daß zu damaligen Zeitpunkt Altstandorte (kontaminierte Betriebsgelände) nur in Anfängen von einigen Bundesländern erhoben wurden.

In den folgenden Jahren wurden die Erfassungsaktionen intensiviert bzw. in einigen Ländern systematisch begonnen. Dabei wird deutlich, daß der Bereich Altstandorte in einigen Ländern nach wie vor noch nicht mit aufgearbeitet wurde.

Tabelle 7.2 stellt die Situation erfaßter und prognostizierter Verdachtsflächen mit Stand Ende 1987/ Anfang 1988 dar [13]. In der Summe ergeben sich zu diesem Zeitpunkt rd. 42 000 erfaßte Verdachtsflächen. Dies stellt gegenüber Tabelle 1 eine deutliche Zunahme dar, wenn auch beide Ergebnisse wegen unterschiedlicher Datenbasis nicht unmittelbar miteinander vergleichbar sind. Prognosen, die z. T. aus Tabelle 7.2 und aus weiteren vorliegenden Schätzungen hervorgehen, variieren zwischen 50 000 und 80 000 Verdachtsflächen.

Offizielle Zahlen gehen aus der Antwort der Bundesregierung auf die Große Anfrage „Altlasten" der Fraktion der SPD hervor [14]. Wie aus dem Anhang zur Antwort (Tabelle 7.3) hervorgeht, sind nach den Angaben der Länder derzeit 48 377 Verdachtsflächen erfaßt. Davon sind 40 514 Altablagerungen und z. Z. 7 863 Altstandorte. Es wird weiterhin festgestellt, daß die Erfassung der Altablagerungen weitgehend abgeschlossen ist und daß die Erfassung der Altstandorte noch andauert.

Die Erfassung altlastverdächtiger Flächen in der ehemaligen DDR entwickelte sich wie folgt [9]:

Februar	1989	915
März	1990	1 345
August	1990	2 543

Tabelle 7.1 Anzahl erfaßter oder geschätzter Verdachtsstandorte in der Bundesrepublik Deutschland, Stand 1984/85

Bundesland	Anzahl	Erläuterungen	Stand
Schleswig-Holstein	über 2.000	Altablagerungen (geschlosene, verlassene und stillgelegte Ablagerungsplätze für Abfälle)	Dez. 1984
Freie und Hansestadt Hamburg	mit etwa 2.400	altlastverdächtigen Standorten ist zu rechnen (1.831 Flächen sind im Altlasthinweiskataster enthalten, davon sind 162 saniert, teilsaniert oder auf andere Weise erledigt)	Mai 1985
Hansestadt Bremen	45	öffentlich oder privat betriebene Deponien mit überwiegend Bauschutt, Hausmüll, Gartenabfällen sowie hausmüllähnlichen Gewerbeabfällen	Apr. 1985
Niedersachsen	3.500	Altablagerungen jedlicher Art erfaßt. Nach einer ersten Gefährdungsabschätzung sind darunter rd. 100 Altlasten, die das Wohl der Allgemeinheit beeinträchtigen können.	1984
Nordrhein-Westfalen	ca. 8.000	Altablagerungen und Altstandorte erfaßt.	Mai 1985
Hessen	mit 5.000	Altlasten wird insgesamt zu rechnen sein. Über 3.200 abfallbelastete Standorte sind registriert	März 1985
Rheinland-Pfalz	etwa 5.000 bis 6.000	geschätzte Ablagerungsstellen	Jan. 1985
Baden-Württemberg	über 4.600	Ablagerungsstellen erfaßt	Mai 1984
Bayern	ca. 5.000	Kommunale Müllplätze bis 1982, davon bis 1984 rd. 4.300 geschlossen und rekultiviert	Mai 1984
Saarland	738	Altdeponien	Dez. 1984
Berlin	178	Altlasten (Abfallablagerungen, kont. Betriebsgelände und Kampfstoff-Altlasten)	Jan. 1985

Die im Rahmen des ökologischen Sanierungs- und Entwicklungsplanes für die ehemalige DDR vom damaligen Institut für Umweltschutz in Zusammenarbeit mit der Arbeitsgruppe Altlasten kurzfristig durchgeführte flächendeckende Erfassung altlastverdächtiger Flächen ergab insgesamt 27 877 Flächen zum Zeitpunkt Oktober 1990. Tabelle 7.4 enthält eine Übersicht der erfaßten altlastverdächtigen Kategorien jeweils für in Betrieb befindliche und geschlossene Anlagen und Betriebe. Bei dieser ersten flächendeckenden Bestandsaufnahme handelt es sich unter Berücksichtigung des äußerst kurzen Erfassungszeitraumes nur um eine sehr grobe Erfassung mit einer geschätzten Erfassungsquote von maximal 60 %. Während es in den alten Bundesländern noch keine flächendekkenden Angaben über bereits als Altlasten eingestufte Flächen gibt, werden von den in Tabelle 7.4 aufgeführten Verdachtsflächen insgesamt 2 457 schon als Altlast eingestuft, von denen nach Angaben aus den Bezirken 196 Altlasten mit hoher Priorität zu sanieren sind [9].
Für das Gebiet der Bundesrepublik Deutschland nach dem 3. Oktober 1990 ergibt sich unter Berücksichtigung der in den Tabellen 7.3 und 7.4 enthaltenen Zahlen das bisherige offizielle Zwischenergebnis von mehr als 76 000 erfaßten Verdachtsflächen. In Bild 7.2 ist die zahlenmäßige Verteilung altlastverdächtiger Flächen dargestellt. Dabei wurden, soweit verfügbar, die Erfassungsergebnisse

Tabelle 7.2 Erfaßte und prognostizierte Verdachtsflächen (VF) in der Bundesrepublik Deutschland, Stand 1987/88 (13)

Land	Anzahl	Erläuterungen	Stand
Schleswig-Holstein	2 358	Altablagerungen festgestellt.	Dez. 1987
Hamburg	1 860	Verdachtsflächen im Kataster (ohne Auswertung der Gewerbegebiete). Prognose: 2400 VF	April 1988
Bremen	70	Altablagerungen erfaßt. Erfassung Altstandorte ist eingeleitet, noch keine Ergebnisse	März 1988
Niedersachsen	6 500	6000 Altablagerungen im Zentralregister, 500 weitere als Vorabmeldung. Erfassung der Altstandorte dezentral, noch keine Liste	Febr. 1988
Nordrhein-Westfalen	11 000	Verdachtsflächen (Altablagerungen und Altstandorte erfaßt. Erfassung der Altstandorte noch nicht abgeschlossen)	Jan. 1988
Hessen	4 823	Verdachtsflächen im Kataster. Prognose: 5000 Altablagerungen, 1000 altlastverdächtige Altstandorte.	Febr. 1988
Rheinland-Pfalz	5 278	Altablagerungen. Aufgrund abschließender Erhebungen in 14 Stadt- und Landkreisen: 3008 Altablagerungen. In Bearbeitung 5 Landkreise und 1 Regierungsbezirk: 1670 Altablagerungen. 600 weitere landesweit bekannt.	Febr. 1988
Baden-Württemberg	6 500	Ablagerungsplätze erfaßt, davon 1000 in Wassereinzugsgebieten. Prognose: weit mehr als 10 000 gefahrverdächtige Flächen.	Juni 1987
Bayern	550	480 Altablagerungen und 70 Altstandorte bei der Hälfte der Landkreise aufgrund gezielter Ermittlung bei Gebietskörperschaften seit 1985. Bereits 1972 rd. 5000 Müllablagerungsplätze erfaßt und bewertet, von denen rd. 80 % geschlossen und rekultiviert und ca. 20 % für Bauschutt- und Erdaushubablagerung weitergenutzt wurden.	März 1988
Saarland	756	Ablagerungen aufgrund erster Ergebnisse des kommunalen Abfallbeseitigungsverbandes Saar. Landesweite Erfassung ab 1987, noch nicht abgeschlossen. Prognose: Verdoppelung der Altablagerungen, im Stadtverband Saarbrücken wird mit über 2100 VF gerechnet.	März 1988
Berlin	1 600	Verdachtsflächen im Altlastenkataster. Prognose: bis Ende 1989 wird mit 4000 VF gerechnet.	März 1988
rd. 42 000 erfaßte VF. Prognose: rd. 50 000 VF bis rd. 80 000 VF			

Tabelle 7.3 Erfaßte Altablagerungen und Altstandorte in der Bundesrepublik Deutschland, Stand Ende 1988 (14)

Land	Gesamtzahl der Verdachtsflächen (Altablagerungen u. Altstandorte)	Altablagerungen	Altstandorte	Erfassung weitgehend abgeschlossen	Kriegsfolgelasten (in Gesamtzahl enthalten)	Stand der Erhebung
Baden-Württemberg	6 500	6 500	keine Angaben	Nein[2]	keine Angaben	21.09.88
Bayern	555	482	73	Nein[3]	keine Angaben	30.09.88
Berlin	1 925	332	1 593	Nein	ca. 25 %	07.10.88
Bremen	243	74	169	Nein	5–10 %	31.12.88
Hamburg	1 840	1 550	290	Nein[1]	ca. 70	31.12.88
Hessen	5 184	5 123	61	Nein[4]	2[5]	06.09.88
Niedersachsen	6 200	6 200	keine Angaben	Nein[1]	67	31.12.88
Nordrhein-Westfalen	12 448	8 639	3 809	Nein[1]	117 Kriegschäden[7]	31.12.88
Rheinland-Pfalz	7 528	7 528	keine Angaben	Nein[1]	30	01.01.89
Saarland	3 596	1 728	1 868	Nein	1	31.12.88
Schleswig-Holstein	2 358	2 358	keine Angaben	Nein[1]	[6]	14.09.88
Gesamt	48 377	40 514	7 863			

1) Altstandorte müssen noch erfaßt werden bzw. werden z.Z. erfaßt.
2) wird im Rahmen eines Pilotprojekts vorbereitet, insbesondere für Altstandorte.
3) landesweite Erhebung 1985 begonnen und bei knapp 50 % der Gebietskörperschaften durchgeführt.
4) bisher nur Gaswerkstandorte erfaßt.
5) 8 weitere Verdachtsflächen werden überprüft.
6) in 8 regionalen Schwerpunktbereichen des Landes und 7 küstennahen Seegebieten werden Kriegsfolgelasten vermutet.
7) nicht in Gesamtzahl erfaßt.

Tabelle 7.4 Erfassung altlastverdächtiger Flächen in den neuen Bundesländern einschließlich Ost-Berlin, a) in Betrieb, b) geschlossen [9]

Land	Altablagerungen			Altstandorte			Rüstungsaltlasten			großflächige Bodenkontaminationen		
	Gesamt-zahl	davon a)	davon b)	ges.	davon a)	davon b)	ges.	davon a)	davon b)	ges.	davon a)	davon b)
Mecklenburg-Vorp.	1759	1278	481	2470	2065	405	110	61	49	142	137	5
Ost-Berlin	10	9	1	101	87	14	0	0	0	0	0	0
Brandenburg	1350	842	508	1731	1369	362	142	96	46	138	99	39
Sachsen-Anhalt	2148	1230	918	3094	2626	468	271	59	212	219	129	90
Thüringen	2124	1405	719	3939	3409	530	38	17	21	308	268	40
Sachsen	3331	1761	1570	4126	3502	624	96	69	27	230	215	15
Ges. 27877	10722	6525	4197	15461	13058	2403	657	302	355	1037	848	189

Tabelle 7.5 Übersicht über Liegenschaften der Westgruppe der ehemaligen sowjetischen Truppen

Art / Bezirk	Rostock	Schwerin	Neu-Brandenburg	Potsdam	Frankfurt/Oder	Cottbus	Suhl	Dresden	Leipzig	Berlin	Chemnitz	Magdeburg	Halle	Gera	Erfurt	Gesamt
Garnison	5	1	0	39	45	8	4	26	9	4	10	29	22	8	22	232
Funkl. Obj.	7	0	0	13	12	6	6	5	7	0	0	17	11	0	2	86
Übungspl.	5	17	14	9	10	4	2	4	19	0	6	28	36	11	7	172
Flugplatz	3	5	4	10	2	9	0	2	6	0	0	6	8	1	5	60
Kom./Wohn.	5	25	18	29	27	19	0	15	6	5	18	39	48	20	18	292
Lager	1	3	9	13	20	10	1	6	13	0	3	9	14	10	5	117
Krankenh.	0	3	2	9	5	2	0	4	2	1	2	2	2	1	2	37
Rep. Werke	0	0	0	17	6	0	0	0	0	1	2	0	0	0	3	29
Summe	26	54	47	139	127	58	13	62	62	11	41	130	141	51	64	1026
	MV 127			BB 324			TII	SN 165		B 11	SN	SAN 271		TII 128		

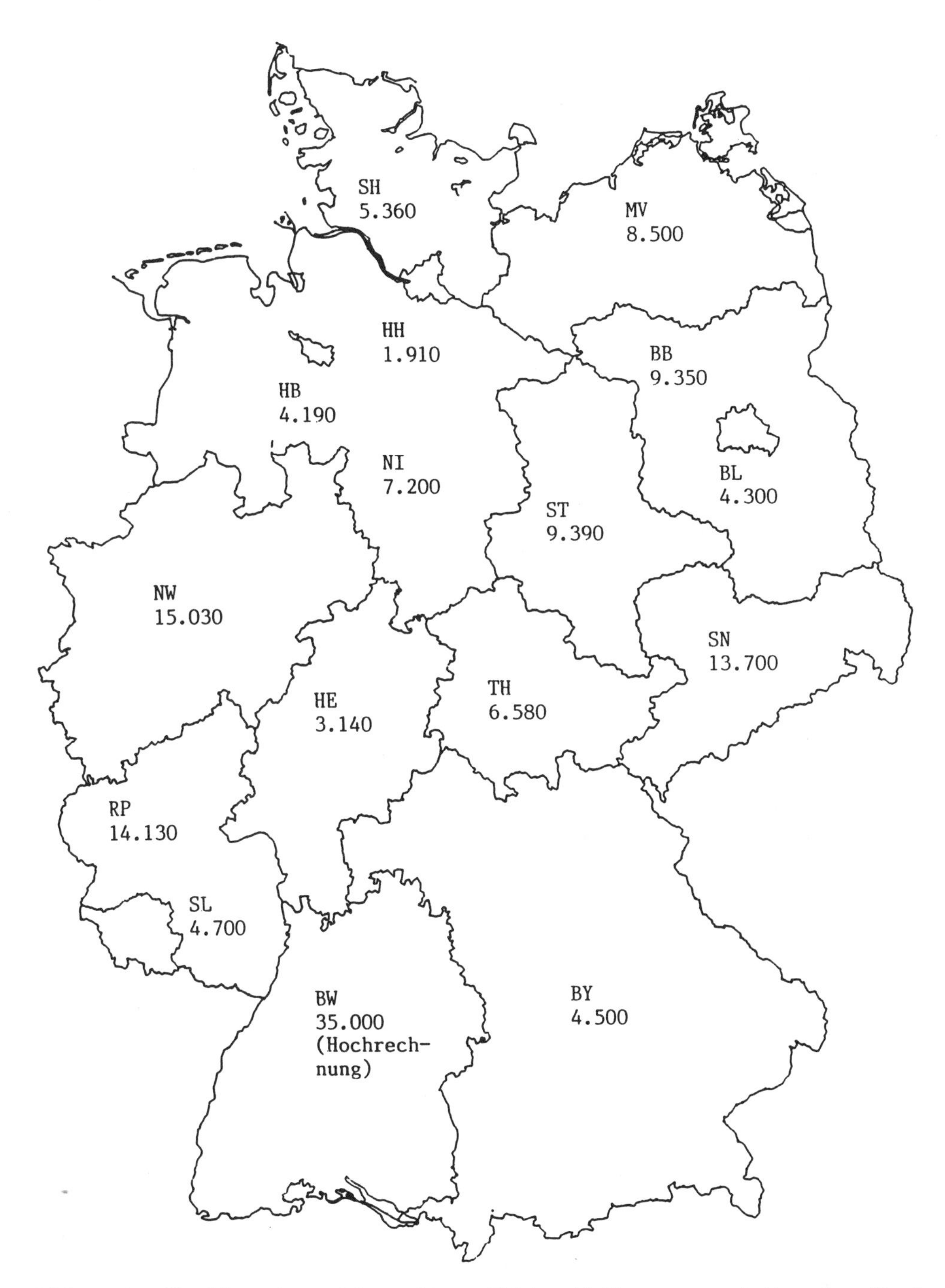

Bild 7.2 Anzahl erfaßter oder geschätzter altlastverdächtiger Altablagerungen und Altstandorte (Stand 1.4.1972)

dem aktuellen Erfassungsstand in den Bundesländern mit Stand 1. 4. 92 angepaßt. In der Summe ergeben sich rd. 114 200 erfaßte altlastverdächtige Flächen. Hierbei ist anzumerken, daß es sich bei der für Baden-Württemberg angegebenen Anzahl von 35 000 Verdachtsflächen um eine belastbare Hochrechnung auf der Basis von detaillierten Erhebungen in 16 Pilotgemeinden handelt. In der Gesamtanzahl wurden hiervon lediglich die bisher schon bewerteten 2 200 Verdachtsflächen berücksichtigt.

Derzeitige Prognosen über insgesamt zu erwartende Altlastverdachtsflächen belaufen sich aufgrund detaillierter Erfassungsergebnisse in Baden-Württemberg und Rheinland-Pfalz sowie aufgrund der in anderen Ländern ebenfalls vorliegenden Schätzungen auf mehr als 200 000 Verdachtsflächen.

Neben der Erfassung dieser „zivilen" Altlastverdachtsflächen in den Ländern werden gegenwärtig Rüstungsaltlasten und militärische Altlasten bundesweit erhoben. Tabelle 7.5 enthält eine Übersicht über die bis zum 31. Juli 1990 bekannten Liegenschaft der Westgruppe der ehemaligen sowjetischen Truppen (WGT). Die endgültige Anzahl der von der WGT genutzten Liegenschaften ist noch nicht bekannt, da im Zuge der Übergaben und Begehungen laufend weitere von der WGT genutzte Liegenschaften bekannt werden. Tabelle 7.6 enthält eine Zusammenstellung von Liegenschaften zur militärischen Nutzung und der Rüstungsproduktion, für die z. Z. Verdachtsflächen erfaßt werden.

Die monetäre Bewertung der Altlastenproblematik ist wegen der unsicheren Datenbasis mit zahlreichen Unwägbarkeiten verbunden. Voraussetzung für eine hinreichend genaue Quantifizierung sind neben der Gesamtanzahl von Verdachtsflächen Angaben über Gefährdungsabschätzungen und deren Ergebnisse sowie über erforderliche Sicherung und Sanierungsmaßnahmen einschließlich notwendiger Überwachungsmaßnahmen. Darüber hinaus sind eine Reihe weiterer Faktoren mit zu berücksichtigen, die durch Beeinträchtigungen aller in Frage kommende Schutzgüter zusätzliche Kosten verursachen.

Eine erste Kostenschätzung wurde anläßlich des erwähnten Symposiums „Kosten der Umweltverschmutzung" im Jahre 1985 vorgelegt [12]. Auf der Basis der in Tabelle 7.1 enthaltenen Angaben wurde eine Differenzierung in untersuchungsbedürftige, sicherungs- und sanierungsbedürftige und überwachungsbedürftige Standorte vorgenommen.

Für eine flächendeckende Kostenabschätzung wurden bundesweit folgende Annahmen zugrunde gelegt:

Verdachtsstandorte (Tabelle 7.1): 35 000, davon
Altablagerungen: 30 000
Altstandorte: 5 000.

Tabelle 7.6 Zusammenstellung von Anzahl und Flächenausdehnung der Liegenschaften zur militärischen Nutzung sowie zur Rüstungsproduktion

	Anzahl der Liegenschaften	Fläche in ha
Westgruppe der ehem. sowjetischen Truppen (WGT) in Ostdeutschland	1.026 (Erhöhung wahrscheinlich	ca. 250.000
Bundeswehr	ca. 7.015	ca. 255.000 (Bundeswehr in alten Ländern) ca. 245.000 (ehemalige NVA)
Gaststreitkräfte (Allierte)		ca. 245.000
Rüstungsproduktion	4.336	

Tabelle 7.7 enthält die geschätzten Kosten für die Untersuchung, Sicherung und Sanierung sowie Überwachung von Altablagerungen. Hierbei wurde der Anteil der sicherungs- und sanierungsbedürftigen Altablagerungen mit 10 % angenommen. Die ermittelten Kosten beruhen auf geschätzten Minimalansätzen für spezifische Einheitspreise. Die jährlich anfallenden Betriebskosten für Überwachungsmaßnahmen wurden als kapitalisierte Kosten für einen zunächst 10jährigen Überwachungszeitraum angesetzt. Die Sicherungs- und Sanierungskosten beziehen sich nur auf damals verfügbare Sicherungs- und Umlagerungstechnologien (Einkapselung und Auskofferung). In den Kosten sind keine Quantifizierungen für weitergehende Maßnahmen zur Reduzierung des Gefährdungspotentials, z. B. bei Einkapselungen, enthalten.
Der prozentuale Anteil der sicherungs- und sanierungsbedürftigen Altstandorte wurde mit annähernd 50 % wesentlich höher als bei den Altablagerungen eingeschätzt. Gleiches gilt auch mit 80 % für Untersuchung und Bewertung. Tabelle 7.8 enthält die Kostenschätzung für Maßnahmen bei Altstandorten, wobei Kostenansätze und Technologien denen von Altablagerungen entsprechen.

Tabelle 7.7 Geschätzte Kosten zur Untersuchung, Sicherung und Sanierung sowie Überwachung von Altablagerungen

Gruppe	Positionen	Anzahl	Kosten in Mrd. DM
A	*Entlassung aus der regelmäßigen Überwachung nach Erstbewertung* (70 %)	21.000	–
B	*Untersuchung und Bewertung* (30 %)	9.000	0,32
	Grundwasseruntersuchungen an mindestens 3 Brunnen pro Altablagerung: Geschätzte Investitionskosten ca. 4.000 DM pro Brunnen, geschätzter Grundwasseranalysenaufwand ca. 3.000 DM pro Analyse.		
	Gas- und sonstige Untersuchungen: Geschätzte einmalige Untersuchungskosten ca. 15.000 DM pro Altablagerung.		
	Geschätzte Aufgliederung nach Endbewertung; je ein Drittel (3.000) in Gruppe A, C, D.		
C	*Sanierung* (10 %)	3.000	6,90
	(Sofortmaßnahmen, Sanierungsuntersuchung, Sanierungsmaßnahmen wie z.B. Oberflächenabdeckung, Rekultivierung, Entgasung, Untergrundabdichtung, Grund- und Sickerwasserbehandlung, begrenzte Auskofferung und Beseitigung)		
	Geschätzte Kategorien und Kosten:		
	150 (5 %) zu 20 Mio DM		
	1050 (35 %) zu 2 Mio DM		
	1800 (60 %) zu 1 Mio DM		
D	*Überwachung* (20 %)	6.000	0,38
	sanierte Altablagerungen	3.000	
	Geschätzte jährliche Überwachungskosten 10.000 DM pro Altablagerung		
	sonstige überwachungsbedürftige Altablagerungen	3.000	
	Geschätzter jährlicher Grundwasseranalysenaufwand ca. 3.000 DM/Altablagerung, geschätzter Deponiegasanalysenaufwand ca. 5.000 DM pro Altablagerung.		
Summe	Altablagerungen		7,60

Die Summen aus den Tabellen 7.7 und 7.8 ergeben zusammen einen Finanzierungsbedarf von rd. 17 Mrd. DM für einen Zeitraum von 10 Jahren. Ein zum gleichen Zeitpunkt vorgenommener Vergleich mit den Niederlanden bestätigte die Größenordnung dieser ersten vorsichtigen Kostenschätzung für die Bundesrepublik Deutschland.
Aus heutiger Sicht ist dieser erste Kostenansatz nach oben hin zu revidieren, da sich die Berechnungsgrundlage mit der Anzahl der Verdachtsflächen insbesondere durch den beträchtlichen Zuwachs in den neuen Bundesländern deutlich verändert hat und im Bereich der Altstandorte künftig noch eklatanter verändern wird. Des weiteren sind entsprechend der technischen Entwicklung und des weiter wachsenden Umweltbewußtseins die Aufwendungen für Untersuchung, Gefahrenbeurteilung und Maßnahmen zur dauerhaften Sanierung höher anzusetzen als in der Vergangenheit.
Zum Finanzierungsbedarf stellt der SRU zusammenfassend fest, daß nach heutiger Kenntnis der Finanzierungsbedarf für die Altlastensanierungsmaßnahmen in der Bundesrepublik für Altablagerungen und Altstandorte nur überschlägig geschätzt und nicht genau angegeben werden kann. Der SRU geht aufgrund seiner Abschätzung davon aus, daß ein Bedarf von mehr als 20 Mrd. DM in den nächsten 10 Jahren entstehen wird. In diesen Abschätzungen sind Kosten für die Sanierung von

Tabelle 7.8 Geschätzte Kosten zur Untersuchung, Sicherung und Sanierung sowie Überwachung von Altstandorten

Gruppe	Positionen	Anzahl	Kosten in Mrd. DM
A	*Entlassung aus der regelmäßigen Überwachung nach Erstbewertung* (20 %)	1.000	–
B	*Untersuchung und Bewertung* (80 %)	4.000	0,14
	Grundwasseruntersuchung und sonstige Untersuchungen: Geschätzte Aufwendung wie Altablagerungen		
	Geschätzte Aufgliederung nach Endbewertung:		
	A Entlassung (10 %): 400		
	C Sanierung (60 %): 2.400		
	D Überwachung (30 %): 1.200		
C	*Sanierung* (48 %)	2.400	8,88
	(Sofortmaßnahmen, Sanierungsuntersuchung, Sanierung ähnlich wie Altablagerungen)		
	Geschätzte Kategorien und Kosten:		
	240 (10 %) zu 20 Mio DM		
	840 (20 %) zu 5 Mio DM		
	1680 (70 %) zu 1 Mio DM		
D	*Überwachung* (72 %)	3.600	0,22
	sanierte Betriebsgelände	2.400	
	Geschätzte jährliche Überwachungskosten: 10.000 DM pro Betriebsgelände		
	sonstige überwachungsbedürftige Betriebsgelände	1.200	
	Geschätzter jährlicher Grundwasseranalysenaufwand ca. 6.000 DM pro Betriebsgelände		
Summe	Betriebsgelände		9,24

Tabelle 7.9 Zusammenstellung der geschätzten Kosten für die Altlastensanierung

Jahr	Quelle	Mrd. DM
1985	Franzius (UBA)	17,2
1966	SPD	50
1988	Brandt (Uni HH)	22–41
	Deutscher Städte- und Gemeindebund	70
1989	Kaiser Unternehmensberatung	29,1
	Ifo	17
	SRU	20
	TÜV-Rheinland	100
1990	DIW	54,6
	Reidenbach (DIFU)	52,7
1991	Ifo (neue Länder)	10,6
	THA	53
	Wicke (Berlin)	50–200
	WiMK	52–390

stillgelegten Kanalisationen nicht berücksichtigt. Weiterhin ist davon auszugehen, daß auch nach Ablauf des genannten 10-Jahreszeitraumes noch ein erheblicher Finanzierungsbedarf bestehen bleibt [2].
Tabelle 7.9 enthält eine Zusammenstellung einiger bisher vorgenommener Kostenschätzungen für die Bewältigung der Altlastenproblematik. Aus der erheblichen Bandbreite der jeweiligen Kostenangaben wird die Unsicherheit solcher Schätzungen deutlich.

7.3 Sanierungsverfahren

Im Sondergutachten „Altlasten" des Rates von Sachverständigen für Umweltfragen wird der Altlastensanierungsbegriff wie folgt definiert [2]:
„Altlastensanierung ist die Durchführung von Maßnahmen, durch die sichergestellt wird, daß von der Altlast nach der Sanierung keine Gefahren für Leben und Gesundheit des Menschen sowie keine Gefährdung für die belebte und unbelebte Umwelt im Zusammenhang mit der vorhandenen oder geplanten Nutzung des Standortes ausgehen".
Als Sanierungsmaßnahmen werden Maßnahmen zur Sicherung und Dekontamination definiert. „Der Sachverständigenrat ist der Auffassung, daß Sicherungsmaßnahmen, die die Emissionswege langfristig unterbrechen, und Dekontaminationsmaßnahmen, die die Schadstoffe in kontaminiertem Erdreich oder Grundwasser bzw. in Abfällen eliminieren, gleichberechtigt sind, wenn hierdurch der Schutz des Menschen und der Umwelt, bezogen auf die entsprechende Nutzung gewährleistet ist bzw. wenn die Gefährdung, bezogen auf die entsprechenden Schutzgüter und Nutzungen, nicht mehr besteht. Im Hinblick auf einen langfristigen Schutz der Umwelt ist eine Dekontamination dann höherwertig zu betrachten, wenn hierzu umweltverträgliche Maßnahmen angewandt werden. Dekontaminationsmaßnahmen, die der Umweltverträglichkeit entsprechen, können nämlich in höherem Maße und zeitlich unbegrenzt die Gewähr dafür bieten, das Umweltrisiko einer Altlast zu vermeiden" [2].

7.3.1 Sicherung

Durch Sicherungsmaßnahmen werden Altlasten kontrollierbar gemacht, indem vorhandene Kontaminationen an ihrer Freisetzung und Ausbreitung gehindert werden. Technische Möglichkeiten zur

Verhinderung schädlicher Emissionen bestehen durch sogenannte Einkapselungstechniken. Einkapselungstechniken werden überwiegend zur Sicherung von Altablagerungen eingesetzt, weil realisierbare technische Lösungen zur Beseitigung des Kontaminationspotentials oder zur dauerhaften Immobilisierung heterogener Ablagerungskörper noch immer nicht in Sicht sind.
Die nachträgliche Einkapselung kann durch Oberflächenabdichtung, vertikale Untergrundabdichtung (Dichtwände) und prinzipiell auch durch nachträgliche Basisabdichtung erfolgen. Voraussetzung für die Errichtung von Dichtwänden ist ein in erreichbarer Tiefe anstehender dichter Untergrund, in den diese eingebunden werden können. Durch Absenken des Grundwasser- und Sickerwasserspiegels innerhalb des so gebildeten Troges kann sichergestellt werden, daß allenfalls nur noch Grundwasser von außen in geringen Mengen eindringen kann, während Emissionen kontaminierten Grund- und Sickerwassers in umgekehrter Richtung ausgeschlossen werden. In extremen Fällen, bei denen undurchlässige Bodenschichten nur in größeren, mit heutigen Dichtwandtechniken unerreichbaren Tiefen anstehen, können auch unterirdische Basisabdichtungen nachträglich eingebracht werden. Bild 7.3 enthält eine schematische Darstellung von Einkapselungstechniken.
Oberflächenabdichtungen und Dichtwände sind Gegenstand mehrerer F+E-Vorhaben. Darüber hinaus wurden Möglichkeiten und Materialien für die Einbringung von Dichtungssohlen untersucht. Ebenso wie bei den Oberflächenabdichtungen werden in der Praxis unterschiedliche Dichtwandkonzepte realisiert. Analog zu kombinierten Basisabdichtungen bei neuen Deponien wurden für Einkapselungsmaßnahmen auch kombinierte Dichtwandsysteme entwickelt und angewendet. Solche Kombinationsdichtwände (mineralische Dichtwand mit integrierter Kunststoffdichtungsbahn) wurden beispielsweise im Rahmen eines F+E-Vorhabens an der Sonderabfalldeponie Gerolsheim und zur Sicherung der Altablagerung Sprendlingen eingesetzt. Ein Schmalwand-Kammersystem (Schmalwände im Abstand von 8 m mit Querschotten) wurde zur Sicherung der Deponie Rautenweg in Wien ausgeführt. Darüber hinaus wurden zur Einkapselung von Altlasten auch spezielle Stahlspundwandsysteme entwickelt. Ebenfalls der Einkapselung zuzurechnen sind sogenannte Einbindeverfahren, mit denen vorhandene Schadstoffe in Böden durch Zugabe unterschiedlicher Reaktionsmittel durch Mikroeinkapselung immobilisiert werden.
Einkapselungstechniken, die, wie schon ausgeführt, vorwiegend zur Sicherung von Altablagerungen angewendet werden, sind in speziellen Fällen auch für Sicherungsmaßnahmen auf Altstandorten eingesetzt worden. So wurde beispielsweise im Rahmen eines vom Umweltbundesamt (UBA) geförderten Modellvorhabens bei der Sanierung des mit Wohnhäusern bebauten ehemaligen Zinkhüttengeländes in Essen-Borbeck ein mehrschichtiges Abdecksystem zur Sicherung der in Tiefen

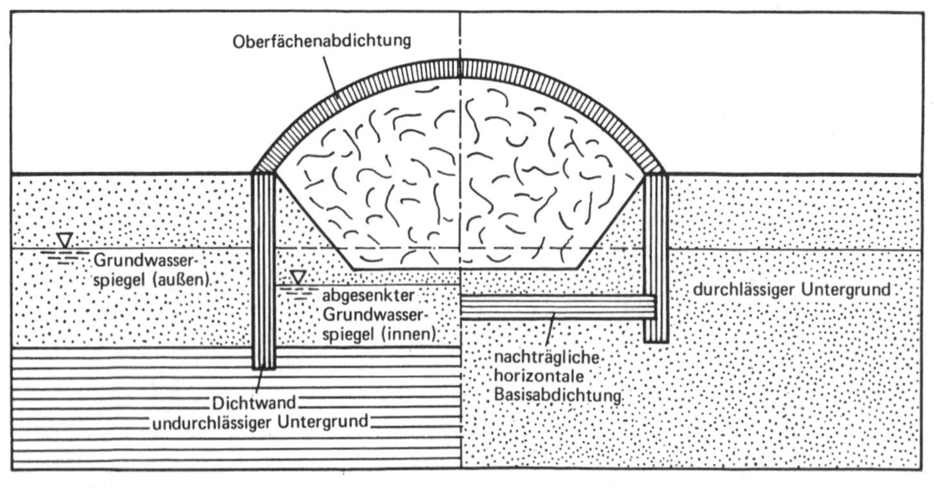

Bild 7.3 Schematische Darstellung von technischen Möglichkeiten zur Einkapselung von Altlasten

unterhalb von ca. 1,5 m belassenen Schadstoffe ausgeführt. Durch die inzwischen abgeschlossene Sicherungs- und Sanierungsmaßnahme wird der direkte Kontakt der Bewohner mit kontaminierten Böden und der Eintrag von Schadstoffen in die Nahrungskette unterbunden sowie die Ausbreitung von Schadstoffen in den Untergrund und in das Grundwasser infolge Niederschlagseinflüssen verhindert. Bild 7.4 zeigt die Einbringung des Dichtungssystems, das neben einer Dränschicht aus einer 2lagigen mineralischen Dichtung von 35 cm und einer Dichtigkeit von $k_f = 1.10^{-10}$ m/s besteht, nach Auskofferung der kontaminierten Böden im Bereich der Wohnhäuser.
Einkapselungsmaßnahmen können, von besonders gelagerten Fällen abgesehen, unter Berücksichtigung der Lebensdauer von Dichtungsmaterialien und der normalerweise nach wie vor vorhandenen Schadstoffquelle vorrangig als Maßnahmen zum „Zeitgewinn" betrachtet werden. Sie bieten allerdings im Gegensatz zu Dekontaminationsmaßnahmen den Vorteil, daß sie sofort wirksam sind, indem sie Emissionen unterbinden bzw. auf ein duldbares Maß reduzieren. Der aus der Einkapselung resultierende Zeitgewinn muß daher in den Fällen, bei denen das verbliebene Schadstoffpotential als problematisch eingeschätzt wird und bei denen keine Reduzierung durch Abbau- oder Auslaugungsprozesse stattfindet, für zusätzliche Maßnahmen zur Verminderung, Beseitigung oder auslaugsicheren Einbindung des Schadstoffpotentials genutzt werden. Hierzu sind weitere Forschungs- und Entwicklungsarbeiten erforderlich.
Detaillierte Ausführungen und Beispiele über Einkapselungssysteme und -materialien sind u. a. in [15] enthalten.

Bild 7.4
Sicherungs- und Sanierungsmaßnahmen auf dem ehemaligen Zinkhüttengelände in Essen-Borbeck; Einbau der 1. Lage der Dichtungsschicht (oben); Einbau der 2. Lage und Verdichtungskontrolle (unten)

7.3.2 Dekontamination

Wegen der zeitlich befristeten Wirksamkeit von Einkapselungsmaßnahmen sind in den Fällen, in denen eine Entfernung oder Reduzierung der Schadstoffe mit vertretbarem Aufwand möglich und sinnvoll ist, dauerhafte Lösungen gefordert. Solche Lösungen eröffnen sich in der Regel bei der Behandlung kontaminierter Böden aus Altstandorten, weil bei diesen im Vergleich zu Altablagerungen von einer produktionsbedingten definierten Schadstoffpalette in einer relativ homogeneren Verteilung ausgegangen werden kann. Daß bei Anwendung einiger der nachfolgend angesprochenen Dekontaminationstechniken, die für die Behandlung von Altstandorten auch als Bodenreinigungstechniken bezeichnet werden, streng genommen der Begriff Sanierung nicht in allen Fällen zutreffend ist, wird an den im Boden nach der Behandlung verbleibenden Restkonzentrationen sowie an den durch einige Verfahren hervorgerufenen veränderten Bodenstrukturen und -eigenschaften deutlich. Zu den Dekontaminationstechniken zählen auch Techniken zur Behandlung kontaminierten Grundwassers, auf die im Rahmen dieses Beitrages nicht näher eingegangen wird.
Dekontaminationstechniken zur Reinigung kontaminierter Böden und Grundwässer können grundsätzlich in situ oder on site bzw. off site angewendet werden. Bei den sogenannten in situ-Verfahren erfolgt eine Boden- oder Grundwasserreinigung in natürlicher Lage. Bei den genannten weiteren Verfahren wird der kontaminierte Boden „ausgekoffert" bzw. das verunreinigte Grundwasser abgepumpt. Böden und Grundwässer können dann in entsprechenden Behandlungsanlagen vor Ort gereinigt werden. Nach der Behandlung wird für Böden eine Wiederverfüllung angestrebt. Gereinigtes Grundwasser wird in der Regel reinfiltriert. Bei off site-Verfahren wird der zu behandelnde Boden zu zentralen ortsfesten Behandlungsanlagen transportiert. Sowohl bei der on site- als auch bei der off site-Behandlung können Zwischenlager in Frage kommen, da die Durchsatzleistungen der Behandlungsanlagen in der Regel geringer als die Auskofferungsleistungen sind. Bei der Auskofferung und bei der anschließenden Zwischenlagerung sowie beim Transport sind besonders im Falle leichtflüchtiger Bodeninhaltsstoffe besondere Vorkehrungen hinsichtlich des Emissionsschutzes zu treffen.
Von der Vielzahl in Frage kommender Bodenreinigungsverfahren zeichnen sich nach derzeitigem Entwicklungsstand für folgende Techniken Chancen zur breiten praktischen Anwendung im Bereich der Sanierung von Altstandorten ab:

- thermische Verfahren,
- extraktive Verfahren sowie
- mikrobiologische Verfahren.

Auf einige dieser Bodenreinigungsverfahren, die auch in zunehmendem Umfang in der Praxis eingesetzt werden, wird nachfolgend eingegangen. Weitergehende Erläuterungen und Anwendungsbeispiele sind in [15] bis [18] enthalten.

7.3.2.1 Thermische Verfahren

Thermische Verfahren eignen sich zur Behandlung hochkonzentrierter organischer Schadstoffe in Böden. Das Prinzip dieser Technologie basiert auf der Oxidation bzw. Überführung der Schadstoffe in die Gasphase mit nachfolgender thermischer Zersetzung bei hohen Temperaturen und anschließender mehrstufiger Abluftreinigung. Tabelle 7.10 enthält eine Übersicht über in Betrieb befindliche Anlagen bzw. entwickelte Konzeptionen zur thermischen Behandlung kontaminierter Böden, deren großtechnische Realisierung geplant ist.
Bild 7.5 zeigt die im Rahmen eines vom Bundesminister für Forschung und Technologie (BMFT) geförderten Forschungs- und Entwicklunqsvorhabens entwickelte Versuchsanlage der Fa. Züblin AG, Stuttgart. Diese Anlage, die eine Durchsatzleistung von ca. 400 kg/h hat, wurde erfolgreich an mehreren Standorten zur thermischen Bodenbehandlung eingesetzt. Aufgrund der dabei erzielten guten Reinigungsleistungen, auch bei unterschiedlichen Schadstoffspektren und Bodenstrukturen, soll eine Pilotanlage mit einer Durchsatzleistung von 5 t/h zur Behandlung der hochkontaminierten Böden aus dem ehemaligen Kokereigelände in Dortmund-Dorstfeld errichtet werden. In Bild 7.6

Tabelle 7.10 Anlagen und Verfahren zur thermischen Behandlung kontaminierter Böden

Verfahren	Betreiber Konzeption	Kurzbeschreibung	Leistung (t/h)	Stand	Mobilität
B+D	Bonnenberg und Drescher, Aldenhov.	Direkt beheizter Drehrohrofen, 900 °C, thermische Nachverbrennung 900–1000 °C	< 10	Anlage in Betrieb	s
BORAN	Boran KG Berlin	Wirbelschicht-Bodenreinigungsanlage, Zwangszirkulation, 900–1200 °C	10	Anlage in Berlin Inbetriebnahme 1992	m
DEKONTA	DEKONTA Mainz	Therm. Desorption (Strahlungswärme) und Zersetzung von Schadstoffen	5–8	Pilotanlage Ingelheim, Dezember 1988 Umsetzung Hamburg Inbetriebnahme 1992	u
DEUTAG	Deutag, von Roll	Drehrohrofen 650–1200 °C, TNV bis 1300 °C	4	Pilotanlage	u
EFEU	Lizenznehmer Schwelm Anlagen- u. Apparatebau	Spülgasdestillation mit variablen Temperaturen bis 800 °C	5	Pilotanlage 1989 Großanlage gepl.	m m
HOLZMANN	HOLZMANN AG/ Deutsche Asphalt	Therm. Verfahren mit nachgeschalteter Staubabscheidung und Brüdenverbrennung	5	Anlage im on-site-Betrieb, Frankfurt 1991	u
LURGI	Lurgi, Frankfurt	Direkt beheizter Drehrohrofen, Temperaturen von 800–1200 °C	bis 12.5	Versuchsanlage	s
NOELL	NOELL Würzburg	Indirekt beheizter Drehrohrofen bis 850 °C, TNV bis 1250 °C	ca. 0,1	Versuchsanlage in Hannover	
O&K	GTD Dortmund	Flugstromapparat	0,5–10	Pilotanlage geplant	u
KWU	KWU-Umwelttechnik	Indirekt beheizte Schweltrommel, Temperaturen bis 650 °C	ca. 20	KEA in Essen geplant	s
PHYTEC	PHYTEC Düsseldorf	Vakuumbehandlung, dünne Schichten über vibrierte, beheizte Flächen kontinuierlich gefördert, niedrige Temperat.	2	Laborversuche abgeschl. Pilotanlage in Vorbereitung	m
HOCHTIEF/ PLEQ	HOCHTIEF Essen	Indirekt beheizter Drehrohrofen mit Nachverbrennung	3	Versuchsanlage in großtechn. Maßstab Mitte 1992 in Herne in Betrieb	u

Fortsetzung Tabelle 7.10

Verfahren	Betreiber Konzeption	Kurzbeschreibung	Leistung (t/h)	Stand Mobilität	
RAG	RAG Deutsche Babcock	Pyrolyseverfahren, 450–600 °C, TNV bis 1200 °C	7	Anlage seit Mai 1988 in Unna-Boenen	s
RUT	RUT/BSR, Bochum LEG/RAG	Direkt beheizter Drehrohrofen bis 600 °C, TNV bis 1200 °C	30 + 50	2 Anlagen in den Niederlanden seit 1981	s
			40	1 Anlage im Bodensanierungszentrum Bochum in Genehmigung	s
			10	1 Anlage in Brandenburg in Genehmigung	s
TAA	Thyssen/Still Otto, Bochum	Direkte zweistufige Behandlung 800 bis 1200 °C	10	Schwimmende Anlage geplant	m
VEBA	VEBA OEL Gelsenkirchen	Pyrolyseverfahren mit nachgeschaltetern Kondensationseinheit	0,5	Pilotanlage 1991	u
ZÜBLIN	Züblin Stuttgart	Drehrohrofen bis 1200 °C mit TNV bis 1200 °C	0,2–0,4 5	Versuchsanlage seit 1986 Pilotanlage Dortmund Inbetriebnahme 1992	m m

m = mobil, u = umsetzbar, s = stationär

Bild 7.5
Versuchsanlage der Züblin AG zur thermischen Bodenreinigung

Bild 7.6
Bodenaushub bei der Sanierung des mit Wohnhäusern bebauten ehemaligen Kokereigeländes Dortmund-Dorstfeld

sind die Sanierungsarbeiten auf dem mit Wohnhäusern bebauten ehemaligen Kokereigelände dargestellt. Die hochkontaminierten Bodenpartien werden zwischen den Häusern ausgekoffert und zur späteren thermischen Behandlung in ein Zwischenlager verbracht.
Im Gegensatz zu dieser direkt beheizten Anlage handelt es sich bei der seit Mai 1988 ebenfalls im Rahmen eines BMFT-Vorhabens betriebenen Anlage der Ruhrkohle AG/Bergbau AG Westfalen um ein indirekt beheiztes System, das speziell für kokereispezifische Altlasten eingesetzt werden soll. Bild 7.7 zeigt die von der Fa. Deutsche Babcock Anlagen AG, Krefeld, auf dem ehemaligen Kokerei- und Zechengelände in Unna-Königsborn errichtete Anlage.
Eine weitere Anlage zur thermischen Behandlung kontaminierter Böden plant die Bodensanierung und Recycling GmbH (BSR) für das Bodensanierungszentrum Bochum. Bei dieser Anlage handelt es sich wiederum um eine direkt beheizte Anlage, die auf dem Verfahren der niederländischen Firma Ecotechniek basiert und die in Lizenz von der Ruhrkohle Umwelttechnik (RUT) mit einem von der Fa. Bischoff, Essen, entwickelten leistungsfähigen Abgasreinigungsteil errichtet werden soll.
Die Eignung dieses Verfahrens zur Behandlung kokereispezifisch verunreinigter Böden wurde am Beispiel des ehemaligen Kokereistandortes „Matthias Stinnes" in Essen demonstriert, der im Rahmen des Grundstücksfonds Ruhr von der Landesentwicklungsgesellschaft Nordrhein-Westfalen

Bild 7.7
Pyrolyseanlage der Ruhrkohle AG/Bergbau AG Westfalen, Dortmund, zur thermischen Behandlung kokereispezifischer Altlasten auf dem ehemaligen Kokerei- und Zechengelände in Unna-Königsborn

Bild 7.8
Ablagerung des zum Wiederaufbau vorgesehenen thermisch behandelten Bodens auf dem ehemaligen Kokereigelände „Matthias Stinnes" in Essen

(LEG) angekauft worden war und auf dem noch ca. 15 000 t mit Teeröl belastete Bodenmassen lagerten. Nach Zustimmung der zuständigen Behörden wurde der verunreinigte Boden, da in näherer Umgebung keine leistungsfähige Anlage zur Verfügung stand, von der RUT auf zwei Anlagen des Lizenzgebers in Utrecht und Rotterdam innerhalb von 35 Tagen gereinigt und nach Freigabe durch die örtlichen Behörden wieder vor Ort eingebaut. Bild 7.8 zeigt den Antransport des gereinigten Bodens, der im Grünbereich des Geländes der ehemaligen Kokerei wieder eingebaut und inzwischen eingesät und bepflanzt wurde.

Verfahren	Betreiber Konzeption	Kurzbeschreibung	Leistung (t/h)	Stand	Mobilität
AB-Umwelttechnik	AB-Umwelttechnik Lägerdorf	Waschverfahren mit geschl. Wasserkreislauf, Reststoffentsorgung in Zementwerk	40	Standort Schleswig-Holstein ab Mai 1989, 1991 München	m
ASRA[R]	Krupczik Umwelttechnik, Hamburg	Hydroaktives Trennverfahren zur Aufbereitung von Schlämmen, Baggergut und Sanden, Gesamtentsorgungskonzept	ca. 10	Anlage seit 1.9.87 im Klärwerk „Stellinger Moor"	m
Bresel-ÖkoChem	Baresel, Stuttgart	Chemisch-biologisches Erdwaschverfahren mit Tensideinsatz	ca. 16	Anlage in Dresden 1992	m
Baur	Inst. Dr. Baur Fenwald	Aufbereitung schwermetallbelasteter Böden mittels Mineralsäuren	1 m^3/h	F + E-Vorhaben	m
BCH-Recycling	CB-Chemie und Biotechnologie, Verl	chemisch-physikalische Wäsche mit integrierter Wasser- und Wertstoffaufbereitung	8	Anlagen 1992 geplant	sm
BILFINGER Bodenwaschverfahren	Bilfinger + Berger Bau AG Mannheim	Naßmechanische Bodenaufbereitung	ca. 15	Anlage Mannheim, Betrieb ab Januar 1994	s
BILFINGER Suspensions-Strip-Verfahren	Bilfinger + Berger Bau AG Mannheim	CKW-Entfernung aus Schluffhaltigen Böden (rd. 80 %)	ca. 20	Anlagen Leinfelden, 1992	m
Biol.-phys. Bodenreinig.	ContraCon Cuxhaven	Waschverfahren mittels Freifallmischern, Wirksubstanzen, Wasser und Bakterien	max. 18	Pilotanlage 1987, mehrere Anlagen seither, 4 ortsfeste Anlagen geplant	m
Bodenwaschverf. System Züblin	Ed. Züblin AG Stuttgart	2 Waschkreisläufe mit mech. Wirbelschicht (Wasser, Detergentien), Gegenstromnachspülung, therm. Reststoffents.	bis 20	Technikumversuche, Anlagenkonzept 1989	m
CBBR	Langhabel Nachf./Possehl, Hamburg	Chemisch-biologisches Bodenreinigungsverf., Druckluft-Wirbelbett	ca. 8	Anlage seit Mitte 1988 auf wechselnden Stando.	m
DSU	Duisb. Schlackenaufbereitung	Bodenwäsche durch intensive Attrition mit Extraktionsmitteln, Waschtrommel	3	Technikumsanlage	s
DYWINEX	D & W AG, Hauptverwalt. München	Separierung mit Wasser o. Extraktionsmittel, variable Containerbauweise	ca. 5	Mitte März 1989 Hamburg Probebetrieb	m
Gegenstrom-Extraktion	Rethmann, Selm/ Weßling, Altenb.	Gegenstrom-Extraktionsprinzip, Einsatz leicht verdampfbarer Extraktionsmittel	5	Pilotanlage Essen, großtechn. Betr. Herbst 1989	m
GESU CP4	Ges. f. saubere Umwelt, berlin	Rührwerke und Extraktoren, Strömungsenergie, Einsatz von Waschflüssigkeiten	3 30	Pilotanlage 1987, Großanlage geplant	m u
GHU/AKW	GHU Berlin/AKW Hirschau	Naßwaschverfahren mittels Waschtrommel, Multihydrozyklon, Containerbauweise	30	Anlage bis Herbst 1989	m
Hafemeister	Hafemeister Berlin/Hochtief	Phys. Trennung und chem. Aufbereitung, Pyrolyse der Schadst., Heißgasreinigung	5 m^3/h 30 m^3/h	Anlage Februar 1989 Anlage ab Oktober 1989	m m
Harbauer	Harbauer Berlin	Naßextraktionsverfahren, Energieeintrag mittels Vibrationswaschschnecke	20	Anlage seit 1986 in Berlin (Pintsch-Gelände)	sm

Fortsetzung Tabelle 7.11

Verfahren	Betreiber Konzeption	Kurzbeschreibung	Leistung (t/h)	Stand	Mobilität
Hochdruck-Waschverf.	afu Berlin/Klöckner Oecotec	Hochdruckwasserstrahl-Verfahren, 250 bar, Wasser als Extraktionsmedium	15–40	Anlage seit 1986 Berlin, wechselnde Standorte	u
Hochdruck-Waschverf.	Klöckner Oecotec Duisburg	Oecotec Hochdruck-Bodenwaschanl. 2000 Neuentwicklung f. revierspez. Böden	45	Anlage seit April 1989 in Düsseldorf-Lierenfeld	u
In situ-Bodenwasch.	Arge Bodensanierung (GKN Keller, WUE, S+I, Hamb.)	In situ Hochgeschw.-Wasserstrahl Bodenwäsche u. on site-Boden/Wasser-Behandl., auch unterhalb von Bebauung einsetzbar	15	Probeanlage 1988, Anlage Sommer 1990	m
In situ-Hochdruck Waschverf.	Philipp Holzmann AG	Hochdruck-Bodenwaschverf. für in situ- und on site-Einsatz, Extraktionsmedium Wasser, 500 bar, mikrobiol. Schlambeh.	ca. 12	Anlage seit April 1989 in Bremen im Einsatz	m
LGA	Landesgewerbeanstalt Bayern	Gegenstromreaktoren mit Extraktionslösung, speziell für Schwermetalle		Laborversuche, Anlagenkonzept 1988	
LURGI (Deconterra)	LURGI, Frankfurt	Naßmech. Aufbereitung mittels Attritions-Waschtrommel, Extraktionsm. Wasser	1 20	Demonstrationsanlage Großanlage geplant	s
Verfahren nach Prof. Müller	ROM, Hamburg	Säureaufschluß aquat. Sedimente mit Kombin. Hydroxid-Karbonatfällung zur mit Schwermetallabtrennung	260 kg/h mit 30 % Feststoff.	Versuchsanlage in Hamburg Anfang 1990 geplant	m
Oil-Crep-System	TBSG Bremen, AEG, Bremer Vulkan	Einsatz des Extraktionsmittels Oil-Crep I, Neuanlage	15	seit 1985 Einsatz auf verschiedenen Standorten	m
Schauenburg	Schauenburg, Mühlheim	Anlage zur Aufbereitung ölverunreinigter Sande, Konzept zur Weiterentw.		Pilotanlage Mühlheim	m
Siemens	Siemens, Berlin, München	Schwermetall-Extraktion mittels Gegenstromverfahren in mehrstufigen Säurebehandlungsstationen		Patent-Offenlegungsschrift 1988	
SKW	SKW-Umwelttechn. Oldenburg	Waschverfahren mittels Freifallmischern, Einsatz Emulgator PAGO S	ca. 12	seit März 1987 Einsatz auf versch. Standorten	m
Sonnenschein	Sonnenschein, Büdingen	Ausfällen von Schwermetallen aus der sauren Lösung durch Komplexbildner		Patent-Offenlegungsschrift 1988	
TerraCon	Arge Ways & Freitag AG/Eggers/TEREG/ Hamburg	Einsatz waschaktiver Substanzen im Trommelwäscher insbes. für MKW-kontaminierte Böden, Modulsystem	max. 30		
Weiss	L. Weiss, Crailsheim	Extraktion von Schadstoffen mittels Hochdruckstrahlrohr	10–25	Großanlage mit Kooperationsparterq	u

m = mobil, sm = semimobil bzw. u = umsetzbar

7.3.2.2 Extraktive Verfahren

Als chemisch-physikalische Verfahren haben sich insbesondere Methoden zur Schadstoffextraktion mittels Bodenwäsche in mehreren Anlagen großtechnisch durchgesetzt. Tabelle 7.11, die wie die vorhergehende Tabelle keinen Anspruch auf Vollständigkeit erhebt, enthält eine Übersicht über bereits in Betrieb befindliche Bodenwaschanlagen sowie geplante Anlagenrealisierungen.
Die in Berlin von der Fa. Harbauer, Berlin, im Rahmen eines BMFT-Vorhabens entwickelte Bodenwaschanlage (Bild 7.9), die mit der neuentwickelten Vibrationswaschschnecke über ein spezielles Energieeintragssystem verfügt, hat auf ihrem Standort auf dem Pintsch-Gelände in Berlin neben den vorhandenen stark verunreinigten Böden auch weitere, unterschiedlich kontaminierte Böden aus anderen Berliner Altstandorten erfolgreich gereinigt. Nach Weiterentwicklung ist das Waschverfahren, das ggf. auch oberflächenaktive Substanzen zum Waschprozeß verwendet, für die Behandlung feinkörniger Böden bis zu einer Korngröße von ca. 15 µm einsetzbar. Eine weiterentwickelte Anlage dieser Firma befindet sich seit 1989 in Wien in Betrieb.
Seit dem gleichen Zeitpunkt wird das Hochdruck-Waschverfahren der Klöckner-Oecotec, Duisburg, von der Fa. Afu, Berlin, an unterschiedlichen Berliner Standorten eingesetzt. Dieses Verfahren basiert auf einem in den Niederlanden entwickelten Verfahren, dessen Kernstück aus einem Hochdruckstrahlrohr besteht, in dem ausschließlich Wasser unter hohem Druck bis ca. 5.000 N/m^2 auf den schadstoffbelasteten Boden trifft und eine Trennung von Schadstoff und Bodenpartikel bewirkt. Dieses Verfahren ist wie das zuvor genannte Verfahren für ein breites Schadstoffspektrum einsetzbar. Eine auf diesem Prinzip basierende Weiterentwicklung der Fa. Klöckner Oecotec hat im April 1989 auf dem ehemaligen Gelände der Mannesmann-Röhrenwerke in Düsseldorf-Lierenfeld den Betrieb aufgenommen. Die Anlage wurde seither auf Standorten in Hamburg, Stuttgart und München eingesetzt. In Bild 7.10 ist die aus 50 Normcontainern bestehende Oecotec Hochdruck-Bodenwaschanlage 2000 in der stillgelegten Produktionshalle dargestellt. Die Anlage, die u. a. mit einem 3stufigem Hochdruck-Strahlrohr ausgerüstet ist und bei der Dampfinjektionen zum Anlösen der Schadstoffe vor der Hochdruck-Strahlrohr-Behandlung verwendet werden, kann innerhalb von ca. 1 Woche umgesetzt werden. Hinsichtlich Umweltverträglichkeit und Arbeitsschutz wurden Konzeptionen, Errichtung und Inbetriebnahme der Anlage vom TÜV-Rheinland und von der Tiefbau-Berufsgenossenschaft Hannover begleitet.

Bild 7.9
Bodenwaschanlage System Harbauer auf dem Pintsch-Gelände in Berlin

Bild 7.10
Oecotec Hochdruck-Bodenwaschanlage 2000 in Düsseldorf-Lierenfeld

Darüber hinaus sind, wie aus Tabelle 7.11 hervorgeht, zahlreiche Neukonzeptionen teilweise bis zur großtechnischen Anwendung vorangetrieben worden. Einige der darin aufgeführten Konzeptionen wurden für spezielle Einsatzzwecke, wie z. B. für die Behandlung schwermetallbelasteter Böden entwickelt.

Bodenwaschverfahren werden neuerdings auch als in situ-Verfahren angewendet. Basierend auf dem aus dem Tiefbau bekannten Soilcrete-Verfahren hat die Fa. Keller Grundbau, Hamburg, ein in situ-Bodenwaschverfahren entwickelt, mit dem unter Einsatz eines Hochgeschwindigkeitswasserstrahls Böden bis zu einer Tiefe von 35 m gewaschen werden können, wobei das kontaminierte Waschwasser und der geförderte Schlamm oberirdisch vor Ort gereinigt werden. Die gereinigten Bodenbestandteile werden parallel zur in situ-Wäsche wieder in die Erosionsräume verfüllt. Das Verfahren wurde auf dem Gelände einer ehemaligen Desinfektionsmittelfabrik erstmalig erprobt und soll demnächst bei einer großtechnischen Sanierungsmaßnahme in Hamburg angewendet werden.

Ein weiteres in situ-Bodenwaschverfahren wurde von der Philipp Holzmann AG, Düsseldorf, bei der Sanierung des ehemaligen Gaswerksgeländes in Bremen-Woltmershausen großtechnisch eingesetzt. Der zu reinigende Boden wird hierbei durch Stahlhüllrohre gegen den übrigen Bodenbereich abgegrenzt. Mittels einer rotierenden Hochdruckinjektionslanze werden bei Drücken von bis zu 500 bar Wassermengen bis zu 300 l pro Minute injiziert. Durch diesen Hochdruckprozeß erfolgt bereits eine weitgehende Trennung der Verunreinigungen von den Bodenpartikeln in situ. Die Reinigung des Boden-Wasser-Schadstoffgemisches erfolgt in einer mehrstufigen on site-Reinigungsanlage. Die anfallenden Abwässer und Schlämme wurden von der Fa. Umweltschutz Nord, Ganderkesee, biologisch gereinigt. Bild 7.11 stellt den Einführvorgang der Hochdruckinjektionslanze dar. In Bild 7.12 ist die Separieranlage dargestellt, mit der die Trennung der sauberen Bodenpartikel von Wasser und Schlamm vorgenommen wird.

7.3.2.2 Mikrobiologische Verfahren

Biologische Verfahren zur Bodensanierung zielen auf den Abbau organischer Verbindungen insbesondere durch Aktivierung bereits vorhandener Bakterien oder aber auch durch Zugabe speziell gezüchteter Bakterien sowie auf Optimierung ihrer Milieubedingungen ab. Da es derzeit bereits eine Vielzahl unterschiedlicher Verfahren sowohl zur on site-/off site- als auch zur in situ-Behandlung auf dem Markt gibt, wird auf eine tabellarische Verfahrensübersicht verzichtet. Es wird in diesem Zusammenhang auf den Forschungsbericht „Technologie-Register zur Sanierung von Altlasten" (TERESA) hingewiesen [18].

Bild 7.11
Absenken der Hochdruckinjektionslanze in einem Hüllrohr bei der in situ Bodenreinigung nach dem System Holzmann auf dem ehemaligen Gaswerksgelände in Bremen-Woltmershausen

Bild 7.12
Separieranlage der in situ Bodenreinigung nach dem System Holzmann

Von dem in kontaminierten Böden von Altstandorten anzutreffenden Schadstoffspektrum sind viele organische Schadstoffe vorwiegend aerob biologisch leicht abbaubar. Dies gilt insbesondere für aliphatische und aromatische Kohlenwasserstoffe und mit gewissen Einschränkungen auch für polycyclische aromatische Kohlenwasserstoffe, wohingegen chlorierte aromatische Kohlenwasserstoffe biologisch nur schwer abbaubar sind. Was allerdings die praktischen Einsatzbedingungen der biologischen Verfahren anbetrifft, so sind die Einsatzmöglichkeiten von in situ-Verfahren im Vergleich zu on site-Verfahren derzeit noch relativ beschränkt. Die Ursache hierfür liegt in den in aller Regel ungünstigen in situ-Randbedingungen, wie z. B. inhomogene Schadstoffverteilung, mangelnde hydraulische Durchlässigkeiten des Untergrundes, unzureichende Feuchtigkeits- und Sauerstoffverhältnisse sowie ungünstige Temperaturen und ph-Wert-Bedingungen. Da diese Randbedingungen im on site-Betrieb sehr viel einfacher durch gezielte Steuerungsmaßnahmen optimiert werden können, erfolgt die biologische Behandlung kontaminierter Böden bisher vorrangig auch auf diese Weise.

Die biologische Behandlung im on site-/off site-Betrieb erfolgt im sogenannten Mietenverfahren, bei dem kontaminierte Böden zu Abbaubeeten aufgesetzt werden. Je nach Verfahren werden unterschiedliche Verfahrensschritte wie Bodenaufbereitung, Homogenisierung, Nährstoff- und Bakterienzugabe, Sickerwasserkreislaufführung, Be- und Entlüftung ggf. mit Abluftreinigung sowie periodisch wiederkehrende Bearbeitungsprozesse angewandt.
Erfahrungen mit der biologischen Behandlung in Mietenverfahren liegen vorrangig für mineralölkontaminierte Böden vor. Um die Leistungsfähigkeit unterschiedlicher Mietenverfahren zur Reinigung von mit Kohlenwasserstoffen verunreinigten Böden zu ermitteln, führte die Deurag-Nerag Erdölraffinerie auf ihrem ehemaligen Betriebsgelände in Hannover-Misburg seit Mitte 1987 einen Parallelversuch durch.
Bild 7.13 zeigt zwei sogen. Regenerationsmieten der Fa. HOCHTIEF, Essen, für 1991 bis 1993 durchgeführte biologische Sanierungsmaßnahmen.
Neben Böden, die mit Kohlenwasserstoffen (z. B. Mineralöl, Vergaserkraftstoff) kontaminiert sind, werden seit kurzem auch Böden aus Gaswerksgeländen, die mit aromatischen Kohlenwasserstoffen (z. B. Benzol, Toluol, Xylol) und polycyclisch aromatischen Kohlenwasserstoffen (z. B. Naphtalin, Anthracen, Benzpyren) kontaminiert sind, in Mieten biologisch behandelt. Zur mikrobiologischen

Bild 7.13
HOCHTIEF-Regenerationsmieten zur biologischen Behandlung benzin-verunreinigter Böden in Braunschweig mit wasserabweisender luftdurchlässiger Folie abgedeckt (oben);
Herstellung des Mietenuntergrundes mit Entwässerungs- und Belüftungskiesfilter sowie Vliesabdeckung zur biologischen Behandlung von kerosinverunreinigten Böden in Frankfurt (unten).

Bild 7.14
Großraumfermenter zur biologischen Behandlung verunreinigter Böden der Fa. Umweltschutz Nord

Behandlung von Böden aus Gaswerksgeländen wird derzeit in Solingen ebenfalls ein Parallelversuch durchgeführt. Eine Variante zur biologischen on site-/ off site-Behandlung in Mieten stellt die biologische Behandlung in Reaktoren dar, bei der die Abbauprozesse durch optimale Einstellung der o. a. Randbedingungen auf einen Mindestzeitraum verkürzt werden können. Die Behandlung in Abbaureaktoren steht allerdings noch in den Anfängen der Entwicklung. Der erste Großraumreaktor mit einer Länge von 45 m und einem Fassungsvermögen von 240 m^3 wurde Anfang Juni 1989 von der Fa. Umweltschutz Nord auf ihrem Betriebsgelände in Ganderkesee in Betrieb genommen (Bild 7.14).
Im Bereich der biologischen in situ-Behandlung sind aufgrund der inzwischen durchgeführten Forschungsvorhaben und ersten Praxisanwendungen durchaus Erfolge erkennbar. So zeigt u. a. das Beispiel zur biologischen Behandlung von verunreinigten Böden im in situ-Betrieb der Fa. Messer Griesheim, Krefeld, daß durch Zufuhr von technischem Sauerstoff nach dem $BIOX^R$-S-Verfahren erheblich Abbauleistung bei den für Gaswerksstandorten typischen Kohlenwasserstoffen erzielt werden können.
Fragen nach der Sanierungsdauer und der erzielbaren Abbauleistung können generell noch nicht abschließend beantwortet werden. Nach bisherigen Erkenntnissen ist die Sanierungsdauer jedoch in der Regel mit mehreren Jahren wesentlich länger als bei der biologischen on site-/off site-Behandlung. Einen Überblick über den derzeitigen Stand der mikrobiologischen in situ-Technik gibt der gemeinsam von PROBIOTEC, Düren-Gürzenich, und dem Bundesgesundheitsamt, Institut für Wasser-, Boden und Lufthygiene – Außenstelle Langen, zu diesem Thema erarbeitete Forschungsbericht [17].

7.3.2.4 Bodenluft-Absaugverfahren

Zur Sanierung von Böden, die mit leichtflüchtigen Verbindungen (z. B. chlorierte Kohlenwasserstoffe) kontaminiert sind, werden seit längerem und in großem Umfang sehr erfolgreich sog. Bodenluft-Absaugverfahren eingesetzt. Durch den über Vakuumbrunnen erzeugten Unterdruck wird nicht nur die vorhandene kontaminierte Bodenluft abgesaugt, sondern auch eine erhöhte Verdunstung durch die an den Schadstoffmolekülen vorbeistreichenden Luftströme bewirkt. Die abgesaugte Bodenluft wird mittels Aktivkohle gereinigt. Bodenluft-Absaugverfahren sind vorrangig in der ungesättigten Bodenzone als in situ-Verfahren anwendbar. Bei Kontaminationen der gesättigten Bodenzone wird die Bodenluftabsaugung auch in Kombination Drucklufteinblasung angewendet. Dabei wird die im Grundwasserleiter eingebrachte Strippluft, die die im Wasser vorhandenen Schadstoffe desorbiert, nach Eintritt in der ungesättigten Bodenzone über die Bodenluftabsauganlage erfaßt und zur Aktivkohle-Reinigungsanlage abgeführt. Die Erfahrungen zeigen, daß solche kombinierte Maßnahmen optimaler bei gleichzeitiger Grundwasserhaltung betrieben werden können.

Der Vorteil des Bodenluft-Absaugverfahrens liegt darin, daß mit relativ geringem Aufwand hohe Reinigungsleistungen erzielt werden können. Es eignet sich vorrangig für leichtflüchtige chlorierte Kohlenwasserstoffe, die als Lösungsmittel in großen Mengen verwendet wurden und noch werden. Verfahren zur Bodenluftabsaugung werden ebenso wie mikrobiologische Verfahren von einer ständig zunehmenden Zahl von Firmen angeboten. Eine neuere Übersicht hierzu enthält der Forschungsbericht TERESA [18].
Neben den in der Praxis vielfältig angewendeten Bodenluft-Absaugverfahren wurden Weiterentwicklungen für einen optimierten in situ- und on site-Betrieb eingesetzt. Mit dem IEG-UVB-Unterdruck-Kreislauf-Verfahren bietet die Fa. VUS Schwalbach ein kombiniertes Verfahren zur Bodenluftabsaugung und Grundwasserstrippung an. Weiterhin wird die Bodenluftabsaugung bei neu entwickelten Verfahren auch im on site-Betrieb beispielweise an emissionsgeschützten Mieten oder in speziell entwickelten Reaktoren (Fa. Züblin AG) eingesetzt.

7.3.2.5 Bodenreinigungszentren

So wie es in der Regel bei jeder Bodensanierung vor Ort sinnvoll ist, verschiedene Reinigungstechniken als Verfahrenskombination einzusetzen, so wird die zentrale Behandlung kontaminierter Böden aus unterschiedlichen Altlasten in größeren Bodenreinigungszentren ebenfalls kombinierte Behandlungsverfahren im Hinblick auf eine effektive Reinigung vorsehen. Die vielerorts geplanten Bodensanierungszentren umfassen daher in aller Regel thermische, chemisch-physikalische und biologischer Verfahrensstufen, die im Verbund zur optimalen Dekontamination von Böden eingesetzt werden sollen. Tabelle 7.12 enthält eine Zusammenstellung von bereits realisierten oder in der Planung befindlichen Bodenreinigungszentren, die jeweils einen oder mehrere Verfahrsstränge umfassen.
Hinsichtlich der spezifischen Kosten für Dekontaminierungstechniken ist festzustellen, daß aufgrund der bisher in der Praxis durchgeführten Sanierungsmaßnahmen relativ gesicherte Erkenntnisse vorliegen. Die tatsächlichen Sanierungskosten hängen jedoch sehr stark vom Einzelfall und den jeweiligen örtlichen Randbedingungen ab, so daß die in Tabelle 7.13 enthaltenen spezifischen Dekontaminationskosten, die aufgrund von Forschungsberichten und Literaturangaben [15, 16, 18] ermittelt wurden, relativ große Bandbreiten aufweisen.

7.4 Ausblick

Methoden und Technologien zur Sicherung und Dekontaminierung von Altlasten stehen nach z. T. aufwendigen Forschungs- und Entwicklungsarbeiten zur Verfügung. Sie sollten nach entsprechenden Demonstrationsphasen nunmehr in der Praxis auch eingesetzt werden.
Die eingangs geschilderte Dimension der Altlastenproblematik und das zur Verfügung stehende Technologiespektrum verdeutlichen aber auch, daß der Bedarf an effektiven und kostengünstigen Sanierungstechniken bei weitem noch nicht gedeckt ist. Weiterer Forschungs- und Entwicklungsbedarf besteht vorrangig bei weitergehenden Techniken zur Behandlung von Altablagerungen, mit denen deren Gefährdungspotential reduziert oder beseitigt werden kann, sowie bei der Entwicklung und Optimierung von in stiu-Verfahren zur Boden- und Grundwasserbehandlung.
Die bisher relativ kurze Phase der Altlastensanierung ist bisher insbesondere im Bereich der Bodenreinigung durch eine anhaltend rasante Entwicklung im Inland sowie in einigen europäischen Ländern und den USA gekennzeichnet. Zur Vermeidung von Fehlentwicklungen und zur frühzeitigen Information über Vorgehensweisen und über neue und kostengünstige Sanierungstechniken ist internationaler Erfahrungsaustausch von besonderer Bedeutung. Diesem Erfordernis tragen die mit großem Erfolg und mit Förderung des BMFT nunmehr schon zum dritten Male in der Bundesrepublik Deutschland veranstalteten Internationalen Altlastenkongresse Rechnung. Die vorliegenden Dokumentationen des Zweiten Internationalen BMFT/TNO-Kongresses Hamburg 1988 sowie des Dritten Internationalen BMFT/TNO-Kongresses in Karlsruhe 1990 (19, 20) spiegeln den internationalen Kenntnisstand im Bereich der Altlastensanierung wider. Mit dem

Tabelle 7.12 Zusammenstellung von geplanten, im Bau befindlichen oder bereits realisierten stationären Anlagen zur Bodenreinigung bzw. Bodenreinigungszentren (Stand: 1.4.1992)

Standort	Land	Betreiber	Stand		Verfahrensstränge		
			geplant	realisiert oder im Bau	thermisch	chemisch-physik.	biologisch
Ludwigsburg	BW	Züblin, Klöckner	x			x	
Stuttgart	BW	ContraCon	x			x	x
Fürstenfeldbruck	BY	Klöckner, Sommer	x			x	
Berlin-Köpenick	BL	US-Ost		x			x
Berlin-Neukölln	BL	Harbauer		x		x	
Berlin-Tiergarten	BL	WiTec		x	x		
Großkreuz	BB	Hafemeister, Hochtief	x			x	x
Schwarze Pumpe	BB	RUT	x		x	x	x
Velten	BB	Klöckner	x			x	x
Zeesen	BB	–	x			x	
Bremen	HB	US-Bremen		x			x
Hamburg-Billbrook	HH	Arge HUTEC	x		x	x	x
Hamburg-Elmsbüttel	HH	–		x		x	
Hamburg-Peute	HH	Arge Terracon		x		x	
Hamburg-Veddel	HH	NORDAC		x		x	
Hamburg-Waltershof	HH	US-Hamburg	x				x
Frankfurt	HE	Arge Holzmann	x			x	x
Langhagen	MV	US-Ost		x			x
Tribsees	MV	IMA	x				x
Ahnsen	NI	Biodetox		x			x
Balje-Hörne	NI	GRT/US-Nord		x			x
Bardowick	NI	GRT/US-Nord		x			x
Brake	NI	Züblin	x		x	x	x

Fortsetzung Tabelle 7.12

Standort	Land	Betreiber	Stand		Verfahrensstränge		
			geplant	realisiert oder im Bau	thermisch	chemisch-physik.	biologisch
Ganderkesee	NI	US-Nord		x			x
Hildesheim	NI	Züblin	x		x	x	x
Northeim	NI	US-Mitte		x			x
Bochum	NW	BSR	x		x	x	x
Duisburg	NW	–	x		x		
Gladbeck	NW	US-Ruhr	x				x
Hattingen	NW	Thyssen	x			x	x
Hille-Minden	NW	Züblin	x		x	x	x
Münster	NW	Arge Bodensanierung		x			x
Germersheim	RP	IMA	x				x
Morbach	RP	US-Südwest	x				x
Saarburg	RP	IMA	x				x
Neunkirchen	SL	SOTEC	x		x	x	x
Bischofswerda	SN	BSB, Züblin/Walter UT	x		x	x	x
Dresden	SN	–	x			x	x
Freiberg	SN	ContraCon	x			x	x
Gröbern	SN	ContraCon	x			x	x
Leipzig	SN	ContraCon	x			x	x
Halle-Lochau	ST	US-Mitte		x			x
Flensburg	SH	IMA		x			x
Lägerdorf	SH	AB-Umwelttechnik		x		x	

Tabelle 7.13 Übersicht über spezifische Kosten zur Dekontamination von verunreinigten Böden

Verfahrenstechnik	Behandlungskosten
Thermische Verfahren	250 bis 700 DM/m³ 125 bis 350 DM/t
Chemisch-physikalische Verfahren	200 bis 460 DM/m³ 100 bis 230 DM/t
Biologische Verfahren	50 bis 500 DM/m³ 25 bis 250 DM/t
Annahme: Dichte ca. 2000 kg/m³	

Vierten Internationalen BMFT/TNO-Kongreß im Mai 1993 in Berlin findet dieser international stark beachtete Fachkongreß seine Fortsetzung.

Literatur

[1] Der Bundesminister des Inneren (Hrsg.): Bodenschutzkonzeption der Bundesregierung. Bundestags-Drucksache 10/2977 vom 7. März 1985

[2] Rat von Sachverständigen für Umweltfragen: Altlasten, Sondergutachten, Dezember 1989, Metzler-Poeschel, Stuttgart, Mai 1990

[3] Rat von Sachverständigen für Umweltfragen: Umweltgutachten 1978. Deutscher Bundestag, 8. Wahlperiode, Drucksache 8/1938 vom 19. 9. 78, hrsg. vom Bundesministerium des Innern, 1978

[4] Länderarbeitsgemeinschaft Abfall (LAGA): Gefährdungsabschätzung und Sanierungsmöglichkeiten bei Altablagerungen. Informationsschrift, LAGA-Mitteilung Nr. 5, Müll-Handbuch, Bd. 3, Lfg. 4/1983, Erich Schmidt Verlag, Berlin 1983

[5] Stief, K., Franzius, V.: Stand der Altlastenproblematik in der Bundesrepublik Deutschland. Bericht zur Sitzung der OECD-Waste-Management-Policy-Group, 20. – 22. 4. 1983 in Paris (unveröffentlicht)

[6] LAGA: Erfassung, Gefahrenbeurteilung und Sanierung von Altlasten – Informationsschrift. Abfallwirtschaft in Forschung und Praxis, Band 37, Erich Schmidt Verlag, Berlin 1991

[7] Abfallgesetz für das Land Nordrhein-Westfalen (Landesabfallgesetz – LAbfG) vom 21. Juni 1988, zuletzt geändert durch das Gesetz vom 14. 1. 92, Gesetz- und Verordnungsblatt für das Land Nordrhein-Westfalen, 1992

[8] Neufassung des Gesetzes über die Vermeidung, Verminderung, Verwertung und Beseitigung von Abfällen und die Sanierung von Altlasten (Hessisches Abfallwirtschafts- und Altlastengesetz – HAbfAG), in der Fassung vom 26. 2. 91. Gesetz- und Verordnungsblatt für das Land Hessen, Nr. 106, Wiesbaden, 1991

[9] Unterarbeitsgruppe „Altlasten": Bericht der Unterarbeitsgruppe im Rahmen des ökologischen Sanierungs- und Entwicklungsplanes für das Gebiet der ehemaligen DDR, Bonn 16. 10. 1990 (unveröffentlicht)

[10] Antwort der Bundesregierung auf die Große Anfrage zum Thema Rüstungsaltlasten. Bundestags-Drucksache 11/6972 vom 26. April 1990

[11] Pöppelbaum, M., Bütow, E., Lühr, H.-P., Wegener, I.: Empfehlungen zur Verdachtsflächenbewertung für den Teilbereich Grundwasser. Forschungsbericht 102 03 419, Texte des Umweltbundesamtes 22/89, Berlin, Juni 1989

[12] Franzius, V.: Kontaminierte Standorte in der Bundesrepublik Deutschland. In: Kosten der Umweltverschmutzung, Berichte 7/86 des Umweltbundesamtes, Erich Schmidt Verlag, Berlin 1986, S. 295–302

[13] Umweltbundesamt: Daten zur Umwelt 1988/89. Erich Schmidt Verlag, Berlin 1989, S. 198

[14] Deutscher Bundestag: Antwort der Bundesregierung auf die Große Anfrage der SPD zum Thema „Altlasten" (Drucksache 11/2725), 11. Wahlperiode, Drucksache 11/4104 vom 1. 3. 1989

[15] Franzius, Stegmann, Wolf (Hrsg.): Handbuch der Altlasten-Sanierung. R. v. Decker's Verlag, G. Schenck, Heidelberg, 1988/1992

[16] Franzius, V. (Hrsg.): Sanierung kontaminierter Standorte, Reihe 1986–1991. Abfallwirtschaft in Forschung und Praxis, Erich Schmidt Verlag, Berlin.
1986 – Neue Verfahren zur Bodenreinigung, Band 18, 1987
1987 – Untersuchung und Sanierung von ehemaligen Gaswerksgeländen, Band 22, 1988
1988 – Konzepte, Fallbeispiele, Neue mikrobiologische Sanierungstechniken, Technologietransfer, Band 28, 1989
1989 – Grundsätze und Strategien zur Untersuchung und Bewertung, Erfahrungen und Genehmigungspraxis bei der Durchführung von Sicherungs- und Sanierungsmaßnahmen, Band 33, 1990
1990 – Branchen, Sanierungspraxis, Innovationen und Trends, Band 39, 1991
1991 – Bestandsaufnahme in Deutschland, Technologieumsetzung, Arbeitsschutz und Grundstücksverkehr, Band 46, 1992

[17] Filip, Z., Geller, A., Schiefer, B., Schwefer, H.-J., Weirich, G.: Untersuchung und Bewertung von in situ biotechnologischen Verfahren zur Sanierung des Bodens und des Untergrundes durch Abbau petrochemischer Altlasten und anderer organischer Umweltchemikalien. Forschungsbericht 1440456, hrsg. vom Umweltbundesamt, Berlin 1989

[18] Böhnke, B., Pöppinghaus, K. Schaar, H.: Technologie-Register zur Sanierung von Altlasten (TERESA), Forschungsinstitut für Wassertechnologie, RWTH Aachen, 1990, Hrsg. Umweltbundesamt, Berlin 1991

[19] Altlastensanierung '88. Zweiter Internationaler TNO/BMFT-Kongreß über Altlastensanierung (zugleich BMFT-Statusseminar), hrsg. vom BMFT und Umweltbundesamt, Bd. 1 und 2, 1988

[20] Altlastensanierung '90. Dritter Internationaler TNO/BMFT-Kongreß über Altlastensanierung (zugleich BMFT-Statusseminar), hrsg. vom BMFT und Umweltbundesamt, Bd. 1 und 2, 1990

Redaktionsschluß 1.4.1992

8 Abfallbörsen[1)]

von Friedrich Tettinger

8.1 Recycling von gewerblichen Reststoffen – eine Aufgabe für Wirtschaft und Industrie- und Handelskammern

„Lumpen, Flaschen, Eisen und Papier", dies war der bekannte Ruf des Altmaterialhändlers, der schon vor Jahrzehnten als Bote des heutigen Recycling durch die Straßen eilte, um Reststoffe unterschiedlicher Art wieder in den Wirtschaftskreislauf einzuführen. Seither hat sich sowohl der Fächer der recycelten Stoffe als auch die Recyclingquote innerhalb der einzelnen Stoffgruppen wesentlich erhöht. Die Forderung moderner Umweltschutzgesetze nach Abfallvermeidung, Wiederverwertung und erst dann einsetzender Abfallbeseitigung spiegelt den hohen Stellenwert von Recycling-Aktivitäten für Politik und Gesellschaft wider.
Abfallvermeidung, -verwertung und -beseitigung – dies ist die Reihenfolge, in der der Bundesgesetzgeber seine Zielvorstellungen in dem seit 1. November 1986 gültigen Abfallgesetz auch für die Wirtschaft eindeutig vorgegeben hat [1]. Ergänzend hierzu besteht für die nach Bundes-Immissionsschutzgesetz genehmigungsbedürftigen Anlagen die Verpflichtung, Reststoffe zu vermeiden, es sei denn, sie werden ordnungsgemäß und schadlos verwertet oder, soweit Vermeidung und Verwertung technisch nicht möglich oder unzumutbar sind, als Abfälle ohne Beeinträchtigung des Wohls der Allgemeinheit beseitigt [2].
Die auf der Basis dieser gesetzlichen Vorschriften begründeten zusätzlichen Regelungen etwa in Form von Verordnungen oder Verwaltungsvorschriften konkretisieren diese zunächst generelle Vorschrift im Detail. So ist etwa der Immissionsschutzbeauftragte u. a. berechtigt und verpflichtet, auf die Entwicklung und Einführung umweltfreundlicher Verfahren (einschließlich Verfahren zur ordnungsgemäßen Verwertung der beim Betrieb entstehenden Reststoffe) und umweltfreundlicher Erzeugnisse (einschließlich Verfahren zur Wiedergewinnung und Wiederverwertung) hinzuwirken. Hierzu hat er bei der Entwicklung und Einführung solcher umweltfreundlicher Verfahren und Erzeugnisse vor allem durch Begutachtung der Verfahren und Erzeugnisse unter dem Gesichtspunkt der Umweltfreundlichkeit mitzuwirken. In ähnlicher Weise ist der Betriebsbeauftragte für Abfall berechtigt und verpflichtet, bei Abfallentsorgungsanlagen auf Verbesserungen des Verfahrens der Abfallentsorgung einschließlich einer Verwertung von Abfällen hinzuwirken sowie bei Betrieben mit regelmäßigem Abfall besonders überwachungsbedürftiger Abfälle auf die Entwicklung und Einführung umweltfreundlicher Verfahren zur Reduzierung der Abfälle, auf die ordnungsgemäße und schadlose Verwertung der im Betrieb entstehenden Reststoffe oder, soweit dies technisch nicht möglich oder unzumutbar ist, auf die ordnungsgemäße Entsorgung dieser Reststoffe als Abfälle einzuwirken. Schließlich hat auch der Gewässerschutzbeauftragte auf die Entwicklung und Einführung von umweltfreundlichen Produktionen hinzuwirken, vor allem auf die Anwendung geeigneter Abwasserbehandlungsanlagen (einschließlich solcher Verfahren zur ordnungsgemäßen Verwertung oder Beseitigung der bei der Abwasserbehandlung entstehenden Reststoffe).
Der aus der Wirtschaft voll mitgetragene Gedanke nach vielfältigen eigenständigen und auch freiwilligen Beiträgen zum Umweltschutz, die genannten Vorschriften des Gesetzgebers sowie die zunehmenden Entsorgungsschwierigkeiten vor allem als Folge der sogenannten Akzeptanzkrise von Entsorgungsanlagen in der Bevölkerung bedeuten für Politik, Verwaltung und Wirtschaft die eindringliche Aufgabe, im Vorfeld der eigentlichen Abfallbeseitigung vielfältige Schritte zu unternehmen, um „Abfälle" als Rohstoffe am falschen Ort nach Möglichkeit einer Wiederverwendung an anderer Stelle zuzuführen. Auf diese Weise gilt es, einen eigenständigen Beitrag der Wirtschaft zu erbringen, damit sich die Abfallbeseitigung im Anschluß an ein weitgehendes Recycling nicht zum Nadelöhr für die gesamte industrielle Tätigkeit entwickelt.

---

1) Die Industrie- und Handelskammer haben ab August 1991 den Begriff „Abfallbörse" durch „Recyclingbörse" ersetzt.

Abfallvermeidung und Recycling sind damit eine wirtschaftspolitische Aufgabe, die selbstverständlich auch ein eigenständiges Anliegen der Wirtschaft ist. Dies ist insgesamt eine sowohl branchenübergreifende als auch zugleich regional deckende Aufgabenstellung, die nach unterschiedlichen Formen einer Lösung sucht. Die Industrie- und Handelskammern haben gem. § 1 des Kammergesetzes u. a. die Aufgabe, das Gesamtinteresse der ihnen zugehörigen Gewerbetreibenden ihres Bezirks wahrzunehmen und für die Förderung der gewerblichen Wirtschaft zu wirken. Außerdem können sie Anlagen und Einrichtungen, die der Forderung der gewerblichen Wirtschaft dienen, begründen, unterhalten und unterstützen. Recycling von gewerblichen Reststoffen ist daher von seiner herausragenden Bedeutung für die gesamte Wirtschaft eine Aufgabe, die es in der Tagesarbeit flexibel und erfolgsorientiert umzusetzen gilt.

8.2 „Abfallbörse" – Rahmenbedingungen und Ziele

In Kenntnis der genannten akuten und zukünftigen Probleme begrüßen Wirtschaft und Industrie- und Handelskammern aus heutiger Sicht um so mehr, daß sie bereits vor 16 Jahren im Frühjahr 1974 die „Abfallbörse" als freiwilligen Beitrag auf diesem Sektor ins Leben gerufen haben.

Die Abfallbörse ist seitdem ein gut funktionierendes, von den Unternehmen intensiv genutztes zusätzliches Instrument im Rahmen der vielfältigen Recycling-Bemühungen der Wirtschaft. Zugleich ist sie ein dauerhaftes Beispiel dafür, daß die Wirtschaft im Wege der Eigeninitiative und Selbstverwaltung geeignete Beiträge erbringt, um im Vorfeld von staatlichem Dirigismus einen konstruktiven Beitrag zu Problemlösungen zu leisten.

Zur umwelt- und rohstoffpolitischen Zielsetzung sind heute ebenso wie zum Start der Abfallbörse folgende Rahmenbedingungen gegeben:

- Wachsende Abfallberge als Folge der Wohlstandsgesellschaft und verstärkter Umwelterfolge auf den Sektoren Luft- und Gewässerreinhaltung,
- geschärftes Bewußtsein für eine intensive Rohstoffnutzung,
- verstärktes Umweltschutzbewußtsein bei allen Beteiligten.

Diese Rahmenbedingungen stecken heute wie damals zugleich die Ziele der Abfallbörse ab:

- Wiedereingliederung bisheriger Produktions- und sonstiger Rückstände in den Wirtschaftskreislauf,
- Schonung der knappen Rohstoffressourcen,
- Reduzierung der Abfallmenge und Schonung der Deponiekapazitäten.

Nach ersten erfolgreichen und auf die Bedürfnisse des Stadtstaates Hamburg zugeschnittenen Versuchen der dortigen Handelskammer wurden im April 1974 diese Erfahrungen auf die anderen Gegebenheiten des Flächenlandes Nordrhein-Westfalen übertragen. Da auch dieses Angebot der Kammern auf reges Interesse der Wirtschaft stieß, wurde als dritte Stufe noch im Verlauf des Jahres 1974 der Service der Abfallbörse von allen Industrie- und Handelskammern des Bundesgebietes über den Deutschen Industrie- und Handelstag bundesweit der gewerblichen Wirtschaftsangeboten [3].

Die seither gewonnenen positiven Ergebnisse der Abfallbörse bestätigen nach Auffassung der teilnehmenden Firmen und begrüßt von Politik und Verwaltungen: Der zusätzlich beschrittene Weg über die bereits bestehenden traditionellen Wege des Altmaterial- und Rohproduktenhandels hinaus stellt eine sinnvolle Ergänzung der vielfältigen Recycling-Bemühungen dar, um den neuen Herausforderungen an Wirtschaft und Gesellschaft gerecht zu werden.

Diese positive Aussage wird keineswegs durch den Hinweis geschmälert, daß die Bezeichnung „Abfallbörse" für die hier behandelte Einrichtung im Grunde nicht zutreffend ist. Es handelt sich nämlich seit Bestehen der Abfallbörse nicht um wirkliche Abfälle im Sinne der Gesetzgebung, sondern in aller Regel um die Verwertung der im Produktionsprozeß anfallenden Reststoffe, die als Wirtschaftsgüter einzustufen sind. Außerdem liegt keine Börse im traditionellen Sinn mit regelmäßigen Kursnotierungen o. a. vor. Die Abfallbörse ist vielmehr der Abfallvermeidung dienend und will damit im Vorfeld der eigentlichen Abfallentsorgung tätig sein. Die Industrie- und Handelskammern haben gleichwohl vor nunmehr mehr als 16 Jahren einen für die Praxis eingängigen und zugleich schlagkräftigen Begriff gewählt und diesen Schönheitsfehler in Kauf genommen.

8.3 IHK-Abfallbörse – unbürokratisches Verfahren

Der Service der Kammerorganisation ist für alle Teilnehmer in der Handhabung einfach. Ein Unternehmen jeder Größenordnung kann auf einem einfachen Formular seine Produktionsrückstände an der Abfallbörse anbieten oder solche nachfragen. Zur Darstellung dieser Stoffe sind Angaben über die angebotene Stoffart, evtl. die chemische Zusammensetzung, Menge, Verpackung, Transportmöglichkeiten und Anfallort erforderlich.
Mit diesen wenigen Angaben auf einer DIN A4-Seite an seine örtlich zuständige Industrie- und Handelskammer ist für den Anbieter von Rückständen zunächst alles Wesentliche erledigt. Die übrigen organisatorischen Arbeiten übernehmen die Kammern. Sie versehen die Angebote und Nachfragen mit einer Chiffre-Nummer, klassifizieren die Positionen in Chemische Rückstände, Kunststoffe, Papier/ Pappe, Holz, Gummi, Leder, Textil, Glas, Metalle und „Sonstige" als Sammelposten für manche unerwarteten Angebote.
Eine Neuerung und Verbesserung soll die angestrebte Umstellung der Recyclingbörse auf ein EDV-gestütztes Vermittlungssystem bringen. Die Vorteile der EDV-Anwendung gegenüber der bisherigen, als Druckerzeugnis vorliegenden Veröffentlichung, sollen ausgeschöpft werden. Der neue Service soll dem interessierten Unternehmen die Möglichkeit bieten, direkt in der Recyclingbörse nach unterschiedlichen Kriterien innerhalb der mit einer Code-Nummer versehenen Angaben recherchieren zu können. Voraussetzung ist, daß das Unternehmen über einen Datex-P-Anschluß verfügt und einen Benutzer-Code bei der von der Kammerorganisation getragenen IHK / Gesellschaft für Informationsverarbeitung mbH, Nördlicher-Ring-Str. 3, 7320 Göppingen, Tel. 07161/67 13 010, beantragt. Wenn die Firmen in der Datenbank auf sie interessante Positionen gestoßen sind, können diese bei der für den Sitz des Unternehmens zuständigen örtlichen Kammer ausgedruckt werden. Sofern Unternehmen künftig nicht selbst in der Recyclingsbörse recherchieren, können sie auch durch ihre zuständige IHK eine stoffliche Recherche durchführen lassen.
Daneben gibt es unverändert seit 1974 weiterhin die zusätzliche, auf die nordrhein-westfälischen Positionen zugeschnittene „grüne Abfallbörse" der Industrie- und Handelskammern dieses Landes. Sie wird bei der für Umweltschutzfragen federführenden Niederrheinischen Industrie- und Handelskammer zu Duisburg erstellt und kann über alle Kammern des Landes bezogen werden [5].

8.4 Industrie- und Handelskammern – Funktion als Clearingstelle

Um die Abfallbörse möglichst breiten Kreisen der Wirtschaft bekannt zu machen, wurde sie in Nordrhein-Westfalen in den ersten Jahren vielfach regelmäßig den Kammerzeitschriften beigefügt. Inzwischen haben die Kammern des Bundesgebietes oft spezielle Verteiler eingerichtet, oder sie veröffentlichen in ihrer jeweiligen Kammerzeitschrift die Positionen des eigenen Bezirks und aus der Nachbarschaft. Damit werden Angebote und Nachfragen einem großen Kreis von Unternehmen sowie sonstigen Interessenten bekannt gemacht.
Wer z. B. an der Nutzung von 30 000 Kunststoffkanistern mit Schraubverschluß aus dem Raum Frankfurt interessiert ist, kann dies seiner Kammer schriftlich mit Hinweis auf die Chiffre F-A-1321-02 mitteilen. Wer sich dagegen von Abfallnatronlauge trennen möchte, findet möglicherweise einen Abnehmer in Duisburg unter der Position DU-N 201.
Ob sich die jeweiligen Anbieter und Nachfrager zum Interessenausgleich finden, bleibt allein deren Angelegenheit. Die Kammern betätigen sich ausschließlich als Drehscheibe oder Clearingstelle zwischen möglichen Interessenten.

8.5 Abfallbörse auf dauerhaftem Erfolgskurs – bisher 100 000 Interessenten

Die branchenübergreifende und regional flächendeckende Funktion der Industrie-und Handelskammern ist eine günstige Voraussetzung für den Austausch von Angeboten und Nachfragen auch zwischen sehr unterschiedlichen Branchen und Regionen. Auf diesen günstigen Rahmenbedingungen aufbauend wurden seit 1974 bis 1989 bundesweit im Inland 41 640 Produktionsrückstände, davon 28 477 Angebote und 13 163 Nachfragen, im Rahmen der Abfallbörse veröffentlicht. Das große Interesse an dieser Einrichtung zeigt sich daran, daß sich in diesem Zeitraum 99 517 Interessenten hierfür gemeldet haben, und zwar 60 708 auf die Angebote und 38 809 auf die Nachfragen.

In der Vergangenheit hat sich eine Vielzahl von Partnern über die Abfallbörse gefunden, so daß deren Produktionsrückstände nunmehr ohne Inanspruchnahme der Abfallbörse ausgetauscht werden. Gleichwohl ist das Interesse an dieser Einrichtung nach wie vor groß, wobei sich innerhalb der Gesamtpalette Unterschiede bei den einzelnen Stoffgruppen ergeben. Das Hauptinteresse konzentriert sich weiterhin auf Kunststoffe, gefolgt von Stoffen aus dem Bereich Chemie, der Stoffgruppe Sonstige sowie Metalle, Holz und Papier. Interessant ist die Feststellung, daß im Durchschnitt der Stoffgruppen im Jahre 1989 2,5 Interessenten pro Angebot zu verzeichnen waren und auf eine Nachfrage durchschnittlich 3,6 Angebote erfolgten.

Tabelle 8.1 Strukturelle Aufteilung der Inserate in der DIHT-Abfallbörse nach Stoffgruppen vom zweiten Halbjahr 1974 bis 1989

Angebot/Nachfrage		absolut			in %	
Stoff	A	N	Total	A	N	Total
Kunststoff	8.056	4.259	12.315	28	32	30
Chemie	4.902	2.102	7.004	17	16	17
Metall	3.510	2.187	5.697	12	17	14
Papier	2.359	936	3.295	8	7	8
Holz	2.262	946	3.208	8	7	8
Textil	1.489	310	1.799	5	2	4
Gummi	795	198	993	3	2	2
Glas	422	283	705	2	2	1
Leder	247	96	343	1	1	1
Sonstige	4.435	1.846	6.281	16	14	15
Total	28.477	13.163	41.640	100	100	100

A = Angebot N = Nachfrage

Tabelle 8.2 Reaktionen auf die Inserate in der DIHT-Abfallbörse – Bundesliste –

A/N		absolut		Interessent im ϕ pro	
Jahr	N auf A	A auf N	Total	A	N
1974–79	22.029	9.505	31.534	–	–
80	2.634	2.246	4.880	2,1	3,0
81	2.364	2.209	4.573	2,1	2,9
82	2.925	2.214	5.139	2,6	2,6
83	3.002	1.988	4.990	2,9	2,5
84	4.229	2.621	6.850	3,6	3,0
85	3.951	2.916	6.867	3,6	4,0
86	3.425	3.409	6.834	2,5	3,9
87	4.337	3.810	8.147	2,1	3,9
88	6.620	3.877	10.497	3,2	4,3
89	5.192	4.014	9.206	2,5	3,6
Total	60.708 (61 %)	38.809 (39 %)	99.517 (100 %)	2,7	3,4

A = Angebot N = Nachfrage

Groß war auch das Interesse an der Abfallbörse in Nordrhein-Westfalen. In der Landesliste NW wurden 24 448 Positionen angeboten oder nachgefragt. Auf 15 672 Angebote und 8 776 Nachfragen reagierten 44 035 Interessenten. Damit hat hier durchschnittlich jedes Inserat fast 2 Resonanzen erbracht [6].

Dieses insgesamt beachtliche Ergebnis war nur möglich, weil innerhalb der Wirtschaft eine breite Streuung der Bundesliste, in Nordrhein-Westfalen etwa zusätzlich die Verteilung von mehr als 650 000 Exemplaren der Landesliste eine günstige Voraussetzung für eine weitläufige Resonanz in der Wirtschaft bildet. Neben Firmen sind außerdem andere Einrichtungen, wie z. B. Kommunen, Einzelpersonen oder auch soziale Dienste, als „Börsenpartner" beteiligt. Ein weiterer positiver Aspekt für die hohe Erfolgsquote ist die seit Anfang an bestehende enge Kooperation mit der Abfallbörse des Verbandes der Chemischen Industrie (VCI).

8.6 „Abfallbörse" des Verbandes der Chemischen Industrie e.V. – in enger Kooperation mit der IHK-Abfallbörse

Ein Blick in die Geschichte der Abfallbörsen zeigt, daß sie in den frühen 70er Jahren in unterschiedlichen Ansätzen, vorwiegend im Bereich der chemischen Industrie aufkamen. So entstanden die ersten „Börsen" 1972 im europäischen Ausland mit der „afvalbeurs" der Vereinigung van de Nederlands Chemische Industrie (VNCI) in Den Haag und der „Bourse des dechets" der Federation des industries chimique de Belgique (FIBC) in Brüssel. Es folgten 1973 die „Nordisk abfallbörs", an der sich die dänische Forenigen af Kemiske Industrie in Kopenhagen, die Norges Kjemiske Industriegruppe in Oslo, des Sveriges Kemiska Helsinki beteiligten, sowie die „Bundesabfallbörse" der oberösterreichischen Kammer in Linz und die Abfallbörse des VCI im gleichen Jahr. Sukzessive entstanden dann 1974 die Börse der Industrie- und Handelskammern und weitere Abfallbörsen in anderen europäischen Staaten, so die „Borsa des residui industriali" der Associazione nazionale dell' industria chimica (ASCIMICI) in Mailand und die „Bourse des coproduits et dechets" industriels des Lorraine in Metz, sowie entsprechende Einrichtungen in Großbritannien, Kanada und Japan. Darüber hinaus haben die Abfallbörsen der europäischen nationalen Chemieverbände in vielen Chemieunternehmen die Einrichtung von Abfall-Clearingstellen bewirkt, die eine interne Vermittlung in den Werken und auch im Konzern sowie mit den Tochtergesellschaften und auch Kundenfirmen vornehmen.

Der Tätigkeitsbereich der VCI-Abfallbörse ist gegenüber der Abfallbörse der Industrie- und Handelskammern durch folgende Bedingungen gekennzeichnet bzw. eingeschränkt:

- nur chemiespezifische Rückstände
- keine Kleinmengen
- möglichst nur regelmäßig anfallende Rückstände

Diese Beschränkungen kennen die Abfallbörsen der Industrie- und Handelskammern nicht.

Seit Anfang an haben die beiden Börsen eng zusammengearbeitet, indem die Angebots- und Nachfragemeldungen ausgetauscht wurden. Die VCI-Abfallbörse hat von den Industrie- und Handelskammern nur die Chemieprodukte übernommen, während der Deutsche Industrie- und Handelstag als Spitzenorganisation der Industrie- und Handelskammern alle Meldungen der VCI-Abfallbörse weitergibt, insbesondere um so „Vor-Ort"-Veröffentlichungen zu erreichen. Während die Kammern ihre Veröffentlichungen u. a. in Kammerzeitschriften vornehmen, benutzt der Chemieverband als Veröffentlichungsorgan seine Verbandsmitteilungen.

Auch der VCI hat im ersten Jahrzehnt eine Erfolgskontrolle durchgeführt. In zwei Befragungen, die die ersten 200 Angebote umfaßten, wurde ermittelt, daß etwa 20 % der angebotenen Rückstände ganz oder in Partien einen Abnehmer fanden. Dieses Ergebnis wird als recht befriedigend angesehen, da einmal geschlossene Kontakte bekanntlich weiterlaufen und als Rückstände nicht mehr in Erscheinung treten. Insgesamt wurden von 1973 bis 1988 mit 682 Angeboten und 132 Nachfragen mehr als 800 Positionen veröffentlicht [7].

Der Verband der Chemischen Industrie geht davon aus, daß Abfallbörsen trotz ihrer Erfolge nicht einfach „wegvermittelt" werden. Vielmehr läßt sich sogar das Gegenteil feststellen. In Genf wird zur Zeit eine Art Börse für Abfall- und Nebenprodukte aus der chemischen Industrie und verwandten Zweigen, der „Datenbank-Service Chemical Exchange Directory" (CED) aufgebaut. Hierbei handelt es sich um ein elektronisches Verzeichnis von Datenblättern mit technischen und kommerziellen Angaben über Reststoff-Chemikalien, die auf der ganzen Welt zu haben sind. Möchte sich möglicherweise ein Unternehmen von einem bestimmten Posten Schwefelsäure trennen, kann es diesen Posten über eine Eintragung in der CED-Datenbank anbieten. Der Zugriff auf diese gespeicherten Daten erfolgt über ein Netz, das 750 Städte in 39 Ländern der Erde umfaßt. Damit würde sich der Abfallbörsen-Gedanke weltweit durchsetzen [8].

8.7 IHK-Abfallbörse – positive Erfolgskontrolle

Entscheidend für den Erfolg jeder Abfallbörse ist, in welchem Umfang die Angebote bzw. Nachfragen ihren „Partner" gefunden haben. Hierzu haben die Industrie- und Handelskammern im Jahre 1980 eine repräsentativ angelegte Erfolgskontrolle durchgeführt.
Als erfreuliches Ergebnis konnte festgestellt werden, daß mehr als 1/4 der Anbieter ihre Produktionsrückstände mit Erfolg absetzen konnten. Hiervon wurde in 75 % der Fälle jeweils die gesamte Menge abgenommen. Bei 70 % wurde vom Abnehmer noch ein Entgelt gezahlt und für weitere 23 % der erfolgreichen Austauschoperationen erfolgte noch eine kostenlose Abholung.
32 % der Rückstände wurden direkt wieder in den Produktionsprozeß eingebracht. 24 % wurden aufbereitet und in 32 % übernahmen zunächst Handelsbetriebe kleinere Mengen zur späteren Weiterleitung an Produktionsbetriebe oder Aufbereiter.
Auf der Nachfrageseite waren sogar 1/3 der nachfragenden Partner erfolgreich. 25 % der Rückstände konnten sofort zu neuen Stoffen verarbeitet werden, bei 20 % wurden die Wertstoffe zurückgewonnen, während bei rund der Hälfte dieser positiv verlaufenden Fälle zunächst Rohproduktenhändler die Nachfrager waren. Nach anfänglicher Zurückhaltung hat sich der Rohproduktenhandel in einem erfreulich hohen Ausmaß als Partner der Abfallbörse beteiligt.
Schwierigkeiten für den gegenseitigen Austausch lagen sowohl in der Höhe der Transportkosten als auch in Verunreinigungen der Rückstände mit den daraus folgenden Absatzschwierigkeiten für eine evtl. Weiterverarbeitung.
Sporadische Umfragen bei Teilnehmern der Abfallbörse im Frühjahr 1987 bestätigen weiterhin den hohen Beliebtheitsgrad dieser unbürokratischen freiwilligen Einrichtung. Erfolgreiche Vermittlungen von Gesamt- oder Teilmengen werden ebenso bestätigt wie unterschiedliche Vorstellungen über die jeweilige Kosten-/Erlössituation und die Transportkosten sowie Verunreinigungen als Hinderungsgrund für einen erfolgreichen Austausch.

8.8 Intensivierte Recycling-Bemühungen

Um Stoffe, die über die Abfallbörse nur schwer absetzbar sind, dennoch einer Wiederverwertung zuzuführen, bieten die Kammern seit Mitte 1979 in Zusammenarbeit mit dem Deutschen Industrie- und Handelstag und dem Umweltbundesamt einen erweiterten Service an. Danach können Unternehmen, die für ihre Rückstände im Rahmen der Abfallbörse nach mehrmaliger Veröffentlichung keinen Interessenten finden, sich erneut mit ihrer Kammer in Verbindung setzen. Hier werden dem Betrieb sodann Adressen von Verwerterbetrieben [9] zur Verfügung gestellt. Führt auch dies nicht zu einem erfolgreichen Abschluß, ist schließlich eine kostenlose Beratung durch das Umweltbundesamt möglich.

8.9 Grenzüberschreitende Abfallbörse

Die Vermittlungserfolge der IHK-Abfallbörse machten sehr bald auch die Wirtschaft des benachbarten Auslandes zum Interessenten. Im Anschluß an die anfängliche Vermittlung von Einzelposten über die Grenzen hinweg wurde nach organisatorischen Absprachen über den Deutschen Industrie- und Handelstag die Möglichkeit eröffnet, auch die Nachbarländer an der bundesweiten Abfallbörse zu beteiligen. Vorangegangen war der Entschluß der Industrie- und Handelskammern in der Europäischen Gemeinschaft, daß alle Kammern Abfallbörsen errichten sollten. Seit 1980 erfolgt somit eine Koordination aller europäischen Abfallbörsen über den Deutschen Industrie- und Handelstag. Beteiligt sind vor allem regionale Abfallbörsen in Frankreich, Italien, der Schweiz, Österreich und den Niederlanden.

Die Abwicklung über die nationalen Grenzen hinaus bedarf einer besonders intensiven Koordination, weil im Ausland, z. B. in Frankreich, keine landesweiten Abfallbörsen wie in der Bundesrepublik Deutschland vorhanden sind, sondern zahlreiche regionale Abfallbörsen bestehen. Im Interesse der Verbesserung der Kontakte ist es daher hilfreich, im Ausland, beispielsweise wie in Frankreich, eine der regionalen Börsen zum zentralen Kontaktpartner für alle Abwicklungen aus diesem Land mit Börsenpartnern aus einem anderen Staat zu machen. Umgekehrt haben sich verschiedene deutsche Industrie-und Handelskammern bereit erklärt, eine grenzüberschreitende Kontaktvermittlung zu Börsenpartnern in bestimmten Nachbarstaaten zu organisieren.
Um die grenzüberschreitende Vermittlung zu erleichtern und die sprachlichen Hindernisse teilweise zu überwinden, wird seit 1982 dem Bulletin der Abfallbörse vierteljährlich ein Vorspann in Deutsch, Französisch und Italienisch vorangestellt. Hierin ist u. a. das organisatorische Vorgehen bei der Kontaktherstellung mehrsprachig näher erläutert.
An der Europäischen Abfallbörse wurden von 1975 bis 1989 insgesamt 23 524 Inserate veröffentlicht, davon 15 641 Angebote und 7 883 Nachfragen.

Tabelle 8.3 Europäische Abfallbörse 1975 bis 1989 – Veröffentlichungen in der DIHT-Abfallbörse

Land	Angebot	Nachfrage	Total
Österreich	6.121	3.766	9.887
Frankreich	4.720	2.595	7.315
Italien	3.837	1.174	5.011
Niederlande	545	145	690
Schweiz	146	172	318
Luxemburg	232	16	248
Belgien	34	14	48
Dänemark	1	–	1
Polen	5	1	6
Total	15.641	7.883	23.524

8.10 Vielfältig positive Bilanz – kein Grund zum Ausruhen

Inzwischen ist die Abfallbörse der Kammern zu einer dauerhaften Einrichtung und zu einem intensiven Bindeglied einer Vielzahl bis dahin gegenseitig unbekannter Partner geworden. Viele Kontakte zwischen Anbietern und Nachfragern, erstmals durch die Abfallbörse ermöglicht, haben sich in der Zwischenzeit außerhalb der Börse zu einer dauerhaften Bindung entwickelt. Ähnlich dem konjunkturellen Auf und Ab gibt es auch bei der Abfallbörse saisonale Schwankungen als Folge z. B. der Konjunktursituation oder der Rohstoffpreise. Die branchenübergreifende Funktion der Kammern hat es außerdem ermöglicht, im Laufe der 16 Jahre sogar so ausgefallene Positionen wie beschädigte Badewannen, angeschimmelten Schnittkäse, geputzte Kirschkerne und asiatisches Menschenhaar an der Abfallbörse zu vermitteln.
Der gesamte Service der Kammerorganisation ebenso wie des Verbandes der Chemischen Industrie einschließlich der Veröffentlichungen und der arbeitsaufwendigen Kontaktbemühungen ist kostenlos. Die beteiligten Wirtschaftsorganisationen wollen Informationen vermitteln, die Markttransparenz über den Anfall von Reststoffen verbessern, die Entstehung neuer Absatzmärkte sowie das Freisetzen von privaten Ideen und Leistungen im technologischen Bereich fördern. Damit wird ein konstruktiver Beitrag zum Umweltschutz und höherem Umweltbewußtsein aus Eigeninitiative und Eigenverantwortung der Wirtschaft erbracht [10].
Daß die Abfallbörsen auch in Öffentlichkeit und Politik entsprechend gewürdigt werden, zeigt z. B. die Auszeichnung der IHK-Abfallbörse Frankfurt am Main und der VCI- Abfallbörse im Jahr 1979

mit dem Umweltschutzpreis des Hessischen Ministers für Landesplanung, Umweltschutz, Landwirtschaft und Forsten für „Besondere Verdienste um den Schutz der Umwelt".
Trotz der eindeutig positiven Bewertung der bisherigen Erfolge der Abfallbörsen bleibt jetzt und in Zukunft weiterhin genug auf diesem Sektor zu tun. Dies macht sowohl ein Blick in die Tagesarbeit der Kammern als auch in die immer wieder dargestellte Problematik der Entsorgungssicherheit für die Wirtschaft deutlich. So erreichen vielfältige Anfragen die Industrie- und Handelskammern nahezu täglich, in denen das gesamte Alphabet von Recyclingstoffen bzw. Recyclingwünschen enthalten ist. Die Anfragen reichen von Altholz oder Altglas über Altreifen, Batteriegehäuse, Bauschutt, Fette, Kunststoffe, Leuchtstoffröhren, Lösemittel und Spraydosen bis hin zu quecksilberhaltigen Reststoffen. Auch auf diesem Sektor werden die Industrie- und Handelskammern zunehmend als „Rathaus der Wirtschaft" von den Betrieben in Anspruch genommen.
Ebenso vielfältig wie die zu recycelnden Stoffe sind die Fragestellungen:

- Wer ist an der Übernahme des Reststoffes X bzw. seiner Verwertung interessiert?
- Wo finde ich einen Recyclingpartner im Land Nordrhein- Westfalen, evtl. im Bundesgebiet oder auch im benachbarten Ausland?
- Welche Datenbank kann mir bei der Suche nach geeigneten Partnern Hilfestellung leisten?
- Von wem und unter welchen Voraussetzungen ist es möglich, eine finanzielle Unterstützung für Recyclingmaßnahmen zu erhalten?
- Welche Hochschule im Umkreis des Unternehmens oder auch in weiterer Entfernung arbeitet zur Zeit an einer Problemlösung für das Recyclingthema X?
- Welche Entsorgungsmöglichkeit im Sinne von Deponie oder Verbrennungsanlage gibt es für den Fall, daß Recyclingbemühungen aus unterschiedlichen Gründen nicht zum Tragen kommen können?

Diese Auflistung ließe sich beliebig fortsetzen. Sie bildet einen Querschnitt der vielfältigen Fragestellungen, die aus weiten Kreisen der Wirtschaft, vorwiegend sicherlich aus den mittelständischen Unternehmen, gestellt werden. Ein weiteres Kennzeichen ist diesen Fragestellungen eigen: Die gesuchten Lösungen sollen möglichst kurzfristig verfügbar sein.
Wie nun kann die einzelne Industrie- und Handelskammer auf der Suche nach Lösungen behilflich sein? Hierzu gilt es, heute und in Zukunft eine Vielfalt von Einzelinformationen im Sinne einer Clearing-Stelle bei der einzelnen Kammer bzw. der gesamten Kammerorganisation verfügbar zu haben. Hierzu zählen verständlicherweise zunächst einmal die Informationen über Recyclingmöglichkeiten aus dem eigenen Kammerbezirk, zum Teil aufgrund der vielfältigen Wirtschaftsverflechtungen in der jeweiligen Region. Darüber hinaus helfen fachlich orientierte Nachschlagewerke unterschiedlicher Art weiter [9]. Firmenverzeichnisse einschlägiger Unternehmen bzw. Verbände sowie bundesweite Übersichten von Behörden bzw. Umweltorganisationen sind eine zusätzliche Informationsquelle [10]. Kontakte der Industrie- und Handelskammern untereinander helfen insbesondere dort weiter, wo eine Lösung des Recyclingproblems im eigenen Kammerbezirk nicht erreicht werden kann. Hierzu können möglicherweise die in den einzelnen Bundesländern federführenden Industrie- und Handelskammern für Umweltschutzfragen Ansprechpartner sein
Der Umgang mit den vielfältigen Informations- und Nachschlagewerken hat in der Vergangenheit eines deutlich gemacht: Es reicht nicht, einen reinen Hinweis auf die Anschrift eines Unternehmens oder einer anderen Stelle als sog. Problemlöser zu vermitteln. Eigene Recherchen bei in Betracht kommenden Recyclingpartnern, auch unkonventionelles Denken jenseits eingefahrener Recyclingschienen sowie die Bereitschaft, sich gewissermaßen täglich neuen und geänderten Wünschen der Unternehmen zu stellen, sind die notwendige Voraussetzung, um auf diesem vielfältigen Sektor erfolgreiche Schritte im Sinne eines intensivierten Recyclings gehen zu können.
Neben den täglichen Bemühungen um die Stärkung des Gedankens und der praktischen Arbeit der Abfallbörse gibt es zur Zeit in der Bundesrepublik Deutschland wie im internationalen Rahmen Absichten bzw. Gegebenheiten, die einem weiteren Ausbau entgegenstehen können. Im Bundesgebiet sind dies die hoffentlich nunmehr endgültig überwundenen Absichten der Bundesregierung, im Rahmen der Gesamtpalette der TA Sonderabfall und der damit im Zusammenhang zu betrachtenden Verordnungen einen großen Teil der sogenannten Wirtschaftsgüter den Vorschriften des Abfallrechts zu unterwerfen und damit auch die Tätigkeit der Abfallbörse durch

bürokratische Vorgaben wesentlich zu erschweren. Auf internationaler Ebene kann sich erschwerend herausstellen, daß einzelne Staaten den Begriff des Wirtschaftsgutes im Sinne des deutschen Sprachgebrauchs nicht kennen und auf diese Weise ebenfalls noch nicht zu Abfall gewordene Produktionsrückstände wie Abfall betrachten mit der Folge, diese Wirtschaftsgüter den komplizierten Regelungen des grenzüberschreitenden Verfahrens der Abfallverbringung zu unterwerfen. In beiden Fällen gilt es darauf hinzuwirken, daß praktische Maßnahmen der Abfallvermeidung bzw. Abfallverwertung, wie etwa die Abfallbörse, nicht durch einengende Vorschriften unnötig behindert, sondern vielmehr im Interesse einer notwendigen Reduzierung der letztlich zur Entsorgung verbleibenden Abfälle im Sinne des Abfallgesetzes über das bisherige Maß hinaus noch gefördert werden.
Bei Einrichtung der Abfallbörse haben die Industrie- und Handelskammern das Motto ausgegeben, daß diese Einrichtung aufgrund der ständig wachsenden Kontakte der „Börsenpartner" untereinander möglichst bald überflüssig werden möge. Wohl wissend, daß dieses Ziel in der Realität nie erreichbar ist, werden die Industrie- und Handelskammern gemeinsam mit dem Deutschen Industrie- und Handelstag alles daran setzen, um diesem Ziel durch weitere Maßnahmen, etwa zur Beschleunigung der Kontaktaufnahme, im Interesse des Umweltschutzes möglichst nahe zu kommen.

Literatur

[1] Gesetz über die Vermeidung und Entsorgung von Abfällen (Abfallgesetz – AbfG) vom 27. August 1986
[2] Gesetz zum Schutz vor schädlichen Umwelteinwirkungen durch Luftverunreinigungen, Geräusche, Erschütterungen und ähnliche Vorgänge (Bundes-Immissionsschutzgesetz – BImSchG) vom 15. März 1974 (BGBl. I Seite 721, ber. Seite 1193, zuletzt geändert durch VO vom 26. 11. 1986, BGBl. I Seite 2089), § 5 Abs. 1 Nr. 3)
[3] Ein Verzeichnis der in den einzelnen Bundesländern für Umweltschutzfragen federführenden Industrie- und Handelskammern als Ansprechstelle für weitere örtliche Informationen ist als Anlage 1 beigefügt.
[4] Abfallbörse; Herausgeber: Deutscher Industrie- und Handelstag, Postfach 14 46, 5300 Bonn, kostenlos zu beziehen über alle Industrie- und Handelskammern
[5] Abfallbörse der Industrie- und Handelskammern des Landes Nordrhein-Westfalen
[6] Abfallbörse – noch stärker zur Abfallvermeidung nutzen! NiederrheinKammer, Zeitschrift der Niederrheinischen Industrie- und Handelskammer Duisburg-Wesel-Kleve, Juni 1987, S. 345 ff.
[7] Bredereck, E.: Die „Abfallbörse" des Verbandes der Chemischen Industrie e. V., VCI, Frankfurt
[8] Abfallbörse – Ein Ventil für Verwertungsdruck – Chemische Industrie 8/89, S. 12 ff.
[9] Nachschlagewerke:
- Handbuch der Verwertungsbetriebe für Industrielle Rückstände, herausgegeben vom Umweltbundesamt, Erich Schmidt Verlag GmbH, Berlin 1985
- Recycling-Handbuch, herausgegeben vom Umweltbundesamt, Erich Schmidt Verlag GmbH, Berlin 1982
- Kunststoff-Recycling (Verwerterbetriebe von Kunststoff-Abfällen), herausgegeben vom Gesamtverband Kunststoffverarbeitende Industrie e. V. und der Zeitschrift „Kunststoffe", Carl Hanser Verlag, München
- Baustoff Recycling 1990, herausgegeben von Uni.-Prof. Dr.-Ing. Ernst-Ulrich Hiersche, Stein-Verlag GmbH Iffezheim/Baden-Baden

[10] IWL-Praxishandbuch Abfall/Altlasten, Verlagsgruppe Deutscher Wirtschaftsdienst, Köln, Kapitel 3.1.1.4 Abfallbörsen
[11]
- Verband Kunststofferzeugende Industrie e. V. (Wiederverwertung von Kunststoffabfällen), Karlstrasse 21, 6000 Frankfurt am Main 1
- Industrieverband Verpackung und Folien aus Kunststoff e. V. (Verwertungskonzept für Verpackungen aus Styropor), Fellnerstraße 5, 6000 Frankfurt am Main 1
- Zentralverband Elektrotechnik- und Elektronikindustrie e. V. (Entsorgung von Leuchtstofflampen, Altbatterien), Schumannstraße 15, 5300 Bonn 1
- Rohstoff-Verband E. V. (Rohstoff-Recycling), Brabanter Straße 8, 5000 Köln 1
- Bundesverband Papierrohstoffe e. V. (Altpapier-Recycling), Brabanter Straße 9, 5000 Köln 8
- Verband Deutscher Baustoff-Recycling-Unternehmen e. V. (Baustoff-Recycling), Godesberger Allee 99,
- Bundesverband Baustoff-Aufbereiter e. V. (Baustoff-Recycling), Brabanter Straße 8, 5000 Köln 1

9 Recycling

9.1 Bauschuttaufbereitung

von Helmut Offermann, Josef Tränkler und Christoph Heckötter

Patente und Patentanmeldungen

von Joachim Helms

Die im folgenden aufgeführten Druckschriften stellen lediglich eine kleine Auswahl aus der Vielzahl der angemeldeten Erfindungen dar. Für spezielle Problemstellungen wird empfohlen, eine gesonderte Recherche durchzuführen.

DE-37 08 180 A1

Vorrichtung zur Wiederaufbereitung von Recyclingstoffen, vorzugsweise Bauschutt

Die Erfindung betrifft eine Vorrichtung zur Wiederaufbereitung von körnigen bis stückigen sowie Verunreinigungen aufweisenden Recyclingstoffen, vorzugsweise Bauschutt. Die Recyclingstoffe werden mit über den gesamten Förderquerschnitt vergleichmäßigter Schichtdicke einem Sichtvorgang unterworfen, bei dem das gesamte Sichtgut in einem Sichtraum (7) einem von einem Ventilator (12) erzeugten Sichtluftstrom aufgegeben wird, der die Verunreinigungen aus dem im Sichtraum (7)

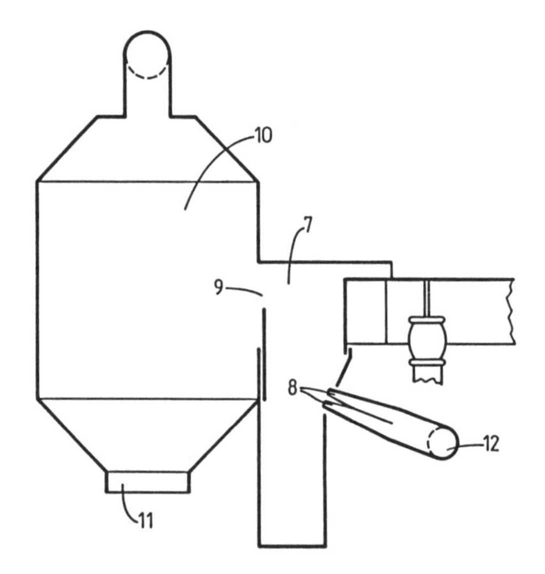

herabfallenden Sichtgut aufgrund ihres geringeren spezifischen Gewichtes und/oder ihrer größeren Anblasfläche austrägt und einer getrennten Sammelkammer zuführt. Um mit geringem Energiebedarf den Sichtvorgang zu verbessern, ist im Sichtraum (7) unterhalb der Aufgabe für das Sichtgut mindestens eine über die gesamte Sichtraumbreite verlaufende Ausblasdüse (8) für die Sichtluft angeordnet. Diese Ausblasdüse ist quer zur Bewegungsrichtung des in den Sichtraum (7) herabfallenden Sichtgutes und auf eine in der gegenüberliegenden Wand des Sichtraumes (7) ausgebildete Öffnung (9) ausgerichtet. An diese Öffnung (9) schließt sich eine Sichtluft-Entspannungskammer (10) für die die Verunreinigungen seitlich austragende Sichtluft an, die unten mit einer Austragöffnung (11) für die Verunreinigungen versehen ist.

9.1.1 Problemstellung

In der Bundesrepublik Deutschland bilden die Baurestmassen einen der mengenbedeutendsten Faktoren für die Abfallwirtschaft. Sie lassen sich in die Abfallgruppen
- Bodenaushub,
- Bauschutt,
- Straßenaufbruch,
- Baustellenabfälle und
- schadstoffhaltige Baustellenabfälle

aufteilen. Bis zu Anfang der 80er Jahre wurde der größte Teil der drei ersten Abfallgruppen auf sogenannten Erdaushub- und Bauschuttdeponien abgekippt oder direkt für Verfüllungen und Aufschüttungen verwendet, während die Baustellenabfälle größtenteils auf Hausmülldeponien gelangten. Aufgrund sich verändernder Randbedingungen ist seit einigen Jahren die Wiederverwertungsquote der Baureststoffe stark steigend. Allerdings ist hierbei die Entwicklung in den einzelnen Gruppen unterschiedlich verlaufen.

Die bisherigen Wiederverwertungsaktivitäten bewegen sich im Spannungsfeld von
- betriebswirtschaftlichen Randbedingungen (Vielfach sind die Ablagerungsgebühren für diese Stoffe noch sehr gering.);
- Akzeptanzproblemen (Recyclingmaterialien haben im Bauwesen aufgrund schlechter Erfahrungen in der Nachkriegszeit vielfach ein negatives Image.) sowie
- ökologische Notwendigkeiten (Aufgrund sich ständig ändernder Erkenntnisse ist eine langfristig sichere Verwendung von Recyclingmaterialien z. B. im Bauwesen nicht immer gewährleistet.).

9.1.1.1 Materialzusammensetzung

Bodenaushub

Nach der Definition der Landesarbeitsgemeinschaft Abfall umfaßt „Bodenaushub (Abfallkatalog Nr. 31411) natürliche, nicht kontaminierte Locker- und Felsgesteine, die beim Tief- und Erdbau ausgehoben und abgetragen werden". Neben dem natürlich gewachsenen zählt auch bereits verwendetes, jedoch ehemals natürlich gewachsenes, nicht verunreinigtes Material zum Bodenaushub. Unbelasteter Bodenaushub darf keine chemische Zusammensetzung aufweisen, die eine nachteilige Veränderung ihrer Umgebung bewirken kann. Die Grenzziehung zwischen einem unbelasteten und einem belasteten Boden ist nur schwer möglich. Einen Anhaltspunkt bietet die Tabelle von Kloke bzw. die sog. Holländische Liste für kontaminierte Böden. Die dort genannten Werte sind jedoch immer in Abhängigkeit von der lokalen Vorbelastung der Böden sowie der anderen Medien, z. B. dem Grundwasser, zu sehen. Einige Bundesländer versuchen gegenwärtig neue Lösungswege für differenziertere Betrachtungen zu finden.

Bauschutt

„Unbelasteter Bauschutt ist ein mineralisches Material, das beim Abriß von nicht kontaminierten Bauwerken anfällt und vorwiegend aus Steinbaustoffen, Mörtel und Betonbruch besteht. Das Material kann in geringem Umfang durch Inhaltsstoffe verunreinigt sein, die ehemals feste Bestandteile des Gebäudes waren und mit diesem in einem unmittelbaren funktionellen Zusammenhang standen, wie z. B. Installationsteile, Fußböden, Wand- und Deckenverkleidungen. Das gleiche gilt für Einzelteile, die den Bauschutt verunreinigen, wie z. B. Betonstahlbewehrungen. Nach den Erfahrungen der Praxis ist derart unbelasteter Bauschutt in der Regel nur durch eine Vorsortierung zu erreichen" [1]. Während bisher davon ausgegangen worden ist, daß eine solche Vorsortierung nur in einer Behandlungsanlage erfolgen kann, wird dies in den nächsten Jahren aufgrund präziserer Abbruchmethoden auch auf Abbruchbaustellen möglich sein.

Fallen beim Abbruch neben dem unbelasteten Bauschutt auch Holzbaustoffe, Stahlträger und bauseitige Installations- und Ausstattungsmaterialien an, wie z. B. Versorgungsleitungen, Fußboden-, Decken- und Wandbekleidungen, so ergibt sich bei einer Vermischung ein belasteter Bauschutt. Dieses Material ist in seinem Gefährdungspotential wie Hausmüll einzuordnen.

Zum schadstoffverunreinigten Bauschutt zählt „überwiegend mineralisches Material, das beim Abriß, Umbau und Ausbau von Industrie-, Gewerbe- und Versorgungsbauwerken anfällt und aufgrund der Zweckbestimmung dieser Bauwerke chemisch, bakteriell oder radioaktiv verunreinigt ist (z. B. Abbruchmaterial von Bauwerken der chemischen Industrie, Gaswerken und Kernenergieanlagen)" [2], sowie auch vielfach Bettungsmaterial aus dem Gleisbau (z. B. Altschotter und Betonschwellen).

Straßenaufbruch

„Unbelasteter Straßenaufbruch sind Stoffe, die bei Auflassung, Ausbau oder Instandsetzung von befestigten Straßen und Wegen anfallen und aus mineralischen, bitumen- oder zementgebundenen, nicht mit umweltschädlichen Stoffen verunreinigtem Material bestehen" [1].

Demgegenüber sind „belasteter Straßenaufbruch Stoffe, die aus teergebundenem mineralischen Material bestehen, nicht unter Verwendung von natürlichen Kies- und Sandbaustoffen, sondern unter Einsatz bestimmter schadstoffbelasteter Zuschlagstoffe hergestellt wurden oder anderweitig umweltschädlich belastet sind" [2]. Diese Belastung kann sich bei Betonfahrbahnen aufgrund von chloridhaltigen Auftaumitteln oder bei porösen Asphalten wie z. B. Flüster- oder Drainasphalt durch die Bindung von Öl im Material ergeben.

Baustellenabfälle

Die Baustellenabfälle werden auch als Baumüll, Containerschutt oder Baumischschutt bezeichnet. Sie bestehen aus einem Gemisch von Steinen, Gips, Putz, Glas, Pappe, Kunststoffen, Erdaushub, Sperrmüll und teilweise auch Sondermüll. Sie gehören abfallwirtschaftlich zu den hausmüllähnlichen Gewerbeabfällen und werden aufgrund dieser allgemeinen Aufteilung nicht getrennt in der Abfallstatistik erfaßt [3].

Aufgrund der als Entwurf vorliegenden „Verordnung über die Entsorgung von Bauabfälle" und der Verpackungsverordnung wird sich die Anzahl der Materialien, die als Baustellenabfälle voraussichtlich in der Zukunft zu bezeichnen sein werden, stark reduzieren.

Schadstoffhaltige Baustellenabfälle

Nach dem Entwurf einer „Verordnung über die Entsorgung von Baustellenabfällen" [4] sind derartige Stoffe getrennt von sonstigen Baurestmassen und anderem Sonderabfall zu entsorgen. Hierzu zählen Baustoffe aus Holz, Steinen, Erden, Metallen, Kunststoffen, Textilien oder Gas, die insbesondere mit

- Farb- oder Anstrichmitteln, Lösemitteln, Klebe- und Dichtungsmitteln,
- Mineralöl oder -erzeugnisse,
- teerhaltigen Stoffen,
- Faserbaustoffen,
- gebrauchs- oder unfallbedingten Verunreinigungen, die in nicht unerheblichem Maße beschichtet, imprägniert oder belastet sind, einschließlich Verpackungen mit Resten oder Anhaftungen dieser Stoffe.

Allerdings sind in diesem Entwurf mangelnde Abgrenzungen über mögliche Mengen und Schadstoffe – so z. B. bei gestrichenen oder behandelten Wänden – enthalten.

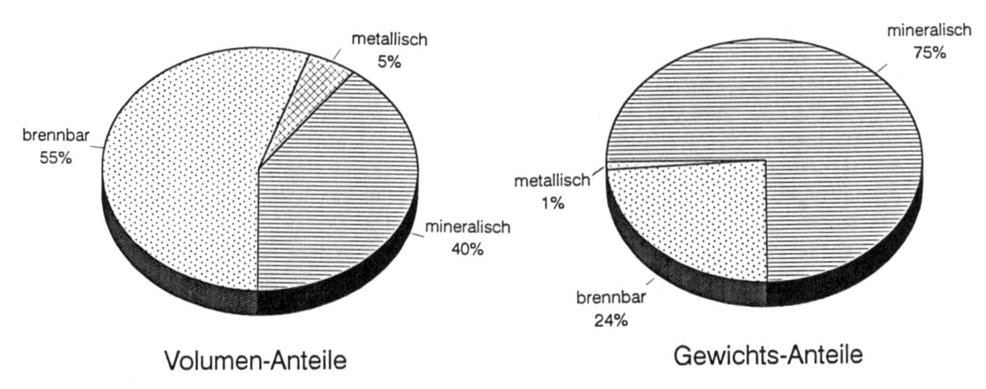

Bild 9.1-1 Zusammensetzung von Baustellenabfällen

Aufgrund der Tendenz dieses Entwurfs wird es in der nächsten Zukunft auf der Baustelle nicht mehr wie bisher möglich sein, einfach einen Container für allen anfallenden Müll aufzustellen. Vielmehr wird dann auch auf der Baustelle eine differenzierte Abfallsortierung erforderlich werden.

Zukünftige Definitionen und Ziele

Mit dem momentanen Entwurf der „Zielfestlegungen der Bundesregierung zur Vermeidung, Verringerung oder Verwertung von Bauschutt, Baustellenabfällen, Bodenaushub und Straßenaufbruch" [5] sollen folgende abfallwirtschaftlichen Ziele erreicht werden:

- Bauschutt, Baustellenabfälle, Erdaushub und Straßenaufbruch sind grundsätzlich schon an den Anfallstellen getrennt zu erfassen und jeweils getrennt zu entsorgen.
- Die Verwertung hat Vorrang vor der Ablagerung. Hierfür sollen bis Ende 1995 folgende Verwertungsquoten erreicht werden:

Bauschutt	60 %
Baustellenabfälle	40 %
Straßenaufbruch	90 %

  Die momentanen Verwertungsquoten sind realistisch nicht bekannt.
- Bodenaushub ist zu verwerten und darf nicht auf Deponien abgelagert werden.
- Schadstoffhaltige Baustellenabfälle sind getrennt zu entsorgen.

Das Ziel einer möglichst hohen Verwertung und einer getrennten Erfassung und Entsorgung der einzelnen Baureststoffe ist abfallwirtschaftlich zu begrüßen. Allerdings sind noch viele Abgrenzungsfragen offen und die Besonderheiten der Bauproduktion (Wer ist Abfallerzeuger? Abfall von Abfall an vielen vorher unbekannten Stellen) zu wenig berücksichtigt [6].

9.1.1.2. Aufkommen

Bauschutt, Bodenaushub und Straßenaufbruch stellen nach den Erhebungen des Statistischen Bundesamtes im Jahre 1987 mit 109 Millionen Tonnen in den alten Bundesländern zu entsorgender Abfälle die größte Abfallhauptgruppe dar. Die Zahlen weisen in den 80er Jahren eine Kontinuität auf.

Da die Baustellenabfälle abfallwirtschaftlich zu den hausmüllähnlichen Gewerbeabfällen gehören, werden sie in der offiziellen Statistik nicht explizit aufgeführt.

Der Bodenaushub stellt mengenmäßig die größe Abfallgruppe dar. Es kann im städtischen Ballungsraum von einem einwohnerspezifischen Aufkommen von 1700 kg/E · a ausgegangen werden. Allerdings können lokale Großbaumaßnahmen, wie z. B. unterirdische Verkehrswegebauten, eine starke Erhöhung des Aufkommens zur Folge haben. Abfallwirtschaftlich besteht eine Problematik in der Unterscheidung von Bodenaushub als Abfall und als Wirtschaftsgut. Hierin ist auch eine Schwierigkeit der Bestimmung der Verwertungsquote zu sehen.

Nach Gallenkemper [7] liegt für den einwohnerspezifischen Anfall von Bauschutt ein großer Streubereich vor, wobei sich eine deutliche Abhängigkeit von der Einwohnerdichte aufzeigt. Bisher sind noch keine Untersuchungen nach dem Grund dieser Entwicklung angestellt worden. Allerdings kann für Ballungsräume von einem Anfall von 200 kg/E · a ausgegangen werden.

Das momentane Aufkommen von Straßenaufbruch liegt bei ungefähr 150 kg/E · a, d. h. insgesamt 12 Millionen Tonnen. Aufgrund der steigenden Verkehrsfläche und der erhöhten Belastung durch das mengen- und gewichtsmäßig gestiegene Fahrzeugaufkommen wird dieser Wert in Zukunft noch steigen.

Die Schätzungen der jährlich anfallenden Baustellenabfälle bewegen sich in einer Größenordnung von 10 Millionen Tonnen. Auch hierbei ist in Ballungsräumen der Anfall besonders hoch. Verschiedene Untersuchungen kommen zu einer Bandbreite von 50 bis 250 kg/E · a, wobei ein mittlerer Wert von 150 kg/E · a als realistisch angesehen werden kann. Hierfür kennzeichnend ist ein mittleres spezifisches Gewicht von 0,6 t/m^3.

Das voraussichtliche Aufkommen von schadstoffhaltigen Baustellenabfällen läßt sich momentan nicht bestimmen. Denn einerseits sind die Definitionen dieses Materials noch zu sehr in der Diskussion und andererseits wird sich der Anfall in Abhängigkeit von den Bestimmungen reduzieren.

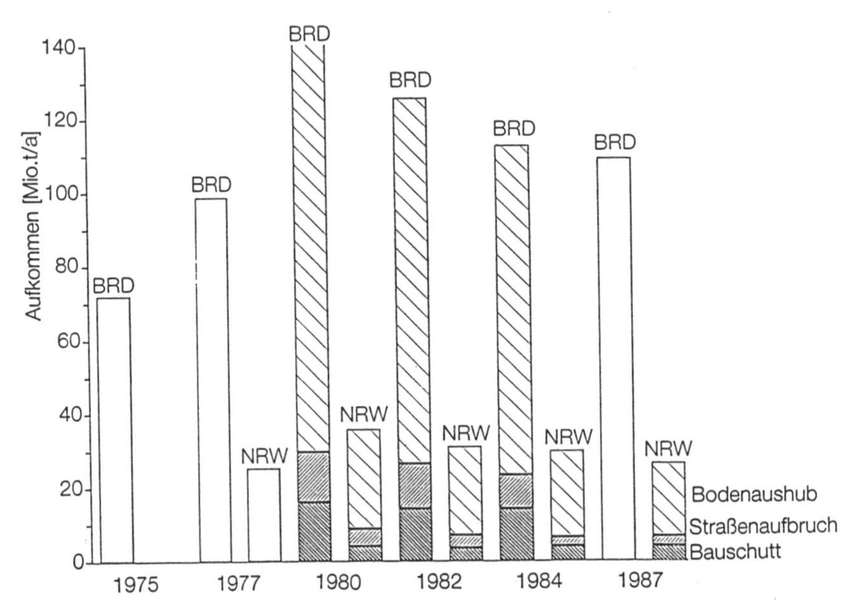

Bild 9.1-2 Aufkommen von Bauabfällen in der BRD und NRW von 1975 bis 1987 [4]

9.1.1.3 Anfallstellen

Die Anfallstellen von Baurestmassen zeichnen sich ebenso wie das Material selbst durch große Heterogenität aus.

Bodenaushub fällt bei allen Erdarbeiten, d. h. sowohl beim Aushub einer Baugrube als auch beim Verlegen einer Leitung, an. Diese Arbeiten führen praktisch fast immer Tiefbauunternehmen durch. Momentan fallen aber auch kleine Bodenmengen bei Baumaßnahmen an, die die Hausbesitzer in Eigenarbeit durchführen. Dieses Material wird bisher in Container entsorgt und bietet keine Gewähr für die Sauberkeit des Materials. Diese Gewähr kann ein Unternehmen aber auch nur für eine Belastung durch andere Materialien geben, nicht jedoch für eine vorherige Schadstoffbelastung, d. h. Kontamination.

An diesem Punkt steckt eine Problematik der Abfallwirtschaft, da der Boden bisher in den Besitz des Auftragnehmers, also des Bauunternehmers, übergeht. Dieser steht bedarfsweise in der Situation, daß er unerwartet mit einem kontaminierten Boden konfrontiert wird und in der Beweisnot ist.

Bauschutt fällt beim Abbruch von Bauwerken an. Diese Arbeiten führen auch Bauunternehmen durch. Aufgrund der für die Arbeiten notwendigen Absperrmaßnahmen ist die Kontrollierbarkeit des Materials gut gegeben. Natürlich müssen potentiell kontaminierte Bauwerke wie z. B. Tankstellen, chemische Fabriken, Kokereianlagen etc. oder auch Teilbereiche von Kaminen durch den Auftraggeber vorher genau untersucht werden.

Ähnlich verhält es sich beim Straßenaufbruch, der beim Umbau oder Ausbau einer bestehenden Straße anfällt. Die hier mögliche Kontamination tritt in Form des Bindemittels Teer auf, der bis Anfang der 70er Jahre eingesetzt wurde. Dieses läßt sich einerseits vorher durch ein Unterlagenstudium oder andererseits durch einen Fachmann an Ort und Stelle feststellen.

Die Baustellenabfälle fallen sowohl beim Neu- als Umbau bei den Bauunternehmen, aber auch bei Privatpersonen an. Aufgrund dieser Randbedingungen wurden bis vor kurzem praktisch alle Baustellencontainer zur Hausmülldeponie gebracht. In den letzten Jahren hat sich hier eine gravierende Veränderung zu Sortieranlagen ergeben. Diese Dienstleistung erbringen entweder die Stadtreinigung oder spezielle Containerfirmen. Allerdings wird dabei aber auch viel Sondermüll entsorgt. Da diese Situation so nicht akzeptabel ist, sind hier die größten Veränderungen zu erwarten.

9.1.1.4 Logistik

Die Materialtransporte für Bodenaushub, Bauschutt und Straßenaufbruch erfolgen durch eigene Fahrzeuge der Bauunternehmen oder durch beauftragte Nachunternehmen. Durch das direkte Be- und Entladen sowie durch die räumlichen Abtrennungen ist eine Verunreinigung des Materials durch Dritte normalerweise nicht zu befürchten.
Bei größeren Projekten wird der anfallende Bauschutt und Straßenaufbruch direkt auf der Baustelle einer Recyclinganlage zugeführt. Dieses ist mittlerweile sehr oft bei Autobahnlosen und im Industrieabbruch der Fall. Wenn das Material auch noch direkt an Ort und Stelle wieder eingesetzt werden kann, entfallen alle Transporte.
Die Situation bei Baustellenabfällen ist demgegenüber ganz anders. Die Container werden bisher noch auf Anforderung bereitgestellt und auch wieder abgeholt. In der dazwischenliegenden Zeit ist der Container – falls er im Straßenraum steht – für die gesamte Umgebung öffentlich oder – falls er auf einer Baustelle steht – für alle Baugewerbe erreichbar. Diese Vorgehensweise ist mit einer geordneten Abfallwirtschaft und dem Entwurf einer „Verordnung über Entsorgung schadstoffhaltiger Baustellenabfälle" nicht vereinbar.
Ebenso wie in einigen Nachbarstaaten müßten auch bei uns die Container verschließbar sein und es gehören auf jede Baustelle mehrere Sammelgefäße in Abhängigkeit der anfallenden Stoffe. Auf jeden Fall muß aber auf den Baustellen ein Bewußtsein dafür geschaffen werden, daß nicht vermiedener oder nicht sortierter Abfall Geld kostet. Allerdings wächst damit auch die Gefahr der Umgehung von Kosten, z. B. durch Ausnutzen des Verfüllens von Baugruben. Hier wird sicherlich ein erhöhter Kontroll- und Qualitätsaufwand auf seiten des Bauherrn und der Bauleitung erforderlich sein.

9.1.2 Recyclingverfahren

9.1.2.1 Konzepte

Die im Bauwesen anfallenden Restmassen müssen so wiederverwendet oder aufbereitet werden, daß nur möglichst geringe Mengen als Abfall deponiert werden müssen. Einen solchen Recycling-Kreislauf für Baurestmassen zeigt Bild 9.1-3:

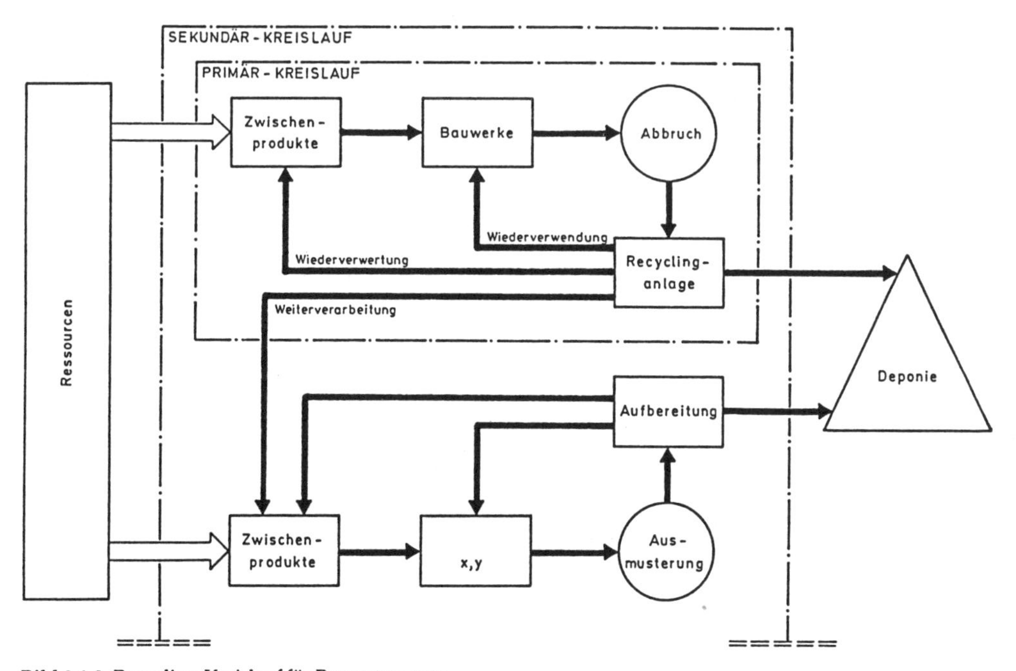

Bild 9.1-3 Recycling-Kreislauf für Baurestmassen

Eine direkte Wiederverwendung von Baurestmassen findet momentan nur sehr selten statt. Mögliche Konzepte in diese Richtung, z. B. von Herrmann oder Willkomm, scheitern an den zu hohen Lohnkosten [8] [9]. Nur einige Arbeitsloseninitativen sortieren momentan aus Abbruchprojekten wiederverwendungsfähige Teile (z. B. Fenster) heraus, lagern und verkaufen sie.
Demgegenüber ist die Wiederverwertung von Baurestmassen als Zwischenprodukt zu einem neuen Bauwerk ein schon vielfach praktizierter und auch betriebswirtschaftlich interessanter Beitrag zum Rohstoffkreislauf im Bauwesen. Die hierfür notwendigen Konzepte werden im folgenden detailliert vorgestellt.
Die Weiterverarbeitung von Stoffen im Sekundär-Kreislauf ist unterschiedlich stark ausgeprägt. Dies hängt von dem Wert der Materialien und den technologischen Möglichkeiten ab. So werden natürlich Eisen- und Nichteisenmetalle aussortiert und weiterverarbeitet. Holz kann zerkleinert und zu Holzfaserplatten aufbereitet werden. Demgegenüber ist die Weiterverarbeitung von Kunststoffen und verunreinigten Materialien aufgrund zu geringer Mengen oder zu hoher Aufbereitungskosten praktisch momentan nicht möglich.

Bodenaushub

Mutterboden ist ein wertvoller Stoff und muß in seinen Eigenschaften erhalten bleiben. Sonstiger Bodenaushub wird entweder auf dem Baugrundstück für eine spätere Wiederverfüllung zwischengelagert oder bei Rekultivierungsarbeiten, d. h. bei Verfüllungen von ehemaligen Kiesgruben oder Steinbrüchen, verwandt.
Diese sinnvolle Nutzung des Materials ist momentan aufgrund von wasserwirtschaftlichen Bedenken nur begrenzt möglich. Leider wurden in der Vergangenheit erteilte Genehmigungen manchmal zur Ablagerung von Müll aller Art ausgenutzt. Durch diese negativen Erfahrungen sind die zuständigen Aufsichtsbehörden bei neuen Genehmigungen sehr zurückhaltend. Hierzu trägt sicherlich auch bei, daß selbst „völlig" unbelasteter Bodenaushub als subjektiver Abfall definiert wird.
Eine andere Verwertungsmöglichkeit ist die Verfüllung von Gräben und Gruben mit Aushubmaterial. Soweit dies bautechnisch möglich und von den Auftraggebern zugelassen ist, wird dies momentan nach Möglichkeit von den Bauunternehmen schon praktiziert.
Allerdings eignet sich der Bodenaushub vielfach durch seine hohen bindigen Anteile oder das Vorhandensein von Steinen nicht für Verfüllzwecke. An diesem Punkt kann die Installierung einer Bodenaushub-Recyclinganlage helfen. Durch Siebvorgänge, die durch Brechvorgänge unterstützt werden können, wird ein verdichtungsfähiges Material geschaffen. Bedingt durch den sandigen Untergrund existieren solch einfache Siebanlagen schon seit langem z. B. in Berlin. Einen verfahrenstechnisch komplizierten Weg mußte man für eine Anlage in Bochum gehen [10].
Mit Hilfe eines differenzierten Systems von Sieben und auch einer Zerkleinerungsstufe ist es möglich, Grabenaushubmaterial praktisch 100%ig wieder für die gleiche Aufgabe aufzubereiten.

Bauschutt

Die Verwertung von Bauschutt setzt wegen der heterogenen und teilweise sehr schwankenden Zusammensetzung des angelieferten Materials eine spezifische Aufbereitung voraus. Art und Umfang wird im wesentlichen durch die Anforderungen bestimmt, die für das Einsatzgebiet des aufbereiteten Materials von Belang sind, d. h. aufgrund der Variationen in der Zusammensetzung muß es möglich sein, auch unterschiedliche Produktlinien zu fahren. Zur Bauschuttaufbereitung eingesetzte Aggregate sind weitgehend aus den Anwendungsgebieten der Steine- und Erdenaufbereitung übernommen und wenn notwendig modifiziert worden. Erst eine sinnvolle Kombination und Abstimmung der Einzelsysteme ergibt eine Anlage mit den o. g. Vorgaben. Sieht man die Aufbereitung als ein System an, so sind sieben Untersysteme zu unterscheiden.
Die in Bild 9.1-5 zuerst gezeigten fünf Untersysteme sind in jeder Recyclinganlage erforderlich. Die Reinigung bzw. Sichtung wird beim meist anzutreffenden verunreinigten Material notwendig. Hierbei ist die manuelle Reinigung flexibler und mit weniger Investitionen verbunden, aber auch nicht so effektiv wie die maschinelle Sichtung.

Straßenaufbruch

Das Straßenaufbruchmaterial stellt innerhalb der Baurestmassen eine Besonderheit dar. Dies ist dadurch bedingt, daß das Bitumen für die Asphaltmischwerke einen Wertstoff darstellen. Aus

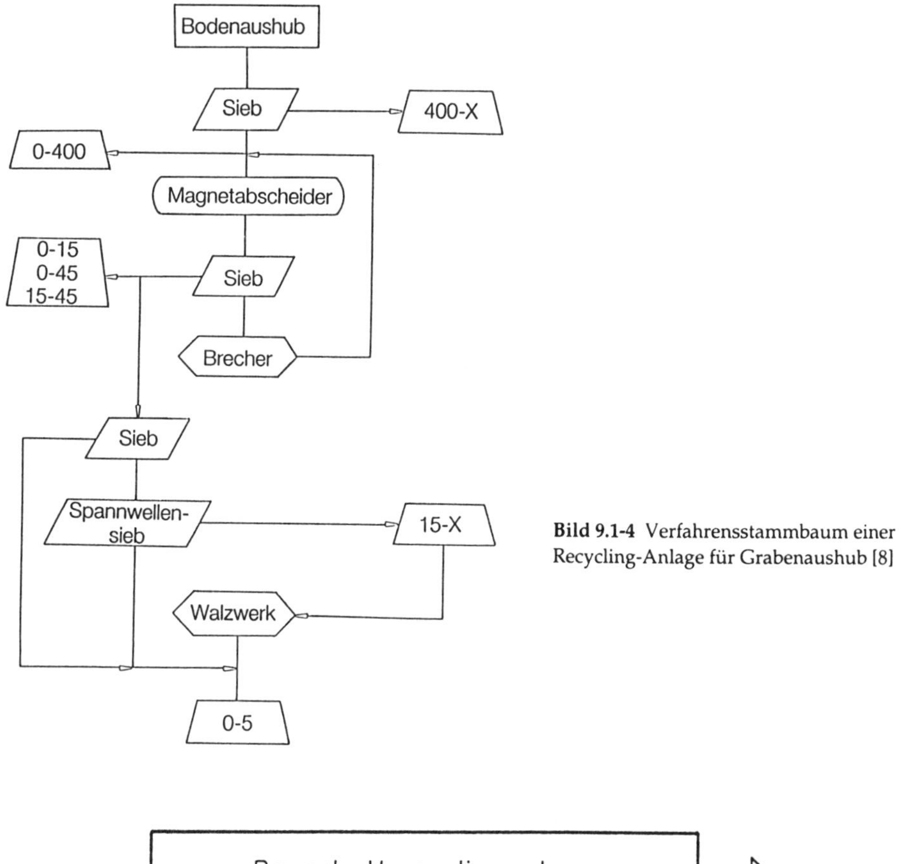

Bild 9.1-4 Verfahrensstammbaum einer Recycling-Anlage für Grabenaushub [8]

Bild 9.1-5 System Bauschuttrecyclinganlage

diesem Grunde werden schon seit vielen Jahren Fahrbahnoberflächen rückgeformt bzw. Asphaltschichten abgetragen. Die unterschiedlichen Wiederverwendungsmöglichkeit sind in Bild 9.1-6 dargestellt

Bild 9.1-6 Möglichkeiten der Wiederverwendung von Asphalt [11]

Beim Straßenaufbruch muß darauf geachtet werden, daß das Bindemittel Bitumen ist. Im Falle von Teer ist das Material als Sondermüll zu entsorgen.

Baustellenmischabfälle

Das primäre Ziel einer Baustellenmischabfallaufbereitung ist die Trennung der einzelnen Abfallarten, d. h. eine solche Anlage ist in Wirklichkeit eine Sortieranlage. Hierdurch ist eine Aufteilung in wiederverwertbare oder wiederverwendbare Stoffe und deponierbare Stoffe, getrennt nach Depo-

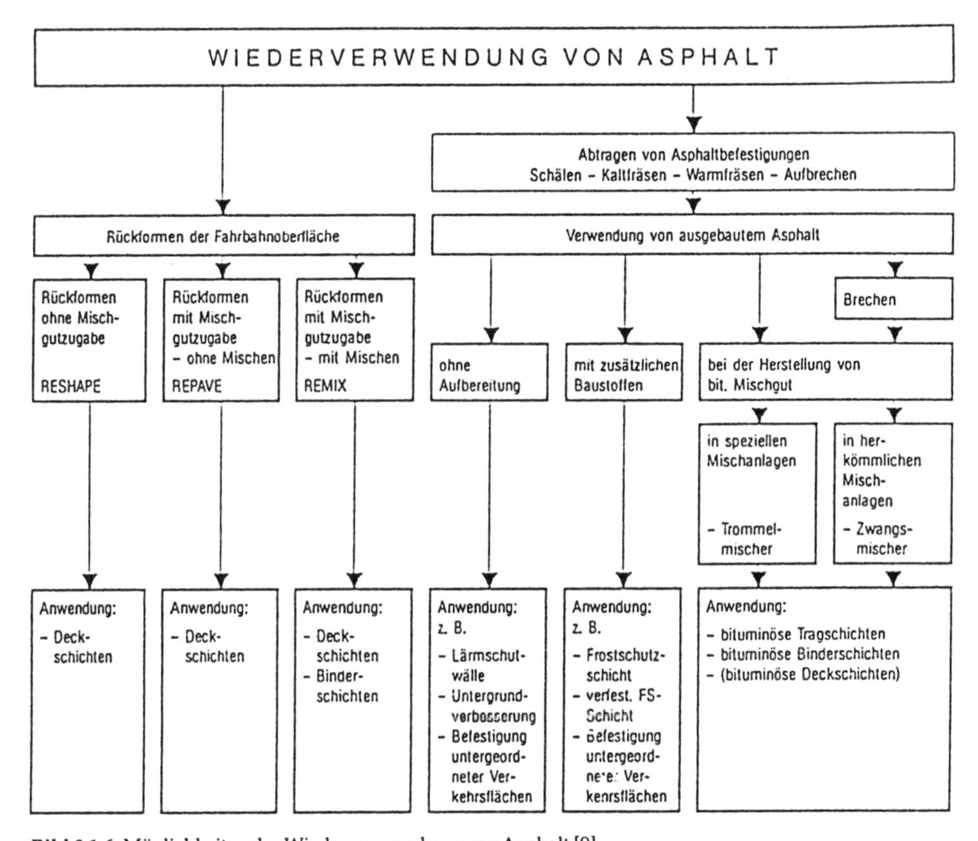

Bild 9.1-6 Möglichkeiten der Wiederverwendung von Asphalt [9]

nieklassen, möglich. Das Hauptziel der momentan realisierten Anlagen ist eben diese Trennung des inhomogenen Materials nach der jeweils richtigen Deponieklasse. Dies bedeutet eine Schonung hochwertigen Deponieraums. Das Fließschema einer Baustellenabfall-Aufbereitungsanlage zeigt Bild 9.1-7.

9.1.2.2 Komponenten

Da die Aufbereitung von Bodenaushub über ein reines Sieben hinausgehend die Ausnahme ist und sich diese Anlagen aus Komponenten der Baustoffaufbereitung zusammensetzen, werden sie hier nicht weiter behandelt.

Demgegenüber ist das Recycling von Straßenaufbruch ganz im Bereich der Asphaltaufbereitung angesiedelt und eine Behandlung würde den Rahmen sprengen.

Komponenten für Bauschuttaufbereitungsanlagen

Mit „Vorbereitung" werden die Vorgänge bezeichnet, die auf einer Recyclinganlage zwischen der Anlieferung des Bauschutts und der Aufgabe zum Zerkleinerungsgerät notwendig sind. Diese Vorgänge gliedern sich auf in

- Annahme,
- Lagerung,
- Vorzerkleinerung und
- Aufgabe.

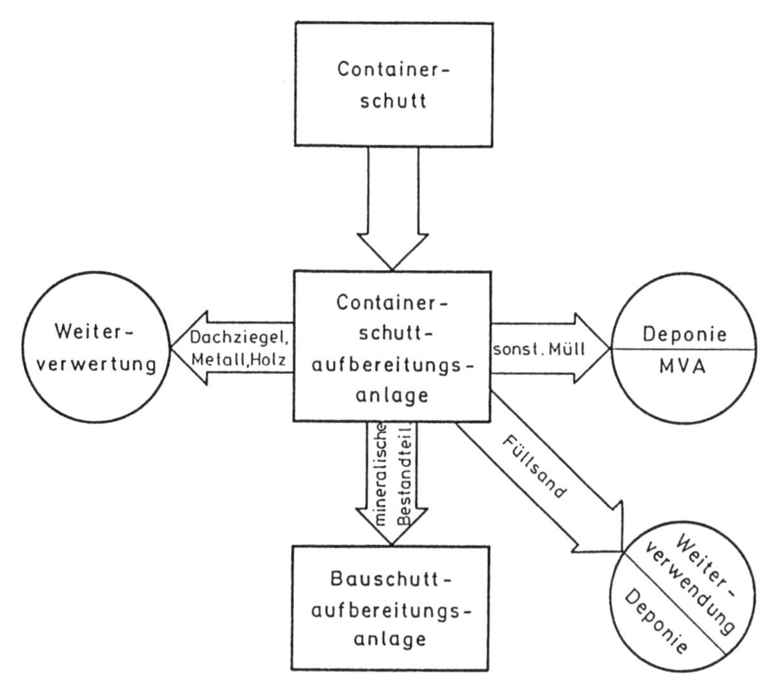

Bild 9.1-7 Fließschema einer Baustellenabfallaufbereitung

Falls sich die Recyclinganlage nicht direkt auf dem Gelände des Abbruchobjektes befindet, ist eine Anlieferung des Bauschutts notwendig. Dies geschieht im Regelfall per LKW. Die einzige Ausnahme kann bei nicht ausgelasteten Anlagen darin bestehen, daß sie über einen Schiffahrtsweg mit Material aus anderen Gebieten versorgt werden (dies ist z. B. in den Niederlanden der Fall).
Soll in der Anlage nicht nur Bauschutt der Aufbereiterfirma erarbeitet werden, sondern auch Fremdmaterial, so ist zur Abrechnung der Anlieferungen eine Massenbestimmung erforderlich. Dieses geschieht auf kleineren Anlagen überschlägig nach Volumen; für größere Anlagen ist jedoch eine Waage von Vorteil. Hiermit kann auch das verkaufte Endprodukt exakt bestimmt werden. Nach dem Verwiegen kann der Bauschutt entweder dem Brecher direkt zugegeben oder auf einem Lagerplatz abgekippt werden.
Das wichtigste Kriterium zur Lagerung von Abbruchmaterial ist das geordnete Abkippen. Zur Erzielung eines guten Endproduktes und zur vernünftigen Auslastung der Recyclinganlage ist es unerläßlich, das angelieferte Material in die Gruppen

- Beton,
- Mauerwerk,
- stark verunreinigtes Material
- und eventuell Asphalt

einzuteilen und direkt auf getrennten Flächen abkippen zu lassen. Nur so ist später eine produktorientierte Aufgabe möglich.
Die notwendige Lagerfläche für den Bauschutt ist aufgrund unterschiedlicher Parameter nicht genau zu bestimmen. Sinnvoll ist eine Differenzierung der Gesamtlagerfläche in Dauer- und Pufferlager. Im Dauerlager ist langfristig Rohmaterial aus Altlagern oder Großprojekten deponiert (passiver Vorrat). Durch den Dauercharakter wird dieses Material in einer höheren Deponie gelagert und dient vielfach als Rampe für die Brecherbeschickung oder als Lärmschutzwall. Somit kann dieses Material nur zum Teil auch zum aktiven Vorrat werden.

Zusätzlich zu den Flächen für das Aktiv- und Passivlager sind ausreichende Fahrwege für die LKW's und das Aufgabegerät vorzusehen.
Ein Problem jeder Aufbereitungsanlage ist die Feuchtigkeit des Aufgabegutes, speziell des Feinmaterials. Je höher der Wassergehalt, desto mehr Anbackungen entstehen im Brecher und auf den Sieben. Ein besonders hoher Feuchtigkeitsgehalt tritt bei freier Lagerung nach einem Regen auf. Nach ein bis zwei Tagen ist das Material dann wieder ausreichend abgetrocknet.
Zur Vermeidung von ungünstigen Produktionsbedingungen bei schlechter Witterung ist die Überdachung eines Teils des Bauschuttlagers bei stationären Anlagen eine mögliche Alternative. Die Lagerkapazität dieser überdachten Fläche müßte mindestens einer Tagesproduktion entsprechen. Eine wesentlich größere Dimensionierung ist nicht sinnvoll, da es pro Jahr nur selten länger als 1 bis 2 Tage durchgängig regnet, und damit die Wirtschaftlichkeit einer zu großen Halle nicht gegeben wäre. Bei einer angenommenen Produktion von 1000 t/Arbeitstag ergäbe sich eine notwendige Fläche von 300 m^2 bei einer Schütthöhe von 2,50 m.
Die Vorzerkleinerung soll dem Bauschutt eine solche Form und Größe geben, daß er ohne Probleme in der Zerkleinerungsanlage auf die gewünschte Korngröße gebracht werden kann. Solche Probleme können durch zu große Abbruchstücke oder sogenannte „Stahligel" – d. h. aus Betonbrocken ragen Bewehrungseisen heraus und bilden einen Stahlknäuel – auftreten. Falls eine Anlage nur von eigenen Abbruchbaustellen beliefert wird, ist unbedingt darauf zu achten, daß nur genügend zerkleinertes Material von den Abbruchobjekten zur Aufbereitungsanlage kommt und so keine zusätzlichen Zerkleinerungsarbeiten notwendig sind.
Die Erfahrungen mit verschiedenen Recyclinganlagen haben gezeigt, daß es nicht sinnvoll ist, die Brecher mit den maximal vom Hersteller angegebenen Aufgabestückgrößen zu beschicken. Aufgrund der eckigen und plattigen Bauschuttstücke mit manchmal hohem Bewehrungsanteil führt ein solches Verhalten zu vielen Verstopfern und Stillständen im Brecher. Die hierdurch bedingten Ausfallzeiten und eventuell erforderlichen Reparaturkosten sind wesentlich teurer als eine Vorzerkleinerung.
Bei einer solchen Vorzerkleinerung muß

a) das Material auf eine zulässige Aufgabestückgröße zerkleinert und
b) Eisen soweit abgetrennt werden, daß sie keine Gefahr mehr für den jeweiligen Brechertyp bilden.

Diese beiden notwendigen Arbeitsvorgänge – zerkleinern und trennen – können mit Hilfe von Maschinen oder zum Teil per Hand vorgenommen werden.
Als optimale Vorzerkleinerung hat sich der Hydraulikbagger mit einem Felsmeißel ergeben – der Hydraulikbagger läßt sich ohne Vorsatzgerät auch für andere Arbeiten einsetzen – und ein Arbeiter mit einem Schneidbrenner. Diese zwar nicht ganz ungefährliche manuelle Tätigkeit ist gegenüber einer mechanisierten Stahlzerkleinerung wesentlich effektiver, schneller und genauer. Außerdem erkennt diese Arbeitskraft grobe Verunreinigungen (z. B. Holzbalken) und kann diese direkt aussortieren.

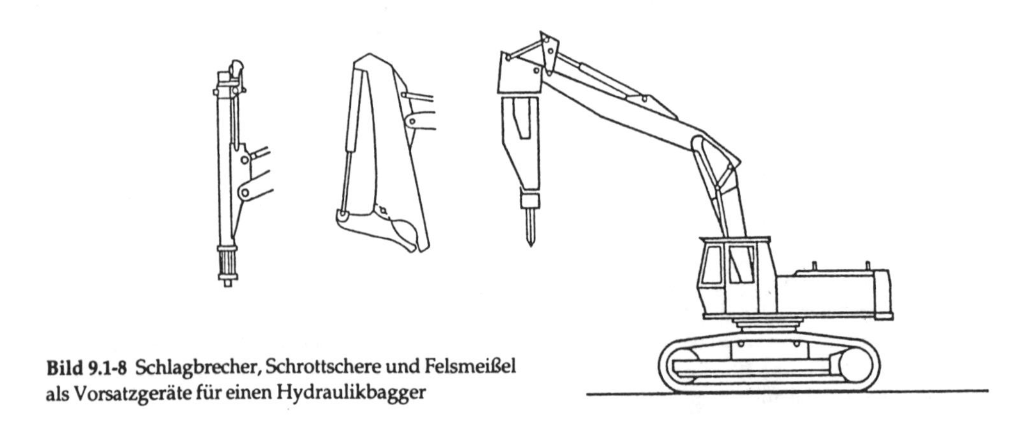

Bild 9.1-8 Schlagbrecher, Schrottschere und Felsmeißel als Vorsatzgeräte für einen Hydraulikbagger

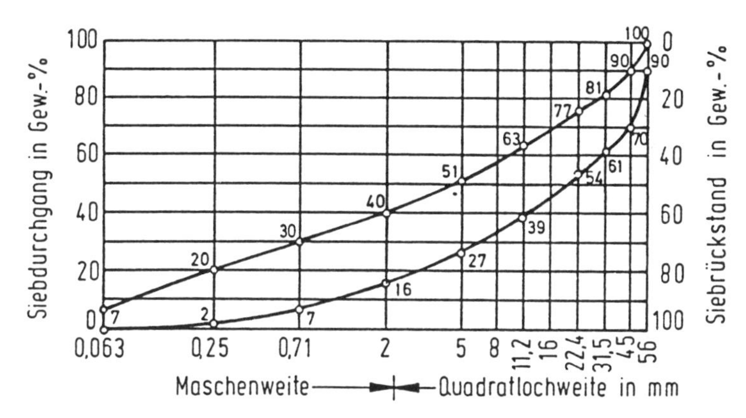

Bild 9.1-9 Sieblinienbereich für Schottertragschichten 0/56 mm [10]

Unter der Aufgabe werden alle Transportvorgänge verstanden, die notwendig sind, um den Bauschutt entweder vom Lagerplatz oder direkt nach der Anlieferung zum ersten Anlagenteil der Recyclinganlage zu transportieren. Die dann folgenden Transportvorgänge werden von der Anlage vorgenommen.

Bei der Aufgabe sind nicht nur Bewegungen in der Fläche, sondern auch vertikale Transporte notwendig. Diese vertikalen Transporte sind erforderlich, wenn Aufgabepunkte oberhalb des Brechers liegen. So ergibt sich die jeweils notwendige Höhe aus der Aufbauhöhe des Brechers. Sie kann variieren von

- 3 m bei kompakten, mobilen Anlagen,
- 5 bis 6 m bei semimobilen Prallmühlen und
- bis zu 8 m bei stationären Backenbrechern.

Zur Überwindung der Höhendifferenz gibt es grundsätzlich zwei Möglicheiten:

1. Eine Rampe als Fahrstraße für Radlader und LKW's.
2. Eine Fördereinrichtung – dies kann ein Kratzketten- oder ein Plattenbandförderer sein –, die allerdings von einem Gerät beschickt werden muß.

Wenn bei der Anlieferung des Bauschutts festgestellt wurde, daß das Material unbedenklich aufbereitet werden darf, kann der LKW direkt zum Aufgabepunkt fahren und dort entleeren.

Ansonsten ist das gebräuchlichste Gerät zur Beschickung der Radlader. Sein Vorteil liegt in der Multifunktionalität als Löse-, Hub-, Lade-, Transport- und Beschickungsgerät. So kann der Radlader alle notwendigen Bewegungen, die nicht von der Anlage durchgeführt werden, ausführen. Eventuell kann also ein einziges Gerät für alle Transportbewegungen ausreichen. Demgegenüber steht sein Nachteil einer unökonomischen Leistung bei Transporten. Ein großes Gerätegewicht muß bewegt werden, damit eine relativ kleine Nutzlast transportiert werden kann. Die optimale Größe des einzusetzenden Radladers ergibt sich aus den folgenden Kriterien:

- der Durchsatzleistung der Aufbereitungsanlage,
- der maximalen Größe des Aufgabetrichters,
- dem voraussichtlichen Aufwand zur Vorsichtung des Bauschutts (Aussortieren von großen Teilen oder unerwünschten Stoffen) und
- dem Weg zwischen Lagerplatz und Aufgabestelle.

Aufgrund dieser Randbedingungen werden Radlader mit einer Leistung von 100 bis 200 kW und einem Schaufelinhalt von 2 bis 4 m^3 eingesetzt.

Das Untersystem „Zerkleinerung" hat bei der Bauschuttaufbereitung die Aufgabe, den in unterschiedlicher Größe anfallenden Bauschutt – abgesehen von der maximalen Größenreduzierung durch die Vorzerkleinerung – auf eine vorgegebene Körnungslinie zu bringen. In Abhängigkeit vom späteren Verwendungszweck und demzufolge dem Größtkorn entspricht der Soll-Kurven-Verlauf dem Beispiel in Bild 9.1-9, einer Schottertragschicht 0/56 mm.

Zur Erfüllung der an das Untersystem gestellten Aufgaben sind mehrere Produktionsstufen erforderlich, siehe Bild 9.1-10. Die unnötige Belastung des Brechers durch Material kleiner dem Größtkorn wird durch eine Vorabsiebung vermieden. Dieses Vorabsiebmaterial kann bei einem Endprodukt, an das geringe Anforderungen gestellt werden, wieder dem zerkleinerten Bauschutt zugegeben werden oder sinnvollerweise in einer Feinabsiebung in erwünschte und unerwünschte Stoffe getrennt werden. Die unerwünschten, feineren Stoffe (z. B. Aushubboden) ergeben den sogenannten Füllsand, das gröbere Material wird wieder dem Materialfluß zugegeben.
Das Bild 9.1-11 zeigt, daß das Untersystem „Aufgabe" den Bauschutt über einen Aufgabebunker dem Untersystem „Zerkleinerung" übergibt. Dieser Aufgabebunker hat die Funktion einer Verstetigung des Materialstroms. Dies ist dadurch notwendig, daß der Radlader das Material intervallmäßig aufgibt. Im Falle der Beschickung mit einem Förderer kann allerdings dieser Aufgabebunker entfallen.

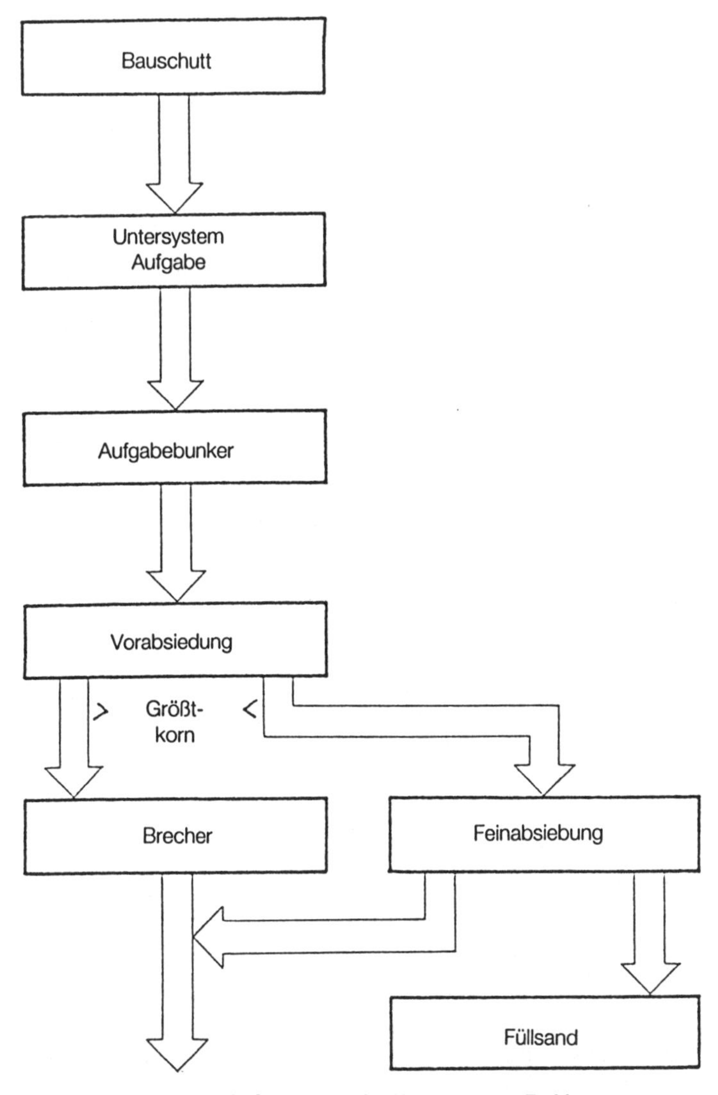

Bild 9.1-10 Produktionsflußdiagramm des Untersystems „Zerkleinerung"

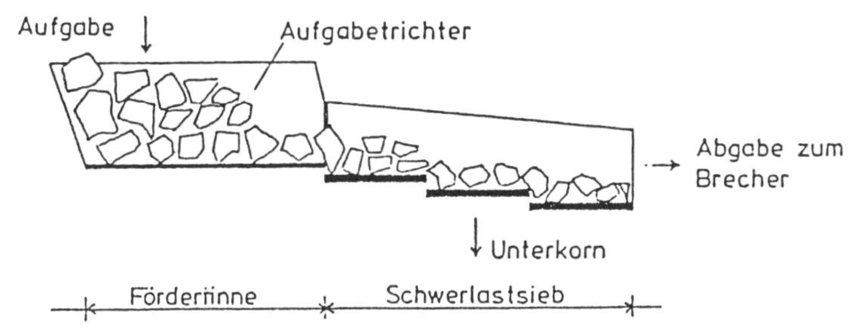

Bild 9.1-11 Indirekte Aufgabe mit Schwingförderrinne auf das Vorsieb

Der Bunker sollte ausreichend groß dimensioniert sein und den Inhalt von zwei Radladerschaufeln aufnehmen können. Zu seiner Leerung stehen zwei verschiedene Transportgeräte - die Schwingförderrinne und der Schubwagenscheider - zur Verfügung.
Nach der Vergleichmäßigung des Materialstroms gelangt der Bauschutt auf das Vorsieb. Die einwandfreie Funktion dieses Siebes entscheidet mit über die Standzeit und die Durchsatzleistung des Brechers sowie die Qualität des Endproduktes. Hierzu ist es erforderlich, daß sich der Bauschutt gleichmäßig und langsam über die Siebfläche bewegt und kleine Abtreppungen eine Veränderung der Materialschicht ermöglichen.
Damit nicht unnötig viele grobe Verunreinigungsstücke in den Brecher gelangen und durch eine Zerkleinerung nur die weitere Aufbereitung belastet wird, ist es sinnvoll, daß auf dem Schwerlastsieb eine Handauslese vorgenommen wird. Je nach Durchsatzleistung sollten 1 bis 2 Arbeitskräfte diese Tätlgkeit ausüben. Hierzu ist es erforderlich, daß die gesamte Siebfläche im Arbeitsbereich der neben dem Sieb stehenden Personen liegt. Zur problemlosen Beseitigung der aussortierten Stücke sollten drei Container hinter den Arbeitsplätzen stehen, so daß direkt eine Sortierung in zu lange Eisenstücke, Holz und Abfälle erfolgen kann. Grundsätzlich lassen sich drei verschiedene Typen von Zerkleinerungsmaschinen unterscheiden. Erstens wird die Zerkleinerung durch Stoß - wie bei der Prallmühle - zweitens durch Druck - wie beim Backenbrecher - und drittens durch Schlag - wie beim Walzenbrecher - erzielt.
Eine andere wichtige Unterscheidung des Brechens bezieht sich auf die Anzahl der Brechstufen einer Anlage. Es wird grundsätzlich zwischen einer einstufigen und einer zweistufigen Anlage unterschieden. Bei einer einstufigen Anlage wird nur ein Brecher, bei einer zweistufigen Anlage ein Vor- und Nachbrecher eingesetzt (Bild 9.1-12). Der Nachteil einer einstufigen Zerkleinerung liegt in der nur begrenzten Möglichkeit der Reduzierung der Körnung in einer Brechstufe. Der erhöhte Aufwand eines zweiten Brechers lohnt sich bei großen Aufgabestücken und großen Durchsatzmengen.
Es gibt vier verschiedene Zerkleinerungsmaschinen, die beim Bauschuttrecycling eingesetzt werden:
- Prallmühlen,
- Backenbrecher,
- Kegelbrecher,
- Walzenbrecher.

Bei der Prallmühle erfolgt die Zerkleinerung des Aufgabematerials durch Stoßenergie. Das Material gelangt durch die Aufgabeöffnung in den Prallraum. In der Mitte befindet sich der schnell drehende Rotor. Er kann offen oder geschlossen sein und 4 bis 8 Schlagleisten aufweisen. Das Aufgabegut fällt auf den Rotor und wird von den Schlagleisten erfaßt. Bei einem mittigen Schlag erfolgt direkt die Zerkleinerung. Ist die Energie nicht ausreichend, so wird das Gut auf das mit Prallplatten besetzte Prallwerk geschleudert. Entweder geschieht die Zerkleinerung beim Auftreffen auf die Prallwerke und andere Gesteinsstücke, oder das Material wird wieder zum Rotor zurückgeschleudert. Dieser Vorgang wiederholt sich, bis das Gut soweit zerkleinert ist, daß es den Prallraum durch die einstellbare Austrittsöffnung verlassen kann.

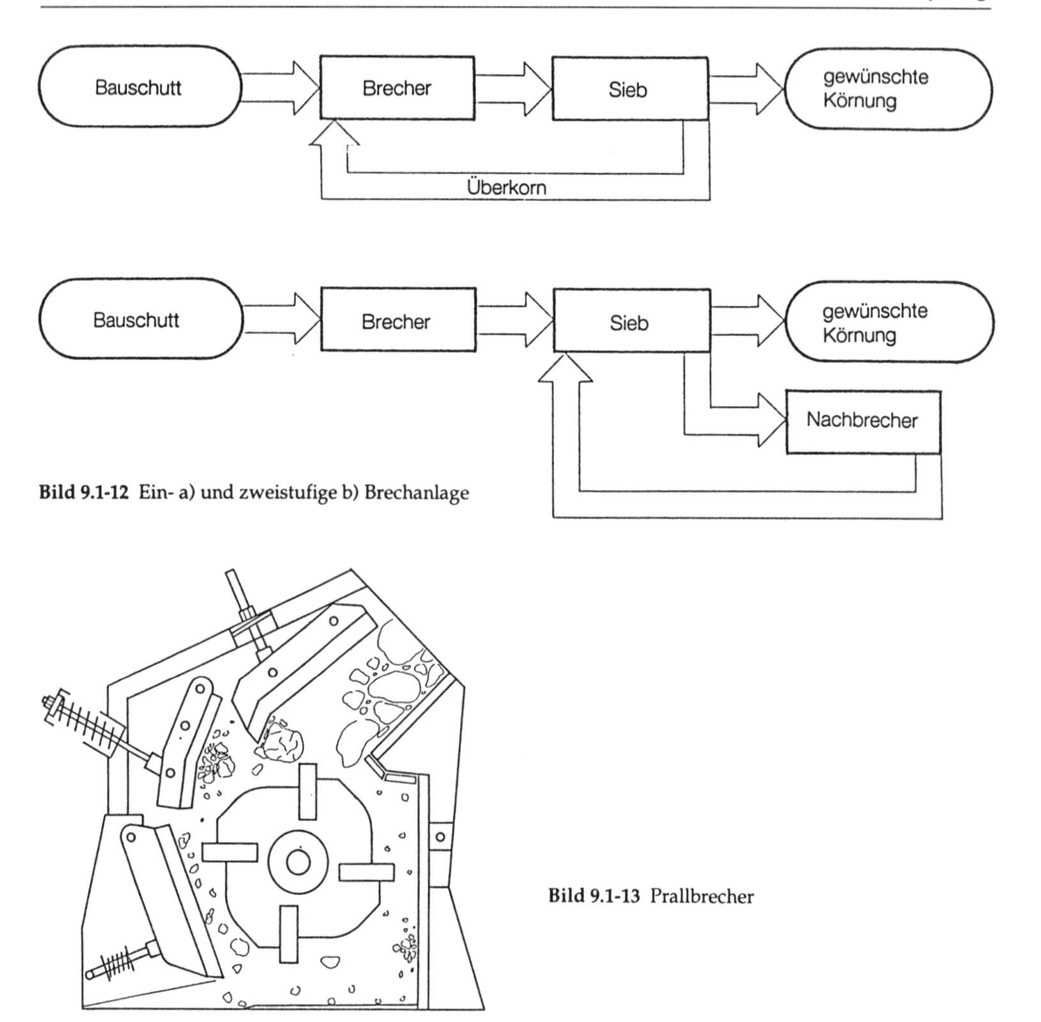

Bild 9.1-12 Ein- a) und zweistufige b) Brechanlage

Bild 9.1-13 Prallbrecher

Das Zerkleinerungsergebnis ist von den Faktoren

- Umfangsgeschwindigkeit des Rotors,
- Anzahl der Pralleisten,
- Winkel und Gestaltung der Prallwerke und
- Einstellung der Austrittsöffnung

abhängig. Mit Hilfe dieser Faktoren läßt sich das Größtkorn und die Kornverteilung des gebrochenen Materials regeln. Durch die selektive Zerkleinerung beim Prall wird größtenteils das Aufgabegut automatisch entsprechend seiner Festigkeit, d. h. in seine Bestandteile, getrennt.
Eine hydraulische Öffnung an der Prallmühle ist die Voraussetzung zur schnellen Beseitigung von Störungen und dem Austausch von Schlagleisten. Eine gesonderte Bremsvorrichtung für den Rotor ist normalerweise entbehrlich.
Eine Gefahr für Prallmühlen sind unbrechbares Aufgabegut, lange Bewehrungsstähle und zu große Aufgabestücke. Bei kleineren Prallmühlen, die als Nachbrecher eine hohe Umdrehungsgeschwindigkeit haben, sollten Metallsuchgeräte vor unbrechbarem Aufgabegut (z. B. Baggerzähne oder Brückenlager) schützen. In einem solchen Fall könnte die Überlastsicherung nicht einen Schadensfall – Zerstörung der Pralleisten oder der Prallplatten – verhindern. Demgegenüber können sich

lange Bewehrungsstähle um den Rotor wickeln und zu einem Stillstand führen. Ein Verstopfen durch zu große Aufgabestücke muß durch eine Begrenzung auf 70% der Größe der Maulöffnung verhindert werden.
Ein wesentlicher Punkt bei der Prallzerkleinerung ist der hohe Verschleiß gegenüber anderen Brechsystemen. Er hängt vom eingesetzten Material (feine Bestandteile haben eine abrasive Wirkung; darum ist die Vorabsiebung notwendig) und der Umfangsgeschwindigkeit des Rotors ab. Hierbei steigt der Verschleiß des Rotors progressiv mit der Umfangsgeschwindigkeit. Der Verschleiß tritt hauptsächlich an den Schlagleisten auf.
Backenbrecher sind durch ihre zwei Brechbacken charakterisiert. Eine ist starr und eine beweglich, wobei beide zur Erhöhung der Brechkräfte mit Brechzähnen versehen sind. In Abhängigkeit von der Einsatzart als Vor- oder Nachbrecher wird der Brechraum gestaltet. Bei der Wahl der Brechergröße gelten die gleichen Kriterien wie bei der Prallmühle:
- ausreichende Durchsatzleistung;
- je größer der Brecher, desto weniger Vorzerkleinerung ist notwendig;
- die maximale Aufgabegröße darf nur 60–70% der Maulweite betragen.

Backenbrecher haben eine zerdrückende und mahlende Wirkung auf das Aufgabegut. Durch den immer schmaler werdenden Spalt zwischen den Brechbacken wird das Material stufenweise zerkleinert. Der eindeutige Vorteil von Backenbrechern ist ihre Unempfindlichkeit gegenüber unbrechbaren Bestandteilen und die niedrigen Verschleißkosten. Nachteilig wirkt sich die unbefriedigende Kornverteilung und die Schwierigkeiten mit plattigen Asphaltstücken aus. Außerdem bereiten bei den Schwingenbrechern die beiden erforderlichen 90° Richtungsänderungen des Materialstromes für Bewehrungseisen erhebliche Probleme. Die Richtungsänderungen treten an den Stellen der waagerechten Aufgabe bzw. des Abzugs und dem senkrechten Brecher auf. Dies wird durch die flache Bauweise des Schlagbrechers – einer Variante des Backenbrechers – vermieden.
Der Kegelbrecher ist ein weltverbreitetes Zerkleinerungsgerät sowohl für die Vorzerkleinerung als auch für die Nachzerkleinerung. Da aber eine Beschickung mit Bewehrungsstäben nicht zulässig ist, kann er bei der Bauschuttaufbereitung nur als Nachbrecher eingesetzt werden.

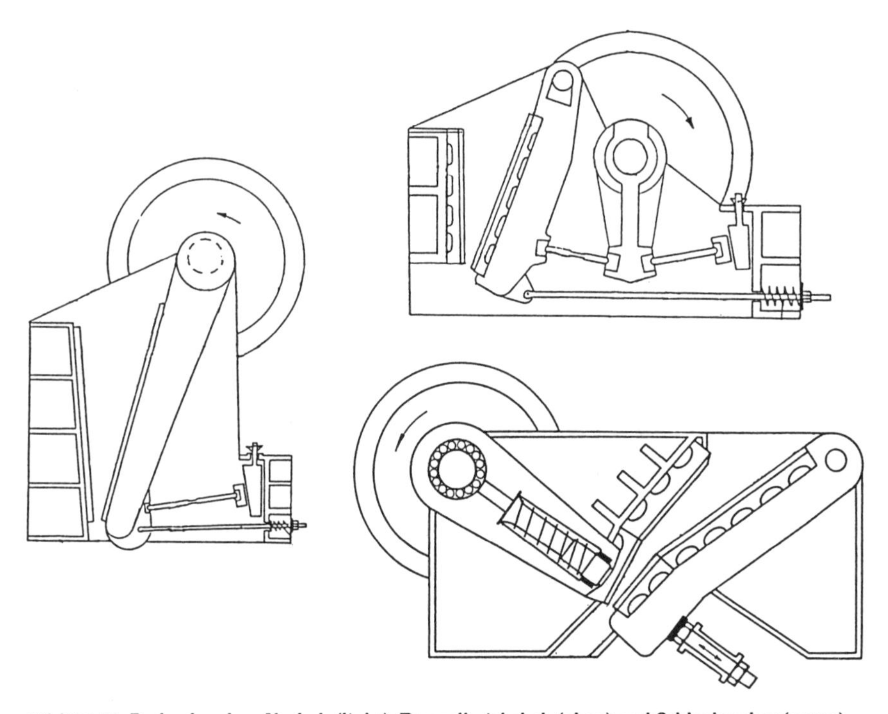

Bild 9.1-14 Backenbrecher: Kurbel- (links), Doppelkniehebel- (oben) und Schlagbrecher (unten)

Der Kegelbrecher funktioniert nach einem einfachen Prinzip: Die Brechkegelachse ist exzentrisch gelagert. Beim Antrieb vollführt ihr unterer Teil eine Kreisbewegung. Durch diese pendelnde Kreisbewegung wird das Brechgut gegen den Brechmantel gedrückt und zerkleinert. Der Vorteil eines Kegelbrechers als Nachbrecher ist sein geringer Verschleiß und sein gutes Brechergebnis.
Der Walzenbrecher benutzt eine andere Zerkleinerungstechnik als die bisher beschriebenen Geräte. Bei ihm erhält das Gut durch eine Walze Schlagenergie, die aufgrund einer festen Unterlage statisch wirkt.
Der prinzipielle Aufbau eines Walzenbrechers ist in Bild 9.1-16 dargestellt. Ein Kratzkettenförderer wird von einem Aufgabegerät mit Bauschutt beschickt. Dies geschieht entweder ebenerdig auf einer Förderlänge, die größer als die Breite der Ladeschaufel ist oder über einen aufgesetzten Trichter. Der Katzkettenförderer transportiert den Bauschutt zum Walzenbrecher. Dieser dreht sich mit einer Umfangsgeschwindigkeit von ca.10 m/sec. und ist mit faustgroßen Schlagköpfen versehen. Das Aufgabegut wird erfaßt und stufenweise verkleinert. Zur Vermeidung einer Überlastung der Walze ist eine Regelelektronik eingebaut. Diese mißt kontinuierlich die Drehzahl des Brechers und redu-

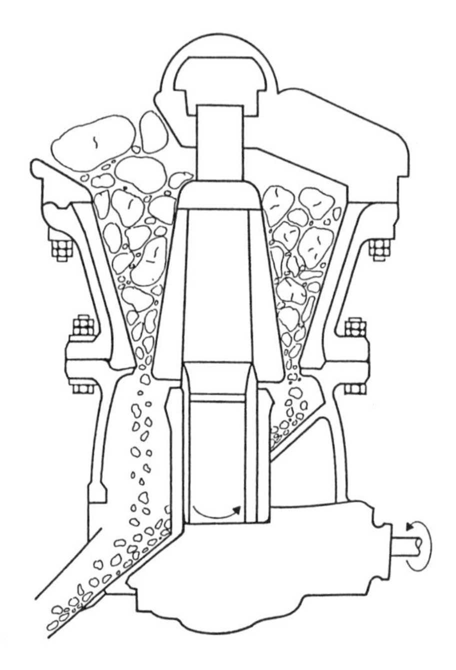

Bild 9.1-15 Kegelbrecher

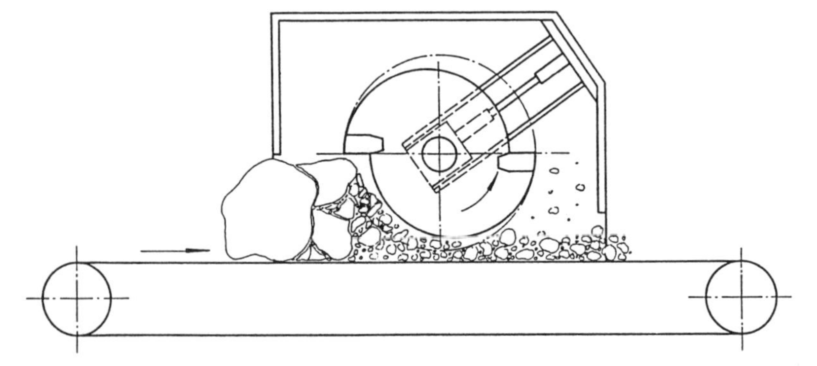

Bild 9.1-16 Walzenbrecher mit Kratzkettenförderer

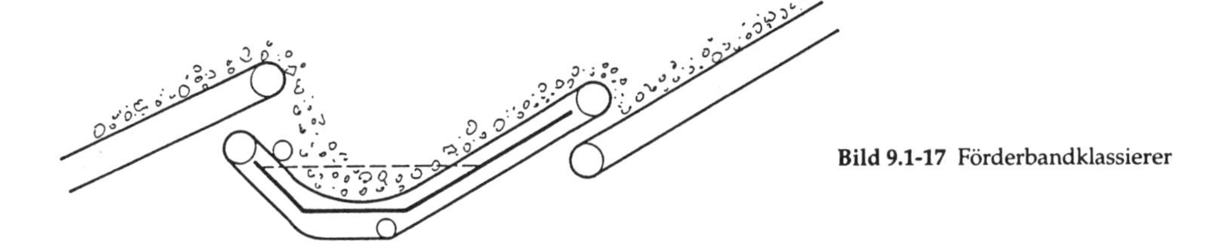

Bild 9.1-17 Förderbandklassierer

ziert bei der Unterschreitung eines kritischen Wertes die Geschwindigkeit des Förderers bedarfsweise bis zum Stillstand. Beim Erreichen der Soll-Drehzahl transportiert auch der Förderer wieder mit seiner normalen Geschwindigkeit. Zum Vermeiden von Schäden durch unbrechbares Gut kann die Walze nach oben ausweichen.

Die Vorteile des Walzenbrechers sind der niveaugleiche Einsatz, so daß eine Rampe oder ein Schrägförderer entfällt, und der erstaunlich erschütterungsfreie Betrieb. Durch seine kleinen Dimensionen und sein geringes Gewicht kann er semimobil entweder mit Stahlprofilen direkt auf normale Fundamente gestellt werden oder auch mobil auf einem Fahrwerk zum Einsatzort kommen.

Der Walzenbrecher hat aber auch einige gravierende Nachteile. Es besteht eine Abhängigkeit zwischen Aufgabestückgröße und notwendigem Walzendurchmesser. Dieser Walzendurchmesser bedeutet jedoch eine mögliche Durchsatzleistung, die für eine übliche Recyclinganlage zu hoch und damit wirtschaftlich nicht optimal ist. Die Zerkleinerungstechnik fordert analog zur Prallmühle aufgrund der punktuellen Beanspruchungen einen hohen Verschleiß der Schlagköpfe.

Nachdem der Bauschutt die Brechanlage verlassen hat, muß er zur folgenden Aufbereitung weitertransportiert werden. Hierzu legt er mit einem Fördermittel horizontale und vertikale Strecken zurück. Der Abstand zwischen zwei Geräten ergibt sich normalerweise aus der Steigfähigkeit des Fördergerätes und der Höhendifferenz der beiden Geräte.

Grundsätzlich werden in Bauschuttaufbereitungsanlagen zwei verschiedene Fördermittel eingesetzt:

- der Schwingförderer und
- der Gummibandförderer.

Der Schwingförderer ist ein Fördergerät für Entfernungen von ungefähr 1 m und vermeidet an Übergangsstellen einen zu hohen Verschleiß an anderen Transportsystemen.

Das Hauptfördermittel im Anlagenkonzept einer Recyclinganlage ist der Gummibandförderer. Er vereinigt ein wirtschaftliches Fördern mit Flexibilität bei einer Veränderung und eine leichte Wartbarkeit. Da sich Mitnehmer auf den Gurten für Bauschutt nicht bewährt haben, sind die möglichen Neigungen aufgrund der Reibung des Gutes zum Gurt auf 20 bis 25° begrenzt. Höhere Winkel führen zu einem Rutschen des Materials oder dem gefährlichen Rollen größerer Steine.

Zur Vermeidung von unnötigem Verschleiß der Gurtbänder sind mehrere (häufig nicht beachtete) Punkte zu berücksichtigen:

- Zur Vermeidung von Abweichungen des Geradeauslaufes und einseitiger Abnutzung ist eine mittige Aufgabe des Materials erforderlich. Hierzu sind an geeigneter Stelle Leitbleche anzubringen. Außerdem sind Gummischürzen im Aufgabebereich zum dichten Abschluß gegenüber dem Gurt sinnvoll.
- Der Höhenunterschied zwischen Abgabestelle und Aufprallstelle auf dem Band ist möglichst gering zu halten. Dadurch lassen sich unnötige Abnutzungen und Staubentwicklungen vermeiden.
- Bei stationären Anlagen ist die Installierung eines Laufstegs neben dem Gurt eine sinnvolle Maßnahme zur Erleichterung von Wartungsarbeiten.
- Zum Schutz vor Witterungseinflüssen (Wind und Regen) kann eine halbkreisförmige Abdekkung über den Förderbandstrecken erforderlich sein. Hierdurch wird eine Feuchtigkeitserhöhung des Bauschutts und eine Staubbelästigung der Umgebung vermieden.

Neben dem Einsatz als reinem Transportband kann das Förderband auch als Leseband benutzt werden. In diesem Fall hat es eine Breite von bis zu 1,50 m und dadurch eine geringere Geschwin-

digkeit und Schichthöhe. Hierdurch können Arbeitskräfte dem zerkleinerten und vom Eisen befreiten Material leicht die unerwünschten Bestandteile entnehmen.
Zur Aufbereitung des Bauschutts in den einzelnen Maschinen und zur Zusammensetzung einer optimalen Siebkurve ist es erforderlich, daß an verschiedenen Stellen des Aufbereitungsprozesses eine Siebung vorgenommen wird. Die üblichen Berechnungsformeln für die notwendige Siebfläche gelten nicht für Bauschutt. Er ist sehr siebunfreudig; aus diesem Grund sind viele Siebe auf Recyclinganlagen unterdimensioniert.
Bei der Feinabsiebung bei ungefähr 8 mm zur Trennung von Füllsand und Recyclingmaterial treten durch die vorhandene Feuchtigkeit des Materials erhebliche Schwierigkeiten auf. Hier helfen zwei Maßnahmen:

1. Durch den Verfahrensablauf muß dafür gesorgt werden, daß das Material möglichst trocken ist.
2. Durch Versuche mit verschiedenen Siebböden (z. B. Harfensiebböden und Klopf-Kugeln) und Siebgrößen muß die optimalste Konfiguration gefunden werden.

Bei der Zwischen- und Endabsiebung muß berücksichtigt werden, daß es nicht darauf ankommt, immer möglichst exakt zu sieben, sondern daß ein qualitativ hochwertiges Produkt mit einer geforderten Siebkurve erreicht werden muß.
Metallische Bestandteile können einerseits Eisenteile in Form von Bewehrungsstahl und andererseits Nichteisenmetalle, wie z. B. Stromkabel, Türbeschläge oder Kupferleitungen sein. All diese Stoffe sind im Recyclingmaterial aus qualitativen und optischen Gesichtspunkten unerwünscht und sollten aus dem Materialstrom separiert werden. Beim Stahl ist dies relativ leicht durch Elektromagnete möglich. Die Separierung der Nichteisenmetalle stößt dagegen schnell an technische und wirtschaftliche Grenzen.
Die Voraussetzung zur Eisen-Separation ist die möglichst vollständige Trennung vom Beton. Da die Bewehrungsstähle zu einem erhöhten Verschleiß der Gurtförderer führen, ist die sinnvollste Stelle zur Eisen-Separation nahe hinter der Zerkleinerungsmaschine. Hierfür wird praktisch nur der Überbandmagnetscheider benutzt.
Als zweckmäßigste Magnetanordnung hat sich folgende Konstellation herausgestellt: Ein erster Magnet separiert die langen, großen Eisenteile heraus. Zur Vermeidung von Beschädigungen am Überbandmagnetscheider oder am Gummiband ist es erforderlich, daß der Magnet ungefähr 40 bis 50 cm über dem Band aufgehängt ist. Er kann dabei entweder längs- oder queraustragend angeordnet sein. Die Wirkung des längsangeordneten Magneten ist am Ende eines Bandes – bedingt durch den freien Wurf des Materials – größer als bei einem queraustragenden. Ein zweiter Magnet separiert die noch verbliebenen kleinen Eisenteile. Nach Möglichkeit sollte zwischen beiden – zur Materialumschichtung auf dem Band – eine Bandübergabestelle liegen. Dieser zweite Magnet kann geringer dimensioniert sein und parallel zum Band nur 20 cm über der Materialoberfläche liegen. Auch er sollte möglichst längs angeordnet sein. In jedem Fall müssen die Magnete weit genug über das Förderband hinausreichen – ungefähr 1/3 ihrer Gesamtlänge –, um so einen sicheren Abwurf des Eisens zu garantieren. Hierzu dient auch eine Rutsche, die zwischen dem Materialstrom und der Abwurfstelle angeordnet wird. Zur Vermeidung von unnötiger Arbeit kann bei einer entsprechenden Höhe das Eisen direkt in einen bereitgestellten Container fallen.
Metallsuchgeräte – sogenannte Allmetallsuchanlagen – können Metallteile fast beliebiger Größe feststellen. Dies geschieht durch Sonden, die um das Förderband montiert sind. Nach der Registrierung des Teils kommt seine Separation. Momentan stehen auf dem Markt keine Geräte, die automatisch ein beliebiges erkanntes Nichteisenmetall entfernen könnten, zur Verfügung. Stattdessen existieren heute zwei Möglichkeiten:

1. Das Metallsuchgerät dient nur als Schutz für den Sekundärbrecher. Bei größeren Metallteilen stoppt er das Band.
2. Eine Arbeitskraft steht zur Verfügung (in diesem Fall ist das Metallsuchgerät feiner eingestellt), um die Verunreinigungen aus dem Bauschutt per Hand auszulesen. Sie kann sofort nach dem Stop des Bandes das Metallteil erkennen, entfernen und das Band wieder in Bewegung setzen. Zur Vermeidung von Stillständen der gesamten Anlage ist jedoch ein Ausgleichssilo vor dem Suchgerät und der Lesestelle erforderlich.

Bei der Bauschuttaufbereitung ist unter der manuellen Reinigung des Materials die Entfernung von unerwünschten Stoffen wie Holz, Kunststoff und Leichtbaustoffe zu verstehen. Bei der Reinigung sind drei Parameter zu berücksichtigen:
- der Verunreinigungsgrad des angelieferten Bauschutts,
- die geforderte „Sauberkeit" des Endproduktes und
- die Möglichkeit einer Sichtungsstufe, d. h. einer maschinellen Reinigung.

Diese Randbedingungen bestimmen den notwendigen Grad der manuellen Reinigung und damit die Anzahl der erforderlichen Arbeitskräfte und die Höhe der Lohnkosten. Aus diesem Grund muß vor der Konzeption einer Anlage das aufzubereitende Material und das gewünschte RC-Produkt bekannt sein. Nur dann läßt sich der notwendige Aufwand zur Reinigung bestimmen.
Bei der eigentlichen Reinigung sind zwei Stufen zu unterscheiden. Die erste Stufe liegt vor der Zerkleinerung und ist schon bei der Vorabsiebung beschrieben worden. Die zweite Stufe der Reinigung kann oder muß – und dieses hängt von den Materialgegebenheiten ab – hinter der Zerkleinerung liegen. Hierzu ist ein Leseband, d. h. ein Band mit geringer Bandgeschwindigkeit und Schichthöhe, erforderlich. Es ist auf jeden Fall sinnvoll, einen solchen Arbeitsplatz für einen zeitlichen Einsatz bei ungünstigem Material einzurichten. Aus humanen und arbeitsergonomischen Gründen sollten diese Arbeitsplätze witterungsgeschützt sein.
Eine maschinentechnische Reinigung des aufbereiteten Bauschutts wird Sichtung genannt. Es ist dabei zwischen einer Trockensichtung – hierbei ist das Sichtungsmedium Luft – und einer Naßsichtung – mit dem Sichtungsmedium Wasser – zu unterscheiden. Mit Hilfe der Sichtung ist es möglich, auch kleine Verunreinigungsstücke zu entfernen. Dies ist der gravierende Unterschied zur manuellen Reinigung, bei der nur größere Stücke entfernt werden können. Aufgrund der zur Sichtung notwendigen großen Anlagen und der zur Wirtschaftlicheit erforderlichen hohen Durchsatzleistung ist ein Einsatz nur in stationären Anlagen möglich.
Die Sichtung mit Wasser funktioniert nach einem einfachen Prinzip: Die unerwünschten Bestandteile wie Holz, Kunststoff und Leichtbaustoff sind überwiegend leichter als Wasser. Wird nun also das Material in ein Wasserbad gegeben und zur Erleichterung der Trennung bewegt, so werden diese Bestandteile aufschwimmen und können von der Wasseroberfläche abgeschöpft werden. Bei der Naßsichtung von Bauschutt werden momentan zwei Verfahren eingesetzt:
- Förderbandklassierer und
- Aquamatoren.

Der Förderbandklassierer arbeitet exakt nach dem oben beschriebenen Prinzip. Das Material fällt in eine Art Badewanne (siehe Bild 9.1-17). Während die mineralischen Teile nach unten fallen und von einem Unterwasserförderband wieder hinaustransportiert werden, bleiben die leichten Stoffe an der Wasseroberfläche, und ein intermittierend laufender Rechen erfaßt sie und trägt sie seitlich aus. Zur Vermeidung von Sandablagerungen wird nur das Material größer 16 mm gewaschen.
Das zweite Naßsichtungsverfahren ist der Aquamator. Hier ist normalerweise eine Reinigung der Körnung größer 8 mm möglich. Bei diesem Verfahren wird – entsprechend Bild 9.1-18 – die zu waschende Körnung auf einen längsgemuldeten Gurt mit außenliegenden Flexowellkanten gegeben. In der Förderrichtung des Gurtes werden die schweren Bestandteile transportiert: Entgegen der Laufrichtung des Gurtes brausen nun Düsen Wasser auf das Material und reißt der dadurch entstehende Flüssigkeitsstrom die leichten Bestandteile mit sich. Diese beiden entgegengerichteten Ströme überqueren nach dem Verlassen des Gurtes jeweils ein Entwässerungssieb. Es entsteht so eine gereinigte RC-Körnung größer 3 mm und ein mit feinsten Bestandteilen verunreinigtes Wasser. Da pro 1 t aufbereitetem Material 1 m^3 Wasser benötigt wird, muß dieses Wasser im Kreislauf gefahren werden.
Das Brauchwasser wird in einen Hydrozyklon gepumpt, der es in Sand 0,06-3 mm und ein Wasser-/ Tongemisch trennt. Ein ausreichend dimensioniertes Absetzbecken sorgt dafür, daß sich der Ton absetzen kann und das Wasser wieder in den Aquamator gepumpt werden kann. Trotz dieser Maßnahmen reichern sich im Wasser feste Stoffe bis zu einem neuen Reingewicht von 1,4 t/m^3 an. Dieser Wert sorgt dafür, daß einerseits auch Leichtbaustoffe gut ausgeschieden werden können, daß sich aber andererseits der Verschleiß der Pumpen erhöht. Dann muß das Wasser in ein Klärbecken

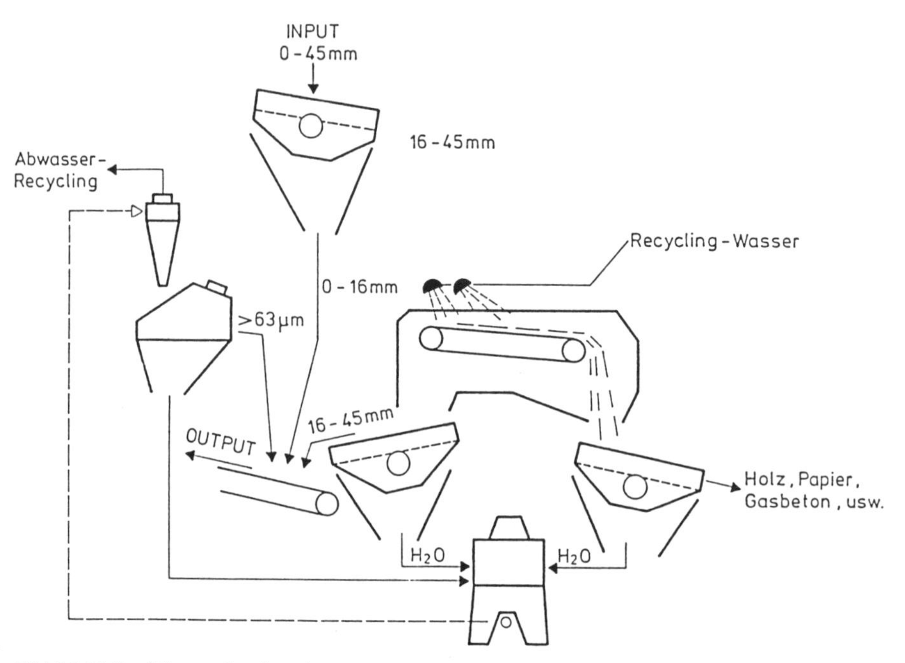

Bild 9.1-18 Funktionsweise eines Aquamators

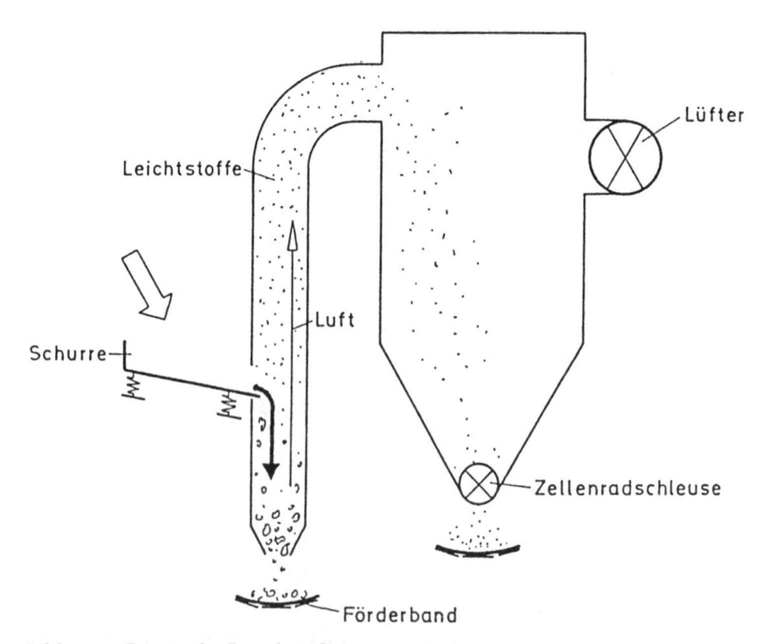

Bild 9.1-19 Prinzip der Bauschutt-Sichtung im Luftstrom

fließen, mehrere Tage absetzen und kann zum Teil wieder in den Kreislauf gelangen; während die abgesetzten tonigen Bestandteile abgesaugt und zur Sondermüll-Deponie transportiert werden.
Die Trockensichtung von Bauschutt funktioniert verfahrenstechnisch nach dem Prinzip des Gegenstromsichters. Die notwendige Bauform wird als Schwerkraft-Gegenstromsichter, Aufstromsichter oder Steigrohrsichter bezeichnet. Typisch hierfür ist ein senkrechter Sichtkanal, in dem die Luft aufströmt und die seitliche Zuführung des Sichtgutes. Bei der Aufgabe in das Rohr ist der Bauschutt im Querstrom, bei der dann folgenden Fallbewegung im Gegenstrom und eventuell mitgerissene Teilchen im oberen Teil des Sichters im Gleichstrom (siehe Bild 9.1-19). Hierdurch wird erreicht, daß in Abhängigkeit vom Aufgabegut und der Luftgeschwindigkeit die leichteren Teile mit dem Luftstrom fortgerissen werden. Damit jedoch nicht sowohl kleine mineralische Körner als auch größere Holzstücke fortgetragen werden, ist es erforderlich, daß immer nur eine begrenzte Fraktion gesichtet wird. Nur so läßt sich eine Trennung von erwünschten mineralischen Stoffen und unerwünschten Leichtstoffen erreichen. Aus dieser verfahrenstechnischen Abhängigkeit sind zur Sichtung der Gesamtfraktion mindestens vier Einzelsichter mit den Fraktionen 5–8, 8–16, 16–25 und 25–45 mm erforderlich.
Am Anfang der Sichtung steht die Absiebung der vier Sichtfraktionen. Während das Überkorn dem Brecher wieder zugeführt wird, verbleibt die Fraktion 0–5 mm im Kreislauf. Eine Trockensiebung ist einerseits für diese Fraktion praktisch nicht möglich und andererseits sind in ihr nur relativ wenig Schadstoffe vorhanden.
Das vom Luftstrom mitgerissene Material muß in einem Filter ausgeschieden werden. Zum Schutz der hierfür verwendeten Filterschläuche vor Beschädigungen trennt eine Vorkammer die groben Holzstücke ab. Nach der Reinigung in den Schlauchfiltern kann die Luft wieder sauber an die Umgebung abgegeben werden. Die ausgeschiedenen Stoffe werden mit überdimensionierten Zellenradschleusen auf ein Förderband gegeben und in einem Bunker gelagert. Diese geschlossene Lagerungsart ist dadurch notwendig, da sonst der Wind das leichte Material von einer Halde forttr$\ddot{a}$gt.
Das Endprodukt RC-Material liegt als Gesamtfraktion oder in Einzelfraktionen vor. Für die Lagerung der einzelnen Endprodukte stehen grundsätzlich zwei Systeme zur Verfügung:
- das Freilager und
- das Silo.

Das Freilager ist auf Bauschutt-Recyclinganlagen der Normalfall. Seine Vorteile sind die geringen Investitionskosten (es ist nur ein Förderband erforderlich), seine Flexibilität (es lassen sich mit einem drehbaren Förderband mehrere Freilager für unterschiedliche Materialien einrichten, z. B. für RC-Material auf Betonbasis oder Ziegelsplitt) und die Möglichkeit einer automatischen Vermischung zur Homogenisierung des Materials.
Auf keinen Fall darf das Material im freien, ungeschützten Fall auf die Halde stürzen, da damit eine Entmischung des Materials und eine unzumutbare Luftverschmutzung verbunden ist, die durch Wind verstärkt wird. Daher muß die Höhe der Abwurfstelle regelmäßig der Haldenhöhe angepaßt werden. Zusätzlich können Gummischürzen eine Schutzhülle bilden und eine Wasserberieselung die Staubbildung vermindern.
Das Silo ist bisher auf Recyclinganlagen die Ausnahme. Anlagen mit einer Leistung bis zu 75 000 Jahrestonnen können von einem Radlader beschickt und entsorgt werden. Liegt die Leistung bei semimobilen oder stationären Anlagen höher, vermeidet ein Verladesilo den notwendigen Einsatz eines zweiten Radladers. Grundsätzlich stehen zwei Einsatzmöglichkeiten zur Auswahl:
a) Es werden zwei Silos für RC-Material 0–45/56 mm und Füllsand eingesetzt.
b) Es kommt eine ganze Siloanlage zum Einsatz, in der die Einzelfraktionen gelagert werden.

Baustellenabfall-Sortierung

Für die Sortierung werden die Abfälle mit einem Greifer auf die Anlage gegeben. Der Greifer hat den Vorteil der Vorsortierung; er muß normalerweise hierbei von Arbeitskräften unterstützt werden. Besonders wichtig ist die Separierung von den Sonderabfällen, die nicht schon bei der Annahme erkannt wurden.
Bedingt durch die Hauptfunktion der Sortierung der Baustellenabfälle ist die augenscheinlichste Komponente das Förderband. Entlang des Förderbandes befinden sich wettergeschützte Arbeits-

plätze. Die Arbeitskräfte können hier entsprechend der vorgesehenen Sortierung die Stoffe direkt in Container werfen. Am Ende der Lesestrecke liegen nur noch Steine auf dem Förderband, da normalerweise die Feinfraktion schon am Anfang abgesiebt wurde.
Neben diesem gängigen manuellen Konzept existieren auch zwei maschinelle Lösungen.
Die erste Variante sieht die Gesamtreinigung des Materials mit Hilfe einer Windsichtung vor. In einer kompakten Siebtrommel wird das Material zuerst stufig abgesiebt und anschließend windgesichtet. Die Endprodukte sind Vorabsiebungen, eine Steinfraktion und Restabfälle.
Die zweite Variante baut auf die Erfahrungen bei der Sortierung von Haus- und Gewerbemüll auf. Hierbei verwendete Elemente sind Rotorscheren, Siebtrommeln, Bechersiebe und Schrägsortiermaschinen. Das Ziel dieser Anlagenteile ist eine möglichst weitgehend machinelle Sortierung der Baustellenabfälle.

9.1.2.3 Gesamtsysteme

Bauschutt-Aufbereitungsanlagen
Zur sinnvollen Durchführung einer Aufbereitung von Bauschutt ist es notwendig, aus den Einzelsystemen ein für die gegebenen Randbedingungen sinnvolles Gesamtsystem zusammenzustellen. Hierbei lassen sich grundsätzlich drei Systemtypen nach ihrer Mobilität unterscheiden:

1. die mobile Anlage,
2. die semimobile Anlage und
3. die stationäre Anlage.

Jede dieser Systemgruppen hat eine besondere Anlagenkonfiguration und damit auch typische Einsatzgebiete. Natürlich gibt es fließende Übergänge und nicht immer eindeutige Unterteilungen. Trotzdem hilft diese Klassifikation beim Beschreiben und Erkennen von Möglichkeiten, Problemen und Kosten einer Bauschutt-Aufbereitung.
Mobile Anlagen haben zwei wesentliche Kriterien: Sie sind leicht und schnell versetzbar und haben aufgrund ihrer relativ geringen Abmessungen nur kleine Durchsatzmengen. Hieraus folgen ihre typischen Anwendungsgebiete: Auf Abbruchbaustellen zerkleinern sie direkt das Abbruchmaterial, im ländlichen Raum verkleinern sie auf Deponien die Bauschuttablagerungsmengen und in Fertigteilwerken zerkleinern sie die Restbetone und den Ausschuß. Aus diesen Einsatzfeldern folgt ein mehrmaliger Standortwechsel pro Jahr. Der Auf- und Abbau sollte dabei nicht mehr als 1 bis 2 Tage dauern. Dieses läßt sich nur dadurch erreichen, daß alle Maschinen auf ein oder zwei Sattelaufliegern oder Tiefladern gruppiert sind.
Durch die geringen Abmessungen ist eine Sichtung oder detaillierte Siebung nicht möglich. Hieraus folgt, daß entweder

- sauberes Material aufgegeben wird – z. B. in Fertigteilwerken oder bei Straßenaufbrüchen – und sauberes, relativ gutes Endmaterial gewonnen wird oder
- bei Abbruchobjekten, bei denen ein Gesamtmaterial gewonnen wird, das nur für untergeordnete Zwecke eingesetzt werden kann.

Das Funktionsschema einer mobilen Anlagenkonzeption zeigt Bild 9.1-20. In der Mitte steht die Transporteinheit, die aus einem Fahrgestell oder einem Tiefladerteil bestehen kann. In beiden Fällen wird die Anlage vor der Inbetriebnahme von dem Fahrgestell getrennt, d. h. einerseits durch ein Aufsetzen auf das Untergestell bzw. durch ein Aufbocken durch hydraulische Pressen.
Für den Betrieb einer solchen mobilen Anlage ist lediglich eine Betriebsgenehmigung erforderlich. Für Transporte auf der Straße gilt die Straßenverkehrszulassungsordnung. Diese sieht vor, daß bei Übergewichten und Übermaßen Ausnahmegenehmigungen erteilt werden können. Aufgrund des Übergewichtes ist eine solche Genehmigung für jeden Transport erforderlich.
Entsprechend dem Namen liegt das Konzept einer semimobilen Anlage zwischen einem mobilen und einem stationären System. Die Mobilität wird dadurch erreicht, daß noch transportable Maschineneinheiten auf einer Stahlkonstruktion montiert sind. Diese Teile können nun mit Tiefladern transportiert und auf Kufen oder Fundamente gesetzt werden.
Die Einzelteile der Anlage können großzügiger dimensioniert sein und müssen nicht so kompakt gebaut werden. Dadurch ergibt sich eine größere Flexibilität, eine leichtere Wartung und zum Teil

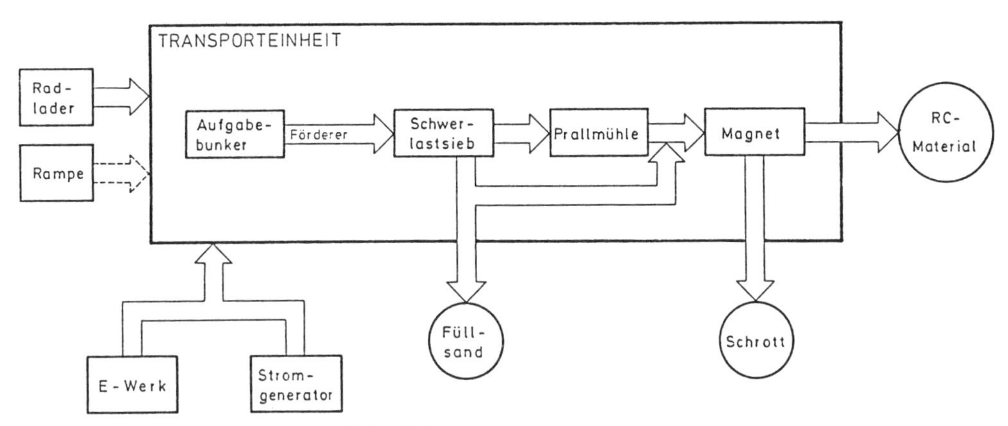

Bild 9.1-20 Funktionsschema einer mobilen Anlage

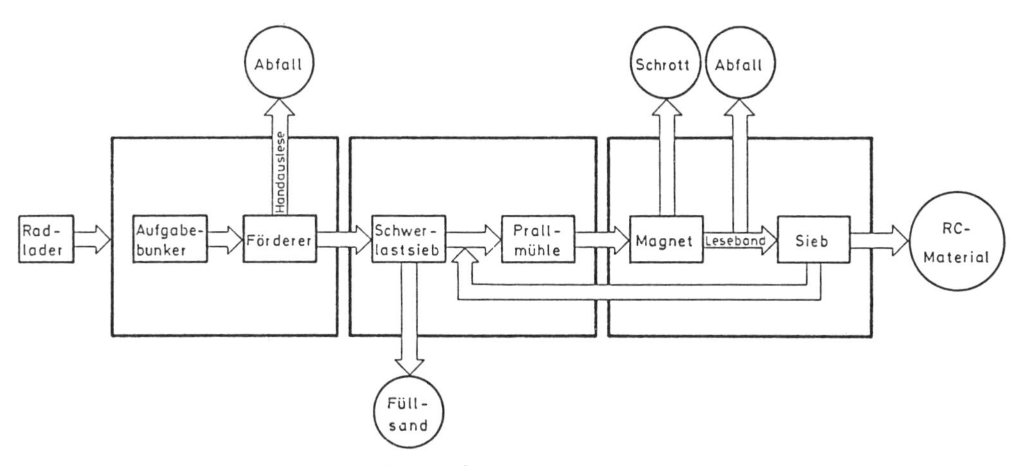

Bild 9.1-21 Funktionsschema einer semimobilen Anlage

auch eine günstigere Bauweise. Zu beachten ist allerdings, daß der Auf- und Abbau teurer ist, so daß die Einsatzzeit pro Standort länger als bei einer mobilen Anlage sein muß.
Die Einsatzgebiete einer semimobilen Anlage überschneiden sich mit denen einer mobilen Anlage. Meist sind es größere Deponien oder größere Abbruchobjekte, zu denen oft noch zusätzliches Material anderer Objekte herangefahren wird.
In Bild 9.1-21 ist das Funktionsschema einer solchen Anlage dargestellt. Gegenüber einer mobilen Lösung ist die Anlage in mehrere Einzelteile aufgelöst und ermöglicht aufgrund der Längenentwicklung eine manuelle Reinigung. Hierdurch ist es auch bei der Aufgabe von normalem Hochbauschutt möglich, ein relativ sauberes Endprodukt zu erhalten. Genau dies ist der qualitative Unterschied zwischen einer mobilen und einer semimobilen Anlage. Im quantitativen Bereich, also der Durchsatzleistung und der Größe der Aufgabestücke, liegen die Anlagen im oberen Bereich der mobilen Lösungen. Die minimal installierte Leistung einer solchen Anlage bewegt sich zwischen 150 und 170 kW.
Eine sogenannte stationäre Bauschutt-Recyclinganlage erfüllt die folgenden Bedingungen:
- sie ist nicht ortsveränderlich,
- sie hat eine hohe Durchsatzleistung; minimal ungefähr 100 000 t/Jahr und
- sie kann normalerweise aus Bauschutt ein gutes RC-Material erzeugen.

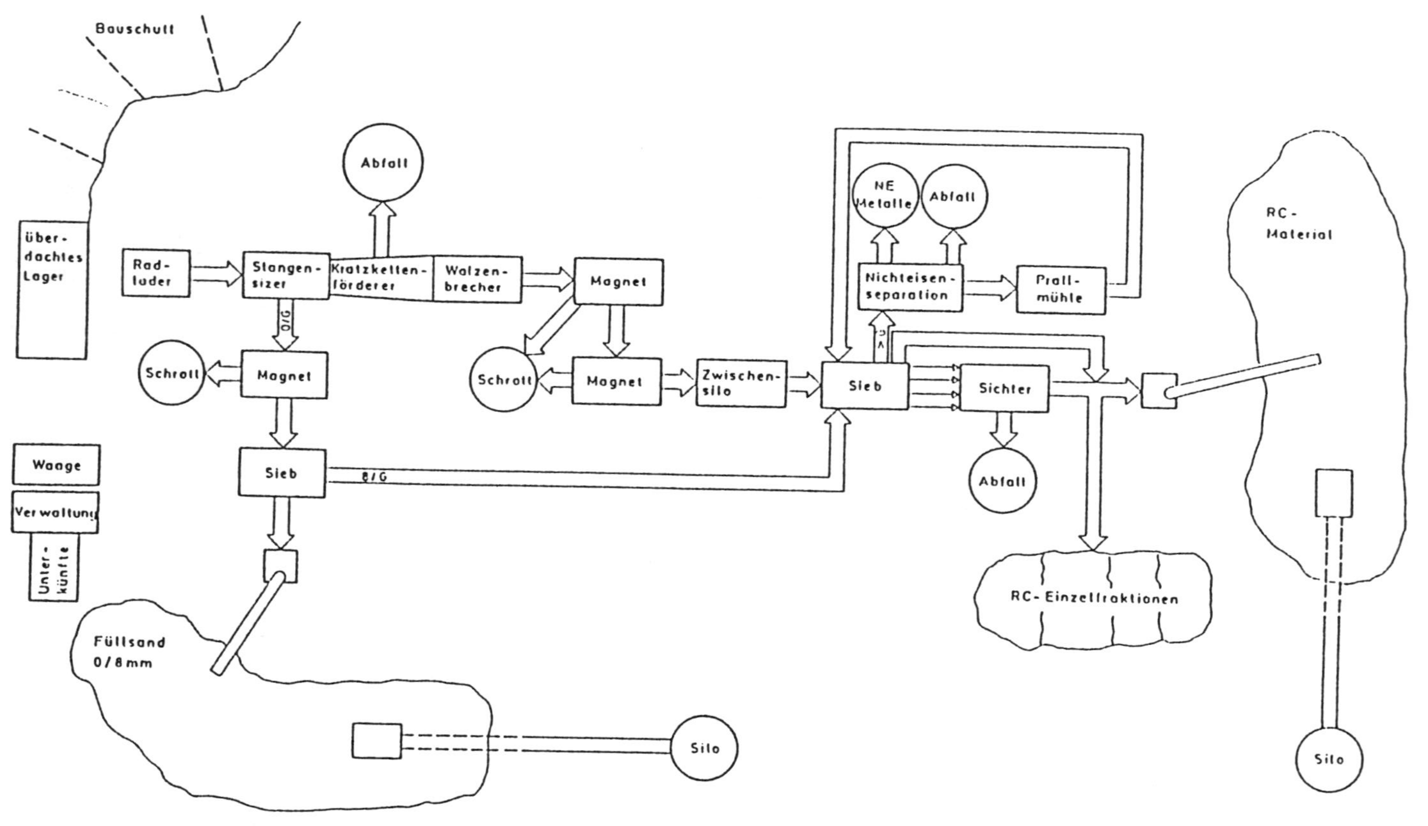

Bild 9.1-22 Funktionsschema einer stationären Anlage

Aufgrund ihrer hohen Durchsatzleistung eignen sich stationäre Anlagen nur für zentrale Standorte in Ballungsräumen. Unter Berücksichtigung des Bauschuttanfalls pro Einwohner und Jahr von rund 0,25 Tonnen sind im Einzugsgebiet ungefähr 400 000 Personen erforderlich. Allerdings ist diese Bevölkerungszahl noch zu gering, da hierfür das gesamte anfallende Material auch wirklich zu der zentralen Anlage gefahren werden müßte, was in der Praxis aber nicht zu erwarten ist. Zur Vermeidung einer Fehlinvestition bei einer stationären Anlage ist es also unumgänglich notwendig, eine genaue Analyse des regionalen Rohstoff- (und Absatz-)marktes durchzuführen. In Bild 9.1-22 ist eine stationäre Anlage mit Luftrichtung dargestellt. Spezifische Randbedingungen können ganz andere Lösungen erfordern.

Neben dem differenzierten Bauschuttlager ist ein überdachtes Lager angeordnet. Die Gesamtkonzeption sieht den Einsatz nur eines Radladers – für die Beschickung – vor. Der Radlader gibt das Material auf einen Stangensizer, der das Gut kleiner dem Größtkorn absiebt. Der Bauschutt gelangt mit Hilfe eines Kratzkettenförderers – an diesem wird eine manuelle Reinigung vorgenommen – durch einen Walzenbrecher. Zwei Magnete separieren das Eisen heraus. Anschließend gelangt das Material in das Zwischensilo und danach zusammen mit dem abgetrennten Feinmaterial auf eine Siebanlage. Diese Siebmaschine übergibt das Material größer dem Größtkorn dem Nachbrecher. Eine Nichteisenseparation und ein Leseband ist vorgeschaltet. Das Material kleiner dem Größtkorn wird in vier Fraktionen getrennt und dem Sichter zugeführt. Die Körnung 0/2 mm wird nicht gesichtet. Nach dieser Aufbereitung kann das Material in Einzelfraktionen oder nach Zusammenführung aller Fraktionen als Gesamtfraktion auf einer Halde gelagert werden. Ein Haldenabzugsband ermöglicht den Transport des Materials in ein Silo, aus dem es die LkW-Fahrer selbständig entnehmen können.

Baustellenabfall-Sortieranlagen

Im folgenden sollen zwei mögliche und schon realisierte Gesamtsysteme dargestellt werden.

Die erste Variante zeigt die meist übliche manuelle Sortierung. Die Besonderheiten sind einerseits die getrennte Lagerung des angelieferten Materials nach dem spezifischen Gewicht und andererseits ein Shredder zur Holzzerkleinerung.

Die zweite Variante (Bild 9.1-23) stellt im Gegensatz dazu eine maschinelle Sortierung dar. Eine Siebtrommel, Magnete, Langteilabscheider und eine Windsichtung unterstützen die Arbeitskräfte am Leseband.

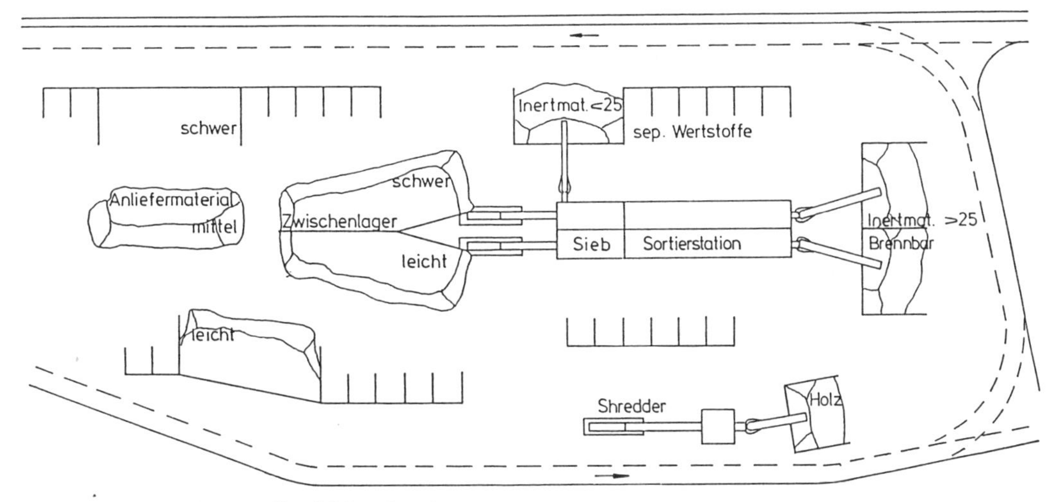

Bild 9.1-23 Manuelle Baustellenabfallsortieranlage

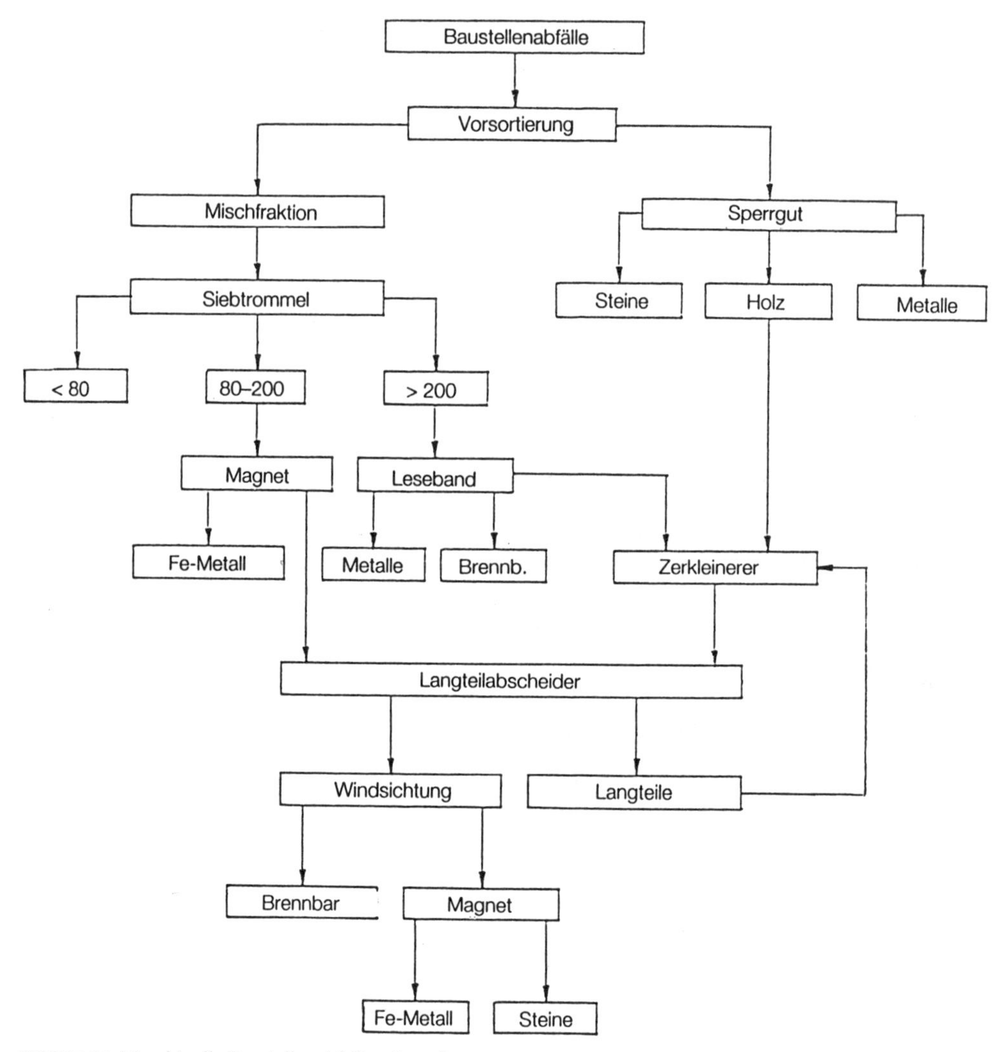

Bild 9.1-24 Maschinelle Baustellenabfallsortieranlage

Massenflüsse

Neben dem technischen Konzept von Bauschuttrecyclinganlagen sind natürlich auch Massenflußdiagramme von realisierten Anlagen von Interesse. Es ist jedoch zu berücksichtigen, daß die Massenflüsse vom aktuellen Eingangsmaterial abhängig sind. Die dargestellten Massenflüsse sind folglich als Momentaufnahme zu sehen. Insbesondere ergeben sich für das vorabgesiebte Unterkorn erhebliche Schwankungen, die den weiteren Stofffluß nachhaltig beeinflussen Die Verfahrensschema und Massenflußdiagramme von folgenden Anlagen sind dargestellt [12].

- Trockenaufbereitung mit zweistufigem Brechvorgang soie Klassifizierung nach dem ersten Brechvorgang; Bild 9.1-25
- Trockenaufbereitung mit Windsichtung; Bild 9.1-26
- Naßaufbereitung mit Schwertwäsche; Bild 9.1-27
- Naßaufbereitung mit Aquamator. Bild9.1-28

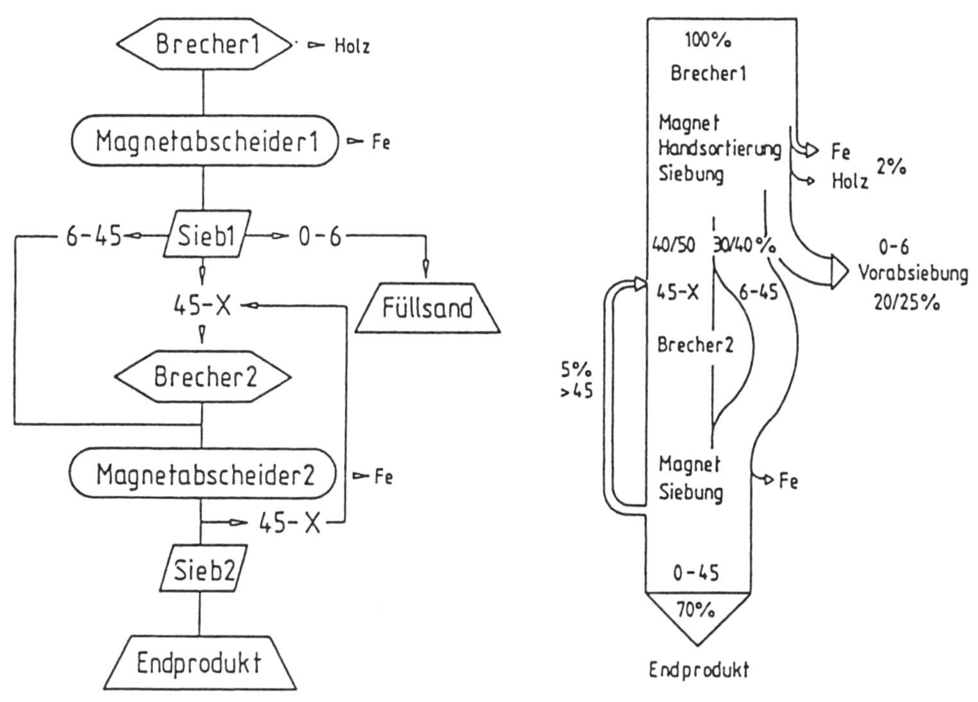

Bild 9.1-25 Trockenaufbereitung mit zweistufigem Brechvorgang sowie Klassierung nach dem ersten Brechvorgang

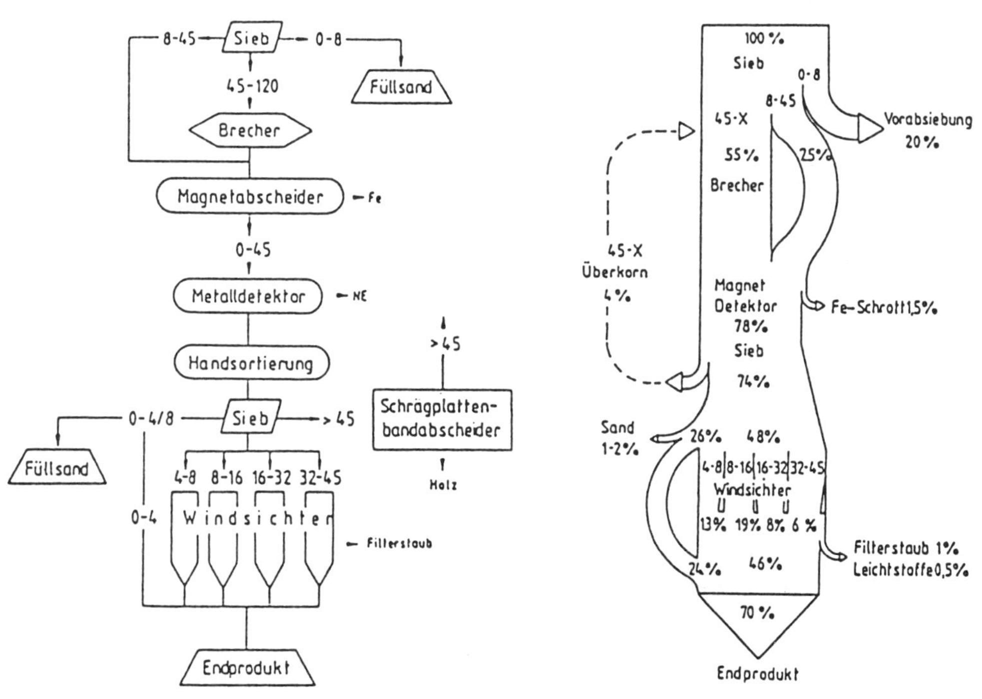

Bild 9.1-26 Trockenaufbereitung mit Windsichtung

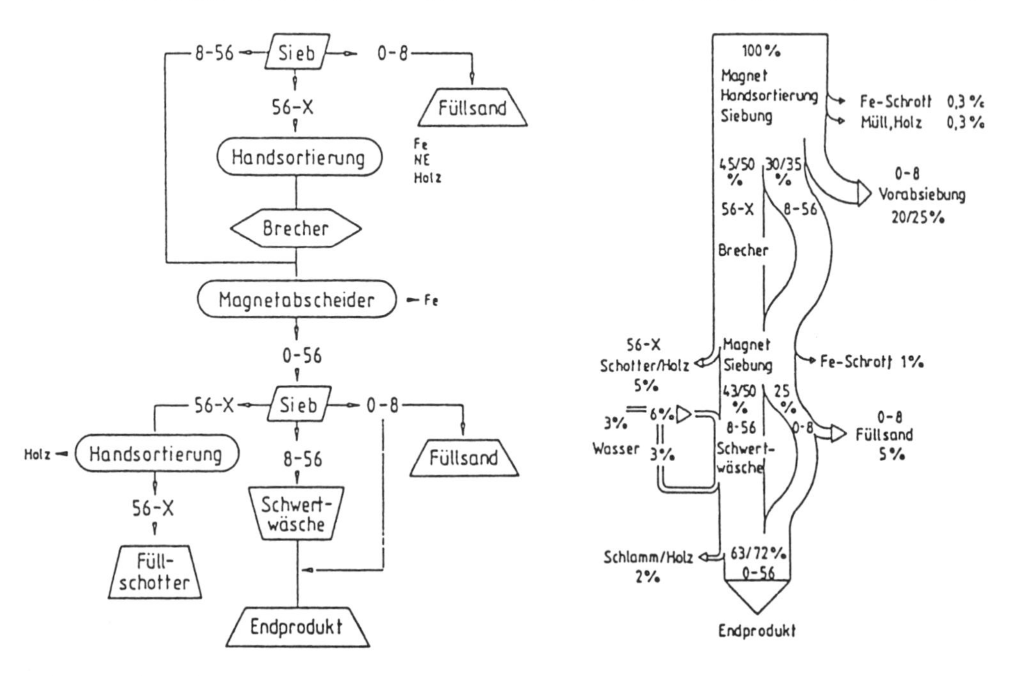

Bild 9.1-27 Naßaufbereitung mit Schwertwäsche

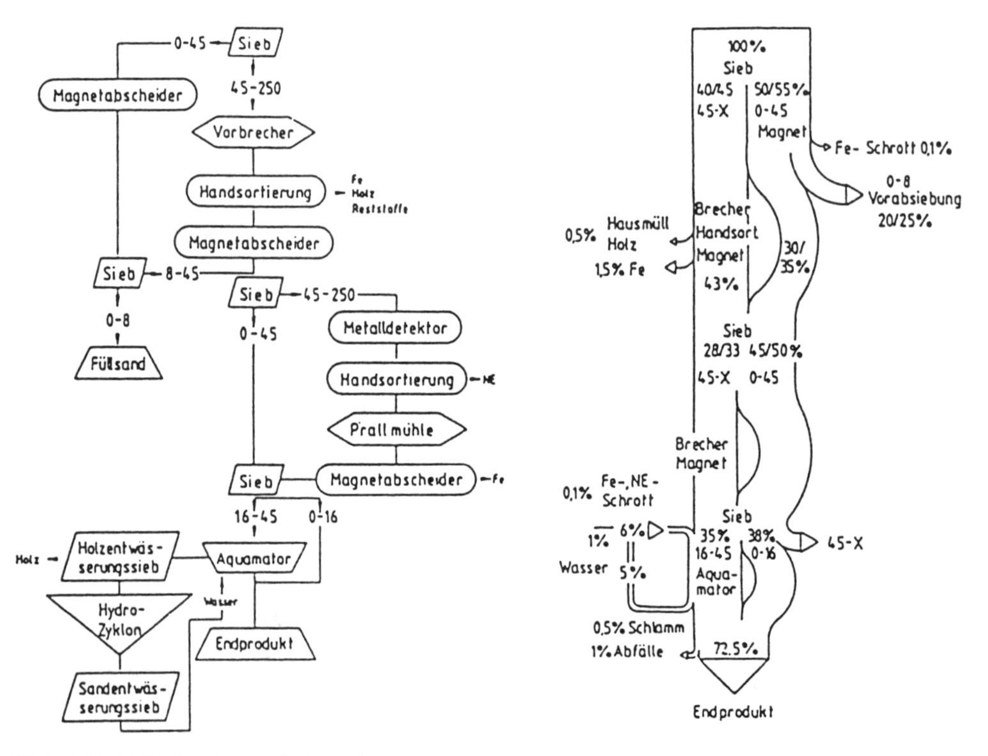

Bild 9.1-28 Naßaufbereitung mit einem Aquamator

9.1.3 Einflüsse des Bauschuttrecyclings auf die Umwelt

9.1.3.1 Allgemeines

Die Herstellung, die Verwendung wie auch die Beseitigung von Gütern findet heute mehr und mehr unter qualitativen als unter quantitativen Gesichtspunkten statt. Diese Verschiebung ist in unserer Zeit geprägt durch die Sorge um die belebte wie unbelebte (Um)Welt, die Zerstörung des Lebensraumes und dadurch der Grundlage künftigen Lebens. Die immanente Gefährdung durch Umweltbeeinträchtigungen verstärkt die Forderung nach einer

- Verminderung der Umweltbelastung und
- Vermeidung irreversibler Eingriffe in die Natur.

Vor diesem Hintergrund wird deutlich, daß die Produktion und die Beseitigung von gewerblichen und industriellen Erzeugnissen in zunehmendem Maße auf die Belange der Umwelt hin abgefragt werden. Die Erkenntnis, daß „die beste Umweltpolitik darin besteht, Umweltbelastungen von vornherein zu vermeiden, statt sie erst nachträglich zu bekämpfen" und aus diesem Grund „bei allen technischen Planungs- und Entscheidungsprozessen die Auswirkungen auf die Umwelt so früh wie möglich berücksichtigt werden müssen", hat ihren Niederschlag in Richtlinien über Umweltverträglichkeitsprüfungen gefunden [13]. Auch wenn diese Art der Überprüfung der Umweltverträglichkeit für Großprojekte zugeschnitten ist, so sollte man in gleicher Weise die Entstehung, Verwertung und/oder Beseitigung von Bauschutt, Baustellenabfällen und Bodenaushub beurteilen dürfen. Grundsätzlich sind Recyclingverfahren und -produkte von einer solchen kritischen Begutachtung ja nicht ausgenommen. Mit Blick auf Entstehung, Verwertung und Beseitigung sind die potentiellen umweltrelevanten Faktoren

- Wasser- und Luftverunreinigungen
- Lärmbelastung,
- Energie- und Rohstoff- sowie
- Landschaftsverbrauch

zu diskutieren.

Allgemein trägt die Nutzung der Rückstände aus dem Baugewerbe , insbesondere der Bauschutt, bei der Herstellung neuer Baustoffe oder -werke zur Verringerung des Rohstoff- und Landschaftsverbrauchs bei und entlastet auf diese Weise die Umwelt. Mit der Nutzung ist auch eine Entlastung der Gesamtenergiebilanz verbunden, da die Energie, die im Baustoff enthalten ist, nicht durch Ablagerung vernichtet wird, sondern mit geringerem Aufwand zurückgewonnen werden kann [14]. Dem sind jedoch Faktoren entgegenzuhalten, die sich nicht auf einfache Weise quantifizieren lassen. Dazu zählen der Energieverbrauch sowie die Luftverunreiniungen durch Abgase und Abwärme von Förder- und Transportfahrzeugen.

Ein ganzheitlicher Ansatz unter Berücksichtigung aller relevanten Beeinträchtigungen kann nur schwerlich gewonnen werden, deshalb soll die Diskussion ausschließlich auf die Faktoren Wasser- und Luftverunreinigungen sowie Lärmbelastungen beschränkt werden.

9.1.3.2 Umweltbeeinträchtigungen durch die Aufbereitung

Die Umweltbelastungen, die von Aufbereitungsanlagen ausgehen, sind von den örtlichen Gegebenheiten, dem Anlagentyp sowie dem Verfahren und den unterschiedlichen Anlagenkomponenten abhängig.

Die Aufbereitung stellt ein komplexes System dar, von dem ein eindeutiges und differenziertes Bild der potentiellen und akuten Umweltbeeinträchtigungen kaum entworfen werden kann. Es werden deshalb im folgenden grundlegende oder pauschale Feststellungen getroffen, die durch Fallbeispiele ergänzt werden.

Erschütterungen und Lärm

Als Hauptemissionsquellen werden Lärm und Erschütterungen sowie Luftverunreinigungen angesehen. Erschütterungen treten vor allem bei Maschinen mit hohen Schwingungsenergien oder Unwuchten auf. Nachteilig ist hierbei, daß im Regelfall diese Emissionen, abgesehen von kurzen Arbeitsunterbrechungen, ständig auftreten können. Als Gegenmaßnahmen empfehlen sich hier Massenausgleich, Auswuchten oder eine Schwingungsisolierung [15]. Zu den Hauptemittenten von

Erschütterungen sind neben Gebläsen und Stromaggregaten Brecher sowie Siebanlagen zu zählen. Die beiden letztgenannten Anlagenteile werden gleichfalls als stationäre Hauptgeräuschquellen identifiziert. Im weiteren sind die mobilen Geräuschquellen der Transport- und Förderfahrzeuge auf der Anlage als Hauptemittenten zu nennen. Wie bereits erwähnt, ist es kaum möglich, die Schallemissionen allgemein für Bauschuttaufbereitungsanlagen an sich festzulegen. Es werden deshalb zuerst Anlagenkomponenten durch ihre Schalleistungspegel (Messung im Abstand von 1 Meter) charakterisiert. In die Aufzählung werden auch Schallpegel aufgenommen, die vergleichbare Anlagen wie Kies- und Sandwerke [16] oder Schlackenaufbereitungsanlagen [17] verursachen. Im einzelnen ergeben sich die in Tabelle 9.1.1 aufgeführten Schalleistungen.
Eine Beurteilung aus den Daten der Einzelkomponenten ist nicht möglich. Eine Korrelation von Durchsatzleistungen und Schalleistung ist auch nicht nachzuweisen. Für die Trockenaufbereitungsanlage mit Windsichtung ergibt sich aus den Emissionsdaten eine rechnerische Gesamtschalleistung von 118 ± 3 dB (A) [17]. In etwa dem gleichen Bereich liegen Sand- und Kieswerke mit Werten von 109–125 dB (A). Den größten Schalleistungspegel der untersuchten Sand-/Kieswerke erzielt eine Anlage mit Naßaufbereitung (2 Schwertwäscher) und 3 Brechstufen [16].
Ein etwas anderes Bild ergibt die Messung des Immissionsschallpegels, der bei der obigen Trockenaufbereitunganlage mit 113 dB (A) bestimmt wurde. An den Grenzen des Betriebsgrundstückes wurden sehr unterschiedliche Pegel von 52 bis 80 dB (A) festgestellt. Die gemessenen Werte liegen deutlich unter den rechnerischen Werten, da, bedingt durch den Betriebszustand und gewisse Abschirmungen, nie alle Aggregate mit höchster Immission einwirken. Setzt man die Immissionspegel den Werten der TA Lärm gleich, so ergeben sich für eine solche Aufbereitungsanlage Mindestabstände von den maßgebenden Geräuschquellen (akustischer Mittelpunkt) von 80 m für ein Industriegebiet, 130 m im Gewerbegebiet, 320 m im Mischgebiet bis hin zu 500 m im reinen Wohngebiet [18]. In etwa gleicher Größenordnung liegen Werte für Schutzabstände bei Kies- und Sandwerken [16]. Solche Schutzabstände sind von besonderer Bedeutung beim Einsatz von mobilen bzw. semimobilen Aufbereitungsanlagen. Im allgemeinen lassen sich an den Einzelaggregaten aktive Maßnahmen zur Lärmminderung wie

- Wahl von geräuscharmen Ausführungen,
- Kapselung oder
- Verkleidung

durchführen, die eine Reduktion der Schalleistung von ungefähr 5 dB (A) bringen. Das entspricht einer Abnahme um 44 %.
Bei mobilen Anlagen sind passive Maßnahmen zur Verminderung von Schallemissionen nur begrenzt zu verwirklichen. Dagegen läßt sich bei stationären Anlagen durch die Anordnung von

Tabelle 9.1-1 Schalleistungen verschiedener Teilsysteme von Aufbereitungsanlagen [25, 26]

Siebe	116 dB(A) 108–111 dB(A)	Bauschutt Schlacke
Brecher (Vollast)	95–97 dB(A) 110–118 dB(A) 112–125 dB(A)	Leistung, mobile Anlage Leistung 90–110 kW Leistung 110–500 kW
Brecher und Siebanlage Förderaggregate: Schwingförderer Gurtbänder Auffangtrichter	104–124 dB(A) 100–105 dB(A) 80–90 dB(A) 100 dB(A)	Kies-/Sandwerk bei üblicher Länge von ~ 20 m
Magnetscheider	101–107 dB(A)	
Entstaubungsanlagen	102–109 dB(A)	
Windsichter	114 dB(A)	

Halden, Betriebsgebäuden, Fahrwegen sowie der Einzelaggregate eine deutliche Abschirmwirkung erzielen. Dies wird anhand verschiedener Messungen vor Ort wie auch das Beispiel der Trockenaufbereitungsanlage mit Pegelunterschieden von 28 dB (A) zeigt, mehr als verdeutlicht [17].
Neben der eigentlichen Lärmquelle Aufbereitungsanlage stellen die an- und abfahrenden Fahrzeuge einen weiteren Faktor dar. Beim Verkehrslärm sind Abladegeräusche (kurze Intensität mit Schalleistungen von etwa 107 dB (A)) sowie die Lärmquelle der Transport- und Förderfahrzeuge nur teilweise direkt zu erfassen. Darüber hinaus ist bei stationären Anlagen immer und bei mobilen bedingt mit An- und/oder Abtransport zu rechnen, der auf den Zufahrtswegen eine erhebliche Zusatzbelastung ausmachen kann. Beispielsweise ergibt sich bei 20 Lkw-Fahrten in der Stunde je nach Fahrgeschwindigkeit ein Mittelungspegel zwischen 59 und 63 dB (A) bzw. 63 und 67 dB (A) bei Meßabständen von 25 bzw. 10 m [17]. Auf dieses Randproblem, da außerhalb der Anlage befindlich, soll nur kurz verwiesen werden.
Insgesamt betrachtet, stellt die Umweltbelastung durch Schallemissionen bzw. -immissionen einen gewichtigen Faktor dar. Aufgrund der hohen Schalleistungen einzelner Aggregate, der zusätzlichen Belastung durch Fahrzeuge sind Mindestabstände zur Umgebung einzuhalten. Durch aktive und passive Maßnahmen lassen sich deutliche Reduktionen des Immissionspegels erreichen.

Staub

Ein weiterer wesentlicher die Umwelt beeinträchtigender Faktor, wenn auch nur zeitweise auftretend, sind die Staubemissionen der Bauschuttaufbereitungsanlagen. In Abhängigkeit von der Feuchtigkeit des Materials sowie der Wettersituation entstehen im allgemeinen feste, die Luft verunreinigende Stoffe. Dabei handelt es sich in aller Regel um inerte Stäube, die nach dem augenblicklichen Kenntnisstand weder noxisch noch toxisch wirken, Ausnahme bilden hier fibrogene Feinstäube. Spezifische Anforderungen werden von der TA Luft an diese Art von Anlagen noch nicht gestellt [19]. Trotzdem gilt es, nach Möglichkeit am Entstehungsort die Staubemissionen zu bekämpfen.
Dazu sind unterschiedliche Maßnahmen in Abhängigkeit von den Entstehungsstellen und -ursachen zu treffen. Zu den wichtigsten Staubemissionsquellen gehören die Verkehrswege für den An- und Abtransport, Fördereinrichtungen und Übergabestationen, Brech-und Siebanlagen, Anlagenteile zur trockenen Sichtung, die Lagerhalden sowie Ab- und Aufladevorgänge.
Übliche Einflußnahmen zur Vermeidung von Umweltbelastungen durch Staub sind Naßverfahren:

- Befeuchten, Besprühen von Verkehrswegen, Fördereinrichtungen und Halden zur Staubbindung. Dies kann automatisch über eine Sensorsteuerung erfolgen.

Zusätzlich können durch

- Befestigen der Fahrwege und Betriebsflächen, Einsatz von Kehrmaschinen,
- Begrenzung der Abwurfhöhe bei Fördereinrichtungen, gegebenenfalls automatisch über Ultraschallsonden
- Kapselung der Förder- und Verteileinrichtungen

erfolgreich Maßnahmen zur Staubbekämpfung ergriffen werden [20]. An besonders exponierten Entstehungsstellen wie bei Brechern haben sich Kapselungen mit Entstaubungsanlagen und Staubfilterung als wirkungsvoll erwiesen und sind als Stand der Technik anerkannt. In Erprobung befindet sich die Staubbindung durch eine Mikroverdüsung von Wasser im Brecher. Hierbei soll bei minimalem Wassereinsatz der Staub weitgehend gebunden werden, ohne im Brecherraum zu Anbackungen und anderen negativen Erscheinungen zu führen. Bei der Trockenaufbereitung mit Windsichtung ist eine entsprechende Entstaubungsanlage auf jeden Fall erforderlich.
Zusätzlich können Staubemissionen durch Anlegen von gepflanzten Erdwällen oder Windschutzpflanzungen vermieden werden. Durch die vielfältigen Gegenmaßnahmen sollte das Problem der Staubemission für die Umgebung und das Betriebspersonal auf ein erträgliches Maß begrenzt werden können.

Entsorgung von Rückständen bei der Aufbereitung

Schließlich sind bei dem Aufbereitungsprozeß noch wasser- und abfallwirtschaftliche Umweltbelange zu diskutieren. Wie aus den Verfahrensschemata und Massenflußdiagrammen zu erkennen ist, fallen nicht verwertbare, feste und/oder flüssige Reststoffe an, die zu entsorgen sind. Ein Überblick über diese Rückstände wird in der nachstehenden Tabelle gegeben.

Tabelle 9.1-2 Verwertungsmöglichkeit von Produkten und Restfraktionen

Produkte und Restfraktionen	Bodenaushub	Bauschutt	Baumischabfälle
Mineral. Besttandteile: Feinfraktion 0–8 mm		eingeschr. Verwertung	eingeschränkte Verwertung
Aufb. Fraktion 0–45 mm	Verwertung	Verwertung	eingeschränkte Verwertung
Eisenmetalle		stoffliche Verwertung	
Nichteisenmetalle		(eingeschr.) stoffliche Verwertung	
Papier, Pappe		stoffl./therm. Verwertung	
Kunststoffe (Baufolien)		(eingeschr.) stoffliche Verwertung oder thermische Verwertung	
Holz beschichtet		thermische Verwertung	
Holz unbeschichtet		(eingeschr.) stoffliche Verwertung	
Hausmüll		Deponie/thermische Verwertung	
Sondermülle		Deponie/thermische Verwertung	
Reststoffe aus den Sichterstufen		Deponie	

Bei der Trockenaufbereitung sind dies die Filterstäube und Leichtstoffe aus der Windsichtung, und bei der Naßaufbereitung sind dies das Waschwasser wie auch der abgeschiedene Schlamm, die Verschmutzungen aufweisen, die eine geregelte Entsorgung notwendig machen [12]. Für die Stäube aus der Trockenaufbereitung mit Windsichtung ist die Eluierbarkeit des CSB und der Gesamt-Phenole (u. U. auch Kohlenwasserstoffe) dafür entscheidend, daß diese Rückstände auf einer geordneten Deponie abzulagern sind. Bei der Naßaufbereitung weist das Waschwasser entsprechend dem CSB eine geringe organische Verschmutzung mit relativ hohen Sulfat- und Chloridgehalten auf. Daneben werden in geringem Umfang Cyanide, Phenole und Kohlenwasserstoffe nachgewiesen. Eine Direkteinleitung ist für dieses Abwasser nicht gestattet, aber auch bei einer Indirekteinleitung in eine öffentliche Abwasseranlage sind Restriktionen zu beachten, da der pH-Wert deutlich über pH 10 liegt sowie teilweise Spitzenkonzentrationen der Sulfate von über 600 mg/l sowie beim Kupfer von über 2 mg/l nachzuweisen sind. Gerade bei den Sulfatwerten läßt sich im Einzelfall noch entscheiden, ob in Abhängigkeit von den örtlichen Verhältnissen eine Einleitung möglich ist. Ansonsten wären Vorbehandlungsmaßnahmen notwendig oder die Kreislaufführung des Waschwassers wäre nicht in dem bisher üblichen Maße aufrechtzuerhalten. Ähnlich wie beim Filterstaub der Trockenaufbereitung ist der Schlamm der Naßaufbereitung von den Parametern CSB, Gesamt-Phenole und Kohlenwasserstoffe geprägt. Deutlich höhere Werte sind hier bei den Chloriden anzutreffen. Aufgrund dieser Werte ist der Schlamm auf eine Deponie für Siedlungsabfälle zu verbringen. Eine Überprüfung des Schwermetallgehaltes des Schlammes durch Königswasseraufschluß ergibt keine andere Schlußfolgerung.

Umweltbelastungen durch die Verwertung von aufbereitetem Bauschutt

Generell könnte man erwarten, daß aufbereiteter Bauschutt, zumal nach einer gezielten Aufbereitung, keinerlei Umweltbelastungen hervorrufen kann und wird. Schließlich besteht der aufbereitete Bauschutt zum weitaus größten Teil aus mineralischen Baustoffen. Gerade wegen der heterogenen Zusammensetzung des Ausgangsmaterials ist jedoch davon auszugehen, daß das umweltrelevante Verhalten nicht grundsätzlich von den Hauptbestandteilen, sondern vielmehr von Spurstoffen bestimmt wird. Aufbereiteter Bauschutt wird vorrangig im Erd- und Straßenbau verwendet, deshalb sind die in diesem Einsatzgebiet möglichen Umweltbeeinträchtigungen abzuschätzen . Als ein mögliches Gefährdungspotential kann die negative Beeinflussung von Grund- und Oberflächenwässern angesehen werden. Denn lösliche Bestandteile des Bauschutts können beim Zutritt von

Wasser, sei es beim Durchsickern von Niederschlägen oder beim Einstau durch Grund- und Oberflächenwasser, mobilisiert werden und damit nachteilige Veränderungen der Beschaffenheit von Grund- und Oberflächenwässern hervorrufen Dieser Umstand bestimmt maßgebend die Bewertung aus wasserwirtschaftlicher Sicht. Die bisher durchgeführten, mehr oder weniger orientierenden Untersuchungen zur Ermittlung des Auslaugverhaltens von aufbereitetem Bauschutt erhärten den Verdacht, daß wassergefährdende Stoffe im Bauschutt enthalten sind.
Neben dem aufbereiteten Bauschutt werden auch die abgesiebten Feinfraktionsanteile für Verfüllzwecke vermarktet. Im Sinne einer summarischen Betrachtung sind die potentiellen Umwelteinwirkungen dieser Materialien gleichfalls zu diskutieren. Grundsätzlich gelten die gleichen Ansätze wie für aufbereiteten Bauschutt, d. h. Beeinträchtigungen von Grund- und Oberflächenwässern sind zu beachten. Zusätzlich wäre, entsprechend dem vorrangigen Einsatzgebiet der Materialien, die korrosive Einwirkung auf Beton und Stahlleitungen bzw. allgemein auf im Erdreich verlegte Installationen zu betrachten. Auch hierüber liegen einerseits kaum Aussagen vor, andererseits besteht die gleiche Unsicherheit wie bei aufbereitetem Bauschutt.

Untersuchungsmethoden

Es werden genaue Kenntnisse des Auslaugungsverhaltens der Materialien für eine Abschätzung der Grundwasserbeeinträchtigungen erforderlich. Dazu sollte neben den auslaugbaren Mengen einzelner Stoffe bzw. Stoffgruppen auch der u. U. sehr unterschiedliche zeitliche Verlauf der Auslaugung festzustellen sein. Auch sollten Randbedingungen bekannt sein, die sowohl Menge wie zeitlichen Verlauf beeinflussen.
Zur Beurteilung des umweltrelevanten Auslaugungsverhaltens sollten Testverfahren herangezogen werden, die hinsichtlich

- Praktikabilität (zeitlich und apparativ)
- Reproduzierbarkeit
- Nachbildung relevanter Milieubedingungen
  Korrelation von Untersuchungsmethoden und Realität
- Sensitivität bezüglich umweltrelevanter Parameter

hohen Ansprüchen genügen. Mit den bislang üblichen Untersuchungsmethoden lassen sich diese Anforderungen nicht oder nur sehr unvollkommen realisieren. Die zeitabhängige Verfügbarkeit von auslaugbaren Anteilen sowie Fragen des Stofftransportes mit Umwandlungs-, Austausch- und Speicherprozessen im Untergrund lassen sich mit Laborversuchen kaum nachvollziehen [21, 22].
Auf Unterschiede oder Gemeinsamkeiten kann hier nicht eingegangen werden. Den Bestrebungen einer europäischen Normung (CEN) darf es vorbehalten sein, solche gemeinsame Nenner zu finden. Neben den festgeschriebenen Untersuchungsmethoden gibt es eine ganze Reihe von Verfahren, die eine mehr oder minder starke Verbreitung gefunden haben. Neben einer Vielzahl von Perkolations- [23] werden Druck- oder Standverfahren vorgeschlagen. Mit den gebräuchlichen Elutionsverfahren werden ausschließlich Löslichkeitsgleichgewichte eingestellt, wobei vorrangig leichtlösliche Verbindungen ausgelaugt werden. Die Auslaugung von Metallen oder schwer wasserlöslichen organischen Verbindungen ist demgegenüber als untergeordnet zu bezeichnen. Über die Beeinflussung des pH-Wertes des Eluenten soll die Auslaugung von Metallen forciert oder zumindest unter konstanten Randbedingungen erfolgen. Letzteres wird mittels kontinuierlicher Titration (pH-stat) und stellt Extrembedingungen dar. Ein Beispiel herfür ist die sogenannte NRW-Methode angestrebt [24], die im Bundesland Nordrhein-Westfalen als Untersuchungsmethode verstärkt zur Anwendung gelangen soll. Für Bauschutt stehen bislang Vergleichsuntersuchungen und auch Bewertungskriterien aus. Neben den Methoden befinden sich auch die Grenzwerte, die als Beurteilungskriterien herangezogen oder vorgegeben werden, in Diskussion.
In ersten Vorgaben über Beurteilungskriterien und Grenzwerte wurde zwischen unbelastetem und verunreinigtem Abbruchmaterial bzw. unbelastetem Bauschutt unterschieden. In Baden-Württemberg bezieht man sich bislang, wie allgemein üblich, auf die EG-Norm zur Trinkwassergewinnung aus Oberflächengewässern (Tabelle 9.1-3).
Zusätzlich sind die Kohlenwasserstoffanteile sowie Anteile an halogenfreien und halogenhaltigen organischen Lösemittel im Material definiert. Weiterhin wird bei unklaren Verhältnissen die Option, weitere Parameter zu analysieren, offengehalten [25]. Auch bei den Kriterien des Bundeslandes

Tabelle 9.1-3 Auszug aus der EG – Richtlinie 75/440 EWG –

pH-Wert	5,9–9,0
Leitfähigkeit (bei 20 °C)	100 mS/m
Gesamtphenol (als Phenolindex)	0,1 mg/l
Arsen	0,1 mg/l
Blei	0,05 mg/l
Chrom gesamt	0,05 mg/l
Kupfer	1,0 mg/l
Quecksilber	0,001 mg/l
Zink	5,0 mg/l
Ammonium-N	2,0 mg/l
Chlorid	200 mg/l
Cyanide (gesamt)	0,05 mg/l
Nitrat	50 mg/l
Sulfat	250 mg/l

Tabelle 9.1-4 Richtwerte für unbelasteten Bauschutt des Bundeslandes Hessen [26]

CSB	50	mg/O_2/l
Kohlenwasserstoff (Originalsubstanz)	100	mg/kg
AOX (Cl^-)	0,1	mg/l
Arsen	0,1	mg/l
Blei	0,1	mg/l
Cadmium	0,004	mg/l
Chrom	0,1	mg/l
Chrom VI	0,05	mg/l
Eisen (gelöst)	2,0	mg/l
Kupfer	0,1	mg/l
Mangan	0,1	mg/l
Nickel	0,1	mg/l
Quecksilber	0,001	mg/l
Zink	0,5	mg/l
Ammonium	0,4	mg/l
Chlorid (Cl^-)	100	mg/l
Cyanid gesamt (CN^-)	0,1	mg/l
Cyanide leicht freisetzbar	0,02	mg/l
Nitrat (NO_3^-)	25	mg/l
Sulfat (SO_4^{2-})	600	mg/l
Vanadium	0,1	mg/l

pH-Wert und Leitfähigkeit in µS/cm ist anzugeben

Hessen ist bei Verdachtsgründen eine Einzelprüfung denkbar, ansonsten wird in einer umfangreichen Richtwerteliste die Grenze zwischen sauberem und belastetem Material gezogen (Tabelle 9.1-4). Darüber hinaus wird explizit auf Eventualuntersuchungen bezüglich PAH und Phenole hingewiesen [26].
Für Nordrhein-Westfalen liegt der Erlaß des Ministers für Umwelt, Raumordnung und Landwirtschaft sowie des Ministers für Stadtentwicklung und Verkehr zu diesem Komplex vor. Darin wurden für güteüberwachte Mineralstoffe im Straßenbau Anforderungen aus wasserwirtschaftlicher Sicht definiert [27]. Für nicht güteüberwachte Mineralstoffe befinden sich entsprechende Anforderungen in Bearbeitung.

Die umweltrelevante wasserwirtschaftliche Bewertung ist an die Güteüberwachung der Mineralstoffe gekoppelt. Im einzelnen bedeutet dies, daß neben bautechnischen Kriterien das Auslaugungsverhalten bzw. Feststoffbestimmungen durchzuführen sind. Die zugehörigen Grenzwerte werden in zwei Kategorien unterteilt, nämlich für Recyclingbaustoffe I und Recyclingbaustoffe II. Die Recyclingbaustoffe I sollen/können durch einfache Aufbereitungsverfahren gewonnen, während bei den Recyclingbaustoffen II von einer Auswahl der Rohstoffe (selektiver Abbruch) und von verbesserter Aufbereitung ausgegangen wird. Folglich sollte, so wird vorausgesetzt, dieses Produkt schadstoffärmer sein. Entsprechend sind auch die zugehörigen Grenzwerte, die in der folgenden Tabelle 9.1-5 zusammengefaßt sind, für Recyclingbaustoffe II deutlich niedriger angesetzt. Das heißt für die Klassifizierung der mineralischen Sekundärbaustoffe sind Grenzwerte maßgebend und nicht die verfahrenstechnischen Randbedingungen. Der Inhomogenität der Ausgangsstoffe trägt man dahingehend Rechnung, daß geringfügige Überschreitungen, in der Regel 5 bis 20 % des Grenzwertes, toleriert werden. Jedoch dürfen solche Abweichungen nicht systematisch auftreten, d.h. bei aufeinanderfolgenden Prüfungen sollte sich eine Überschreitung des gleichen Parameters nicht wiederholen. Weiterhin wird eine Regelung 3 von 4 getroffen, d.h. die Grenzwerte sind in vier Kategorien unterteilt, wobei jeweils eine Abweichung eines Grenzwertes aus drei Kategorien akzeptiert wird.

Entscheidend ist in diesem Zusammenhang, daß die Einsatzgebiete der Recyclingbaustoffe von den Grenzwerten her bestimmt werden. Recyclingbaustoffe I sind demnach für Straßenober-, Wege- und Erdbau außerhalb von wasserwirtschaftlich bedeutsamen Gebieten nur dann zugelassen, wenn eine wasserundurchlässige Abdeckung dieser Materialien vorhanden ist. Dagegen ist ein Einsatz innerhalb wasserwirtschaftlich bedeutsamer Gebiete, das sind Wasserschutzgebiete außerhalb der Zonen I und II, nur in Ausnahmefällen unter den zuvor genannten Voraussetzungen für den Straßen- und Wegebau zulässig. Für Recyclingbaustoffe II ist die Verwendung innerhalb und außerhalb wasserwirtschaftlich bedeutsamer Gebiete grundsätzlich möglich, wenige Ausnahmen gelten hier nur für sensitive Bereiche wie Karstgrundwasserleiter oder Grundwasserleiter ohne ausreichende Deckschicht.

Mit den Vorgaben des Runderlasses liegt für gütegeprüfte mineralische Sekundärbaustoffe eine Regelung vor, die die umweltrelevante Problematik beim Einsatz der Recyclingbaustoffe aus wasserwirtschaftlicher Sicht behandelt.

Der Freistaat Bayern hat in 1992 Kriterien für den Einsatz von Bauschutt im Straßenbau veröffentlichen, wobei hier generell zwei Kategorien in Betracht gezogen werden. Das Unterschreiten der

Tabelle 9.1-5 Grenzwerte für Recyclingbaustoffe RCL I und RCL II [27]

Parameter	Grenzwert	Überschreitung	Grenzwert	Überschreitung
	mg/kg bzw. mS/m		mg/kg bzw. mS/m	
El. Leitfähigkeit	250	263	250	263
Sulfate	6000	6300	3000	3150
Chloride	1500	1650	400	440
Arsen	2,0	2,2	0,5	0,6
Cadmium	0,3	0,36	0,1	0,12
Chrom VI	0,5	0,6	0,3	0,36
Kupfer	5,0	5,5	1,0	1,2
Nickel	0,5	0,6	0,1	0,12
Blei	1,0	1,2	0,4	0,48
Zink	5,0	5,5	2,0	2,2
Phenol	0,5	0,75	0,2	0,3
EOX (Feststoff)	5,0	6,0	2,0	2,4
PAH (Feststoff)	8,0	9,6	3,0	3,6
PAH (Eluat)	(0,03)	-	(0,03)	-

Tabelle 9.1-6 Richtwerte zur Verwendung von Recycling-Baustoffen im Straßenbau in Bayern [28]

	Richtwert I	Richtwert II
Parameter	mg/kg bzw. mS/m	mg/kg bzw. mS/m
El. Leitfähigkeit	200	800
Sulfate	2500	10000
Chloride	1250	5000
Arsen	0,1	0,4
Cadmium	0,05	0,2
Chrom ges.	0,5	2,0
Chrom VI	0,1	0,4
Kupfer	0,5	2,0
Nickel	0,5	2,0
Blei	0,4	1,0
Zink	2,0	8,0
Quecksilber	0,01	0,04
Phenol	0,2	1,0
EOX (Feststoff)	0,5	4,0
PAH:		
Feststoff	2,0	8,0
Eluat*	0,004	0,03
Kohlenwasserstoffe:		
Feststoffe	100	400
Eluat*	1,0	6,0

* nur zu bestimmen, wenn Richtwert I (Feststoff) überschritten wird

Richtwerte der Kategorie I gestattet eine uneingeschränkte Verwendung außerhalb von Wasserschutzgebieten; das Überschreiten dieser Richtwertekategorie II läßt dann keine Verwertung mehr zu. Im Bereich zwischen den beiden Kategorien ist eine eingeschränkte Verwendung erlaubt. Weiterhin werden, wie sonst nur in Nordrhein-Westfalen, Überschreitungen dieser Richtwerte von 5–20 % toleriert.
Zwischenzeitlich gibt es auch Bestrebungen von seiten der Länderarbeitsgemeinschaft Abfall zu einheitlichen Bewertungskriterien zu gelangen.
Eine abschließende Beurteilung der aufbereiteten Baustoffe aus wasserwirtschaftlicher Sicht kann zum jetzigen Zeitpunkt nicht getroffen werden. Hierzu bedarf es weiterer statistisch gesicherter Erkenntnisse durch eine entsprechende Untersuchungshäufigkeit. Folgt man den Vorgaben der Runderlasse, so sind es grundsätzlich die organischen Parameter im Eluat bzw. im Feststoff, die über einen hochwertigen Einsatz des Materials entscheiden.

9.1.3.4 Ergebnisse

Als wichtige Untersuchssystematik wurde bereits das Schüttelverfahren nach DEV-S4 genannt. Deshalb soll in der folgenden Tabelle eine Zusammenstellung minimaler und maximaler Eluierbarkeit für Vorabsiebungen und Endprodukte vorgenommen werden.
Die Angabe ist bezogen auf die Feststoffeinwaage, Konzentrationen ergeben sich zu einem 1/10 der angegebenen Werte. Für eine Einstufung der Produkte in eine Beurteilungssystematik ist von Bedeutung, in welchem Maße die Werte streuen. Absolut betrachtet, weisen die Vorabsiebungen eine größere Streubreite auf als die Endprodukte. In Relation sind bei beiden Aufbereitunsprodukten große Schwankungen bei den Parametern Calcium, Chloride, Sulfate, CSB und Ammonium, mithin bei den leicht löslichen Bestanteilen, festzustellen. Hieraus ergeben sich für die Grenzwertbetrachtungen, daß für diese Parameter häufig die Grenzwerte nicht eingehalten werden können. Insbesondere der Sulfatgehalte aus Vorabsiebungen ist grundsätzlich als kritisch zu betrachten.

Tabelle 9.1-7 Eluierbarkeiten von aufbereitetem Bauschutt und Unterkorn mit Schwankungsbreiten

	Endprodukte		Unterkorn	
Parameter	Wertebereich min.	max.	Wertebereich min.	max.
	[mg/kg[		[mg/kg]	
pH-Wert	9,5	12,2	8,7	12,5
LF [mD/m]	20,3	432	18,3	479
Ca	350	2420	306	4240
Mg	0,1	160	0,2	111
Cl	26	820	25	500
SO_4	60	5340	90	15420
S_2	0,17	0,63	0,14	0,88
CSB	(70)	1020	(130)	770
NH_4	0,6	12,5	0,3	55,2
NO_2	< 0,1	10	0,1	2,5
NO_3	1,0	100	1,0	260
F	2,4	10	2,0	24,0
CN	0,05	0,3	0,05	0,39
g. Phen.	0,1	2,0	0,1	1,66
wd. Phen.	0,04	0,32	0,03	0,47
AOX	0,1	0,44	0,1	0,7
C_nH_m	0,5	2,0	0,5	< 2,0
Cr	0,01	1,0	0,04	0,74
Fe	0,1	4,0	0,1	50
Ni	0,02	1,0	0,02	0,6
Cu	0,1	1,0	0,3	1,0
Zn	0,1	1,0	0,1	1,4
Cd	0,001	0,02	0,001	0,02
Hg	0,001	0,014	0,001	0,005
Pb	< 0,02	1,0	0,01	2,0

Bei einer Gesamtschau der Untersuchungsergebnisse und deren Häufigkeitsverteilung ergibt sich für die beiden Materialien eine unterschiedliche Bewertung. Für Vorabsiebungen sind wegen der mit großer Wahrscheinlichkeit auslaugbaren, hohen Sulfat-, CSB- und Nitritkonzentrationen sowie einem hohen Anteil an halogenierten Organverbindungen von sensiblen wasserwirtschaftlichen Bereichen fernzuhalten. Einem Einsatz außerhalb solcher Gebiete steht unter Vorbehalten nichts im Wege.

9.1.3.5 Zusammenfassende wasserwirtschaftliche Beurteilung der aktuellen Bauschuttentsorgung

Die Umweltverträglichkeit der Bauschuttentsorgung kann vorrangig anhand von wasserwirtschaftlichen Kriterien beurteilt werden. Dazu wurden in erster Linie die bei der Bauschuttaufbereitung entstehenden und vermarktbaren Produkte untersucht. Im Vordergrund steht dabei das Auslaugungsverhalten der Materialien.
Im Sinne einer Verwertung kommt den aufbereiteten Produkten ein besonderes Augenmerk zu. Daß Rohbauschutt nicht umweltunerheblich ist und auswaschbare sowie mobilisierbare Bestandteile aufweist, darf als bekannt vorausgesetzt werden. Auch nach einer Aufbereitung spiegelt sich die Heterogenität des Ausgangsmaterials in der Eluierbarkeit der Produkte wider. Entsprechend wei-

sen die Analysen eine große Bandbreite auf, wobei Maxima zum Teil auch als echte Kontamination zu identifizieren waren. Läßt man solche Werte, wie auch den stark alkalischen pH-Wert, außer acht, so kann für das Endprodukt festgestellt werden, daß einer allgemeinen Verwendung des aufbereiteten Bauschutts nichts entgegensteht. Dies gilt solange, als dieses Material außerhalb von sensiblen wasserwirtschaftlichen Bereichen, wie den Außenzonen von Trinkwasserschutzzonen, eingesetzt wird. Denkbar wäre ein Einsatz in solchen Bereichen auch, doch sollte fallweise darüber entschieden werden. Dies sollte aufgrund der Auswertung der Untersuchungsergebnisse als sehr kritisch anzusehenden Parameter

- Gesamt- und wasserdampfflüchtige Phenole, AOX/EOX, CSB und PAH,

sowie der als wahrscheinlich kritisch einzustufenden Parameter

- Sulfat,
- Blei, Quecksilber, Chrom und Nickel

abhängig gemacht werden. Da diese Aussagen aufgrund der weniger spezifischen Schüttelversuche getroffen werden, muß grundsätzlich davon ausgegangen werden, daß Veränderungen des Grund- der Oberflächenwassers auftreten. Diese Beeinträchtigung sollte dann von einer tolerierbaren Größe sein, wenn aufbereitetes Material im üblichen Umfang beim Erd- und Straßenbau eingesetzt wird.
Dagegen ist das Vorabsiebungsmaterial deutlich kritischer einzustufen und absolut für den Einsatz in Trinkwasserschutzonen ungeeignet. Dies ist allein wegen der relativ hohen Auslaugeraten vorgegeben.
Als weiteres sind die Verfahren der Trocken- und Naßaufbereitung hinsichtlich ihrer Einwirkmöglichkeiten auf die Produktqualität verglichen worden Die Naßsichtung ist aus wasserwirtschaftlicher Sicht durchaus in der Lage, eine gewisse Beeinflussung der Produktqualität herbeizuführen. Dies trifft auf die leicht löslichen Anteile und hier im besonderen auf die Chloride sowie weniger deutlich auf Sulfate und Phenole zu. Dabei ist jedoch darauf zu achten, daß bei der teilweisen Kreislaufführung des Waschwassers nicht eine Überlagerung von Elimination und Kontamination stattfindet.
Insgesamt ergibt sich, daß wie bei der Trockenaufbereitung ein Großteil des Wirkungsgrades über die Separierung von Teilfraktionen abläuft. Es läßt sich auch anhand der Endproduke nicht eindeutig beantworten, welches Verfahren das bessere wäre, da keine eindeutigen Tendenzen aufzuzeigen sind. Allein die Abtrennung der Unterkornfraktion zeitigt im Hinblick auf die wasserwirtschaftliche Qualität der Endprodukte bereits einen eindeutig positiven Effekt. Weitere Verbesserungen sind durch die unterschiedlichen Sichtungsstufen möglich. Strittig ist hier nur, ob die Trocken- oder die Naßaufbereitung eine größere Einflußnahme auf die Qualität des Endproduktes zuläßt. Diese Frage kann nicht klar beantwortet werden, denn läßt man den Faktor Ausgangsmaterial außer acht, so zeigt sich, daß von beiden Verfahren in etwa gleiche Qualitäten erreicht werden können, graduelle Unterschiede natürlich ausgenommen.
Aufgrund der in etwa gleichen Produktqualität läßt sich keine eindeutige Aussage über das Verfahren der Wahl treffen. Entscheidend aus wasserwirtschaftlicher Sicht ist somit eine Beurteilung der Techniken anhand der wasserwirtschaftlichen Relevanz der anfallenden Reststoffe.
Ein Vergleich der beiden Aufbereitungstechnologien unter wasserwirtschaftlichen Gesichtspunkten verläuft aufgrund des zusätzlichen Wasserverbrauchs, der u. U. ohne Kreislaufführung noch erhöht würde, sowie der Notwendigkeit, das entstehende Waschwasser wie auch den Schlamm zu entsorgen, eindeutig zu Ungunsten der Naßaufbereitung. Die Trockenaufbereitung ist aus wasserwirtschaftlicher Sicht zu bevorzugen, da hier ausschließlich der Filterstaub geordnet zu entsorgen ist und nur eine Entstaubung der Abluft erfolgt und somit kein weiteres Sichtungsmedium bzw. dessen Reinigung erforderlich wird.
Abschließend soll auch auf die weithin geübte Praxis einer Ablagerung von Bauschutt ohne Aufbereitung oder besondere Maßnahmen eingegangen werden. Eine Beurteilung aus wasserwirtschaftlichem Blickwinkel soll anhand der Elutionspotentiale erfolgen. Danach ist im Rohbauschutt im Vergleich zu den Endprodukten das Potential der Eluierbarkeit in Abhängigkeit der Parameter um einen Faktor 1,5 bis 2,5 erhöht. Nicht enthalten sind die Einflußgrößen aus den Verunreinigungen und hausmüllähnlichen Anteilen, die zusätzlich manuell oder maschinell ausgesondert werden.

Auch ohne diesen Anteil wird aus den Werten für die Endprodukte (Tabelle 9.1-7), die sich dann für den Rohbauschutt um etwa das 1,5- bis 2,5fache vergrößern dürften, deutlich, daß unbelasteter Bauschutt wirklich die Ausnahme und weniger die Regel darstellt. Eine bisher übliche direkte Verwertung von Bauschutt ist damit aus wasserwirtschaftlichen Gesichtspunkten keine gangbare Lösung mehr. Folglich kann eine Ablagerung von Bauschutt nur in einer Unterbringung in einer geordneten Deponie mit einem nach [29] vorgegebenen Standard bestehen. Auch die vor der Verabschiedung stehende TA Siedlungsabfall läßt für nicht aufbereiteten Bauschutt keine andere Möglichkeit offen.

9.1.3.6 Zusammenfassende abfallwirtschaftliche Beurteilung der aktuellen Bauschuttentsorgung

Eine eindeutige Trennung zwischen wasser- und abfallwirtschaftlicher Beurteilung ist nicht möglich. Die gegenseitigen Abhängigkeiten und Beeinflussungen sind systemimmanent. Nach den Vorgaben und Erkenntnissen ist der Bauschutt, so wie er augenblicklich anfällt, als wasserwirtschaftlich bedenklich einzustufen. Demnach stehen für die Entsorgung nur die Wege einer geordneten Ablagerung auf spezifisch ausgestatteten Bauschuttdeponien bzw. auf sonstigen geordneten Deponien sowie eine Aufbereitung mit anschließender Verwertung offen. Im Sinne einer Schonung der allgemein begrenzten Deponiekapazitäten ist das erstere auch aus abfallwirtschaftlichen Gesichtspunkten negativ zu beurteilen.

Die Alternative kann dann nur in einer Aufbereitung des Bauschutts und einer Entlastung der Deponien bestehen. Aus den Massenflußdiagrammen ist zu erkennen, daß rund 65 bis 75 % qualitativ hochwertiges aufbereitetes Material erzeugt werden kann. Von etwas minderer Qualität ist das Unterkom mit etwa 25 bis 40 % des gesamten Aufgabematerials. Für diesen Teilstrom der Aufbereitung sind teilweise Restriktionen aus wasserwirtschaftlichen wie auch anwendungsspezifischen Gründen notwendig. Das bedeutet wiederum, daß davon gewisse Anteile, die Größenordnung läßt sich nur schwer festlegen, nicht verwertbar sind, jedoch auf Deponien sinnvoll als Abdeckmaterial u. dgl. einzusetzen wären. Letzteres stellt eine heute gängige Praxis der Verwertung von Bauschutt auf Deponien dar.

Neben dem aufbereiteten Bauschutt und der Vorabsiebung kann Eisenschrott über Magnetscheider oder Handauslese separiert und einer Verwertung zugeführt werden. Der Anteil an Fe-Metallen, der so zurückgewonnen wird, beträgt rund 1 bis 1,5 % des gesamten Materialeinsatzes. An verwertbaren Bestandteilen ist dann nur noch Holz mit etwa 0,5 % von Bedeutung, dies jedoch nur in einem untergeordneten Maße. Das abgetrennte Holz ließe sich durchaus in der Spanplattenindustrie einsetzen, doch fehlen hierfür die entsprechenden Fertigungsbetriebe. Folglich scheint, soweit möglich, eine thermische Verwertung der Holzteile angebracht, insbesonders dann, wenn es sich um beschichtetes Material handelt.

9.1.3.7 Anwendungsspezifische Beurteilung hinsichtlich korrosiver Einwirkungen

Beurteilung der betonangreifenden Wirkung von aufbereiteten Materialien

Für die Verwendung von Vorabsiebungen und aufbereitetem Bauschutt, z. B. vorrangig im Erd- und Straßenbau, ist neben der Einhaltung bodenmechanischer Gütekriterien auch die Beurteilung möglicher äußerer Einflüsse auf Bauwerke und -teile aus Beton von Bedeutung. Die Möglichkeit, daß trotz des Hauptbestandteiles Beton im Bauschutt eine betonangreifende Wirkung von den Aufbereitungsprodukten herrührt, ist nämlich nicht grundsätzlich auszuschließen. Im Hinblick auf Schutzmaßnahmen oder Restriktionen für den Einsatz wurde vorrangig das Unterkom untersucht, da die Körnung und Zusammensetzung die Verwendung für Verfüllzwecke als besonders geeignet erscheinen läßt. Das Angriffsvermögen wird anhand der Eluate aus Schüttelversuchen, die mögliche Sickerwasserkonzentrationen kennzeichnen, beurteilt. Auch damit kann wiederum der Einfluß einer zeitlichen Veränderung wie auch „kurzfristiger" hoher Konzentrationen der einwirkenden Sickerwässer nicht Berücksichtigung finden. Vielmehr werden hier vereinfachend Verhältnisse mit konstanten Randbedingungen angenommen.

Tabelle 9.1-8 Beurteilung von Vorabsiebungen und Endprodukten hinsichtlich betonangreifender Wirkung

Parameter		Angriffsgrad schwach	sehr stark	Vorabsiebungen	Endprodukte
Wasser:					
pH-Wert	[- -]	6,5– 5,5	< 4,5	8,5 - 12,5	9,5 - 12,2
Ammonium	[mg/l]	15 - 30	> 60	0,03– 5,5	0,06– 1,25
Magnesium	[mg/l]	100 - 300	> 1500	0,03– 5,5	0,1 - 16,0
Sulfat	[mg/l]	200 - 600	> 3000	9–622 (277)[2]	6–534 (93)[2]
CSB[1]	[mg/l]	> 50*		15 - 77	15 -102
Chlorid	[mg/l]			3 - 50	3 - 82
Boden: (Aufschluß)					
Sulfat	[mg/kg]	2000 -5000	> 5000	1920 -25000 (9000)[2]	
Sullfid	[mg/kg]	> 100*		50 - 350 (74)[2]	

* gesonderte Beurteilung notwendig
1 nach DIN 4030 als KMO_4
2 Mittelwert

Gemäß DIN 4030 [30] werden Untersuchungen und Beurteilungskriterien über die betonangreifende Wirkung von Wässern und Böden vorgegeben. Die relevanten Größen sind in Tabelle 9.1-8 mit den Untersuchungsergebnissen wiedergegeen.
Da sich im allgemeinen die Sickerwässer durch eine relativ hohe Gesamthärte auszeichnen, wurde auf diesen Komplex nicht näher eingegangen. Wie die Gegenüberstellung der Werte in Tabelle 9.1-8 zeigt, ist für die Sickerwässer der Sulfatgehalt als bestimmend anzusehen. Während aufgrund der Mittelwerte eher ein schwacher Angriffsgrad bei den Vorabsiebungen zu erwarten wäre, ginge von den Endprodukten nur in Extremfällen ein solch schwacher Betonangriff aus. Die direkten Untersuchungen des Bodens durch Aufschlüsse ergeben dann zumindest für die Vorabsiebungen ein deutlicheres Bild. Nach diesen Kriterien weisen die Vorabsiebungen einen sehr starken Angriffsgrad auf, da nur der Minimalwert mit 1 920 mg/kg unter dem Grenzwert von 2 000 mg/kg liegt und alle übrigen Sulfatgehalte Werte von über 6 000 mg/kg vorweisen.
Aus diesem Grund wäre bei Anschüttungen oder Verfüllungen von Betonbauwerken bzw. -teilen insbesondere mit Vorabsiebungsmaterial auf bauwerksseitige Maßnahmen zur Vermeidung eines möglichen Betonangriffes zu achten.
Beurteilung der korrosiven Wirkung von Vorabsiebungsmaterial auf Eisenwerkstoffe
Wie bereits beschrieben, eignen sich die Vorabsiebungen besonders für Verfüllungsmaßnahmen im Tiefbau. Dabei stellt sich nicht nur die Frage nach der Korrosion von Betonwerken, sondern auch einer solchen von Eisenwerkstoffen. Für Rohrleitungen aus diesen Materialien ist weniger die Korrosion durch gleichmäßigen Flächenabtrag von Bedeutung, sondern viel entscheidender ist Loch- und Muldenfraß zu beachten, da davon die Funktionsfähigkeit, sprich Dichtigkeit, abhängt. Eben dieser Loch- und Muldenfraß soll anhand der Beurteilungskriterien des DVGW-Arbeitsblattes GW9 [31] näher betrachtet werden.
Auch hier muß einschränkend vermerkt werden, daß hiermit eine Wahrscheinlichkeitsaussage möglich ist, da nicht vorhersehbar ist, in welchem Ausmaß und über welchen Zeitraurn diese Einwirkungen auftreten oder aber auch durch andere Einflüsse überlagert bzw. verstärkt werden.
In Tabelle 9.1-9 sind die maßgebenden Untersuchungsergebnisse von Vorabsiebungen zusammengestellt und mit den Bewertungen nach [31] verglichen. Dazu wird einmal der Mittelwert der Untersuchungsergebnisse sowie eine Probe, deren Resultate insgesamt als positiv zu sehen sind, herangezogen. Einflüsse aufgrund der örtlichen Gegebenheiten der Einbaustelle werden für diese Beurteilung nicht beachtet.

Tabelle 9.1-9 Beurteilung von Vorabsiebungsmaterial hinsichtlich der Korrosionswahrscheinlichkeit nach GW9

Parameter	Vorabsiebung 0–8 mm (n = 25)				Bewertungs-kriterien		Wertung	
			Wertebereich					
	$\bar{x}$	s	min.	max.			$\bar{x}$	Min.
Wassergehalt [%]			2,4	17,3	≤ 20 > 20	0 –	0	0
Bindigkeit [%]	14,9	4,9	3,9	27,5	< 10 > 80	+ 4 – 4	+ 2	+ 4
pH-Wert [–]	10,6	0,9	9,1	11,6	> 9 < 4	+ 2 – 3	+ 2	+ 2
Bodenwiderstand (5 % Wassergehalt) [Ω cm]	41000	13300	23800	66600	> 50000 < 1000	+ 4 – 6	+ 2	+ 2
Säurekapazität [mmol/kg]	17,3	7,8	9,0	36,8	< 200 > 1000	0 + 3		
Sulfid S^{2-}m [mg/kg]	34	74	50	350	< 5 > 10	0 – 6	– 6	– 6
Neutralsalze: Chloride und Sulfate [mmol/kg]	53	35	4	155	< 3 > 100	0 – 4	– 3	– 1
Sulfate [mmol/kg]	97	79	20	260	< 2 > 10	0 – 3	– 3	– 3
Bewertung:					Summe:		– 6	– 2

$\bar{X}$ Mittelwert
S Standardabweichung

Die Aufstellung zeigt, daß wiederum die Schwefelverbindungen die Bewertung der Korrosionswahrscheinlichkeit dominieren. Denn selbst in der Summe der Neutralsalze machen die Chloride nur etwa 1 % aus. Damit ist aufgrund der Bewertungsskala die Wahrscheinlichkeit von Loch- oder Muldenkorrosion durch Vorabsiebungen im allgemeinen als mittel und die entsprechende Bodenklasse als aggressiv einzustufen. Im positiven Fall weist nach diesen Kriterien die Vorabsiebung eine schwache Aggressiviät auf, wobei die Wahrscheinlichkeit der Mulden- oder Lochkorrosion als gering erachtet werden kann.

Dieser grundsätzlichen Beurteilung liegt zugrunde, daß eine biogen induzierte oder verstärkte Korrosion bei vorhandenem Sulfat und Sulfid sowie sulfatreduzierenden Mikroorganismen stattfindet. Trotz eines geringen Kohlenstoffanteils (DOC von 3,2 bis 16,2 mg/l) ist unter Normalbedingungen bei Beginn der Korrosion durch freiwerdenden atomaren Wasserstoff eine Wachstumsförderung dieser Bakterien und damit eine verstärkt einsetzende Korrosion zu erwarten. Inwieweit der stark alkalische pH-Wert dies unterbindet, kann bisher nicht beantwortet werden. Es könnte jedoch möglicherweise die negative Beurteilung durch die hohen Schwefelverbindungen relativieren. Bei einer Anwendung von Vorabsiebungen sind, solange solche Erkenntnisse fehlen, verstärkte Korrosionsschutzmaßnahmen notwendig.

9.1.4 Praxis der Verwertung

9.1.4.1 Allgemeines

Die Aufbereitung von Bauschutt ist darauf ausgerichtet, den Rohbauschutt durch entsprechende Verfahrensweisen zu einem verwertbaren und damit marktfähigen Produkt zu machen. Für eine qualifizierte Verwertung werden Verfahrensschritte zur Abtrennung und Klassierung eingesetzt, um ein Produkt zu erhalten, das frei von Schad-, Stör- und Ballaststoffen ist und sich innerhalb definierter Körnungen befindet.

Tabelle 9.1-10 Zusammensetzung von aufbereitetem Bauschutt (Endprodukte) [12]1

	Zusammensetzung des Endproduktes von Anlagen mit Trocken- und Naßaufbereitung					Naßaufbereitung				
	n	x	s	min.	max.	n	x	s	min.	max.
Beton	38	56,4	23,5	3,0	93,8	23	70,7	10,7	40,5	93,8
Asphalt	32	2,3	2,2	0,1	7,6	21	2,0	2,2	0,2	5,7
Ziegel	38	14,0	13,2	0,9	46,2	23	6,5	7,6	2,2	37,7
Kies	29	11,1	6,6	1,0	27,4	19	12,2	6,7	1,0	18,1
Split	28	8,0	6,4	0,2	21,2	18	7,0	6,3	0,2	20,3
Schlacke	32	1,7	1,3	0,3	5,9	23	1,6	1,4	0,3	3,4
Verunreinigungen	27	1,0	1,2	0,1	4,1	18	0,6	0,9	0,1	1,7

Untersuchungen von Endprodukten aus verschiedenen Aufbereitungsanlagen zeigen, daß Verunreinigungen in einer Größenordnung von 1 % sowie etwa 2 % Asphalt bzw. bituminöse Produkte zurückbleiben. Auch wenn sich die visuell wahrnehmbaren Verunreinigungen in Grenzen halten lassen, bleibt dennoch die heterogene Zusammensetzung des Bauschutts dominant. Wie des weiteren die Körnungsbänder der Endprodukte aus zwei Aufbereitungsanlagen zeigen, können Produkte innerhalb engabgestufter Bereiche erzeugt werden (Bild 9.1-29).
Entsprechend den Hauptbestandteilen des aufbereiteten Bauschutts bietet sich die Substitution mineralischer Rohstoffe für die Anwendungen im

- Erd- und Straßenbau,
- Beton-/Massivbau,
- Stein-Ziegelherstellung

an. Generell ist der Einsatz von aufbereitetem Bauschutt möglich, wenn durch die Aufbereitungstechnologie die bodenmechanischen oder zuschlagsspezifischen bzw. betontechnischen Kriterien eingehalten werden. Die Vorgaben für den aufbereiteten Bauschutt sind mit denen für natürliche, mineralische Rohstoffe identisch, d. h. es bestehen für die Recyclingbaustoffe keine spezifischen Gütekriterien. Gerade wenn ein relativ hoher Aufwand bei der Aufbereitung betrieben wird, so ist es sicherlich verständlich, daß dann das aufbereitete Material auch für höherwertig qualifizierte Zwecke eingesetzt werden soll.
Nachfolgend wird der Einsatz von aufbereitetem Bauschutt als Betonzuschlagstoff und Baustoff im Erd- und Straßenbau näher untersucht.
Da eine Verwendung bei der Stein- bzw. Ziegelherstellung auf Sonderfälle beschränkt bleibt, wird diese untergeordnete Einsatzmöglichkeit nicht weiter beleuchtet.

9.1.4.2 Verwertung von aufbereitetem Bauschutt im Betonbau

Die Verwertung von aufbereitetem Bauschutt als Zuschlag im Betonbau stellt höchste Anforderungen an das Recyclingprodukt. Im Hochbau werden mit 139 Mio t (Stand 1987) nahezu 50 % der jahrlichen Kies- und Sandproduktion als Betonzuschläge verwandt [12]. Allein in diesem Anwendungsbereich könnte bei entsprechender Eignung vom Anfall her der gesamte aufbereitete Bauschutt untergebracht werden.
Zahlreiche nationale wie internationale Untersuchungen zur Verwertung von Abfällen aus dem Baubereich sind mit Blick auf betontechnologische wie arbeitstechnische Aspekte in einer umfangreichen Literaturauswertung zusammengefaßt [32]. Im Vordergrund der dort zitierten Arbeiten steht die Verwertung von Zuschlagstoffen, die, wie Ziegel- oder Betonsplitt, relativ homogen sind, bzw. deren (Festigkeits-) Eigenschaften bekannt sind. Eine gewisse Homogenität ist sicherlich nur dort anzutreffen, wo entsprechende Bauwerke und Baumassen anfallen, wie zum Beispiel beim Abbruch von Verkehrsbauwerken, Betonstraßen, Rollbahnen, Schleusenbauwerken oder Maschi-

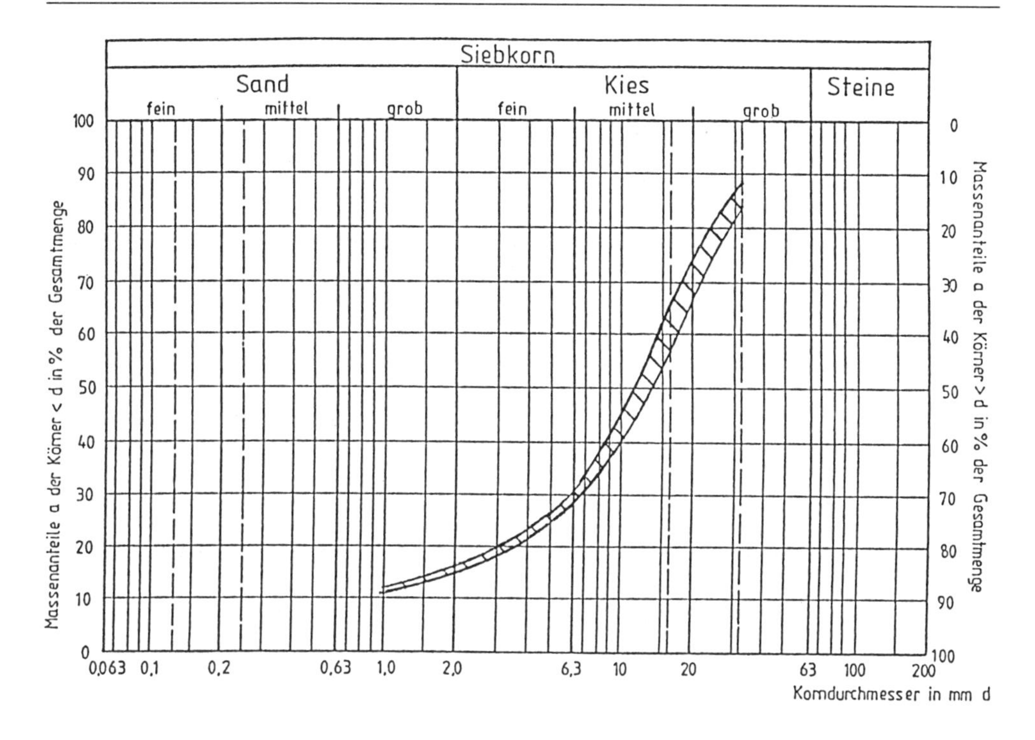

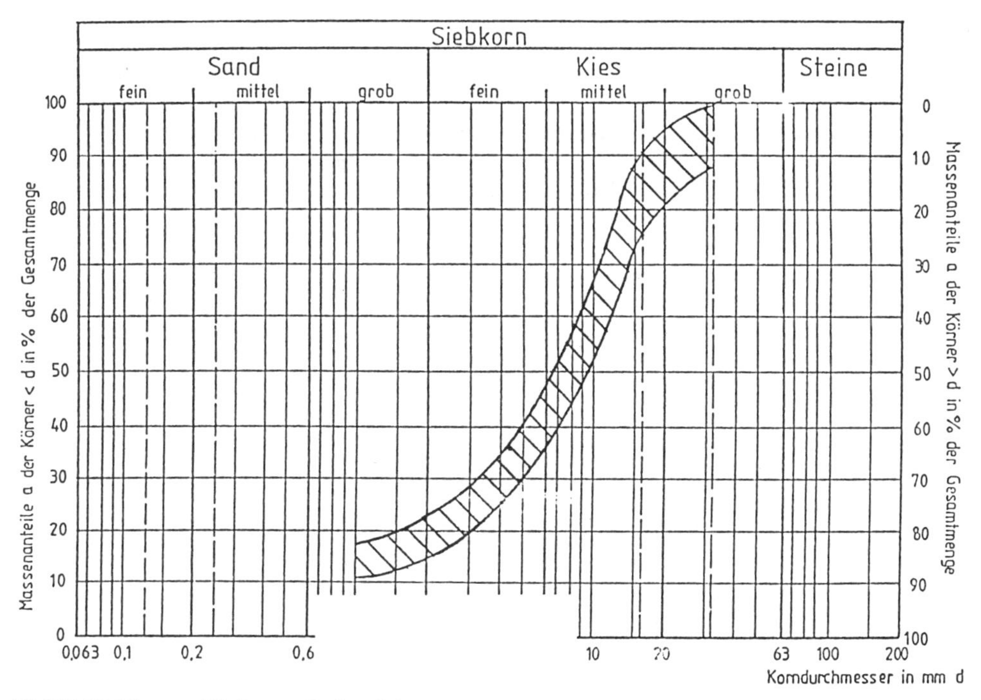

Bild 9.1-29 Körnungsbänder von Endprodukten aus einer Anlage mit Naßaufbereitung (oben) bzw. Trockenaufbereitung (unten) [12]

nenfundamenten. Hier ist meistens auch bekannt, welche Güteklasse dem Abbruchbeton zuzuordnen ist. Anders verhält es sich bei aufbereitetem Bauschutt. Gewisse Bauschuttaufbereitungsanlagen haben eine gewisse Präferenz hinsichtlich der Materialien, die zur Aufbereitung angenommen werden. Dennoch sind hier anteilmäßig Beimengungen enthalten, die eine Vergleichbarkeit mit den relativ homogenen Produkten mit konstanter Festigkeit nicht erlauben. Die Überlegungen, aufbereiteten Bauschutt als Betonzuschlag zu verwenden, machen eine differenzierte Betrachtungsweise notwendig. Dies vor allem auch unter dem Gesichtspunkt, eine Einordnung in die einschlägige deutsche Normung zu erreichen. Gültigkeit besitzt hier die DIN Norm 4226, Teil 1 (Zuschlag mit dichtem Gefüge) und Teil 2 (Zuschlag mit porigem Gefüge) [33]. In den Rahmen dieser Systematik läßt sich nur Ziegelsplitt eindeutig als Leichtzuschlag einordnen, während Betonsplitt wie auch aufbereiteter Bauschutt sich im Grenzbereich zwischen Leicht- und Normalzuschlägen bewegen [34]. Aus diesem Grund bedürfen diese Zuschläge einer allgemeinen bauaufsichtlichen Zulassung oder einer Einzelzulassung, also eines spezifischen Brauchbarkeitsnachweises.
Unabhängig von einem solchen Nachweis besteht Konsens, daß die Zuschläge keine betonschädigenden Bestandteile über das zulässige Maß hinaus enthalten dürfen. Im folgenden soll dieser Gesichtspunkt anhand der zur Verfügung stehenden Untersuchungsergebnisse diskutiert werden. Da jedoch kaum spezifische Untersuchungen für Bauschutt nach DIN 4226, Teil 3 vorliegen, müssen sonstige Ergebnisse herangezogen und interpretiert werden.
Auch im aufbereiteten Bauschutt sind noch entsprechende Anteile an Asphalt, Schlacken, Verunreinigungen, Glas u. ä. in einem solchen Umfang enthalten, daß hieraus eine Betonschädigung erwachsen kann. Die unter dem Begriff quellfähige Bestandteile zusammengefaßten Stoffe dürften insbesondere bei solchen Anlagen ohne gute Vorsortierung und/oder spezifische Naß- oder Trockensichtung in verstärktem Maße im Endprodukt auftreten. Aber auch bei Anlagen mit diesen Sichterstufen bleibt fraglich, ob der Grenzwert unterschritten werden kann, da nur Teilfraktionen die Sichtung durchlaufen, während die Feinfraktionen im Bereich 0–4 mm bzw. 0–16 mm unbehandelt bleiben.
Als weiterer Faktor der Betonschädlichkeit sollten Schwefelverbindungen wie Gips oder Anhydrit in den Zuschlägen nur begrenzt vorhanden sein. Nach [35] lag der Sulfatgehalt, berechnet als Sulfit, mit 0,15 M-% deutlich unter dem Grenzwert von 1 %. Bei dieser Art der Bestimmung wurde jedoch nur die Körnung 4–32 mm herangezogen. Weitere Rückschlüsse sind aus den eher unspezifischen Elutionsversuchen möglich. Für die Sulfate erfolgt nach DIN 4226, Teil 3 ein Aufschluß mit konzentrierter Salzsäure bei 110 °C, während bei den Elutionsuntersuchungen über 24 Stunden mit destilliertem Wasser geschüttelt wird. Bei orientierenden Schüttelversuchen mit 0,1-normaler Salzsäure ergab sich für Sulfate eine Konzentrationserhöhung um den Faktor 10. Bei der Elution von aufbereitetem Bauschutt waren so für Sulfate eluierbare Gewichtsanteile zwischen 0,006 und 0,534 M-% nachgewiesen worden. Nimmt man an, daß der spezifische Aufschluß eine Verzehnfachung des Anteils erbringt und der Grenzwert für den Sulfatgehalt bei 1,2 % entsprechend 1 % Sulfit liegt, so ist mit Überschreitung des Grenzwertes zu rechnen. Vergleicht man diese theoretische Betrachtung mit den Ergebnissen von [35], so kann daraus nur der Schluß gezogen werden, daß in der Feinfraktion überproportional Sulfatanteile enthalten sein können. Folglich sollten solche Teilfraktionen besser nicht zur Verarbeitung als Betonzuschläge verwendet werden.
Bei den stahlangreifenden Stoffen, es werden hierzu Chloride und Nitrate gezählt, stehen gleichfalls nur die Resultate von Elutionsversuchen zur Verfügung. Es sollen hier nur kurz die Chloridwerte diskutiert werden. Bereits mit dieser Untersuchungsmethodik ergeben sich für Chloride Massenanteile zwischen 0,003 und 0,082 %. Inwieweit sich dieser Anteil durch den in DIN 4226, Teil 3 geforderten Aufschluß durch Kochen noch erhöht, ist nicht bekannt. Der angegebene Wertebereich deutet darauf hin, daß hier davon auszugehen ist, daß beim Einsatz von aufbereitetem Bauschutt als Zuschlag für bewehrten Beton der Korrosionsschutz nicht gewährleistet sein dürfte.
Ohne Berücksichtigung der sonstigen Kriterien

- abschlämmbare Bestandteile,
- Glühverlust,
- Raumbeständigkeit,
- Gehalt an feinverteilten organischen Stoffen sowie
- Gleichmäßigkeit

ist die Verwendung von aufbereitetem Bauschutt als Betonzuschlag aufgrund betonschädlicher und korrosiv wirkender Anteile als kritisch zu betrachten.
Sieht man von der Möglichkeit der Betonschädlichkeit der Zuschläge aus aufbereitetem Bauschutt ab, bzw. trifft man Maßnahmen zur Elimination solcher betonschädigender Anteile, so lassen sich für die Verwendung dieser wie auch der Zuschläge aus Ziegelsplitt oder Betonsplitt folgende Gemeinsamkeiten feststellen [32, 34, 36].
Aufgrund der Kornporosität ist die Wasseraufnahme besonders zu berücksichtigen. Das heißt, ein Vornässen, wie bei Leichtzuschlägen üblich, wird angeraten, bzw. eine Erhöhung des Anteils Anmachwasser wird empfohlen. Weiterhin können die aufbereiteten Stoffe die natürlichen Zuschläge nicht vollkommen ersetzen. Die Fraktion 0–4 mm sollte ausgesondert werden und eine Zugabe von Natursand in einer Größenordnung von 20 bis 40 % wird angeraten. Für die Anwendung und Eignung sind die Festigkeitseigenschaften von ausschlaggebender Bedeutung.
Im Vergleich zu Normalbetonen erreichen die Betone mit Recyclingmaterial als Zuschlag Druckfestigkeiten, die um 10 bis 20 % geringer sind. Die Vergleichswerte für die Biegezug- und Spaltzugfestigkeit streuen stark. Für Beton aus aufbereitetem Bauschutt sind sie um 2 % geringer. Die E-Moduli weichen um 20 bis 30 %, von den Bezugswerten ab. Das Kriech- und Schwindmaß ist deutlich größer.
Aufgrund dieser kurz zusammengefaßten Ergebnisse kann abgeleitet werden, daß Beton, der mit Zuschlaganteilen aus Bauschutt hergestellt wurde, überall dort zum Einsatz gelangen sollte, wo an das Verformungsverhalten, aber auch an hohe Festigkeiten keine besonderen Ansprüche gestellt werden. Eine Aufbereitung zu Zuschlagstoffen ist besonders dort angeraten, wo Baustoffe mit relativ gleichartiger Zusammensetzung und Festigkeit anfallen und unter Umständen an Ort und Stelle wieder verwertbar sind (Straßen, Massivbauwerke u. ä.).

9.1.4.3 Verwertung von aufbereitetem Bauschutt im Erd- und Straßenbau

Der mengenmäßig größte Anteil der Verwertung von aufbereitetem Bauschutt wird ohne Zweifel im Erd- und Straßenbau erreicht. Hier werden immerhin 90 Mio t/a Sand und Kies für unterschiedliche Zwecke und Ansprüche verbraucht. Dieses Marktpotential wird außer von natürlichen Massengütern auch zu einem gewissen Teil von Nebenprodukten industrieller Produktionsprozesse wie

- den Schlacken aus der Metallverarbeitung,
- den Verbrennungsrückständen aus Kraftwerken und Müllverbrennungsanlagen sowie
- den Bergen aus dem Steinkohlebergbau abgedeckt.

Folgt man beim Einsatz von aufbereitetem Bauschutt und industrieller Nebenprodukte der allseits vertretenen Forderung, daß für Recyclingbaustoffe kein Qualitätsrabatt gewährt werden darf, läßt sich die bautechnische Eignung von aufbereitetem Bauschutt für die jeweilige Verwendungsart einfach definieren. In einschlägigen Regelwerken, Einbauanweisungen und Lieferbedingungen sind die materialspezifischen Anforderungen, Prüfverfahren und Gütesicherungen verbindlich geregelt. Doch die alleinige Orientierung an den für hergebrachte, ungebrauchte Mineralstoffe geltenden Anforderungen führt nicht zu der vom Gesetzgeber erwünschten Steigerung der Verwertungsquote, die derzeit bei ca. 20% liegt. Die bislang noch teilweise fehlende Akzeptanz öffentlicher Auftraggeber zum verstärkten Einsatz von Recyclingmaterial im Straßenbau läßt sich eben daraus erklären, daß damit eine erweiterte Interpretation vertrauter Normen und Baugrundsätze gefordert wird und scheinbar Materialien zugelassen werden sollen, die sich außerhalb des eigenen Einfluß- und Kontrollbereichs befinden.
Die bisherigen positiven Erfahrungen mit gebrauchten Straßenbaustoffen haben in verschiedenen Bundesländern dazu geführt, daß ergänzend zu bestehenden technischen Regelwerken Ausführungsvorschriften geschaffen wurden, die einen Einsatz von aufbereitem Bauschutt für ungebundene Tragschichten entweder alternativ oder auch bindend vorschreiben.
Das ist beispielsweise in den Ausführungsvorschriften zu § 7 des Berliner Straßenbaugesetzes vom 30.06.1987 (mit der Einführung der ZTVT-Stb 86) niedergelegt, wo die Verwendung von gebrauchten Baustoffen für Frostschutzschichten sowie Kies- und Schottertragschichten der Bauklassen III bis VI verbindlich vorgeschrieben ist. Sogar auf einen Einsatz in den Bauklassen I und II wird bei Zustimmung des Senators für Bau- und Wohnungswesen ausdrücklich hingewiesen. Solche Praxis

verlangt auf der Produzentenseite naturgemäß eine wirkungsvolle Qualitätssicherung. Dieser Forderung trägt das im Februar 1985 vom Deutschen Institut für Gütesicherung und Kennzeichnung RAL herausgegebene Gütezeichen RAL-RG 501/1 Rechnung. Es existiert damit ein Gütesiegel für Straßenbaustoffe, die aus aufbereitetem Bauschutt hergestellt werden.

In Anlehnung an die bei natürlichen Mineralstoffen übliche Prüfpraxis werden vergleichbare Qualitätsstandards geschaffen, die sich inzwischen bei öffentlichen Ausschreibungen so weit durchgesetzt haben, daß für die RC-Baustoffe die Anforderungen gemäß RAL-RG 501/1 im Ausschreibungstext definiert werden.

Das Gütezeichen nach RAL kennt drei Verwendungsklassen (I-III), die sich in den jeweiligen Anforderungen deutlich unterscheiden. Die Klasse I gilt auch für den klassifizierten Straßenbau und behandelt ungebundene Tragschichten, hydraulisch gebundene Tragschichten, Asphalttragschichten, Asphaltdeck- und -binderschichten sowie Betontrag- und -deckschichten der Bauklasse I-V. Diese Klasse gilt somit für Stoffe, die dem Geltungsbereich der TL Min-StB unterliegen.

Die Stoffe in Klasse II sind für Oberbauschichten im Straßenbau gedacht, für die nicht die in der TL Min-StB (Technische Lieferbedingungen für Mineralstoffe im Straßenbau) niedergelegten höchsten Qualitätsanforderungen gelten. Dazu zählen Bauweisen nach der TV LW-75 (Technische Vorschriften für Landwirtschaftliche Wege). Unterschieden werden in der Klasse II die Oberbauschichten in Befestigungen ohne Bindemittel, mit Zementbeton und in Asphaltbauweise.

Die Klasse III gilt für die Verwendung mit den geringsten bautechnischen Qualitätsansprüchen. Genannt sind Lärmschutzwälle, Unterbau und Untergrundverbesserung.

Für jede der drei Klassen (I-III) werden die Güte- und Prüfbestimmungen, denen sich der Altbaustoff unterwerfen muß, geregelt. Voraussetzung zur Verleihung des Gütesiegels ist für den Betreiber einer Aufbereitungsanlage, daß er eine Güteüberwachung durchführt. Erst nach Bestehen der Erstprüfung (Eignungsprüfung), der regelmäßigen Eigen- und Fremdüberwachung wird das Gütezeichen verliehen, und der so hergestellte, kontrollierte Recyclingbaustoff kann als gütegeprüfter Qualitätsstoff verwendet werden.

Die Durchführung der Güteüberwachung geschieht in enger Anlehnung an die RG-Min-StB 83 (Richtlinie für die Güteüberwachung von Mineralstoffen im Straßenbau). Der Umfang der Einzelprüfungen richtet sich nach der jeweiligen Klasse I, II, III.

Der Anforderung an die Homogenität auch von RC-Baustoffen, die aufgrund ihrer unterschiedlichen Herkunft in der Materialzusammensetzung deutlichen Schwankungen unterworfen sein können, trägt die gegenüber ungebrauchten, natürlichen, mineralischen Straßenbaustoffen deutlich erhöhte Prüffrequenz Rechnung. Die nachstehende Tabelle verdeutlicht diese Aussage.

Mit Blick auf den Eignungsnachweis muß im folgenden eine Differenzierung nach den Einsatzbereichen und den zugehörigen Richtlinien und deren Untersuchungsmethoden erfolgen. Bei einem Einsatz des aufbereiteten Bauschutts im Unterbau von Straßen, also als nicht gebundenes oder mit Bindemittel stabilisiertes Schüttmaterial für Dämme, aber auch für Lärmschutzwälle, Bodenverbesserung und Hinterfüllung/Überschüttung von Bauwerken sowie zur Verfüllung von Leitungsgräben, gelten die „Zusätzliche(n) Technische(n) Vorschriften und Richtlinien für Erdarbeiten im Straßenbau" (ZTVE-StB 76) [37], die damit auch die Höherwertigkeit des Verwendungsbereichs bereits charakterisieren. Allgemein werden die bodenmechanischen Kriterien der ZTVE-StB 76 hinsichtlich Körnungslinie, Verdichtungsverhalten und Frostempfindlichkeit von aufbereitetem Bauschutt eingehalten [38, 39]. Darüber hinaus dürfen solche Baustoffe keine löslichen und grundwassergefährdenden Stoffe sowie baustoffaggressive bzw. korrosive Bestandteile enthalten.

Die Verwendung von aufbereitetem Bauschutt im Oberbau von Straßen wird von den „Zusätzliche(n) technische(n) Vorschriften und Richtlinien für Tragschichten im Straßenbau" (ZTVT-StB 1986), bzw. den „Technische(n) Lieferbedingungen für Mineralstoffe im Straßenbau" (TL Min StB 83) geregelt [40, 41]. Formal erfüllt aufbereiteter Bauschutt die TL Min StB 83 nicht, da er aus gebrauchten Mineralstoffen besteht. Inwieweit die Überschreitung einzelner Grenzwerte für die ungebundenen Trag- und Frostschutzschichten vertretbar ist, wenn zusätzliche Nachweise geführt werden, liegt im Ermessen der Straßenbauverwaltung.

Tabelle 9.1-11 Vergleich des Prüfumfangs zwischen RC-Material und natürlichen Gesteinen gemäß dem Merkblatt der FSG und dem RG Min-StB 83

Prüfungsgegenstand	Prüfverfahren	pro Jahr Eigenüberwachung natürl. Gest.	pro Jahr Eigenüberwachung RC-Mat.	pro Jahr Fremdüberwachung natürl. Gest.	pro Jahr Fremdüberwachung RC-Mat.
Gewinnung Aufbereitung	TP Min T 2.1	–	tägl.	–	4x
Stoffliche Zusammensetzung	Merkblatt der Forschungsges.	–	wöch.	–	4x
Durchführung der Eigenüberwachung		–	–	2x	4x
Widerstand gegen	TP Min				
– Verwitterung	T 42	–	–	0,5x	1x
– Frost-Tau-Wechsel	T 4.3.1	–	–	0,5x	1x
– Raumbeständigkeit	T 4.2	–	–	2x	4x
Schlagfestigkeit	TP Min 5.2.1.4	–	–		2x
Korngrößen-verteilung	TP Min T 6.3.1/2/3	wöch.	wöch.	2x	4x
Kornform	TP Min 6.1.1.2	wöch.	wöch.	2x	4x
Bruchflächigkeit	TP Min 6.2.1	wöch.	wöch.	2x	2x
Reinheit und schädl. Bestandteile	TP Min 6.6.1/2	–	wöch.	2x	4x
Dichte	TP Min 3.2	–	–	–	4x
Umweltverträ-lichkeit	je nach Unter-suchungsziel	–	–	–	2x

Aus der Vielzahl der bodenmechanischen Güteanforderungen sind für einen Nachweis der Eignung von aufbereitetem Bauschutt als ungebundene Tragschicht folgende Parameter als kritisch einzustufen:

- die Frost-/Verwitterunsbeständigkeit, geprüft durch die Wasseraufnahme unter Atmosphärendruck und der Absplitterungs- bzw. Feinstkornanteil nach 10maligem Frost-Tau-Wechsel sowie
- die Schlagfestigkeit.

Die beiden kritischen Prüfgrößen werden stark von Ziegel-, Steinzeug- und anderen Mauerwerksanteilen bestimmt. Aus diesem Grund sollte der Anteil dieser Stoffgruppe auf maximal 15 % begrenzt werden [42]. Dies dürfte nur durch aufwendige Vorsortierung bei der Aufbereitung möglich sein; fraglich bleibt aber doch, ob auf diese Weise die Einhaltung der Grenzwerte erreicht werden kann.

Die o. g. Untersuchungen werden an einer repräsentativen Körnung (8/12 mm) vorgenommen, und anschließend wird auf das Gemisch oder das gesamte Vorkommen geschlossen. Dieses Verfahren ist aufgrund der heterogenen Zusammensetzung von aufbereitetem Bauschutt kaum übertragbar. Die Beurteilung ergibt sich gerade bei solchen Untersuchungen aus jahrzehntelangen Erfahrungen. Ein solcher Bezug fehlt jedoch bei der Begutachtung eines relativ „neuen" Materials wie aufbereiteter Bauschutt. Vielmehr sollte überlegt werden, ob nicht spezifische Untersuchungsverfahren, Grenzwerte oder Richtlinien, wie sie bei einigen industriellen Nebenprodukten bereits eingeführt sind, zur Anwendung gelangen sollten.

Daß der Ermessensspielraum auch genutzt wird, zeigen zumindest die dokumentierten Versuchsstrecken, wo aufbereiteter Bauschutt als ungebundene Trag- oder Frostschutzschicht eingesetzt wurde [38, 39, 43, 44]. Dabei erfolgte eine Anwendung sowohl auf weniger beanspruchten Straßen

(Bauklassen IV und V) als auch auf Bundesautobahnen (Überholspur). Die Erfahrungen zeigen, daß zwischen aufbereitetem Bauschutt und mineralischen Straßenbaustoffen in bezug auf Einbau und Verdichtung kein Unterschied festzustellen war. Gleiches gilt auch für Verdichtungsgrade und Tragfähigkeitswerte sowie die Gleichwertigkeit im Tragverhalten unter Verkehr. Was noch teilweise fehlt, sind Erkenntnisse aus dem Langzeitverhalten dieser Baustoffe.
Ein weiteres Defizit besteht bei der, auch in [42] geforderten, fallweisen Beurteilung der Umweltverträglichkeit von aufbereitetem Bauschutt wie auch der anderer industrieller Nebenprodukte. Aufgrund der heterogenen Zusammensetzung sind die erwähnten Recyclingbaustoffe, hier vor allem der aufbereitete Bauschutt, mit dem Odium der potentiellen Umweltschädlichkeit behaftet.
Mit der Verwertung von aufbereitetem Bauschutt in den Bereichen des Erd- und Straßenbaus wird ein relativ aufnahmefähiger Markt erschlossen. Hier konzentriert sich auch das Interesse der Bauschuttaufbereiter, da sie, wie Untersuchungen zeigen, eine nahezu gleichwertige Alternative zu herkömmlichen mineralischen Baustoffen bieten können. Je nach Aufwand bei der Aufbereitung steht eine Palette von Anwendungsmöglichkeiten offen. Nicht nur hochwertige Einsatzzwecke wie Tragschichten im Oberbau von Autobahnen stehen hier im Vordergrund, sondern auch die Verwendung beim Bau von Verkehrsflächen, Standspuren, land- und forstwirtschaftlichen Wegen oder Radwegen garantieren eine materialgerechte und qualifizierte Verwertung. Für die Praxis eröffnen sich daraus Fragen für die Beurteilung bezüglich der Frostbeständigkeit- und Kornfestigkeit der Materialen, da die bestehenden Regelwerke nur in modifizierter Form anwendbar sind. Die Berücksichtigung der Umweltbelange bei der Verwertung von aufbereitetem Bauschutt ist insofern ebenfalls nicht geklärt, als daß ein für beide Seiten, Hersteller und Verwender, verbindliches, rechtssicheres Regelwerk einschl. Grenzwerte zur Umweltverträglichkeitsbeurteilung fehlt.

9.1.4.4 Deponierung von Bauschutt

Auch wenn sich für die Verwertung von aufbereitetem Bauschutt verschiedene Möglichkeiten auftun, so bleibt doch bislang mit Blick auf die niedrige Verwertungsquote die Ablagerung dieser Rückstände ohne zielgerechte Verwertung als gängige Praxis erhalten. In erster Linie müßte die Deponierung auf öffentlichen und damit abfallrechtlich zugelassenen Abfallbeseitigungsanlagen (§ 4 AbfG) erfolgen. Auf solchen Deponien, d. h. die im allgemeinen einen hohen Standard hinsichtlich Anlagenplanung, Deponietechnik und -betrieb besitzen sowie eine Kontrolle des Emissionspfades Sickerwasser weitgehend garantieren, lassen sich die Bauschuttmaterialien zumindest teilweise noch verwerten.
Bauschutt wird auf der Deponie zu Betriebszwecken
- bei der Ausbildung von Fahrstraßen,
- bei der Verfestigung von pastösen, schlecht verdichtbaren Abfällen,
- bei der Zwischenabdeckung von Deponieabschnitten,
- bei der Endabdeckung des Deponiekörpers oder
- als Schutzschicht um Drainage- bzw. Entgasungsleitungen

eingesetzt und kann auf diese einfache Weise der Verwertung auch noch als Ersatz für mineralische Baustoffe dienen. Der Umfang dieser Verwertungsart dürfte den Anteil, der durch Bauschuttaufbereitungsanlagen behandelt wird, bei weitem übersteigen. Eine ausschließliche Ablagerung von Bauschutt auf Hausmülldeponien ist in jüngster Zeit stark zurückgegangen.
Neben dieser Art der Beseitigung mit teilweiser Verwertung stehen noch betriebseigene Deponien des Bau- oder Produzierenden Gewerbes zur Verfügung, die aufgrund von Ausnahmegenehmigungen (§ 4, Abs. 2 und § 9 AbfG) betrieben werden dürfen. Ein Teil der sogenannten öffentlichen Deponien für die Bauschuttentsorgung dürfte gleichfalls in die letzte Kategorie einzuordnen sein. Darüber hinaus besteht eine Vielzahl von widerrechtlichen Ablagerungen (wilde Kippen) oder Materialablagerungen die als direkte Verwertung des „Wirtschaftsgutes“ Bauschutt deklariert werden.
Diese Art der Entsorgung wird in manchen Bundesländern noch stillschweigend toleriert, ist aber als kritisch einzustufen. Dies vor allem auch deshalb, weil sich dieser Bereich kaum überblicken läßt und kein gesichertes Zahlenmaterial vorliegt.

9.1.5 Wirtschaftlichkeit

9.1.5.1 Komponenten

Die Kosten der Annahme des Bauschutts sind in Bild 9.1-30 dargestellt.

Mit Hilfe des Flächenbedarfs aus Bild 9.1-31 lassen sich die Lagerungskosten bestimmen, ebenso durch die Werte des Bildes 9.1-32 die Vorzerkleinerungskosten.

Das technische und auch kostenmäßige Kernstück jeder Aufbereitungsanlage ist das Zerkleinerungssystem. Die Kostendarstellung der Brechertypen

- Schlagbrecher,
- Walzenbrecher,
- Prallbrecher und
- Prallmühle als Nachbrecher

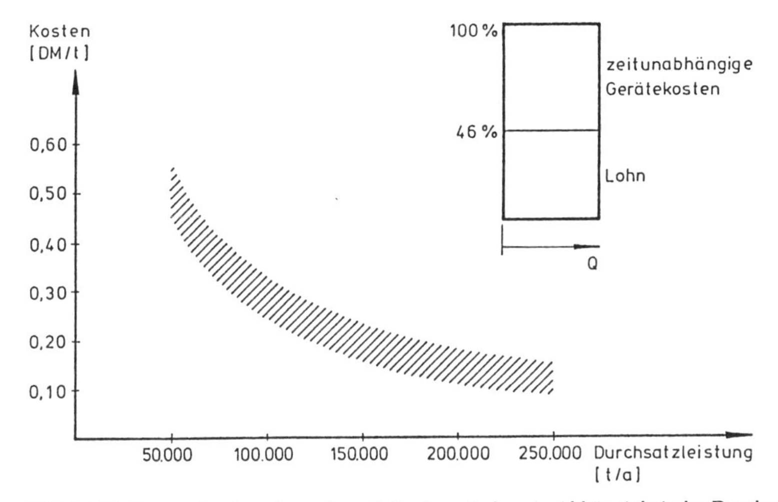

Bild 9.1-30 Kosten der Annahme einer stationären Anlage in Abhängigkeit der Durchsatzleistung

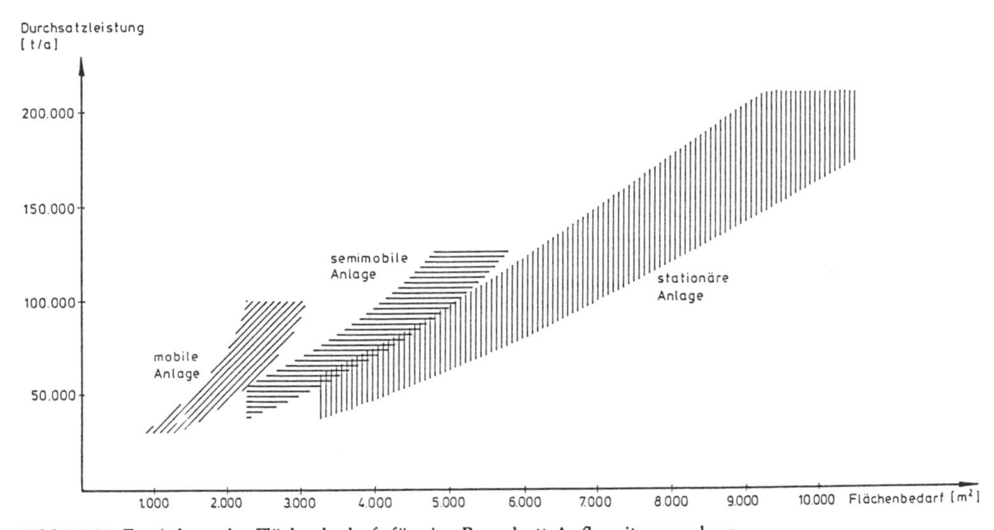

Bild 9.1-31 Ermittlung des Flächenbedarfs für eine Bauschutt-Aufbereitungsanlage

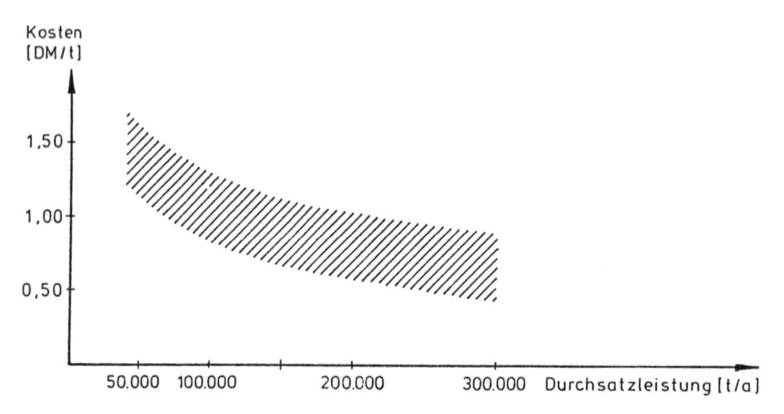

Bild 9.1-32 Kosten der Vorzerkleinerung in Abhängigkeit von der Durchsatzleistung

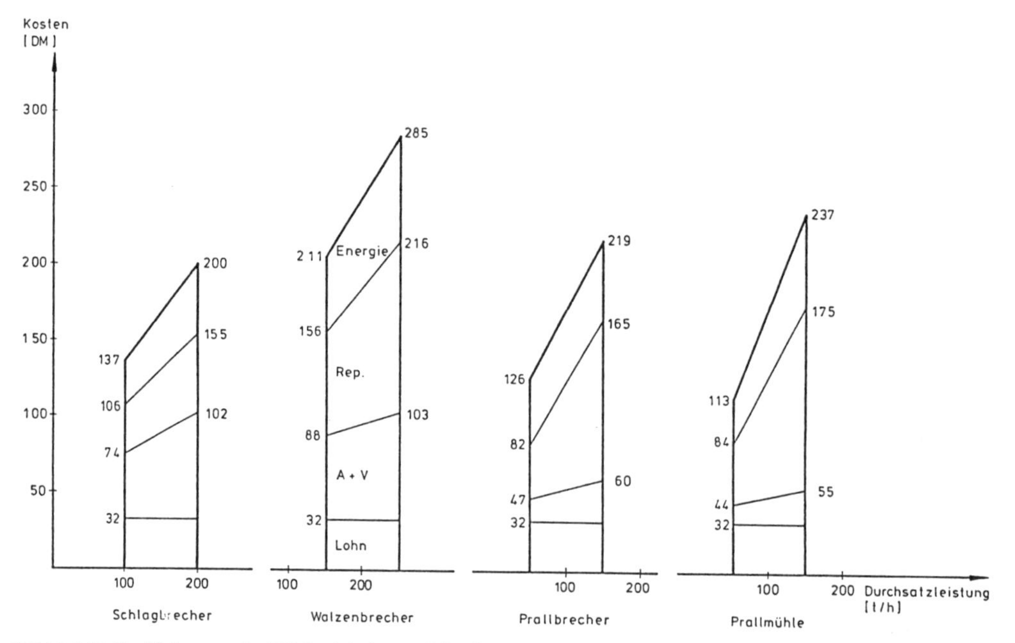

Bild 9.1-33 Zerkleinerung in Abhängigkeit vom Maschinentyp und der Durchsatzleistung

ist in Bild 9.1-33 vorgenommen worden, wobei als Aufgabegut ein Gemisch von Beton und Mauerwerk angenommen wurde. Durch die Aufschlüsselung nach Kostenarten lassen sich bei einem anderen Aufgabegut (z. B. erhöht auch Asphalt stark den Verschleiß) leicht die geänderten Zerkleinerungskosten ermitteln.

Zum Verfahrensvergleich der verschiedenen Brecher und der unterschiedlichen Aufgabesysteme sind fünf sinnvolle Kombinationen zusammengestellt:

(A) eine zweistufige Aufbereitung mit einem Schlagbrecher und einer Prallmühle sowie eine Beschickung mit einem Radlader über eine Rampe;

(B) wie (A), aber eine Beschickung mit einem Förderer und einem Radlader;

(C) eine einstufige Aufbereitung mit einem Prallbrecher und einem Radlader ;

(D) wie (C), jedoch mit einem Förderer;

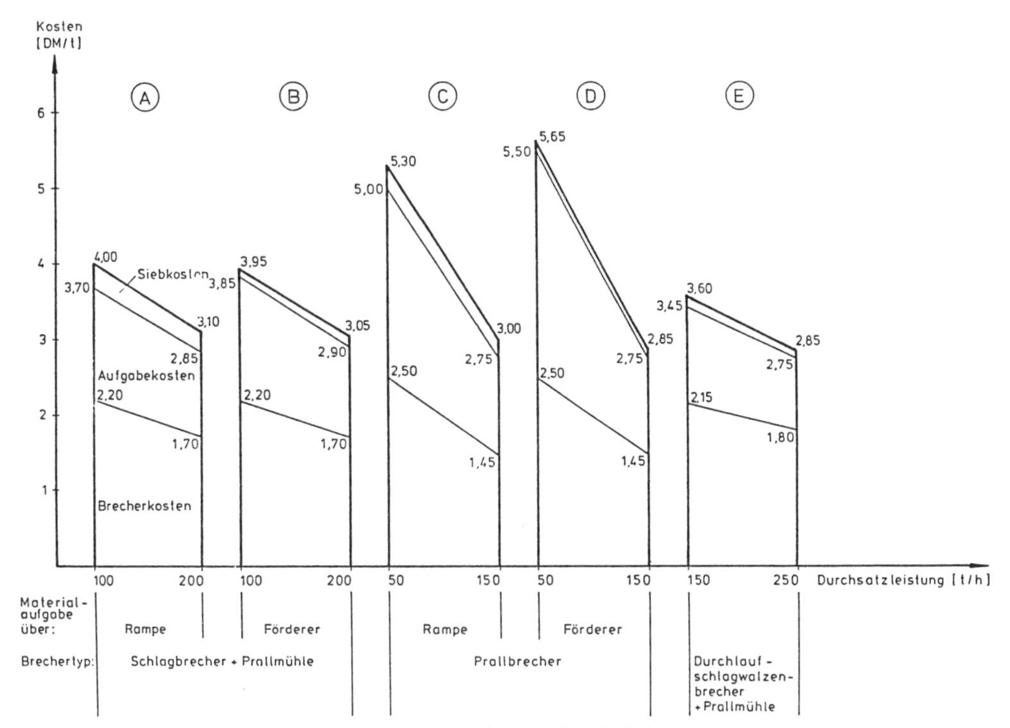

Bild 9.1-34 Kosten verschiedener Brechersysteme mit Sieb- und Aufgabekosten

(E) ein Durchlaufwalzenbrecher und eine Prallmühle mit einem Radlader.

Das Ergebnis zeigt Bild 9.1-34.

Bei den Gummigurtförderern, die für die Zwischentransporte erforderlich sind, ergeben sich bei einem Mengendurchsatz von 50 t/h Kosten von 1 Pfg/lfdm. Lesebänder sind ungefähr doppelt so teuer wie normale Bänder.

Die genauen Siebkosten einer Bauschutt-Recyclinganlage lassen sich nicht pauschal angeben, da sie von der notwendigen Anzahl der Siebungen entsprechend dem Anlagenkonzept abhängen. Für dieses Untersystem können nur die Kosten pro Absiebung in Abhängigkeit von der Trenngrenze und dem Mengendurchsatz angegeben werden (siehe Bild 9.1-35).

Die Kosten der erforderlichen Eisen-Separation bewegen sich pro Separationsstufe bei ungefähr 0,10 DM/t. Die Bestimmung des Aufwands zur manuellen Reinigung ist aufgrund der im Detail unbekannten Arbeitskräfteanzahl relativ schwierig. Größenordnungen ergeben slch aus Bild 9.1-36. Dadurch, daß i. d. R. nicht alle Fraktionen des RC-Materials gesichtet werden, ist eine differenzierte Betrachtung nach Kosten pro gesicherter Einheit und nach der Gesamtmenge erforderlich. Außerdem fällt bei der Sichtung Abfall sowie zusätzlich bei der Naßsichtung Schlamm an.

Bei der Betrachtung der Naßsichtung ist die eigentliche Sichtung, der Wasserkreislauf und die Absiebung zu berücksichtigen. Die sich hieraus ergebenden Kostenkurven zeigt Bild 9.1-37, die analoge Darstellung in Bild 9.1-38 für die Trockensichtung.

Für das letzte Untersystem – die Lagerung und Verladung – stellt Bild 9.1-39 für die unterschiedlichen Möglichkeiten die jeweiligen Kosten dar.

Die bei einer Anlage anfallenden Gemeinkosten sind abhängig von der Organisationsstruktur der Unternehmung und lassen sich pauschal nicht angeben.

Bedingt durch den sehr unterschiedlichen Aufbau von Baustellenabfall-Sortieranlagen und dem meist hohen Personalkostenanteil ist es hierfür nicht sinnvoll, Kostenangaben für einzelne Untersysteme zu machen.

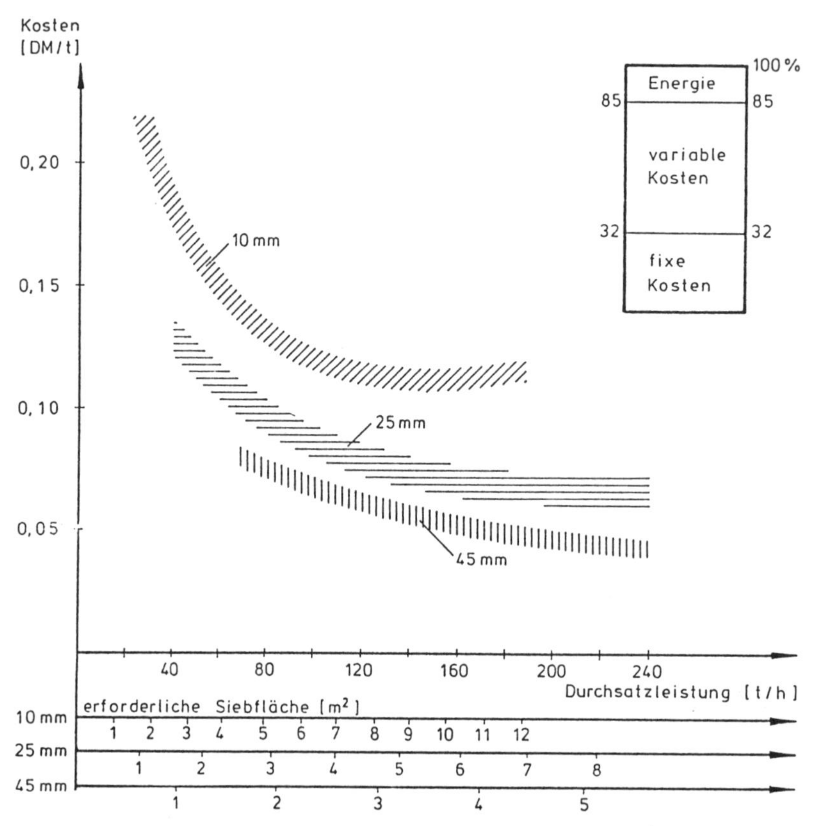

Bild 9.1-35 Kosten einer Absiebung in Abhängigkeit von der Trenngrenze und der Durchsatzleistung

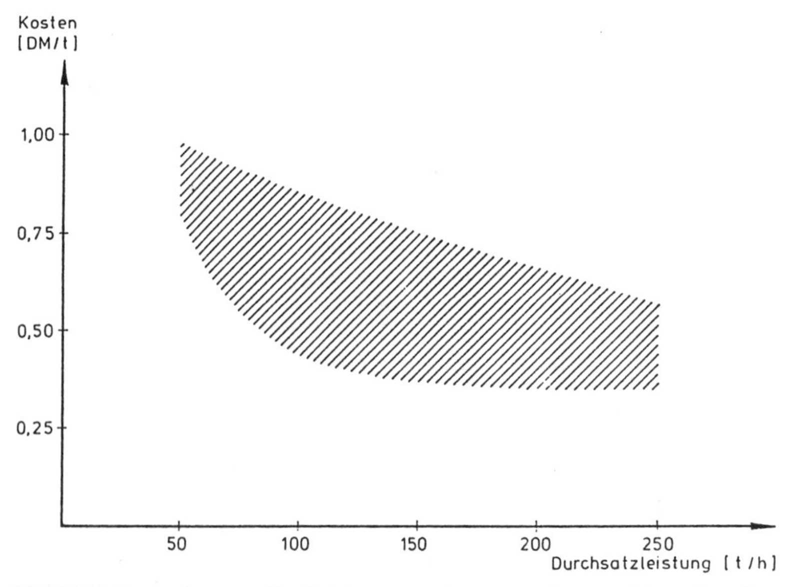

Bild 9.1-36 Kosten der manuellen Reinigung von einem normal verunreinigten Bauschutt zu RC-Material

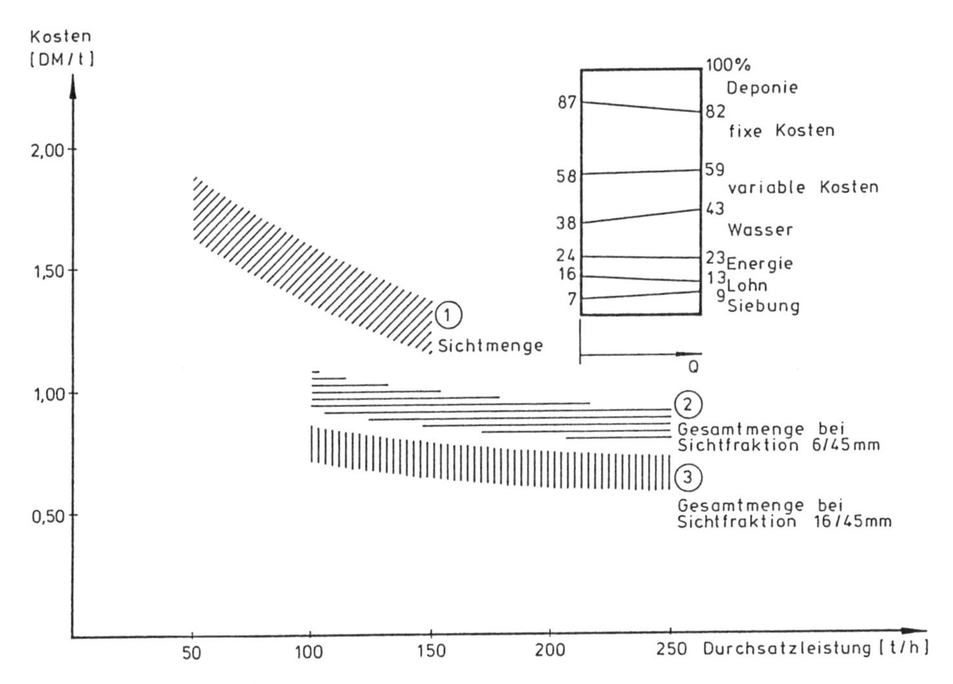

Bild 9.1-37 Kosten der Naßsichtung

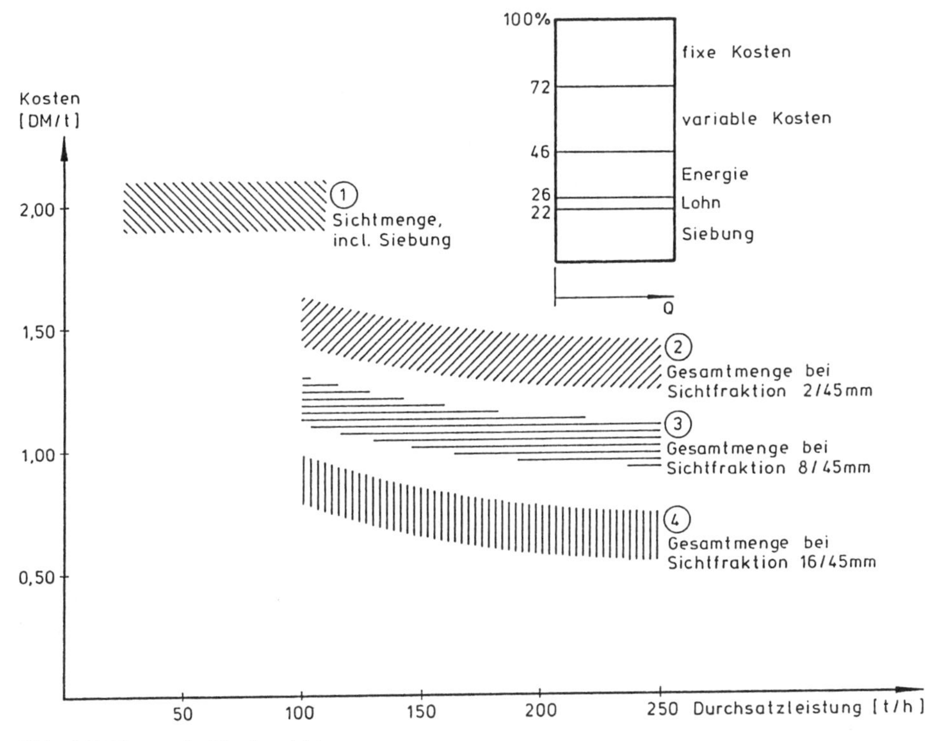

Bild 9.1-38 Kosten der Trockensichtung

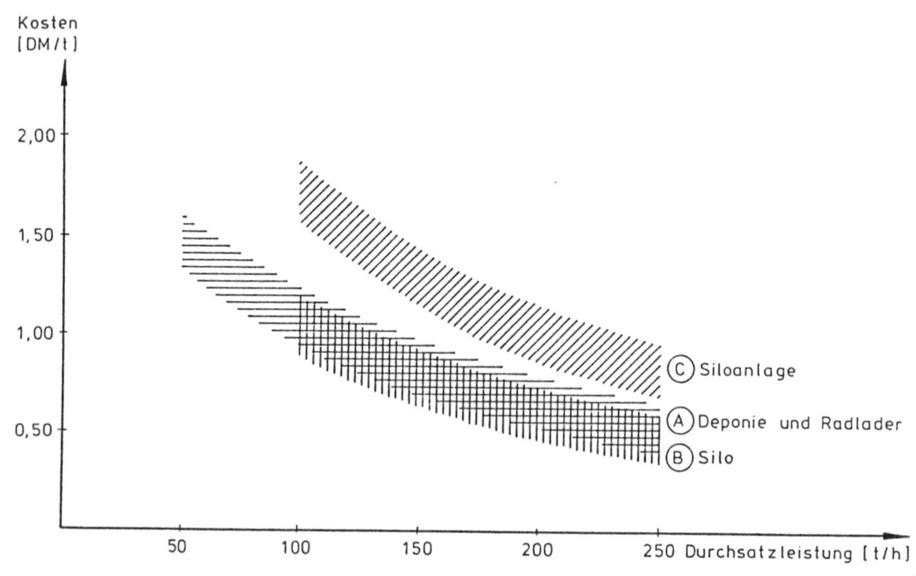

Bild 9.1-39 Kosten der Lagerung und Verladung von RC-Material

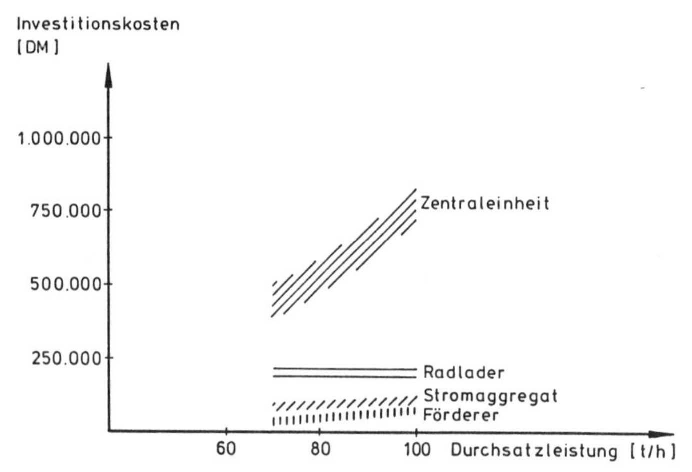

Bild 9.1-40 Investitionskosten für eine mobile Anlage bei separater Betrachtung eines Förderer und eines Stromaggregates

9.1.5.2 Gesamtsysteme

Die Ermittlung der Kosten von Gesamtsystemen folgt der Konzeptionierung von Kapitel 9.1.2.3. Es sind jeweils für mobile, semimobile und stationäre Anlagen die Investitionskosten und die Aufbereitungskosten dargestellt.
Bei der mobilen Anlage sind die Auf- und Abbaukosten gesondert zu berücksichtigen. Es wird von einer Einsatzzeit von 1000 h pro Jahr ausgegangen.
Vier Arbeitskräfte sind bei der semimobilen Anlage vorgesehen. Auch hier sind die Kosten eines Standortwechsels gesondert zu berücksichtigen.

Bei einer kompletten Baustellenabfall-Sortieranlage bestehen die gleichen Abgrenzungsprobleme wie bei ihren Einzelkomponenten. In Abhängigkeit von der Zusammensetzung des Baustellenabfalls, der effektiven Jahresdurchsatzleistung und der gewählten Technologie ergeben sich nach der Literatur Aufbereitungskosten von 10 bis zu 100 DM/t; der mittlere Wert dürfte bei 40 bis 50 DM/t liegen .

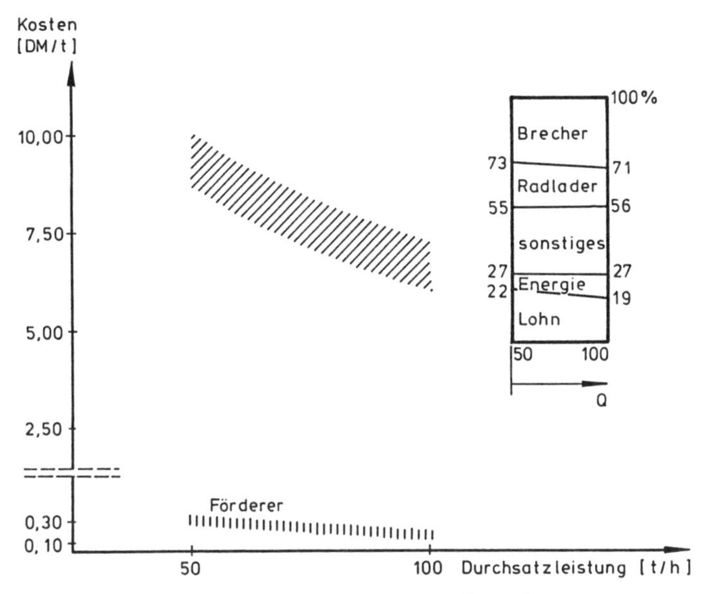

Bild 9.1-41 Kosten der Aufbereitung mit einer mobilen Anlage

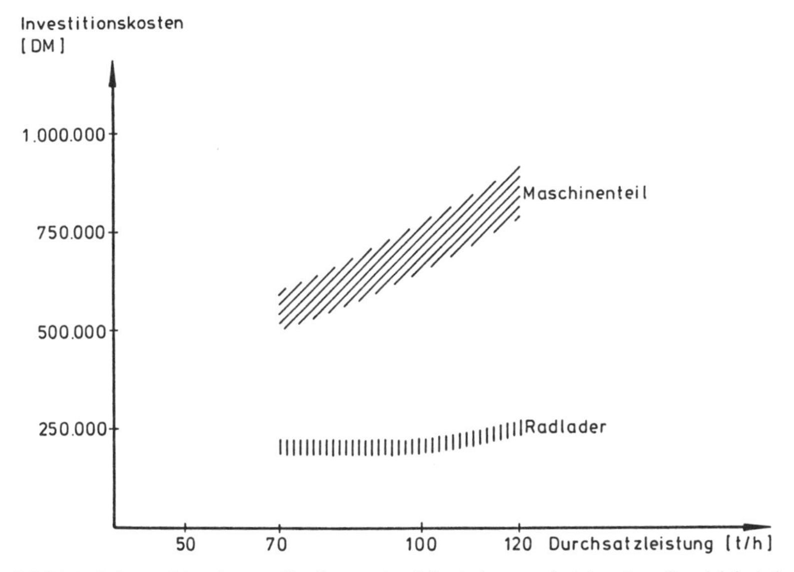

Bild 9.1-42 Investitionskosten für eine semimobile Anlage, wobei der obere Bereich bei einem Förderer gilt und der untere Bereich für eine Rampe

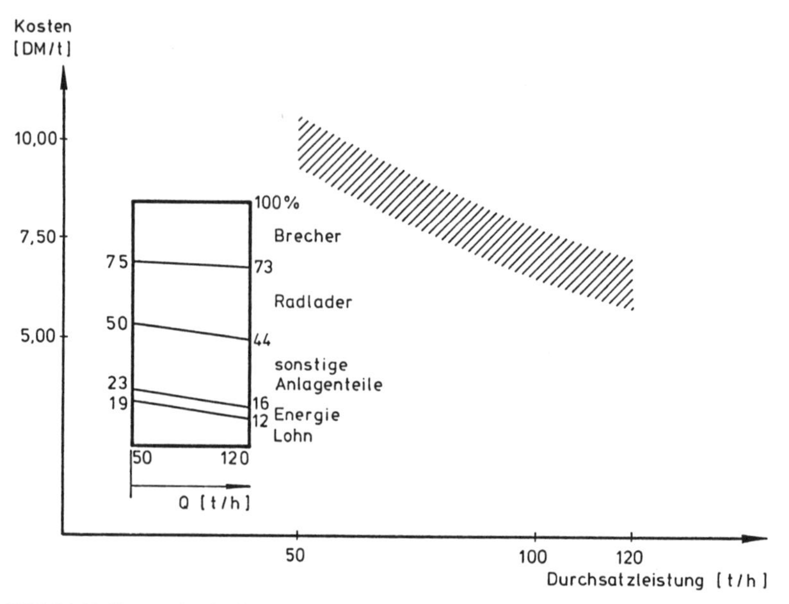

Bild 9.1-43 Kosten der Aufbereitung mit einer semimobilen Anlage beim Einsatz einer Rampe

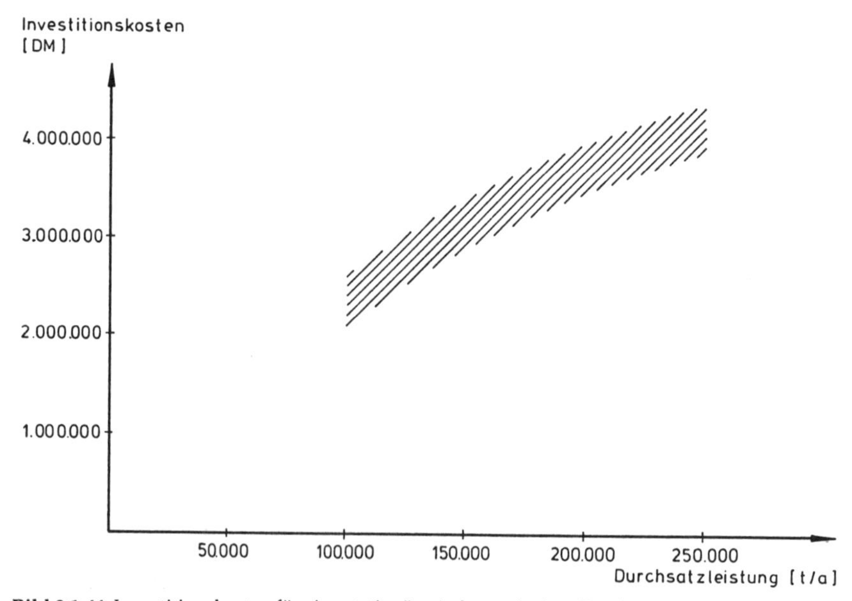

Bild 9.1-44 Investitionskosten für eine stationäre Anlage mit einer Trockensichtung

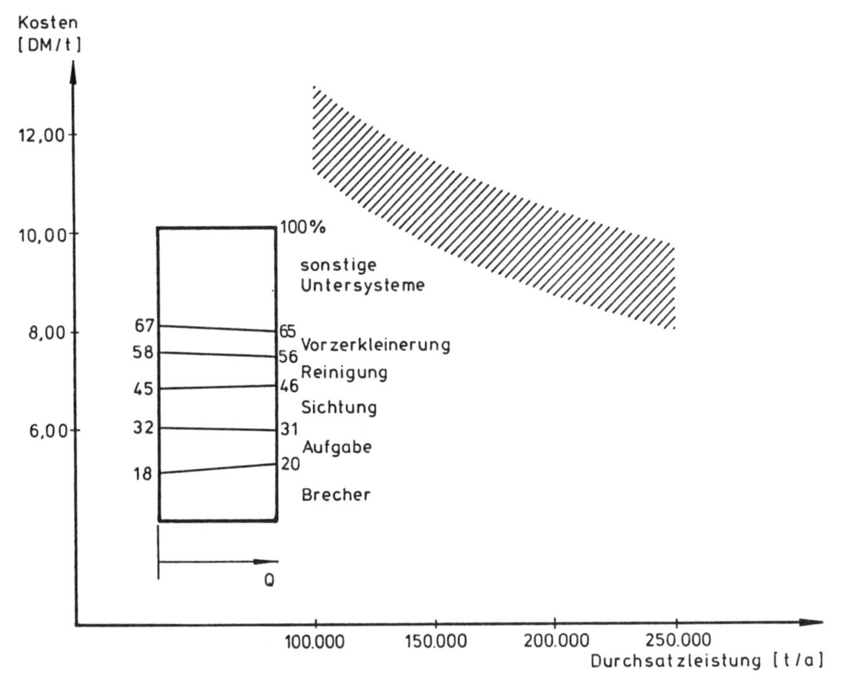

Bild 9.1-45 Kosten der Aufbereitung mit einer stationären Anlage.

Marktübersicht

	Bauschutt-Recyclinganlagen	Baustellenabfall-Sortieranlagen
ALLGAIER-WERKE GmbH Ulmer Straße 75 Postfach 40 7336 Uhingen Tel. 0 71 61/3 01-0 Fax 0 71 61/3 24 52	x	
AMMANN IMA GmbH Hannoversche Str. 7–9 3220 Alfeld (Leine) Tel. 0 51 81/7 60 Fax 0 51 81/2 52 82	x	
Aulmann & Beckschulte Maschinenfabrik GmbH u. Co. Kommanditgesellschaft Postfach 11 51 5275 Bergneustadt Tel. 0 22 61/40 94-0 Fax 0 22 61/40 94-111	x	

	Bauschutt-recyclinganlagen	Baustellenmisch-abfallsortieranlagen
AVERMANN Betriebs-GmbH Maschinenfabrik Lengericher Landstraße 35 4500 Osnabrück Tel. 0 54 05/50 50 Fax 0 54 05/64 41		x
BEYER GmbH 6806 Viernheim Tel. 0 62 04/7 70 73 Fax 0 62 04/7 98 98	x	
Maschinenfabrik Bezner GmbH & Co. KG Holbeinstr. 30 Postfach 12 07 7980 Ravensburg Tel. 07 51/37 05-0 Fax 07 51/37 05-57		x
BMD-BAUMASCHINENDIENST Betriebsgesellschaft mbH & Co. KG Am Taubenfeld 33 6900 Heidelberg 1 Tel. 0 62 21/8 35 80 Fax 0 62 21/83 32 45	x	
Böhringer + Ratzinger GmbH Aufbereitungsanlagen Postfach 7 26 7101 Oedheim Tel. 0 71 36/2 72-0 Fax 0 71 36/2 72 38	x	
Bräuer Goethestr. 11 6140 Bensheim 3 Tel. 0 62 51/7 30 68 Fax 0 62 51/7 39 55	x	
Brown Lenox Deutschland GmbH 34a, rue des Muguets L-2167 Luxemburg Büro in Deutschland: Hirschfelderhof 2 5504 Zerf Tel. 0 65 87/12 11 Fax 0 65 87/74 05	x	

	Bauschutt-recyclinganlagen	Baustellenmisch-abfallsortieranlagen
Brown Engineering Ltd P O Box 146 Canon Street Leicester LE 4 6 HD England Tel. 05 33/66 59 99 Fax 05 33/68 12 54	x	
B.V. Machinefabriek BOA Binnenhaven 43 Postfach 2 12 NL-7500 AE Enschede Tel. 0 53/30 03 00 Fax 0 53/30 14 25		x
Fischer-Jung KG **Baumaschinen Baugeräte** Ritzhütte 11 4150 Krefeld 1 Tel. 0 21 51/37 17-0 Fax 0 21 51/37 17 27	x	
HAZEMAG Salzgitter **Maschinenbau GmbH** Brokweg 75 4408 Dülmen Tel. 02594/770 Fax 02594/77400	x	x
Ibag – M + F Gesellschaft **für Aufbereitungs- u. Förder-** **technik mbH** Branchweilerhofstr. 33–35 6730 Neustadt/Weinstr. Tel. 0 63 21/1 30 81 Fax 0 63 21/1 30 80	x	
KHD Humboldt Wedag AG Wiersbergstr. Postfach 91 04 57 5000 Köln 91 Tel. 02 21/ 8 23-0 Fax 02 21/8 23-7240	x	
Kleemann & Reiner GmbH Hildenbrandstr. 18 Postfach 760 7320 Göppingen Tel. 0 71 61/20 60 Fax 0 71 61/20 61 00	x	
Klöckner-Becorit GmbH Wartburgstraße 21–25 4620 Castrop-Rauxel Tel. 0 23 05/70 11 Fax 0 23 05/70 13 10	x	

	Bauschutt-recyclinganlagen	Baustellenmisch-abfallsortieranlagen
Kronenberger GmbH Aufbereitungstechnik – Recycling Zerwasstr. 14 6643 Perl-Butzdorf Tel. 0 68 66/3 23/6 33 Fax 0 68 66/12 20	x	
Krupp Lonrho GmbH Bereich Baustofftechnik Frohnhauser Str. 75 4300 Essen 1 Tel. 02 01/18 81 Fax 02 01/1 88-41 55	x	x
Lindemann Maschinenfabrik GmbH Erkrather Str. 401 4000 Düsseldorf 1 Tel. 02 11/2 10 50 Fax 02 11/2 10 54 94		x
MÜLLER Aufbereitungstechnik GmbH Rosseer Weg 7–15 Postfach 13 60 2330 Eckernförde Tel. 0 43 51/8 10 04 Fax 0 43 51/8 56 68	x	
O & K Aufbereitungstechnik Schleebergstr. 12 4711 4722 Ennigerloh/Westf. Postfach 14 63 Tel. 0 25 24/30-1 Fax 0 25 24/22 52	x	
SBM Wageneder GmbH Arbeiterheimstr. 46 Postfach 18 A-4663 Laakirchen Tel. 0 76 13/27 71-0 Fax 0 76 13/2 77 14	x	
VOEST-ALPINE GmbH Elsenheimerstr. 59 Postfach 210 324 8000 München 21 Tel. 0 89/5 89 92 40 Fax 0 89/57 71 37	x	

Literaturverzeichnis

[1] Rheinland-Pfalz, Ministerium für Umwelt und Gesundheit: Richtlinien zur Entsorgung von Erdaushub, Straßenaufbruch und Bauschutt. Januar 1987.

[2] Minister für Ernährung, Landwirtschaft und Forsten des Landes Schleswig-Holstein: Generalplan Abfallentsorgung des Landes Schleswig-Holstein. August 1987.

[3] Offermann, Helmut: Sortierung von Baustellenabfällen, Straßen- und Tiefbau, Jg. 43 (1989), Nr. 5, S. 6–9.

[4] Verordnung über die Entsorgung von Bauabfällen. Entwurf des Bundesministeriums für Umwelt, Naturschutz und Reaktorsicherheit vom April 1992.

[5] Zielfestlegungen der Bundesregierung zur Vermeidung, Verringerung oder Verwertung von Bauschutt, Baustellenabfällen, Bodenaushub und Straßenaufbruch. Entwurf des Bundesministeriums für Umwelt, Naturschutz und Reaktorsicherheit vom April 1992.

[6] Offermann, H.: Bedeutung der Abfallwirtschaft für die Bauunternehmen. In: BWI-Bau (Hrsg.): Bauwirtschaftliche Informationen 1990, Düsseldorf 1990.

[7] Gallenkemper, Bernhard: Bauschuttrecycling und Aufbereitungsanlagen. Baumaschine und Bautechnik, Jg. 33 (1986), Nr. 5, S. 249–255.

[8] Herrmann, Rainer G.: Baurestmassen im ökonomisch orientierten Planungs-, Bau- und Nutzungsprozeß. Dissertation. Berlin 1977.

[9] Willkomm, Wolfgang: Recycling-Verfahren für Ausbaumaterialien. Bauforschungsberichte des Bundesministers für Raumordnung, Bauwesen und Städtebau F 2101: Stuttgart o.J.

[10] Niermöller, F.: Neuartige Recycling-Anlage für Grabenaushub. Aufbereitungs-Technik (1989), Nr. 8, S. 484–489.

[11] Deters, R.: Entwicklungstendenzen in der Wiederverwendung von Asphalt. Teerbau Veröffentlichungen Nr. 32, Essen 1986.

[12] Tränkler, J.: Bauschuttentsorgung – Entwicklung und zukünftige Bedeutung unter besonderer Berücksichtigung von Umweltbeeinträchtigungen. Abfall-Recycling-Altlasten, Band 2, Aachen (1990). Vertrieb: Gesellschaft zur Förderung der Siedlungswasserwirtschaft an der RWTH Aachen.

[13] N. N.: Richtlinien des Rates vom 27.6.1985 über die Umweltverträglichkeitsprüfung bei bestimmten öffentlich und privaten Projekten (85/337 (EWG). Amtsblatt der Europäischen Gemeinschaft Nr. L 175/40, Luxembourg (1985).

[14] Weller, K., Rehberg, S.: Lösungsansätze für den energie- und rohstoffsparenden industrialisierten Wohnungsbau. Formulierung der zukünftigen, umweltbezogenen Anforderungen an industriell herstellbare Wohnbauten und Erarbeitungen von Lösungsansätzen. DFG-FV Schlußbericht TU Berlin 1979.

[15] Olshausen, H.-G., Homes, J.: Berücksichtigung von Umwelteinflüsse bei der Auswahl von Bauverfahren. Schriftreihe „Bau- und Wohnforschung“ des Bundesministers für Raumordnung, Bauwesen und Städtebau. Nr. 04/095, Bonn 1983.

[16] Bonk/Maire: Untersuchung von Geräuschemissionen und -immisionen an Betonfertigteil-, Transportbeton- und Kies-Sandwerken. Umweltschutz in Niedersachsen. Lärmbekämpfung. H.2. Niedersächsischer Minister für Bundesangelegenheiten. Hrsg. 2. Aufl. Hannover 1985.

[17] Wedde, F., Tegeder, K.: Lärmschutz an Anlagen zur Abfallbehandlung und Abfallverwertung. Text Umweltbundesamt. Hrsg. Umweltbundesamt, Berlin 1987.

[18] N. N.: Technische Anleitung zum Schutz gegen Lärm. BGBl vom 26.7.1988.

[19] Henselder, R.: Vorschriften zur Reinhaltung der Luft. TA-Luft. Bundesanzeiger.

[20] Ellerbrok, E.-M., Hübner, S.: Staubemissionen und -immissionen an Bauschutt-Recyclinganlagen. Baustoff-Recycling 4 (1988), H. 6, S. 16–19.

[21] Friege, H. et al.: Bewertungsmaßstäbe für Abfallstoffe aus wasserwirtschaftlicher Sicht. Müll und Abfall 77, (1990), S. 413–426.

[22] Friege, H., Leuchs, W.: Bewertungsmaßstäbe für Abfallstoffe aus wasserwirtschaftlicher Sicht, Gewässerschutz, Wasser, Abwasser 118, Aachen (1990).

[23] Goetz, D., Gerwinski, W.: Beurteilung der Umweltverträglichkeit von Müllverbrennungsschlacken im Straßenbau, VGB Kraftwerkstechnik 69, (1989), H. 5, S. 504–508.

[24] Obermann, P., Cremer, S.: LWA-Untersuchungsvorhaben: Entwicklung eines Routinetests zur Elution von Schwermetallen aus Abfällen und belasteten Böden, Jahresschlußbericht 1989, Bochum (1989).

[25] N. N.: Verwaltungsvorschrift des Ministeriums für Umwelt zur Einführung der Informationsschrift zur Entsorgung von Erdaushub, Straßenaufbruch und Bauschutt vom 13.7.1988. Gemeinsames Amtsblatt des Landes Baden-Württemberg 36 (1988), 32, S. 705–717.

[26] N. N.: Verwaltungsvorschrift für die Entsorgung von unbelastetem Erdaushub und Bauschutt. Hessisches Ministerium für Umwelt und Reaktorsicherheit vom 11.10.1990. Staatsanzeiger für das Land Hessen (1990), 44, S. 2170–2174.

[27] N. N.: Anforderungen an die Verwendung von aufbereiteten Altbaustoffen (Recyclingbaustoffen) und industriellen Nebenprodukten im Erd- und Straßenbau aus wasserwirtschaftlicher Sicht. Gem. RdErl. d. Ministeriums für Umwelt, Raumordnung und Landwirtschaft, IV A3-593-26308 und d. Ministeriums für Stadtentwicklung und Verkehr III, B6-32-15/102, Düsseldorf (1991).

[28] N. N.: Verwertung von Recycling-Baustoffen im Straßenbau. **Entwurf**: Bayerisches Staatsministerium des Inneren, Oberste Baubehörde und Landesamt für Wasserwirtschaft, München (1992), unveröffentlicht.

[29] N. N.: Anforderungen an Deponien für Bodenaushub, Bauschutt und bauschuttähnliche Abfälle. Entwurf einer Richtlinie Landesamt für Wasser und Abfall Nordrhein-Westfalen. Düsseldorf 1987.

[30] N. N.: DIN 4030. Beurteilung betonangreifender Wässer, Böden und Gase. Berlin 1969.

[31] N. N.: DVGW GW9. Beurteilung von Böden hinsichtlich ihres Korrosionsverhaltens auf erdverlegten Rohrleitungen und Behälter aus unlegierten und niedriglegierten Eisenwerkstoffen. Hrsg. vom DVGW Deutscher Verein des Gas- und Wasserfaches e.V. Ausg. 1986.

[32] Wesche, K., Schulz, R.-R.: Recycling von Baurestmassen. Ein Beitrag zur Kostendämpfung im Bauwesen. Forschungsbericht F216 im Auftrag des Bundesministers für Raumordnung, Bauwesen und Städtebau. Erstellt am Institut für Bauforschung der RWTH Aachen. Aachen 1986.

[33] N. N.: DIN 4226: Zuschlag für Beton. Teil 1, 2, 3 und 4. Normenausschuß Bauwesen. Ausg. April 1983.

[34] Ivanyi, G., Lardi, R., Eßer, A.: Recycling-Beton: Zuschlag aus aufbereitetem Beton. Forschungsbericht aus dem Fachbereich Bauwesen der Universität-GH-Essen. H.33. Essen 1985.

[35] Dohmann, M., Tränkler, J.: Abwasser- und abfalltechnische Aspekte bei der Verwendung aufbereiteten Bauschutts. Forschungsbericht aus dem Fachbereich Bauwesen der Universität-GH-Essen. H.36. Essen 1986.

[36] Wesche, K., Schulz, R.-R.: Beton aus aufbereitetem Altbeton. Technologie und Eigenschaften. Beton 32 (1982), H. 2, S. 64–68, H. 3, S. 108–112.

[37] N. N.: ZTVE-StB 76. Zusätzliche Technische Vorschriften und Richtlinien für Erdarbeiten im Straßenbau. Forschungsgesellschaft für Straßen- und Verkehrswesen. Köln 1976.

[38] Nendza, H., Heckötter, Ch.: Die Verwendung von aufbereitetem Bauschutt im Erd- und Straßenbau. Forschungsbericht aus dem Fachbereich Bauwesen der Universität-GH-Essen. H.35, Essen 1985.

[39] Heckötter, Ch.: Aufbereiteter Bauschutt – ein Qualitätsbaustoff für den Straßenbau. Baustoff-Recycling 2 (1986), H. 4, S. 14–16.

[40] N. N.: ZTVT-StB 86. Zusätzliche Technische Vorschriften und Richtlinien für Tragschichten im Straßenbau. Forschungsgesellschaft für Straßen- und Verkehrswesen. Köln 1986.

[41] N. N.: TLMin-StB 83. Technische Lieferbedingungen für Mineralstoffe im Straßenbau. Forschungsgesellschaft für Straßen- und Verkehrswesen. Köln 1983.

[42] N. N.: Merkblatt über die Verwendung industrieller Nebenprodukte im Straßenbau. Teil: Wiederverwendung von Baustoffen. Forschungsgesellschaft für Straßenbau und Verkehrswesen. Köln 1985.

[43] Hoppe, N., Pooch, W.: Recyclingbaustoffe in ungebundenen Tragschichten. Baustoff-Recycling (1986), H. 4, S. 28–38.

[44] Schmidt, H.: Verwertung von aufbereitetem Bauschutt aus der Sicht der Straßenverwaltung. Abfallwirtschaft in Rheinland-Pfalz. Hrsg. Ministerium für Umwelt und Gesundheit Rheinland-Pfalz, Main (1986), H. 5, S. 41–47.

Weiterführende, allgemeine Literatur

BWI-Bau (Hrsg.): Umweltschutz im Baubetrieb. Loseblattsammlung. Düsseldorf 1991.

Drees, Gerhard: Recycling von Baustoffen im Hochbau. Bauverlag: Wiesbaden 1989.

Hiersche, Ernst-Ullrich, Wörner, Thomas: Alternative Baustoffe im Bauwesen. Berlin 1990.

Kohler, G. (Hrsg.): Recyclingpraxis Baustoffe, Köln 1991.

Offermann, Helmut: Recycling von Bauschutt – Technische und ökonomische Kriterien bei der Verfahrenswahl. Dissertation. Eigenverlag, Essen 1988.

Redaktionsschluß 1.8.1992

9.2 Hausmüll

von Werner Bidlingmaier

Patente und Patentanmeldungen

von *Joachim Helms*

Die im folgenden aufgeführten Druckschriften stellen lediglich eine kleine Auswahl aus der Vielzahl der angemeldeten Erfindungen dar. Für spezielle Problemstellungen wird empfohlen, eine gesonderte Recherche durchzuführen.

US-PS 4 511 370

Verfahren zur Verwertung von Hausmüll oder Abfall und andere organische Abfallprodukte für die Erzeugung von Methangas

Aus Hausmüll werden nichtorganische Substanzen und organische Substanzen in dosierter Weise einem Mischtank (5) zugeführt und durch Hinzufügen von Flüssigkeit in Schlamm umgewandelt. Der Schlamm wird zur Homogenisierung in einer Zerkleinerungseinrichtung (10, 11) zerkleinert und in einen geschlossenen Zwischenbehälter (13) geleitet. Er wird dann über einen Wärmetauscher (15) geführt und auf 55 bis 60 °C erhitzt. Der Schlamm gelangt dann in mehrere Reaktionsgefäße (16), in denen Methangas und Kohlendioxyd erzeugt wird. In einer Trennanlage (22) wird die Mischung der Gasprodukte in ihre Bestandteile aufgebrochen, und ein Teil des Methangases wird zurückgeführt, indem man es durch den Zwischenbehälter (13) und den Reaktionsbehälter führt, wobei der Rest im Gasbehälter (23) gesammelt wird. Die organischen Substanzen werden durch die gesteigerte Temperaturabnahme wesentlich schneller abgebaut, wodurch der konstruktive Aufwand vermindert werden kann.

DE-38 41 844 A1

Verfahren und Vorrichtung zum kontinuierlichen Zerlegen in ihre Bestandteile fließfähiger organischer Medien, insbesondere von halogenierten Kohlenwasserstoffe enthaltenden Abfallprodukten und zum weiteren Aufbereiten und/oder Entsorgen

Diese Patentanmeldung betrifft ein Verfahren zum kontinuierlichen Zerlegen in ihre Bestandteile fließfähiger organischer Medien, insbesondere von Chlorkohlenwasserstoffe enthaltenden Abfallprodukten einschließlich hochtoxischer Stoffe und zum weiteren Aufbereiten und/oder Entsorgen

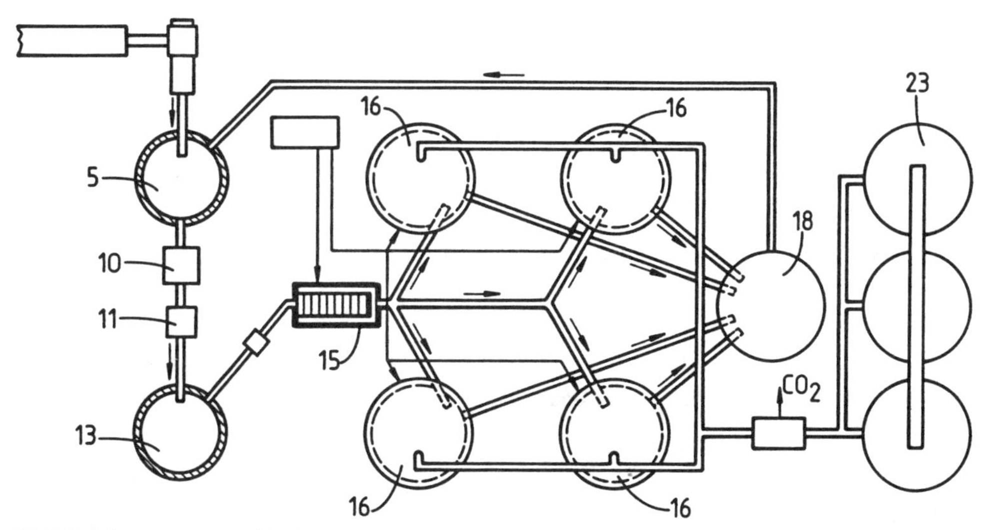

Bild 9.2-1 Erzeugung von Methangas

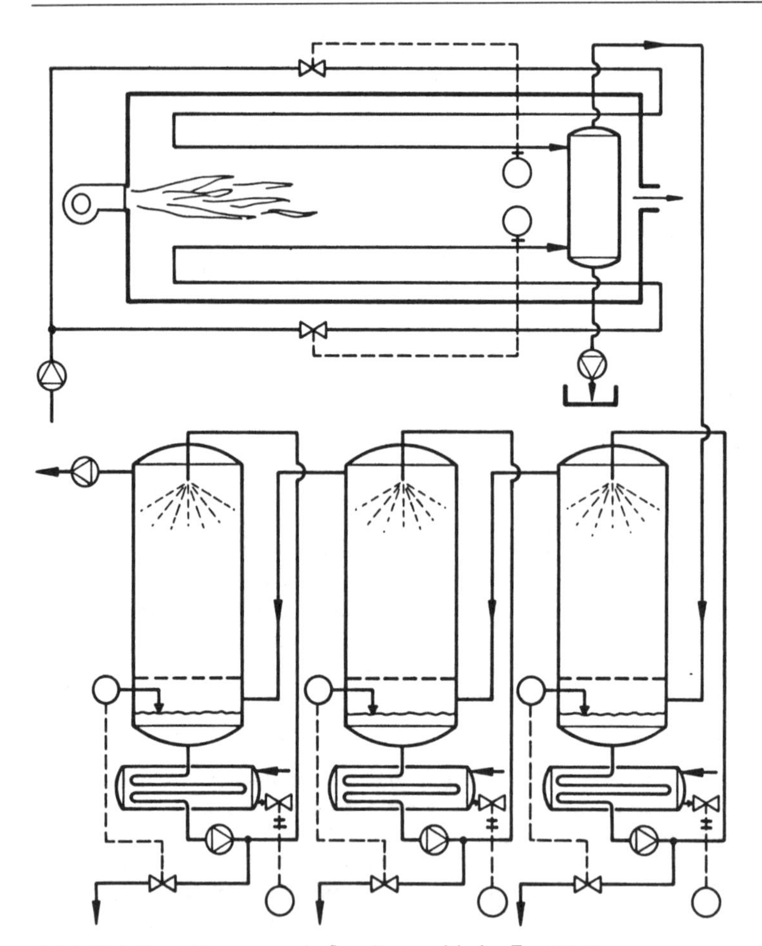

Bild 9.2-2 Vorrichtung zum Aufbereiten und/oder Entsorgen

dieser Bestandteile, wobei das Produkt in einem Einrohrreaktor vorzugsweise unter Vakuum in eine gas- und/oder dampfförmige Phase überführt und dabei durch exakte Steuerung und Regelung wenigstens der Einflußgrößen Temperatur und Strömungsgeschwindigkeit die Bewegungsgeschwindigkeit der Moleküle in allen Freiheitsgraden auf die für die Zerlegung in die jeweiligen Bestandteile erforderliche Aktivierungsenergie für eine Bindungslösung zwischen den jeweiligen Molekülen oder Atomen zwischen den Bestandteilen angehoben wird, wie dies in dem Patent P 38 20 317 beschrieben ist, wobei das gesamte Produkt in einer einzigen Stufe in die dampf- und/ oder gasförmige Phase überführt wird und anschließend nach Durchströmen eines Abscheiders für unerwünschte Rückstände durch Einspritzkondensation kondensiert wird.

Allgemeines

In der Regel ist Hausmüll als der Abfall definiert, der durch eine in regelmäßigen Abständen durchgeführte Systemabfuhr mit Haus-zu-Haussammlung erfaßt wird. Damit enthält Hausmüll auch nicht nur die Abfälle aus den Haushaltungen, sondern auch einen Anteil aus dem Gewerbebereich, da Kleinbetriebe und Läden meist mit an dieser Entsorgung angeschlossen sind.

Um einen Überblick über das zu erwartende Wertstoffpotential zu erhalten, ist in Bild 9.2-3 die mittlere Zusammensetzung des Hausmülls in der BRD auf der Basis der bundesweiten Hausmüllanalyse 1983–1985 dargestellt.

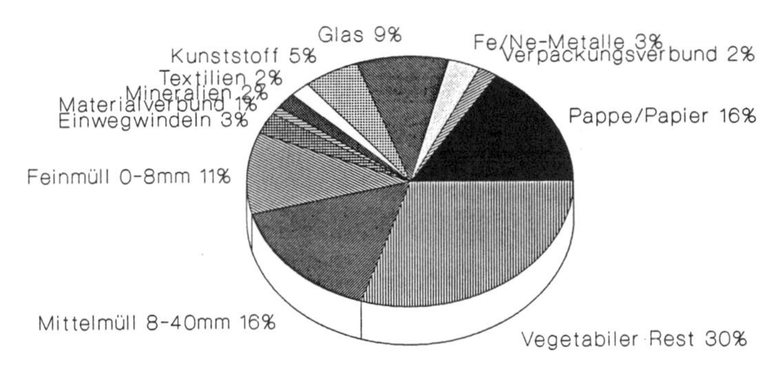

Bild 9.2-3 Zusammensetzung von Hausmüll nach der BHMA 1979–1985

Unter der Voraussetzung, daß je Einwohner derzeit im Mittel 350 kg Hausmüll im Jahr anfallen, ergeben sich an Wertstoffpotentialen:

- Pappe 14,0 kg/E,a
- Papier 42,0 kg/E,a
- Glas 32,5 kg/E,a
- Kunststoffe 18,9 kg/E,a
- Fe-Metalle 9,8 kg/E,a
- Ne-Metalle 1,4 kg/E,a
- org. Stoffe 105,0 kg/E,a

In dem Hausmüll steht damit ein Potential an stofflich verwertbaren Materialien von 118,3 kg/E,a und von 105,0 kg/E,a an biologisch verwertbaren Materialien zur Verfügung.
Dies entspricht etwa zwei Drittel der Hausmüllmenge. Dieser Wert ist sehr konstant, wenn auch die spezifische Hausmüllmenge sowie die Zusammensetzung der Inhaltstoffe in einem breiten Rahmen schwanken.
Meist durch die Entsorgungslogistik gemeinsam mit dem Hausmüll behandelt werden der Geschäftsmüll und der Gewerbeabfall. Eine Zusammensetzung dieser beiden Abfallarten (s. Bild 9.2-4 und 9.2-5) zeigt einen relativ höheren Anteil an verwertbaren Stoffen und eine geringere Bandbreite der Inhaltstoffe sowie deutlich niedrigere Verschmutzungsgrade als der Hausmüll. Sehr schwer sind die Mengen anzugeben, da sie von den spezifischen örtlichen Gegebenheiten stark beeinflußt werden. Die Mengen schwanken zwischen 30 und 150 % der Hausmüllmenge.

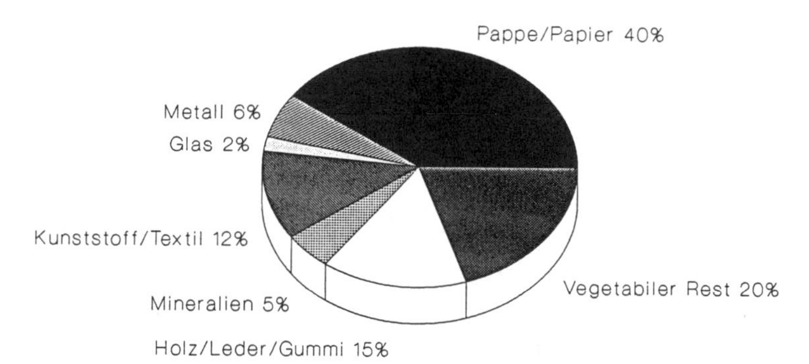

Bild 9.2-4 Zusammensetzung von Geschäftsmüll

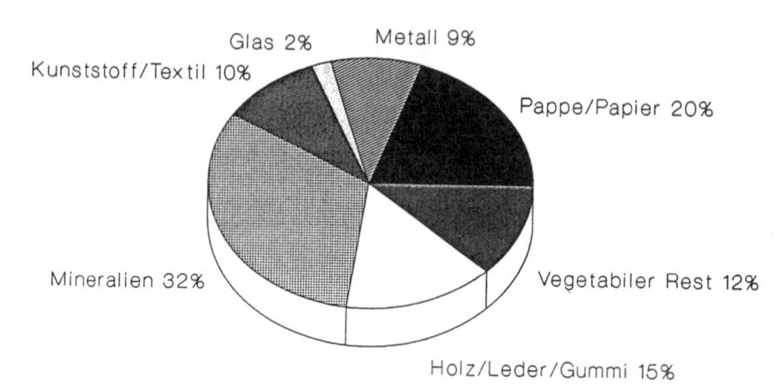

Bild 9.2-5 Zusammensetzung von Gewerbemüll

9.2.1 Erfassungssysteme

Vor der Verwertung der im Abfall enthaltenen Rohstoffe steht die Sammlung, da Abfälle als Reste der Produkte, die einst über Distributionsketten fein über die Fläche verteilt wurden, erst wieder konzentriert werden müssen. Des weiteren ist der Entropiegrad eines Abfallgemisches so niedrig wie möglich zu halten, da Sortenreinheit und geringe Verschmutzung Voraussetzungen für die Verwertung sind. Hierzu bieten sich drei generelle Wege an:

- die gemischte Abfallsammlung mit nachträglicher Sortierung
- die Sammlung eines vorsortierten Altstoffgemisches mit anschließender Sortierung
- getrennte Sammlung von Altstoffen.

Der erste Weg, in den siebziger Jahren formiert und besonders in den USA eingeschlagen, hat sich als Irrweg erwiesen. Bei diesem System wird der gesamte Abfall, wie er bei der Müllabfuhr anfällt, in eine Sortieranlage gegeben. Dort werden Wertstoffe zum Zweck der Verwertung (Glas, Papier, Metalle, Kunststoff) aussortiert. Der Rest des Abfalls wird entweder kompostiert, verbrannt, für eine Verbrennungsanlage aufbereitet oder abgelagert.

In der Bundesrepublik Deutschland sind zwar noch einige Anlagen in Betrieb (z. B. Neuss, Dusslingen, Aurich-Großefehn) doch stellen sie zu den beiden anderen Wegen keine Alternative dar, da die gewonnenen Produkte eine

- fehlende Sortenreinheit
- hohe Verschmutzungsgrade und
- damit eine nur sehr bedingte Absetzbarkeit

aufweisen.

Die verbliebenen Alternativen bedingen stets eine Vorsortierung der Abfälle durch den Abfallproduzenten. Sie setzen damit einen hohen Motivierungsgrad der Bevölkerung voraus und bedingen, um diesen zu erreichen, einen entsprechenden Informationsaufwand. Die damit notwendigerweise entstehenden Kosten müssen stets dem System zugeschlagen werden. In den Kostenangaben der nachfolgenden Kapitel sind sie berücksichtigt.

Zwei Gruppen von Getrenntsammelsystemen lassen sich definieren

- Bringsysteme, bei denen der Abfallerzeuger die Wertstoffe zu einer Sammelstelle oder Verwertungsanlage (Container, zentraler Sammelpunkt) *bringt*.
- Holsysteme, bei denen die einer Wiederverwertung zuzuführenden Stoffe beim Abfallerzeuger *geholt* werden.

Jedes technische System hat einen Wirkungsgrad. So können nicht 100 % eines Stoffes, der im Abfall enthalten ist, durch ein System erfaßt werden. Dies Leistungsmerkmal wird im folgenden als

$$\text{Erfassungsgrad} = \frac{\text{erfaßter Wertstoff}}{\text{im Abfall vorhandener Wertstoff}}$$

bezeichnet.

9.2.1.1 System Mehrkomponenten-Wertstofftonne

Das System Wertstofftonne verlangt von seiner Konzeption her, daß möglichst alle Abfallproduzenten eines Entsorgungsgebietes angeschlossen sind, um die Sammeleffizienz zu gewährleisten.
Jedem Abfallproduzenten stehen zwei Mülltonnen zur Sammlung seines Abfalls zur Verfügung, wovon eine, beispielsweise durch grüne Farbgebung gekennzeichnet, zur Aufnahme von Wertstoffen wie Glas, Papier, Metall, Textilien und Kunststoff vorgesehen ist, die andere alle restlichen Abfälle aufnehmen soll.
Als der Sammlung folgende Behandlungseinrichtung ist für die Wertstoffe eine Einfachsortierungsanlage zur Separierung in vermarktbare und nicht vermarktbare Anteile zu errichten und zu betreiben.
In der Regel erfolgt eine alternierende Abfuhr der Behälter. Als Bemessungsgrundlage kann von 30 - 40 l je Einwohner und 14 Tage für die Wertstofftonne, ebenso für die Reststofftonne, ausgegangen werden.
Als Schüttgewichte sind anzusetzen

	50 l	120 l	240 l
– Wertstofftonne		0,07–0,1	0,08–0,09
– Reststofftonne	0,2	0,11	0,17

Der Jahresverlauf ist für die Wertstoffmengen nahezu konstant (s. Bild 9.2-6), für den Restmüll zeigen sich deutliche Schwankungen mit einem Maximum in den Sommermonaten, bedingt durch die Vegetationsperiode.

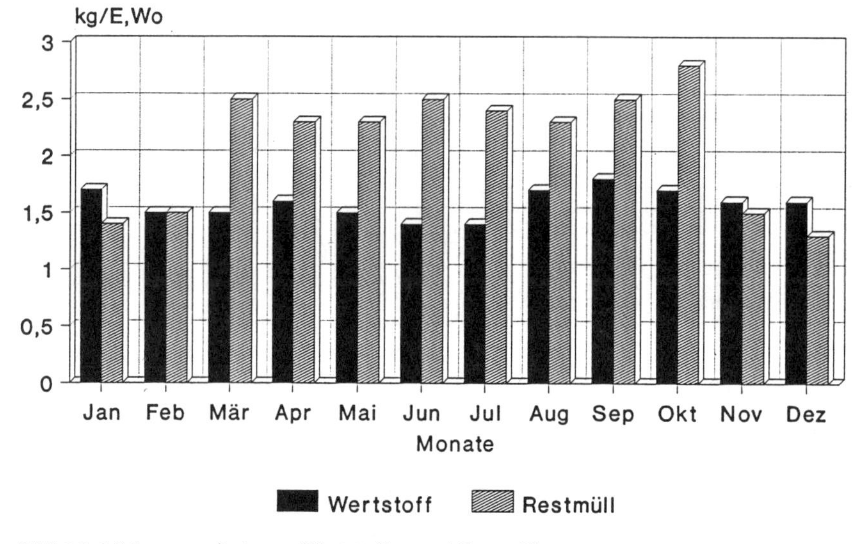

Bild 9.2-6 Jahresganglinie von Wertstoffen und Restmüll

Die Zusammensetzung der Wertstoffe zeigt eine Anreicherung der verwertbaren Materialien und sehr geringe Schmutzmengen (Reste) (s. Bild 9.2-7 und Tabelle 9.2.1).
Der Erfassungsgrad (s. Bild 9.2-8) liegt für Papier/Pappe, Glas, Metall und Textilien um 80 %. Kunststoffe werden nur zu ca. 60 % erfaßt. Dies ist in der starken Verschmutzung vieler Kunststoffanteile (Joghurtbecher) zu sehen, die oft nicht von Abfallproduzenten gesäubert werden und in die Reststofftonne gelangen (s. Bild 9.2-9).
Die Mehrkomponenten-Wertstoffsammlung ist auch über Sacksysteme möglich.

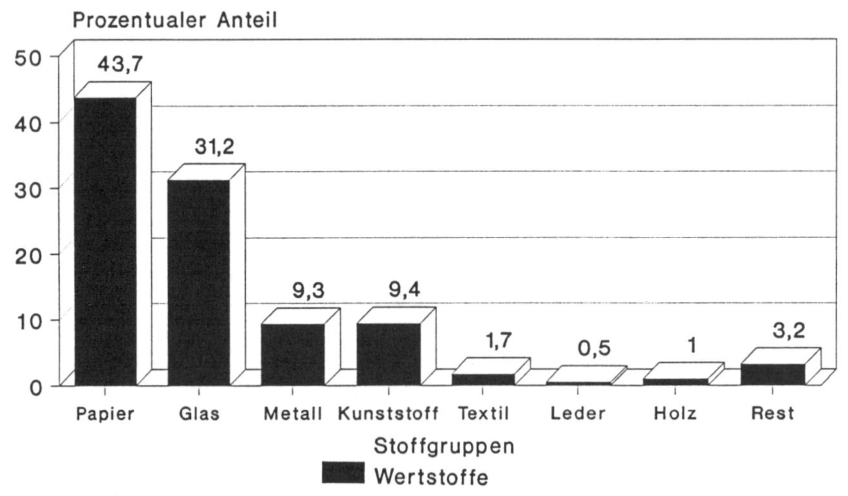

Bild 9.2-7 Zusammensetzung der Wertstoffe (Mehrkomponententonne)

Tabelle 9.2.1 Recyclingquoten Wertstoffsammlung Mehrkomponententonne

	Werkstoffe in kg/E,Wo	Restmüll in kg/E,Wo	Recyclingquote in %
Papier	0,842	0,251	77,0
Glas	0,474	0,034	93,3
Metall	0,127	0,041	75,6
Kunststoff	0,118	0,103	53,4
Textil	0,031	0,005	86,1
Holz	0,016	0,011	59,2

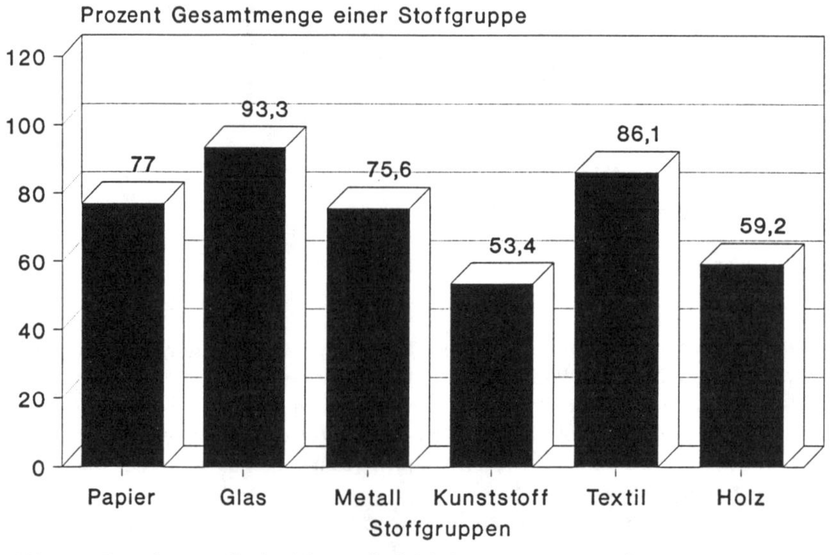

Bild 9.2-8 Recyclinganteile der Wertstoffe (Mehrkomponententonne)

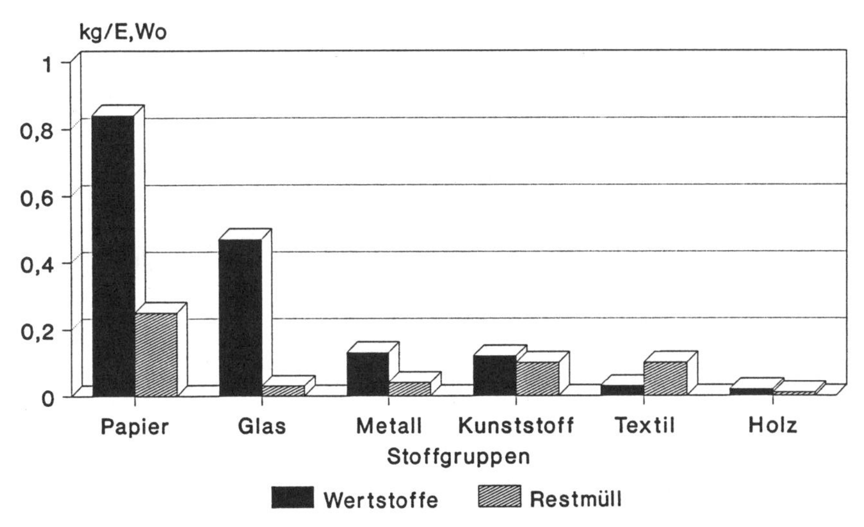

Bild 9.2-9 Mengen an Wertstoffen und Restmüll (Mehrkomponententonne)

Als Vor- und Nachteile der Mehrkomponentensammlung lassen sich nennen:

Vorteile

- Bei alternierender Abfuhr steigen die Sammel- und Abfuhrkosten nicht, jedoch sind Geruchsprobleme zu erwarten (Restmüll)
- Abfallmengenreduktion um ca. 30 % (vorausgesetzt, der Absatz ist gesichert)

Nachteile

- Durch Sammlung eines Wertstoffgemisches hohe Verschmutzung der zu sortierenden Wertstoffe
- Sortieranlage notwendig, um Wertstoffe zu trennen
- Zur Sortierung hoher Personalaufwand erforderlich
- Papier muß sehr gut sortiert sein, da es sich sonst nicht absetzen läßt.
- Für Kunststoffe bestehen derzeit nur sehr begrenzte Absatzmöglichkeiten.

9.2.1.2 Einkomponentenwertstofftonne (-sack)

Dieses System reduziert die Wertstoffkomponente in der separaten Tonne (Sack) auf einen Stoff, z. B. Papier. Dies führt zu höheren Erfassungsquoten und meist größerer Sortenreinheit.

In der Praxis hat sich eine Vielzahl von Varianten dieses Systems ausgebildet, von denen einige kurz dargestellt werden:

Papiertonne

In dieser Tonne wird Papier gesammelt und alle 3–4 Wochen abgefahren. Der Erfassungsgrad beträgt 70–90 % bei einer Sortenreinheit von über 90 %.

Grüne Tonne, Einkomponente

In dieser Tonne werden Papier und Glas gesammelt. Die Tonne wird dabei hauptsächlich als Papiertonne benutzt. Das Papier wird z. B. alle 4 Wochen abgefahren. Alle 8 Wochen jedoch, nach Abfuhr des Papiers, wird die Tonne für 2 Tage zur Glastonne. Während der übrigen Zeit muß das Glas in der Haushaltung aufbewahrt werden.

Es können somit 2 reine Fraktionen in nur einer Tonne erfaßt werden. Die Verunreinigungen liegen bei 5–10 %.

Berliner System

In größeren ausgesuchten Wohngebieten Berlins werden von einer privaten Firma und inzwischen auch von den Berliner Stadtreinigungsbetrieben für die Wertstoffe Glas oder Papier 240 l MGB zum halben Preis einer normalen Abfalltonne ausgegeben. Das System ist aber nur in größeren Wohnblocks durchführbar und arbeitet in Berlin kostendeckend, wenn durch die Einführung der Wertstofftonne normale Abfalltonnen entfallen können. Bei flächendeckender Einführung ist die Kostenneutralität nicht gegeben.

Wertstoffsacksammlung

Im Landkreis Hannover wird der Abfall in Säcken gesammelt. Für die separat zu erfassenden Wertstoffe werden Säcke aus Klarsichtfolie verwendet, die mit Glas, Papier oder Dosen gefüllt und zur Abholung neben die Restabfallsäcke gestellt werden. Die Abholung erfolgt in unterschiedlichem Turnus (14tägig bis monatlich). Vier Landkreise und zwei Städte haben sich bisher für dieses System entschieden, das folgende Vorteile bietet:

- kein unnötig bereitgestelltes Volumen
- Platzersparnis (kein Platz für zusätzliche Tonne)
- mehrere Wertstoffe gleichzeitig erfaßbar
- keine Umstellung des Fuhrparks notwendig (bei bereits eingeführtem Sacksystem)
- Umstellung des Systems kurzfristig nach Marktlage
- hoher Reinheitsgrad

Voraussetzung für die Einführung des Wertstoffsackes ist, daß bereits Hausmüllabfuhr über Säcke erfolgt, damit keine zusätzlichen Sammelfahrzeugsysteme angeschafft werden müssen. Nachteilig beim Wertstoffsack sind:

- Hausmüllabfuhr muß bereits über Säcke erfolgen
- Akzeptanzprobleme (nicht alle machen mit)
- „Sacksammellager" in der Wohnung
- Aussortierung der Säcke vor der Verwertung

Die Ergebnisse der verschiedenen Landkreise und Städte zeigen, daß nach der Umstellung auf das Sacksystem eine Erfassungsquote von 70–90% erreicht wurde.

9.2.1.3 Bioabfallsammlung

Eine weitere Variante der getrennten Ein-Komponenten-Sammlung ist die Sammlung von nativ organischen Abfällen (Bioabfall) in einer separaten Tonne oder einem entsprechenden Sack. Die Hausabfallmenge läßt sich durch diese Maßnahme um bis zu 30 % reduzieren. Ziel der Biotonne/Biosack ist, durch Erfassung der kompostierbaren organischen Fraktionen eine möglichst hohe Qualität des zu erzeugenden Kompostes zu ermöglichen.

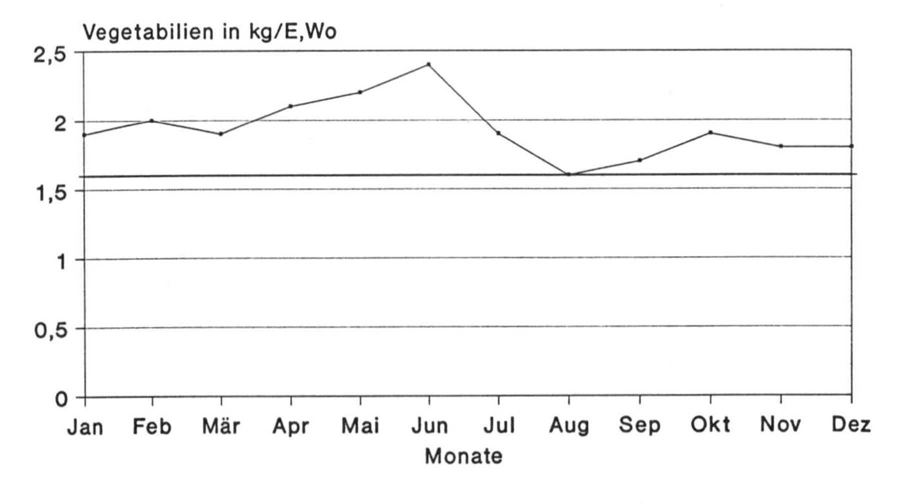

Bild 9.2-10 Jahresganglinie der vegetabilen Stoffe

Dieses System findet in der BRD zur Zeit eine starke Ausdehnung, in Hessen, Rheinland-Pfalz und Niedersachsen wird es fast flächendeckend eingeführt werden.
Als Sammelbehälter finden 50-l-Tonnen, 120- und 240-l-Müllgroßbehälter und 1,1 m^3 Container Verwendung. In Einzelfällen wird ein Kunststoffsack oder Papiersack eingesetzt.
Die Abfuhr erfolgt in den meisten Fällen alternierend oder wöchentlich für den Bioabfall und 14-tägig für den Restmüll.
Die Dimensionierung des Behältervolumens schwankt in den Einsatzgebieten stark. Es finden sich Werte für

- Bioabfall 3,3 – 20 l/E, Wo
- Restmüll 12 – 34 l/E, Wo

Diese Schwankungsbreiten sind meist dadurch bedingt, daß vorhandene Behälter benutzt wurden und keine exakte Abstimmung auf die örtlichen Gegebenheiten erfolgte. Zudem ergeben sich Differenzen zwischen Gebieten mit Gärten und ohne, da in ersteren der Gartenabfall zumindest teilweise in der Biotonne aufgenommen werden muß. Im Mittel kann mit Werten von 15 l/E, Wo für den Bioabfall und mit 25 l/E, Wo für den Restmüll gerechnet werden. Die Dimensionierung hat ebenfalls die Schwankung über das Jahr zu berücksichtigen. So findet sich das Maximum in den Sommermonaten und im Herbst (s. Bild 9.2-10).
Die Erfassungsgrade sowie die Reinheitsgrade, die sich erzielen lassen, können der Tabelle 9.2.2 entnommen werden. Es zeigt sich bei den 24 untersuchten Gebieten, daß der Reinheitsgrad zwischen 90 und 99 % angesetzt werden kann. Ein Wert, der sich auch bei lang laufender Biomüllsammlung stabilisiert. Der Erfassungsgrad (Rücklaufquote) liegt zwischen 40 und 90 %. In der Praxis ist im Mittel mit 80 % zu rechnen. Eine statistische Bewertung der Daten zeigt in ländlichen Gebieten eine größere Streuung als in städtischen, sowohl bei Betrachtung der Gemeinden als auch einzelner Stadtteile (siehe Tabelle 9.2.3).
Für die Einflüsse auf die Parameter Erfassung, Reinheit und Abschöpfung läßt sich schlußfolgernd festhalten: Der Einfluß des Gebietstyps zeigt sich lediglich bei der Unterscheidung in städtische und ländliche Gebiete. Der Abschöpfungsgrad ist in ländlichen Gebieten höher als in städtischen, durchschnittlich 32 gegenüber 27 %.
In Wohngebieten mit Einfamilienhäusern liegt die Abschöpfung deutlich höher als bei anderen Wohnformen, ohne daß sich dies allerdings quantifizieren ließe. Beide oben angeführten Punkte lassen sich mit dem Vorhandensein von Gärten und deren Größe erklären.
Es zeigt sich, daß die sozialen Strukturmerkmale keinen sichtbaren Einfluß auf die Kenngröße Abschöpfunggrad haben. Der Einfluß von Systemfaktoren auf Abschöpfungsgrad, Erfassungsquote und Qualität ergab sich als Einfluß des verfügbaren Behältervolumens und der Teilnahmeverpflichtung.
Bei zunehmendem verfügbarem Volumen nimmt die Menge des getrennt erfaßten Biomülls und damit der Abschöpfungsgrad zu.
Bei freiwilliger Teilnahme ist die Erfassungsquote in städtischen Gebieten 10 % höher als bei Anschlußzwang. Der Reinheitsgrad liegt dann um 2–3 % höher.
Der Einfluß von Systemfaktoren auf die Akzeptanz beschränkt sich auf das Platzproblem in der Küche von Hochhäusern und Wohnblocks und auf die Abfuhrhäufigkeit.
Es scheint ein Zusammenhang zwischen Geruchsbelästigung und Abfuhrhäufigkeit zu bestehen. In Einfamilienhäusern ist die Gefahr von Geruchsbildung wegen des Vorhandenseins von Gartenabfällen geringer als bei Hochbauweise.
Untersuchungen zu Hygiene und Geruchsemissionen haben darüberhinaus gezeigt, daß die 14-tägige Abfuhr keine zusätzlichen Risiken oder Belastungen mit sich bringt.
Aufgrund einer „objektiven" Betrachtungsweise sollte eine 14tägige Abfuhr möglich sein. In städtischen Gebieten kommt soziologischen Untersuchungen zufolge, um eine hohe Akzeptanz zu erreichen, eher eine wöchentliche Leerung in Betracht. Besonders Sommer und Herbst sind kritisch bezüglich Gerüchen und der relativ großen Menge an Gartenabfällen.
Die Bilder 9.2-11 und 9.2-12 zeigen die Zusammensetzung von Bioabfall und verbleibendem Restmüll.

Tabelle 9.2.2 Mengen und Reinheitsgrad

Proj. Nr.	Gebietsbeschreibung	Hausmüll kg/E,a		Hausmüll %		org. Fraktion Menge	Rück-lauf-quote	Tren-nungs-grad	Rein-heit	Menge additiv kg/E,a			Menge Rest
		Mes-sung	Rechen-werte (*20)	Mes-sung	Rechen-werte	kg/E,a	% (*3)	% (*4)	% (*5)	Papier	Glas	Wert-stoffe	kg/E,a
1.1	städtisch ohne Gärten (Zentrum)	183	221		35 (*1)	64 (72 (*12))	93	33	99,5	–	–	–	119
1.2	weiträumige städt. Gebiete	247	285		43 (*1)	102 (110 (*12))	90	38	99,5	–	–	–	145
	(Vorstadt) Aachen, gesamtes Versuchsgebiet												
2.1	ländl., Wöllstein (*2)	361	376	81	81	188	62	31	81,3	n.b.	n.b.	–	173
2.2	ändl., Gumbsheim (*2)												
3.1	Mehrfamilienhäuser Triftsiedlung (*6)	223	223	40	40	49	55	20	95			83	91
	Einfamilienhäuser Triftsiedlung (*6)	255	255	47	47	69	57	25	95,5			88	98
	Bad Dürkheim, gesamtes Versuchsgebiet												
3.2	vorstädtisch	314	314	43	43	109	81	33	97	6,2	9,6	–	205
	Haßloch, gesamtes Versuchsgebiet												
3.3	Einfamilienhaus mit großem Garten	330	345	50	50	125	72	32	94,5	–	–	–	205
3.4	Einfamilienhaus mit großem Garten	293	308	41	41	81	64	25	97	–	–	–	212
	Grünstadt, gesamtes Versuchsgebiet												
4.	ländl., weiträumig	319	319		43 (*1)	105	76	31	97	41	45	–	128
	Zentrum, gemischte Bebauung												
	Detmold, gesamtes Versuchsgebiet												
5.	gemischte Bebauung Friedland	306	206		50 (*8)	151	99	48	99,5	21	27	–	107
6.	offene Bauweise, Ostviertel	305	305		50 (*8)	133	97	42	98				109
	gemischte Bauweise, Geismar	325	325		43 (*1)	125	89	35 (*7)	n.b.				137
										45	18	–	
	Zentrum, Vorstadt, Hetjershausen	359	359		43 (*1)	138	89	36 (*7)	n.b.				158
	Wohnbl./Mehrfamilienhäuser, Grone	375	375		35 (*1)	52	40	12	94				260
	Göttingen, gesamtes Versuchsgebiet	337	337		43 (*1)	108	75	29	< 95	45	18	–	166
7.	Gütersloh												

8.	Reihenhäuser					190			99,8				
	Mehrfamilienhäuser					71 (*22)			97,0				
	Einfamilienhäuser					192 (*22)			99,7				
	Wohnblocks					100 (*22)			93,0				
	Zentrum					94 (*22)			98,4				
	Harburg, gesamtes Versuchsgebiet												
9.	Stadtrand, Handschuhsheim	275	275		35 (*9)	89	92	28	96,7				151
	Stadtrand, Wieblingen								90,1	18,5	16,3	–	
	Stadtrand, Kirchheim	n.b.							95,8				
	Zentrum, Weststadt Nord	n.b.							91,4				
	Zentrum, Weststadt Süd	341	341		30 (*9)	71	70	16	87,9				235
	Zentrum, Innenstadt												
	Boxberg	n.b.											
	Heidelberg, gesamtes Versuchsgebiet	304	304		30 (*9)	78	85	21	90,4	18,5	16,3	–	191
10.	Probsterwald	247	247	54	54	81 (*21)	61	28	92,8	–	–	95	71
	Leimen, gesamtes Versuchsgebiet												
11.	„Versuchsgebiet"	195	205		43 (*1)	75 (85 (*19))	96	39 (*7)	n.b.	19,4	18,5	7,2	75
	Lemgo, gesamtes Versuchsgebiet												
12.	Lindau 1					n.b.			n.b.				
	Lindau 2					n.b.			n.b.				
	Oberreute/Simmerberg					n.b.			n.b.				
	Lindau, gesamtes Versuchsgebiet	n.b.	230		43 (*1)	80 (*21)	91	39	99,6				110
						(90 (*19))							
13.	–												
14.	„Versuchsgebiet"	201	218		43 (*1)	93	99	42	99,5	n.b.	13	–	95
	Colbe, gesamtes Versuchsgebiet												
15.	Böckersiedlung, Faldera												
	Neumünster, gesamtes Versuchsgebiet		385 (*10)		35 (*1)	75 (100 (*12))	74	26	< 99	n.b.	n.b.	–	n.b.
16.	Beienburg	389	389	30		93 (*21)	80	24	99,7	–	–	101	195
	Rösrath, gesamtes Versuchsgebiet												
17.	Wohnblocks					29			99,8				
	Mehrfamilienhäuser					48			99,6				
	Schorndorf, gesamtes Versuchsgebiet		265 (*13)		43 (*1)	41 (*21)	36	15	99,7				n.b.
18.	weiträumige Bauweise und städt. Schwabach, gesamtes Versuchsgebiet	405	405		43 (*1)	140 (*21)	80	29	90–95	43	22,4	–	200

Tabelle 9.2.2 Mengen und Reinheitsgrad (Fortsetzung)

Proj. Nr.	Gebietsbeschreibung	Hausmüll kg/E,a		Hausmüll %		org. Fraktion Menge	Rück-lauf-quote	Tren-nungs-grad	Rein-heit	Menge additiv kg/E,a			Menge Rest
		Mes-sung	Rechen-werte (*20)	Mes-sung	Rechen-werte	kg/E,a	% (*3)	% (*4)	% (*5)	Papier	Glas	Wert-stoffe	kg/E,a
19.	weiträumige Bauweise und städt. Schweinfurt, gesamtes Versuchsgebiet	255	255		35 (*1)	48 (*21) (64 (*14))	78	22	93	22,2	22,5	–	146
20.	Böckerdorf, Weegerhof Solingen, gesamtes Versuchsgebiet	293	293		30 (*15)	74	84	25	99	36	30,4	–	153
21.	„Versuchsgebiet“ LK Uelzen, gesamtes Versuchsgebiet		379		43 (*1)	151	93	36 (*7)	n.b.	n.b.	n.b.	n.b.	198
22.	Türkheim, gesamt (*2)		277		50 (*1)	131 (141 (*19))	102	30	80	n.b.	n.b.	n.b.	136
23.	städt. Gebiet												
	ländl. Gebiet												
	Witzenhausen, gesamtes Versuchsgebiet	267	267	42	42	82	73	30	99	17,5	12,1	–	135
24.	Einfamilienhäuser					114			94,7		40		
	Mehrfamilienhäuser					69			93,2	40	29,6		
	Wohnblocks					40			94,8		34,8		
	Wolfsburg, gesamtes Versuchsgebiet	305			35 (*1)	80 (110 (*12))	103	32	94	40	40	–	115
	Wolfsburg, „Versuchsgebiet“ mit 30.000 Einw.	292			35 (*1)	56 (117 (*12))	114	35	94 (*18)	36	24	–	115 (*17)

Erläuterungen

*1 Geschätzt auf der Basis der BHMA
*2 Getrenntsammlung der org. Fraktion mit Papier
*3 Als praktischer Wert wurde die Menge in der Komposttonne, bezogen auf die Menge der org. Fraktion im gesamten Hausmüll angenommen. Dies ergibt etwas zu hohe Rücklaufquoten-Werte wegen Verunreinigungen und Papier, die in die Komposttonnen gelangen.
*4 Sofern keine Daten bekannt sind, wird angenommen, daß das Aussortieren der Verunreinigungen mit einer Effizienz von 50 % möglich ist.
*5 Papier wurde nicht als Verunreinigung gerechnet, es ist ja kompostierbar.
*6 Nur Messungen im 2. Durchgang wurden betrachtet (beim ersten Durchgang waren beide Gebiete noch nicht unterschieden).
*7 Auf der Basis von geschätzter Reinheit errechnet.
*8 Schätzung mit Rücksichtnahme auf die Bebauung
*9 Schätzung auf der Basis einer Sortieranalyse des Hausmülls in Heidelberg
*10 Gemittelte Werte für die Stadt Neumünster
*12 Einschließlich Gartenabfälle, die getrennt gesammelt werden.
*13 Die Statistik (incl. Sperrmüll) gibt 280 kg/E,a an, der Anteil des Hausmülls wird auf 265 kg/E,a geschätzt.
*14 Einschließlich 16 kg/E,a Gartenabfälle
*15 Abgeleitet aus der Sortieranalyse des Restabfalles.
*16 Angenommen wurde der Wert von Projekt 2 (Wöllstein, Gumbsheim).
*17 Angenommen wurde der Wert aus dem Untersuchungsbericht des Projektes. Messungen über eine Periode von zwei Monaten ergeben einen Wert von 38 kg/E,a. Unterstellt wird, daß dieser Wert nicht richtig ist, wahrscheinlich ist eine neue Fahrzeugwaage die Ursache.
*18 Geschätzt auf der Basis eines Versuches.
*19 Einschließlich Gartenabfälle, angenommen mit 10 kg/E,a
*20 Einschließlich getrennt gesammeltem Glas und Papier, angenommen mit 30 kg/E,a (jeweils 15 kg/E,a), wenn Daten fehlen. Zusammen mit getrennt gesammelten Gartenabfällen wird beim Fehlen von Daten 10 kg/E,a angenommen.
*21 Das Ergebnis bezieht sich nicht auf ein volles Jahr.
Geschätzte Abweichungen:
- Leimen (Nr. 10) und Lindau (Nr. 12) max. 10 % zu hoch
- Rosrath (Nr. 16) max. 15 % zu hoch
- Schwabach (Nr. 18) und Schorndorf (Nr. 17) max. 20 % zu hoch
- Schweinfurt (Nr. 19) max. 10 % zu niedrig
*22 Da die Angaben nicht ein ganzes Jahr betreffen, wird die max. Abweichung auf 5 % zu hoch geschätzt.

Tabelle 9.2.3 Einflußfaktoren auf die Effizienz der Bioabfallsammlung

Ländliche Gebiete: Gemeinden

	Menge Haus-müll	Bio-müll-menge	Biomüll + Garten-abfall, sep. einge-sammelt	Erfas-sungs-quote	Ab-schöp-fungs-grad	Rein-heit	Einw./ Haus-halt	Sozial-vers. pflicht.	verfüg-b. Be-hälter-volu-men
	kg/E, a Biomüll	kg/E, a	kg/E, a	%	%	%	%	%	l/E.Wo
Mittelwert	294.92	96.42	99.75	79.33	32.13	97.94	2.53	29.53	16.06
Anzahl d. Messungen	12	12	12	12	12	9	10	9	10
Maximum	405.00	151.00	151.00	99.00	48.00	99.70	3.40	45.30	45.30
Minimum	205.00	41.00	41.00	36.00	15.00	92.50	1.85	11.70	3.30
Standardabweichung	66.44	31.23	32.66	18.19	8.87	2.45	0.46	9.80	9.92
Varianz	4414.41	975.58	1066.69	330.72	78.59	6.01	0.22	471.43	98.35

Städtische Gebiete: Gemeinden

	Menge Haus-müll	Bio-müll-menge	Biomüll + Garten-abfall, sep. einge-sammelt	Erfas-sungs-quote	Ab-schöp-fungs-grad	Rein-heit	Einw./ Haus-halt	Sozial-vers. pflicht.	verfüg-b. Be-hälter-volu-men
	kg/E, a Biomüll	kg/E, a	kg/E, a	%	%	%	%	%	l/E.Wo
Mittelwert	305.6	81.13	90	79.50	26.75	95.03	2.38	40.85	13.75
Anzahl d. Messungen	8	8	8	8	8	8	9	8	6
Maximum	385.00	108.00	110.00	103.00	32.00	99.00	3.40	70.00	20.00
Minimum	247.00	48.00	64.00	61.00	21.00	90.40	1.90	19.10	7.50
Standardabweichung	41.27	17.64	16.61	11.24	3.73	2.89	0.42	13.54	5.15
Varianz	1703.23	311.11	275.75	126.25	13.94	8.37	0.18	183.40	26.54

Ländliche Gebiete: Stadtteile

	Menge Haus-müll	Bio-müll-menge	Biomüll + Garten-abfall, sep. einge-sammelt	Erfas-sungs-quote	Ab-schöp-fungs-grad	Rein-heit	Einw./ Haus-halt	Sozial-vers. pflicht.	verfüg-b. Be-hälter-volu-men
	kg/E, a Biomüll	kg/E, a	kg/E, a	%	%	%	%	%	l/E.Wo
Mittelwert	298.08	90.93	93.79	80.85	32.67	97.43	2.44	28.17	16.66
Anzahl d. Messungen	12	14	14	12	12	12	9	6	11
Maximum	405.00	151.00	151.00	99.00	48.00	99.80	3.40	45.30	45.30
Minimum	205.00	29.00	29.00	55.00	20.00	92.50	1.50	11.70	3.30
Standardabweichung	68.53	35.36	36.90	15.11	8.07	2.44	0.62	11.46	8.92
Varianz	4672.24	1250.49	1361.31	228.24	65.06	5.97	0.38	471.43	79.50

Fortsetzung Tabelle 9.2.3

Städtische Gebiete: Stadtteile

	Menge Haus-müll	Bio-müll-menge	Biomüll + Garten-abfall, sep. einge-sammelt	Erfas-sungs-quote	Ab-schöp-fungs-grad	Rein-heit	Einw./ Haus-halt	Sozial-vers. pflicht.	verfüg-b. Be-hälter-volu-men
	kg/E, a Biomüll	kg/E, a	kg/E, a	%	%	%	%	%	l/E.Wo
Mittelwert	315.00	99.32	103.36	84.00	29.86	95.80	2.18	48.28	16.98
Anzahl d. Messungen	14	22	22	14	1	22	15	6	17
Maximum	385.00	235.00	192.00	114.00	42.00	99.80	2.70	70.00	34.00
Minimum	221.00	40.00	40.00	40.00	12.00	87.90	1.70	34.80	6.60
Standardabweichung	41.63	44.41	37.18	16.64	7.90	3.25	0.27	15.54	8.41
Varianz	1732.68	1972.67	1382.32	277.00	62.41	10.57	0.07	241.38	70.72

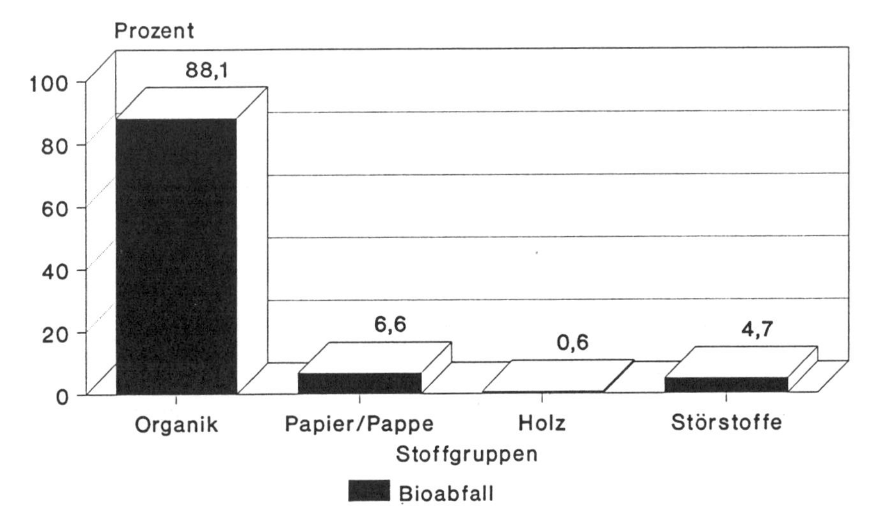

Bild 9.2-11 Stoffliche Zusammensetzung des Biomülls

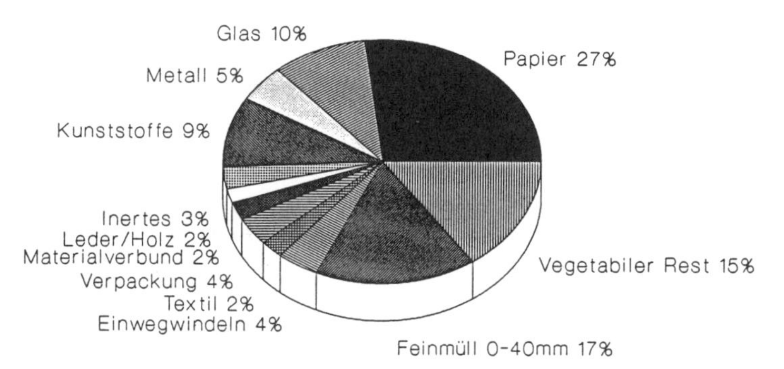

Bild 9.2-12 Zusammensetzung des Restmülls nach Bioabfallsammlung

9.2.1.4 Drei-Tonnen-System

Das Drei-Tonnen-System vereinigt drei Wertstofftonnen (Ein- oder Mehrkomponenten) mit der Biotonne. Es werden somit in einer Tonne Wertstoffe, in einer zweiten Bioabfälle und in einer dritten der Restmüll abgesammelt.
Diese Methode bewirkt (Mehrkomponentensammlung) einen hohen Abschöpfungsgrad von ca. 60–65 % bezogen auf den gesamten Hausmüll. Die Bequemlichkeit für den Benutzer ist groß.
Das System bedingt jedoch, für drei Abfallbehälter je Standort Platz vorzuhalten, was besonders in dicht bebauten Gebieten zu Schwierigkeiten führen kann. Eine Lösung stellt die Kombination von Mehrkammergefäß und einer zweiten Tonne dar, so daß die Fläche nur für zwei Behälter ausgelegt werden muß.
In jedem Falle sind zusätzliche Behälterinvestitionen notwendig, im Falle des Mehrkammergefäßes auch noch Fahrzeuginvestitionen. Die Deponievolumenersparnis ist zwar hoch (60–65 %), die zusätzlichen Kosten von 100–120 DM je Tonne ebenfalls.

9.2.1.5 Depotcontainer

Das System der Depotcontainer ist in der BRD weit verbreitet für die Altstoffe Papier und Glas. In letzter Zeit wird zunehmend auch Schrott, spezielles Weißblech über Depotcontainer mit erfaßt. Sporadisch sind Container für Gartenabfälle und Textilien zu finden.
Als Vorteile dieser Sammelmethode sind anzuführen
- niedrige Sammelkosten
- kostenlose Benutzung durch den Abfallerzeuger
- hoher Reinheitsgrad.

Erfassungs- und Reinheitsgrad sind stark abhängig von Altstoffart, Standort und angeschlossenen Einwohnern.
Tabelle 9.2.4 gibt die Ergebnisse von unterschiedlich aufgestellten Containern für Glas und Papier wieer. Die Zahlen zeigen, daß erhebliche Mengen abgeschöpft werden können, bis zu 40 kg/E,a an Papier und 37 kg/E,a an Glas.

Tabelle 9.2.4 Standortdaten für Depotcontainer Glas/Dosen und Papier (bezogen auf wöchentliche Leerung)

Lage	Angesch. Einwohner	Papier		Glas	
		Füllgrad %	Menge kg/E,a	Füllgrad %	Menge kg/E,a
Zentral	720	90	40,4	75	35,4
Rand	720	100	40,4	60	35,4
Extrem Rand	1000	75	9,6	80	27,2
Extrem Rand	1000	95	12,3	50	37,7
Rand	1400	100	14,1	105	11,7
Zentral	260	55	11,8	70	22,8
Zentral	550	100	14,2	100	17,5

Für Papiercontainer liegt die durchschnittliche Zusammensetzung des Inhalts eines 3 m^3-Behälters auf Gewicht bezogen bei ca. einem Drittel Tageszeitungen, ein Viertel Illustrierte, 15 % Kartonage, 23 % Mischpapiere und 2 % Verunreinigungen (s. Bild 9.2-13).

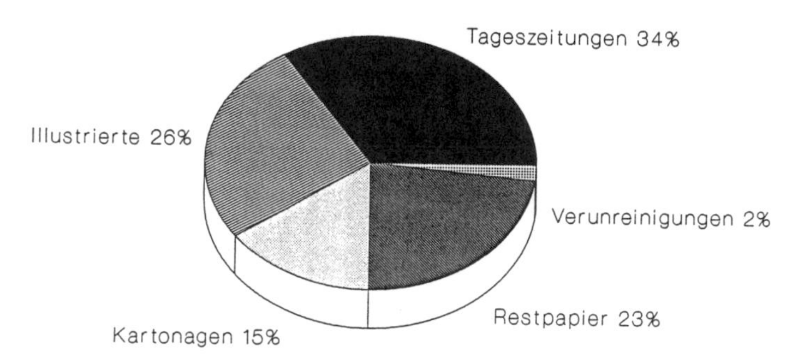

Bild 9.2-13 Zusammensetzung des Inhalts von Depotcontainern Papier

Die Schwankungsbreite beträgt

	max.	min.	Ø
Tageszeitungen	44,5	22,7	33,6
Illustrierte	49,6	16,4	26,4
Kartonage	23,4	3,4	14,5
Rest	31,9	15,2	23,3
Verunreinigungen	6,0	0,3	

Das Schüttgewicht der Papiere im Depotcontainer lag bei 0,08–0,09 kg/l.
Der Erfassungsgrad beträgt 25–50 %.
Ein ähnliches Bild bezüglich der Verunreinigungen zeigen die Glascontainer mit ca. 1 %. Das Glas teilt sich in einem 3 m^3-Mischglasbehälter in ca. 29 % Weißglas, 25 % Grünglas, 14 % Braunglas sowie 23 % Scherbengemisch und 9 % Weißblechdosen (siehe Abbildung 9.6.12). Auch hier stellen sich je nach Umfeld des Standortes große Schwankungen ein. So lassen sich feststellen:

	max.	min.	Ø
Weißglas	34,9	18,4	29,0
Grünglas	29,8	15,2	24,7
Braunglas	18,1	10,7	13,8
Scherben	33,0	17,2	22,6
Dosen	11,3	5,5	8,5
Verunreinigungen	2,7	0,7	1,3

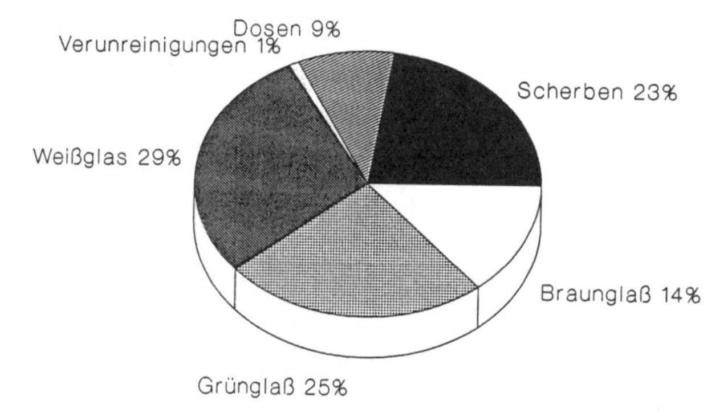

Bild 9.2-14 Zusammensetzung des Inhalts Depotcontainer Glas und Dosen

Das Schüttgewicht variiert zwischen 0,19 und 2,4 kg/l. Für die Effizienz von Depotcontainer-Systemen („Bringsystemen") sind mehrere Faktoren von Bedeutung:

- Die Umgebung des Standplatzes sollte einladend wirken.
- Größere Entfernungen zur Wohnbebauung sind zu vermeiden (Bequemlichkeit, Sicherheit der Benutzer).
- Der Platz sollte befestigt sein (Zugänglichkeit bei schlechtem Wetter, Reinigung des Standortes).
- Die Container müssen von allen Seiten zugänglich sein (gleichmäßige Befüllung).
- Ein Papierkorb für Deckel von Gläsern und Flaschen sowie für die zum Transport benutzten Plastiktüten ist wünschenswert (Sauberkeit).
- In Gemeinden mit hohem Pendleranteil oder weiten Wegen zum Einkauf sollte gefahrenloses Parken beim Standort möglich sein (Verkehr).
- Gleichzeitig ist für den zum Abtransport (Umleerung) eingesetzten Lkw genügend Park- und Rangierraum nötig.

Darüber hinaus sind optische Abgrenzungen (Hervorhebung im Stadt-/Dorfbild) und Informationen über das Entsorgungssystem (Plakate, gesammelte Mengen, Wege des Recycling) ein Beitrag zur Motivationssteigerung beim Bürger. Container-Standplätze müssen „hergezeigt" werden, dürfen nicht nur als notwendiges Übel in Randlagen abgedrängt oder gar versteckt werden.
Der Erfassungsgrad beträgt 40–60%.
Die Reduktion des Hausmülls kann bei flächendeckender Einführung 20 % des Hausmüllaufkommens abschöpfen.

9.2.1.6 Recyclingcenter oder -höfe

Das Konzept vom Recyclingcentern oder -höfen beruht darauf, daß für ein bestimmtes Einzugsgebiet ein Platz eingerichtet wird, an dem der Abfallproduzent vorsortierte Altstoffe abgeben kann. Sie entsprechen damit dem Prinzip der Depotcontainer, bieten aber die Möglichkeit, eine große Bandbreite von Altstoffen aufzunehmen. In der Regel werden sie als Ergänzung zu Depotcontainern errichtet.
Die Erfahrungen mit Recyclingcentern sind noch gering. Meist sind mehr als 20–30 000 Einwohner angeschlossen und die Center liegen nicht zentral. Im Landkreis Freudenstadt wurde ein dichtes Netz (5000 E/Center) errichtet. Die erfaßten Mengen liegen bei 5–10 % des Hausmülls.
Recyclinghöfe bieten jedoch nicht nur dem Einzelhaushalt, sondern besonders auch dem Kleingewerbe eine sehr gute Möglichkeit der Altstoffverwertung.
Die Kosten mit bis zu 20 DM je Tonne sind bei extrem hoher Sortenreinheit gering.
Recyclingcentren sollten stets während der Öffnungszeiten mit Personal besetzt sein.
Geöffnet werden sollte mindestens Samstags vormittags und ein weiterer halber Tag je Woche.

9.2.1.7 Straßensammlung

Straßensammlungen von Altstoffen sind ein altes System zur Wertstofferfassung. Ursprünglich von Unternehmen durchgeführt, die vom Erlös aus dem Verkauf der Wertstoffe lebten, zum Teil sogar für die Bereitstellung von Altstoffen zahlten, sind es heute im wesentlichen karitative Organisationen oder Vereine und von den Kommunen beauftragte Händler, die Altstoff sammeln. Hauptsächlich werden Papier, Textilien und Gartenabfälle über dieses System erfaßt.
Das System verlangt vom Abfallproduzenten, daß er den entsprechenden Altstoff sortenrein am Grundstück bereitstellt.
Soll die Straßensammlung als Abfallentsorgungssystem berücksichtigt werden, so muß gewährleistet sein, daß sie regelmäßig durchgeführt wird. Dies verlangt Koordination zwischen diversen beteiligten Gruppen und ev. Preisgarantien, damit auch dann gesammelt wird, wenn die herrschenden Marktpreise das Sammelsystem für die jeweilige Gruppe nicht attraktiv erscheinen lassen.
Die Beteiligungsquoten liegen je nach Informationsstand bei 5–40 %.
Eine Abschätzung der Verringerung des Hausmüllaufkommens über dieses System zu treffen ist sehr schwierig, da stets schon zumindest Papier, oft auch Textilien erfaßt wurden. Diese Menge wurde nie in den Hausmüllmengen berücksichtigt. Sie könnte auf 15–20 kg/E,a geschätzt werden.

Würde eine existierende Straßensammlung eingestellt, so gelangen diese Menge zusätzlich in den Hausmüll oder andere Erfassungssysteme. Bestehende Straßensammlungen sollten daher beibehalten werden. Bei Intensivierung lassen sich zusätzlich bis ca. 5 % des Hausmülls abschöpfen.

9.2.1.8 Dezentrale Kompostierung im Hausgarten

Wird angenommen, daß durchschnittlich ca. 30 bis 40 % aller Einwohner in einem Planungsgebiet häufigen Zugang zu Gärten haben und von diesen ca. 50 % ihre organischen Abfälle kompostieren, so ließe sich, bezogen auf den Hausmüll, ca. 12 % Deponievolumen einsparen. Der Kompost wird vor Ort eingesetzt. Das System ist vor allem bei Verwendung der Wertstoff-Tonne, bei dem der organische Abfall deponiert wird, als volumenreduzierend (bis zu 25 %) wirksam.
An Kosten entstehen die Ausgaben für Öffentlichkeitsarbeit und für Beratungsstellen (z. B. Kompostfibel, Kompostberater).
Da trotzdem weiterhin jeder Haushalt angefahren werden muß, läßt sich im Bereich des Transportes und der Deponierung kaum eine Kostensenkung veranschlagen.
Als zusätzlicher positiver Aspekt kommt hinzu, daß die verschiedentlich übliche Praxis, Gartenabfälle (und anderes) selbst zu verbrennen durch die Privatkompostierung abgebaut wird.

9.2.1.9 Getrennte Sammlung von Gewerbemüll (Monoladungen)

Wird eine bundesdurchschnittliche Gewerbemüllzusammensetzung angesetzt, so sind von der gesamten Gewerbemüllmenge bis zu 50 % als recyclefähiges Material einzustufen. Als wesentliche Stoffgruppen fallen Papier und Pappe an, sowie Kunststoffe, Holz und Metalle.
Bei diesen Systemen werden Gewerbeabfälle getrennt in separaten Containern erfaßt, so daß sie nicht mit Hausmüll verschmutzt werden. Dabei wird impliziert, daß die oben genannten Stoffe, falls sie in großen Mengen anfallen, innerbetrieblich getrennt gesammelt und separat abgefahren werden (z. B. Containersystem).
Kosten entstehen vor allem im Bereich der Beratung und Organisationshilfe. Werden Behälter von der Stadt oder dem Landkreis abgefahren, fallen zusätzliche Kosten für Container an. Der so separat gesammelte Müll kann entweder direkt dem Verwerter zugeführt oder in einer Einfachsortieranlage weiter getrennt werden. Die meist großen Stücke (Pappe, Paletten, Folien sind, da sauber, gut zu vermarkten. Im Bereich des Gewerbemülls wird hierdurch eine Deponievolumeneinsparung von ca. 40–50 % erreicht.

9.2.2 Marktanalyse für Wertstoffe

Im folgenden werden die Möglichkeiten der Vermarktung und Verwertung der Altstoffe aus Hausmüll untersucht. Verwertung bedeutet hier die Wiedereinsetzung von Produkten aus dem Abfall in einen erneuten Produktionsprozeß. Damit wird aus diesem Abfall ein „Wertstoff". Für die Notwendigkeit solcher Maßnahmen sind, neben ihrer zentralen Bedeutung für eine moderne Umwelt und Wirtschaftspolitik, unter anderem nachfolgende Punkte relevant:

- Schonung der natürlichen Rohstoffvorkommen
- Verminderung des zu entsorgenden Abfallvolumens
- Primärenergieeinsparung
- Emissionsminderung bei der Verwertung und Entsorgung von Abfällen

Betrachtet man die bisher an vielen Stellen bereits initiierten Ideen und Maßnahmen, so ist eine für bestimmte Wertstoffgruppen deutlich unterschiedliche Umsetzungstiefe zu erkennen. Hier ist die Eigenschaft der Wertstoffe, die Verfahren zur Sammlung, vorhandene Technologien zum Recycling sowie Wirtschaftlichkeitsfragen für die Nutzung der potentiellen „Rohstoffquellen Abfall" ausschlaggebend.
Maximale Recyclingquoten an vermarktbaren Sekundärstoffen sind nur dann erreichbar, wenn diese

- mit einem entsprechend guten und intensiven Marketing in die entsprechenden Märkte eingeführt und dort vermarktet werden,
- in ihrer Qualität mit den Primärstoffen konkurrieren können bzw. neue Märkte erschließen,
- den Marktanforderungen entsprechen.

Trotz der unterschiedlichen Wertstoffe, die in unterschiedlichen Systemen und in verschiedenartigen Verwertungsverfahren aufbereitet werden, sind die folgenden Anforderungskriterien wertstoffabhängig:
- sauberer, von Stör- und Schadstoffen freie Wertstoffe
- qualitätsgetrennte Wertstoffe (z. B. Weißglas)
- lagerfähige Wertstoffe
- qualitätskonstante Wertstoffe
- sortenreine Wertstoffe

Die oben dargelegten Überlegungen zeigen, welche zentrale Bedeutung dem Sammelsystem und dem „Markt" für Wertstoffe zukommt. Nur wenn der Absatz gesichert ist, ist die getrennte Erfassung der Wertstoffe sinnvoll.
Der folgende Abschnitt untersucht die allgemeine Marktsituation für Altstoffe aus dem Hausmüll.

9.2.2.1 Papier/Pappe

Allgemeine Situation

Der Gesamtverbrauch an Papier und Pappe lag 1988 in der Bundesrepublik bei 11,9 Mio t/a. Das entspricht einem Pro-Kopf- Verbrauch von 191 kg/E,a. Die Inlandsproduktion war daran mit einem Anteil von 9,9 Mio t/a beteiligt. Insgesamt wurden 1988 in der BRD 4,5 Mio t von etwa 5,0 Mio t erfaßten Altpapiers als Faserrohstoff in einen Produktionsprozeß zurückgeführt.
Die Einsatzquote von Altpapier bei der Papierneuproduktion ist seit Jahren unverändert hoch. Sie liegt in den letzten Jahren relativ konstant bei etwa 44 %.
Neupapier kann im allgemeinen nicht vollständig aus Altpapier hergestellt werden; wenige Verpackungsmittel bilden hier die Ausnahme. Bei hochwertigen Papieren, wie sie für Illustrierte, Druckpapier, Dokumentenpapier o. ä. verwendet werden, ist der Altpapiereinsatz heute noch weitgehend ausgeschlossen. Zeitungspapier beispielsweise verträgt dagegen als Rohstoff 50 % Altpapier. Die Papierbranche spricht von Einsatzmöglichkeiten für Altpapier von im Durchschnitt maximal bis zu 50 %, bezogen auf die Gesamtproduktion.
Die wesentlichen Gründe für die Substitution von Zellstoff durch Altpapier sind neben ökologischen Gesichtspunkten der Deponie- und Ressourcenschonung geringere Rohstoffkosten, Betriebskosten und Emissionen.
Altpapier kann aus technischen Gründen (Faserverkürzung, Anreicherung von Chemikalien etc.) nicht unbegrenzt oft wiederverwendet werden. Ein Recycling läßt sich nur dadurch aufrechterhalten, daß dem Kreislauf permanent Frischfasern bzw. Quasi-Frischfasern (Altpapier mit wenigen Recycling-Zyklen) zugesetzt werden (Umlauf je Faser ca. 16mal).
Nach Schätzungen des Verbandes Deutscher Papierfabriken (VDP) betrug der Altpapierverbrauch in der Bundesrepublik außerhalb der Papierindustrie im Jahre 1982 ca. 40 000 t (neuere Zahlen liegen nicht vor). Dabei entfallen auf die Herstellung folgender Produkte die angegebenen Einsatzmengen an Altpapier:

–	Spanplatten	19 000 t
–	Gipsplatten	3 000 t
–	Faserzement	10 000 t
–	Fasermatten	3 000 t
–	Füllstoff	5 000 t
	Summe	40 000 t

Dies sind insgesamt etwa 0,9 % des in der Papierindustrie eingesetzten Altpapiers; eine vernachlässigbar geringe Menge, die aller Voraussicht nur dann wesentlich zu steigern ist, falls Produktneuentwicklungen den Einsatz von Altpapier erlauben.
Es gibt theoretisch zahlreiche technische Möglichkeiten zur Verwertung zusätzlicher Altpapiermengen. So bietet sich z. B. die schon seit langem aus der Holzchemie bekannte Hydrolyse von Altpapier mit anschließender Vergärung des Hydrolysats zu Äthanol an
Eine weitere Einsatzmöglichkeit von Altpapier ist die Herstellung von Formkörpern aus einem Stroh-Altpapiergemisch. Der Einsatzschwerpunkt des Produktes liegt auf dem Verpackungsmittel-

Tabelle 9.2.5 Altpapierverwertung innerhalb der Papierproduktion

Ziel	Verfahren	Produkt
Nutzung der Fasereigenschaften von Altpapier	trockene Verarbeitung nasse Verarbeitung	Spanplatten, Dämmaterial Faserplatten, Pflanzkübel
Nutzung der chemischen Bestandteile von Altpapier	Hydrolyse, Vergärung Pyrolyse	Alkohol, Methan Gas, Öl, Koks
thermische Nutzung von Altpapier	Verbrennung	Dampf, Strom
sonstige Nutzung von Altpapier	Kompostierung Pelletierung	Kompost Brennstoff

sektor als Alternative zu Kunststoffen. Eine Pilotanlage dieses Verfahrens ist im Landschaftspflege- und Recyclinghof in Papenburg (Landkreis Emsland) in der Planung.
Tabelle 9.2.5 zeigt eine Zusammenstellung weiterer Verfahren und Produkte, bei denen Altpapier allein oder im Verbund mit anderen Rohstoffen eingesetzt werden kann.
Zusammenfassend ist festzuhalten, daß die Aufnahmebereitschaft und die Kapazität des Marktes in den oben dargestellten Bereichen derzeit noch gering ist. Zudem sind die Verfahren teilweise unwirtschaftlich, da die Wertstoffe in Konkurrenz zu anderen Rohstoffen (wie z. B. Überproduktion aus der Landwirtschaft, Reststoffe aus der Rauchgasentschwefelung von Kraftwerken etc.) stehen bzw. befinden sich erst im Technikummaßstab.

Papierqualität

Während Altpapier aus Industrie und Gewerbe weitgehend guten Qualitäten entspricht, gehört das aus Haushaltungen gesammelte Papier zu den untersten Papierqualitäten. Letztendlich hängt dies jedoch stark vom Erfassungssystem ab.
Papier aus der „Grünen Mischtonne“ wird von den meisten Papierfabriken aus Hygienegründen auch in sortiertem Zustand nicht mehr angenommen (Glasscherben, Verschmutzungen durch Nahrungsmittelreste etc.) Versuche, die Altpapierqualität bei der Sortierung weiter zu verbessern, werden z. Z. durchgeführt.
Papier aus der „Grünen Tonne, Einkomponente“, dem Wertstoffsack bzw. aus Vereins- und Containersammlungen zählen ebenfalls zu den unteren Papiersorten, wie:

- A00: original gemischtes Altpapier einschließlich Original-Sammelware aus Haushalten, keine Gewähr bezüglich Unrat und Ungehörigkeiten
- B12: sortiertes, gemischtes Altpapier mit höchstens 1 % Unrat

Nach Sortierung in reinere Sorten lassen sich höhere Erlöse erzielen. Zur Steigerung der Altpapierabsatzquoten an die Papierfabriken ist eine Sortierung zumindest eines Teils des Altpapieres unumgänglich.

Tendenzen

Verstärkte Sammlung bzw. durch Subventionierung geförderte Sammlungen der abfallentsorgungspflichtigen Körperschaften werden kurz- und mittelfristig das inländische Mengenangebot weiter erhöhen. Dem steht ein Absatzmarkt gegenüber, der sich seit nunmehr sechs Jahren durch ein ungebrochenes Wachstum der Altpapiernachfrage auszeichnet. Durch die Inbetriebnahme neuer Altpapieraufbereitungsanlagen und die Einführung neuer Technologien wird seine Aufnahmekapazität weiter erhöht.
Als kurz- und mittelfristig sicher ist der Absatz von höherwertigen Altpapieren anzusehen. Der Absatz von gemischtem Altpapier, vor allem mit höherem Verschmutzungsgrad, ist dagegen kurz- und mittelfristig nicht gesichert. Das Engagement privatwirtschaftlich organisierter Unternehmen bei der Sammlung, dem Vertrieb und der Verwertung von Altpapier hängt direkt mit den erzielbaren Erlösen zusammen. Da insbesondere mit geringwertigem Altpapier auch in Zukunft kaum Gewinne zu erwirtschaften sind, wirkt sich dies für diesen Wertstoffsektor hemmend aus. Die Möglichkeit des Einsatzes bei der Kompostierung ist intensiv zu prüfen.

9.2.2.2 Glas

Allgemeine Situation

Die Produktion von Behälterglas betrug 1987 in der Bundesrepublik etwa 3,2 Mio t, davon 45–48 % Weißglas, 28–31 % Grünglas und 22–26 % Braunglas. Im gleichen Jahr wurden insgesamt 1,25 Mio t Altglas dem Produktionskreislauf als verwertbares Glasmaterial zugeführt, davon waren etwa 5 % braune, 19 % weiße und etwa 76 % grüne und gemischtfarbene Scherben.

Altglas wird hauptsächlich bei der Behälterglasproduktion eingesetzt. Alternative Einsatzmöglichkeiten zur Herstellung von Glasbausteinen, Glaspulver, Glaswolle, Bauziegeln, Kacheln und Fliesen sowie im Bereich des Straßenbaus spielen mengenmäßig derzeit keine Rolle.

Aus gemischtfarbenen Scherben läßt sich nur Grünglas herstellen, so daß aufgrund der erfaßten und im Verhältnis zur Nebenproduktion hohe Altglasmengen eine farbgetrennte Einsammlung oder Sortierung erforderlich ist.

Die getrennte Erfassung von braunem, weißem und grünem Glas kann sowohl durch entsprechende Containersammlung als auch durch Sortierung in Wertstoffsortieranlagen erfolgen.

Glasqualität

Bundesweit bestehen in der Regel trotz kurzfristiger Überangebote bei verhältnismäßig konstanten Preisen keine Absatzschwierigkeiten, da Glas im Gegensatz beispielsweise zu Papier bei entsprechender Farbsortierung nahezu vollständig aus Altglas hergestellt werden kann.

Mit dem Einsatz von Altglas werden ca. 12,2 kg Primärrohstoffe pro kg Scherben in der Schmelze und ferner ein Energieäquivalent von etwa 75 g Öl/kg Glasscherben eingespart. Die Glasindustrie ist vor allem unter diesem Aspekt bereit, praktisch alles Altglas zurückzunehmen und erneut einzuschmelzen.

Die Erlöse (frei Glashütte) für nicht farbsortiertes Glas liegen im Bundesdurchschnitt bei ca. 20–50 DM/t. Die Preissituation bei diesem Glasgemisch ist jedoch unterschiedlich und hängt von der Produktpalette einer Glashütte ab.

Höhere Erlöse lassen sich für farbsortiertes Glas bei entsprechendem Sortieraufwand erzielen, so z. B. bei weißen Scherben bis 70 DM/t. Bei der Grünglasproduktion werden bereits 90–95 % Mischscherben eingesetzt, während der Recyclinganteil bei der Weißglasproduktion 20 % an weißen Scherben und bei der Braunglasproduktion 15 % an braunen Scherben beträgt.

Tendenzen

Um zusätzliche Mengen auf dem Markt unterbringen zu können, muß eine Farbsortierung der Scherben stattfinden. Farbsortiertes Glas wird auch weiterhin ein marktgängiger Recycling-Rohstoff bleiben.

Da sowohl der Wertstoffhandel als auch die Glasindustrie mit weiter guten Absatz- und Einsatzchancen von Altglas rechnet, ist der Erhalt von Abnahmegarantien möglich.

9.2.2.3 Eisenschrott und Nichteisenmetalle

Allgemeine Situation

Die derzeit hohe Weltstahlproduktion hat auch das Schrottgeschäft beeinflußt. 1988 wurde eine Schrottversandleistung von insgesamt etwa 14 Mio t und ein Versand aus den Inlandsaufkommen, abzüglich 1 Mio t Import, von etwa 14 Mio t erreicht.

Stahlschrott läßt sich grob in folgende Klassifikationen einteilen:

- Altschrott
- Neuschrott
- Schwerer Industrieabbruch- und Konstruktionsschrott
- Shredderschrott
- Stahlpläne

Von den 3,5 % bis 4,0 Gew.-% Metallen im Hausabfall entfallen ca. 3,0–3,5 % auf die Fe-Metalle und 0,5 % auf Nichteisenmetalle (NE-Metalle). Der Pro-Kopf-Verbrauch an Fe-Metallen liegt im Bundesdurchschnitt bei etwa 9 kg/E,a und an NE-Metallen bei 1,3 kg/E,a.

Der Gesamtverbrauch an Weißblechverpackungen entspricht etwa 11 kg/E,a, wobei der Weißblechanteil etwa 90 % des Fe-Gehaltes im deutschen Hausabfall ausmacht. Unter Weißblech wird verzinntes Stahlblech verstanden, das, zur Dose verarbeitet, zur Verpackung von Lebensmitteln Verwendung findet.

Schrottqualität

Der Anteil des Eisenschrotts aus Hausabfall liegt bei der Stahlerzeugung in der Bundesrepublik bei nur etwa 2 %, so daß durch zusätzlich erfaßte Mengen, beispielsweise durch verstärkte Sammlung der Gebietskörperschaften, der aktuelle Schrottpreis nicht wesentlich beeinflußt wird.

Verunreinigungen des Schrotts oder der Zinngehalt des Schrotts haben Auswirkungen auf die Erlössituation, da vor dem Einsatz im Hochofen eine entsprechende Aufarbeitung notwendig wird.

Für Dosenschrott hat die Deutsche Weißblechindustrie die Garantie abgegeben, daß jede Dosenschrottmenge abgenommen wird.

Die Preise steigen mit dem Eisengehalt und dem Schüttgewicht des angebotenen Materials und liegen beim Weißblech bei ca. 20–30 DM/t frei Händler.

Der Schrott aus dem Hausabfall wird einer (aufgrund der Verschmutzung) minderwertigen Qualität zugeordnet, die derzeitigen Erlöse betragen bis zu ca. 5–10 DM/t. Die Schrotterlöse sind stark vom US-Dollar abhängig.

Im Mai 1989 betrug die Notierung für gereinigte und geshredderte Schrottabfälle (Sorte 1) etwa 200 DM/t frei Hütte oder Stahlwerk gegenüber 120 DM/t Mitte 1987.

Der Anteil der überwiegend aus Aluminium bestehenden Nichteisenmetalle im Hausabfall liegt unter 0,5 %. Getrennte Sammlungen von Aluminium aus Haushalten erfolgen bei gesichertem Absatz im Bundesgebiet vereinzelt durch karitative Verbände oder Umweltgruppen. Die Erlöse sind regional unterschiedlich und hängen vom Verschmutzungsgrad ab

9.2.2.4 Kunststoffe

Allgemeine Situation

In der Bundesrepublik werden jährlich etwa 7 Mio t Kunststofferzeugnisse produziert, wovon ca. 4 Mio t auf den deutschen Markt gelangen. Rund 2 Mio t/a fallen als Kunststoffabfälle im Hausmüll und Gewerbeabfall an und müssen entsorgt werden. Die zunächst verbleibende Differenz zwischen produzierten und zu entsorgenden Kunststoffen, insbesondere langlebige Güter, wird erst zu einem späteren Zeitpunkt als Abfall anfallen.

Im kunststoffproduzierenden Bereich und beim kunststoffverarbeitenden Gewerbe liegen die Recyclingraten der Kunststoffabfälle im allgemeinen über 80 %. Dagegen fallen aus den Haushalten ca. 700 000 bis 900 000 t/a und aus dem Gewerbe (vor allem Verpackungsmaterial und Mischkunststoffe) 800 000 bis 1,1 Mio t/a als Abfälle an.

Die Kunststofffraktion des gesamten Hausabfalls macht zwischen 5–8 Gewichtsprozent aus. Diese Kunststoffe lassen sich grob in 2 Gruppen, Duroplast und Elastomere sowie Thermoplaste, einteilen:

Duroplaste und Elastomere:

Dieses sind vernetzte, nicht mehr schmelzbare Kunststoffe. Sie lassen sich nicht in ihren ursprünglichen Produktionsprozeß zurückzuführen. Im Hausabfall sind Duroplaste kaum vorhanden. Elastomere treten im Hausabfall als Gummiringe, alte Fahrradreifen u. ä. ebenfalls in kleinen Mengen auf. Altreifen müssen gesondert entsorgt werden.

Tabelle 9.2.6 Thermoplaste im Hausabfall

	Anteil im Hausabfall (Gew.-%)	Anteil bei der Kunststoffproduktion (Gew.-%)
Polyolefine (PE, PP ...)	60–65 %	40 %
Polystyrol (PS)	15–20 %	10 %
PVC	10–15 %	20 %

Thermoplaste:
Thermoplaste sind bei erhöhter Temperatur schmelzende Kunststoffe. Sortenrein und unverschmutzt können sie wieder als Regranulat im Produktionsprozeß eingesetzt werden. Nahezu alle im Haushalt vorkommenden Kunststoffe sind Thermoplaste.
Kunststoffqualitäten
Im Hausabfall liegt ein Kunststoffgemisch (Thermoplaste) vor, das sich wie folgt zusammensetzt: Der Hauptanteil der Kunststoffartikel im Hausabfall sind Polyethylen-Folien (ca. 45 %); etwa je 15 % sind Flaschen, Becher und Gebrauchsgegenstände.
Es gibt bisher bundesweit keine ausreichenden Verwertungskapazitäten und keine befriedigende Absatzsituation für gemischte Kunststoffabfälle aus Hausabfall. Eine Verwertung erschweren im wesentlichen:
- die Verunreinigung der Kunststofffraktionen
- die Artenvielfalt (ca. 50 gängige Kunststoffsorten)
- Verbundmaterial

Bei den derzeit verwerteten Kunststoffabfällen handelt es sich überwiegend um sortenreines Material, das bei der Herstellung, Verarbeitung und Anwendung von z. B. Verpackungsfolien anfällt. Das stoffliche Recycling der sortenreinen Kunststoffe aus Industrie, Gewerbe und Handel wird über die Regranulation seit langer Zeit durchgeführt.
Für die Verwertung von Kunststoffabfällen sind mechanische, chemische und thermische Verfahren möglich. Während die mechanische Behandlung auf die Herstellung des Regranulats abzielt, werden die chemisch/thermischen Verfahren zur Gewinnung von Grundsubstanzen oder zur Energieerzeugung eingesetzt.
Im wesentlichen sind bei der Kunststoffverwertung neben der Sortentrennung mit anschließender Regranulierung (PE, PP, ABS, Polyamid) drei Verfahren zu nennen:
- Verwertung von verunreinigten Kunststoffmischabfällen aus den Haushalten über Extruder und anschließender Ausformung zu Formteilen
- Kunststoffpyrolysegas, -öl und Ruß im Drehrohr bzw. in der Wirbelschicht (in der Entwicklung)
- Hydrierung

Das Abtrennen und Regranulieren der Polyolefine wird durch nasse mehrstufige Verfahren mit anschließenden Verarbeitungsschritten erreicht.
Die nach dem Extruderverfahren produzierbare Erzeugnispalette und damit die absetzbaren Mengen sind eingeschränkt. Die Erfahrung beim direkten Verwerten der Altkunststoffe aus dem Hausabfall veranlaßt die Entsorgungsunternehmer, überwiegend sortenähnliche, nicht zu stark verschmutzte Abfälle aus dem Gewerbesektor einzusetzen.
Tendenzen
Obwohl erste Ansätze für die Verarbeitung von gemischten Kunststoffen bestehen, ist aus technischen/wirtschaftlichen Gründen kurz- und mittelfristig nicht mit einem Absatz großer Mengen gemischter Kunststoffe zu rechnen. Erlöse sind derzeit nicht zu erzielen.
Sortenreine nicht verschmutzte Thermoplaste, wie sie in Gewerbe und Industrie und insbesondere bei der Produktion von Kunststoffartikeln anfallen, sind als Regranulat ohne Probleme absetzbar, wobei für das Regranulat in Abhängigkeit vom Neuwarenpreis gute Preise erzielt werden können.

9.2.2.5 Textilien

Im allgemeinen sind die Verwertungsmöglichkeiten von Textilien aus dem Hausabfall sehr gering und örtlich begrenzt; ein gesicherter Markt existiert hierfür nicht. Eine Verwertung ist in der Polster- und Automobilindustrie (Putzlappen, Wolle) teilweise möglich.
Die Verwertung von Textilien, wie sie überwiegend von kreativen Verbänden sowie teilweise in Zusammenarbeit mit Privatfirmen über die Straßensammlungen durchgeführt wird, erfolgt problemlos. So werden eingesammelte Textilien entweder durch die Aufarbeitung von Altkleidern (Sortierung, Reinigung) und direkte Weitergabe (Verkauf) oder durch die Verarbeitung von Stoffresten zu Putzlappen für Gewerbe und Industrie eingesetzt.
Erlöse für Textilien (Altkleider) sind vom US-Dollar-Kurs (Neurohware) und vom Verschmutzungsgrad abhängig. Bei guter Ware lassen sich Erlöse zwischen 400 und 600 DM/t erzielen. Erlöse für

Textilien aus Wertstoff-Mischtonnen lassen sich aufgrund der durchweg minderwertigen Qualität und zusätzlichen Verschmutzung nicht erzielen.

9.2.2.6 Holz

Allgemeine Situation

Holz fällt überwiegend bei Abbruchtätigkeiten (Baustellenabfälle) an oder gelangt als Teil des Gewerbeabfalls (Einwegpaletten, Kisten etc.) bzw. des Sperrmülls (Möbel, Bretter etc.) in den Abfall. Dieses Holz ist vielfach z. B. durch Imprägnierungsmittel verunreinigt, was eine Verwertung erschwert. Das in der be- und verarbeitenden Industrie entstehende Abfallholz wird in der Regel direkt der Verwertung zugeführt.

Altholz kann nach einer entsprechenden Zerkleinerung und Aufbereitung als Holzwerkstoff in der Spanplatten- und Bauindustrie oder als Brennstoff genutzt werden. In der Zellstoff- und Papierindustrie wird in der Regel kein Altholz wiederverwertet. Eine Ausnahme bildet hier der Holzabfall aus Sägewerken.

Ferner ist eine Kompostierung von Altholz-Hackspänen grundsätzlich möglich. Der Einsatz des „Holz-Kompostes" ist jedoch durch die Verunreinigung des Altholzes mit Schadstoffen oder Fremdkörpern und die daraus resultierende Belastung nur sehr eingeschränkt möglich.

Der Absatz von Holz kann regional sehr unterschiedlich sein. Bei Abgabe an Privatverbraucher sind im allgemeinen keine Erlöse anzusetzen. Bei Industrieunternehmen können teilweise geringe Erlöse erzielt werden.

Die Spanplattenindustrie stellt den größten Restholzverwerter dar. Steigende Rohstoffpreise und ein steigendes Altholzangebot begünstigen die Entwicklung von entsprechenden Aufbereitungsverfahren. Die wesentlichen Verfahrensschritte sind dabei die:

- Zerkleinerung des Altholzes (Brecher)
- Lösen der Fremdbestandteile
- Entfernen der Fremdbestandteile (Magnetabscheider, Sichter, Wäsche)
- Sichten der Hackspäne (Siebe, Sichter)

Die aufgearbeiteten Altholzprodukte finden vor allem in der Möbelindustrie in Form von Spanplatten und in der Bauindustrie Verwendung. Während die Verarbeitung zu Spanplatten den mengenmäßig größeren Anteil ausmacht, wird Altholz in der Bauindustrie für spezifische Anwendungsmöglichkeiten eingesetzt. So werden zu Spänen aufbereitete Holzabfälle als Zuschlagstoffe bei der Beton- und Steinherstellung eingesetzt, um mit Hilfe der Holzfasern die Biege- und Zugfestigkeit und die Wärmedämmung von Betonwerkstoffen zu erhöhen.

9.2.2.7 Kompost

Bei der Herstellung von Kompost (Kompostierung) vollzieht sich eine Zersetzung organischer Verbindungen durch Mikroorganismen. Ziel ist es, die organische Ursprungssubstanz möglichst schnell und ohne Verlust an Düngestoffen abzubauen und in eine stabile, pflanzenfreundliche Humussubstanz zu überführen.

Das bei der Kompostierung entstehende hygienisierte Endprodukt ist ein vielfältig einsetzbares Mittel.

Kompost ist in erster Linie ein Bodenverbesserungsmittel. Die Qualität wird v. a. durch den Gehalt an organischer Trockensubstanz bestimmt. Der Wert als Düngemittel wird durch den Gehalt an Nährstoffen bestimmt.

Komposte müssen hygienisch (veterinär, human und phyto) einwandfrei sein. Ebenso muß eine weitgehende Freiheit von Verunreinigungen bestehen, um bei den Anwendern Akzeptanz zu erreichen.

Der Absatz von Komposten steht zwar am Ende der Entsorgungskette, muß aber zur Abschätzung der Frage, wie sinnvoll das Getrenntsammlungssystem „Biomüll" ist, vorangestellt werden.

Tabelle 9.2.7 Qualitätsmerkmale von Kompost

Projekt-Nr.	H_2O %	pH	C/N	% der TS org. Subst.	KCl	N	P_2O_5	K_2O	CaO	MgO	Bemerkungen
1. Aachen	40–50	7,1–7,9	10–15	25–35	0,7–1,3	1–1,5	0,6–0,7	0,7–0,9	2,1–2,8	0,5–0,8	Analyse LUFA Bonn
2. Wollstein/ Gumbsheim (*1)	26	7,9	18	18,3		0,59					1 Analyse
6. Göttingen		8,0	11,8	22,3	1,5	1,12	0,65	2,0	4,8	0,57	
8. Harburg	53	7,0	14,4	35	0,9	1,3	0,5	1,3	1,0	0,4	
9. Heidelberg	28,1			43,4							
10. Leimen	33,3–45,8			40,9–47,7							
12. Lindau	52,0–72,7	7,4–8,3	13–24	26–76,8		0,84–2,17					
12. Lindau	54,4	7,8	14	36,8		1,43	0,86	1,06	11,0	1,37	Einzelprobe
14. Cölbe	n.b.	7,9	13,6	24,6		1,04	0,58	0,49	0,68	0,46	
16. Rösrath	25	6,9–7,2	12	25–27	1,1–1,3	0,9–1,1	0,46	0,72	1,5–2,9	0,5	
17. Schorndorf		6,7–8,0	13–15	25			0,6	1,25			Einzelprobe
19. Schweinfurt	65	6,9		44,7		2,17	0,98	2,20		1,25	
22. Türkheim (*1)	52					1,2	0,49	0,79	12,6	4,4	
23. Witzenhausen	51	7,5	13	26	4,3 (*2)	1,16	0,81	0,99	3,56	0,78	6 Versuche, nach 32 Wo. Kompostier.
24. Wolfsburg	21	8,3		24,7	0,02	3,08	0,96				
Streuung	23–73	6,7–8,3	10–24	6,9–76,8	0,9–1,3	0,59–2,17	0,46–0,98	0,49–2,0	0,68–11,0	0,4–4,4	
Hausmüllkompost (*3)				37,6	1,3	0,7	0,6	0,5	5,0	0,7	

Erläuterungen:
*1 Ausgangsmaterial ist die organische Fraktion mit Papier
*2 wasserlösliches Salz in g/l Ausgangsmaterial
*3 Kumpf et a..: Müll-Handbuch, Bd. 4

Tabelle 9.2.8 Schwermetallgehalte im Kompost

Projekt-Nr.	mg/kg TS Pb	Cu	Ni	Zn	Cr	Cd	Hg	As	Bemerkungen
2. Wollstein/ Gumbsheim (*1)	179	71	27	392	19	2,5	0,6		
3. Landkreis Bad Dürkheim	82	59	15	224	78	0,6	0,7		8 mm, Sommerabfall
6. Göttingen	86	50	49	289	47	0,88	0,23		
8. Harburg	76	43	7	235	29	0,8	0,2	7	
9. Heidelberg	153	66	14	361	14	0,6			
10. Leimen	126–144	60–82	15–22	331–374	28–43	1,2–2,4			
12. Lindau	40	27	30	161	65	0,4	0,3		
14. Cölbe	49	21	26	175	60	1,2	0,05		
16. Rösrath	68–79	34–35	18–22	217–306	71–76	0,7–0,8	0,2–0,3		
17. Schorndorf	46	17	13	272	25	0,5	0,05		
19. Schweinfurt	100	76	20	368	29	1,1	0,43		
21. Uelzen	32	18	26	113	54	1,4	0,23		Quelle: Stadt Göttingen
22. Türkheim (*1)	112	49	27	381	71	0,39	0,53		
23. Witzenhausen	86	38	29 (*2)	262	25	0,3	0,18		6 Versuche, 20 Wochen Kompostierung
24. Wolfsburg	17	28	22	145	62	2,5	1,8		
Streuung von 15 Projekten	32–179	17–82	7–49	113–480	14–100	0,3–2,5	0,05–1,0	7	
Mittelwert von 15 Projekten	87	47	22	290	49	1,0	0,36	7	
Vorschlag für Bestimmungen für org. Dünger in den NL									
Jan. 1991–Dez. 1994	200	300	50	900	200	2	2	10	
Bundesgüte Gemeinschaft Kompost e.V.	150	100	50	400	100	1,5	1		Auf 30 % OS bezogen

Erläuterungen:

*1 Ausgangsmaterial ist die organische Fraktion mit Papier

*2 Quelle: 2. Zwischenbericht 1985

Potentielle Abnehmer sind:
- Landwirtschaft
- Gartenbau
  • Erwerbsgartenbau
  • Ziergartenbau
- Grünanlagen
  • Pflege und Neuanlagen von öffentlichem Grün
- Landschaftsbau
- Privatgärten
- Abdeckmaterial für Deponien.

Die Tabelle 9.2.7 gibt die physikalischen Eigenschaften sowie die Makro-Nährstoffgehalte wieder, Tabelle 9.2.8 die Schwermetallgehalte von Komposten aus getrennter Bioabfallsammlung.
Ein Vergleich mit Grenzwerten der UZ-45 zeigt, daB ein Einhalten nur mit Komposten aus getrennter Sammlung möglich ist.
Der durch eine starke Ausweitung der Kompostierung enger werdende Absatzmarkt wird hohe Qualitätsanforderungen stellen und die heute bei 5–120 DM je Tonne liegenden Verkaufserlöse werden nur für beste Qualitäten auch in Zukunft erzielt werden können.
Unter dem Gesichtspunkt der Entsorgung wird gute Qualität vorausgesetzt – eine Bedienung der Landwirtschaft zu für diese neutralen Kosten erwogen werden müssen, um die Kompostmengen unterzubringen.
Zur Qualitätssicherung haben die Kompostproduzenten eine Gütegemeinschaft ins Leben gerufen, die Qualitätssicherung und Kontrolle übernimmt.

9.2.3 Deponievolumenersparnis und Kosten

Für den Entsorgungspflichtigen ist vor der Frage Rohstoffeinsparung die Frage der Abfallmengenreduktion und der Kosten von Interesse. Für beide Größen können nur Anhaltswerte geliefert werden, da eine Reihe von Einflüssen, wie schon oben diskutiert, dies beeinflußt.
Zuerst muß aus den erfaßten Mengen der verwertbare Anteil errechnet werden, da nicht alle erfaßten Altstoffe verwertbar sind und die notwendige Nachsortierung einen Schlupf aufweise. So ergeben sich die in Tabelle 9.2.9. dargestellten Verwertungquoten.
Diese zeigen sehr deutlich, daß je nach Erfassungssystem die verwertbaren Anteile in gesammeltem Gut variieren. Der Recyclinghof mit seiner Aufsicht hat höhere Verwertungsquoten gemeinsam mit den Depotcontainern und der Straßensammlung. Am geringsten sind sie erwartungsgemäß bei der Mehrkomponententonne, da von Abfallproduzenten verschiedene Stoffe noch gemischt angeliefert werden, die erst nachträglich voneinander isoliert werden müssen. Dabei entsteht wieder Abfall.

Tabelle 9.2.9 Verwertungsquoten die durch die einzelnen Systeme erzielt werden

	Werkstofftonne		Depotcontainer	Bioabfall	Straßensammlung	Recyclinghof
	1 Komp.	Mehrkomp.				
Papier	85	75	90	100	95	90
Pappe	85	75	90	–	100	90
Glas	85	70	90	–	–	90
Metall	–	80	95	–	–	95
Kunststoff	–	60	–	–	–	70
Textilien	–	60	–	–	70	70
Holz	–	45	–	–	–	100
org. Stoffe	–	–	–	90	–	90

Tabelle 9.2.10 Deponievolumeneinsparung, Stoffrecycling und Kosten

System	Zielgruppe HM = Hausmüll SM = Straßenmüll GM = Gewerbemüll	Deponie-volumen-einsparung (%)	Stoffrecycling-quote (%)	DM/t Müll (HM bzw. GM)	DM/t erfaßter Wertstoff bzw. Kompost	DM/m³ gespartes Deponievolumen
private Kompostierung (ohne Subvention)	HM	ca. 5	–	–	–	–
Straßensammlung separat Gartenmüll	HM/SM	5 – 10	–	5,00 – 20,00	50,0 – 100,0	40,0 – 80,0
Straßensammlung Altstoffe (ohne Subvention)	HM	5	5	–	–	–
Depotcontainer (ohne Subvention)	HM	5 – 10	5 – 10	–	–	–
Recyclinghof	HM	5 – 10	5 – 10	2,00 – 20,00	30,0 – 150,0	24,0 – 120,0
private Kompostierung (mit Subvention)	HM	10 – 15	–	5,00 – 15,00	50,0 – 120,0	40,0 – 120,0
Straßensammlung Altstoffe (mit Subvention)	HM	10 – 15	10 – 15	4,00 – 10,00	20,0 – 60,0	16,0 – 56,0
Depotcontainer (mit Subvention)	HM	15 – 20	15 – 20	0,50 – 10,00	5,0 – 80,0	4,0 – 64,0
Wertstofftonne (Einkomponentensystem)	HM	ca. 20	20	30,00 – 50,00	120,0 – 180,0	95,0 – 140,0
Wertstofftonne (Mehrkomponentensystem)	HM	25 – 30	25 – 30	40,00 – 90,00	150,0 – 250,0	120,0 – 200,0
Biotonne	HM	30 – 35	–	30,00 – 50,00	80,0 – 220,0	72,0 – 176,0
Biotonne Papier	HM	40 – 55	–	30,00 – 50,00	60,0 – 150,0	48,0 – 120,0
Drei-Tonnen-System	HM	50 – 60	25 – 30	100,00 – 120,0	120,0 – 240,0	95,0 – 192,0
Monoladung	GM	30 – 35	30 – 35	0,00 – 30,00	0,0 – 80,0	0,0 – 64,0
Monoladung (Grünabfall)	GM	90 – 100	–	20,00 – 100,00	20,0 – 100,0	16,0 – 80,0

Tabelle 9.2.11 Beurteilung der Verwertungssysteme

1	2	3	4
Kriterien Nr. System	örtliche Gegebenheiten	Verhältnis zu anderen Systemen	Produktabsatz
1 Brennstoffherstellung aus Abfall	Nähe zu Zementwerk	– schließt subventionierte Werkstoffsammlungen im Bereich Papier und Kunststoffe aus. – Kombination mit Kompostierung (Schadstoffgehalt) möglich	– nur in der Zementindustrie absetzbar – Chloremission von Werk zu Werk unterschiedlich in der Problematik – keine alternativen Einsatzgebiete derzeit vorhanden
2 Einkomponenten-Wertstofftonne	– Behälterstandplätze müssen vorhanden sein – je niedriger die Bebauung, desto höher die Mengenerfassung	– schließt subventionierte Werkstoffsammlungen im Bereich Papier und Kunststoffe aus. – Kombination mit Kompostierung (Schadstoffgehalt) möglich	– gesammeltes Produkt sortenrein – Stoffe können meist direkt auf Altstoffmarkt
3 Mehrkomponenten-Wertstofftonne	– Behälterstandplätze müssen vorhanden sein	– schränkt Sammlung dieser Komponente über andere Systeme weitgehend ein (z.B. Nr. 6, 7, 8) – evtl. Kompostierung der Reststoffe möglich, doch Vorsicht bei Schadstoffen	– Stoffe können auf vorhandenem Altstoffmarkt nach Vorsortierung
4 Drei-Tonnen-System	– Standplatzproblematik, nur bedingt – im Altstadtbezirk einsetzbar	– schränkt Sammlungen der definierten Komponenten über andere Systeme weitgehend ein (z.B. Nr. 6, 7, 8)	– wie unter 3 – Kompost ist von guter Qualität hinsichtlich Struktur, Störstoffen und Schadstoffbelastung, damit geringere Absatzprobleme

5	6	7	8
abschöpfbare Menge	Kostenfaktoren	Technik	Bemerkungen
- keine Verarbeitung von Sperrmüll - ca. 30 % vom Hausmüll, 40–50 % vom Gewerbemüll - hohe Reststoffmenge, die nicht weiterverarbeitet werden kann	- Kosten für Investitionen u. Betrieb der Anlage relativ hoch	- ungünstige Relation bez. Energieinput und -output - Technik vorhanden, jedoch nicht optimiert	- wird aus der weiteren Betrachtung herausgenommen, da keine Vorteile gegenüber stofflicher Verwertung oder Verbrennung, kein Basissystem
- bez. auf Komponente hoch. 5–15 % bez. auf Hausmüll - hohe Reststoffmenge, die jedoch u.U. noch weiter behandelt werden kann - siehe auch Spalte 2	- zusätzl. Sammelkosten werden nur einem Stoff zugeschlagen, daraus resultieren hohe spezifische Erfassungskosten	- keine separate Sortierung notwendig, wird vom Altstoffhandel vorgenommen	- kein Basissystem - bringt keinen Vorteil gegenüber gut ausgebauten Basissystemen - falls Kostenneutralangebote, Vorsicht, bei fallenden Altstoffpreisen
- bezogen auf einzelne Komponente geringfügig niedriger als bei 2 - bez. auf Hausmüll (20–30 %)	- hohe stoffspezifische Kostenbelastung	- Trennanlage notwendig - heutige Trenntechnik beinhaltet hohen Personaleinsatz, um entsprechende Sortenreinheit der Produkte zu gewährleisten	- kein Basissystem - hohe spezifische Wertstofferfassungskosten
- auf den Hausmüll bezogen sehr hoch, bis zu 70 %	- hohe Sammelkosten, da drei Abfuhren	- wie unter 3 - Kompostanlage für die Verarbeitung des Biomülls notwendig - evtl. Umstellung auf Mehrkammersystem (2 Tonnen mit insges. 3 Kammern)	- kein Basissystem Konkurrenzsystem zur Kombination System 9/10 mit einem Basissystem örtliche Randbedingungen sind genau zu prüfen

Tabelle 9.2.11 Beurteilung der Verwertungssysteme (Fortsetzung)

1	2	3	4
Kriterien Nr. System	örtliche Gegebenheiten	Verhältnis zu anderen Systemen	Produktabsatz
5 Monoladung Gewerbemüll	- in der Regel jeder Betrieb möglich - Probleme in der Transportoptimierung bei dünner Besiedlung und weiträumiger Streuung der Gewerbebetriebe	- kann mit allen Systemen der Erfassung von Wertstoffen aus dem Hausmüll kombiniert werden	- hohe Produktqualität - direkter Einsatz auf dem Altstoffmarkt möglich
6 Depotcontainer	- in der Regel geringe Standplatzprobleme - gezielte Auswahl der Standplätze (z.B. Supermarkt, Bahnhofsparkplatz usw.) - gute Erreichbarkeit erforderlich	- Gegenseitiger Ausschluß mit den Systemen 1, 3, 4 - Ergänzung zu System 2 mit anderer Komponente	- hohe Produktqualität - direkter Einsatz auf dem Altstoffmarkt möglich
7 Recyclinghof	- Erfahrung bisher nur im ländlichen Raum - gut anfahrbare allgemein bekannte Plätze - Integration in vorh. Einrichtungen, z.B. Feuerwehr, Bauhof - Sicherheitsvorkehrungen für Sonderabfälle - evtl. Planfeststellung für Recyclinghöfe - 2000–20.000 E/Hof	- mit Systemen der getrennten Haus-zu-Haus-Sammlung nur kombinierbar, soweit keine Komponentenüberschneidung - mit allen anderen Systemen kombinierbar	- hohe Produktreinheit - direkter Absatz im Altstoffhandel möglich - es können Stoffe erfaßt werden, für die örtlich spezifisch Abnehmer existent sind (z.B. Holz) - getrennte Erfassung vieler Einzelstoffe möglich (z.B. Fe-, NE-Metalle)

5	6	7	8
abschöpfbare Menge	Kostenfaktoren	Technik	Bemerkungen
– hoch; bezogen auf den Gewerbemüll, bis zu 50 %. Damit deutliche Auswirkung auf die Reduzierung des Gesamtmülls bei entsprechendem Gewerbemüllanteil	– keine bis sehr niedrige Kostenbelastung	– keine technischen Aufwendungen notwendig – notwendige Separierung wird vom Wertstoffhandel vorgenommen	– Basissystem I, da mit allen Systemen kombinierbar – sollte generell zum Einsatz kommen weitgehend kostenneutral – reines Organisationsproblem, sollte durch private Unternehmen bewerkstelligt werden – Ideelle Unterstützung der öffentlichen Hand
– liegt unter den benutzerfreundlicheren Systemen Steigerung bei entsprechenden PR-Maßnahmen möglich abschöpfbar 5–20 % bezogen auf den Hausmüll	– System erscheint durch Mischkalkulation meist kostenneutral	– übliche Container – Bei Mehrkomponentensammlung einfache Separieranlage (Glas/Eisen) – bei hoher Stelldichte einfache Separieranlage notwendig	– Basissystem II. Für die Komponenten, die nicht zu Hause separat eingesammelt werden in separaten Gefäßen
– geringe Abschöpfung, jedoch große Komponentenzahl (6 5 bez. auf den Hausmüll) – Sonderabfall in Kleinmengen ist integriert	– abhängig von der Ausrüstung und den örtlichen Gegebenheiten – geringe Investitionen in Container	– neben Gebäuden und Containern sind keine technischen Einrichtungen erforderlich	– sollte stets mit anderen Systemen kombiniert werden. Kann als Basissystem II bezeichnet werden. – birgt einen hohen Grad an Erziehungsmöglichkeiten der Abfallproduzenten – gute Bürgernähe – Überwachung durch Fachpersonal

Tabelle 9.2.11 Beurteilung der Verwertungssysteme (Fortsetzung)

1	2	3	4
Kriterien Nr. System	örtliche Gegebenheiten	Verhältnis zu anderen Systemen	Produktabsatz
8 Straßensammlung	– Einschränkungen im Innenbezirk von Großstädten	– steht in Konkurrenz zu anderen Wertstoffsammelsystemen, läßt sich aber gut mit Nr. 7 und 6 kombinieren	– hohe Produktreinheit – direkt dem Altstoffhandel oder der Verwertung zuführbar
9 Getrennte Sammlung von 10 Biomüll ohne und mit Papier	wie unter 2	– mit allen Systemen der Wertstofferfassung verträglich, bzw. gut kombinierbar	– aufgrund der niedrigen Schadstoffwerte des Kompostes dürfte ein Absatz bei entsprechender Information und Aufklärung problemlos sein – Puffer für Papierabsatz, dort, wo eine Altpapierverwertung nicht möglich ist

5	6	7	8
abschöpfbare Menge	Kostenfaktoren	Technik	Bemerkungen
- sehr stark abhängig von jeweiliger Organisationsform (1–19 %) - auf die einzelne Fraktion bez. z.T. hohe Rate möglich - bes. geeignet im Bereich Textil, Papier und Gartenabfall	- keine Kosten, wenn Abholung auf freiwilliger Basis der div. Organisationen - Preisgarantie bei festem Abholrhythmus (z.B. 50,– DM/t)	- keine technischen Aufwendungen - Abholung auf Vereinsbasis	- bei Durchführung durch Vereine und Verbände ist immer Zustimmung der Gemeinde erforderlich - erstellen von Organisationsplänen möglichst 1 Jahr im voraus - Basissystem II immer dort einsetzbar, wo kein Mehrbehältersystem
- 30–60 % der Hausmüllmenge, je nachdem, ob Papier mitgesammelt wird oder nicht	- Kosten für getrennte Sammlung - und Investition und Betrieb einer Kompostanlage	- Kompostanlage für nasse Abfälle	- kein Basissystem - sollte mit Basissystem I oder II stets kombiniert werden - Unterstützung des Kompostabsatzes

Tabelle 9.2.11 Beurteilung der Verwertungssysteme (Fortsetzung)

1	2	3	4
Kriterien Nr. System	örtliche Gegebenheiten	Verhältnis zu anderen Systemen	Produktabsatz
11 Restmüllkompostierung bei System 3	wie unter 2	wie unter 3 zusätzlich Ausschluß von 4 und 9, 10	– Kompost, der im Absatz problematischer ist als der nach System 9/10 gewonnene, da höhere Schadstoffkonzentrationen
12 + 13 Gartenkompostierung mit und ohne Subvention	– starke Abhängigkeit von der örtlichen Bebauungsstruktur – möglichst viele Häuser mit Gartenfläche	– verträglich mit allen Systemen	– es fallen keine Produkte für eine Vermarktung an, da Produzent alle Produkte selbst verwendet
14 Kommunale Grünabfällekompostierung	– dort, wo große Grünflächen vorhanden sind	– neutral	– Produkt wird vom Produzent selbst wieder eingesetzt

5	6	7	8
abschöpfbare Menge	Kostenfaktoren	Technik	Bemerkungen
- abschöpfbar bis zu 35 % bez. auf Hausmüll	- Investition und Betrieb einer Kompostanlage (höhere Kosten als unter 9/10)	- Kompostanlage für nasse Abfälle mit Aufbereitung	- ist nur in Kombination mit System 3 durchführbar - aufwendige Technik bei nicht unproblematischem Endprodukt
- abschöpfbare Menge sehr stark abhängig von den örtl. Gegebenheiten und der Motivation der Bürger - ein Prozentsatz kann nur für den spezifischen Fall angegeben werden	- für Beratung - für Subvention der Kompostsilos	- Kompostsilos jeder Art	- Basissystem I, vermeidet Abfall und ist mit allen Systemen kombinierbar
- auf den spezifischen Abfall bezogen hoch (90 %) - auf den Gesamtabfall bezogen gering (4–5 %)	- für Investition und Betrieb einer Kompostanlage	- einfache Kompostierungsanlage	- Basissystem I ist mit allen Systemen kombinierbar

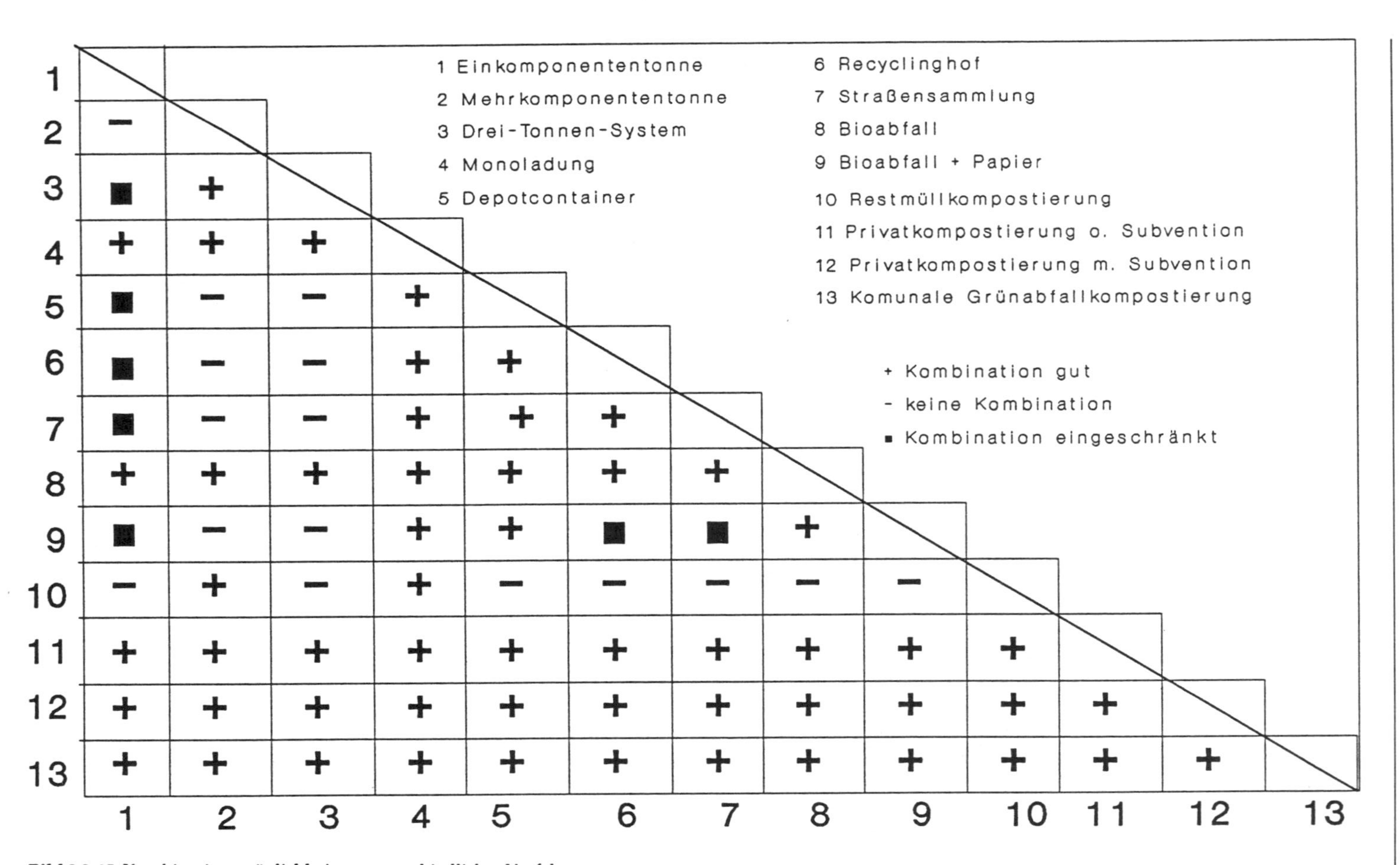

	1	2	3	4	5	6	7	8	9	10	11	12	13
1													
2	−												
3	■	+											
4	+	+	+										
5	■	−	−	+									
6	■	−	−	+	+								
7	■	−	−	+	+	+							
8	+	+	+	+	+	+	+						
9	■	−	−	+	+	■	■	+					
10	−	+	−	+	−	−	−	−	−				
11	+	+	+	+	+	+	+	+	+	+			
12	+	+	+	+	+	+	+	+	+	+	+		
13	+	+	+	+	+	+	+	+	+	+	+	+	

Bild 9.2-15 Kombinationsmöglichkeiten unterschiedlicher Verfahren

Aus diesen Zahlen und den Daten des Kapitels 9.2.1 wurden die in Tabelle 9.2.10 dargestellten Deponievolumeneinsparungen und Kosten errechnet.
Es zeigt sich dabei, daß über Verwertungsmaßnahmen im Hausmüllbereich zwischen 5 und maximal 60 % verwertet werden können. Verwertung kann allein somit die Hausmüllentsorgung nicht lösen.
Die anfallenden Kosten sind extrem abhängig von örtlichen Rahmenbedingungen. Ohne die Deponiekosten für den Restmüll zu berücksichtigen, damit Vergleiche möglich, wurden Werte aus durchschnittlich 10 Projekten angegeben.
Für geringe bis keine Kosten sind die Systeme zu haben, die ganz auf der Initiative des Abfallproduzenten und privater Unternehmer beruhen. Die Deponievolumenersparnis liegt aber auch nur in der Größenordnung von 5 %, bezogen auf den Hausmüll.
Die Kosten für je Tonne erfaßter Wertstoff oder Kompost steigen mit zunehmendem Einsatz an Organisation, Information und Technik. So ist die Bandbreite von 5–240 DM je Tonne Wertstoff zu verzeichnen.
Die Praxis wird stets nach Kombinationen unterschiedlicher Systeme verlangen, so daß Kostenminimierung bei gleichzeitiger Verwertungsmaximierung möglich ist.
Die oben angeführten 60 % stellen jedoch die Obergrenze der Verwertung dar. Die Kombination von Systemen ist so zu gestalten, daß eine möglichst geringe gegenseitige Beeinflussung auftritt. Bild 9.2-15 gibt eine Entscheidungshilfe für die Kombinationsmöglichkeiten.
Zur schnellen Übersicht über die Systeme dient die folgende Aufstellung.

Literatur

Barghorn, M. et al, Bundesweite Hausmüllanalyse; Erich Schmidt Verlag 1985

Bidlingmaier, W. et al, Biomüllsammlung und Kompostierung – eine Bestandsaufnahme; Stuttgarter Berichte zur Abfallwirtschaft Band 34, 1989 Erich Schmidt Verlag

Bidlingmaier, W. et al, Getrennte Sammlung von Wertstoffen und Bioabfall; Abfall Now Band 8, 1991 Verlag Abfall Now Stuttgart

Müsken, J. et al, Depotcontainersammlung im Landkreis Freudenstadt; Forschungsbericht für den LK Freudenstadt 1987

Buekens, A., Verwertung von Kunststoffen; Vortrag auf dem Stuttgarter Abfallkolloquium 1990

NN, Gütekriterien der Bundesgütergemeinschaft Kompost e. V.; Bonn 1991

9.3 Energetische Sekundärrohstoffe

von Wilfried Kreft

Patente und Patentanmeldungen
von *Joachim Helms*
Die im folgenden aufgeführten Druckschriften stellen lediglich eine kleine Auswahl aus der Vielzahl der angemeldeten Erfindungen dar. Für spezielle Problemstellungen wird empfohlen, eine gesonderte Recherche durchzuführen.

Apparat zur Gasbehandlung (DE-39 04 116 A1)

Es wird ein Apparat zur Gasbehandlung für die Entfernung eines Lösungsmittels aus dem zu behandelnden Gas angegeben. Der Apparat hat einen Adsorptionskörper, im wesentlichen gebildet aus Aktivkohle, die zur Adsorption des Lösungsmittels geeignet ist. Das adsorbierte und am Adsorptionskörper gebundene Lösungsmittel wird davon desorbiert, wenn der Körper durch eine Vorschubvorrichtung zu einer Desorptionsstrecke befördert wird, wo eine Recyclingluft hoher Temperatur zugeführt wird. Tritt bei dem Apparat eine Funktionsstörung auf, so wird der Adsorptionskörper, der sich gerade bei der Desorptionsstrecke befindet, wirksam aus einer Null-Luftstrom-Bedingung hoher Temperatur gebracht, womit eine anormale Temperaturerhöhung und demzufolge Neigung zur Entzündung im Bereich der Desorptionsstrecke infolge einer Oxydationsreaktion des adsorbierten Lösungsmittels vermieden wird. Folglich betrifft der Gegenstand der Erfindung einen Apparat gesteigerter Sicherheit.

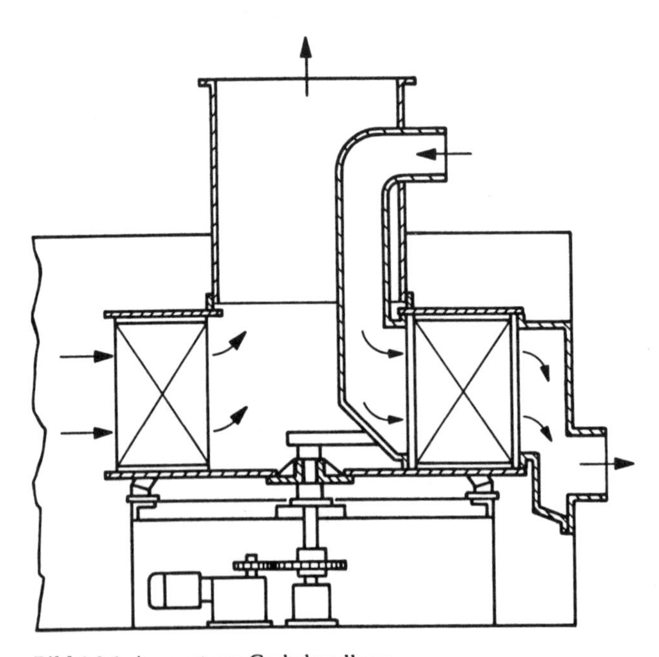

Bild 9.3-1 Apparat zur Gasbehandlung

Verfahren und Vorrichtung zum kontinuierlichen Zerlegen in ihre Bestandteile fließfähiger organischer Medien, insbesondere von halogenierten Kohlenwasserstoffe enthaltenden Abfallprodukten und zum weiteren Aufbereiten u./o. Entsorgen (DE-38 41 844 A1

Diese Patentanmeldung betrifft ein Verfahren zum kontinuierlichen Zerlegen in ihre Bestandteile fließfähiger organischer Medien, insbesondere von Chlorkohlenwasserstoffe enthaltenden Abfallprodukten einschließlich hochtoxischer Stoffe und zum weiteren Aufbereiten und/oder Entsorgen dieser Bestandteile, wobei das Produkt in einem Einrohrreaktor vorzugsweise unter Vakuum in eine gas- und/oder dampfförmige Phase überführt und dabei durch exakte Steuerung und Regelung wenigstens der Einflußgrößen Temperatur und Strömungsgeschwindigkeit die Bewegungsgeschwindigkeit der Moleküle in allen Freiheitsgraden auf die für die Zerlegung in die jeweiligen Bestandteile erforderliche Aktivierungsenergie für eine Bindungslösung zwischen den jeweiligen Molekülen oder Atomen zwischen den Bestandteilen angehoben wird, wie dies in dem Patent P 38 20 317 beschrieben ist, wobei das gesamte Produkt in einer einzigen Stufe in die dampf- und/oder gasförmige Phase überführt wird und anschließend nach Durchströmen eines Abscheiders für unerwünschte Rückstände durch Einspritzkondensation kondensiert wird.

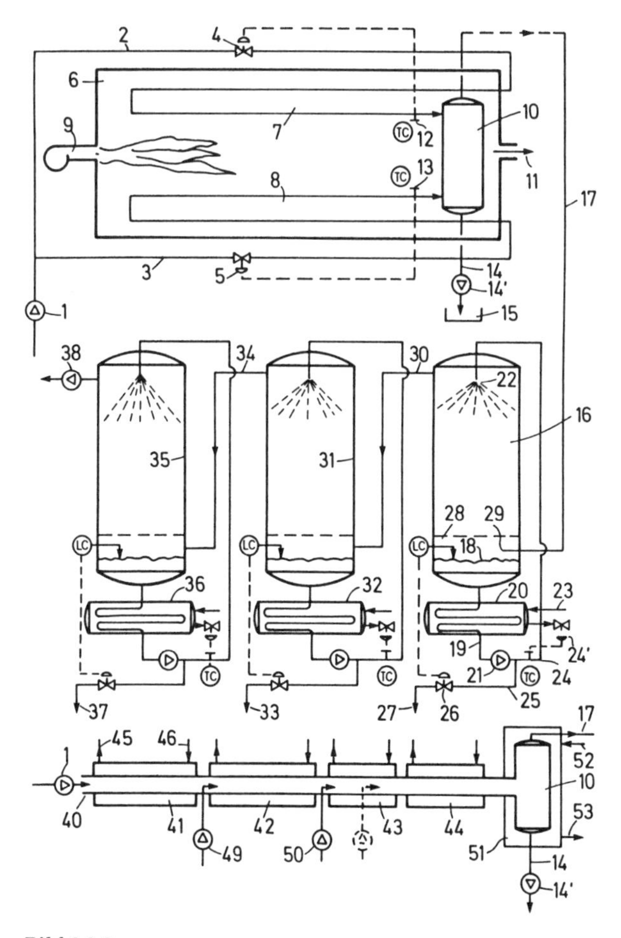

Bild 9.3-2

Recycling von Kühlschmiermitteln (DE-39 13 845 A1)

Die Erfindung betrifft ein Recyclingverfahren, welches im Zusammenwirken der Membranfiltration mit einem auf die Membranfiltration konzipierten mineralölfreien, nicht emulgierten und zudem biologisch voll abbaubaren Kühlschmiermittel den Ersatz herkömmlicher mineralölhaltiger Kühlschmiermittel ermöglicht. Das mineralölfreie, nicht emulgierte, biologisch voll abbaubare, wäßrig gelöste Kühlschmiermittel, welches sich zusammensetzt aus einem Alkohol, z.B. einem Diol, vorzugsweise 1.2-Propandiol, sowie Derivaten von Carbonsäuren, vorzugsweise Metallseifen mit 12 bis 18 Kohlenstoffatomen, sowie eventuell Diocarbonsäurederivaten, wie z.B. das Dinatriumsalz der Bernsteinsäure, sowie eventuell fungiziden Wirkstoffen, wird kontinuierlich durch Cross-Flow-Membranfiltration derart von beim Gebrauch in der Metallbearbeitung eingetragenen Kolloiden, suspendierten oder emulgierten Verunreinigungen gereinigt, wobei das austretende Filtrat entweder direkt oder im Anschluß an eine Nachschärfung für den ursprünglichen Einsatzzweck wiederverwendet werden kann.

Geschlossenes System zur Lösungsmittelrückgewinnung (UP-PS 4 885 099)

Das geschlossene System zur Lösungsmittelrückgewinnung aus Filtern, die z.B. in Trockenreinigungsbetrieben verwendet werden, umfaßt einen Dampfschrank (2), einen Kondensator (3), einen Wasser-Lösungsmittelabscheider (4), einen Rückführtank (5), ein Gebläse (6) und einen Kohlenstoffbettadsorber (7). Die Trockenreinigungsfilter werden auseinandergebaut und ihre Bauteile getrennt auf Lochböden (9) innerhalb des Dampfschrankes (2) angeordnet. Das Filtermaterial wird mit einem Vibrator behandelt und abwechselnd einer trockenen Wärme und dann verdampftem, recyceltem, lösungsmittelgesättigtem Wasser und Frischdampf unterworfen. Von den Filtern entweichender Dampf und Lösungsmitteldämpfe werden zur Verflüssigung einem Kondensator (3) zugeleitet und dann in dem Wasserlösungsmittelabscheider (4) getrennt. Auf diese Weise wird das Lösungsmittel zurückgewonnen und das mit Lösungsmittel gesättigte Wasser in einem Recyclingtank gesammelt und gelagert, um erneut in den Dampfschrank für den folgenden Abscheidezyklus eingeführt zu

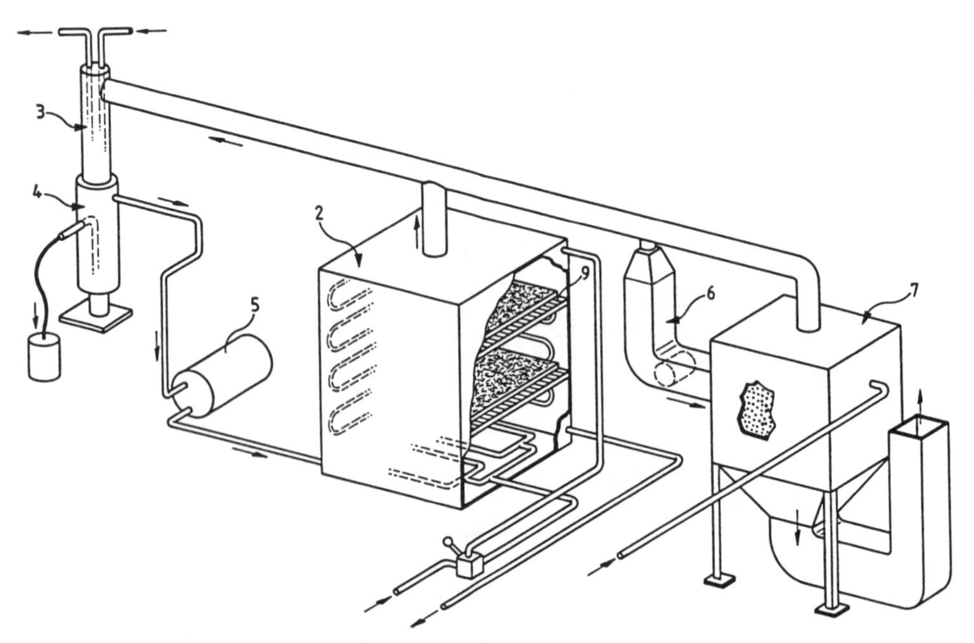

Bild 9.3-3 Geschlossenes System zur Lösungsmittelrückgewinnung

werden. Nach Beendigung des Frischdampfabscheideschrittes wird Luft in den Dampfschrank geleitet, die Luft erwärmt und durch das Filtermaterial geleitet. Restlösungsmitteldämpfe werden dann über ein Gebläse (6) zu einem Kohlenstoffbettadsorber geführt, so daß lediglich lösungsfreie Lust in die Atmosphäre geleitet wird. Der Kohlenstoffbettadsorber (7) wird periodisch mit Frischdampf desorbiert, und die Dämpfe werden zum Kondensator (3) zur Verflüssigung und zur Abtrennung im Lösungsmittelwasserabscheider (4) zurückgeführt. Überflüssiges mit Lösungsmittel gesättigtes Wasser kann aus dem Recyclingtank abgeleitet oder erneut in den Dampfschrank eingeleitet werden, wo es verdampft. Diese Dämpfe werden dann über das Gebläse (6) zum Adsorber (7) zur Adsorption geführt.

Verfahren zum Regenerieren gebrauchter Katalysatoren (US-PS 4 863 884)

Dieses Patent betrifft ein Verfahren zur Behandlung besonderer gebrauchter, ölbeschichteter Katalysatoren, um ein regeneriertes Katalysatormaterial in einem Regenerierbehälter zu schaffen. Der unter Druck stehende, vertikal angeordnete Behälter hat Einlaß- und Auslaßöffnungen für den Katalysator und die Waschfluide und weist weiter einen entfernbaren unteren Kopfabschnitt auf, der ein darin angeordnetes, konisch geformtes Gitter hat. Der Behälter ist so angeordnet, daß ein Waschen des Lösungsmittels, ein Vakuumtrocknen und eine Säurebehandlung sowie eine Gastrocknung des gebrauchten Katalysators in einem Bett oberhalb des konischen Gitters erfolgt, in dem Waschflüssigkeiten nach oben strömen und zurückgeführt werden und der Katalysator fluidisiert wird. Nach der Regenerierung des Katalysators wird dieser unten aus dem Gefäß durch das konische Gitter und durch eine mittlere Abzugsleitung abgezogen, die einen Schieber aufweist.

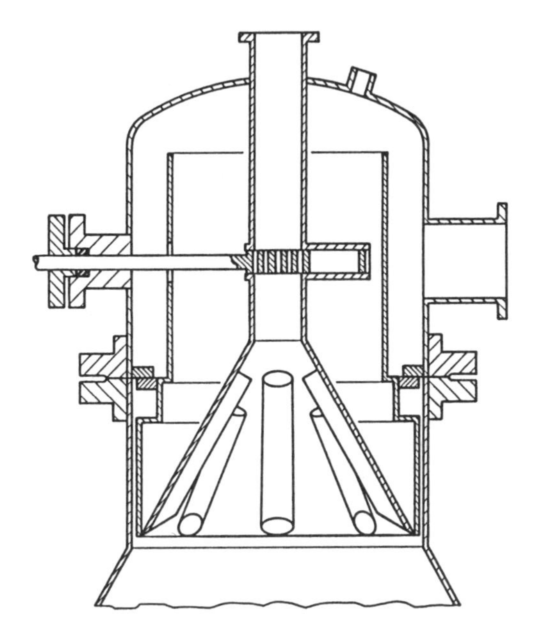

Bild 9.3-4
Verfahren zum Regenerieren gebrauchter Katalysatoren

Verfahren und Vorrichtung zu Rückgewinnung und Recyceln (US-PS 4 949 528)

Ein Recyclingbehälter besteht aus einer Reihe von Kunststoffsäcken, die Abfallsäcken ähneln, wobei diese Kunststoffsäcke zeitweise miteinander verbunden sind. Die einzelnen Säcke sind üblicherweise gefärbt und codiert, um die Identifikation des festen Abfallmaterials, das in ihnen gesammelt und zu einer Deponie transportiert wird, zu erleichtern.

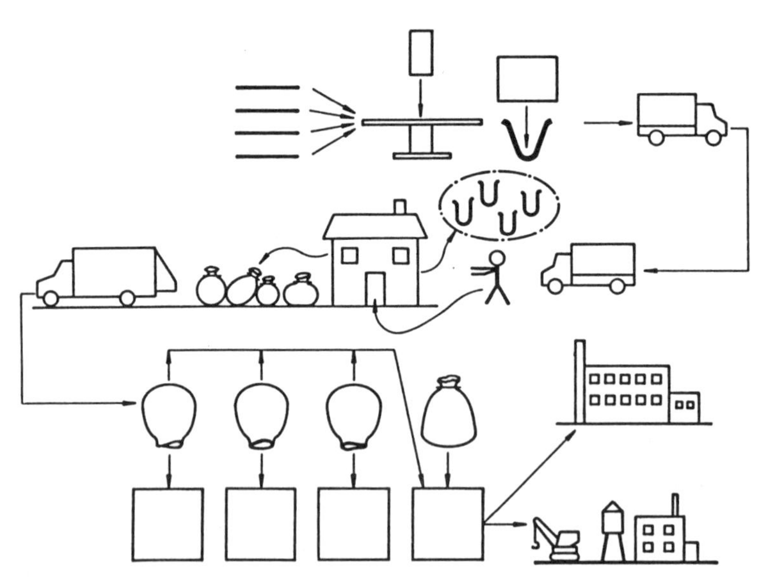

Bild 9.3-5 Verfahren und Vorrichtung zur Rückgewinnung und Recycling

Das neue Abfallgesetz enthält ein klares Gebot zur Abfallvermeidung und Abfallverwertung. Es werden daher im gewerblichen und industriellen Bereich Anlagen interessant, mit denen sich Materialanteile für die Wiederverwertung zurückgewinnen lassen, oder aber brennbare Reststoffe zur Energiegewinnung genutzt werden können. Dieses Kapitel gibt einen Überblick der Nutzanwendung energetischer Sekundärrohstoffe. Die in der Praxis geläufigsten Verfahren und Anlagen werden dargestellt.

9.3.1 Stoffgruppen

9.3.1.1 Holz, Biomasse

Alle pflanzlichen und tierischen Stoffe, aus denen Energie gewonnen werden kann, werden als Biomassen bezeichnet. Es handelt sich dabei um „nachwachsende Rohstoffe", bzw. um „erneuerbare Energien". Jährlich wachsen weltweit 80 Mrd t Biomasse nach, davon ca. 50 % Holz. Die Nutzung von Biomassen zur Erzeugung von Energie ist bis auf Holz stark eingeschränkt durch den hohen Bedarf für die Ernährung. Abfallstoffe wie Altholz, Stroh, Dung, Gülle, zucker- und stärkehaltige Pflanzen, nährstoffhaltige Abwässer aus der Nahrungsmittelindustrie, Klärschlamm und Hausmüll, werden heute auch zu den Biomassen gerechnet, da sie ständig anfallen und sich aus ihnen ebenfalls Energie gewinnen läßt.
Seit der Ölkrise haben sich die Bemühungen verstärkt, Biomasse-Energie insbesondere aus Abfällen als alternative Energiequelle zu nutzen.

9.3.1.2 Altpapier

Etwa 10 Mio. t Papier und Pappe fallen jährlich in der BRD als Abfall an, wovon 50–60 % in die kommunale Abfallbeseitigung gelangen. Der Rest wird dem Recycling, d.h. der Herstellung von Altpapierprodukten zugeführt. Für die Produktion von Pappen und Verpackungsmaterial werden ca. 84 % Altpapier eingesetzt.
Der Trend zur getrennten Sammlung von Papier und Pappe hält an, und auch die Bemühungen, diese Wertstoffe aus dem Müll auszusortieren, um BRAM (Brennstoff aus Müll) oder BRAP

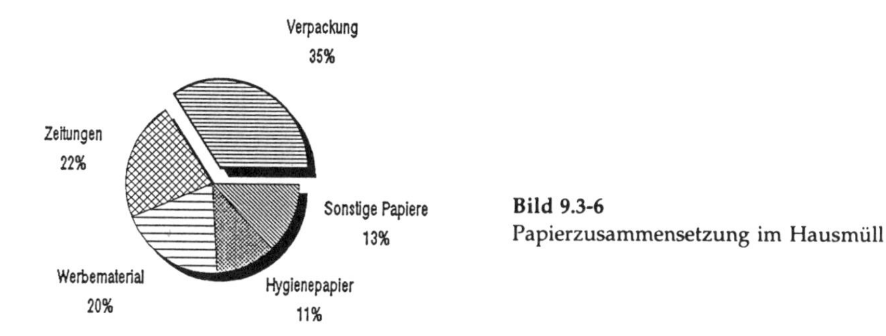

Bild 9.3-6
Papierzusammensetzung im Hausmüll

(Brennstoff aus Papier) daraus herzustellen und so durch Verbrennung eine energetische Nutzung zu erzielen. Bild 9.3-6 zeigt die Papierzusammensetzung im Hausmüll.

9.3.1.3 Gummi/Altreifen

In der BRD fallen jährlich 340.000 t PKW- und LKW-Altreifen an, die zu 45 % wiederverwertet werden und zu 55 % als Abfall entsorgt werden müssen. Da Reifen sperrig sind und auf Deponien kaum verrotten, lehnen die meisten Deponien Reifen ab, zumal außerdem die Gefahr der Entzündung besteht, und bei einem Brand stark rußhaltige Rauchgase entstehen. Der Heizwert der Altreifen, der 33,5 GJ/t beträgt, reizt zu einer energetischen Verwertung, die heute erfolgreich praktiziert wird.

9.3.1.4 Textilien

Abgelegte Textilien, die nicht in Kleidersammlungen gelangen, finden sich im Hausmüll wieder. In der BRD sind dies ca. 300.000 t pro Jahr. Etwa 45 % der Textilabfälle bestehen aus Baumwolle und 55 % aus synthetischen Fasern.

9.3.1.5 Kunststoffe

Von den 4,55 Mio. t Kunststoffe, die jährlich in der BRD produziert werden, finden sich nach Gebrauch etwa 0,8 Mio. t als Abfall wieder. Bild 9.3-7 zeigt die Artenzusammensetzung der Kunststoffabfälle.
Seit 1970 werden Verfahren entwickelt, eine stoffliche Verwertung zu erreichen. Das größte Hindernis liegt darin, daß die Abfälle verschmutzt und vermischt anfallen. Einmal benutzte Kunststoffe lassen sich zum ursprünglichen Produkt nur beschränkt recyceln. Es entstehen bei der Wiederaufarbeitung vielmehr Folgeprodukte, die nach einer bestimmten Benutzungsdauer am Ende entsorgt werden müssen. Dabei spielt die Verbrennung und thermische Verwertung eine bedeutende Rolle.

9.3.1.6 Müll/BRAM

Die immer noch ansteigenden Mengen an Siedlungs-, Gewerbe- und Industrieabfällen werden über die Deponierung und Verbrennung entsorgt. Der Trend geht mehr und mehr zur Verbrennung und Ausnutzung des Energiepotentials der Abfallstoffe. Verschiedene Wege werden beschritten, die Verschwelung oder Verbrennung von Rohmüll, oder die Vorschaltung einer Aufbereitungsanlage.
Durch mechanische Aufbereitung von Hausmüll wird eine heizwertreiche Fraktion, der sogenannte BRAM (Brennstoff aus Hausmüll), hergestellt, der im Vergleich zum Rohmüll für eine Verbrennung und thermische Verwertung besser geeignet ist.

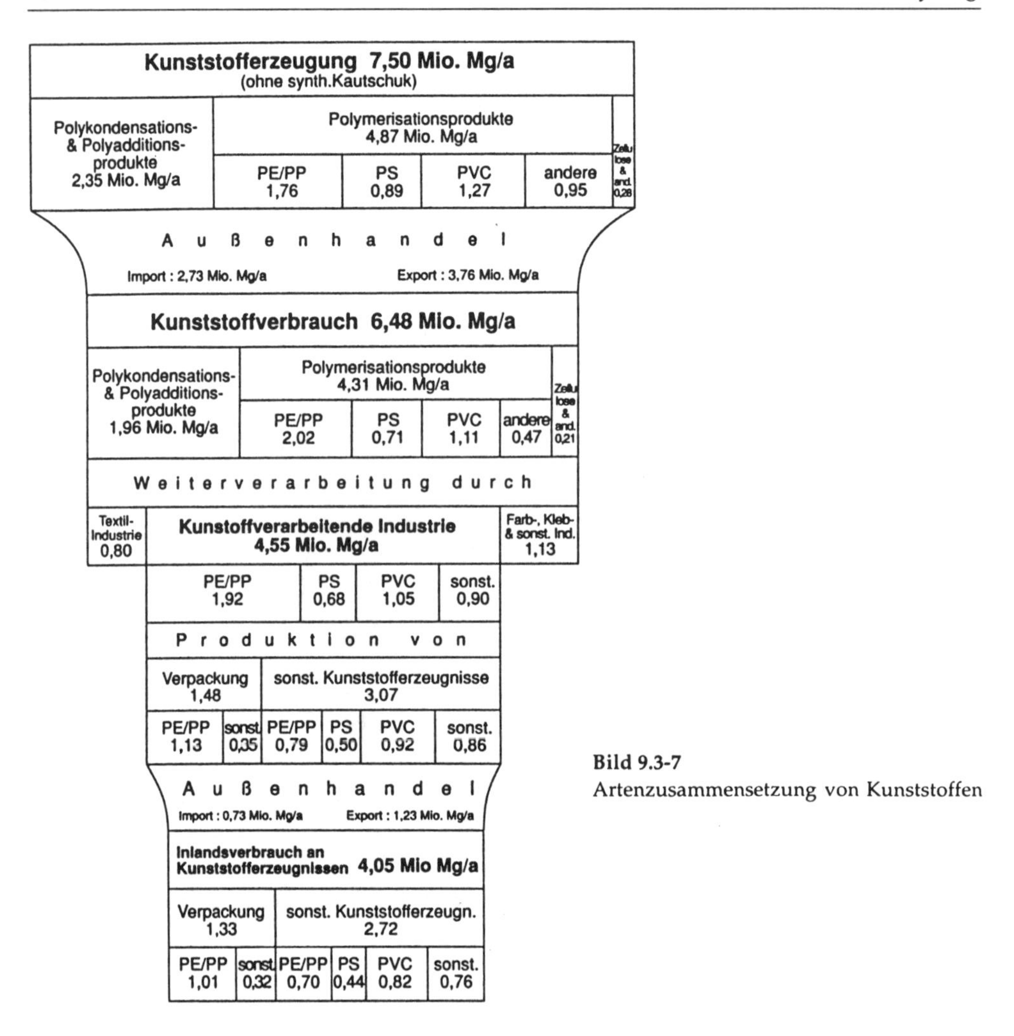

Bild 9.3-7
Artenzusammensetzung von Kunststoffen

Der Heizwert ist höher und gleichmäßiger, der Wassergehalt niedriger, die Gehalte an Chlor, Schwefel und Schwermetallverbindungen liegen niedriger.
Der für BRAM verwertbare Anteil im Hausmüll liegt zwischen 25 und 50 %. BRAM besteht zu

- 70–85 Gew.-% aus Papier und Pappe
- 10–13 Gew.-% aus Kunststoff
- 6–16 Gew.-% aus anderen brennbaren Substanzen
- 0– 4 Gew.-% aus unbrennbare Inertsubstanz.

Die Heizwerte liegen im Bereich 12–20 GJ/t und der Schwefelgehalt liegt niedriger als bei den meisten fossilen Brennstoffen. Der Gehalt an Chlor liegt jedoch höher.
Bei der Verbrennung von BRAM in Feuerungsanlagen fallen feste Rückstände (Schlacken, Asche, Flugaschen) an, die 15–25 % der BRAM-Menge entsprechen und deponiert werden müssen. Bei Verwendung von BRAM als Brennstoffersatz in der Zementindustrie fallen keine Rückstände an, da die Asche in den Zement eingebunden wird. Diese BRAM-Anwendung wird heute schon großtechnisch mit Erfolg praktiziert.

9.3.1.7 Farben/Lacke/Lösemittel

Diese Stoffe, die in großen Mengen anfallen, besitzen in der Regel hohe Heizwerte, sind aber wegen ihrer z.T. toxischen Bestandteile nur zur Verbrennung in speziell ausgebildeten Feuerräumen mit nachgeschalteten Gasreinigungseinrichtungen geeignet und zugelassen. Als Ersatzbrennstoffe in der Zementindustrie können Farben-, Lack- und Lösemittelreste in der Feuerung der Drehöfen eingesetzt werden. Bei Gastemperaturen von 1200 bis über 2000 Grad C und Verweilzeiten von etwa 3 Sekunden gelingt hier eine vollständige Zerstörung toxischer Substanzen, insbesondere die Zersetzung halogenierter Kohlenwasserstoffe.

9.3.1.8 Pasten/Schlämme/Raffinerieabfälle

Pasten und pastöse Rückstände mit unterschiedlichem Feuchte- und Energiegehalt fallen in vielen Prozessen als Abfallstoffe an und müssen beseitigt werden. Hier kommt hauptsächlich die Verbrennung in Wirbelschichten oder Drehrohröfen zum Einsatz. Durch Konditionierung oder mechanische Entwässerung kann in vielen Fällen eine energieautarke Verbrennung erreicht werden. Reicht der Energieinhalt der Einsatzstoffe nicht aus, wird mit fossilen Energieträgern zugefeuert, bzw. eine Trocknungsstufe vor die Verbrennung geschaltet, um den Wassergehalt, der den Heizwert mindert, zu reduzieren. Die Asche wird entweder deponiert oder anderweitig industriell verwertet.

9.3.1.9 Krankenhausabfälle

Zu den Problemfällen zählen die Abfälle, die täglich in den Krankenhäusern anfallen. Die Palette reicht von verwelkten Blumen über Einwegwäsche, Wundverbände, von Körperteilen und Organabfällen aus Phatologie, Chirurgie, Gynäkologie, Streu und Exkrementen aus Tierversuchslaboratorien, bis hin zu Küchenabfällen, Medikamenten und Chemikalien.
Wegen der Seuchengefahr sind diese Abfälle von der normalen Hausmüllentsorgung ausgeschlossen.
Die meist dezentrale Entsorgung erfolgt durch Verbrennung oder auch Pyrolyse in den Krankenhäusern.
Bei der dezentralen Entsorgung setzen sich Verfahren durch, die die Abfälle zuvor sterilisieren und dann einer Verbrennungsanlage zuführen.

9.3.1.10 Klärschlamm

Die bei der Abwasserbehandlung anfallenden Klärschlämme weisen Feststoffgehalte von 5–10 % auf. Der Feststoff besteht aus mineralischen und organischen Stoffen, es können Keime, Krankheitserreger und Gifte enthalten sein. Der Heizwert der Trockensubstanz ist stark von der Zusammensetzung abhängig und beträgt in der Größenordnung 13 MJ/t tr.. Durch mechanische Entwässerung und Vortrocknung auf Restfeuchten von < 25 % Feuchte kann ein Sekundärenergieträger gewonnen werden, der in Pyrolyse- und Verbrennungseinrichtungen zur Energiegewinnung eingesetzt werden kann. Auch die gemeinsame Verbrennung von Klärschlamm mit Müll oder BRAM wird praktiziert.

9.3.2 Verfahren der Verwertung

9.3.2.1 Allgemeines

Die Verfahren für eine thermische Nutzung des Energieinhaltes der Sekundärrohstoffe laufen entweder über die direkte Verbrennung oder eine der Verbrennung vorgeschaltete Vergaser- bzw. Pyrolyseeinrichtung, worin brennbare Gase erzeugt werden.
Durch biologische Prozesse wie Gärung, Faulung, bzw. Methanisierung, können aus organischen Substanzen ebenfalls Gase (Biogas) zur thermischen Verwertung gewonnen werden.
Nach der Verbrennung sorgt ein Abhitzesystem mit verschiedenen Wärmeträgern für eine Abkühlung der Verbrennungsgase, wobei die Wärmeträger aufgeheizt und der Energienutzung (Dampferzeugung, Heizzwecke) zugeführt werden. Die Rauchgase müssen entstaubt und gegebenenfalls zur Reduzierung gasförmiger Emissionen (SO2, NOx, HCl) gewaschen werden.

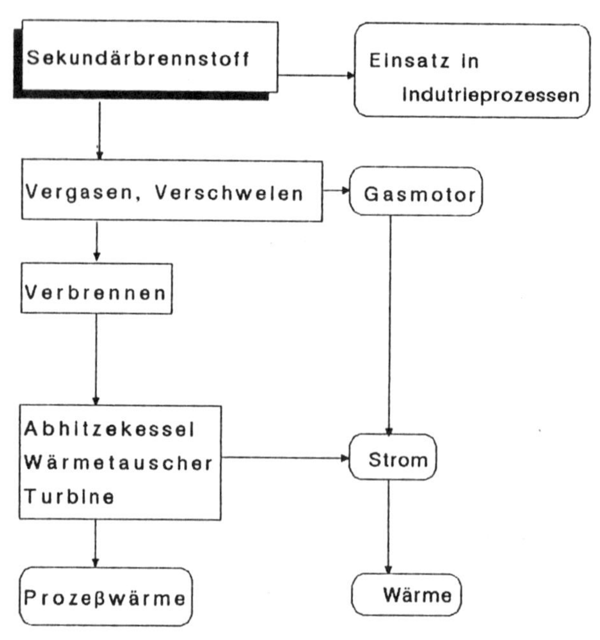

Bild 9.3-8 Prinzipien der Energienutzung

Anfallende Aschen, Schlacken, Flugstäube und andere Reststoffe werden einer Entsorgung bzw. Weiterverwertung zugeführt.
Anstelle eines Wärmeerzeugers kann bei Vergasungs- und Pyrolyseverfahren auch ein Gasmotor eingesetzt werden oder eine Kraft-Wärme-Kopplung über Turbinen erfolgen.
Bild 9.3-8 zeigt einige typische Schaltungen der angewandten Verfahren

9.3.2.2 Verfahrenstechniken

Pyrolyse, Vergasung

Bei der Pyrolyse oder Entgasung werden flüchtige Bestandteile bei Temperaturen zwischen 250 und 900 Grad C, meistens ohne Vergasungsmittel aber unter Luftabschluß oder starkem Luftunterschuß ausgetrieben. Die flüchtigen Bestandteile bestehen aus Wasserdampf, Schwelgasen, Kohlenwasserstoffen und Teeren. Übrig bleibt ein fester Rückstand aus Kohlenstoff und Inertsubstanzen, der Pyrolysekoks. Die Vergasung umfaßt die Umsetzung fester und flüssiger brennbarer Stoffe zu Brenngasen unter Verwendung von Vergasungsmitteln. Indirekt beheizte Drehtrommeln und Schachtapparate werden eingesetzt.

Verbrennung

Bei der Verbrennung verbinden sich die brennbaren Stoffe mit dem Sauerstoff der Verbrennungsluft unter Freisetzung von Wärme. Es entstehen Rauchgase, die im wesentlichen CO2, H2O und N2 enthalten. Bei Luftmangel oder knappem Luftüberschuß enthalten die Rauchgase auch noch CO. Bei einer vollkommenen Verbrennung mit Luftüberschuß enthalten die Rauchgase keine brennbaren Bestandteile mehr, was Voraussetzung ist für eine hohe energetische Ausbeute.
Je nach Aggregatzustand der Sekundärrohstoffe lassen sich die in Bild 9.3-9 gezeigten Wärmeerzeugerbauarten einsetzen.

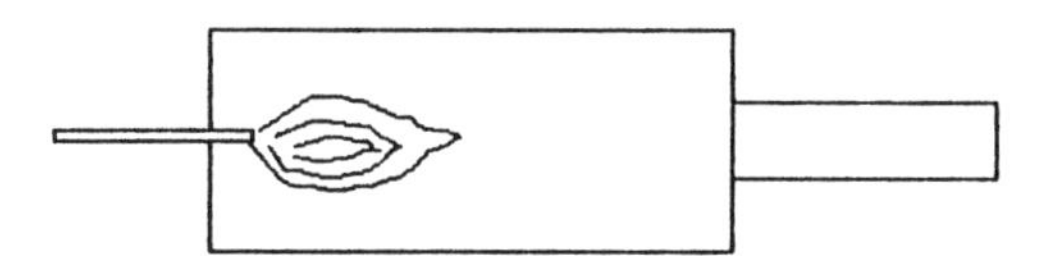

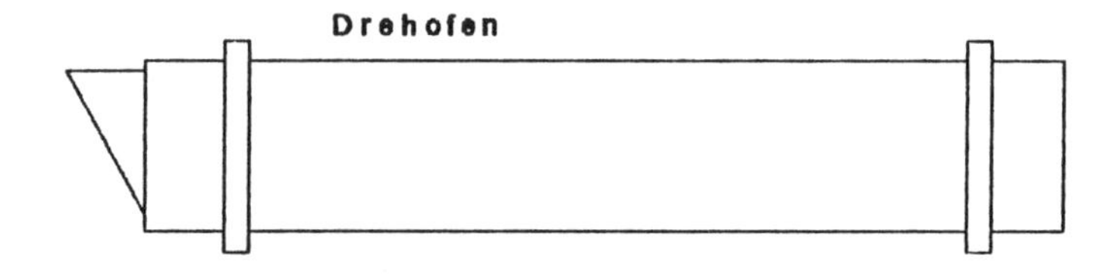

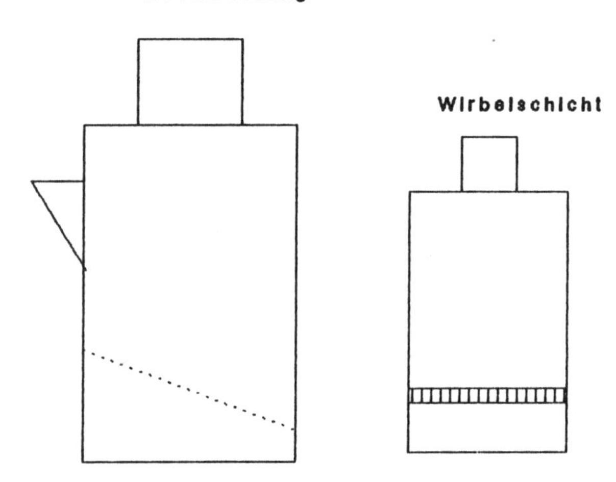

Bild 9.3-9 Bauarten von Wärmeerzeugern

	Fest	Flüssig Pasten Schlämme	Gasförmig
Rostfeuerungen			
Unterschubfeuerung	*		
Wanderrostfeuerung	*		
Schüttelrostfeuerung	*		
Wirbelschichtfeuerungen	*	*	
atmosphärische WS	*	*	
druckgeladene WS	*	*	
zirkulierende WS	*	*	
routierende WS	*	*	
Drehrohröfen			
Gleichstromdrehofen	*	*	
Gegenstromdrehofen	*	*	
Brennkammer	*	*	*

Während die Verbrennung von Gasen und Flüssigkeiten bei relativ kurzen Verweilzeiten durchführbar ist, erfordert die Verbrennung fester Stoffe in Abhängigkeit der Teilchengröße Verweilzeiten, die im Minuten- bis Stundenbereich liegen. Der Brennraum für die Feststoffverbrennung ist deshalb apparativ aufwendig.
Viele Eigenschaften der festen Sekundärbrennstoffe können Probleme bereiten beim Transport, der Lagerung, der Dosierung und beim Eintrag in die Verbrennungsanlage.
Besonders beachtet werden müssen Brennbarkeit, Toxizität, Zusammensetzung, Explosionsfähigkeit und Verbleib der Verbrennungsrückstände.
In *Unterschubfeuerungen* gelangt der Brennstoff in eine Mulde und wird durch die Strahlungswärme des darüberliegenden Feuerbettes getrocknet und entgast. Die vergasten Bestandteile durchströmen das Feuer von oben nach unten und verbrennen dort vollständig. Am oberen Rand der Mulde sind Rostklötze mit Luftschlitzen angebracht, durch die die Luft eintritt. Der Brennstoff wird in der Mulde nach oben und an die Seiten gedrückt. Durch diese Bewegung wird Zündung und Verbrennung sichergestellt. Die Schlacke sammelt sich am Rand und wird abzogen. Bei den *Wandrostfeuerungen* wird der Brennstoff mit einem Trichter auf den Rost aufgegeben. Schichthöhen bis zu 25 cm können eingestellt werden. Auf dem ersten Drittel des Rostes passiert die Trocknung, Entgasung und Zündung, die Hauptverbrennungszone liegt in der Rostmitte. Am Rostende fallen die Verbrennungsrückstände in einen Schlackentrichter. Die Feuerung arbeitet vollmechanisch, der Brennstoffdurchsatz wird über die Rostgeschwindigkeit gesteuert. Die Verbrennungsluft gelangt über seitliche Kanäle in den Bereich zwischen Ober- und Untertrum, der in drei bis neun Kammern aufgeteilt ist. Über Drosselklappen kann die Luftverteilung geregelt und der Ausbrand optimiert werden. Wanderrostfeuerungen werden für Dampferzeugungsleistungen von bis zu 150 t/h eingesetzt.
Schüttelroste sind wassergekühlte Planroste, die mit leichter Neigung nach hinten in den Feuerraum eingebaut sind. Ein Elektromotor setzt den elastisch gelagerten Rost in Schüttelbewegungen und der Brennstoff durchwandert den Feuerraum. Über Schüttel- und Pausenzeiten wird der Brennstoffdurchsatz gesteuert.
Wirbelschichtfeuerungen arbeiten in einem Temperaturbereich von etwa 850 Grad C. Inertes feinkörniges Bettmaterial (z.B. Sand) wird über einen Düsenboden mit Luft durchströmt und fluidisiert. Der Brennstoff kann auf das Bett oder seitlich in das Bett aufgegeben werden. Die Verbrennung setzt spontan ein, der Ausbrand ist trotz der niedrigen Temperaturen vollständig, da die Temperaturverteilung in der Wirbelschicht sehr gleichmäßig ist, und das Bettmaterial einen großen Wärmespeicher darstellt. Man unterscheidet zwischen atmosphärischer Wirbelschichtfeuerung und druckgeladenen Feuerungen. Weiterhin wird unterschieden in stationäre, zirkulierende

und rotierende Wirbelschichten. Die Wärmeentkopplung findet bis zu 50 % im Bett selbst, durch eingetauchte Wärmetauscherrohre und die weitere thermische Verwertung in nachgeschalteten Wärmenutzungseinrichtungen statt.
Die niedrigen Verbrennungstemperaturen in Wirbelschichtfeuerungen unterdrücken die Bildung von thermischen Stickstoffoxiden (NOx), d.h. die NOx-Emissionen von Wirbelschichtfeuerungen sind niedriger als die von Feuerungen, die mit höherem Temperaturniveau arbeiten.
Drehrohröfen, Stahlzylinder mit Durchmessern bis zu 5 Metern und Längen bis etwa 20 Metern, die innen mit feuerfestem Material ausgekleidet sind, sind für die Verbrennung fester und pastöser Sekundärbrennstoffe sehr geeignet. Durch die ständige Umwälzung der Einsatzstoffe werden immer wieder neue Oberflächen für den Verbrennungsfortschritt geschaffen. Verbrennungstemperaturen von 800 bis 1200 Grad C werden eingestellt. Verweilzeiten der Feststoffe von bis zu einer Stunde werden erreicht. Drehöfen sind relativ unempfindlich gegen Einsatzgemische unterschiedlicher Konsistenz und Zusammensetzung.
Zur Sicherstellung des vollständigen Ausbrandes sind meistens Nachbrennkammern zur Rauchgasverbrennung integriert. Nach der Abhitzeverwertung werden die Rauchgase entstaubt und gewaschen, bevor sie in die Atmosphäre entlassen werden. Drehrohröfen können im Gleich- oder Gegenstrom betrieben werden.

Biologische Behandlung

Rest- und Abfallstoffe mit organischen Bestandteilen lassen sich über Faul- und Methanisierungsprozesse in Biogas umwandeln, das über eine Verbrennung energetisch genutzt werden kann. Die Faulung erfolgt in einem Faulbehälter in wässriger Phase im Temperaturbereich von 35–55 Grad C. Während der 1 bis 2 Wochen dauernden Methanisierung unter Luftabschluß wird der Einsatzstoff gerührt und homogenisiert.
Das erzeugte Biogas eignet sich nach entsprechender Gasreinigung für den Betrieb von Motoren und Turbinen und auch als Brenngas für Öfen und Heizkessel.
Der Rückstand im Faulbehälter kann bei nicht vollkommenem Aufschluß noch brennbare Substanzen enthalten (bei Einsatz von Hausmüll z.B. Holz-, Papier- und Kunststoffreste), die evtl. noch verbrannt oder pyrolisiert werden können, um die Energieausbeute zu erhöhen.

9.3.3 Ergebnis und Anwendungsbeispiele

9.3.3.1 Pyrolyse, Vergasung

Verfahren Deutsche Babcock, Verschwelung von Siedlungsabfällen

Babcock Niedertemperatur-Pyrolyse-Verfahren

Das Prinzip beruht auf der Verschwelung, bzw. Entgasung energiehaltiger Abfallstoffe unter Luftabschluß. Dabei werden die organischen Bestandteile (Papier, Kunststoffe, Küchenabfälle, etc.) bei Temperaturen um 450 Grad C in Schwelgase umgesetzt.
Bild 9.3-10 zeigt das Verfahren. Der Schweler ist ein indirekt beheiztes Drehrohr. Hier werden die vorzerkleinerten Abfallstoffe eingeschleust, getrocknet und langsam entgast. Als Schwelgase entstehen Wasserstoff, Kohlenmonoxid, Methan, höhere Kohlenwasserstoffe sowie Kohlendioxid und Wasserdampf. Das Schwelgas gelangt vom Auslaufgehäuse des Drohofens in eine Zyklonbatterie und wird entstäubt. In einer nachgeschalteten Brennkammer werden die Schwelgase unter Zuführung von Luft verbrannt. Die Brenntemperaturen betragen 1200 Grad C bei einer Rauchgasverweilzeit von über 1 Sekunde.
Durch Zugabe basischer Zuschlagstoffe, z.B. Kalk, können im Schweler saure gasförmige Verbindungen, HCl, HF, H2S, SO2) gebunden werden. Als Rückstand verbleibt der Schwelkoks, der zu 80 bis 90 % aus anorganischen Substanzen besteht. Nach dem Ausschleusen des Schwelkokses werden die Wertstoffanteile, nicht oxidierte Metalle, separiert. Der Rest, etwa 10 % wird deponiert.
Nach der Brennkammer erfolgt die Energieausnutzung der heißen Rauchgase in Abhitzekesseln.

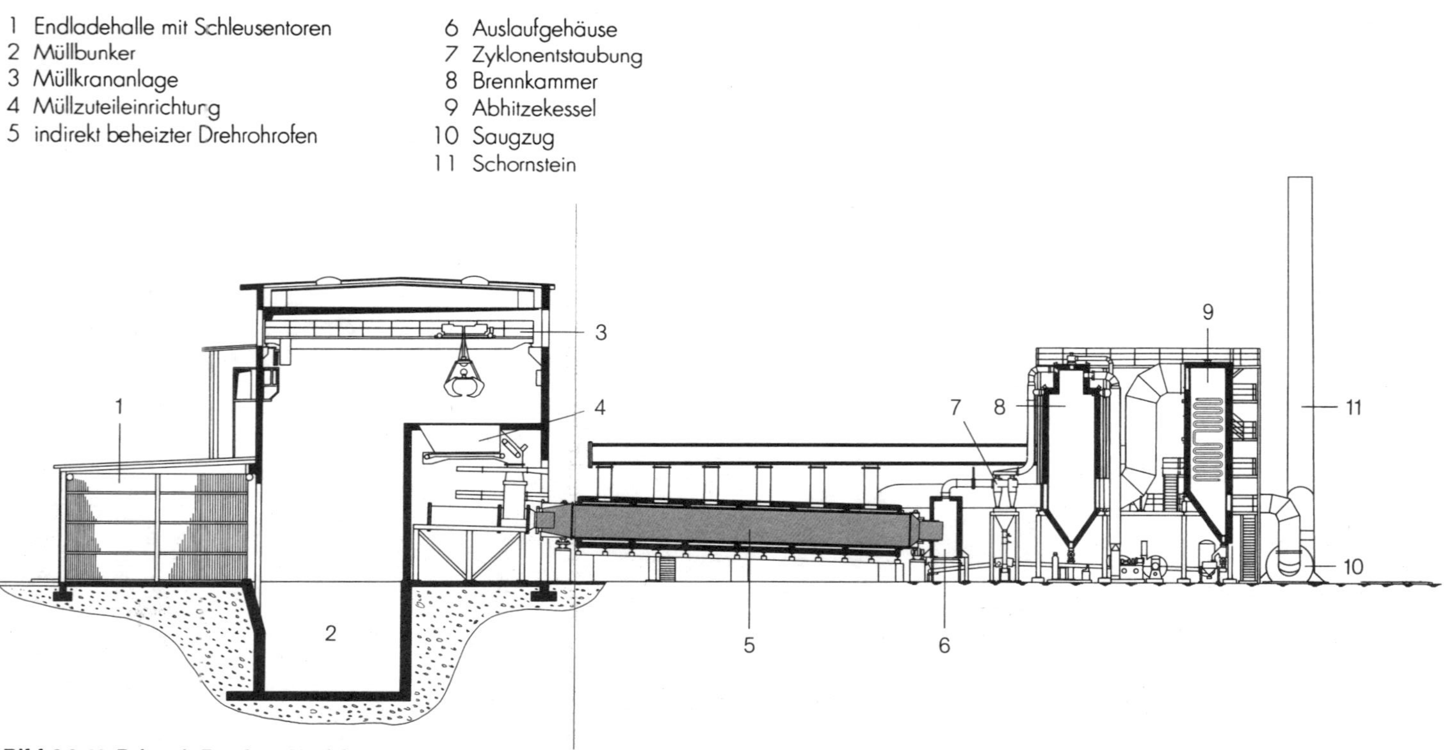

Bild 9.3-10 Babcock Pyrolyse-Verfahren

Verfahren Energas, Vergasen von Siedlungsabfällen

Diese Abfallverwertungstechnologie (Bild 9.3-11) verfolgt das Ziel, die enthaltene Energie optimal zu nutzen. Der Müll wird vorbehandelt und mit Kohle oder Abfallkohle vermischt. Diese heizwertreiche Mischung wird einem Reaktor aufgegeben, der die Entgasung durchführt, wobei Schwelgas und Koks entstehen. Nach der Gasreinigung fällt noch eine Ölfraktion an. Alle drei gewonnenen Brennstoffe können in Verbrennungsanlagen zur Thermischen Energienutzung eingesetzt werden.

Verfahren SF Saarberg, Vergasen von Hausmüll

Verfahren der SFW Gasgewinnung aus Haus- und Industriemüll.
Das in Bild 9.3-12 dargestellte Verfahren gliedert sich in die Bereiche:

- Abfallaufbereitung
- Gaserzeugung und -reinigung
- Abwasserbehandlung

Der Abfall wird einer Siebanlage zugeführt, der Siebrückstand zerkleinert und nach der FE-Metallabtrennung gemeinsam mit dem Siebdurchgang einem ballistischen Sichter aufgegeben. Der Sichter trennt in eine Leichtfraktion, eine Schwerfraktion und in eine Feinfraktion. Die Feinfraktion, die überwiegend aus Inertmaterial besteht, wird der Deponierung zugeführt. Die Leichtfraktion (Papier, Kunststoffe) wird nachzerkleinert und in einer Presse kompaktiert. Gemeinsam mit der Schwerfraktion werden die Preßlinge dem Vergasungsreaktor zugeführt. Dieser besteht aus einem stehenden Zylinder, der im oberen Teil ausgemauert ist und im unteren Bereich einen wassergekühlten Doppelmantel aufweist. Der Boden des Reaktors ist über eine mit Wasser gefüllte Ascheschüssel abgeschottet. Das Einsatzgut wird am Reaktorkopf über einen gasdichten Eintrag aufgegeben und durchläuft die Trocknung, Entgasung, Vergasung und Teilverbrennung.
Die in der Verbrennungszone benötigte Luft wird über einen kegelförmigen Rost eingeblasen. Diese Luft kann auch ersetzt werden durch reinen Sauerstoff oder ein Sauerstoff-Luft-Gemisch.
Im unteren Teil des Reaktors verbrennt ein Teil des Einsatzgutes und liefert 950 bis 1000 Grad C heißes sauerstoffreiches Rauchgas, das im Reaktor aufströmt und die kohlenstoff- und wasserstoffhaltigen Bestandteile des Einsatzgutes abspaltet. (Ent- und Vergasung) Am Reaktorkopf wird das Produktgas abgezogen und entstaubt. Durch Naßwäsche gehen die wasserlöslichen Gasbestandteile in Lösung, das Gas wird gekühlt. Die Asche aus dem Reaktor wird durch Drehung der Schüssel über einen Abstreifer ausgetragen. Die Drehbewegung bewirkt außerdem eine Schürwirkung im Verbrennungsteil des Reaktors.
Das gewonnene Schwachgas (Hu < 7000 kJ/m3) kann umweltfreundlich ohne schädliche Emissionen zur Energieerzeugung verbrannt werden.
Ein zusätzlicher Verfahrensschritt kann bei Bedarf eine Zerlegung des Gases in H2, CH4 und CO bewirken. Diese Zerlegung wird in Füllkörpergeneratoren durchgeführt und erlaubt die Verwendung des Gases zur Methanolsynthese.
Das beim Vergasungsprozeß anfallende Abwasser wird von Teer und Öl getrennt. Teer und Öl werden dem Reaktor rückgeführt oder können anderweitig verwertet werden. Das verbleibende Abwasser wird aufbereitet und in einen Vorfluter abgeleitet.
Die Abwasseraufbereitung reinigt chemisch und biologisch und beinhaltet ein Aktivkohlefilter.
Der Vergasungsreaktor ist in der Lage, eine große Palette von Abfallstoffen zu verarbeiten. Das Produktgas bietet die gleichen energetischen Anwendungsmöglichkeiten wie Erdgas oder Stadtgas. Weil Gasleitungen kostengünstiger verlegt werden können als Fernwärmeleitungen, kann das Produktgas preiswert zum Verbraucher geführt werden, und dort z.B. in Blockheizkraftwerken (BHKW) in thermische und/oder elektrische Energie umgewandelt werden.

Verfahren Siemens, Verschwelen von Hausmüll

Zur umweltgerechten Entsorgung von Siedlungsabfällen wurde von KUT, Kraftwerk Union-Umwelttechnik GmbH, als Tochter der Siemens AG, das Schwelbrennverfahren entwickelt.

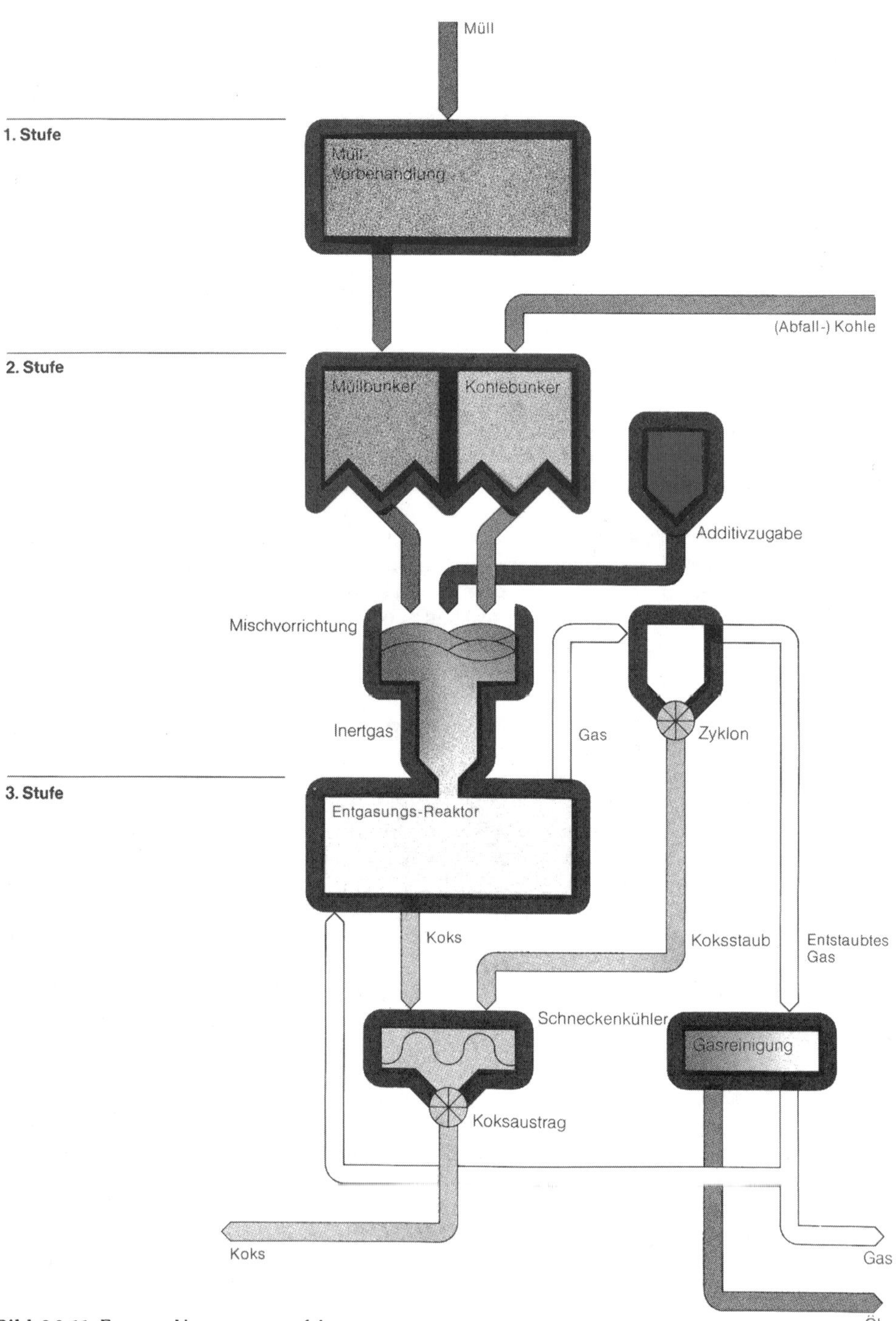

Bild 9.3-11 Energas-Vergasungsverfahren

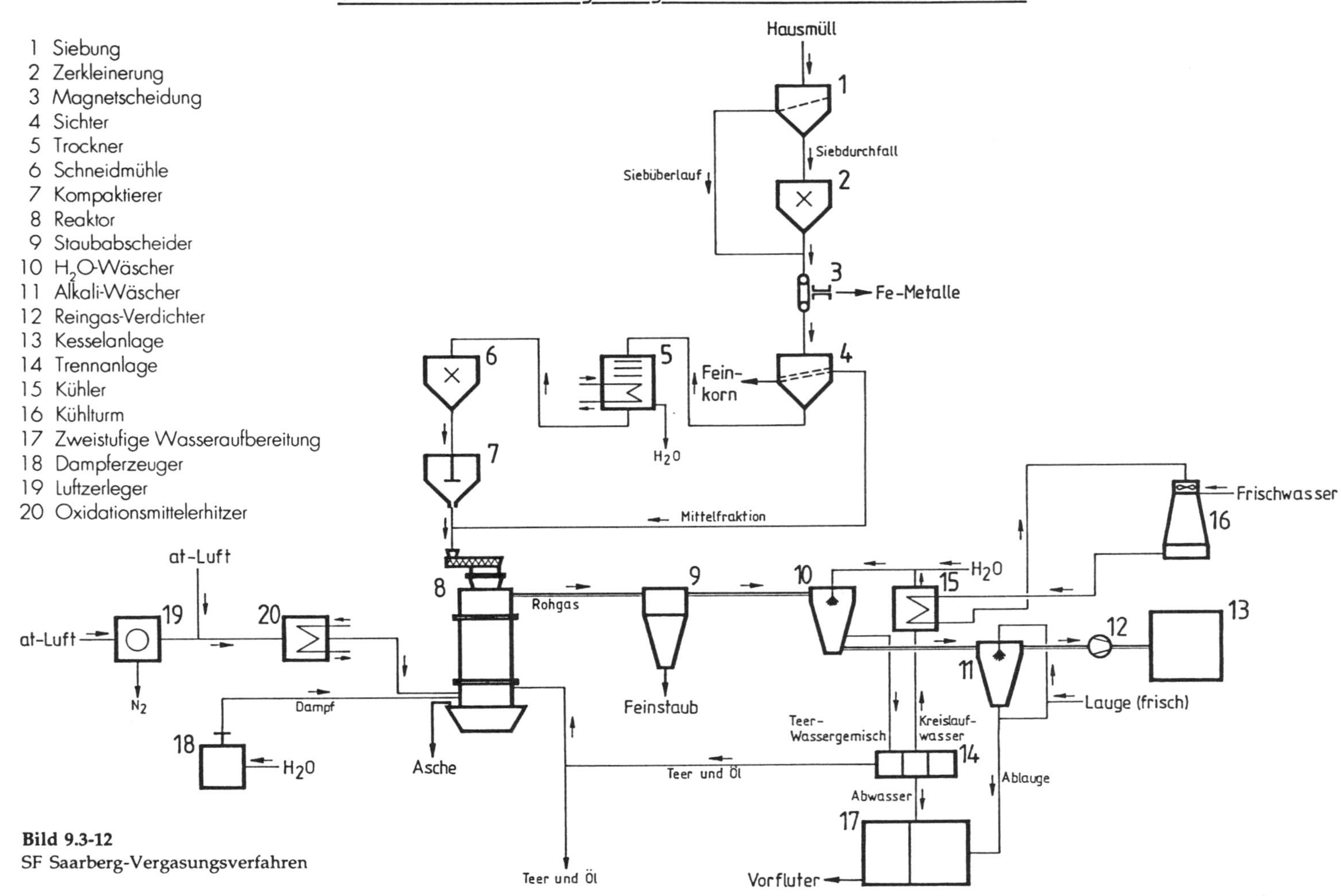

Bild 9.3-12
SF Saarberg-Vergasungsverfahren

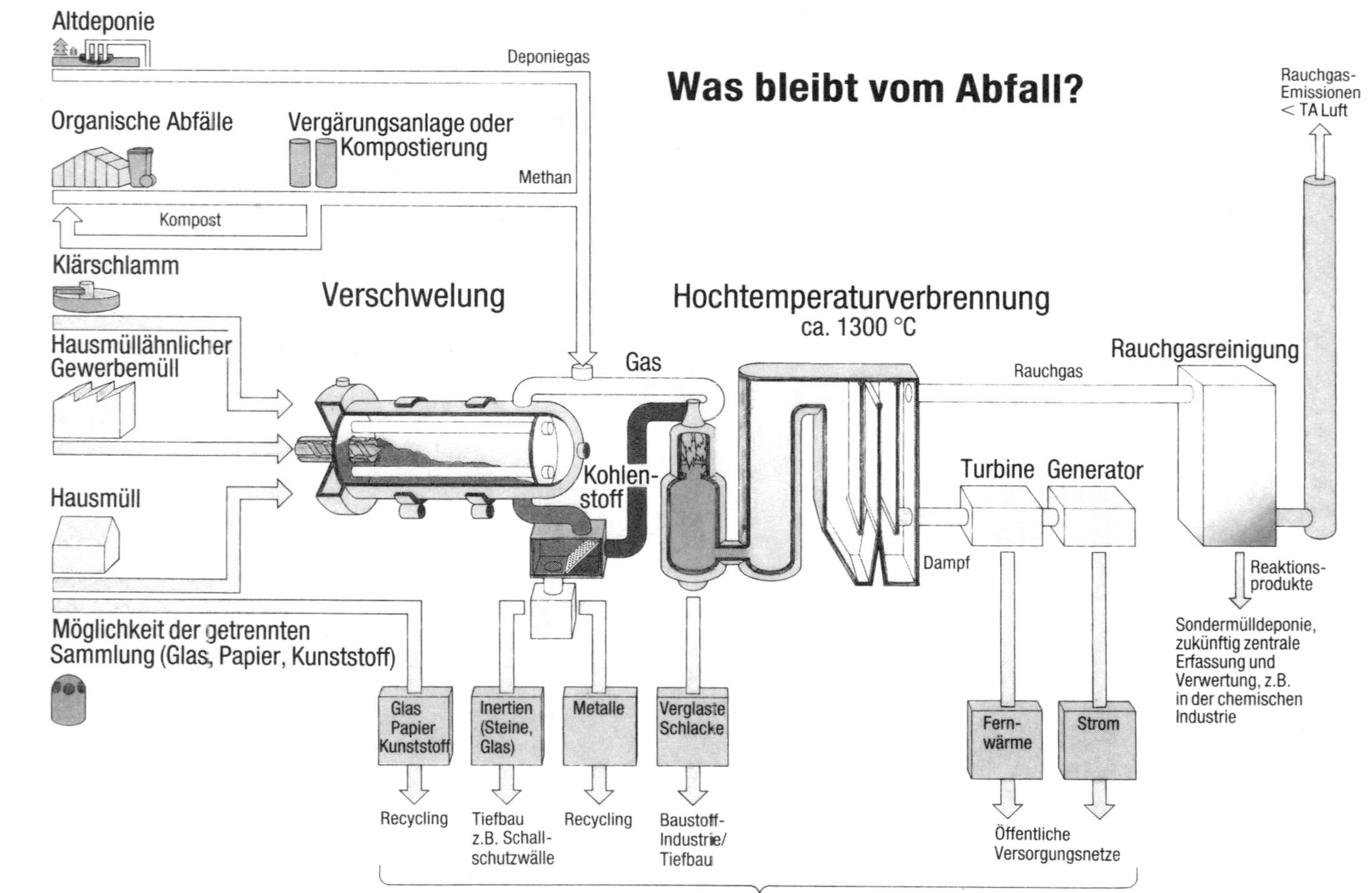

Bild 9.3.13
Siemens-KWU-Pyrolyseverfahren

Zielvorgabe war die Behandlung von Siedlungsabfällen bei weitestgehender Stoffverwertung, Energiegewinnung und minimalen Emissionen.
Das Verfahren ist eine Kombination aus Verschwelung und Hochtemperaturverbrennung und erlaubt eine nahezu 100 %-ige Verwertung der Abfallstoffe. Bild 9.3-13 zeigt den Verfahrensablauf. Der angelieferte Abfall wird zunächst in einer Rotorschere zerkleinert, bevor die Verschwelung bei ca. 450 Grad C durchgeführt wird. Nach der Schwelung in einer indirekt beheizten Schweltrommel erfolgt die Abtrennung verwertbarer Stoffe aus dem Schwelrückstand. Dies sind Eisen, NE-Metalle in nicht oxidierter Form, Glas, Steine, Keramik und der kohlenstoffhaltige Reststoff.
Das Schwelgas und der kohlenstoffhaltige Reststoff werden gemeinsam bei 1300 Grad C in einer Hochtemperaturverbrennung energetisch vollständig umgesetzt. Zurück bleibt ein Schmelzgranulat, das als umweltsicherer Baustoff vielseitig verwertbar werden kann.
Im Anschluß an die Verbrennung werden die Rauchgase über Abhitzekessel zur Dampferzeugung eingesetzt. Der Dampf wird z.B. in einer Entnahmekondensationsturbine zur Stromerzeugung entspannt. Neben elektrischer Energie kann dabei auch Fernwärme und/oder Prozeßwärme abgegeben werden. Nach der Rauschgasreinigung mit E-Filter, Sprühtrockner und Naßwäscher liegen die Schadstoffemissionen z.T. weit unter den Grenzen der TA-Luft. Eine DENOX-Stufe zur Abscheidung von NOx kann in die Rauchgasreinigung integriert werden. Kessel- und Filterstäube werden in die Feuerung zurückgeführt, lediglich die Reaktionsprodukte aus dem Sprühtrockner müssen als Sondermüll deponiert werden.
Das Massenstromschema in Bild 9.3-14 zeigt eine Netto-Stromerzeugung von 0,36 MWh/t Müll. Alternativ hierzu kann Fern- bzw. Prozeßwärme abgegeben werden.
Schwelbrennanlagen mit Durchsatzleistungen von 80.000 bis 140.000 t/a sind konzipiert, die Realisierung einer großtechnischen Anlage wird z.Zt. vorbereitet.

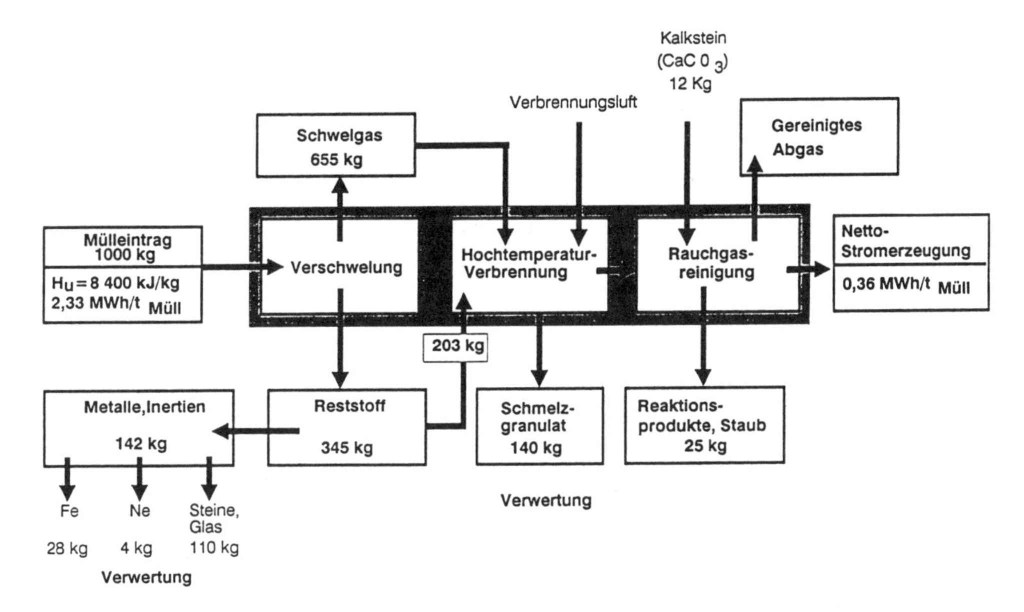

Bild 9.3-14 Massenstromschema bei der Energieerzeugung

9.3.3.2 Verbrennung

Verfahren ABTFTB (ROWITEC-Verfahren)

Das Verfahren verbrennt Abfälle in einer Wirbelschicht, die mit Sand arbeitet. Besonderes Merkmal des Feuerraumes ist der keilförmig ausgebildete Düsenboden durch den die Luft eingeführt wird (Bild 9.3-15). Der Sand gerät dadurch in Rotation und die Wärme wird sehr gleichmäßig im Reaktionsraum verteilt, wodurch Anbackungen und Versinterungen vermieden werden. Nicht brennbare Bestandteile verlassen mit dem Sand das Wirbelbett und werden zu einer Siebanlage geführt. Dort erfolgt die Sandabtrennung. Der gesiebte Sand wird der Wirbelschicht zurückgeführt, die nicht brennbaren Anteile gehen in den Siebüberlauf und werden einer weiteren Verwertung zugeführt.

Die Rauchgase der Wirbelschicht durchströmen Wärmetauscher zur Energienutzung und werden anschließend gereinigt.

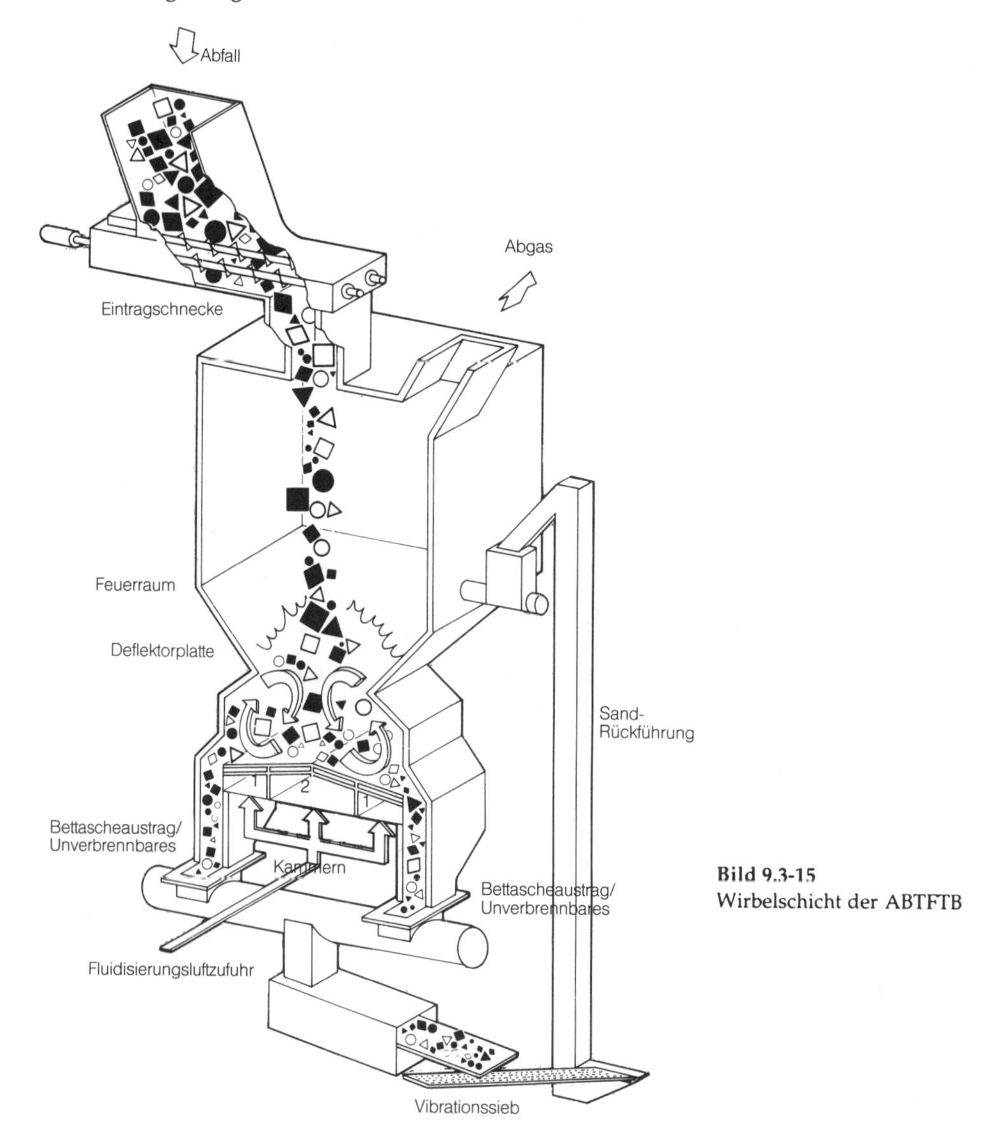

Bild 9.3-15
Wirbelschicht der ABTFTB

Primäre Maßnahmen, die Zugabe von Kalkstein oder Kalk in den Feuerraum, binden einen Großteil von SO2, HCl, HF und Schwermetallen.
Bild 9.3-16 zeigt ein Fließbild des Verfahrens.
Die rotierende Wirbelschicht wird eingesetzt für Hausmüll, Gewerbemüll, Kunststoffe, Holzspäne, Klär- und Industrieschlämme.
40 Anlagen mit Durchsätzen von 2 bis 9,5 t/h sind langjährig im Einsatz.

Verfahren Deutsche Babcock

Verbrennungsverfahren mit Rostfeuerungen

Das Verfahren dient der Abfallverbrennung und Gewinnung von Strom und Wärme. Bild 9.3-17 zeigt das Verfahren.
Der zu verbrennende Abfall gelangt über einen Aufgabestößel auf den Walzenrost, der aus stufenförmig hintereinander angeordneten Walzen besteht. Über die Regelung der Drehzahl wird die Verbrennung der Qualität der Einsatzstoffe angepaßt. Die Verbrennungsluft wird aus dem Abfallbunker angesaugt und den Rosten zugeführt.
Der Walzenrost kann für Durchsätze von 8 bis 40 t/h fester Abfallstoffe eingesetzt werden. Kombiniert mit der Verbrennung von Feststoffen auf dem Rost kann auch kommunaler Klärschlamm entsorgt werden.
Dazu ist es notwendig, den vorentwässerten Klärschlamm zu trocknen, bis er als zündfähiges Produkt oberhalb der Rostfeuerung eingeblasen und verbrannt werden kann. Zur Trocknung stehen heiße Rauchgase aus der Abfallverbrennung zur Verfügung. Die Rauchgase aus der Abfallverbrennung werden nach der Wärmeausnutzung durch Abhitzekessel entstaubt und gewaschen. In der 1. Stufe werden HCl und HF und in der 2. Stufe SO2 abgeschieden. Die anfallenden Abwässer werden gereinigt und neutralisiert, bevor sie in den Vorfluter eingeleitet werden.
Rostdurchfall und Flugaschen aus den Kesselzügen werden zusammen mit der Schlacke im Aschebunker gesammelt und entsorgt, ebenso die Flugstäube aus der Abgasentstaubung.
Bild 9.3-18 zeigt eine Verbrennungsanlage, die mit einem Vorschubrost ausgerüstet ist. Der Rost ist horizontal angeordnet und dient dazu, den Brennstoff durch den Feuerraum zu transportieren und zu schüren. Darüberhinaus übernimmt er die Funktion der Verbrennungsluftverteilung. Die Verbrennung erfolgt im Temperaturbereich zwischen 900 und 1100 Grad C. Geruchstoffe werden zerstört und treten im Abgas nicht mehr auf.

Babcock Verbrennungsverfahren mit Drehrohrofen

In der Industrie fallen Abfallstoffe an, die in Rostfeuerungen nur bedingt einsetzbar sind. Es sind dies Abfälle, die in fester, pastöser oder flüssiger Form anfallen. Entscheidend für das thermische Verhalten dieser Stoffe sind die brenntechnischen Eigenschaften wie Heizwert, Zündpunkt und Aschegehalt, die starken Schwankungen unterliegen können. Das Drehrohrofenverfahren ist hier besonders fähig, diese Stoffe thermisch zu verwerten.
Grundsätzlich können alle organischen Rückstände unabhängig von Konsistenz und Aggregatzustand verbrannt werden.
Feste Abfälle kommen über eine spezielle Eintragsvorrichtung in den Drehofen. Flüssige und pastöse Abfälle werden über Brenner oder Lanzen eingetragen. Reicht der Heizwert oder die Zündfähigkeit nicht aus, so wird die Verbrennung über Zünd- und Stützbrenner in Gang gesetzt und gehalten. Rotation und Neigung des Drehrohrs bewirken eine intensive Durchmischung und den Transport durch den Ofen. Die Verbrennungsluft wird als Primärluft über Brenner und Lanzen, sowie als Sekundärluft über die Drehofenstirnwand zugeführt.
Nach Trocknung und Entgasung setzt die Verbrennung ein, die bei 900 bis 1100 Grad C durchgeführt wird. Durch die hohe Verweilzeit im Drehofen wird ein hoher Ausbrand der organischen Abfallfraktion erreicht. Die in den Drehrohrabgasen noch enthaltenen Brenngase werden in einer Nachbrennkammer mittels heizwertreicher flüssiger oder gasförmiger Abfallstoffe, oder mit Primärbrennstoffen zersetzt und verbrannt. In den meisten Fällen werden die Rauchgase der Nachverbrennung Abhitzekesseln zugeführt und eine Energiegewinnung in Form der Dampferzeu-

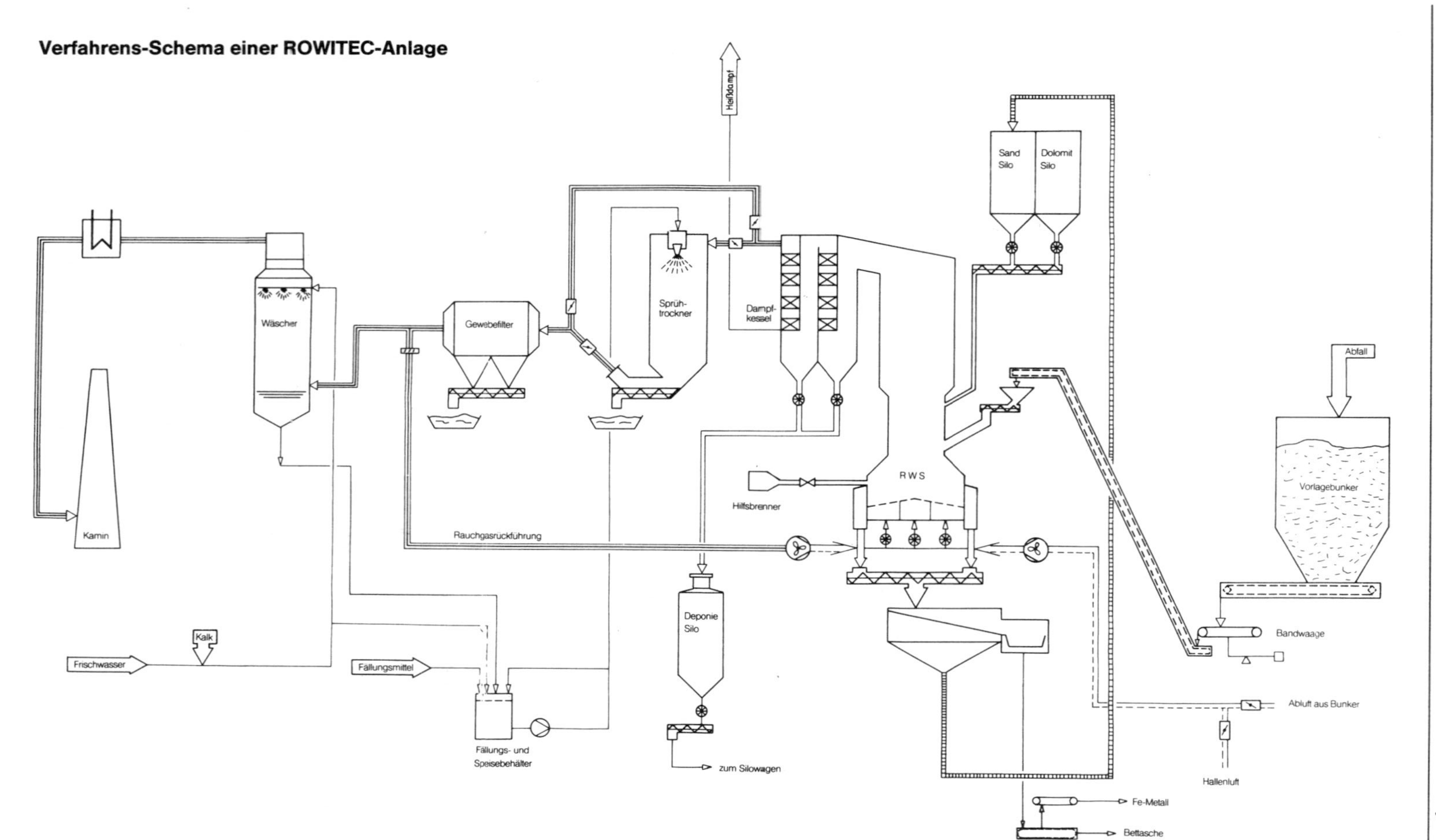

Bild 9.3-16 ABTFTB-ROWITEC-Verfahren

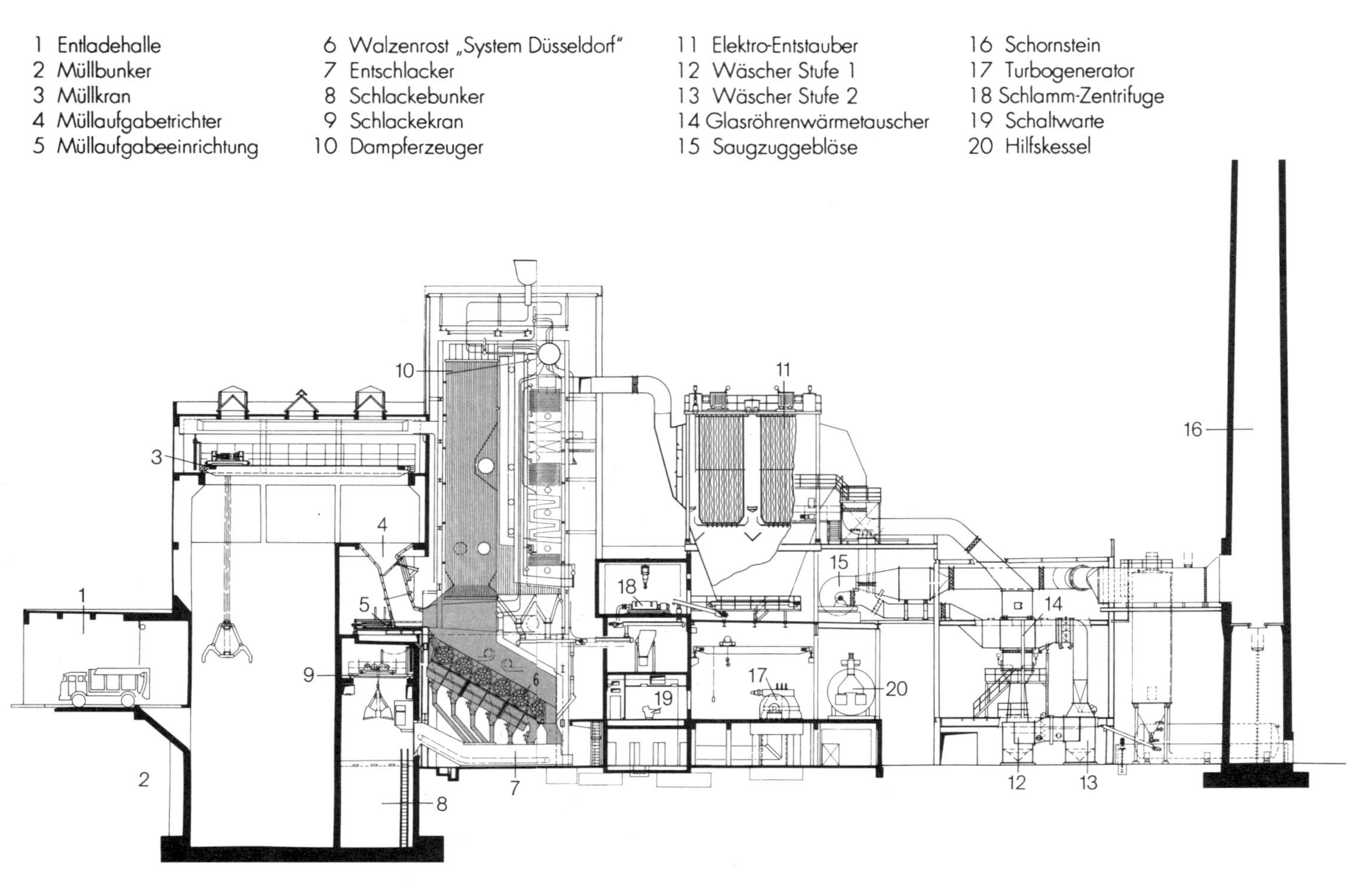

Bild 9.3-17 Babcock-Verfahren mit Rostfeuerung

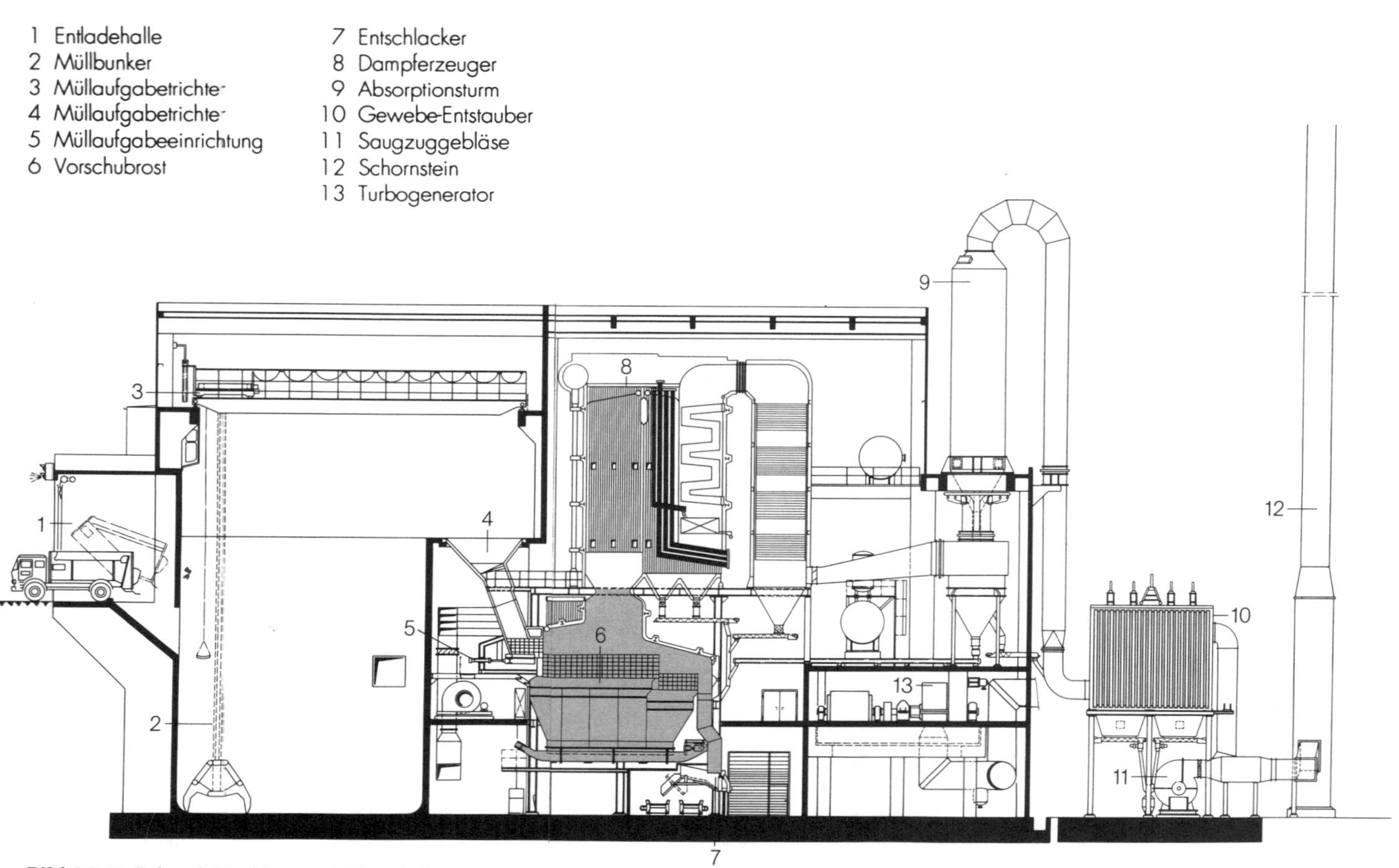

Bild 9.3-18 Babcock-Verfahren mit Vorschubrost

gung durchgeführt. Mittels einer Turbine kann der Energiebedarf der Anlage gedeckt und bei Energieüberschuß dieser Anteil in das öffentliche Netz eingespeist werden.
Besonders hoch sind die Anforderungen für die Rauchgasreinigung, da durch die verschiedenartige Zusammensetzung der Abfälle hohe Schadgaskonzentrationen auftreten können.
Dem muß Rechnung getragen werden bei der Konzipierung der Reinigungsanlagen.

Babcock Verbrennungsverfahren mit Wirbelschichtofen

Wie der Drehrohrofen, ist der Wirbelschichtofen für die Verbrennung fester, flüssiger und pastöser Abfallstoffe geeignet (Bild 9.3-19). Verfahrenstechnisch bietet die Wirbelschichtverbrennung einige Vorteile:

- gute Wärme- und Stoffübergangseigenschaften
- geringe Empfindlichkeit gegenüber wasserhaltigen Schlämmen
- große Bandbreite im Durchsatz
- keine mechanisch bewegten Teile im Feuerraum

Feste aufbereitete Abfallstoffe werden in die Wirbelschicht eingeschleust. Flüssige und pastöse Reststoffe werden über Lanzen eingedüst. Der intensive Wärme- und Stoffaustausch in der Wirbelschicht gewährleistet einen vollständigen Ausbrand bei niedrigem Luftüberschuß. Die Verbrennungsabgase verlassen nach einer Beruhigungsstrecke oberhalb des Wirbelschichtofens den Brennraum und werden einem Wärmetauscher zugeführt. Hier erfolgt die Vorwärmung der Verbrennungsluft für die Wirbelschichtverbrennung.
Ein Abhitzekessel sorgt bei Energieüberschuß für die Energieverwertung, z.B. Stromerzeugung.
Die abgekühlten Rauchgase werden in einer nachgeschalteten Rauchgaswäsche behandelt. Über Saugzug und Kamin werden die Abgase danach in die Atmosphäre geleitet.
Die Ascheanteile gelangen teilweise mit den Rauchgasen aus dem Verbrennungsraum und werden über einen Entstauber abgeschieden. Ein Teil verläßt den Brennraum über einen Auslauf oberhalb des Anströmbodens der Wirbelschicht. Die Entsorgung der Aschen ist problemlos.

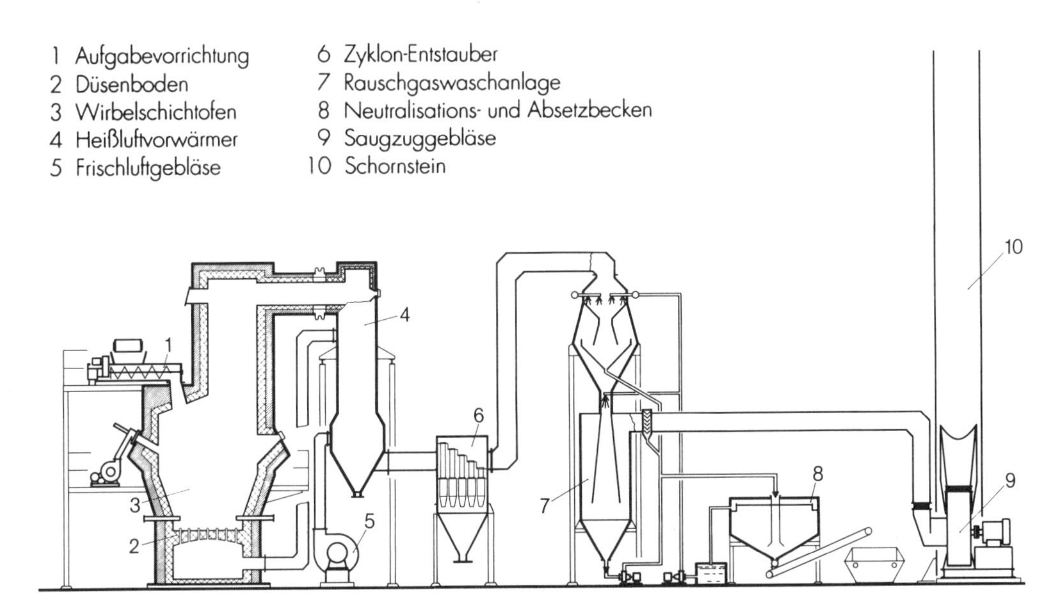

Bild 9.3-19 Babcock-Wirbelschicht-Verfahren

Verfahren Bayer

TAREX-Verfahren für die Flüssig-Gas-Verbrennung

Ursprünglicher Zweck war es, ein Verfahren zu entwickeln, um beliebig zündfähige Gasmischungen gefahrlos verbrennen zu können.
Durch wechselnde Aufgabenstellungen aus der Praxis wurde das Verfahren weiterentwickelt und stellt heute ein Verfahren dar, das schwierigste Probleme der Gas- und Flüssigverbrennung beherrscht.
Je mehr Stoffströme mit unterschiedlichen Eigenschaften einer Verbrennungsanlage zugeführt werden, umso komplizierter wird die Verbrennung. Gase und Flüssigkeiten können nicht in einem Brenner oder in einer Ebene der Brennkammer verbrannt werden, sondern es ist erforderlich, die Brennkammer mehrstufig auszuführen, um einzelne Reaktionsschritte parallel und/oder hintereinanderschalten zu können. Die vielstufige Reaktionsführung kann so gesteuert werden, daß die erste Stufe (Initialzündung) und die letzte Stufe (Ausbrandsicherung) stabil brennen. Probleme und Ausfälle in den Zwischenstufen sind auf diese Weise sicher zu beherrschen.

Verfahren BERGBAU-FORSCHUNG

BF-Verfahren zur Klärschlammtrocknung und -verbrennung

Bei der Verbrennung von Klärschlamm wird der bis zu 90 %-feuchte Schlamm in einem Schritt getrocknet und verbrannt. Dieses Verfahren ist sehr energieintensiv, da der Wärmeaufwand für die Wasserverdampfung dominiert. Das BF-Verfahren trennt die Trocknung von der Verbrennung und bietet ein Verfahrenskonzept, das eine äußerst geringe Zusatzenergie erfordert, ggf. auch energieautark arbeitet.
Bild 9.3-20 zeigt das Verfahrensschema. Nach mechanischer Vorentwässerung wird der Klärschlamm in einen Wirbelschichtreaktor gefördert und in einer Sandwirbelschicht getrocknet. Der getrocknete Feststoff wird gemeinsam mit dem Wirbelschichtabgas ausgetragen und in einem Zyklon bei Gastemperaturen von < 150 Grad C abgetrennt.
Bei Kombination von Trocknung und Verbrennung wird der Klärschlamm in einem Feststoffbrenner verbrannt. Das Rauchgas des Feststoffbrenners wird mit etwa 60 bis 80 % des Abgases aus dem Trockner gemischt und gelangt über eine Ascheabscheidung als Wärmeträger und Wirbelgas in den Wirbelschichttrockner.
Der Bedarf an Zusatzenergie hängt ab vom Wassergehalt und Heizwert des Klärschlamms. Bei einer Entwässerung auf 80 % Feuchte ist ein Heizwert der Trockensubstanz von 16 MJ/kg, und bei 70 % Feuchte ein Heizwert von 8,4 MJ/kg ausreichend, ohne Zusatzenergie auszukommen.
Für eine externe Verwendung des Klärschlamms z.B. in einer Müllverbrennung oder einem Pyrolyseverfahren, wird der Klärschlamm vor der Trocknung zunächst in einem Durchlaufmischer granuliert.
Das Granulat wird dann in der Wirbelschicht, die ohne Sand arbeitet, getrocknet. Nach einer Verweilzeit von 10 bis 20. Min. verläßt das Granulat mit einer Festfeuchte von < 5 % den Trockner.
Je nach Anwendungsfall besteht das Wirbelgas entweder aus einem Gemisch aus Rauchgas und Trocknerrückgas oder aus Kreislaufgas.
Im ersten Fall erfolgt eine direkte Wärmeübertragung in die Wirbelschicht. Die Trocknerbrüden werden in der nachgeschalteten Verbrennung (z.B. Müllverbrennung) entsorgt.
Im zweiten Fall wird die Trocknungsenergie in einem Wärmetauscher von heißem Rauchgas auf das als Wirbelgas dienende Kreislaufgas übertragen. Das Kondensat wird aufgefangen und in den Einlauf der Kläranlage zurückgegeben.
Das BF-Verfahren bietet folgende Vorteile:

- minimaler Bedarf an Zusatzenergie bis zur autarken Betriebsweise
- niedriges Abgasvolumen durch Rezirkulierung
- materialschonende Trocknung
- Trockner arbeitet ohne bewegliche Einbauten

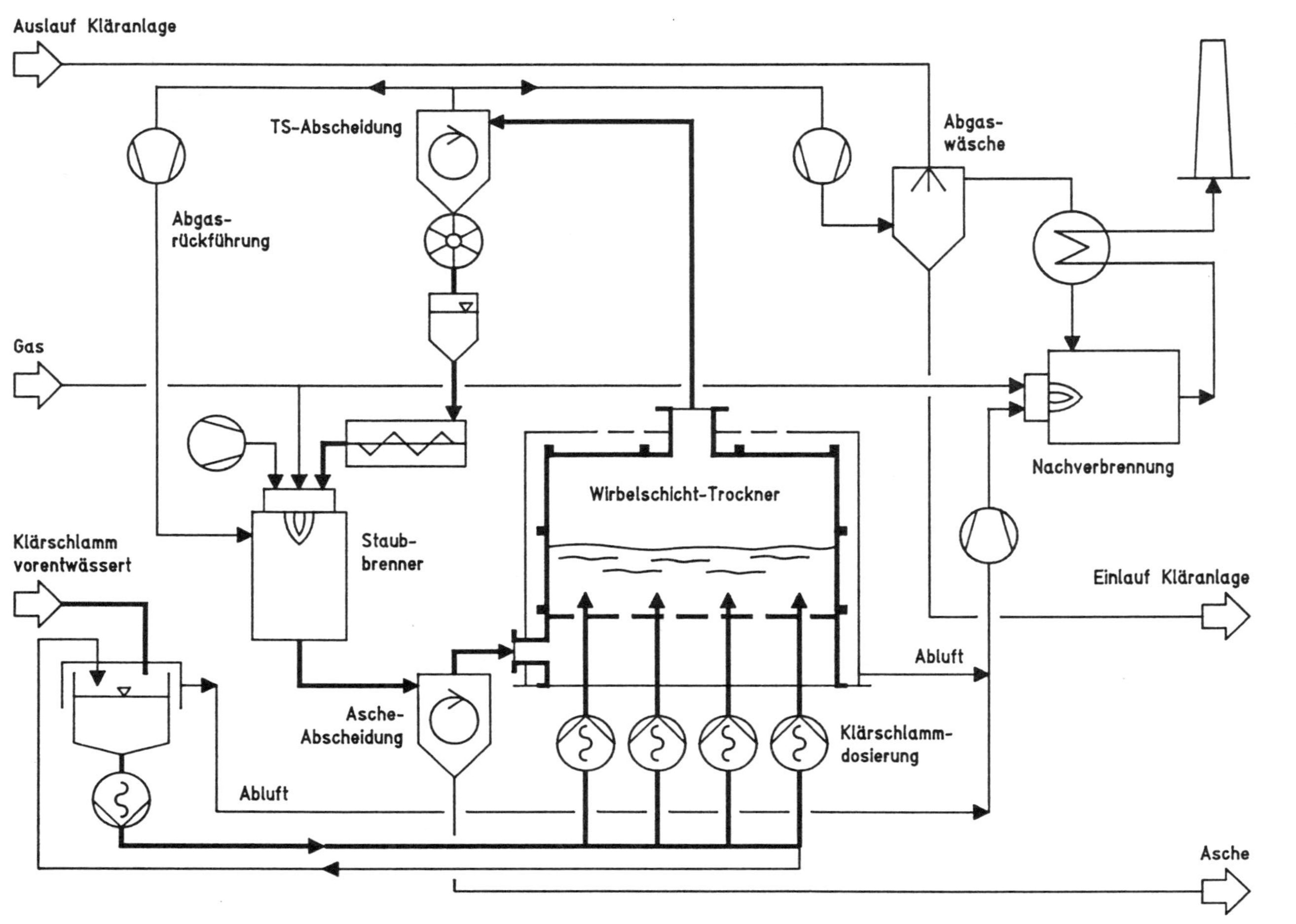

Bild 9.3-20 Bergbauforschung-Verfahren zur Klärschlammverbrennung

Verfahren DET (Dräger Energietechnik)

Kompaktanlage Fest-Flüssig

Bild 9.3-21 zeigt das Verfahren zur thermischen Entsorgung fester und flüssiger Reststoffe mit Energiegewinnung am Beispiel eines Einsatzes eines chemischen Betriebs, der folgende Reststoffe zu entsorgen hat:

- Verpackungsmaterialien
- Kunststoffbehälter mit Produktresten
- organisch beladene Abwässer
- organische Seifen
- Naphta

Die festen Reststoffe werden in einer Prallmühle zerkleinert und in einem Silo zwischengelagert. Die heizwertreichen flüssigen Rückstände werden chargenweise in einem Rühr- und Mischbehälter angesetzt. Prozeßabwässer in Tanks zwischengelagert.
Die Verbrennung der festen Rückstände erfolgt in einer von DET entwickelten Unterschubfeuerung, der eine Reaktionskammer zur Nachverbrennung angeschlossen ist. Als Verbrennungsluft wird Abluft von verschiedenen Emissionsquellen der Produktionsanlagen eingesetzt, die dort abgesaugt wird.
Das Anfahren auf Aufheizen der Verbrennungsanlage erfolgt mit Erdgas. Sind die Prozeßtemperaturen erreicht, beginnt die Aufgabe der festen und flüssigen Rückstände über die Unterschubfeuerung und den Gegenstrombrenner der Reaktionskammer. Die Temperatursteigerung erfolgt über eine Leistungsregelung. Ein Thermalölsystem kühlt die Verbrennungsgase ab, die gewonnene Wärme wird zur Produktionsbeheizung und/oder Dampferzeugung genutzt. Anschließend werden die Rauchgase entstaubt. Die Anlage ist sehr anpassungsfähig an die Erfordernisse des Produktionsbetriebes.

Konpaktanlage Flüssig-Gasförmig

In vielen Chemiebetrieben fallen organisch beladene Abwässer und Lösemittelreste an. Weiterhin gibt es Abluftströme, die Lösemitteldämpfe enthalten. DET bietet hier ein Entsorgungsverfahren, das in Bild 9.3-22 dargestellt ist. Die primäre Forderung ist die Entsorgung einer großen Abwassermenge bei gleichzeitig optimaler Energiegewinnung für die Prozeßbeheizung. Der Einsatz eines Luftvorwärmers hinter dem Thermalölwärmetauscher erfüllt diese Forderung. Verbrennungsluft und schwach beladene Hallenabluft wird vor den Eintritt in die Verbrennung aufgeheizt, was den Wirkungsgrad anhebt. Der Verbrennungsprozeß wird mit Erdgas gestartet, dann wird dieser Energieträger durch die Zugabe hochkalorischer Lösemittel ersetzt. Die Anlage arbeitet wirtschaftlich und macht den Betrieb unabhängig von einer Fremdentsorgung.

Verfahren Eisenmann-Zweistufige Verbrennung

Das Eisenmann-Verfahren zur Thermischen Reststoffnutzung arbeitet mit zwei Stufen. Die Stufe I besteht aus einem Wirbelschichtreaktor, in dem das Einsatzgut bei etwa 600 bis 800 Grad C thermisch umgesetzt wird. Der Erweichungspunkt der Aschen wird dadurch unterschritten und eine Verklumpung des Verbrennungsgutes sowie des Wirbelsandes vermieden. Die Wirbelschichtabgase enthalten noch unverbrannte Substanzen, die in der Stufe II – einer Hochtemperaturbrennkammer – nachverbrannt werden.
Die Energienutzung der Verbrennungsabgase erfolgt über Wärmetauscher wahlweise zur Dampferzeugung, Heißwasser- oder Thermalölbeheizung. Das Verfahren zeigt Bild 9.3-23.
Durch die hohe Nachverbrennungstemperatur können die Emissionsgrenzwerte der TA-Luft für CO und organische Stoffe problemlos eingehalten werden. Je nach Einsatzstoff sind weitere Filter- und Wascheinrichtungen für Staub, SO_2 und NOx vorzusehen.
Beide Verbrennungsstufen sind mit einer Stützfeuerung ausgeführt, um die erforderlichen Mindesttemperaturen einhalten zu können und die Anlage an- und abfahren zu können.

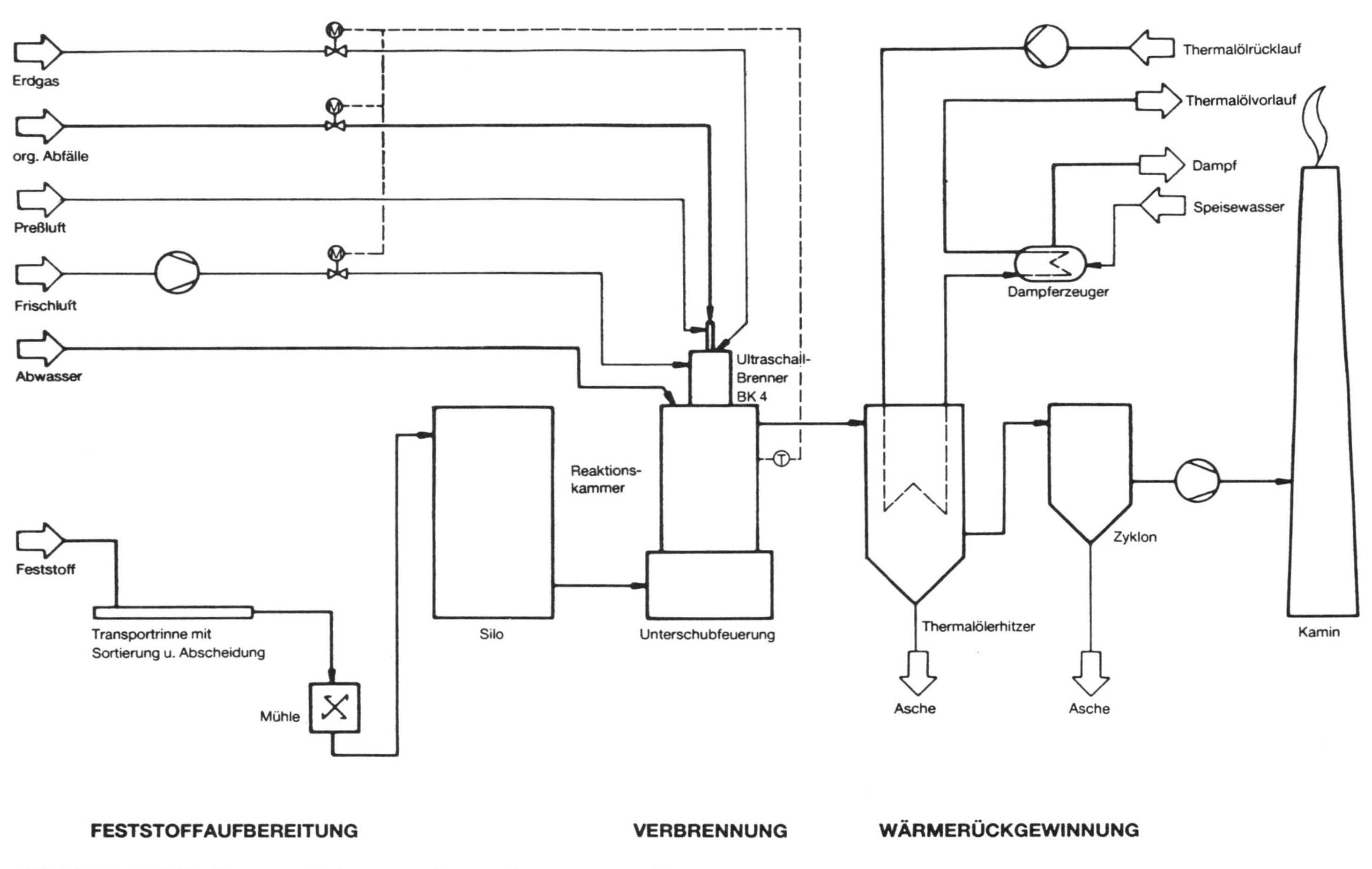

Bild 9.3-21 DET-Verfahren zur Verbrennung fester u. flüssiger Reststoffe

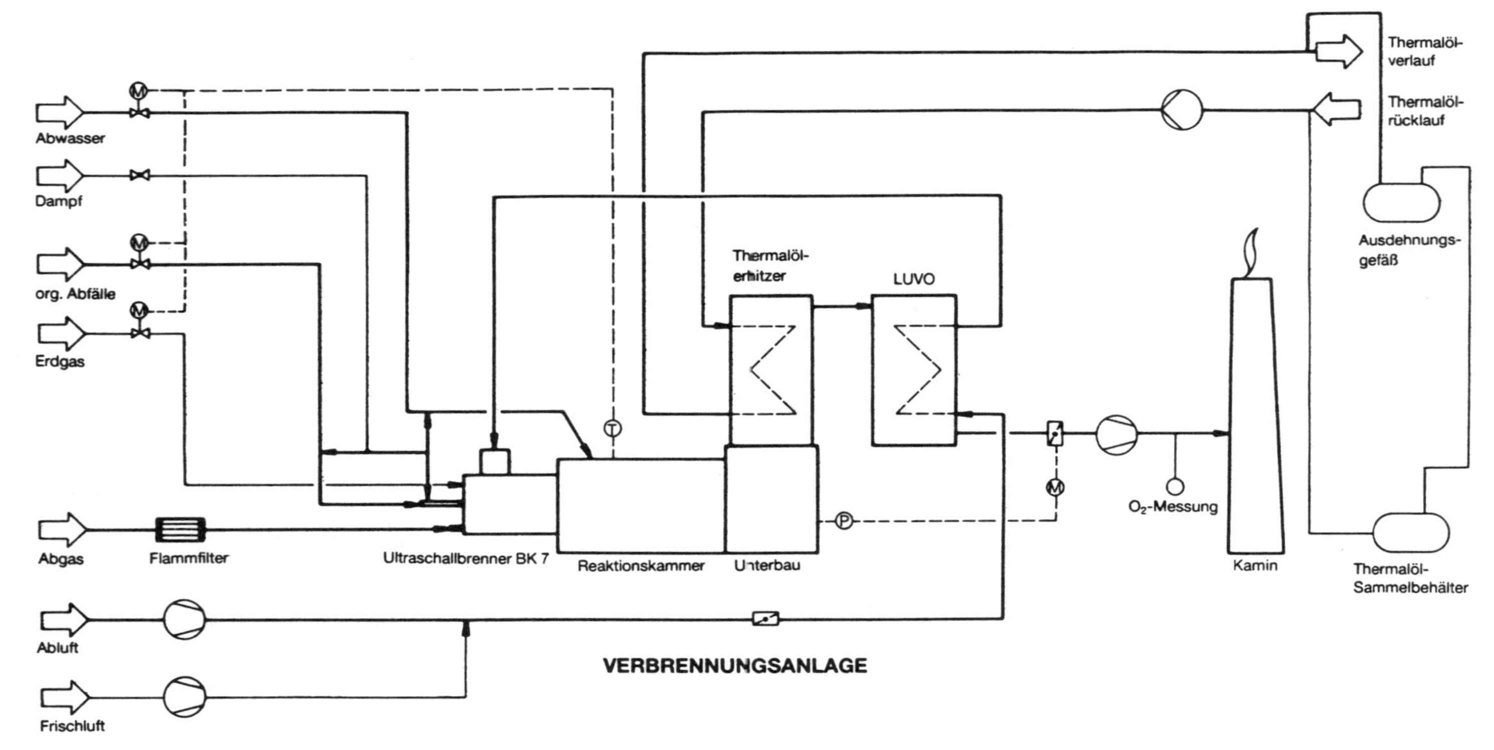

Bild 9.3-22 DET-Verfahren zur Verbrennung flüssiger und gasförmiger Reststoffe

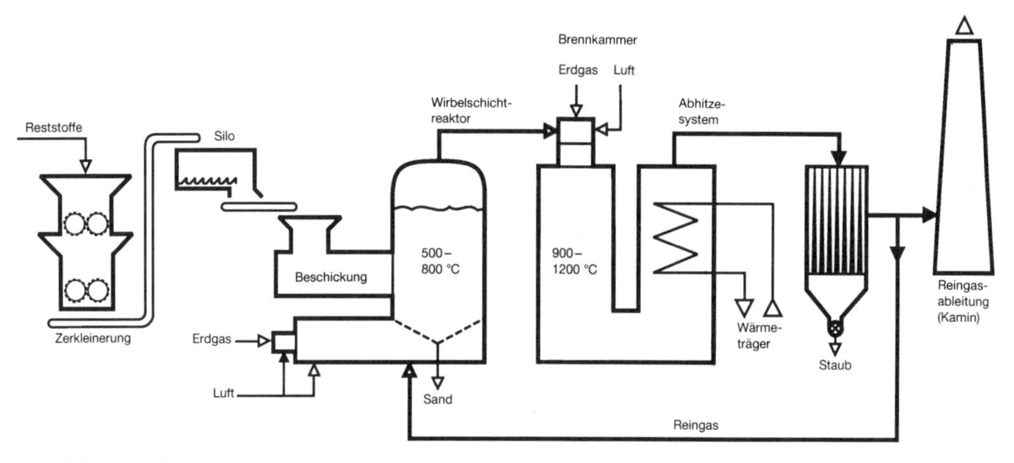

Bild 9.3-23 Eisenmann-Verbrennungsverfahren

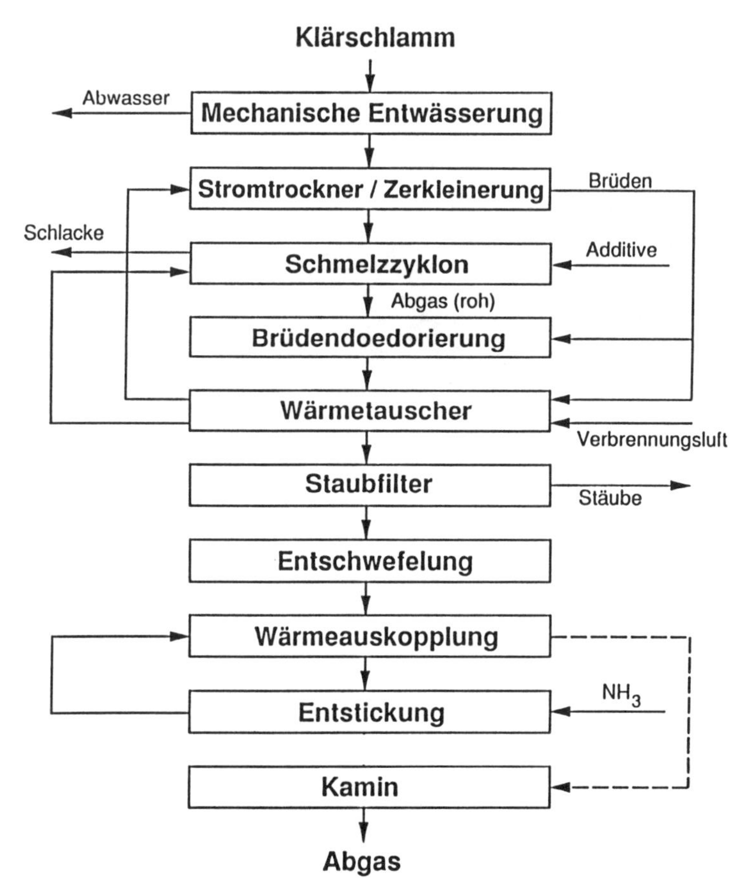

Bild 9.3-24 KHD-CORMIN-Verfahren

1 Entladehalle
2 Müllbunker
3 Müllgreiferarm
4 Beschicktrichter
5 Beschickeinrichtung
6 MARTIN-Rückschubrost
7 MARTIN-Naßentschlacker
8 Unterwindgebläse
9 Dampfuvo
10 Unterwindleitungen
11 Bunkerluftabsaugung
12 Sekundärluft-Ansaugleitung
13 Sekundärluft-Ventilator
14 Sekundärluft-Leitungen
15 Sperrmüll-Brecher
16 Sperrmüll-Greiferkrananlage
17 Sperrmüll-Bunker
18 Schlackenbunker
19 Schlackenkran
20 Laufkatze für Sperrmüllgreifer
21 Klärschlamm-Anlieferungsbehälter
22 Klärschlamm-Stapel-Behälter
23 Klärschlamm-Transportleitungen
24 Klärschlamm-Aufstreuapparat
25 Müll-Strahlungskessel
26 TA-Luftbrenner re. u. li.

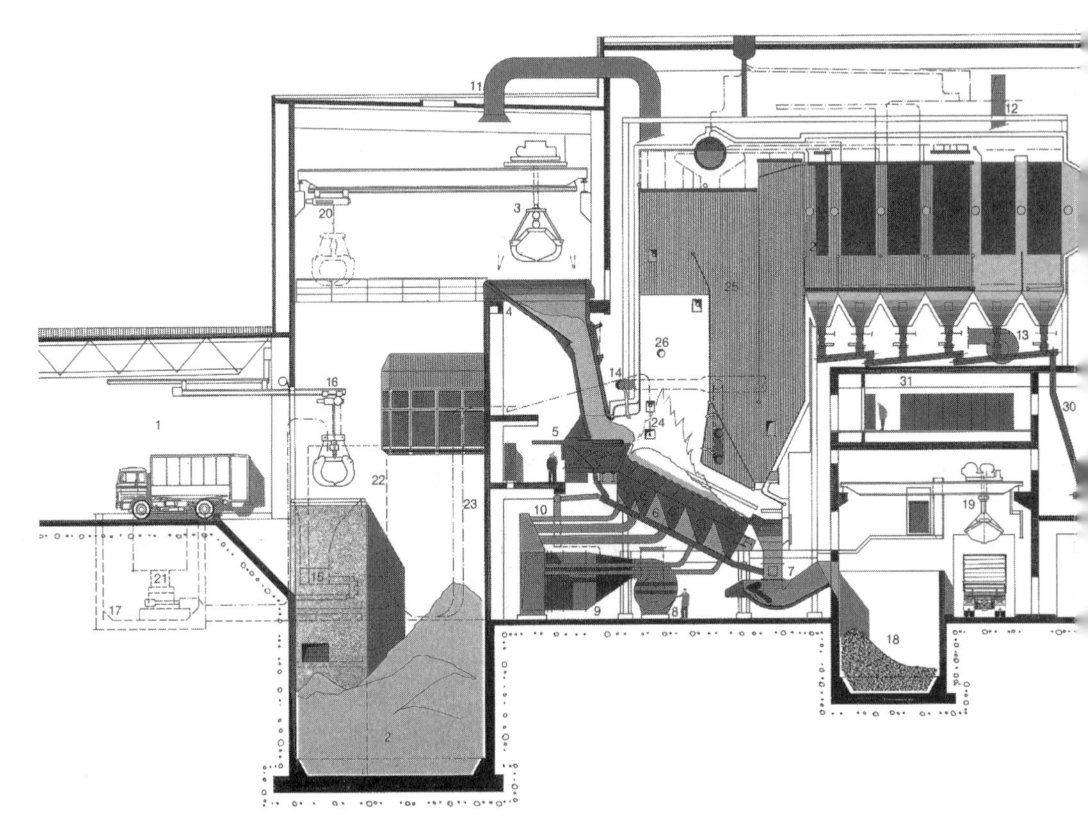

Bild 9.3-25 Martin-Müllverbrennungs-Verfahren

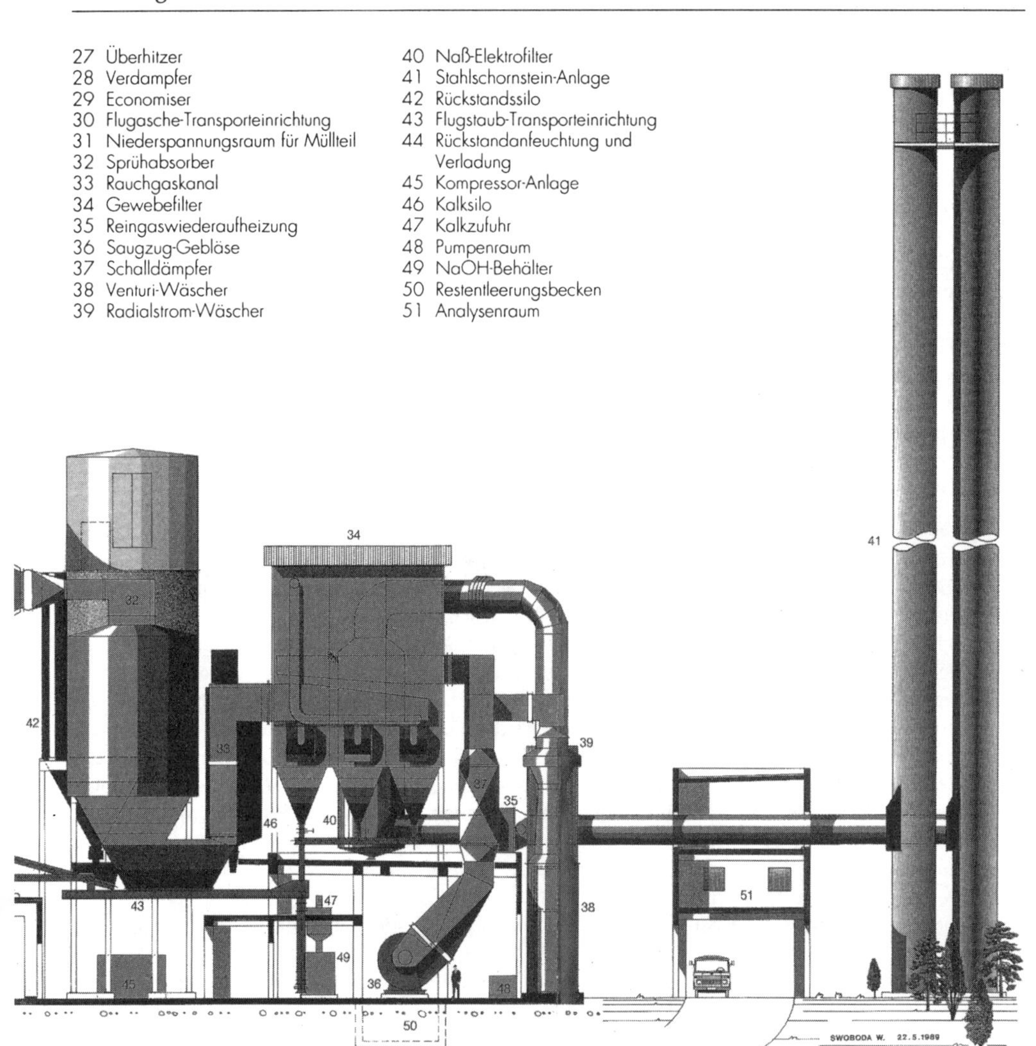

27 Überhitzer
28 Verdampfer
29 Economiser
30 Flugasche-Transporteinrichtung
31 Niederspannungsraum für Müllteil
32 Sprühabsorber
33 Rauchgaskanal
34 Gewebefilter
35 Reingaswiederaufheizung
36 Saugzug-Gebläse
37 Schalldämpfer
38 Venturi-Wäscher
39 Radialstrom-Wäscher
40 Naß-Elektrofilter
41 Stahlschornstein-Anlage
42 Rückstandssilo
43 Flugstaub-Transporteinrichtung
44 Rückstandanfeuchtung und Verladung
45 Kompressor-Anlage
46 Kalksilo
47 Kalkzufuhr
48 Pumpenraum
49 NaOH-Behälter
50 Restentleerungsbecken
51 Analysenraum

KHD Verfahren

CORMIN-Verfahren zur thermischen Klärschlammbehandlung

Das von KHD entwickelte CORMIN-Verfahren ist ein thermisches Verfahren, mit dem eine Rückstände-Mineralisierung in einem Schmelzzyklon erreicht wird. Einsatzstoffe sind kommunale und industrielle Klärschlämme, sowie Hafenschlick, die zunächst im Stromtrockner getrocknet werden. Als Wärmequelle dient die Abgaswärme des Schmelzzyklons. Das Trockengut wird kontinuierlich in den Schmelzzyklon eingetragen und verbrennt bei 1400 bis 1600 Grad C. Dabei werden die mineralischen Komponenten in eine laugungsresistente Schlacke überführt. Das Abgasreinigungssystem sieht eine Entschwefelung, Entstickung, Entstaubung und Schwermetallentfernung vor.
Die Anlagenschaltung kann Bild 9.3-24 entnommen werden.
Die besonderen Vorzüge des Verfahrens liegen in der kompakten Verbrennungseinheit, in der die hohen Brenntemperaturen umweltrelevante Schadstoffe zerstören und als Reststoff eine laugungsresistente Schlacke erhalten wird, die verwertbar oder deponiefähig ist.

Verfahren Martin

MARTIN-System zur Müllverbrennung

Müllverbrennungsanlagen nach dem Martin-System verwerten den Energieinhalt der Einsatzstoffe mittels Dampfkesseln und Turbogeneratoren. Herzstück der Anlage (Bild 9.3-25) ist ein Rückschubrost, dessen Oberfläche in Förderrichtung von der Beschickung bis zum Schlackenabwurf hin geneigt ist. Der Rost ist abwechselnd mit festen und beweglichen Roststäben ausgeführt. Die beweglichen Stufen führen langsame entgegen die Transportrichtung verlaufende Schürhübe aus, die zu einer ständigen Umwälzung der Glutmasse führt. Neben einer Vergleichmäßigung des Feuerbettes wird auch ein teilweiser Rücktransport des Feuers an den Rostanfang erreicht, was schon am Rostanfang ein lebhaftes Feuer bewirkt, und die Verbrennungsphasen Trocknung, Vergasung, Zündung und Verbrennung quasi gleichzeitig stattfinden, bzw. ineinander übergehen. In Längsrichtung ist der Rückschubrost in mehrere Zonen unterteilt, den die Primärluft über Blendenöffnungen zugeführt wird. Gesteuert von einem Prozeßrechner wird die Verteilung der Verbrennungsluft dem Verbrennungsablauf angepaßt Die durch den Rost strömende Luft gelangt über schmale Spalten in die Brennschicht.
Durch den hohen Strömungswiderstand des Rostes wird eine gleichmäßige Beaufschlagung der Rostfläche erzielt.
Die etwa 1000 Grad C heißen Rauchgase aus der Verbrennung werden oberhalb der Rostschicht mit Sekundärluft gemischt, die mit hohem Druck in die Vorder- und Rückwand des Feuerraumes eingeblasen wird. Bei intensiver Vermischung und Verwirbelung erfolgt der endgültige Ausbrand der noch brennbaren Bestandteile.
Die festen Verbrennungsrückstände werden mit einer Walze ausgetragen und zur Kühlung in einen Entschlacker gegeben. Durch die Strahlungsheizflächen des Kessels werden die Rauchgase auf ca. 650 Grad C abgekühlt, bevor sie in den Konvektionszug geraten. Hier erfolgt der Temperaturabbau auf etwa 200 Grad C. Ein nachgeschalteter Niederdruckkessel entzieht dem Abgas weitere Energie, so daß die Rauchgase schließlich mit ca. 175 Grad C in die Gasreinigungsanlage eintreten. Ein Verdampfungskühler konditioniert die Abgase mit Wasser und durch Kalkeinblasen in einen Reaktor werden die sauren Gasbestandteile neutralisiert und gebunden. Die Flugasche und der reagierte Kalk werden in einem Staubfilter abgeschieden und gelangen in ein Reststoffsilo. Von dort erfolgt ein Transport zur Deponie.
Bevor die gereinigten Abgase in den Kamin eintreten, entzieht ein Wärmetauscher dem Gas weitere Energie und kühlt es auf ca.$\leq$ 85 Grad C ab. Der im Kessel erzeugte Hochtemperaturdampf wird im Turbogenerator zur Stromerzeugung und/oder zur Fernwärmeabgabe genutzt. Der Abdampf der Turbine kondensiert in einem Luftkondensator. Das Kondensat wird im Kreislauf dem Kessel wieder zugeführt.

Verfahren Steinmüller

Steinmüller Verbrennungsverfahren mit Rostfeuerungen

Die festen Abfallbrennstoffe werden mit Greifern über eine Aufgabevorrichtung auf den Verbrennungsrost gebracht und bei 1000 bis 1200 Grad C verbrannt. (Bild 9.3-26)
Es wird ein Vorschubrost eingesetzt, der sich durch einen einfachen reparaturfreundlichen Aufbau auszeichnet. Es werden Ausbrenngrade erreicht, die < 2 % Glühverlust der Rostasche und < 30 mg CO pro Kubikmeter Rauchgas entsprechen. Die Rauchgase werden in einem Dampferzeuger auf ca. 650 Grad C abgekühlt, bevor sie in den Dackelkessel (Horizontalzug) eintreten. Die Rauchgasreinigung geschieht nach dem Trocken/Halbtrocken oder Naßverfahren. Beim trockenen Verfahren werden die Rauchgase nach dem Kessel mit Wasser auf 130 bis 160 Grad C abgekühlt und die sauren Inhaltsstoffe (HCl, HF und SO2) mit Kalk gebunden. Die Abscheidung der Reaktionsprodukte erfolgt meist in einem Gewebefilter. Beim halbtrockenen Verfahren wird der Kalk als Suspension eingedüst, so daß die Rauchgasabkühlung und Bindungsreaktion simultan verlaufen. Bei dem Naßverfahren werden die sauren Inhaltsstoffe der Rauchgase durch Waschflüssigkeiten absorbiert. Nach einer Vorentstaubung wird in der ersten Stufe HCl und HF ausgewaschen. SO2 wird alkalisch in der zweiten Stufe abgeschieden, wozu der Waschsuspension stetig Absorptionsmittel zugeführt werden. Verfahrenstechnisch bedingt ermöglichen die Naßverfahren die höchsten Abscheidegrade. Spitzenbelastungen können besser abgefangen werden als bei den Trocken- und Halbtrockenverfahren. Wegen des relativ hohen Luftüberschusses und den niedrigen Verbrennungstemperaturen generieren Rostfeuerungen nur geringe Anteile an thermischem NOx. Der NOx-Gehalt der Rauchgase resultiert im wesentlichen aus Brennstoffstickstoff und liegt in der Größenordnung von 250 bis 350 mg/m3.

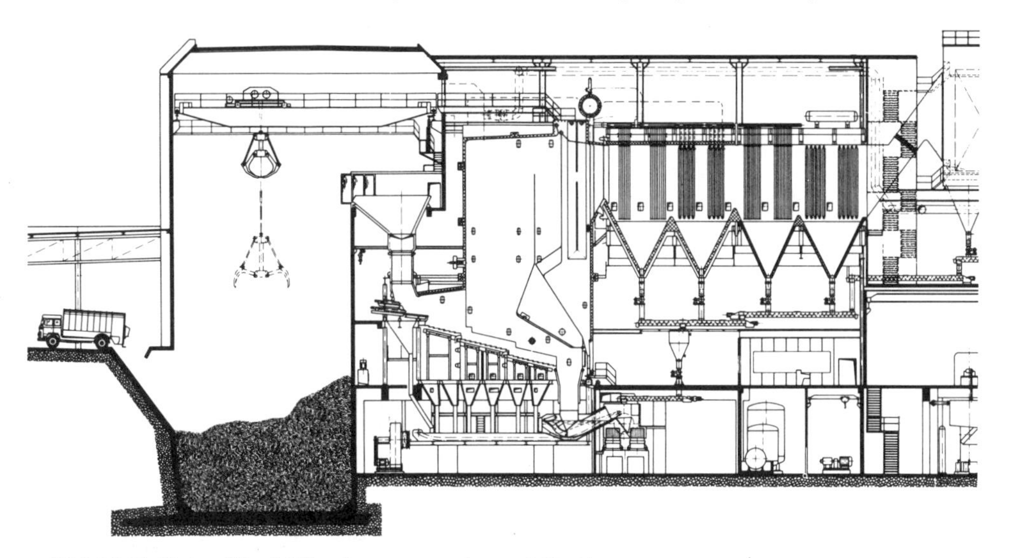

Bild 9.3-26 Steinmüller-Müllverbrennungsanlage mit Rostfeuerung

Steinmüller Verbrennungsverfahren mit Drehrohrofen

Für die Verbrennung von Sonderabfallstoffen unterschiedlicher Konsistenz setzt Steinmüller die Drehofentechnik ein.

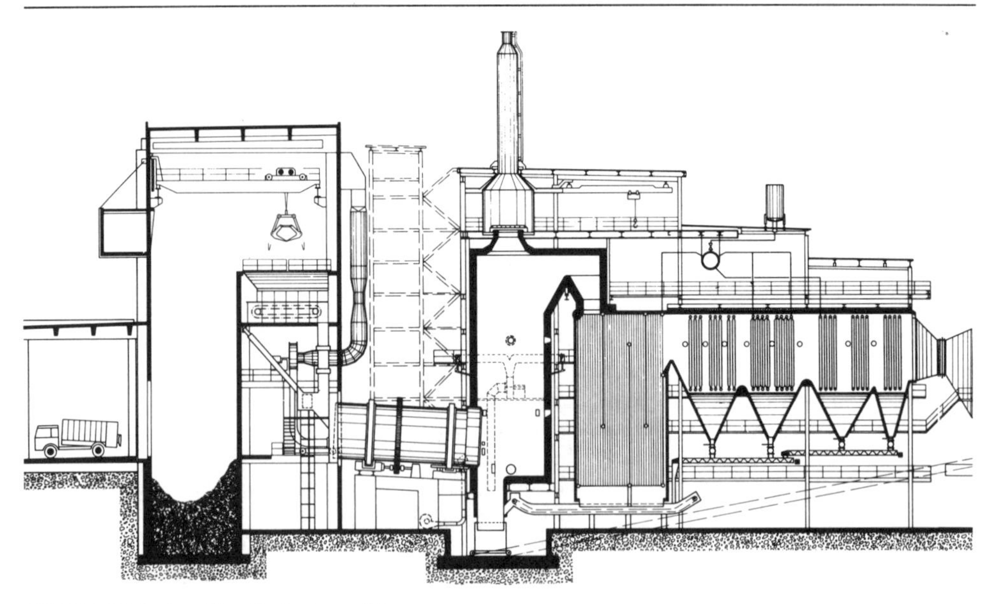

Bild 9.3-27 Steinmüller-Drehofenverfahren

Bild 9.3-27 zeigt das Verfahrensschema. Die Darstellung in Bild 9.3-28 zeigt die Flexibilität einer Drehofenverbrennungsanlage mit Nachbrennkammer. Fässer, Gebinde und feste Reststoffe werden direkt in den Drehofen eingespeist, pastöse Stoffe werden mit Lanzen eingedüst. Flüssige Brennstoffe werden in den Drehofen und in die Nachbrennkammer eingedüst, Stütz- und Zündbrennstoff ist Erdgas. Die Rauchgase gelangen mit 900 bis 1200 Grad C auf den Abhitzekessel zur Dampferzeugung, der Dampf wird zur Stromerzeugung genutzt. Die Rauchgasreinigung erfolgt durch Entstaubung und Wäsche, das Abwasser wird eingedampft.

Steinmüller Wirbelschichtfeuerungen

Die Steinmüller Wirbelschichtfeuerungen mit vollständig berohrter Brennkammer werden mit einem Gemisch aus 99 % Inertmaterial und 1 % Brennstoff betrieben. Das Feststoffgemisch wird mit Luft und evtl. rezirkulierten Rauchgasen fluidisiert und in einer in der Brennkammer integrierten Feststoffabscheideeinrichtung von den Rauchgasen getrennt. Die Brennstoffe werden über mechanische Förderer mit dem Inertmaterialrückstrom in die Wirbelschicht eingebracht oder pneumatisch eingeblasen. Eine Verbrennungstemperatur von 850 Grad C und die gestufte Luftzugabe ermöglicht eine Fahrweise mit niedriger NOx-Emission. Die Zugabe von Kalkträgern bindet saure Schadgase und verhindert eine nennenswerte Emission. Der Leistungsbereich der Wirbelschichtfeuerungen liegt zwischen 50 und 300 t Dampf/h. Bild 9.3-29 zeigt das Verfahrensschema.

Bei der hochexpandierten Wirbelschichtfeuerung (Bild 9.3-30) besteht das Abscheidesystem aus Fangrinnen, die direkt im Verbrennungssystem untergebracht sind. Durch den Verzicht auf ausgemauerte Zyklonen wird der Anfahrvorgang des Dampferzeugers deutlich verkürzt. Die druckaufgeladene Wirbelschichtfeuerung (Bild 9.3-31) ergibt verbesserte Reaktionsbedingungen im Wirbelbett. Den Verbrennungsgasen ist ein Keramikfilter nachgeschaltet. Die Gase werden über Turbolader oder Gasturbine entspannt. Die Anlagenschaltung für eine Wirbelschichtpilotanlage zeigt die Darstellung in Bild 9.3-32. Hier kann das Brennverhalten verschiedener Einsatzstoffe getestet werden.

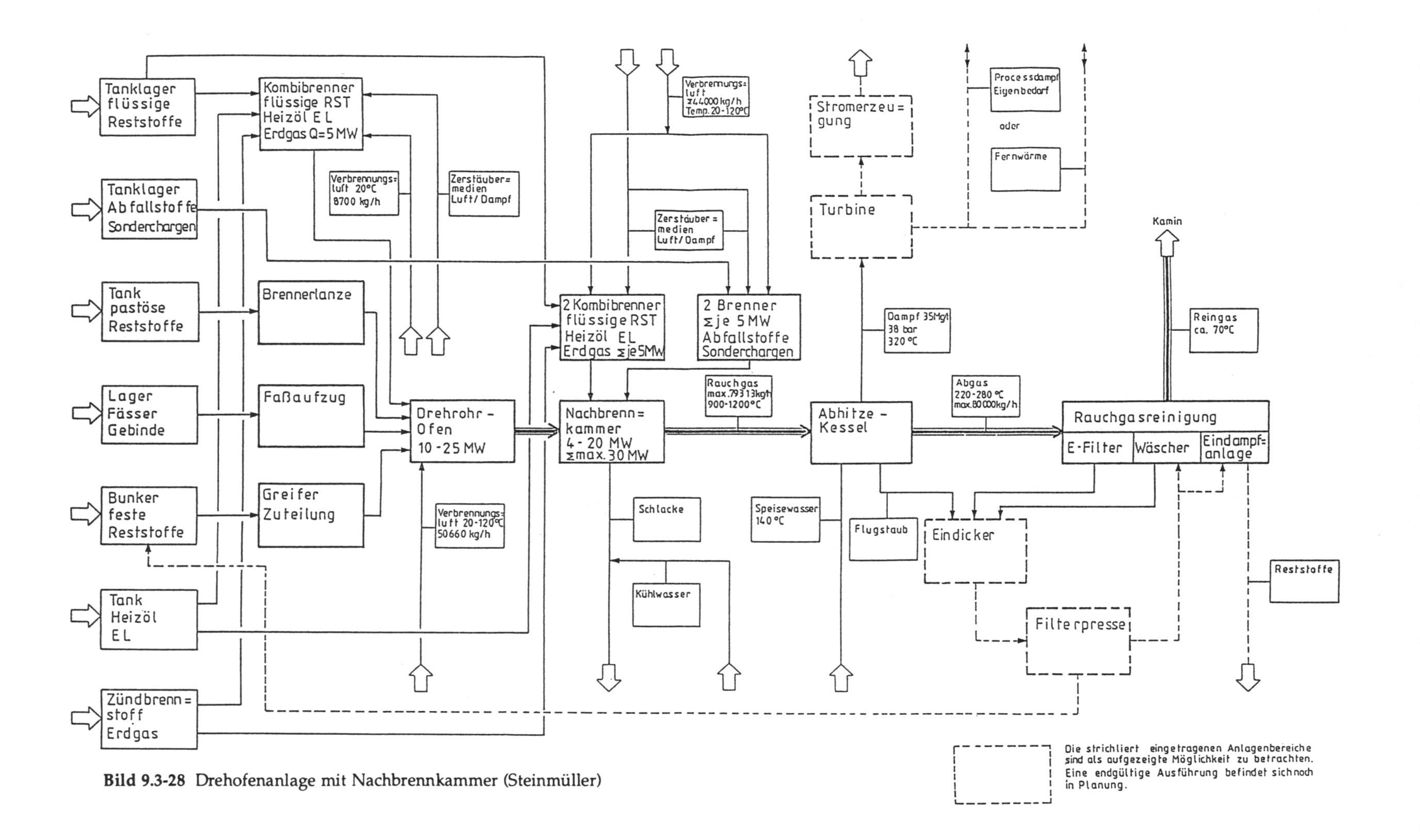

Bild 9.3-28 Drehofenanlage mit Nachbrennkammer (Steinmüller)

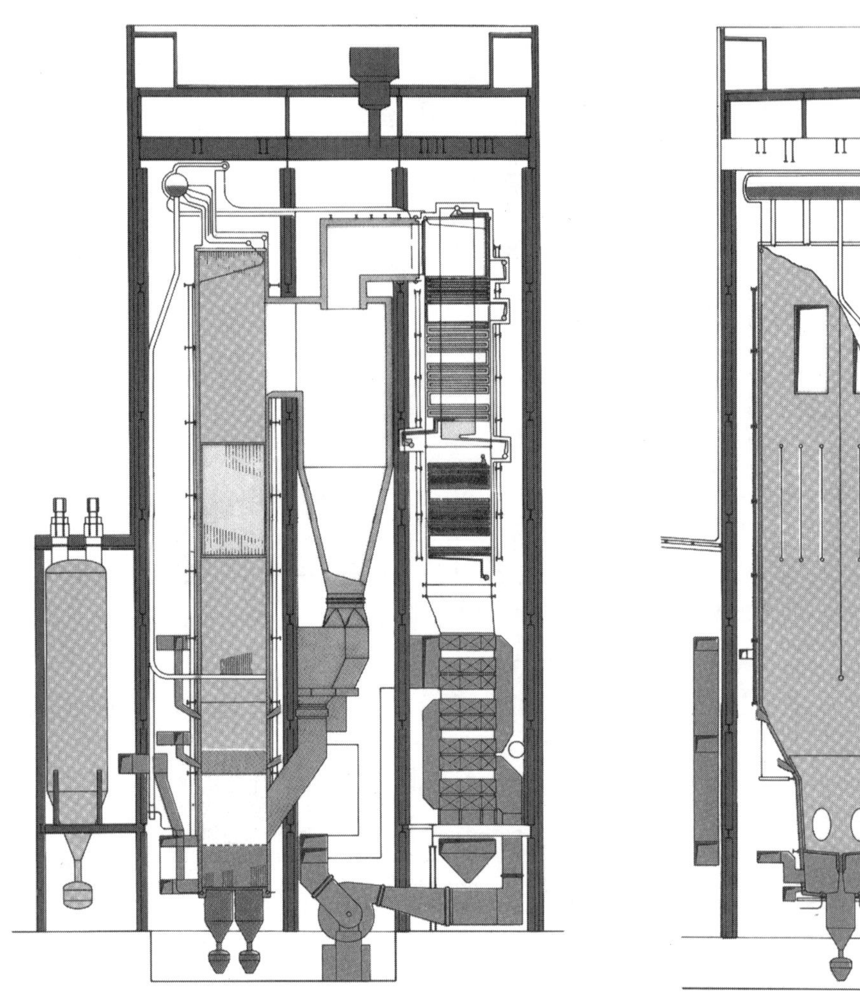

Bild 9.3-29 Steinmüller-Wirbelschicht-Verfahren

Steinmüller Ignifluid-Feuerung

Bild 9.3-33 zeigt die Ignifluid-Feuerung als ein Feuerungskonzept, das die positiven Eigenschaften der Wirbelschichtfeuerung mit den Vorzügen eines Wanderrostes vereint und hierdurch die Einsatzgrenzen von Rostsystemen erweitert. Die Verbrennung erfolgt überwiegend in der Schwebe, wodurch die Rostleistung erhöht werden kann.
Der Ascheaustrag erfolgt in granulierter Form durch das Rostband aus dem Feuerraum.

Uhde-Wirbelschichtverfahren

Zur Verbrennung pastöser Rückstände setzt Uhde die Wirbelschichttechnik ein. Der mechanisch entwässerte Schlamm gelangt mittels Dickstoffpumpen über wassergekühlte Lanzen in das Wirbelbett. Pulverisierung, Trocknung, Zündung und Verbrennung verlaufen innerhalb von Sekunden. Die etwa 800 Grad C heißen Rauchgase verlassen die Wirbelschicht und gelangen in die Wärmetauschereinrichtung zur Vorwärmung der Verbrennungsluft.

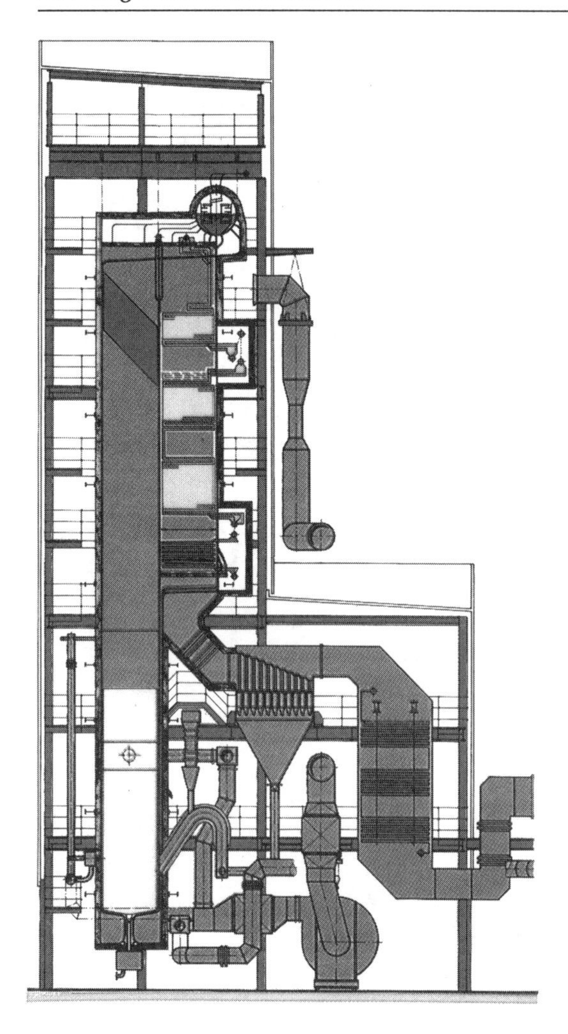

Bild 9.3-30
Hochexpandierte Wirbelschichtfeuerung (Steinmüller)

Ein Zyklon zur Abscheidung des Grobstaubes ist dem Luftvorwärmer vor- oder nachgeschaltet.
Die Rauchgase werden auf ca. 500 Grad C abgekühlt und anschließend einer alkalischen Rauchgaswäsche zugeführt, die SO2, HCl und Feinstaub entfernt. Die gereinigten Abgase gelangen in den Kamin.
Die hohe Turbulenz im Wirbelbett und die gleichmäßige Temperaturverteilung sorgen für eine schnelle Verbrennung bei optimaler Brennraumnutzung. Weder der Ofen selbst, noch Einbauten sind beweglich, woraus niedrige Instandhaltungskosten und eine hohe Verfügbarkeit der Anlage resultieren.
Das Fließbild des Verfahrens zeigt Bild 9.3-34
Bild 9.3-35 zeigt eine Erweiterung des Verfahrens. Eine Herzwertsteigerung des Verbrennungsgutes über die Vorschaltung eines Trockners wird erreicht und damit die Energiebilanz verbessert. Der Trockensubstanzgehalt wird im Trockner auf 40 bis 95 % angehoben. Ein mit dem Rauchgas des Wirbelofens beschickter Kessel liefert Dampf für den Trockner und gegebenenfalls Überschußdampf. Auch die Verbrennungsluft wird mit dem Abgas des Wirbelschichtofens aufgeheizt.

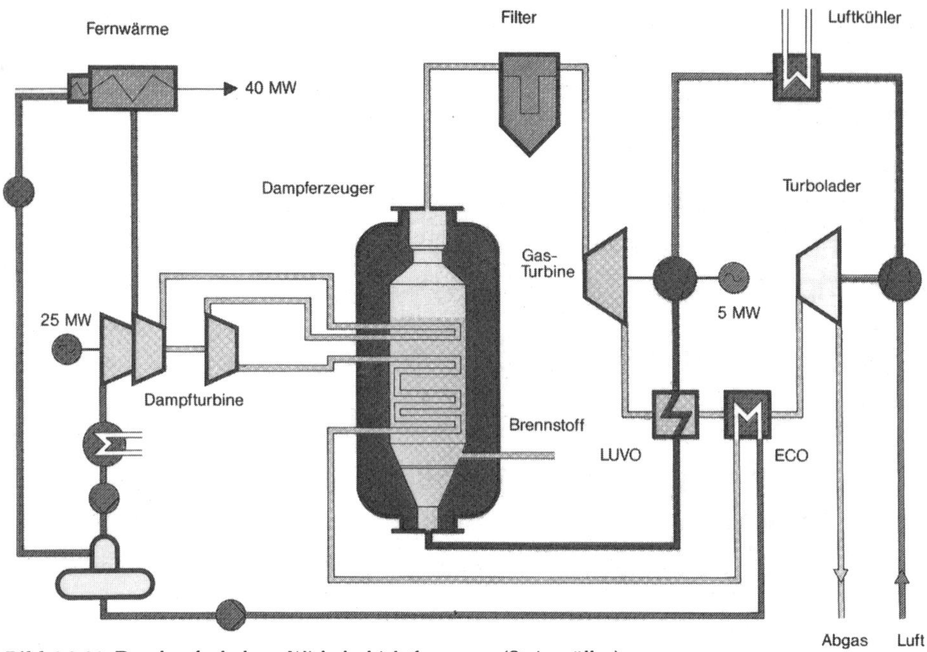

Bild 9.3-31 Druckaufgeladene Wirbelschichtfeuerung (Steinmüller)

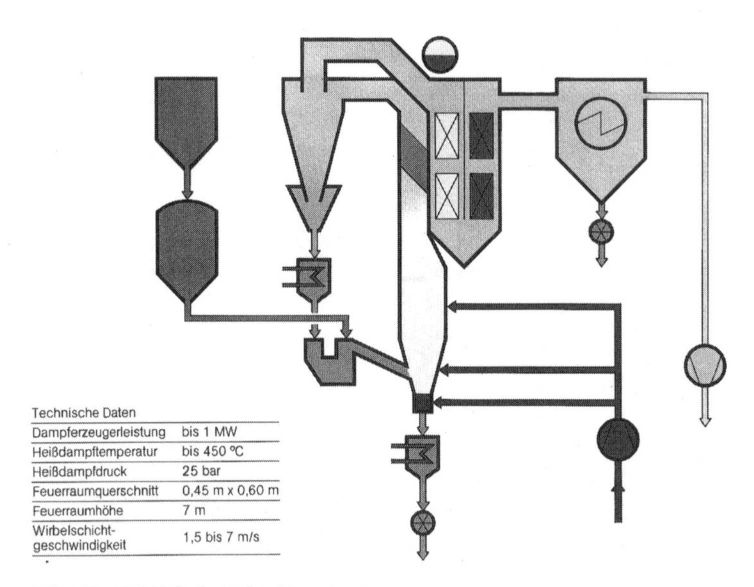

Technische Daten	
Dampferzeugerleistung	bis 1 MW
Heißdampftemperatur	bis 450 °C
Heißdampfdruck	25 bar
Feuerraumquerschnitt	0,45 m x 0,60 m
Feuerraumhöhe	7 m
Wirbelschicht-geschwindigkeit	1,5 bis 7 m/s

Bild 9.3-32 Wirbelschichtpilotanlage

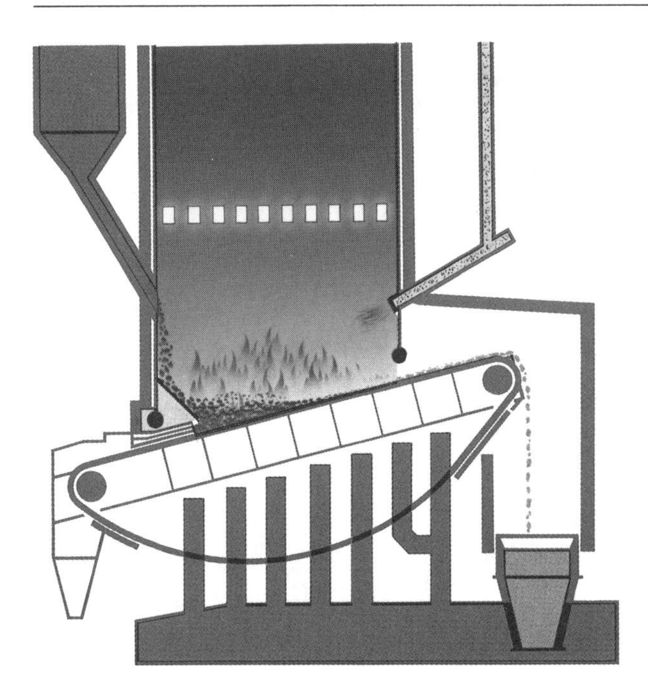

Bild 9.3-33
Ignifluidfeuerung (Steinmüller)

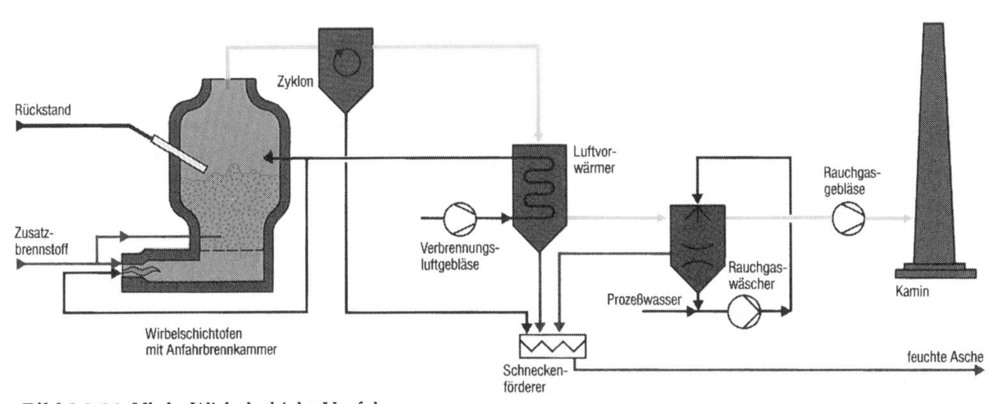

Bild 9.3-34 Uhde-Wirbelschicht-Verfahren

UTB-Klärschlammverbrennung im MS-Drehofen

Das Verfahren ist in Bild 9.3-36 dargestellt. Ausgefaulter und entwässerter Klärschlamm wird dem Drehrohr aufgegeben.

Der Drehofen besteht aus zwei rotierenden, mit Liftern ausgerüsteten hitzebeständigen Stahlrohren. Der Schlamm durchläuft den Ofen im Gegenstrom, wobei Trocknung, Zündung und Ausbrand nacheinander erfolgen. Die Abgastemperatur wird überwacht und mit Zusatzbrennstoff eingeregelt. Die Verweilzeit des Klärschlamms im Ofen wird durch die Drehzahl gesteuert. Eine Nachverbrennung der Abgase des Drehofens bei 800 bis 1200 Grad C ist integriert. Die Abgaswärme wird genutzt

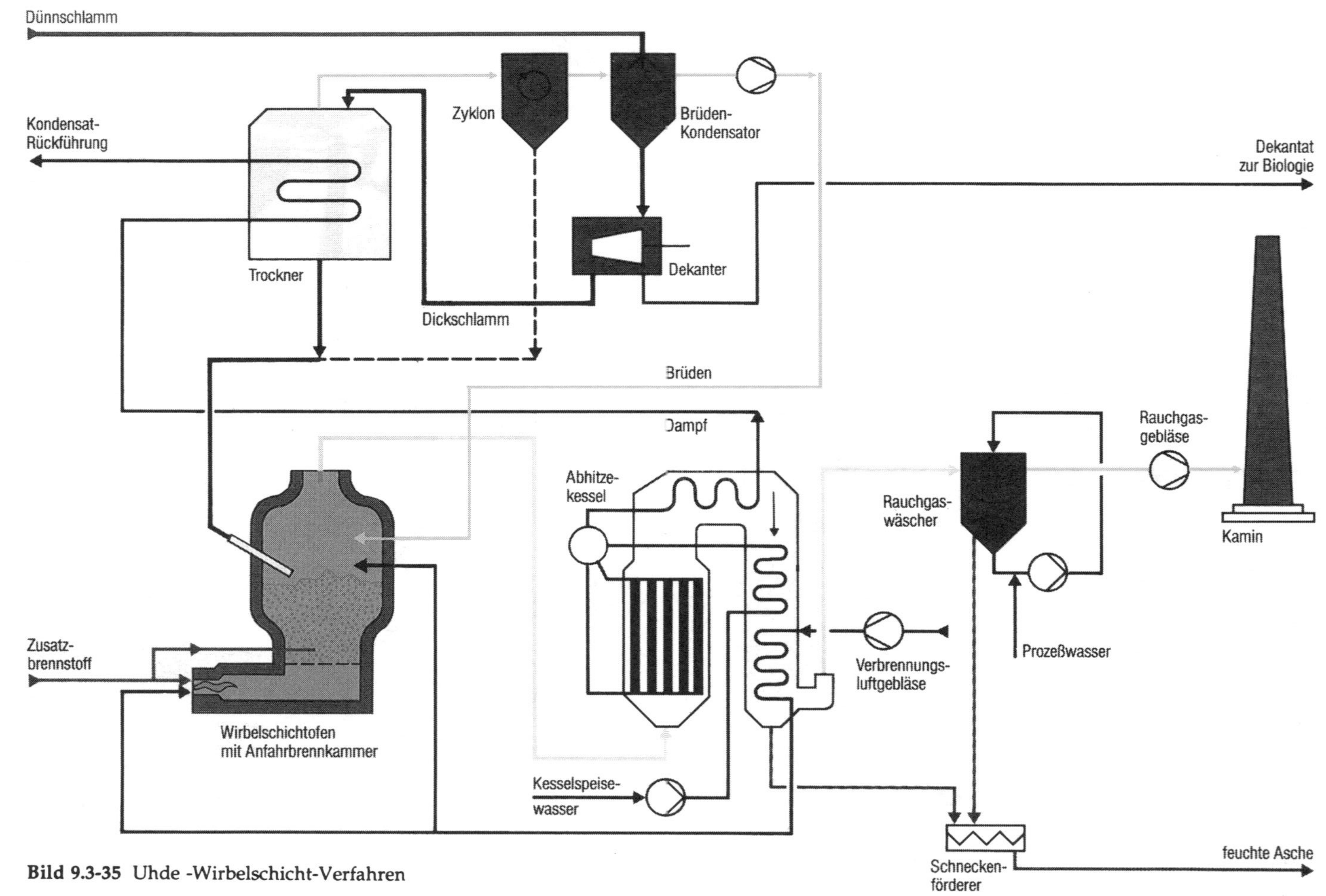

Bild 9.3-35 Uhde -Wirbelschicht-Verfahren

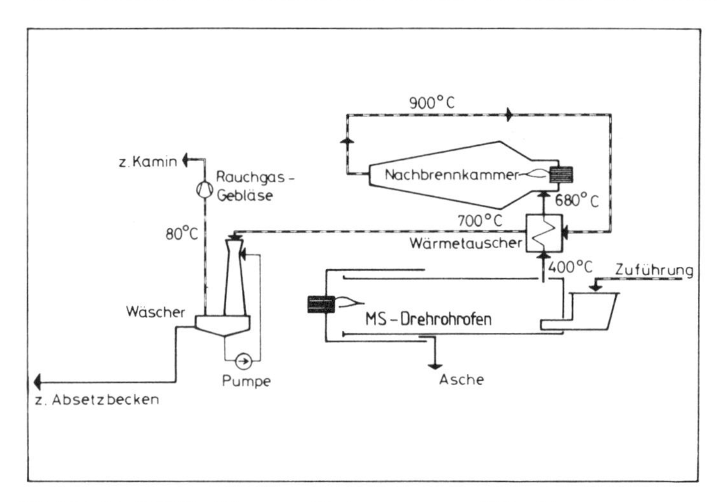

Bild 9.3-36 UTB-Verfahren zur Verbrennung von Klärschlamm

zur Aufheizung der Drehofenabgase. Anschließend erfolgt eine Rauchgaswäsche. Als Verbrennungsrückstand bleibt eine stabile Asche, die deponiert wird.
Die Anlage kann auch so gefahren werden, daß der Klärschlamm nur getrocknet und nicht verbrannt wird. Damit wird ein Produkt erhalten, das z.B. in anderen Prozessen als Energieträger (Zement-, Asphaltindustrie) eingesetzt werden kann.

Verfahren der Zementindustrie

Die Basisstoffe für den Zement sind Kalkstein und Ton oder ein natürliches Gemisch, der Kalkmergel. Bild 9.3-37 zeigt ein vereinfachtes Verfahrensfließbild der Zementherstellung.
Die Rohmaterialien werden zerkleinert, getrocknet und auf 1450 Grad C erhitzt, wobei verschiedene chemische Reaktionen ablaufen, die zur Zementklinkerbildung führen, und später dem Zement die hydraulischen Eigenschaften (Erhärtung an der Luft und unter Wasser) verleihen.
Nach der Kühlung des Klinkers erfolgt die Feinmahlung mit Gips zum fertigen Zement.
Die Wärmezuführ für den Prozeß beträgt ca. 3,3 Gj/t Klinker und wird in der Regel durch Verbrennen von Kohlenstaub in das Brennsystem eingebracht. Es sind zwei Brennstellen zu unterscheiden, wie aus Bild 9.3-38 hervorgeht. Die Calcinatorfeuerung befindet sich zwischen Drehofen und Rohmehlvorwärmer. Die Energiezufuhr an dieser Stelle bewirkt eine Entsäuerung des CaCO3, d.h. den Zerfall in CaO und CO2, der mit einer endothermen Wärmetönung verbunden ist. Da diese Reaktion bei ca. 850 Grad C abläuft, können heizwertarme Energieträger verwendet werden.
Sehr viel höher sind die Anforderungen an den Brennstoff zu stellen, der im Drehofen verbrannt wird. Um das Brenngut in der Sinterzone auf 1450 Grad C zu erhitzen, sind Flammentemperaturen von > 2000 Grad C erforderlich, d.h. hier müssen heizwertreiche Brennstoffe eingesetzt werden, die zusammen mit der Heißluft aus dem Kühler die Wärmeübertragung auf das Brenngut sicher stellen.
Die Brennstoffenergie, die vorwiegend durch Verfeuerung fossiler Energieträger in den Zementprozeß gebracht wird, läßt sich bis zu Anteilen von 30 % durch den Einsatz energiehaltiger Abfallstoffe substituieren. Bild 9.3-39 zeigt Beispiele solcher Alternativbrennstoffe, die heute in Zementöfen eingesetzt werden, bzw. deren Einsatz sich in der Probephase befindet. Ausbrand und der Tatbestand, daß die Asche und andere Nebenbestandteile (Zink, Kupfer, Schwermetalle, etc.) in hohem Maße in den Klinker eingebunden werden, d.h. die Auswirkungen auf die Zementqualität bestimmen die verwertbare Abfallmenge mit.

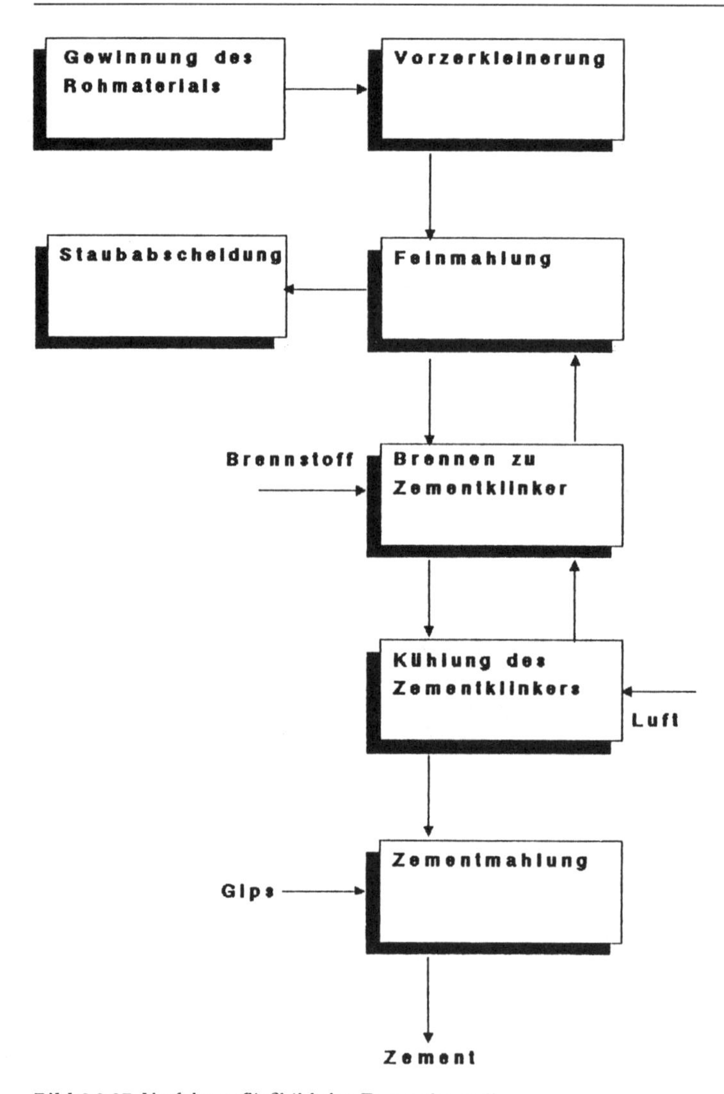

Bild 9.3-37 Verfahrensfließbild der Zementherstellung

Im Vergleich zum Hochtemperaturbereich des Drehofens sind die Bedingungen im Calcinator für eine Verbrennung halogenierter Kohlenwasserstoffe ungünstiger und es bedarf sorgfältiger Untersuchungen, wenn dort Stoffe eingesetzt werden sollen, von denen eine Emissionsgefahr ausgehen könnte.
Bild 9.3-40 zeigt das Temperaturprofil eines 56 m langen Zementdrehofens mit Rohmehlwärmetauscher und Rostkühler bei einer Klinkerleistung von 1.400 t/d. Bei der Verbrennung entstehen in der Flamme Temperaturen von über 2000 Grad C. Es herrscht eine hohe Turbulenz, was die Vermischung von Luft und Brennstoff und damit die Verbrennungsgeschwindigkeit sehr begünstigt.

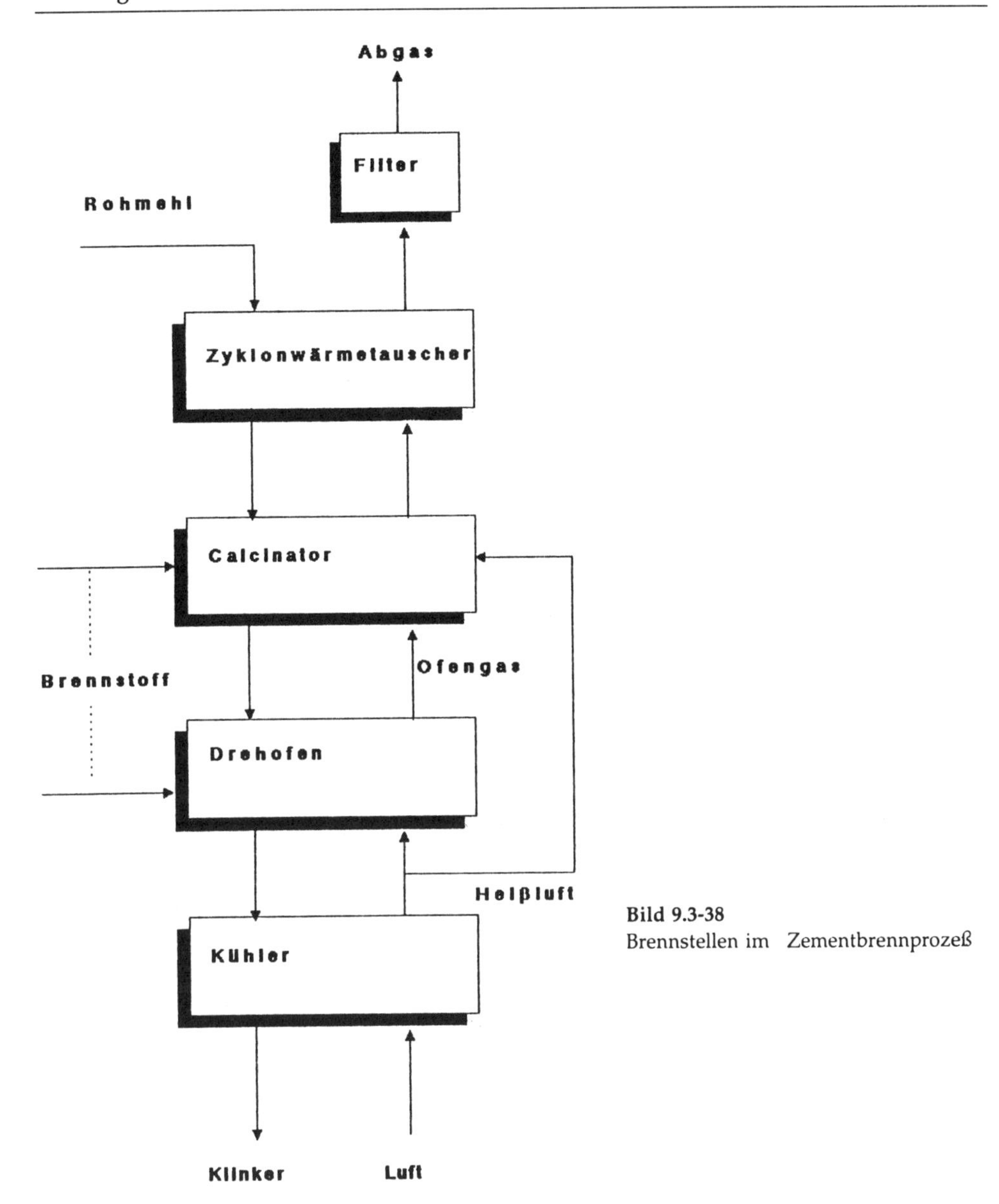

Bild 9.3-38
Brennstellen im Zementbrennprozeß

Auf über 2/3 der Ofenlänge liegen Gastemperaturen von > 1.200 Grad C vor. Bei einer mittleren Strömungsgeschwindigkeit der Ofenrauchgase von 13 m/s resultiert daraus eine Gasverweilzeit von fast 3 Sekunden.

Dies zeigt auf, daß im Drehofen sehr günstige Bedingungen vorliegen, was Temperaturen und Verweilzeiten anbelangt, so daß insbesondere chlorierte Stoffe dort zerstört und unschädlich gemacht werden können.

Die Basizität des Brenngutes (Alkalioxide und Calciumoxid) verhindert eine Chlorwasserstoffemission, da das Chlor als Chlorid im Brenngut eingebunden, bzw. an die Stäube angelagert wird. Dies ist im Vergleich zu konventionellen Hochtemperatur-Verbrennungsanlagen als Vorteil zu bewerten.

Alternativbrennstoffe:

Fest

Synthetische Produkte	Natürliche Produkte	Andere Produkte
Papier, Pappe	Ölschiefer	Hausmüll
Petrolkoks	Torf	Shredder
Graphitstaub	Holzabfälle	Ölhaltige Erde
Holzkohle	(Rinde, Holzspäne,	Klärschlamm
Kunststoffabfälle	Sägespäne)	
Gummiabfälle	Reisspreu	
Reifen	Olivenkerne	
Batterieabfälle	Kokosnußschalen	
Bleicherde		
Aktivierter Bentonit		

Flüssig

Leicht zersetzbar	Schwer zersetzbar
Säureharz	Teer
Altöl	Polyaromatische Kohlenwasserstoffe
Petrochemische Abfälle	Polychlorierte Biphenyle
Abfälle der Farbenindustrie	Chlorhaltige Aromaten
Chemieabfälle	andere
Asphaltschlamm	Chlorhaltige zyklische Verbindungen
Ölschlamm	

Gasförmig

Deponiegas

Bild 9.3-39 Alternative Brennstoffe für das Brennen von Zement

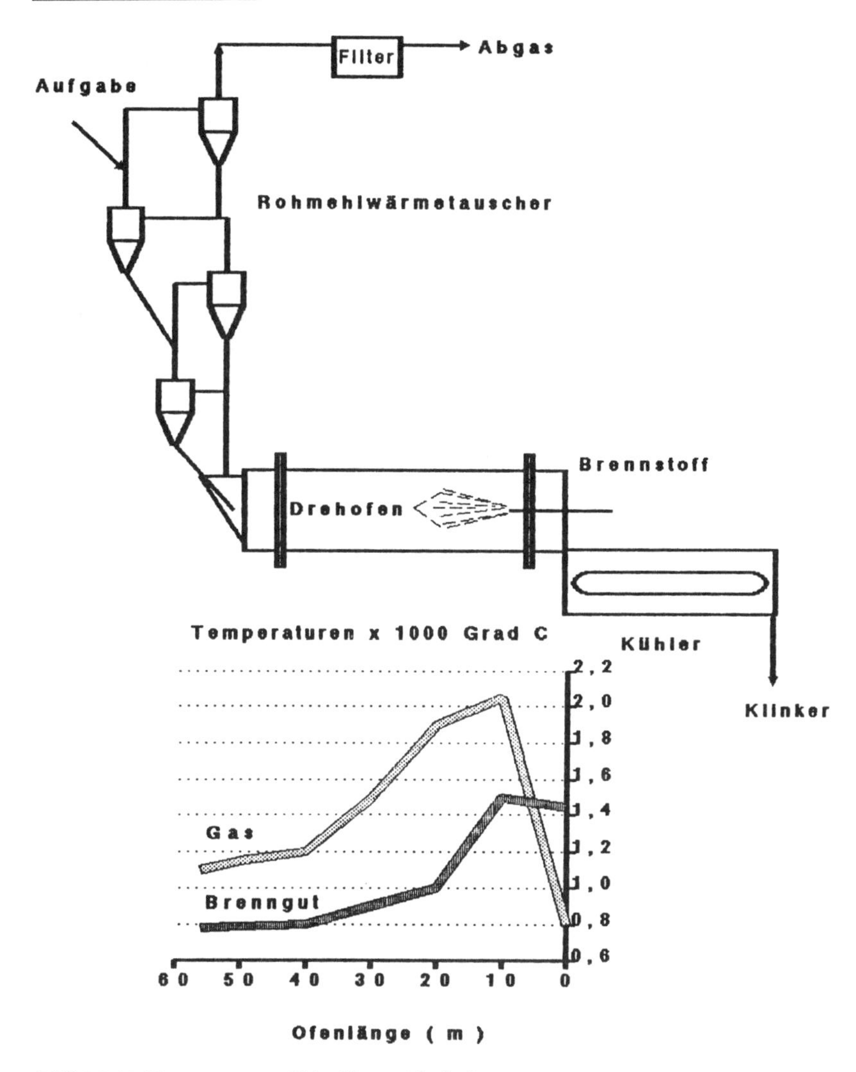

Bild 9.3-40 Temperaturprofil im Zementdrehofen

Einsatz von BRAM (Brennstoff aus Müll)

Die Zementindustrie begann Anfang der 70er Jahre, versuchsweise Hausmüll, bzw. eine aussortierte heizwertreiche Fraktion, den sogenannten BRAM (Brennstoff aus Müll), als Sekundärbrennstoff im Klinkerbrennprozeß einzusetzen. Zielsetzungen waren:

- Reduzierung des Abfallvolumens und damit eine Verlängerung der Nutzungsdauer des vorhandenen Deponievolumens
- vollständige Energieausnutzung im Brennprozeß
- Vermeiden von Aschen und Schlacken durch Einbindung in den Klinker.

Die Versuche verliefen durchaus positiv, d.h. es gelang, bis zu 30 % der Gesamtwärmeenergie des Brennprozesses über die BRAM-Verbrennung einzusetzen, wobei eine Verschlechterung der Zementqualität nicht festgestellt wurde. Auch die gasförmigen Emissionen lagen im Rahmen der

Anforderungen der TA-Luft. Inzwischen setzen einige Zementwerke BRAM im Dauerbetrieb ein. Beispielhaft werden Verfahren und Ergebnisse einer Anlage in der BRD dargestellt.
Die Klinkerbrennanlage, 5 Zyklonstufen, Drehofen und Rohrkühler, produziert 1800 t/d. Als Brennstoff wird eine Mischung aus Kohlenstaub und BRAM über die Hauptfeuerung in den Ofen geblasen.
Die Müllaufbereitung zu BRAM zeigt Bild 9.3-41. Über eine grobe Vorsortierung werden störende Stoffe aus dem Müll ausgesondert, bevor die Zerkleinerung erfolgt. Die nachgeschaltete Sortiereinrichtung besteht aus einem kombinierten Sieb- und Sichtverfahren, das die Inertstoffe abtrennt. Der so gewonnene BRAM kann wahlweise zu Ballen verpreßt und zwischengelagert werden, oder direkt weiter zerkleinert und dem Drehofen aufgegeben werden. Die Ballen sind nach Lagerzeiten im Freien von bis zu 3 Monaten noch einsetzbar, lediglich in den äußeren Schichten kann durch Einwirken von Feuchtigkeit eine erste Verrottung einsetzen. Der Heizwert des BRAM beträgt im Mittel 12,6 MJ/kg bei geringen Schwankungen.
Probleme traten anfänglich in der Ofenführung auf, wenn der Energieanteil des BRAM 20 % überschritt. Ursachen waren nicht Schwierigkeiten bei der Verbrennung, sondern Verstopfungen

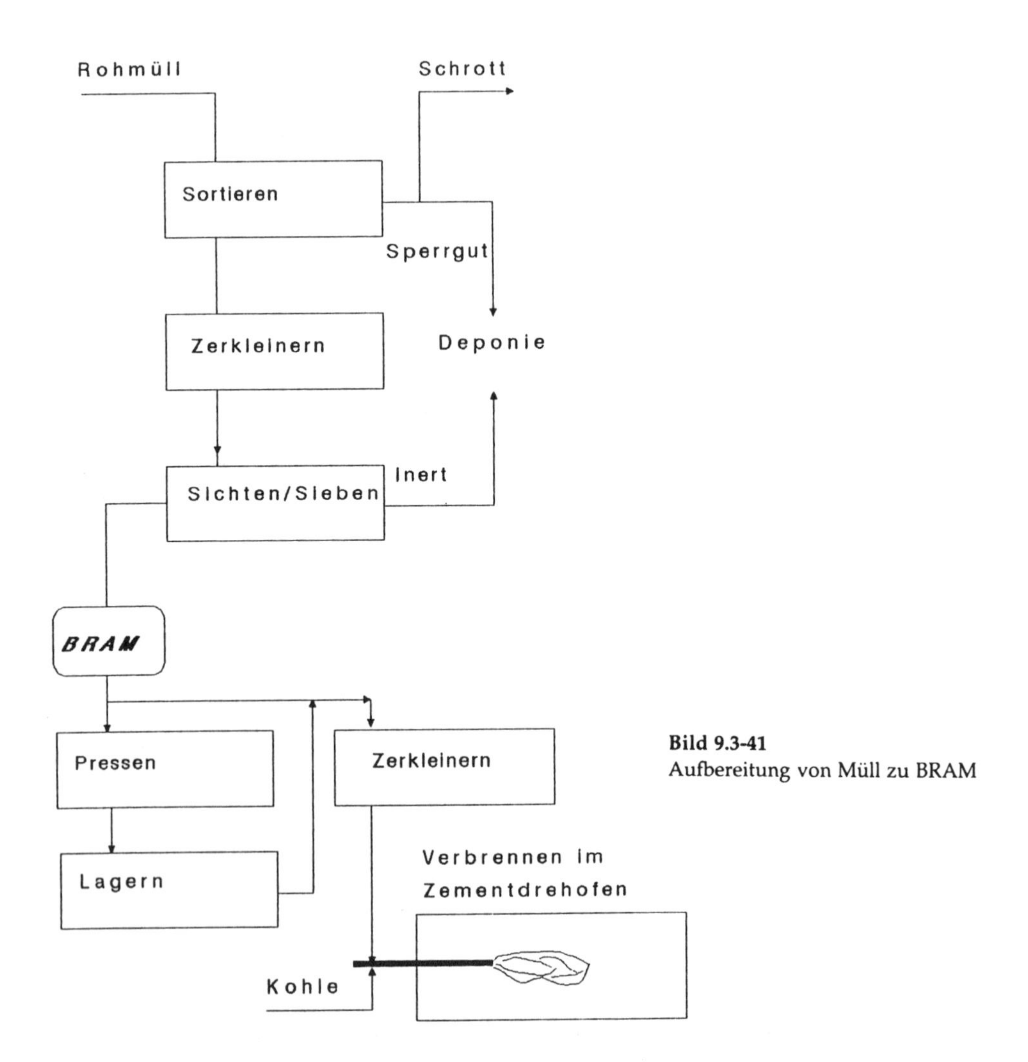

Bild 9.3-41
Aufbereitung von Müll zu BRAM

Schwermetallgehalte

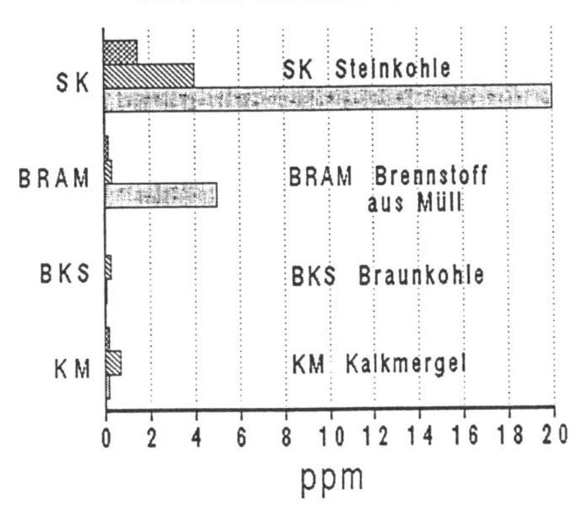

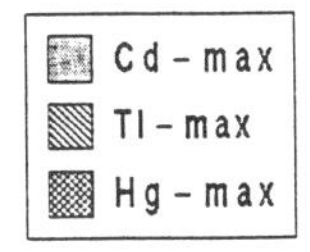

Bild 9.3-42
Schwermetallkonzentrationen verschiedener Zementeinsatzstoffe

und Ansätze im unteren Bereich des Zyklonwärmetauschers und im Drehofeneinlauf, die durch den Chloreintrag über den BRAM und die daraus resultierenden Chlorkreisläufe entstanden. In den Brenngutproben wurden Chlorgehalte von bis zu 16 % ermittelt. Als Lösung der Probleme wurde die Installierung einer Gasbypaßanlage beschlossen und realisiert.
Mit einem Teilgasabzug von 5 % werden 3 % Staub b.a. Kl aus dem Ofeneinlauf abgezogen, mit Luft gekühlt und in einem Hochleistungszyklon entstaubt. Die Bypaßmischgase werden mit einer Temperatur von ca. 500 Grad C in die Gasleitung zwischen den Zyklonstufen 3 und 4 zurückgeführt. Der hochentsäuerte Bypaßstaub wird zu einem Mörtelprodukt weiterverarbeitet. Die Klinkerbrennanlage wurde bisher mit max. 7 t BRAM/h, entsprechend 35 % energieäquivalent, beaufschlagt. Angestrebt werden zukünftig 50 % Primärenergieersatz durch BRAM. Von den Behörden angeordnete Messungen an Schadstoffemissionen zeigten keine zusätzliche Belastung der Umwelt bei der BRAM-Verbrennung gegenüber reiner Kohle-Verbrennung.
Einnahmebilanzen von Schwermetallen aus Zementrohstoffen, Kohlen und BRAM zeigen im Vergleich zu 50 %-BRAM-Verbrennung nur Konzentrationsänderungen, die innerhalb des Streubereiches der Roh- und Brennstoffe liegen. Bild 9.3-42 zeigt die Schwermetallkonzentrationen verschiedener Zementeinsatzstoffe.
70 Vol.-% des Rohmülls werden durch BRAM-Verbrennung energetisch genutzt, die verbleibenden 30 Vol.-% deponiert.
Die Kosten für die BRAM-Aufbereitung betragen lediglich 50 bis 60 % heutiger Deponieraumkosten und liegen weit unter den Kosten einer Beseitigung in einer Müllverbrennungsanlage, so daß sich zusammen mit der Primärenergieeinsparung nicht nur eine hohe Wirtschaftlichkeit ergibt, sondern insgesamt ein hohes ökologisches Ergebnis erreicht wird.

Verbrennung von Klärschlämmen im Zementofen
Als eine Alternative wird die Verbrennung von Klärschlamm im Zementbrennofen angesehen und auch hier wurden Studien und Versuche angestellt, inwieweit eine umweltverträgliche Entsorgung zu erzielen ist. Erfahrungen der Schweizer Zementindustrie sollen hier aufgeführt werden.
Zur wirksamen Desodorierung (Beseitigung von Gerüchen) und zur vollständigen Verbrennung der organischen Substanzen sind Verbrennungstemperaturen von > 800 Grad C notwendig. Das direkte Einbringen von Klärschlämmen, die Feuchtegehalte um 95 % aufweisen, belastet das Ofensystem durch:

- Zufuhr erheblicher zusätzlicher Wärme zur Wasserverdampfung
- Abkühlung der Brennraumtemperatur an der Zugabestelle

- Minderung der Klinkerproduktion durch hohe Mengen an Ballastgas (Wasserdampf aus der Feuchte)
- Erhöhung des elektrischen Kraftbedarfs am Abgasgebläse,

so daß vor Aufgabe von Klärschlamm eine mechanische Entwässerung auf 75 % Feuchte oder noch besser eine Vortrocknung auf eine niedrige Restfeuchte erfolgten sollte, um eine bessere energetische Ausnutzung des Brennwertes der Trockensubstanz im Brennprozeß zu erreichen. Für die Klärschlammtrocknung können Abwärmequellen des Zementwerkes genutzt werden (z.B. Ofenabgase, Kühlerabluft).

Die Zugabe in die Hauptfeuerung bietet den Vorteil der sicheren Vernichtung organischer Schadstoffe, während die Zweitfeuerung im Ofeneinlauf mehr Flexibilität bezüglicher Feuchtegehalt und Stückgröße bietet.

Die Mengen an Klärschlamm, die den Primärbrennstoff substituieren können hängen ab vom:

- Wassergehalt und Einfluß auf die Brennraumtemperatur
- Einfluß auf Chemie und Mineralogie des Klinkers (Einbindung der Asche)
- Einfluß auf das Emissionsverhalten der Ofenanlage.

Die größten Mengen an Klärschlamm lassen sich einbringen bei starker Vortrocknung auf Feuchten < 25 %.

Als Obergrenze haben Versuche die Zugabe von 0,05 kg Trockensubstanz/kg Klinker an Klärschlamm ergeben.

Die Resultate umfangreicher Untersuchungen an einem 1500 t/d WT-Ofen mit Planetenkühler und Kohlefeuerung sollen aufgezeigt werden. Die Untersuchungen begannen mit jeweils einem Nullversuch im Direkt- und Verbundbetrieb mit der Rohmaterialmahlanlage.

Danach wurden 2 Versuchsreihen im Verbund- und Direktbetrieb mit der Zugabe von 2,77 t/h Klärschlamm (6 % Feuchte, 10 MJ/kg Hu der Trockensubstanz) entsprechend 0,044 kg Klärschlamm pro kg Klinker durchgeführt. Der Klärschlamm wurde in Granulatform im Korngrößenbereich von 1,5–4 mm pneumatisch in die Zweitfeuerung aufgegeben. (Ersatz der vorher dort zugegebenen Kohle)

Probleme im Ofenbetrieb traten nicht auf, lediglich einige Prozeßgrößen wurden beeinflußt durch die Klärschlammzugabe:

- Anstieg des Wärmebedarfs um 94 kJ/kg Kl (+ 2,6 %)
- Anstieg der Abgasmenge um 3,7 %
- Anstieg der Abgastemperatur um 21 Grad C
- Anstieg des Druckverlustes um 8,9 % (36 mm WS)
- der elektr. Kraftbedarf des Abgasgebläses stieg um 1 kWh/t Kl an.

Bei den gemessenen Emissionen traten für die meisten Stoffe keine signifikanten Änderungen auf, Ausnahmen waren:

CO: Die Emission wurde um 50 % erhöht, da der trockene Klärschlamm gröber ist als Kohle und darum schlechter ausbrennt.

NOx: Wahrscheinlich als Folge des erhöhten CO-Gehaltes der Ofengase wurde die NOx-Emission gedrückt. (14–26 % Minderung)

Die Emission dampfförmiger Schwermetalle zeigt Bild 9.3-43.

Die Cadmium- und Thalliumemissionen steigen nur geringfügig an, während die Quecksilberemissionen besonders im Direktbetrieb stark ansteigen. Im Verbundbetrieb ergibt sich ein gewisses Hg-Rückhaltevermögen, dessen Mechanismus jedoch nicht näher bekannt ist.

Der Auswurf von organischen Substanzen lag bei allen Versuchen im Mittel bei 20 mg TOC/Nm^3 Abgas.

Untersuchungen des Klinkers ergaben:

- der P205-Gehalt steigt durch den Klärschlamm von 0,08 auf 0,43 % an (Verzögerung des Abbindebeginns des Zementes um ca. 20 min.)
- Die Einträge von As, Cr, Cu, Mn, Ni durch Klärschlamm gehen in den natürlichen Schwankungen des Grundpegels unter

Schwermetallemission

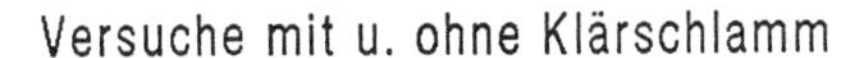

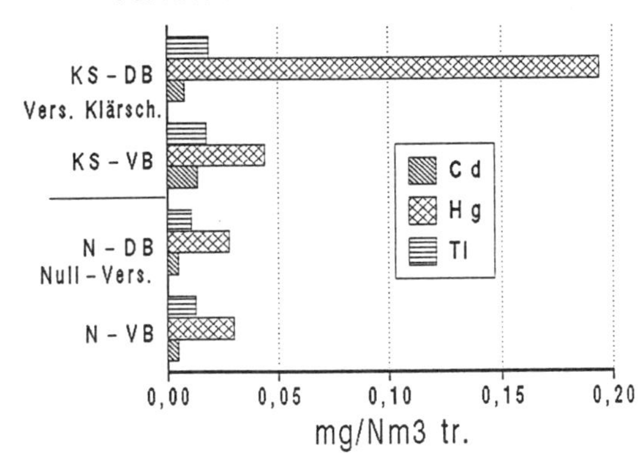

Bild 9.3.-43
Emissionen dampfförmiger Schwermetalle

- Bei Pb und Zn zeigt die Klärschlammzugabe einen Ansteig (Pb 17...32 ppm, Zn 119–259 ppm), der jedoch im Klinker als unbedenklich niedrig eingestuft werden kann.

Die Ergebnisse der Versuche, Klärschlamm im Zementofen zu verbrennen, zeigen durchaus positive Tendenz, sieht man von der Hg-Emission einmal ab. Dem kann gegengesteuert werden durch eine Reduzierung der Klärschlammzugabe in den Zementprozeß, oder durch Verminderung der Quecksilberfracht der Klärschlämme selbst. Die Zementqualität wird durch Klärschlammzusatz zum Brennstoff nicht negativ beeinflußt.

Verbrennung von Altölen

Polychlorierte Byphenyle (PCB) wurden aufgrund ihrer Nichtbrennbarkeit und ihrer chemischen Stabilität in besonders kritischen Bereichen wie Transformatoren, Kondensatoren und in bedeutenden Mengen als Hydrauliköle im Bergbau eingesetzt. Demgegenüber stehen wesentliche Nachteile. Die weitgehend biologische Nichtabbaubarkeit führte dazu, daß sich die in die Umwelt gelangten PCBs verteilt haben, und im Fettgewebe von Mensch und Tier nachweisbar sind. Bei unsachgemäßer Verbrennung von PCB-haltigen Altölen und Abfällen bilden sich polychlorierte Dibenzodioxine (PCDD) und polychlorierte Dibenzofurane (PCDF). Diese Verbindungen sind in der Umwelt persistent und besitzen eine hohe Toxizität, wobei das 2,3,7,8-TCDD und das 2,3,7,8-TCDF wegen ihrer extremen Giftigkeit eine Sonderstellung einnehmen. Bild 9.3-44 zeigt den Aufbau dieser Verbindungen. PCDDs und PCDFs aus der unkontrollierten Verbrennung von PCB sowie aus anderen Quellen, hier ist besonders die Dioxinbildung in der Abkühlzone von Müllverbrennungsanlagen zu nennen, haben sich ubiquitär in der Umwelt verteilt, so daß der Mensch täglich ca. 0,2 bis 1 ng 2,3,7,8-TCDD-Äquivalente, hauptsächlich über tierische Fette aufnimmt.
Diese Nachteile haben dazu geführt, daß PCBs seit 1976 nicht mehr hergestellt werden.
Trotzdem befinden sich PCBs noch im Einsatz oder werden gelagert, bis sie ordnungsgemäß entsorgt werden können
Der PCB-Kreislauf, der durch den Einsatz von wiederaufbereiteten Altölen gebildet wird, spielt heute eine untergeordnete Rolle. Während zu Anfang der 80er Jahre im Durchschnitt 30 bis 40 mg PCB/kg in Altölen gefunden wurden und auch Einzelwerte von Hundert bis einigen Tausend mg PCB/kg keine Seltenheit waren, hat es der Gesetzgeber geschafft, durch die schrittweise Herabsetzung der PCB-Grenzwerte für eine Wiederaufbereitung, den PCB-Gehalt in Altölen deutlich zu verringern, und das trotz einer umstrittenen, weil ungenauen PCB-Routine-Untersuchung.

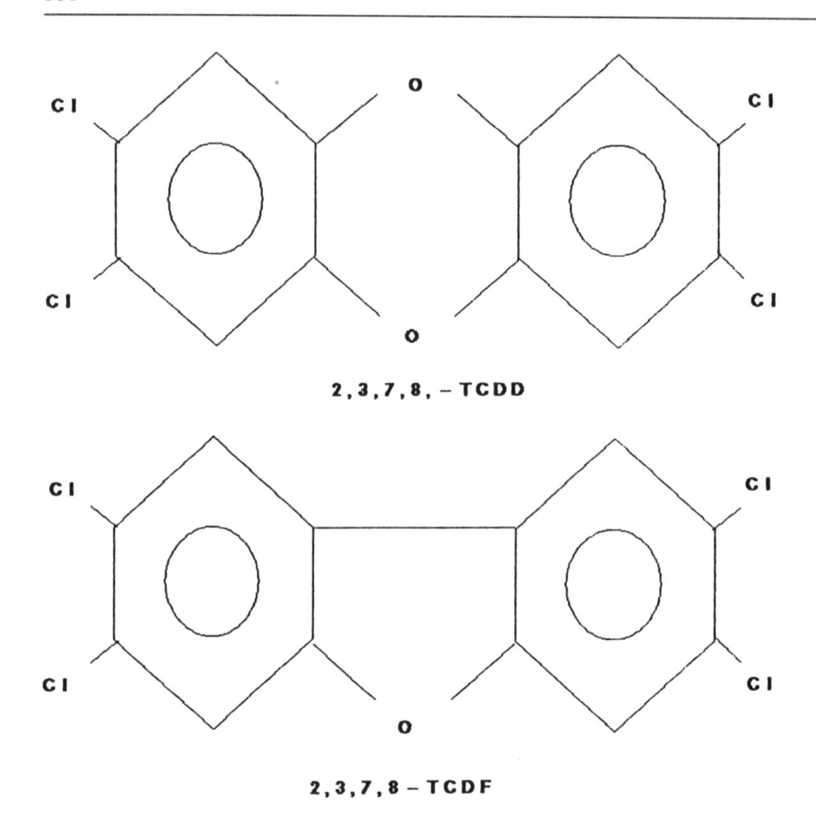

Bild 9.3-44 Aufbau von PCDD und PCDF

Entscheidend war hier das Abfallgesetz von 1986 mit dem Vermischungsverbot und einem oberen Grenzwert von 20 mg PCB/kg (d.h. 4 mg/kg als Summe für 6 ausgesuchte PCBs) für eine Wiederaufbereitung, so daß heute im Altöl etwa 1 bis 2 mg PCB/kg zu erarten sind.
Überschreitungen des Grenzwertes von 20 mg PCB/kg bilden die Ausnahme, eine genaue Mengenangabe liegt nicht vor.
Die Mengen an hochkonzentrierten PCB-Ölen, die gelagert werden oder in den nächsten Jahren anfallen, betragen etwa 40.000 bis 60.000 t, so daß die vier in der BRD für die Verbrennung zugelassenen Anlagen noch für ca. 20 Jahre ausgelastet sind.
Hinzu kommen die PCB-Ersatzstoffe auf Basis von Tetrachlorbenzyltoloul, die bei der Verbrennung ähnliche Probleme beinhalten.
Neben den PCBs und Ersatzstoffen spielt auch der Gesamtgehalt an organisch gebundenem Chlor im Altöl für die Behandlung dieser Öle eine große Rolle.
Der Gesetzgeber hat den Anteil für organisch gebundenes Halogen von 5 % auf 0,2 % herabgesetzt. Altöle, die höhere Werte aufweisen, müssen in Sondermüllverbrennungsanlagen an Land oder auf See verbrannt werden, wobei die Verbrennung auf See demnächst eingestellt wird.
Die chlorhaltigen Altöle stammen zum großen Teil aus der Metallentfettung und von Wiederaufbereitungsanlagen für Lösemittel.
Durch die Restgehalte an chlorierten Lösemitteln und Chlorparaffinen ergeben sich Chlorgehalte von ca. 5 bis 10 %.
Die Menge dieser chlorhaltigen Altöle dürfte zwischen 50.000 und 80.000 t/a liegen.
Um größere Mengen an PCB- und chlorhaltigen Altölen ordnungsgemäß entsorgen zu können, wird nach weiteren, sicheren Verbrennungsmöglichkeiten gesucht.

Bisher durchgeführte Untersuchungen zur Verbrennung PCB-haltiger Abfallstoffe im Labor- und Industriemaßstab haben gezeigt, daß bei einer Verbrennung mit den Randbedingungen:

- Temperaturen von oberhalb 1200 Grad C,
- Rauchgasverweilzeit größer 2 Sekunden
- und oxidierender Brennatmosphäre

hohe Wirkungsgrade im PCB-Abbau erzielt werden, ohne das es dabei zu nennenswerten Emissionen an polychlorierten Dioxinen und Furanen kommt. Auch die Abkühlbedingungen der Rauchgase müssen berücksichtigt werden, wobei sich folgende Voraussetzungen günstig für niedrige PCDD- und PCDF-Emissionen auswirken:

- schnelle Abkühlung
- geringe HCl-Konzentration im Gas
- geringer Gehalt an elementarem Kohlenstoff
- Abwesenheit katalytisch wirkender Metallchloride, insbesondere Kupferchlorid.

Laut Erlaßt des Ministers für Umwelt, Raumordnung und Landwirtschaft des Landes NRW vom 03.09.85 wird die Emission auf maximal 0,1 ng/m3 2,3,7,8-TCDD und 1,0 ng/m3 2,3,7,8-TCDF begrenzt.
PCB und PCB-haltige Altöle wurden bereits in in- und ausländischen Zementwerken eingesetzt. Tabelle 9.3.1 gibt hier eine Übersicht.

Tabelle 9.3.1 Zementwerke, die PCB eingesetzt haben

Zementwerk	Zeitraum des Altölbetriebs
St. Lawrence Cement Co., Mississauga, Ontario	1974–1977
Peerless Cement Co., Detroit	1976
Dundee Cement Co., Dundee, Michigan	1976
Lehigh Portland Cement Co., Mason City	1977
Stora Vika, Schweden	1978
Norcem, Slemmestad, Norwegen	ab 1981
Golden Bay-Cement Tarakohe, Nelson Province, Neu Seeland	1982
Phönix Zementwerke, Beckum	ab 1987 Pilotversuche

Dabei wurden sehr umfangreiche Sicherheitsmaßnahmen getroffen, Mensch und Umwelt vor möglichen Gefahren zu schützen.
Der Energiemassenstrom des Altöls wurde auf maximal 10 % des Gesamtenergiebedarfs beschränkt. Dies resultiert unter anderem daraus, daß ein sehr hoher Chlorideintrag in den Öfen Ansatzprobleme mit sich bringt, was zu Betriebsstörungen führt.
Alle Großversuche mit Zeiträumen von bis zu zwei Jahren zeigten keine störenden Einflüsse auf den Ofenbetrieb und die Zementqualität. Ein nahezu vollständiger Abbau an PCB wurde jeweils erreicht, wie die nachstehend gezeigten Untersuchungsergebnisse verdeutlichen.
Verschiedene Versuche in den Jahren 1981 bis 1982 mit unterschiedlichen Abfallstoffen wurden in einem norwegischen Zementwerk durchgeführt. Dabei wurde auch reines PCB-Öl mit 46 % Chlor eingesetzt.
Tabelle 9.3.2 zeigt die ermittelten Emissionswerte, die als sehr niedrig angesehen werden können. Zersetzungsgrade des PCB von 99,9999 % wurden erreicht, PCDD und PCDF konnten im Abgas nicht nachgewiesen werden.
Derzeit werden in einem deutschen Zementwerk Versuche durchgeführt, verschieden stark PCB-kontaminierte Altöle zu verbrennen und die Auswirkungen auf die Emission zu untersuchen. Erste Ergebnisse wurden inzwischen veröffentlicht.

Tabelle 9.3.2 Schadgasemissionen bei der Verbrennung von reinem PCB

	Nullversuch		Versuch 1		Versuch 2	
FCB-Aufgabe in kg/h	0		50		50	
Emission	mg/h	$\mu g/m^3$	mg/h	$\mu g/m^3$	mg/h	$\mu g/m^3$
Chloroform	< 0.01	–	87	0.870	118	1.180
Tetrachlorkohlenstoff	< 0.01	–	40	0.400	122	1.220
Trichlorethylen	< 0.01	–	30	0.300	91	0.910
Tetrachlorethylen	< 0.03	–	40	0.400	121	1.210
Chlorbenzene	89	0.890	290	2.900	930	9.300
PCB	4	0.040	8	0.080	17	0.170

Tabelle 9.3.3 PCB-Gehalte der eingesetzten Altöle

Meßreihe	PCB-Gehalt im Altöl in ppm A	PCB-Gehalt im Altöl in ppm B
0	–	–
1	39	56
2	168	182
3	483	456
4	800	876

A: Bestimmung nach Chlorierungsgruppen mittels GC/MS.
B: Bestimmung mittels GC/ECD und Auswertung über 6 Einzelkomponenten (LAGA).

Tabelle 9.3.4 PCB-Gehalte in Klinker, Staub und Abgas

		Meßreihe									
PCB-Gehalt		0		1		2		3		4	
Reingas	$\mu g/m^3$	n.n.	n.n.	n.n.	n.n.	0,300	0,277	n.n.	n.n.	n.n.	n.n.
Klinker	ppm	n.n.		n.n.		n.n.		n.n.		n.n.	
Filterstaub	ppm	n.n.		n.n.		n.n.		n.n.		n.n.	

Bestimmung nach Chlorierungsgruppe mittels GC/MS.

Die Untersuchungen wurden mit einem Nullversuch, d.h. ohne Altölzufuhr gestartet. Anschließend wurden Altöle mit 50 ppm, 200 ppm, 500 ppm und 750 ppm PCB zugesetzt. Die Gehalte an PCB wurden nach zwei Verfahren bestimmt. Die Ergebnisse beider Meßverfahren zeigt Tabelle 9.3.3. Die Brennstoffmischung betrug 5,5 bis 6 t/h Steinkohlenstaub und 560 bis 635 kg/h Altöl bei einer Klinkerleistung von 46 t/h bis 58 t/h.
Tabelle 9.3.4 zeigt die Gehalte an polychlorierten Biphenylen in den Reingas-, Klinker- und Filterstaubproben der verschiedenen Meßreihen. Pro Meßreihe wurden im Reingas zwei Proben auf

Tabelle 9.3.5 Dioxine und Furane verschiedener Chlorierungsgrade im Abgas

PCDD und PCDF	Meßreihe									
im Reingas	0		1		2		3		4	
in ng/m³	1	2	1	2	1	2	1	2	1	2
Σ Tetra CDD						n.n.	n.n.	n.n.	n.n.	n.n.
Σ Penta CDD						n.n.	n.n.	n.n.	0,09	n.n.
Σ Hexa CDD	n.n.	n.n.	n.n.	n.n.	n.n.	0,21	n.n.	n.n.	0,15	n.n.
Σ Hepta CDD						1,98	0,03	0,02	0,22	0,19
Octa CDD						6,23	0,04	0,04	0,58	0,29
Σ PCDD	–	–	–	–	–	8,42	0,07	0,06	1,04	0,48
Σ Tetra CDF					0,12	0,20	n.n.	n.n.	n.n.	n.n.
Σ Penta CDF					0,09	0,08	n.n.	n.n.	n.n.	n.n.
Σ Hexa CDF	n.n.	n.n.	n.n.	n.n.	0,06	0,06	n.n.	n.n.	n.n.	n.n.
Σ Hepta CDF					n.n.	0,06	0,02	0,03	0,05	0,02
Octa CDF					n.n.	n.n.	n.n.	n.n.	n.n.	n.n.
Σ PCDF	–	–	–	–	0,27	0,40	0,02	0,03	0,05	0,02

* bezogen auf das Abgasvolumen im Normalzustand
Gehalt an polychlorierten Bibenzodioxinen und Bibenzofuranen im Reingas als Summe verschiedener Chlorierungsgrade; Bestimmung mittels GC/MS.

den Gehalt an PCDD und PCDF untersucht. Die Ergebnisse sind in Tabelle 9.3.5 dargestellt. 2,3,7,8-PCDD konnte nicht nachgewiesen werden.
Der Nullversuch und die Meßreihe ergaben keine nachweisbare Emission an PCDD und PCDF. Einen eindeutigen Zusammenhang einer ansteigenden PCDD- und PCDF-Emission mit zunehmendem PCB-Massenstrom zeigen die Meßreihen nicht. Vermutlich spielen Sekundärreaktionen im Niedertemperaturteil der Anlage (Rohmehlwärmetauscher/Filter) auch eine Rolle mit, so daß als Ursache für das Auftreten von geringen PCDD- und PCDF-Emissionen nicht allein der PCB-Eintrag in Betracht kommt.
Die Versuche werden weiter fortgesetzt, um die bisherigen Erkenntnisse zu erweitern und abzusichern.
Die bisherigen Untersuchungen und Auswertungen zur Verbrennung von PCB-kontaminierten Altölen in den Drehrohröfen der Zementindustrie zeigen vergleichsweise niedrige Schadgasemissionen aus den Abgaskaminen. Daraus kann der Schluß gezogen werden, daß die Gastemperaturen und Rauchgasverweilzeiten im Hochtemperaturbereich des Drehofens ausreichen, PCB-haltige Altöle nahezu vollständig thermisch zu zerstören. Die Energieausnutzung der Altöle für den Brennprozeß ergibt entsprechende Einsparungen an Primärbrennstoff mit den Folgen der Absenkung an Brennstoffkosten für das betreffende Zementwerk. Diesen Kosten gegenüber stehen allerdings die Investitionskosten für eine sichere Handhabung der Altöle und die Installation einer aufwendigen regelungstechnischen Sicherheitskette für den Brennprozeß, die dafür sorgt, daß das kontaminierte Altöl nur dann zugesetzt wird, wenn die entsprechenden Prozeßdaten für eine vollständige PCB-Zerstörung im Drehofen auch vorliegen, bzw. die Altölzufuhr unterbricht, wenn diese Bedingungen, z.B. bei einem Störfall, nicht gegeben sind.
Aus dieser Sicht ergibt sich, daß die Altölverbrennung in allererster Linie einen Entsorgungsbeitrag bedeutet, der von der Zementindustrie erbracht werden kann.

Altreifen und Abfallgummi

Die Entsorgung von Altreifen war lange Zeit ein großes Problem, da nur etwa 45 % recycelt und 55 % entsorgt werden müssen.

Durchschnittsanalyse von Reifengummi	
C:	88,3 %
H:	7,3 %
S:	2,1 %
ZnO:	2,0 %
Hu:	29,3 ... 33,5 GJ/t

Bild 9.3-45
Spezifische Daten von Altreifen

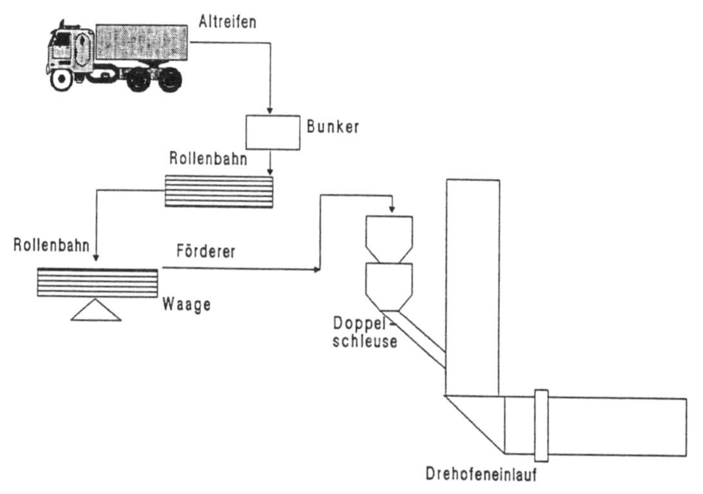

Bild 9.3-46 Handling von Altreifen und Altgummi

Die Verbrennung von Reifen und stückigem Abfallgummi im Zementdrehofen wird seit etwa 10 Jahren praktiziert. Spezifische Daten der Reifen zeigt Bild 9.3-45. Anfangs bemühte man sich, die Reifen zu zerkleinern, um die Aufgabe- und Dosiereinrichtungen zu vereinfachen, was jedoch hohe Kosten verursachte und die Wirtschaftlichkeit stark minderte. Heute werden die Reifen unzerkleinert aufgegeben, da geeignete Aufgabe- und Dosiersysteme entwickelt wurden.
Bild 9.3.-46 zeigt ein Beispiel des Handlings von Altreifen und Abfallgummi. Die Reifen werden einer Rollenbahn einzeln aufgegeben und jeder Reifen einzeln einer Waage zugeführt, die das Reifengewicht erfaßt. Ein Rechner ermittelt den Zeitabstand für die Weiterführung zum Ofen, so daß in einem bestimmten Zeitintervall der Ofen gleichmäßig mit Wärmeenergie versorgt wird. Über eine Doppelschleuse, die den Ofen gegen Falschlufteinbruch schützt, gelangen die Reifen und das separiert dosierte Abfallgummi in den Drehofeneinlauf, wo die Verbrennung eingeleitet wird und das Gummi während der Ofenreise ausbrennt. Eingebaute Umrührer aus metallischen oder keramischen Werkstoffen können die Verbrennungsgeschwindigkeit der Gummiteile erhöhen. Die hohen Temperaturen und langen Verweilzeiten im Drehofen bewirken einen vollständigen Ausbrand, die Stahlkarkassen schmelzen und werden ebenso wie das Zink in oxidischer Form in die Klinkerphasen eingebaut. Bei ausreichender Sauerstoffzufuhr entsteht im Abgas kein CO. Bis zu 25 % der Gesamtwärmemenge des Klinkerbrennprozesses kann über die Gummiverbrennung gedeckt werden. Von den Behörden durchgeführte Emissions- und Immissionsmessungen haben gezeigt, daß Zementbrennanlagen, die mit Reifen und Abfallgummi als Sekundärbrennstoff arbeiten, die Auflagen des Bundesimmissionsschutzgesetzes in vollem Umfang erfüllen.

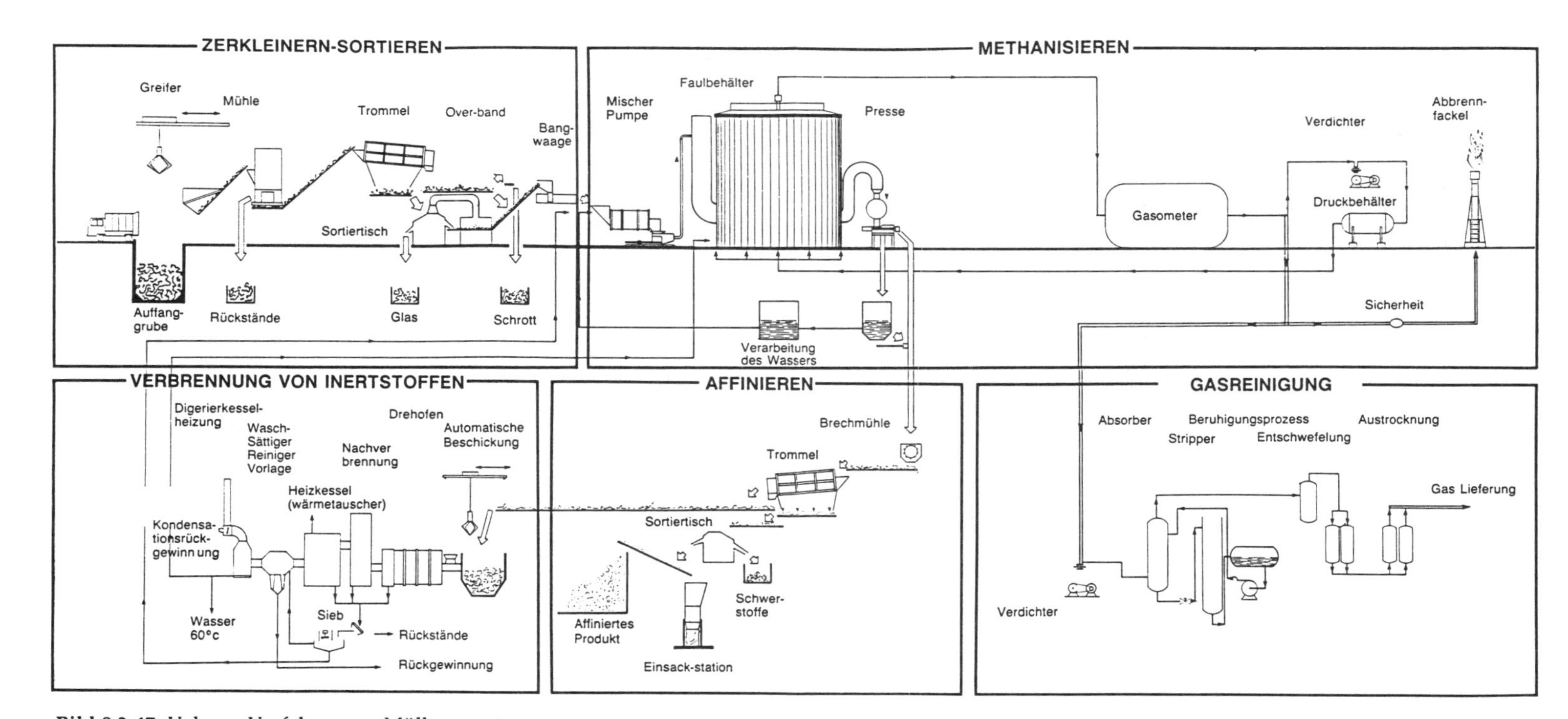

Bild 9.3-47 Valorga-Verfahren zur Müllverwertung

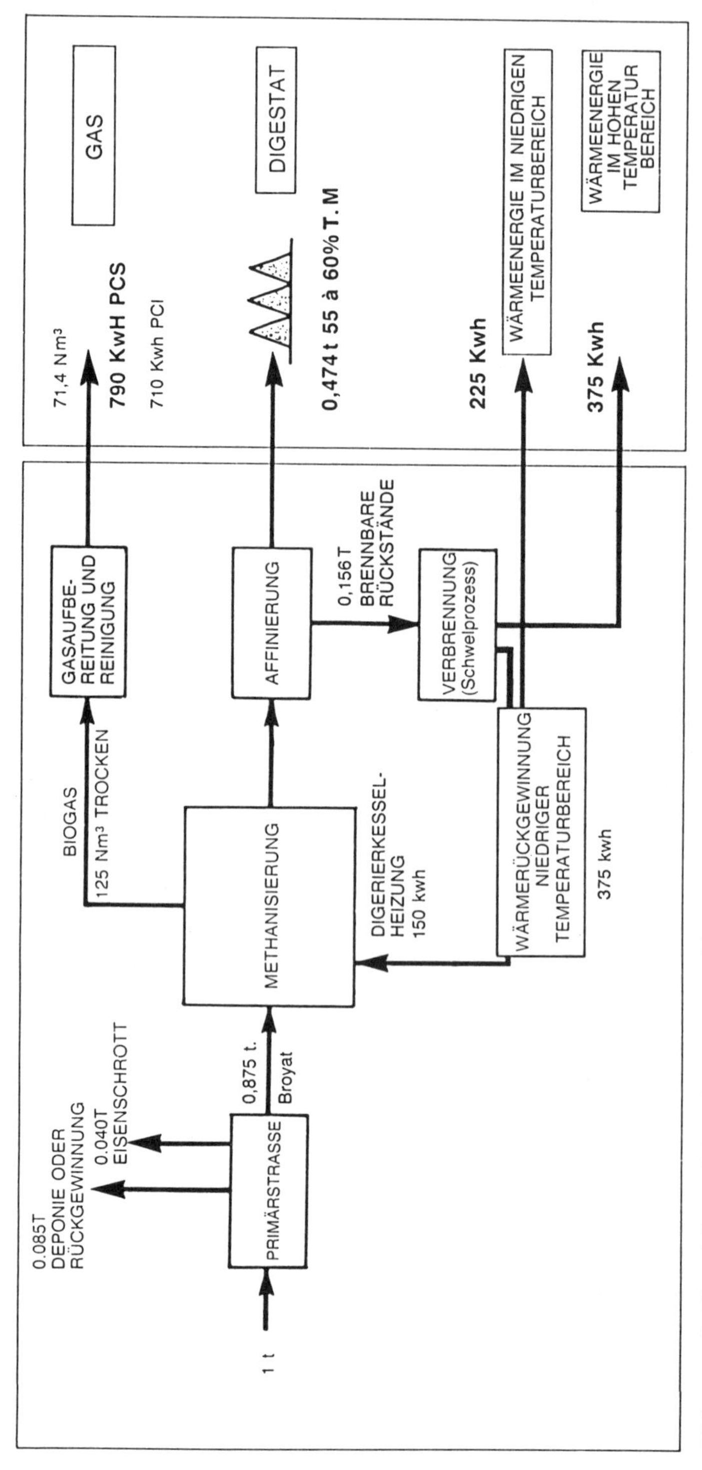

Bild 9.3-48 Stoff- und Energiebilanz des Valorgaverfahrens

9.3.3.3 Biologische Behandlung

Verfahren Valorga

Valorga-Müllwertungsverfahren

Zielsetzung dieses Verfahrens ist die Gewinnung von Wertstoffen und Energie aus Hausmüll. Bild 9.3-47 zeigt das Verfahrensfließbild.

Der Hauptanlagenteil besteht aus einer biologischen Methanerzeugung. Der angelieferte Müll wird zerkleinert und sortiert. Fe-Schrott und Inertmaterial werden abgetrennt. Die Reststoffe werden in einem Faulbehälter methanisiert. Hier entsteht Biogas, das direkt durch Verbrennung thermisch genutzt werden kann, oder nach einer Gasreinigung an die Verbraucher transportiert wird. Die Reststoffe nach der Vergärung werden nachzerkleinert und von einem Trommelsieb in Fraktionen sortiert. Der Siebüberlauf besteht aus einer brennfähigen Substanz, die in einem Drehofen pyrolisiert und in einer Brennkammer verbrannt wird.

Das Material besteht aus im Faulprozeß nicht völlig zersetzten Stoffen wie Papier, Holz, Kunststoffe, Lumpen, u.ä. mehr.

Bei Schweltemperaturen von ca. 800 Grad C wird das HCl in die alkalische Asche eingebunden.

Über Wärmetauscher wird ein großer Teil dieser im Rauchgas enthaltenen Energie zurückgewonnen. Der Wasseranteil der Abgase wird auskondensiert und zur Methanisierung, die in wässriger Phase verläuft, gegeben.

Die Wassererwärmung übernimmt der Wärmetauscher.

Der Siebdurchgang stellt ein Stoffgemisch dar, das nach Auslese der Schwerstoffe als Kompost vermarktet werden kann. Der Kompost ist geruchlos und besitzt ein humusartiges Aussehen.

Bild 9.3-48 zeigt die Stoff- und Energiebilanz des Verfahrens.

Eine seit 1984 betriebene Anlage verwertet 16.000 t Müll/a und erzeugt 140 m3 Biogas/t Müll. An Kompost fassen 4.000 t/a an, die verkauft werden als Schüttgut zu 200 F/t und als Sackgut zu 600 F/t.

Literatur

Jahrbuch für Abfallwirtschaft und Recycling
Literaturverzeichnis zu Kapitel 9.3

Weber, R.: Webers Taschenlexikon 2. Erneuerbare Energie. ISBN 3-907175-06-9, 1986, Olynthus Verlag, CH-Oberözberg

Koch, Thilo, C.: Ökologische Müllverwertung: Handbuch für optimale Abfallkonzepte 1986/ ISBN 3-7880-9725-6, Verlag C. F. Müller GmbH, Karlsruhe

Hüning, W., Reher, P.: Verbrennungstechnik für den Umweltschutz. Chem.-Ing.-Tech. 61 (1989), Nr. 1, S. 26–36

Broschüren der Firmen:

Deutsche Babcock Anlagen AG
4150 Krefeld

Energas GmbH
1000 Berlin

Bayer AG
5090 Leverkusen

Valorga S.A.
F-37440 Vendargues

UTB Umwelttechnik Buchs AG
CH-4970 Buchs SG

L. & C. Steinmüller GmbH
5270 Gummersbach

Martin GmbH
8000 München

ABTFTB Thermische Energieanlagen GmbH
1000 Berlin

Saarberg-Fernwärme GmbH
6600 Saarbrücken

Bergbau-Forschung GmbH
4300 Essen

KWU Kraftwerkunion-Umwelttechnik GmbH
8520 Erlangen

KHD Humboldt Wedag AG
5000 Köln

Uhde GmbH
4600 Dortmund

DET Dräger-Energie-Technik GmbH
4175 Wachtendonk

Eisenmann Maschinenbau GmbH
7038 Holzgerlingen

Kreft, W.: Entsorgung im Zementwerk/Verwertung von Rest- und Abfallstoffen durch die Zementindustrie. Entsorgungs-Praxis 9/88, S. 360–368

Kreft, W., Scheubel, B., Schütte, R.: Klinkerqualität, Energiewirtschaft und Umweltbelastung – Einflußnahme und Anpassung des Brennprozesses. Teil 1: Basisbetrachtungen. Zement-Kalk-Gips 40 (1987), S. 127–133

Kreft, W., Scheubel, B., Schütte, R.: Klinkerqualität, Energiewirtschaft und Umweltbelastung – Einflußnahme und Anpassung des Brennprozesses. Teil 2: Erfahrungen aus der Praxis. Zement-Kalk-Gips 40 (1987), S. 243–258

Maury, D. H., Pavenstedt, R. G.: Primär- und Sekundärbrennstoffe beim Klinkerbrennen. Zement-Kalk-Gips 42 (1989), S. 90–93

Obrist, A., Lang, Th.: Nicht-landwirtschaftliche Verwertungsmöglichkeiten von Klärschlamm unter besonderer Berücksichtigung der Verbrennung im Zementofen NFP 7-Teil D3, Bern 1986

9.4 Kunststoffrecycling

von Bernd Bilitewski

Patente und Patentanmeldungen
von *Joachim Helms*
Die im folgenden aufgeführten Druckschriften stellen lediglich eine kleine Auswahl aus der Vielzahl der angemeldeten Erfindungen dar. Für spezielle Problemstellungen wird empfohlen, eine gesonderte Recherche durchzuführen.

Verfahren zur Wiederaufbereitung des PET von gebrauchten, PET-haltigen Produkten, sowie Anordnung zur Durchführung des Verfahrens (DE-37 28 558 A1)

Die Erfindung geht aus von einem Verfahren zur Wiederaufbereitung der PET (Polyester-Polyethylenterephthalat)-Bestandteile von gebrauchten, PET-haltigen Produkten, wobei die PET-haltigen Produkte zerkleinert, windgesichtet, gewaschen, voneinander separiert, entwässert und getrocknet werden, sowie erforderlichenfalls eine Abscheidung eines Metallanteiles erfolgt. Um mit einem möglichst hohen Wirkungsgrad, d. h. möglichst wenigen Verlusten an PET-Teilchen, ein Endprodukt an rückgewonnenen PET-Teilchen von großer Reinheit und in der gewünschten Farbgebung sowie Klarheit zu erhalten, ist vorgesehen, daß die Separierung mittels einer Hydrozyklonanordnung (13, 16) erfolgt, daß eine Klassierung (27) der getrockneten PET-Teilchen erfolgt, und daß danach eine Farbsortierung (28) der klassierten, getrockneten PET-Teile vorgenommen wird. Die Erfindung betrifft eine Anordnung zur Durchführung des Verfahrens, bei der zumindest zwei Hydrozyklone (13, 16) in Reihe hintereinander für die Separierung des schwereren PET- und ggf. des Metallanteiles von den leichteren Bestandteilen einer der zerkleinerten Produkte aufweisenden Suspension vorgesehen sind.

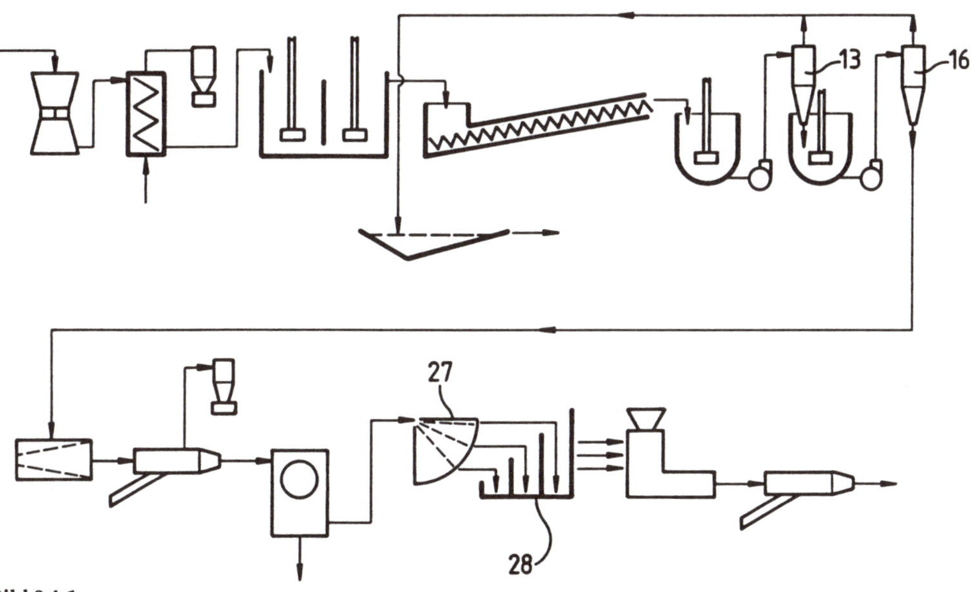

Bild 9.4-1

Verfahren für die Aufbereitung von aus Kunststofformteilen bestehenden Kühlaggregatgehäusen (DE-39 11 326 A1)

Verfahren für die Aufbereitung von aus hauptsächlich Kunststofformteilen (aus ungeschäumtem und geschäumtem Kunststoff) bestehenden Kühlaggregatgehäusen zum Zwecke der Wiederverwendung und/oder Entsorgung des Kunststoffes, wobei die Kühlaggregatgehäuse, die von den Motoren, Verdichtern, metallischen Leitungssystemen und dergleichen befreit sind, in einer Shredderstufe zerkleinert werden und wobei danach aus dem geshredderten Gut die Eisenteile entfernt werden. Die Kühlaggregatgehäuse werden über eine ausreichend gasdichte Schleuse in die Shredderstufe eingeführt und in dieser auf eine Stückgröße von 100 bis 200 mm zerkleinert. Das geshredderte Gut wird in eine Schneidmühlenstufe eingeführt und dort auf eine Korngröße von unter 10 mm zerschnitten. Das geschnittene Gut wird in eine Windsichterstufe eingeführt. Aus der Windsichterstufe werden einerseits die Teilchen aus ungeschäumtem Kunststoff als Granulat ausgetragen und andererseits die Teilchen aus geschäumtem Kunststoff abgeführt. Die Teilchen aus geschäumtem Kunststoff werden in eine Wirbelstrommühlenstufe eingeführt. Das gemahlene Gut wird in eine Zyklonstufe eingeführt. Aus dieser wird der aufbereitete geschäumte Kunststoff abgezogen. Aus der Shredderstufe, der Schneidmühlenstufe und der Windsichterstufe wird Abluft abgesaugt, die die kontaminierenden Gase aufgenommen hat. Die kontaminierenden Gase aus der Abluft werden durch Adsorption und/oder Ausfrieren und/oder Verbrennen entfernt.

Verfahren zum kontinuierlichen Herstellen von stranggepreßten Profilen aus Kunststoff-Recycling-Material und Vorrichtung zur Durchführung des Verfahrens (DE-39 07 748 A1)

Beim kontinuierlichen Herstellen von stranggepreßten Profilen (10) aus Recycling-Kunststoff-Material wird in einem Plastifikator (1) die Schmelze (2) aufbereitet, welche anschließend ein Vorbehandlungsgerät (3) durchläuft, in welchem die durchfließende Schmelze (2) durch paarweise angeordnete, das Profil begrenzende horizontale und vertikale Bänder (4, 5) geglättet wird, wobei die Bänder (4, 5) mitlaufen und sich in Durchflußrichtung verengen und durch von Prallkörpern (7) und Prallrollen (8) angeregte, definierte Schwingungen die Schmelze (2) im Durchfluß zu einem oberflächenglatten Profil (10) gestalten.

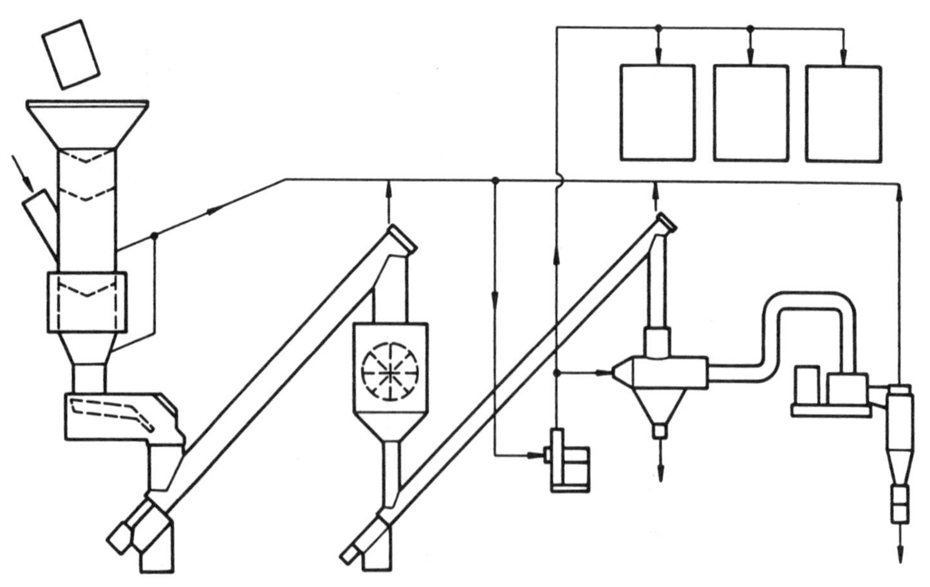

Bild 9.4-2

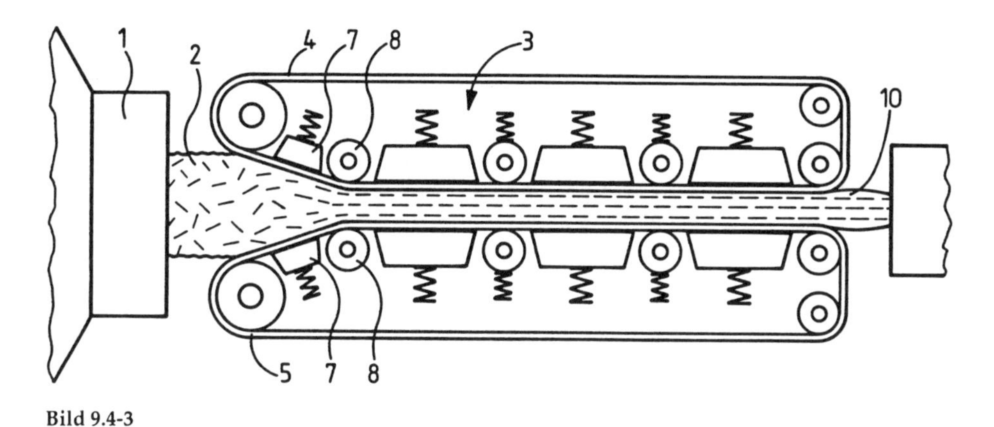

Bild 9.4-3

Verwertung von Gemischen aus Kunststoffen unterschiedlicher chemischer Zusammensetzung (DE-39 09 368 A1)

Zur Verwertung von Gemischen aus Kunststoffen unterschiedlicher chemischer Zusammensetzung, enthaltend insbesondere halogenisierte Kohlenwasserstoffe, wird bei einem Druck von mehr als 40 bar und einer Temperatur von über 200 °C die Beigabe von Kohlenwasserstoffradikalen vorgeschlagen. Diese können beispielsweise Methyl- und/oder Äthyl-Radikale sein. Vor der Behandlung soll das Gemisch zerkleinert werden, wobei dann dem Gemisch in Gegenwart eines Katalysators, wie z. B. Nickel- und/oder Platin-Schwamm und/oder Metalloxide, Alkohol und/ oder Methan und/oder Metallmethyl beigegeben wird.

Verfahren und Vorrichtung zum Trennen von unterschiedlichen Polymeren aus Polymergemischen (DE-36 01 175 C2)

Es wird ein Verfahren zum Trennen von Polymergemischen kleiner Teilchengröße aus Polymeren mit etwa gleichen spezifischen Gewichten, jedoch mit unterschiedlichen Schmelzpunkten unter Anwendung von Temperaturen, die zur Agglomeration der Polymeren mit dem niedrigen Schmelzpunkt führen, beschrieben, wobei die zu trennende Polymermischung kleiner Teilchengröße chargenweise in einem Schnellmischer durch Friktion oder Mantelheizung bis zur Plastifizierung und Agglomerierung der Polymerteilchen mit dem niedrigen Schmelzpunkt aufgeheizt, anschließend einem Kühlmischer zugeführt und nach dem Abkühlen in einer Abscheidevorrichtung in Agglomerat und in unverformte Teilchen getrennt wird.

Recyclinganlage zur Granulaterzeugung (DE-37 23 038 A1)

Die Anlage Rotagran ist konstruktiv so ausgelegt, daß Einwegprodukte, wie Kanister oder Flaschen aus Kunststoff, Weißblech und anderen heterogenen Werkstoffen, zu Granulat umgeformt werden. Das aufbereitete Material wird als Rohprodukt zu neuen Gebrauchsgegenständen und als niederer Füllstoff dem Markt zur Verfügung gestellt. Die Anlage ist als Standgerät konzipiert, im Aufbau robust und wartungsarm und kann überall dort aufgestellt werden, wo granulierfähiges Material in größerer Menge anfällt. Die Anlagenabmaße sind 1 200, 1 400, 1 800 mm. Gesamtgewicht der Anlage ist ca. 2 200 kg.

Als Betreiber einer solchen Recyclinganlage kommen in Betracht:

- Kunststoffverarbeitende Industrie
- Hersteller von Behältern aus Kunststoff oder Weißblech
- Abfüllbetriebe von Flaschen, Behältern und Tuben
- Verwender von granulierten Füllstoffen
- Mülldeponien, Städtereinigungsunternehmen.

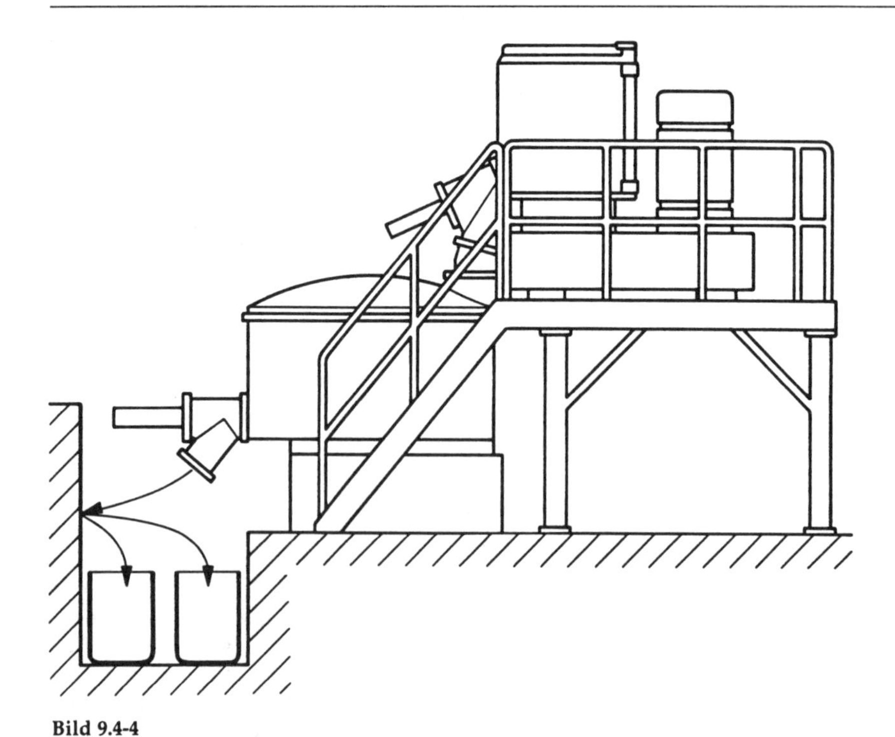

Bild 9.4-4

Wirkungsweise der Anlage:
Eingefülltes Material gelangt über das Abzugsrost in den Bereich der Einzugswalze, wird erfaßt, perforiert, verdichtet und von der Abstreiferwalze in die Grobschneidevorrichtung gelenkt. Bei erschwerter Schneidefähigkeit des Materials wird manuell oder automatisch über Einspritzdüsen Flüssigstickstoff zur Materialverfestigung zugeführt. Das Material gelangt über Ablenkbleche in die Vorschneidestufe, wird von den gegensinnig rotierenden Messerwalzen erfaßt und über den Abscherkamm gezogen.
Allgemeines
Kunststoffe sind Werkstoffe, die synthetisch aus einfachen organischen Naturstoffen (z. B. Alkohol, Benzol, Methan) oder aus komplexen Grundstoffen der Natur (z. B. Kautschuk) aufgebaut werden. Die synthetischen Kunststoffe werden durch chemische Polymerisation kleiner Monomere gewonnen. Erdöl, Erdgas, Kohle, Wasser, Sand und Stickstoff stellen die Rohstoffe für die Herstellung von vollsynthetischen Kunststoffen dar. Für die Herstellung von Kunststoffen aus natürlichen Grundstoffen werden diese durch chemische Abwandlung technisch nutzbar gemacht. Als Naturprodukte kommen Eiweiß, Zellulose, Naturharze und Kautschuk in Frage. Kunststoffe bestehen im wesentlichen aus den Elementen Kohlenstoff und Wasserstoff mit einzelnen Nebenbestandteilen wie Sauerstoff, Stickstoff, Chlor, Schwefel und Fluor. Zur Erzielung spezifischer Eigenschaften werden eine Vielzahl von Elementen und Verbindungen zugesetzt.

9.4.1 Problemstellung

In der Bundesrepublik wurden 1989 ca. 9 Mio. Mg Kunststoffe produziert und ca. 8 Mio. Mg Kunststoffe weiterverarbeitet und verbraucht. Rund 2,2 Mio. Mg/a fallen als Kunststoffabfälle in den Bereichen Haus-, Sperrmüll und hausmüllähnliche Gewerbeabfälle an. Die Differenz zwischen Produktions- und Abfallmenge bedeutet einen ständigen Zuwachs an Kunststoffprodukten, die erst zukünftig als Abfall zu behandeln sind.

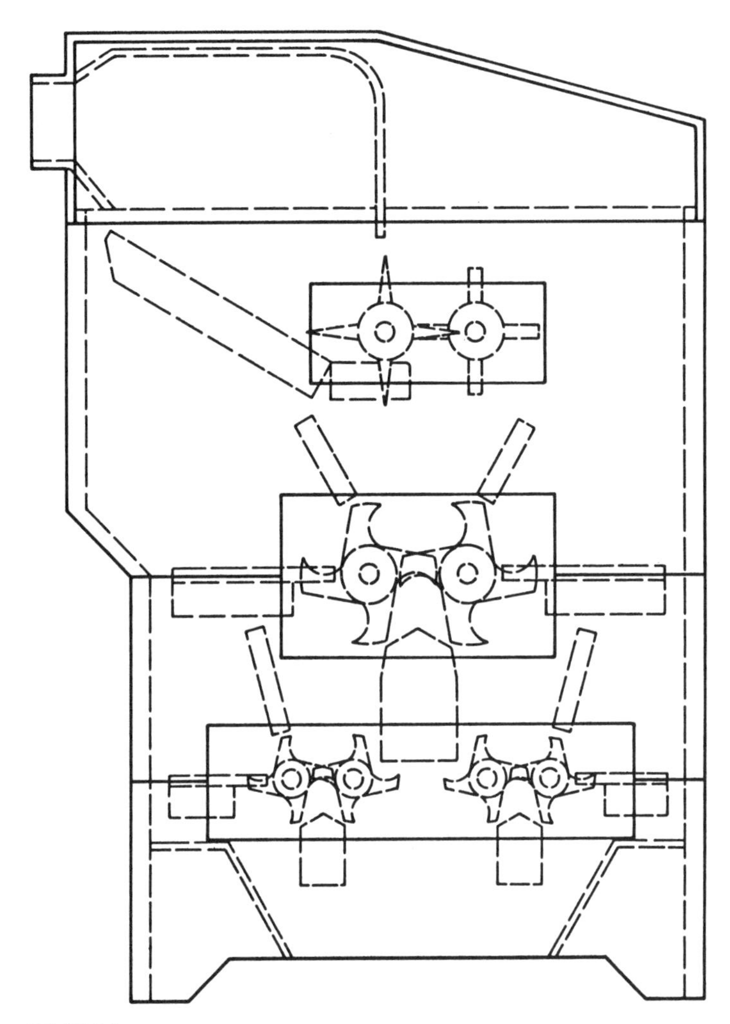

Bild 9.4-5

Das Kunststoffrecycling stagniert seit ca. 5 Jahren auf dem gleichen Niveau. Es werden vorwiegend sortenreine Kunststoffe aus dem Kunststoffbe- und verarbeitenden Gewerbe, ca. 0,5 Mio. Mg/a verwertet. Der Einsatz von gemischten Kunststoffen aus Haushalten liegt bei 1500 Mg pro Jahr.

9.4.1.1 Häufige Kunststoffarten

Bei den Kunststoffen werden drei Hauptgruppen unterschieden:
- Thermoplaste,
- Duroplaste,
- Elastomere.

Thermoplastische Kunststoffe bestehen aus linearen oder verzweigten Polymeren, die beim Erwärmen reversibel bis zur Fließfähigkeit erweichbar sind. Beim Abkühlen kommt es zur Verfestigung der Materialien. Sofern keine chemische Schädigung durch übermäßige thermische Beanspruchung

entstanden ist, können Thermoplaste mehrfach regeneriert und erneut über die Schmelze verarbeitet werden.
Duroplastische Kunststoffe bestehen aus fließfähigen, monomeren Vorprodukten, die bei der Formgebung miteinander vermischt werden und durch chemische Reaktion zum Fertigprodukt aushärten. Die Härte der fertigen Duroplaste ist bis zu den Grenztemperaturen des thermo-chemischen Abbaus der Polymere wenig veränderlich. Duroplaste sind irreversibel ausgehärtet und thermisch nicht regenerierbar.
Elastomere Kunststoffe sind dauerelastische Kunststoffe, die aus weitmaschig vernetzten Polymeren aufgebaut sind. Bei Raumtemperatur sind diese weich gummielastisch. Je nach Temperaturstabilität wird in chemisch vernetzte und in thermoplastische Elastomere unterschieden. Elastomere sind wie Duroplaste nicht schmelzbar.
Von diesen Hauptgruppen können nur Thermoplaste mehrfach geformt werden, so daß auch nur bei dieser Gruppe eine direkte Wiederverwertung durch erneute Einschmelzung möglich ist. Die übrigen Gruppen können nur thermisch verwertet (Pyrolyse, Verbrennung) oder nach Zerlegung in die Ausgangsstoffe stofflich recycelt werden. Die wesentlichen Kunststoffarten werden nachfolgend kurz charakterisiert (Tabelle 9.4.1)
Polyolefine (PO) sind Polymerisate des Ethens und anderer aliphatischer Kohlenwasserstoffe, die als Monomere eine endständige Doppelbindung besitzen. Die Hauptvertreter der Polyolefine sind das Polyethylen (PE) und das Polypropylen (PP). Bei PE wird zusätzlich je nach dem Druck, unter dem die Polymerisation stattfindet, in HD-PE (high density) und LD-PE (low density) unterschieden.
Polyvinylchlorid (PVC) gehört zur Gruppe der halogenierten Polymere. Zur Gewährleistung der vielfältigen Anwendungen müssen dem PVC unterschiedlichste, größtenteils umweltgefährdende Additive zugemischt werden.
Polystyrol (PS) ist der älteste durch Additionspolymerisation als Kettenreaktion gewonnene Thermoplast. PS besteht aus einer Hauptkette und Phenylringen, die als Polymer eine Einheit bilden.
In den linearen Basismolekülen der hochpolymeren Polyamide (PA) sind in regelmäßigen Abständen die Carbonsäureamid-Gruppen (CONH-Gruppe) enthalten, die das Grundverhalten der vielfältig abwendbaren PA bestimmen.
Lineare Polyester aus aliphatischen Dicarbonsäuren (z. B. Adipinsäure) können wegen des niederen Erweichungsbereiches nicht direkt verwendet werden. Diese dienen zur Herstellung vernetzter Polyester (UP) und als Weichmacher für PVC. Als Textilfaser oder Formmassen haben die linearen Polyester der Terephthalsäure technische Bedeutung erlangt.

9.4.1.2 Produktion und Verbrauch von Kunststoffen

Die Bundesrepublik Deutschland ist weltweit der drittgrößte Produzent und Verarbeiter von Kunststoffen. Die überwiegende Zahl der Kunststoffe wird aus Erdöl, einem der wichtigsten fossilen Rohstoffe, hergestellt. Die deutsche kunststoffverarbeitende Industrie hat einen Anteil von 4 % am Erdölverbrauch der Bundesrepublik Deutschland (Bild 9.4.6).
Von den im Jahr 1989 in der Bundesrepublik produzierten 8,5 Mio Mg Kunststoffen waren ca. 8 Mio Mg zum Verkauf bestimmt. Mengenmäßig von Bedeutung sind vor allem Polymerisationsprodukte, die am Gesamtkunststoffverbrauch einen Anteil von 67 % hatten. 30 % entfielen auf Polykondensate und Polyadditionsprodukte.
Tabelle 9.4.2 enthält eine Zusammenstellung der Einsatzgebiete von Thermoplasten im Haushaltsbereich. Die Nutzung der Kunststoffe erfolgt zu 25 % im Bausektor und zu 21 % für Verpackungen (Bild 9.4.7). Weitere wichtige Einsatzbereiche sind die Elektro-, Fahrzeug- und Möbelindustrie sowie die Landwirtschaft.
Tabelle 9.4.2 Anwendungsbeispiele von Massenkunststoffen im Haushaltsbereich [2].
Im Bausektor werden Erzeugnisse aus Kunststoffen überwiegend als langlebige Produkte eingesetzt. Verpackungen dagegen sind im allgemeinen Produkte mit kurzer Nutzungsdauer. Während langlebige Produkte erst nach mehreren Jahren als Abfälle auftreten, beeinflussen kurzlebige Kunststofferzeugnisse die Entwicklung der Abfallmenge unmittelbar.

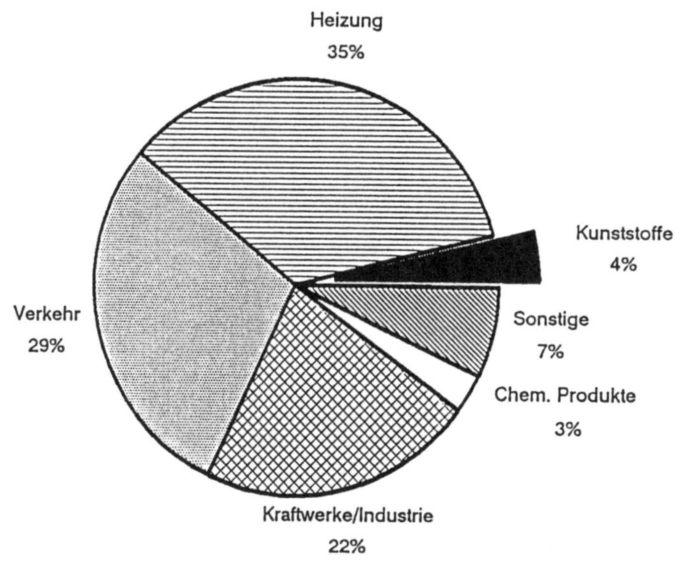

Bild 9.4-6 Aufteilung des Mineralölverbrauchs der Bundesrepublik nach Verbrauchssektoren [31]

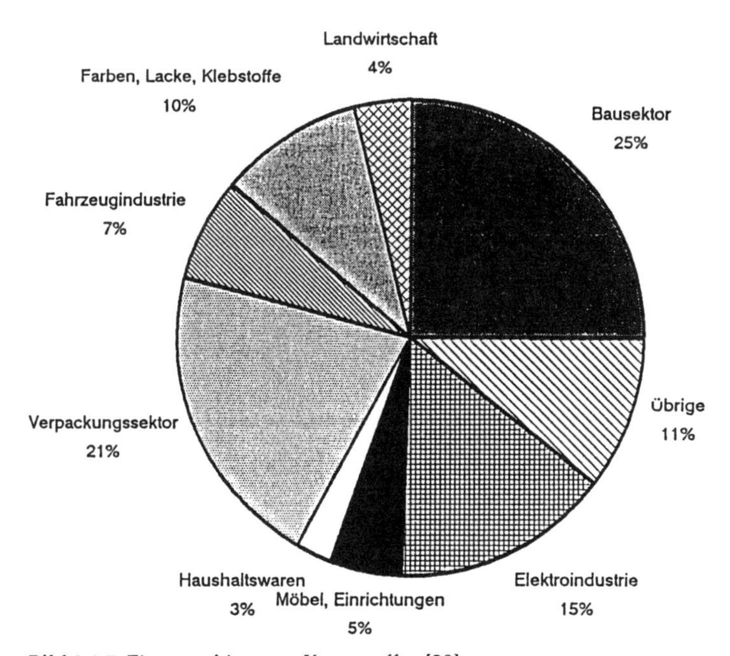

Bild 9.4-7 Einsatzgebiete von Kunststoffen [28]

Tabelle 9.4.1 Einsatzbereiche und chemische Formeln von Thermoplasten, Duroplasten und Elastomeren [2]

Kunststoff	Kürzel	Chemische Formel	Einsatzbereiche
Thermoplaste			
Polyethylen	PE	$-CH_2-CH_2-CH_2-CH_2-CH_2-$	Folien, Formkörper, Massenartikel
Polypropylen	PP	$-[CH(CH_3)-CH_2]_n-$	techn. Teile, z.B. im KFZ
Polyvinylchlorid	PVC	$-CH_2-CH(Cl)-CH_2-CH(Cl)-$	Folien, Fensterrahmen, Rohre, Kabelisolierung
Polystyrol	PS	$[CH(C_6H_5)-CH_2]_n$	Einwegbecher, glasklare Haushaltgegenstände, Spritzgußteile
Polyamid	PA	$-[-NH-(CH_2)_6-NH-CO-(CH_2)_{10}-CO-]_n-$ Polyamid 612	Zahnräder, Faserstoffe, Mauerdübel, Elektrogehäuse
Duroplaste			
Polyester	UP	$-[CO-C_6H_4-CO-O-CH_2-CH_2-O-]_n-$	Gießharz, Lacke, Spachtelmassen
Epoxidharz	EP	$-[O-C_6H_4-C(CH_3)_2-C_6H_4-O-CH_2-CH(OH)-CH_2]_n-$	Lacke, Gießharz, Klebstoffe
Phenolharz	PF	$-C_6H_2(OH)-CH_2-C_6H_2(OH)-CH_2-C_6H_2(OH)-$	el. Isolierstoffe, Hartfaserplatten, Gieß- und Lackharze, Holzleim
Melaminharz	MF	Hexamethylolmelamin $C_3N_3[N(CH_2OH)_2]_3$	Bindemittel für Preßmassen, Holzleim, Lacke
Harnstoffharz	UF	$O=C(NHCH_2OH)_2$ Dimethylolharnstoff	Bindemittel für Preßmassen, Holzleim, Lacke
Polyurethan	PUR	$[(CH_2)_4-O-CO-NH-(CH_2)_6-NH-CO-O]_n$	Gieß- und Streichmassen, Schaumstoffe, Lacke
Elastomere			
Naturkautschuk	NR	$-CH_2-C(CH_3)=CH-CH_2-CH_2-C(CH_3)=CH-CH_2-CH_2-C(CH_3)=CH-CH_2-$	Weich- und Hartgummi, Schläuche, Dichtungen
Styrol-Butadien-Kautschuk	SBR	$-CH_2-CH=CH-CH_2-CH_2-CH(C_6H_5)-$	Autoreifen
Polybutadien	BR	$-CH=CH-CH-CH_2-$	Autoreifen, Auskleidungen, Isoliermaterial
Polychlorpropen	CR	$-CH=C(Cl)-CH-CH_2-$	Förderbänder, Kabelummantelung, Schaumgummi, Schutzkleidung

Tabelle 9.4.2 Anwendungsbeispiele von Massenkunststoffen im Haushaltsbereich [2]

Anwendungsbeispiel	Kunststoffe
Geschirr, Besteck, Küchenmaschinenteile und Gehäuse	PE, PP, PVC, PA, PS, PC
Tischdecken, Verkleidungen	PVC (weich)
Badezimmerausstattungen	PVC
Verpackungsfolien	PE
Tragetaschen	PE, PVC
Kaschierforlien für Beutel	PP
Dichte Verbundfolien für Lebensmittel	PE (Aluminium), PETP
Verpackungen	PETP
Schrumpffolien für Verpackungen	PE, PVC (weich)
Kochbeutel	PE
Einstellbeutel für Flüssigkeiten (Getränke, Öle, Spül-, Lösemittel)	PVC, PE
Verpackungsdosen, Becher, Obstkörbe, Besteckeinsätze	PVC, PS, PE
Hohlkörper (Großbehälter, Flaschen, Kanister)	PE, PP, PVC

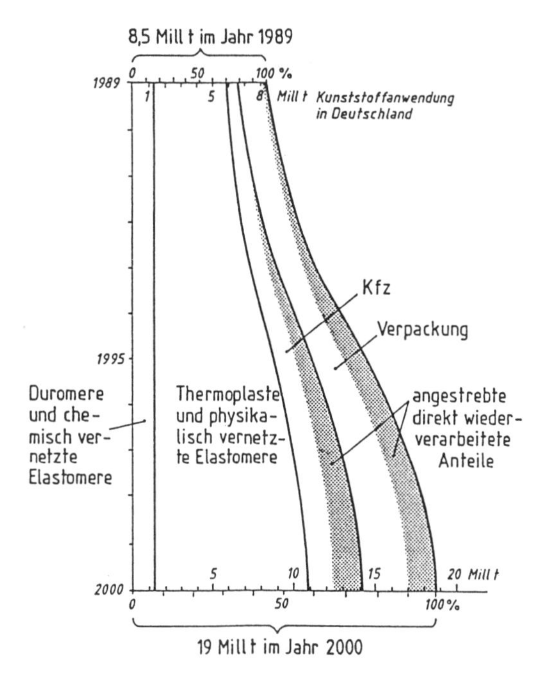

Bild 9.4-8
Entwicklungsabschätzung der Anteile der Verpackungs- und Kfz-Bereiche sowie der gesamten Kunststoffanwendung im nächsten Jahrzehnt [3]

Die Fachwelt ist sich über die Tendenz der Entwicklung einig und sagt eine relativ große Zunahme des Kunststoffeinsatzes voraus. Eine besonders hohe Zuwachsrate werden die Kunststoffe im Automobilbau aufweisen, die bereits jetzt schon wertmäßige Zuwachsraten zwischen 20 und 30 % pro Jahr haben. In Bild 9.4.8 ist der steigende Kunststoffeinsatz in Deutschland abgeschätzt, wobei die Anteile der Verpackungs- und KFZ-Bereiche mit ihrem Wiederverwertungsanteil skizziert wird.

9.4.1.3 Kunststoffabfälle aus Haushalt und Gewerbe

Kunststoffabfälle fallen im gewerblich/industriellen und im privaten Bereich in drei Ebenen an:
- bei der Rohstofferzeugung;
- bei der Kunststoffverarbeitung und -aufbereitung;
- bei weiterverarbeitenden Betrieben, gewerblichen Endverbrauchern und privaten Haushalten.

Abfälle aus Haushalten sind diejenigen Abfälle, die aus Privathaushalten stammen und über eine turnusmäßige (z. B. wöchentlich) Abfuhr entsorgt werden.
Nicht einheitlich definiert dagegen ist bisher der Begriff des Gewerbemülls. Dabei erscheint es besonders bei den Kunststoffabfällen sinnvoll, eine Trennung von Abfällen aus der Kunststoffproduktion und der Kunststoffverarbeitung einerseits und andererseits von Kunststoffen, die infolge der Verwendung zu Abfällen werden, vorzunehmen. Bei letzteren handelt es sich vorwiegend um Abfälle aus der Landwirtschaft (Agrarfolien, Düngemittelverpackungen u. ä.), dem Handel (Verpackungen) und aus dem Bereich der Installation (Verpackungen).
Im Rahmen der Bundesweiten Hausmüllanalyse [8,9] ergab sich für 1985 eine Abfallmenge an Kunststoffen aus Privathaushalten von 756 000 Mg/a (Tabelle 9-4-3). Die Ergebnisse der Analyse zeigen, daß sich die Abfallmenge an Kunststoffen zwischen 1979/80 und 1985 um jährlich 4 % verringert hat. Dies dürfte allerdings nur eine vorübergehende Erscheinung gewesen sein.
Ca. 90 % der im Haushaltsabfall enthaltenen Kunststoffe bestehen aus den vier Massenkunststoffen PE, PP, PS und PVC (Tabelle 9.4.4). Der größte Anteil entfällt dabei auf die Fraktion PE/PP mit 50 bis 65 %.
In Abfällen sind vorwiegend Produkte aus thermoplastischen Massenkunststoffen zu finden. Spezialkunststoffe thermoplastischer und duroplastischer Art werden für hochwertige, d. h. langlebige Gebrauchsgüter verwandt (Bausektor, KFZ-Branche, Elektroindustrie). Diese sind jedoch bislang noch weitgehend im Wirtschaftskreislauf enthalten.
Tabelle 9.4.3 Abfallmenge und Kunststoffanteil in der Bundesrepublik Deutschland für 1979/80 und 1985 [8, 29]

Tabelle 9.4.3 Abfallmenge und Kunststoffanteil in der Bundesrepublik Deutschland für 1979/80 und 1985 [8, 29]

Parameter	Einheit	Haushaltsabfall		
		1979/80	1985	Änderung
Hausmüllmenge	1.000 Mg/a	15.000	14.000	-7 %
Kunststoffmenge	1.000 Mg/a	915	756	-21 %
Kunststoffanteil	Gew.-%	6,1	5,4	-13 %

Tabelle 9.4.4 Verteilung der Kunststoffarten im Haushaltsabfall

Kunststoffart	Anteil nach [28] 1984	Anteil nach [20] k.A.	Anteil nach [14]* 1986
PE/PP	67 %	65 %	52 %
PS	16 %	15 %	23 %
PVC	12 %	10 %	14 %
Sonstige	5 %	10 %	11 %
Gesamt	100 %	100 %	100 %

* bezogen auf die bei getrennter Sammlung wiedergewinnbaren Anteile.

Entsprechend dem jeweiligen Verwendungszweck lassen sich Kunststoffprodukte in kurzlebige (Nutzungsdauer < 1 Jahr) und langlebige (Nutzungsdauer > 1 Jahr) Erzeugnisse einteilen [27]:

- Gebrauchsdauer der Produkte bis 1 Jahr 20 %,
- Gebrauchsdauer der Produkte 1 bis 8 Jahre 15 %,
- Gebrauchsdauer der Produkte 8 bis 50 Jahre 65 %.

Danach befinden sich 80 % der Kunststofferzeugnisse länger als ein Jahr in Gebrauch, nur etwa 20 % fallen bereits im Jahr nach der Herstellung als Abfall an.

Die Höhe des Kunststoffverbrauchs und die mittlere Gebrauchsdauer der Produkte sind entscheidend für die gegenwärtige und künftige Entwicklung des Aufkommens an Kunststoffabfällen. Zwischen 1960 und 1985 wurden in der Bundesrepublik ca. 61 Mio Mg an Kunststofferzeugnissen verbraucht. Als Abfall sind im gleichen Zeitraum dagegen lediglich 21 Mio Mg angefallen. Demnach sind gegenwärtig 40 Mio Mg an Kunststoffen in der Bundesrepublik im Umlauf. Dabei handelt es sich fast ausschließlich um langlebige Gebrauchsgüter, wie z. B. Fenster, Möbel und technische Geräte [2].

Aufgrund der hohen Nutzungsdauer dieser Warengruppen wird die Abfallmenge in den nächsten Jahren deutlich stärker wachsen als der Verbrauch an Kunststoffen. Nach einer Prognose von ARGUS [18] wird die Abfallmenge im Jahre 2000 gegenüber 1985 um ca. 70 % auf 3 Mio Mg/a zunehmen. Die langlebigen Erzeugnisse werden dann einen Anteil im Abfall von 60 % aufweisen (Bild 9.4-9).

Tabelle 9.4.5 zeigt eine Gegenüberstellung der Produktion von Kunststofferzeugnissen sowie das Aufkommen getrennt nach Hausmüll sowie Gewerbe- und Sperrmüll in Abhängigkeit von der Produktlebensdauer. Auffällig ist die unterschiedliche Verteilung von kurzlebigen Gütern im Haus- und Gewerbemüll. Im Haushaltsabfall betrug der Anteil 84 %. Im hausmüllähnlichen Abfall dagegen überwiegen die langlebigen Produkte mit 77 %.

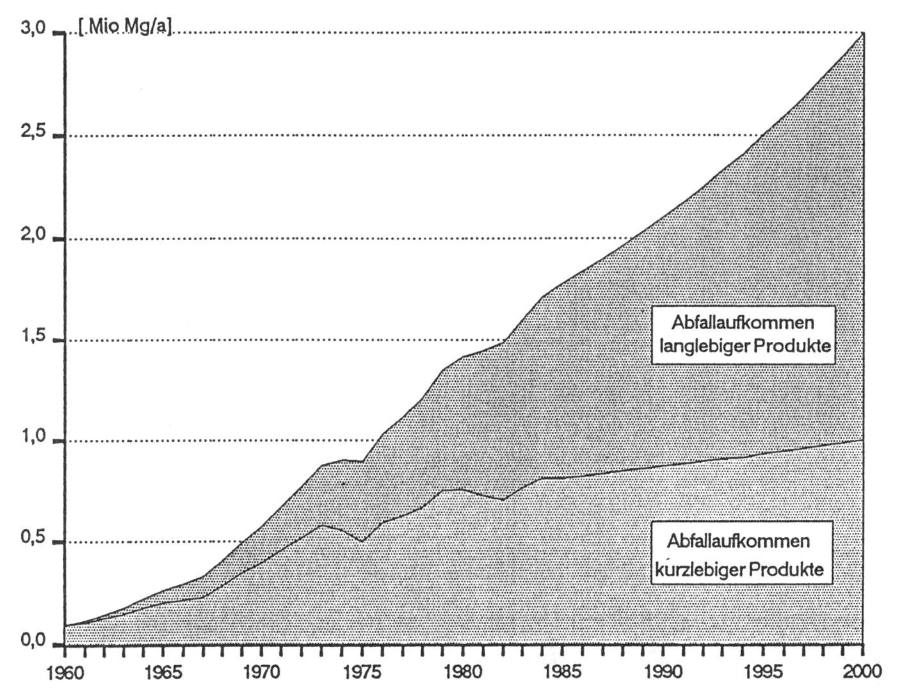

Bild 9.4-9 Aufteilung des Aufkommens an Kunststoffabfällen nach der Produktlebensdauer in [Mio Mg/a] [2]

Tabelle 9.4.5 Produktionsmenge von Kunststoffen und Abfallmenge nach Abfallarten für 1985 in [1.000 Mg] [18]

Lebensdauer	Produktion		Abfallaufkommen Hausmüll		Gewerbe-/Sperrmüll		Gesamt	
< 1 jahr	860	20 %	602	33 %	258	14 %	860	47 %
> 1 Jahr	3.470	80 %	113	6 %	847	47 %	960	53 %
Gesamt	4.330	100 %	715	39 %	1.105	61 %	1.820	100 %

9.4.1.4 Umweltauswirkungen durch die Abfallentsorgung

Als Umweltauswirkungen sollen nicht nur direkt entstehende Umweltprobleme, d. h. Emissionen aller Art, verstanden werden, sondern auch indirekte Auswirkungen auf die Behandlungsverfahren und Anlagenstandorte, wie z. B. Behandlungskosten, -aufwand und Produktqualität.
Die letzten vom Statistischen Bundesamt veröffentlichten Zahlen über die Art der Abfallbeseitigung nach einzelnen Anlagenarten stammen aus dem Jahr 1984 (Tabelle 9.4.6). Zu diesem Zeitpunkt wurden drei Viertel aller Siedlungsabfälle deponiert, 24 % verbrannt, 2 % zu Kompost verarbeitet und 1 % auf sonstige Weise behandelt. Durch die Inbetriebnahme weiterer Müllverbrennungsanlagen nach 1982 waren 1987 bereits 35 % der Bevölkerung an Verbrennungsanlagen angeschlossen, was einer jährlichen Verbrennungsleistung von etwa 8 Mio Mg an Abfällen entspricht [10]. Der Anteil der Deponierung sank in fünf Jahren von 76 % auf 68 % (Tabelle 9.4.7).

Tabelle 9.4.6 Zusammenstellung der Abfallbehandlungsmethoden und ihr Stellenwert innerhalb der Abfallwirtschaft in der Bundesrepublik Deutschland Ende 1984 für Hausmüll, hausmüllähnliche Gewerbeabfälle, Sperrmüll, etc. [4]

Abfallbehand-lungsmethode	Entworgungs-anlagen	Angeschlossene Einwohner in %	Anteil am ges. Hausmüll	Menge 1.000 Mg/a
Müllverbrennung	46	27,84	24,57	7.270
Kompostierung	27	2,63	1,93	571
Pyrolyse	1	0,04	0,03	9
Sortierung	3	0,49	0,51	151
Deponie	372	69,00	72,96	21.600

Tabelle 9.4.7 Gegenwärtiger Stand und Prognosen bis zum Jahr 2000 über die Entsorgungsmethoden und deren Anteil am gesamten Hausmüll und der öffentlichen Sammlung [4]

Entsorgungsmethode	Anteil am gesamten Hausmüll in % 1977	1982	1984	1987	1990	2000
Deponien	74,70	76,10	72,96	67,77	63,80	49,35
Müllverbrennung	22,40	22,30	24,57	26,20	28,80	35,10
Kompostierung	2,60	1,60	1,93	2,40	2,85	5,40
Pyrolyse	–	–	0,03	0,03	0,05	0,85
Sortierung, BRAM	–	–	0,51	3,60	4,50	8,30

Deponie
Jährlich werden ca. 1,1 Mio Mg an Kunststoffen auf Deponien abgelagert. Die bislang eingesetzten Kunststoffe sind biologisch nicht abbaubar. Es ist allerdings nicht bekannt, ob einzelne Bestandteile der abgelagerten Kunststoffe (z. B. Farbpigmente, Weichmacher) unter ungünstigen Bedingungen im Laufe der Zeit herausgelöst werden können. Kunststoffe verursachen bei normalem Deponiebetrieb praktisch keine flüssigen oder gasförmigen Emissionen. Lediglich bei Schwelbränden ist mit unkontrollierten Emissionen zu rechnen. In einem dichtbesiedelten Gebiet wie der Bundesrepublik sind Deponiestandorte knapp. Immer geringer werden die für Deponien infrage kommenden Flächen, ständig wachsen Widerstände bei neu zu planenden Anlagen. Die geringe Dichte der Kunststoffe – häufig ein Produktvorzug – erweist sich bei der Deponierung als Nachteil. Kunststoffe beanspruchen bezogen auf den Massenanteil ein großes Volumen, das auch mit zunehmender Ablagerungsdauer nicht geringer wird.
Die Ablagerungsgebühren auf Deponien, die nach dem Stand der Technik eingerichtet sind und betrieben werden, übersteigen deutlich die Kosten älterer Deponien, so daß der Kostenvorteil gegenüber anderen Behandlungsverfahren geringer geworden ist.
Müllverbrennung
Die Kunststofffraktion trägt mit einem spezifischem Heizwert von 30 300 kJ/kg [15] zu 15-20 % zum Energiegehalt des Abfalls bei. Eine getrennte Entsorgung von Kunststoffen würde jedoch nicht zwangsläufig zu einer Abnahme des Heizwertes führen. Bei gleichzeitiger stofflicher Verwertung von Papier, Glas, Metallen und Biomüll ändert sich der Heizwert kaum, wie die Abbildung zeigt. Bei

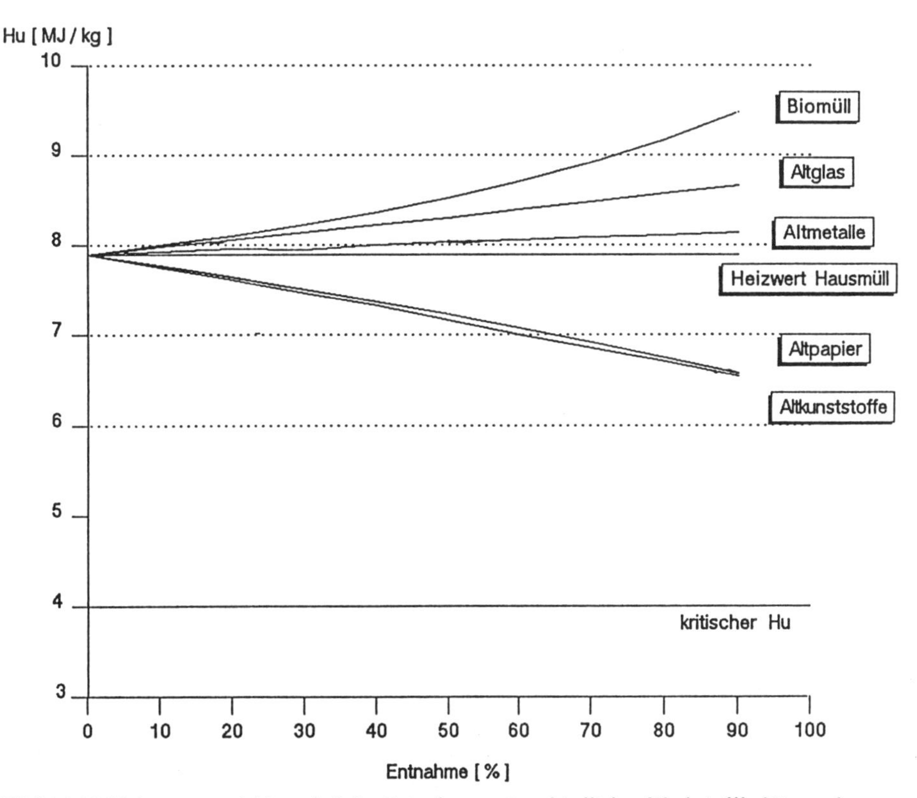

Bild 9.4-10 Heizwertentwicklung bei der Entnahme unterschiedlicher Werkstofffraktionen bezogen auf den Hausmüll aus Stadtkreisen [5]

einer Untersuchung in Hamburg-Harburg durch INTECUS ergab sich bei einer weitgehenden Erfassung von Wertstoffen – ohne Biomüll – im Jahresverlauf ein Heizwert von 4 800 – 7 500 kJ/kg [14].
Ältere Verbrennungsanlagen wurden nicht für die heute üblichen Heizwerte des Hausmülls um 8 500 kJ/kg ausgelegt. Diese Anlagen können nur mit verminderter Durchsatzleistung betrieben werden. Die mit der Entfernung der Kunststoffe – ohne gleichzeitige materielle Verwertung anderer Stoffgruppen – verbundene Absenkung des Heizwertes würde an diesen Anlagen zu einer Erhöhung der durchsetzbaren Abfallmenge führen und daher aus der Betreibersicht wünschenswert sein.
Bei der Verbrennung von Kunststoffen werden neben Energie auch Schadstoffe in Form von HCl, diversen Schwermetallen und organischen Stoffen, wie z. B. Dioxine und Furane, freigesetzt. Aufgrund der PVC-Mengen, die verbrannt werden, und im Vergleich zum Massenstrom an HCl im Rohgas aller Verbrennungsanlagen kann der Beitrag der Kunststoffe zu der HCl-Emission auf 75 % und der Calziumanteil auf ca. 85 % geschätzt werden [6]. Eine getrennt Sammlung von Kunststoffen könnte ca. 58 % [6] der gesamten Chlorfracht vermindern.
Da fast alle Anlagen mit Rauchgasreinigungssystemen ausgestattet sind, daß die Reinigungssysteme zwar nicht überflüssig wären, aber präziser auf die Abscheidung anderer schädlicher Rauchgaskomponenten ausgelegt werden könnten und die entstehenden Reststoffmengen der Rauchgasreinigung vermindert würden.
Kompostierung
Kunststoffe im Kompost sind wie Glas und Metall weitestgehend inert im Verrottungsprozeß und deshalb Störstoffe, die mit großem organisatorischen und technischen Aufwand entfernt werden müssen. Das Problem der Kunststoffe liegt dabei nicht in eventuellen physiologischen (Schad-)Wirkungen eines kunststoffverunreinigten Kompostes, sondern in der optischen Wahrnehmbarkeit im Fertigprodukt. Kompost aus Abfällen ist meist ein sehr schwer vermarktbares Produkt wegen der tatsächlich oder mutmaßlich enthaltenen Schadstoffe (z. B. Schwermetalle, PAH), die nur auf analytischem Wege feststellbar sind. Zusätzlich sichtbare Verunreinigungen erschweren daher den Verkauf des Müllkompostes.

9.4.1.5 Problemfelder des Kunststoffrecycling

Im Rahmen des Recyclings von Kunststoffen kommt der Organisation der Erfassung der Abfälle besondere Bedeutung zu. Durch Art und Umfang der Vermischung der Kunststoffabfälle untereinander bzw. miteinander mit Abfällen aus dem Haus- oder Gewerbebereich wird der Grad der Verschmutzung vorgegeben. Das Ausmaß der Verschmutzung bzw. der Vermischung von unterschiedlichen Kunststoffen wiederum bestimmt die Wirtschaftlichkeit der Wiederverwertungsmaßnahme.
Einfluß von Verunreinigungen auf die Recyclingmöglichkeiten
Die auftretenden Verunreinigungen lassen sich je nach Herkunft in drei Gruppen einteilen:
- Verunreinigungen, hervorgerufen durch Kontakt mit anderen Müllbestandteilen,
- Verschmutzungen, die von der Verwendung als Produkt herrühren,
- Nichtkunststoffe, die als Fehlstoffe eingetragen werden, z. B. Papier.

Die äußerliche Verschmutzung durch fremde Müllbestandteile ist bei der konventionellen Ein-Gefäß-Sammlung am höchsten. Der Verschmutzungsgrad liegt nach Untersuchungen bei ca. 5 % bis 10 %. Durch eine Trennung der Müllbestandteile vor der Sammlung können diese Verschmutzungen veringert werden.
Die von der Produkt-Nutzung stammenden Verunreinigungen bestehen im wesentlichen aus Etiketten, Metallverschlüssen und Resten des Inhaltsstoffes. Durch das geringe Gewicht des Kunststoffes bei Verpackungen im Vergleich zum Füllgut bedeuten selbst Reste von 1 % der ursprünglichen Füllmenge einen Massenanteil an Verunreinigungen zwischen 10 und 35 %. Bei höheren Restinhalten in Lebensmittelverpackungen (z. B. halbgefüllte Margarinebecher) kann der Anteil der Verunreinigung das 10- bis 30fache des Verpackungsgewichts erreichen. Die Tabelle 9.4.8 zeigt mittlere

Verschmutzungsgrade für drei typische Haushaltsverpackungen. Diese liegen zwischen 28 und 60 % des Verpackungsgewichts. Die aufgeführten Inhaltsstoffe sind allerdings stark wasserhaltig. Nach einer ohnehin notwendigen Trockung reduziert sich die verbleibende Verunreinigung entsprechend auf ca. 5–15 %. Hinzuzurechnen sind eventuelle Produktaufkleber oder Deckelfolien aus Aluminium.

Der Anteil der Fehlstoffe in der Kunststofffraktion ist stark abhängig vom Sammelsystem. Beim System „Grüne Tonne" verbleibt nach der Auftrennung des Wertstoffgemisches in einzelne Wertstoffarten ein Teil des Papiers in der Kunststofffraktion. Werden Kunststoffe als Einzelstoffe gesammelt, muß speziell bei Sammelcontainern mit großen Einwurföffnungen, in Einzelfällen mit einem Mißbrauch zur Abfallentsorgung gerechnet werden (Einwurf von Mülltüten. Fremdstoffe, die aus Unkenntnis des Verbrauchers in der Kunststofffraktion enthalten sind, betragen bis zu 5 %. Es sind dies vor allem Metallfolien und beschichtete Papiere. In Hamburg-Bergedorf wurden in Containern des Bringsystems Verunreinigungen zwischen 5 und 12 % (ohne anhaftende Verschmutzungen) gefunden [14]. In der Tabelle 9.4.9 sind die Stichprobenanalysen dargestellt.

Für eine Wiederverwertung von Kunststoffabfällen aus Haushalten, die auf die Gewinnung hochwertiger Produkte durch eine Artentrennung abzielt, ist daher eine intensive Reinigung und Abtren-

Tabelle 9.4.8 Verschmutzung durch Restinhalte ausgewählter Haushaltsverpackungen [28]

Parameter	Einheit	Quarkbecher	Joghurtbecher	Spülmittel
Füllinhalt	g	500	150	500
Restinhalt	g	4,5	5	18
Restanteil	Gew.-%	0,9	3,3	3,3
Leergewicht	g	9	3,3	47
Verschmutzung	Gew.-%	33	60	28

Tabelle 9.4.9 Stichprobenanalyse der Kunststoff-Container nach dem Bringsystem in Hamburg-Bergedorf 1986 [14]

Parameter	Herbst	Winter
Zahl der Container	9	19
Kunststoffabfälle (Haushalt)	80,3 %	68,0 %
Kunststoffabfälle zum Teil aus Gewerbe	9,5 %	28,9 %
Fremdstoffe		
Papier	2,8 %	2,2 %
Glas	2,1 %	0,4 %
Leder/Textilien	2,0 %	–
NE-/Fe-Metalle	0,4 %	–
Müllbeutel	2,8 %	0,5 %
Reststoffe mit Haushaltskunststoffe	2,5 %	3,2 %
zusammengefaßte Werte	87,8 %	94,8 %
Kunststoffanteil		
Reststoffanteil	12,2 %	5,2 %

Tabelle 9.4.10 Unverträglichkeit verschiedener Kunststoffarten [71] (1 = sehr gute Mischbarkeit, 6 = Unverträglichkeit)

	Polystyrol	Styrol-Acrylnitril-Copolymer	ABS	Polyamid	Polycarbonat	Polymethylmethacrylat	Polyvinylchlorid	Polypropylen	Polyethylen
Polystyrol	–								
Styrol-Acrylnitril-Copolymer	6	–							
ABS	6	1	–						
Polyamid	4–5	6	6	–					
Polycarbonat	5–6	2	2	6	–				
Polymethylmethacrylat	4	1	1	6	1	–			
Polyvinylchlorid	6	2	3	6	5	1	–		
Polypropylen	6	6	6	6	6	6	6	–	
Polyethylen	6	6	6	6	6	6	6	6	–

nung der Fremdstoffe erforderlich. Anhaftende Reststoffe sind in der Regel mit Wasser abtrennbar. Übrige Fremdbestandteile müssen durch Ausnutzung und gezielte Beeinflussung unterschiedlicher Materialeigenschaften separiert werden (z. B. Dichte, Stückigkeit, el. Leitfähigkeit).
Bei den Gewerbeabfällen haben sich die Abfallbörsen bewährt. Sie dienen der Markttransparenz, um Kunststoffabfälle vermehrt verwerten zu können. Die angebotenen Mengen liegen in der Regel aber doppelt so hoch wie die Nachfrage nach Kunststoffabfällen.

Einfluß von Vermischungen auf die Recyclingmöglichkeiten
Mischungen von verschiedenen Kunststoffarten verschlechtern die Qualität der daraus hergestellten Produkte zum Teil erheblich. Die in Tabelle 9.4.10 angegebenen Unverträglichkeiten beziehen sich auf Qualitätsstandards, die für Neuware gelten. Die vier am häufigsten im Hausmüll vorkommenden Kunststoffe (PE, PP, PS, PVC) sind untereinander völlig unverträglich. Dies verhindert den Einsatz von gemischten Kunststoffabfällen für hochwertige Produkte. In der Tabelle 9.1-11 ist die Kunststoffzusammensetzung aus der Untersuchung aus Hamburg-Bergedorf dargestellt.
In Tabelle 9.4.11 werden die Anteile und das Aufkommen der Kunststofffraktion nach den Kunststoffprodukten dargestellt.
Darüber hinaus müssen unterschiedliche Materialeigenschaften innerhalb einer einzelnen Kunststoffart berücksichtigt werden, wie z. B. der Schmelzindex für LDPE. Die Dichte der aufgeführten Folientypen schwankt innerhalb enger Grenzen von 0,5 %, während sich der Schmelzindex unabhängig von der Dichte auf Werte zwischen 0,2 und 4,6 g/10 min einstellen läßt [2].
Müssen Produkte aus Sekundärkunststoffen nur geringen Ansprüchen genügen, so können auch Mischungen der drei Hauptfraktionen (PE/PP, PS, PVC) verarbeitet werden. In vielen Fällen wird sich jedoch die Verwertung auf die PE/PP-Fraktion mit einem Anteil von 60–70 % an den Kunststoffen beschränken, um qualitativ bessere Produkte herzustellen.
Die Sortentrennnung von Kunststoffabfällen ist nicht nur technisch aufwendig und teuer, in einigen Fällen wie z. B. bei Verbundstoffen sogar unmöglich. Verbundstoffe werden nach der sog. Sandwich-Technik aufgebaut, bei der eine Schicht aus mehreren Lagen verschiedener Kunststoffe besteht. Ein mehrschichtiger Aufbau ist bei Kunststoffolien bereits seit einigen Jahren Stand der Technik und wird seit kurzem auch für Hohlkörper angewandt [25]. Dabei werden bis zu sechs Schichten aus unterschiedlichen Kunststoffen koextrudiert. Diese bestehen aus so unterschiedlichen Arten wie PE, PP, PC (Polycarbonat), PA oder PAN (Polyacrylnitril). Angewandt wird die Koextrusion, um die Parameter Migration, Permeation und Oberfächenhärte zu verbessern. Ein innerbetriebliches Recycling ist hierbei durch die Verwendung der Produktionsabfälle in einer der mittleren Schichten gewährleistet.
Möglicherweise bietet dieses Vorgehen einen Ansatz dafür, auch unsortierte Abfälle zur Herstellung hochwertiger Produkte zu verwenden, wenngleich der Anteil des Recyclates im fertigen Produkt verhältnismäßig gering ist.

Tabelle 9.4.11 Anteile und Aufkommen der Kunststofffraktion im Holsystem in Hamburg-Bergedorf 1986 [14]

Kunststoffart	Anteil Gew.-%
PE/PP	44
PS	25
PVC	15
Sonstige	12
Fremdstoffe	4
Gesamt	100

Einfluß vn Additiven auf die Recyclingmöglichkeiten

Die bei der Herstellung von Kunststofferzeugnissen vielfach verwendeten Additive werden nach den entsprechenden Einsatzgebieten in Prozeß- und Funktionsadditive unterschieden. Während Hilfsstoffe zur Einstellung des Verarbeitungs- und Gebrauchsverhaltens in verhältnismäßig kleinen Mengen bis ca. 5 % zugegeben werden, kann der Anteil an Weichmachern, Füllstoffen und Verstärkern bis zu 70 % am Kunststoff betragen. Die Prozeßadditive werden direkt bei der Herstellung bzw. Verarbeitung der einzelnen Kunststoffe benötigt. Dabei wird unterschieden in:

- Verarbeitungsstabilisatoren,
- Verarbeitungshilfsmittel.

Verarbeitungsstabilisatoren erfüllen folgende Funktionen:

- Verhinderung der vorzeitigen Polymerisation der Monomere,
- Verhinderung der thermischen Zersetzung oder des oxidativen Abbaus bei der Verarbeitung von Thermoplasten.

Als Verarbeitungshilfsmittel seien beispielhaft genannt:

- Gleitmittel zur Herabsetzung der Klebrigkeit und Zähigkeit bei der Kunststoffverarbeitung und damit Verbesserung der Fließfähigkeit, Mischbarkeit sowie der Oberflächenglätte der Erzeugnisse;
- Emulgatoren zur Herstellung von Emulsionen und zum Einarbeiten weiterer Zusatzstoffe;
- Härter und Beschleuniger für Reaktionsharze.

Die eingesetzten Funktionsadditive dienen der Abwandlung und/oder Verbesserung der jeweiligen Materialeigenschaften der Kunststoffe. Es wird unterschieden in:

- stabilisierende Additive,
- modifizierende Additive.

Stabilisierende Additive dienen der Verbesserung der Licht-, Wärme- und Sauerstoffbeständigkeit der Fertigerzeugnisse. Für fast alle Kunststoffanwendungen werden chemisch vielfältige Stabilisatorsysteme, die in der Zusammensetzung sowohl auf das verwendete Polymer als auch auf die Gebrauchsanforderungen abgestimmt sein müssen, eingesetzt.

Als modifizierende Additive kommen zur Anwendung [2]:

- Weichmacher sind bestimmte schwerflüchtige Flüssigkeiten, deren Moleküle durch Nebenvalenzen an die Kunststoffmoleküle gebunden sind. Weichmacher verringern die Wechselwirkungskräfte zwischen den Molekülen, setzen die Erweichungstemperaturen und somit die Sprödigkeit und Härte der Kunststoffe herab.
- Füllstoffe sind anorganische oder organische Zusätze in fester Form, die sich in Zusammensetzung und Struktur wesentlich von den Kunststoffen unterscheiden. Füllstoffe dienen teilweise zur Verbilligung der Kunststoffe (inaktive Füllstoffe wie Gesteinsmehle, Papierfasern, Holzmehl) oder zu deren Verfestigung (aktive Füllstoffe). Beispielsweise erhöhen Ruß, gefällte Kieselsäure und Talkum die mechanischen Kennwerte.
- Farbstoffe sind anorganische oder organische Pigmente, die sich durch eine hohe chemische und thermische Beständigkeit auszeichnen.
- Kunststoffe neigen wegen des hohen Isoliervermögens bzw. der aufgrund der Hydrophobie fehlenden Feuchtigkeitshaut an der Oberfläche zur elektrostatischen Aufladung, wodurch Staub und Schmutzpartikel angezogen werden. Zur Vermeidung werden Antistatika eingesetzt oder nachträglich auf der Oberfläche aufgebracht.
- Flammschutzmittel setzen die Brennbarkeit herab.
- Treibmittel werden bei der Schaumstoffherstellung eingesetzt.

Ein großer Teil der Additive besteht aus halogenierten oder metall-organischen Verbindungen, die teilweise von erheblicher Umweltrelevanz sind. Nachfolgende Tabelle 9.4.12 gibteinen Überblick, über umweltrelevante Inhaltsstoffe ausgewählter Additive.

An der Vielzahl der Additive wird deutlich, mit welchem Aufwand einzelne Werkstoffparameter eingestellt werden. Bei Einsatz von Sekundärmaterial ist die genaue Zusammensetzung der darin enthaltenen Additive nur in den seltensten Fällen bekannt. Werkstoffeigenschaften von Erzeugnissen aus recyceltem Kunststoff lassen sich somit nicht mit gleicher Genauigkeit einstellen wie bei Verwendung von Primärmaterial.

Tabelle 9.4.12 Umweltrelevante Inhaltsstoffe ausgewählter Additive [2]

Additiv	Umweltrelevante Inhaltsstoffe
Stabilisatoren	Schwermetalle, insbes. Blei-, Cd-, Schwefel-Sn- und Cu-Halogen-Verbindungen
Gleitmittel	Pb-, Zn-haltig
Weichmacher	Chlorparaffine
Füllstoffe und Verstärkungsmittel	Asbest
Pigmente und Farbstoffe	Cd-Basis
Brandschutzmittel	hoch chlorierte Paraffine, Halogen-Sb_2O_3-Synergist bromidhaltige Verbindungen
Flammschutzmittel	Halogen-haltig

9.4.2 Recyclingverfahren

Die Verwertung von Kunststoffabfällen kann prinzipiell über den Weg einer mechanischen, chemischen oder thermischen Behandlung erfolgen. Während bei der mechanischen Behandlung die Herstellung von Regranulat oder Mischfraktionen für Sekundärprodukte im Vordergrund steht, ist das Ziel der chemischen und thermischen Behandlung die Gewinnung der im Kunststoff enthaltenen Grundsubstanzen bzw. deren Umsetzung in Energie (Bild 9.4-11).

Bei der biologischen Umsetzung wird die in biologisch gewonnenen Kunststoffen gebundene Energie durch einen bakteriellen Abbau zu CO_2 und H_2O freigesetzt, wobei eine mineralische Substanz als Reststoff bestehen bleibt. Im Gegensatz zu der mechanischen, chemischen und thermischen Behandlung handelt es sich bei der biologischen Umsetzung um keine stoffliche und energetische Verwertung, sondern um eine umweltfreundliche Beseitigung spezieller Kunststoffe.

Kunststoffe fallen sowohl in der kunststofferzeugenden als auch in der kunststoffverarbeitenden Industrie sowie bei den Endverbrauchern an. Die kunststofferzeugende und -verarbeitende Industrie ist seit längerem bemüht, Kunststoffabfälle möglichst weitgehend innerbetrieblich wiederzuverwerten, während die Möglichkeiten der Aufbereitung bei den weiterverarbeitenden Betrieben und Endverbrauchern eher begrenzt sind. Ein erheblicher Teil, insbesondere der vermischten Abfallkunststoffe, muß daher noch gemeinsam mit dem übrigen Hausmüll deponiert oder verbrannt werden.

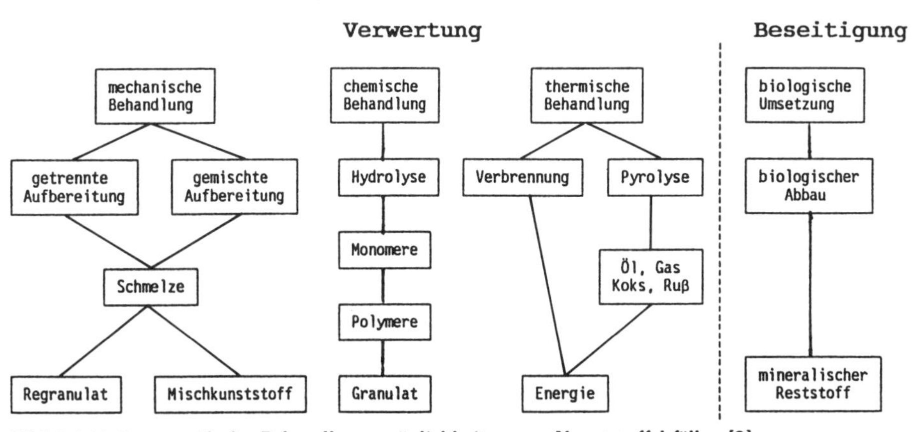

Bild 9 4-11 Systematik der Behandlungsmöglichkeiten von Kunststoffabfällen [2]

9.4.2.1 Pyrolyse

Die Pyrolyse (Entgasung) stellt die thermische Zersetzung von organischem Material unter Ausschluß eines Vergasungsmittels (Sauerstoff, Luft, CO_2 etc.) dar. Dabei werden flüchtige Stoffe bei Temperaturen zwischen 150 und 900 °C ausgetrieben.
Die Wiederverwertung von Kunststoffabfällen durch einen pyrolytischen Abbau beinhaltet die Spaltung der Makromoleküle weitgehend rückstandsfrei in

- Pyrolyseruß oder -koks,
- Pyrolyseöl,
- Pyrolysegas.

Die Pyrolyseprodukte können entweder als Brennstoffe oder als Chemierohstoffe genutzt werden.
Die erste Wirbelschicht-Anlage in kommerzieller Größenordnung zur Verwertung von Altreifen und Kunststoffen wurde von der Deutschen Reifen- und Kunststoff-Pyrolyse GmbH (DRP), Hamburg in Ebenhausen bei Ingolstadt errichtet und im September 1986 von der Asea Brown Boveri (ABB), Mannheim übernommen. Das Verfahrenskonzept der Anlage stützt sich maßgeblich auf die Entwicklungsarbeiten der Universität Hamburg

Produkte und Eigenschaften

Bei der pyrolytischen Behandlung werden die Kunststoffe im Temperaturbereich zwischen 300 und 350 °C in C_{25}- bis C_{40}- Aliphaten (langkettige Moleküle mit 25 – 40 Kohlenstoffatomen) gecrackt. Bei einer Temperaturerhöhung auf 700 bis 800 °C in der Schmelze erfolgt eine weitere Crackung in C_2- bis C_6-Olefine, die bei hoher Konzentration und Temperatur unter Methan- und Wasserstoffabspaltung zu Aromaten reagieren [17].

Pyrolyseruß oder -koks

Als Feststoffe aus der Pyrolyse von Kunststoffen fallen insbesondere Ruß oder Koks, Wirbelsand (beim Wirbelschichtverfahren) und Füllstoffe, wie z. B. Metallverbindungen an.
Der Feststoffgehalt schwankt je nach eingebrachtem Material zwischen 1 und 43 %.
Bei der Pyrolyse einer Kunststoffmischung aus Polyethylen, Polypropylen und Polystyrol im Verhältnis 3 : 1 : 1 (entsprechend der Zusammensetzung der Kunststoffe im Hausmüll) fallen zwischen 1 % und 3 % Ruß an; bei der Altreifenpyrolyse beträgt die Rußausbeute ca. 40 %.

Pyrolyseöl

Die Ausbeute an Pyrolyseöl kann zwischen 40 und 60 % des eingebrachten Materials betragen. Das Pyrolyseöl entspricht einer Mischung aus Leichtbenzin und Steinkohleteer und besteht zu 95 % aus Aromaten. In einer Destillationskolonne kann das Öl in eine leicht- und eine hochsiedende Fraktion getrennt werden (Tabellen 9.4.13 und 9.4.14).

Tabelle 9.4.13 Zusammensetzung und Eigenschaften der leichtsiedenden Pyrolyseölfraktion [12]

Benzol-, Toluol-, Xylol-Aromaten	Gew.-%	60–70
Naphthalin + Methylnaphthaline	Gew.-%	10–15
Siedeverlauf:		
Siedebeginn	°C	30–70
Siedeende	°C	200–250
Dichte:	kg/m³	800–900
Mischoktanzahl:		80–100
		95–110
Organisches Chlor:	mg/kg	0,3
Anorganisches Chlor:	mg/l	30

Tabelle 9.4.14 Zusammensetzung und Eigenschaften der hochsiedenden Pyrolysefraktion [12]

Benzol-, Toluol-, Xylol-Aromaten	Gew.-%	5
Naphthalin + Methylnaphthaline	Gew.-%	20–30
Gaschromat. erfaßbare Anteile	Gew.-%	70
Extraktionsrückstand:	Gew.-%	6–10
Dichte:	kg/m^3	1000–2000
Asche:	Gew.-%	10
Organisches Chlor:	mg/kg	5
Anorganisches Chlor:	mg/l	1000–2000

In der leichtsiedenden Fraktion bildet Benzol mit 30-50 % die Hauptkomponente. Daneben treten Toluol, Xylol und leichtersiedende Fraktionen auf. Aus der schwersiedenden Fraktion kann mit ca. 25 % die Hauptkomponente Naphthalin gewonnen werden. Ein wesentlicher Einsatzbereich hierfür ist der Kraftstoffsektor, wobei Pyrolysebenzine zur Oktanzahlerhöhung eingesetzt werden. Die Aufbereitung der leichtsiedenden Fraktion zu chemischen Reinstoffen (Toluol, Benzol etc.) ist nicht wirtschaftlich [12, 17].

Pyrolysegas

Bezogen auf die Einsatzmenge lassen sich aus Kunststoffabfällen 35–60 % Gas erzeugen. Das Pyrolysegas besteht hauptsächlich aus Methan, Ethan, Ethylen, Propan und weist einen Heizwert von ca. 35 000 kJ/Nm^3 auf (Tabelle 9.4.15). Das Gas hat Erdgasqualität und kann zur Energieerzeugung genutzt werden.

Bei Einsatz von Altreifen beträgt der Gasanteil 15–30 %. Bei der Pyrolyse von Altreifen treten neben den Hauptkomponenten Oxidationsprodukte wie Kohlenmonoxid, Kohlendioxid und Wasser auf, die durch die Zersetzung der Textilien im Altreifen entstehen [12, 17, 30].

Tabelle 9.4.15 Beispiel einer Zusammensetzung des Pyrolysegases [17]

Parameter	Anteil in [Gew.-%]	Anteil in [Vol.-%]
Wasserstoff	2,2	18,8
Kohlendioxid	4,8	1,9
Kohlenmonoxid	9,4	5,7
Methan	54,5	58,2
Ethan	5,2	3,0
Ethen	16,7	10,2
Propan	0,2	0,1
Propen	2,9	1,2
Butadien	1,2	0,4
Benzol-, Toluol-, Xylol-Aromaten	2,7	0,5
Mittlere Dichte:	0,764 kg/m^3	
Mittlerer heizwert:	34 554 kJ/m^3 = 9,6 kWh/m^3	

Durch Zugabe von Calciumoxid in der Wirbelschicht kann der bei der Pyrolyse von PVC erzeugte Chlorwasserstoff gebunden werden. Die Produkte sind frei von Chlorwasserstoffgasen, und Korrosionsschäden im Reaktor werden vermieden [12, 17].

Pyrolyse verschiedener Abfallstoffe

Auf der Suche nach Anwendungsgebieten der Pyrolyse wurden Versuche mit einer Reihe verschiedener Abfallstoffe unternommen [30]. Der überwiegende Teil der nachfolgenden Ergebnisse wurde in der Wirbelschicht-Pyrolyse-Anlage der Universität Hamburg unter Prof. Dr. Kaminsky erarbeitet.

Sortenreine Kunststoffabfälle

An der Universität Hamburg wurde als Einsatzmaterial Polyethylen und Polypropylen verwendet. Die Hauptkomponenten bilden bei einer Pyrolysetemperatur von 720 °C Methan mit über 30 %, Ethylen mit ca. 28 %, sowie Ethan und Propen mit je 7 %. Wird der Wäscher, wie bei diesem Versuch, bei 20 °C betrieben, kann Benzol im Rohgas auf fast 15 % angereichert werden.
Als weitere Aromaten sind Toluol, Ethylbenzol, Xylol und Styrol im Gas enthalten [19].
Der Gasanteil liegt bei Temperaturen im Bereich von 650 °C bis 820 °C zwischen 50 % und 60 %. Der Rußanteil nimmt von 1,75 % bei 740 °C auf 4,55 Gew.-% bei 820 °C zu.
Es lassen sich bis zu 46 % Flüssigkeiten (Pyrolyseöl) erzeugen, wovon 43 % Aromaten sind [2].

Gemischte Kunststoffabfälle

Bei der Pyrolyse von gemischten Kunststoffen an der Universität Hamburg wurde eine Mischung aus PE, PP und PS entsprechend einer Kunststofffraktion im Hausmüll eingesetzt.
Die Zusammensetzung der Gase unterschied sich kaum von den Gasen, die bei der Pyrolyse von Polyethylen mit Polypropylen gewonnen wurden. Den Hauptanteil bildeten bei den niedermolekularen Produkten Methan, Ethan, Ethylen und Propen, bei den flüssigen Produkten Benzol, Toluol, Styrol und Naphthalin.
Der Anteil der flüssigen Produkte liegt bei ca. 47 % , der Anteil der gasförmigen Produkte bei rund 51 % [12, 17].

Verunreinigte Kunststoffe

Bei einer Versuchsreihe mit verunreinigten Kunststoffabfällen wurden in der Technikumsanlage in Hamburg Einwegspritzen, bestehend aus PP, PE, Elastomeren wie Kautschuk und/oder Perbunan sowie Nebenbestandteile, wie Cellophan, Zellstoff, Farbstoffanteile pyrolysiert.
Es ergab sich eine ähnliche Zusammensetzung der Gase und flüssigen Produkte wie bei der Pyrolyse einer PE/PP-Mischung, wobei rund 37 % Flüssigkeiten und 5,8 % Pyrolyseruß, ein vergleichsweise hoher Anteil, entstanden sind [12, 17].

Altreifen

Umfangreiche Untersuchungen sind bei der Pyrolyse von Altreifen gemachten worden. Die Produktausbeute an Koks, Kondensat und Gas ist in Bild 9.4.12 dargestellt. Die Temperaturvariation wurde zwischen 550 und 850 °C mit einer Verweilzeit von 50 min. durchgeführt [7].
Während bei steigender Temperatur der Koksanteil sinkt, steigt die Gasausbeute. Der Kondensatanteil weist bei einer Versuchstemperatur von 700 °C ein Maximum auf. Betrachten wir den Koks genauer, so stellen wir fest, daß mit steigender Temperatur die flüchtigen Bestandteile von 37,5 bis 3,1 Gew.-%, der Wasserstoffgehalt von 3,8 bis 1,4 und der Heizwert von 32 4450 bis 30 080 KJ/kg [7] schwanken.
Da in dem Koks bei 850 °C nur noch 1,4 % Wasserstoff und 3,1 % Flüchtige enthalten sind, wird deutlich, daß der Massenanteil des Kokses auf einen unteren Grenzwert zuläuft, der auch durch eine weitere Temperatursteigerung nicht unterschritten werden kann. Entsprechend der Abnahme der festen Rückstände bei Temperaturerhöhung läuft der Anteil der Schwelgase auf einen oberen Grenzwert zu.
Zur Erzeugung eines verkaufsfähigen Produktes muß der rückgewonnene Ruß speziellen Raffinationsverfahren und einer Aktivierung zur Vergrößerung der inneren Oberfläche unterzogen werden.
Aufgrund des hohen Kohlenstoffgehaltes und des geringen Aschegehaltes ergibt die Aktivierung von Pyrolysekoksen aus Altreifen innere Oberflächen von 800–1000 m^3/g, die dennoch unter den Werten von handelsüblichen Aktivkohlen liegen [7].

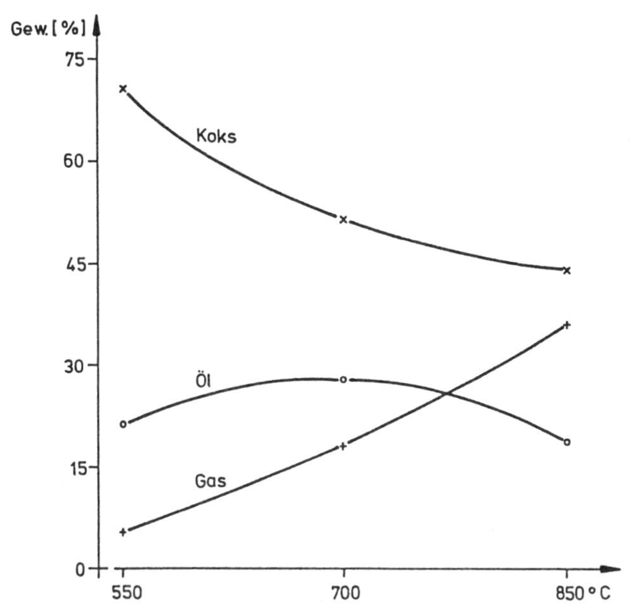

Bild 9.4-12 Temperaturvariation mit Altreifengranulat und deren Produktausbeute an Koks, Gas und Kondensat [7]

Neben der geringeren spezifischen Oberfläche weisen Altreifenadsorptionskokse auch eine unterschiedliche Porenstruktur auf. Der Porendurchmesser von Aktivkohle aus Altreifen beträgt durchschnittlich 200 A, während der von handeüblichen Aktivkohlen 100 A beträgt. Eine Veränderung der Porenstruktur läßt sich jedoch durch Voroxidation des Kokses erreichen.
Die Herstellung von Ruß kann prinzipiell aus fast allen organischen Abfällen erfolgen. In der Praxis werden jedoch nur Gummiabfälle als Ausgangsstoff für die Rußerzeugung verwendet. Die Ausbeute an Ruß beträgt bei Altreifen bis zu 30 - 40 Gew.-%. Die Eigenschaften von Ruß aus Altreifenkoks sind abhängig von der Pyrolysetemperatur und dem Aschegehalt des Kokses. Seine Einsatzmöglichkeiten beschränkten sich jedoch auf Vulkanisationsprodukte geringerer Qualität [7].

Pyrolyseanlage ABB
Die Asea Brown Boveri AG (ABB), Mannheim, hat im September 1986 die Anlage in Ebenhausen mit dem Ziel übernommen, die Kunststoffstraße der Anlage zu sanieren und in einem einjährigen Demonstrationsbetrieb die Umweltverträglichkeit des Verfahrens und die Verfügbarkeit der Anlage nachzuweisen. Das Vorhaben wird durch den Bundesminister für Forschung und Technologie (BMFT) und den Verband Kunststofferzeugende Industrie (VKE) gefördert und unterstützt.
Es handelt sich bei dem Verfahren um eine Mitteltemperatur-Pyrolyse. Da das Zielprodukt bei der Pyrolyse die leichtsiedende Fraktion mit hohem Benzol-, Toluol- und Xylolgehalt ist (BTX-Fraktion), liegt die Wirbelbettemperatur bei 700 - 750 °C.
Im wesentlichen besteht die Anlage aus drei Teilbereichen:
- Pyrolysereaktor mit Ein- und Austragssytem und Beheizung,
- Gasaufbereitung,
- Speichereinrichtungen (Tanks).

Der Wirbelschichtreaktor wird mit einem Hilfswirbelbett aus Quarzsand durch Mantelstrahlheizrohre indirekt beheizt. Der Kunststoffeintrag erfolgt seitlich durch 2 Schnecken in die Wirbelschicht. Der organische Anteil des Abfalles wird thermisch gecrackt und verläßt als Prozeßgas den Reaktor über Kopf. Nicht pyrolysierbare Bestandteile können z. B. über eine Austragsschnecke am tiefsten

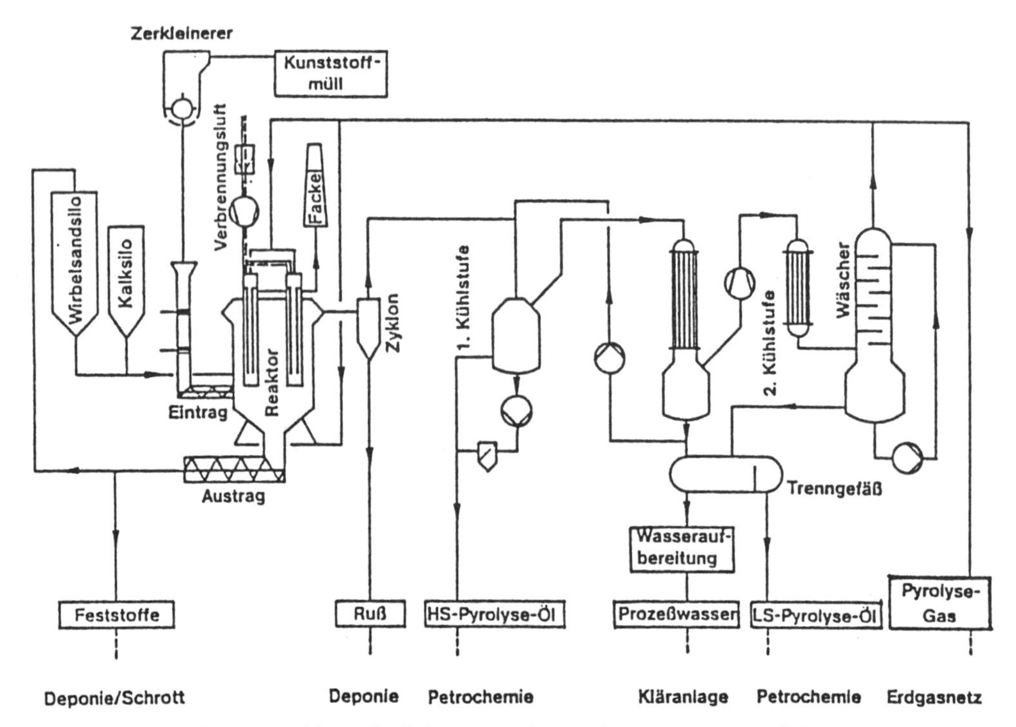

Bild 9.4-13 Vereinfachtes Verfahrensfließbild der Pyrolyse-Anlage in Ebenhausen [1]

Punkt des Wirbelbettes abgezogen werden. Die heißen Pyrolysegase werden in einem Zyklon entstaubt und in 2 nachgeschalteten Kühlstufen erst auf ca. 180 °C, dann auf 5 °C abgekühlt. Das Pyrolysegas steht zur Prozeßbeheizung, zur Fluidisierung der Wirbelschicht und z. B. zur Stromerzeugung durch einen Gasmotor zur Verfügung (Bild 9.4-13).

Wirtschaftlichkeit

Ausführliche Wirtschaftlichkeitsberechnungen liegen bislang für die Pyrolyse nicht vor.

Das bei der Pyrolyse anfallende Gas (ca. 40 bis 60 %) enthält weitgehend unabhängig von der Art des thermoplastischen Einsatzgutes wertvolle Bestandteile wie Ethylen, Propan, Butan, Butadien, deren Anteil allein ca. 50 % der Gasausbeute beträgt. Der Heizwert liegt zwischen 30 000 und 50 000 kJ/m^3. Da diese Gase industriell nur mit erheblichem Aufwand hergestellt werden können, liegt es nahe, die Pyrolysegase in die einzelnen Gaskomponenten aufzutrennen. Die Aufbereitung der Pyrolysegase ist jedoch nur dann wirtschaftlich, wenn für Sammlung und Transport der Kunststoffe nicht mehr als 100,– DM/Mg aufgewendet werden müssen, wie eine Abschätzung der Betriebs- und Kapitalkosten für eine Kunststoff-Pyrolyse-Anlage mit einer Kapazität von 10 000 Mg/a ergab [26, 19].

Dies entspricht dem Aufkommen an Kunststoffabfällen (10 000 Mg/a), wenn Entfernungen bis zu 50 km zugrundegelegt werden [26, 34]. Bei der Pyrolyse dieser Abfallmengen würden nur ca. 5 000 Mg/a an Gas freigesetzt, so daß eine wirtschaftliche Auftrennung in Einzelkomponenten im Vergleich zu den industriellen Crackanlagen (≈ 500 000 Mg/a) nicht wirtschaftlich wäre. Eine Ausnahme bilden Pyrolyseanlagen, die an bestehende Crackanlagen angeschlossen werden, um direkt in den Aufbereitungsteil der Crackanlage einzuspeisen. Für das Pyrolysegas ließen sich nach einer Aufbereitung zwischen 600 bis über 1 000 DM/Mg erzielen.

Die bei der Pyrolyse entstehenden Öle können zu Petrochemikalien aufgearbeitet werden, die zu einem höheren Rohstoffwert führen als bei der Verwendung der Öle zu Heizzwecken und Treib-

stoff-Vorprodukten. In Abhängigkeit vom Benzolpreis lassen sich um 600 DM/Mg Pyrolyseöl erzielen.
Der anfallende Pyrolyseruß kann nach einer Aktivierung als Aktivkohle in der Abwasserreinigung, als Verstärkerruß bei der Gummiherstellung oder als Farbpigment in Lacken und Druckfarben eingesetzt werden [7].
Nach Angaben von ABB beträgt das Investitionsvolumen für eine Pyrolyseanlage mit 15 000 Mg Jahresdurchsatz 30 Mio DM. Die Netto-Beseitigungskosten liegen für Kunststoffabfälle bei ca. 200,– bis 250,– DM/Mg [24].

9.4.2.2 Hydrolyse und Alkoholyse

Es ist das Ziel der Hydrolyse, durch chemische Reaktionen aus Altkunststoffen die monomeren Ausgangsstoffe zu erhalten. Dies bedeutet die Rückspaltung aller durch Polykondensation oder Polyaddition hergestellten Kunststoffe wie z. B. Polyamide, Polyester, Polycarbonate, Polyharnstoffe und Polyurethane. Der hydrolytische Abbau der Kunststoffe kann mit Wasser oder mehrwertigen Alkoholen erfolgen.
Die flüssigen oder gasförmigen Produkte können nach entsprechender Aufbereitung zur Herstellung neuwertiger Kunststoffe eingesetzt werden.

Hydrolyse von Schaumstoffabfällen
Im Bereich der Hydrolyse kommt der Wiederaufarbeitung von Polyurethanen besondere Bedeutung zu. Das als Schaumstoff verwendete Material ist vergleichsweise teuer (25 bis 30 DM/kg), sehr voluminös und verursacht hohe Transportkosten. Bei einem durchschnittlichen Raumgewicht der PUR-Weichschaumstoffe von etwa 30 kg/m^3 ergibt sich ein Lagervolumen von 35 m^3/Mg. Da wegen des großen Raumbedarfs ökonomische und ökologische Schwierigkeiten bei der Beseitigung von Polyurethan-Weichschaumstoff (PUR) auftreten, wurde die Hydrolyse von Kunststoffabfällen am Beispiel von PUR untersucht.
Bei Temperaturen von 200 °C sind für einen quantitativen Umsatz 2 Stunden erforderlich. Temperaturerhöhungen um weitere 10 – 15 °C bewirken bei gleichem Umsatz eine Verkürzung der erforderlichen Reaktionszeit um 50 %. Übersteigt die Dauer der Hydrolysereaktion 30 min nicht wesentlich, ist eine Wiederverwertung des zurückgewonnenen Polyethers möglich. Die Qualität des Hydrolysats ist damit wesentlich stärker von der Dauer als der Höhe der Temperatur bei kurzfristiger Einwirkung abhängig [22].
Die PUR-Schaumstoffabfälle werden zunächst zu Flocken oder Pulver zerkleinert und durch eine Dosier-Schnecke kontinuierlich in die Hydrolyseschnecke gefördert, die für Arbeitsdrücke bis zu 100 bar bei Temperaturen bis zu 300 °C ausgelegt ist.
In einer Komprimierzone wird der Kunststoff zusammengepreßt und entlüftet.
Das für die Hydrolyse erforderliche Wasser wird durch Dosierpumpen in die Schnecke eingespeist, in der es durch Druck und Temperatur verdampft. Um den erforderlichen Stoffaustausch zwischen Schaumstoff und Wasserdampf zu gewährleisten, besteht der Wellenbesatz der Schnecke im Hydrolysebereich überwiegend aus Knetelementen. Die mittlere Verweilzeit im Hydrolysebereich beträgt ca. 20 min.
Das entstehende Flüssigkeits-Gas-Gemisch wird kontinuierlich durch ein Druck- und Entspannungssystem abgenommen und der Aufarbeitung zugeführt.
Vom Hydrolysegas – im wesentlichen $CO0_2$ – mitgerissene flüchtige Anteile werden in einem nachgeschalteten Kühler kondensiert.

Produkte und Eigenschaften
PUR-Schaumstoff wird aus den beiden Komponenten Toluylendiisocyanat und Polyether hergestellt. Unter geeigneten Bedingungen kann PUR hydrolytisch in verschiedene Vorproduktebenen zurückgeführt werden. Aus dem Isocyanat-Anteil wird das Ausgangsamin und Kohlendioxid zurückgewonnen (Bild 9.4-14).

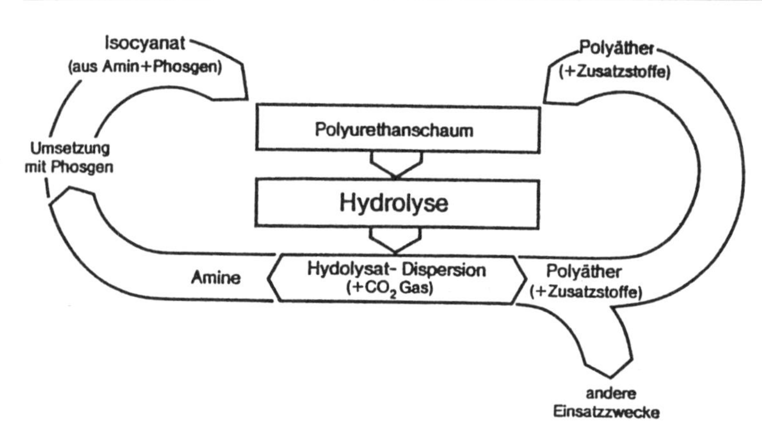

Bild 9.4-14 Schematische Darstellung des Recycling-Prozesses für PUR-Schaum [22]

Vor der Wiederverwertung muß das Amin in Isocyanat überführt werden. Da der Polyether-Anteil sich durch die Hydrolysebedingungen nicht verändert, kann das gewonnene Polyether unmittelbar als Ausgangsprodukt eingesetzt werden.
Das Amin (TDA) – es kann zu etwa 90 % isoliert werden – ist im Gegensatz zum Polyether eine destillierbare Substanz.
Die Diamin-Extraktion mit wässrigen Säuren aus einer organischen Polyollösung erfordert einen hohen technischen Aufwand an Extraktions- und Rektifiziervolumen. Im Schaumstoff verwendete Emulgatoren erschweren zusätzlich eine Trennung von organischer und wäßriger Phase.
Für die Aufarbeitung des Rohhydrolysats hat sich daher die Behandlung mit Oxalsäure als wirtschaftlich erwiesen. Versuche zeigten, daß Oxalsäure oder/und TDA-Oxalat im Reinpolyether nur gering löslich sind. Das TDA lagert sich quantitativ unter Ausbildung eines grobkristallinen, gut filtrierbaren Salzes an die Oxalsäure an. Dem Filterrückstand anhaftender Polyether wird mit Toluol ausgewaschen, so daß nach Abziehen des Toluols praktisch aminfreier Polyether gewonnen werden kann.
Alternativ zu diesem Verfahren wurde versucht, durch direkte Einleitung von HCl-Gas in das Hydrolysat das Diamin in Form eines festen Hydrochlorids abzutrennen. Da das in sehr feindispersiver Form anfallende Diaminhydrochlorid zu vorzeitiger Verstopfung der Filter führte, sollte möglichst TDA-Monohydrochlorid gebildet und TDA-Dihydrochlorid unterdrückt werden. Dies wird erreicht, wenn die HCl-Einleitung in einen Temperaturbereich von etwa 70 – 90 °C erfolgt und das Rohhydrolysat mit Toluol auf etwa 50 % verdünnt wird.
Die am Beispiel der Polyurethan-Weichschaumstoffe erarbeitete Technik kann auch auf andere hydrolysierbare Kunststoffe übertragen werden. So können Polyurethan-Hartschaumstoffe und -Elastomere sowie PE, Polyamide, Polyharnstoffe und Polycarbonate durch die in der Schnecke einstellbaren Temperaturen, Drücke und Verweilzeiten hydrolysiert werden.
Ein großtechnisches Verfahren wird derzeit mit Unterstützung des Bundesministeriums für Forschung und Technologie, dem Verband der Automobilindustrie und der Kunststofferzeugenden Industrie bei der Fa. Ford in Köln entwickelt. Bei Ford könnten täglich 1,5 Mg anfallende PUR-Abfälle dem Recycling zugeführt werden [23].

9.4.2.3 Schmelzverfahren für Thermoplaste

Für den Bereich der technischen Kunststoff-Teile mit geringen Anforderungen an Farbe bzw. physikalischen Eigenschaften ergeben sich für kunststoffverarbeitende Betriebe, insbesondere Spritzgießbetriebe, nicht zuletzt aufgrund der Preisspannen zwischen Neuware und Regenerat interessante Perspektiven. Bild 9.4-15 zeigt die Preisentwicklung für HDPE, LDPE, PP und PVC

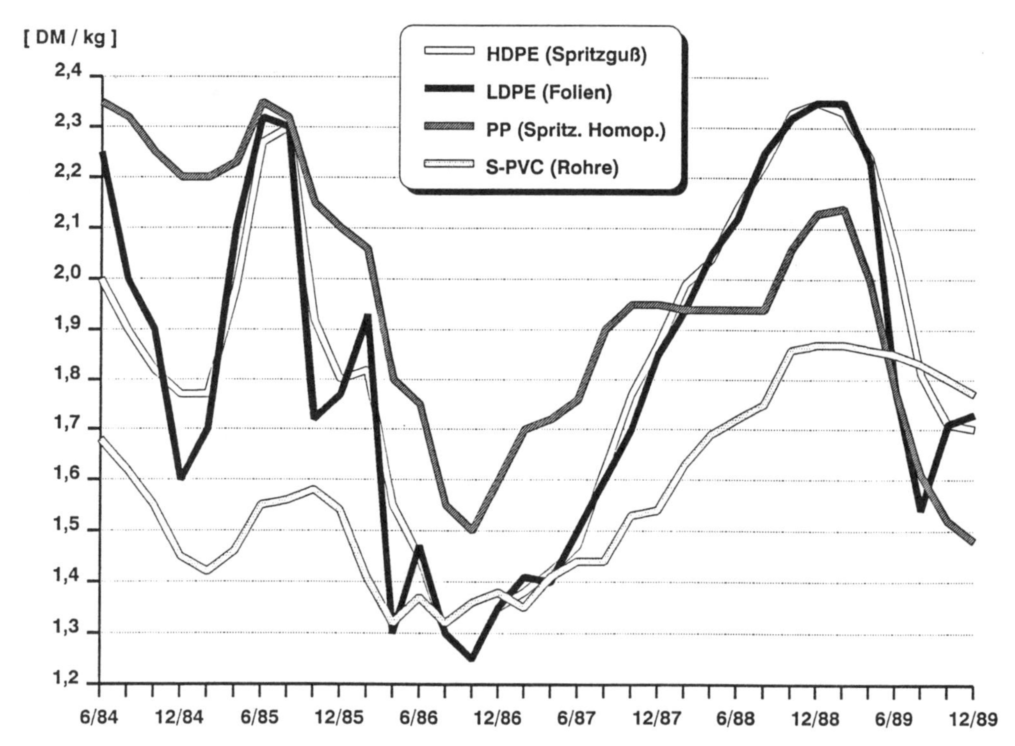

Bild 9.4-15 Preisentwicklung von PE, PP und PVC (Neuare)

(Neuware) zwischen Mitte 1984 bis Ende 1989. Der Preis für Regenerat liegt ca. 30 bis 50 % unter dem Preis von Neuware.

Amberger Kaolinwerke

Das Aufbereitungsverfahren ist zur Rückgewinnung einer Polyethylen-Wertfraktion als Regranulat aus vorsortiertem Hausmüll konzipiert.

In der ersten Verfahrensstufe werden die Kunststoffballen vorzerkleinert. Das aufgelockerte Gemisch wird über Förderbänder und Magnetscheider einer Mühlenstation zugeführt, wobei in einem Vorsedimentbecken gröbere mineralische Verschmutzungen abgeschieden werden. Die Mühle arbeitet mit Zusatz von Wasser, um über hohe Friktion einen Vorwascheffekt zu erzielen. Gleichzeitig dient das Wasser zur Kühlung. Das in Schnitzelform vorliegende Kunststoffgemisch wird in einem Verweilbecken bei einstellbarer Verweildauer gewaschen.

Anschließend erfolgt die Separierung über Hydrozyklone eine Schwerfraktion (PS, PVC u. a.) und in eine Leichtfraktion (PE, evt. bis 50 PP). Die Schwerfraktion wird entwässert. Als zusätzliche Option kann diese Fraktion über Schwertrübezyklonstufen in weitere Kunststoffkomponenten aufgetrennt werden [2].

Die Schnitzel der Leichtfraktion werden einer Zentrifugalentwässerung zugeführt und über eine thermische Trocknung bis auf eine Restfeuchtigkeit von 0,2 bis 0,4 % getrocknet. Vor der Verarbeitung in einem Extruder werden die trocknen Kunststoffschnitzel vorsiliert und über Rühraggregate intensiv gemischt, um die Homogenität des Vorproduktes zu gewährleisten.

Die Anlage ist zur Entsorgung von einer Million Einwohner, entsprechend etwa 6.000 Mg/a bzw. 1 000 kg/h ausgelegt. Als Input dient Ballenware aus der „Grünen Tonne". Alternativ wäre die Verarbeitung von losem Material in Containern aus Gewerbe und Industrie möglich.

Der elektrische Energiebedarf beträgt 0,75 kWh/kg.
Das Regranulat eignet sich i. d. R. zur Herstellung von Folienware. Die Granulatfarbe ergibt sich aus der Mischung des Inputmaterials. Die Akzeptanz des produzierten PE-Regenerates aus Hausmüll ist nach Firmenauskunft gegeben.
Die Schmelzindizes MFI 190/2,16 des aufbereiteten Produktes liegen zwischen 0,3 und 2,0 g/10 min., die Dichte bei 0,94 bis 0,96 g/cm^3 und damit im Toleranzbereich entsprechender Neuware.
Die kalkulierten Produktionskosten der Anlage liegen bei ca. 0,60 DM/kg erzeugtes Granulat und werden während des Probebetriebes genauer ermittelt. Bei der Kalkulation wurde von einer kostenlosen Abnahme vorsortierter Kunststoffabfälle ausgegangen [2].

B. u. B. Anlagenbau
Die Anlage ist zur Rückgewinnung verschmutzter PE-Abfälle konzipiert. In einer ersten Reinigungsstufe, bestehend aus Hydrozyklon und Friktionswäscher, werden die Abfälle vorgereinigt und in ein Naßsilo gefördert.
Ein am Boden des Silos befindliches Mischwerk sorgt für ein laufendes Umwälzen und Durchmischen der Abfälle. Nach einer Verweilzeit von 1 bis 2 Stunden wird das Material über eine Schnecke aus dem Silo ausgetragen und einer chargenweise betriebenen, zweiten Reinigungsstufe zugeführt. Über die am Silo oder Dosierbehälter integrierten Wiegestäbe wird durch Gewichtsvorwahl ein gleichbleibendes Chargengewicht erreicht.
Der Wasch- und Trennprozeß wird je nach Verschmutzungsgrad wiederholt, (vier- bis zehnmal), wodurch ein Reinheitsgrad von bis zu 99,999 % erreicht werden kann.
Nach Ablauf der Prozeßzeit wird das Produkt über eine Austragsschnecke der mechanischen und thermischen Trocknung zugeführt.
Als Einsatzmaterial dienen gemischte und verschmutzte Kunststoffabfälle mit einem Hauptanteil an PE (hauptsächlich Tragetaschen). Die Verunreinigungen bestehen im wesentlichen aus Papier, Etiketten und Holz.
Die installierte elektrische Leistung der Anlage beträgt ca. 230 kW bei einer Ausbringungsmenge von ca. 500 kg/h PE-Schnitzel. Der spezifische Energieverbrauch ist jedoch abhängig von der Anzahl der Waschzyklen. Der Frischwasserverbrauch beträgt ca. 4 m^3/h.
Insgesamt wurden 6 Anlagen mit einem Durchsatz von 500 – 1000 kg/h installiert [2].

Real
Das Rohmaterial wird zunächst zerkleinert und gesiebt, um Schmutzstoffe (harte oder abrasive Materialien) zu entfernen. In einem nachgeschalteten Magnetscheider werden eisenhaltige Verschmutzungen abgetrennt.
Beim Einsatz von stark verunreinigten Kunststoffabfällen (z. B. aus Hausmüll) wird das Material nach der Zerkleinerung durch ein einfaches Wasch- und Trocknungssystem geleitet, auf das im allgemeinen eine Verdichtung der leichten Fraktion folgt.
In einer zweiten Zerkleinerungsstufe (Schneidmühle) wird das Material auf die erforderliche Korngröße nachzerkleinert. Das aus der Nachzerkleinerung bzw. Verdichtung anfallende Vorprodukt wird in Reihensilos oder Behältern gelagert.
Nach dem Austrag aus dem Silo wird das Rohmaterial in einem muldenförmigen Mischer homogenisiert, der gleichzeitig als Beschickungssilo für den Extruder dient. Die Mischereinheiten können mit Heißlufttrockenanlagen ausgerüstet werden. Diese sind erforderlich, wenn das Rohmaterial einen Wassergehalt > 1 % aufweist.
Verschiedene Zuschlagstoffe (z. B. Farben) können der Mischung während der Homogenisierung zugeführt werden. Das Entleeren des Rohmaterials vom Mischer in die Formmaschine wird automatisch durch einen Niveauschalter im Aufgabetrichter gesteuert. Zwischen Mischeraustrag und Aufgabetrichter ist zusätzlich ein Magnetscheider eingebaut.
Der Extruder plastifiziert und homogenisiert das Material und drückt das Schmelzgut in entsprechende Gießformen. Die Formen werden im allgemeinen aus Hohlstahlprofilen, wie zum Beispiel Standardstahlrohren oder Platten, hergestellt (Verfahrensbild 9.4-16).

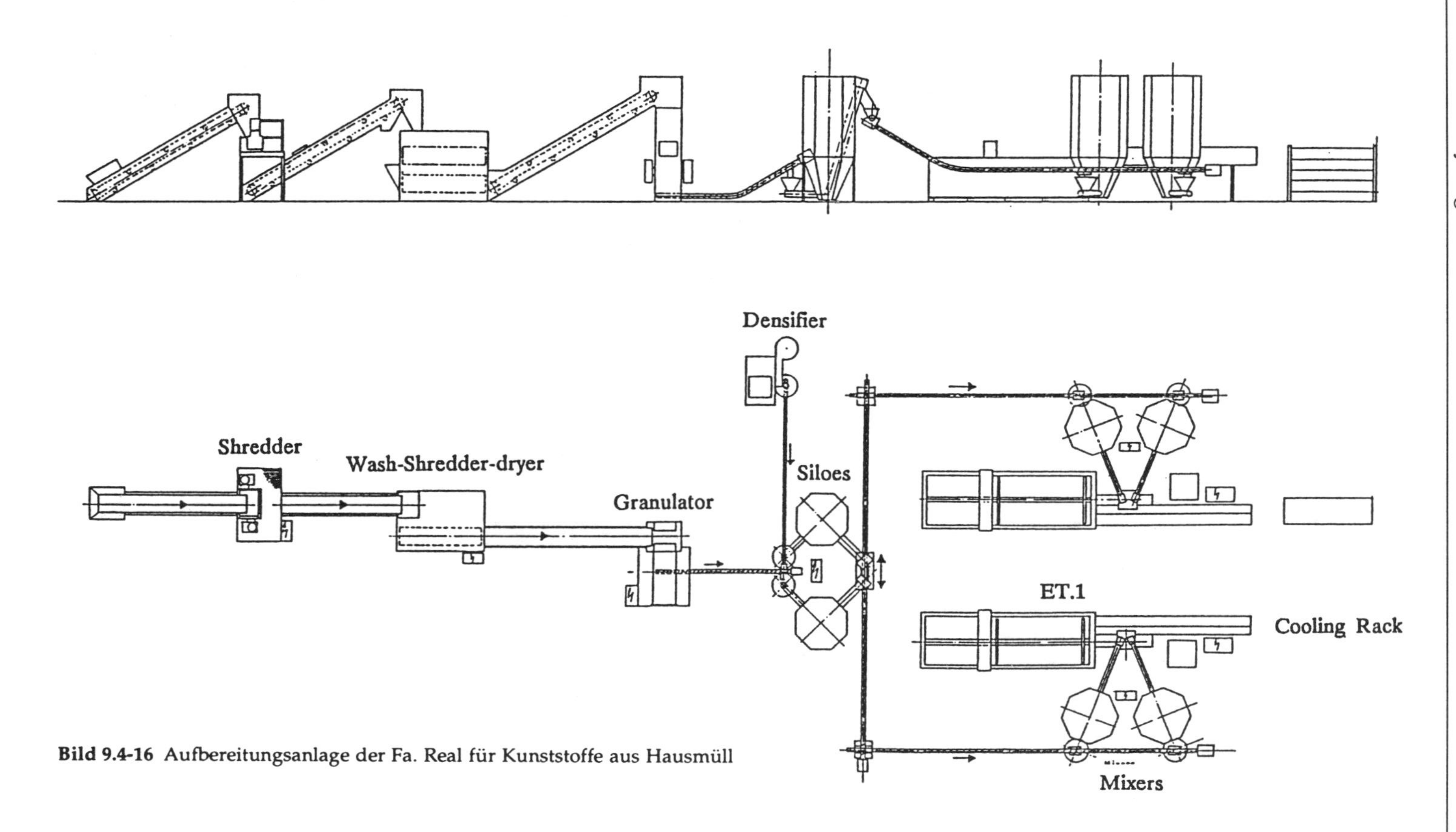

Bild 9.4-16 Aufbereitungsanlage der Fa. Real für Kunststoffe aus Hausmüll

Als Rohmaterialquellen sind nach Herstellerangaben geeignet
- Industrieabfälle aus der
  - Verpackungsindustrie
  - Automobil- und -zubehörindustrie
  - Kunststoffwiederverwertungsbranche
- Kunststoffe aus Hausmüll

Installierte elektr. Leistung: 276 kW bei 300 kg/h
Verbrauchte elektr. Leistung: 236 kWh bei 300 kg

Auf der Anlage werden Pfosten, Masten, Pfähle, Leisten etc. hergestellt, bei denen die Länge im Verhältnis zum Querschnitt groß ist und bei denen der Querschnitt entweder konstant ist oder nur in einer Richtung verjüngt wird. Je nach Anforderungen des Marktes und technischen Einschränkungen der Materialien und Gießformen sind quadratische, runde, rechteckige, ovale, trapezförmige oder unregelmäßig Querschnitte möglich.

Die herstellbare Länge reicht von 1 bis zu 4 m. Die Querschnitte variieren von einem Stab von 25 mm Durchmesser bis zu einem Pfeiler von 17 x 17 cm.

Das Produkt hat Bearbeitungseigenschaften, die denen von Holz sehr ähnlich sind, so daß die Produkte mit herkömmlichen Holzbearbeitungsmaschinen oder -werkzeugen bearbeitet werden können.

Durch die belgische Firma ART Ltd., B-9660 Brakel wurden insgesamt 20 Anlagen aufgestellt [2].

Referenzanlagen in der Bundesrepublik Deutschland:
- Städtereingigung Nord, Flensburg
- Fritz oHG, Dietzhölztal
- Pfitzenmeier + Rau, Knittlingen

Recycloplast

Die Kunststoffabfälle werden über ein Beschickungsband mit Magnetscheider oder von Hand einer Schneidemühle zugeführt. Mittels eines Sauggebläses wird das Mahlgut in Vorratssilos oder Container befördert und anschließend in die jeweiligen Walzenzellradschleusen der Dosiereinheit transportiert (Verfahrensbild 9.1-12).

Die Walzenzellradschleusen sind konstruktiv so gestaltet, daß auch dosierproblematische Materialien gleichmäßig auf der gesamten Bandbreite des Förderbandes übergeben werden können.

Die kontinuierliche Plastifikatoren-Beschickung auf der gesamten Walzenlänge wird durch ein entsprechend breites Dosierband erreicht.

Im Walzenplastifikator werden die thermosplastischen Kunststoffe und Zusatzstoffe durch Friktionswärme bei ca. 200 °C aufgeschmolzen und in mehreren Komprimier- und Entspannungszonen knetend homogen vermischt.

Durch die Art der Dosiereinrichtungen kann der Anteil der Thermoplaste durch Beimischen von Primärkunststoffen – je nach Anforderung an Festigkeit und Oberfläche des Endproduktes – verän-

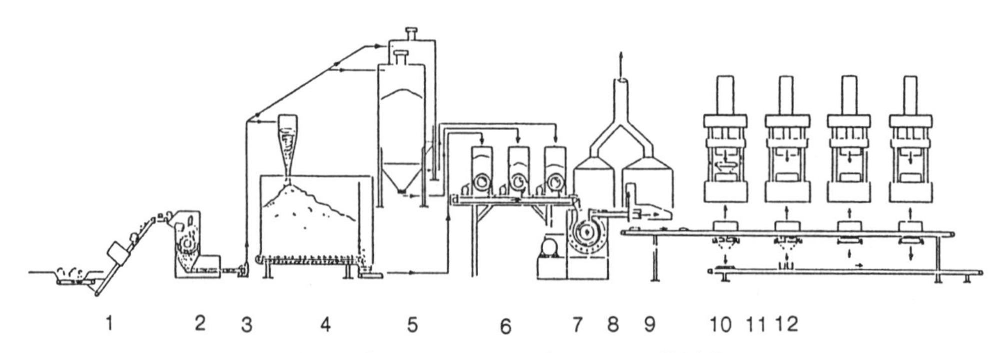

Bild 9.4-17 Aufbereitungsverfahren der Fa. Recycoplast für Kunststoffabfälle

dert werden. Zusätzlich können über die Dosiergeräte Farben, Füllstoffe und sonstige Zuschläge in das Gemisch eingebracht werden.
Der Durchsatz der Anlage beträgt 500 – 1000 kg/h entsprechend 2500 – 3000 Mg/a bei 500 kg/h und 3 Schichten.

Installierte elektrische Leistung:	700 kW
Energieverbrauch:	400 kW
Wasser f. Kühlung und Abluftreinigung:	2 – 3 m^3/h
Druckluft:	4 m^3/h (6 bar)

Referenzanlagen:
- Recycoplast, Neukolbing seit Nov. 1983
- Remaplan, München seit 1986
- Recyclen, Osterburken seit 1987
- 3 Anlagen in den USA und der Schweiz

Ende 1989 wurde über das Vermögen der Recycloplast AG das Konkursverfahren eröffnet.

Wormser Kunststoff Recycling
Das Aufbereitungsverfahren (Bild 9.4-18) ist zur Herstellung von Polyolefin- und PVC-Produkten konzipiert. Die vermischten und verschmutzten Altkunststoffe werden ohne Abtrennung von Verunreinigungen verarbeitet. Voraussetzung ist jedoch ein Mindestanteil an Kunststoff von 80 %.
Die Altkunststoffe werden auf eine Korngröße von ca. 6 mm zerkleinert und über einen Walzenextruder plastifiziert. Die Herstellung der Formkörper erfolgt entweder im Spritzgieß- oder Spritzpreß-Verfahren.
Eine spezielle Abfülleinrichtung sorgt für einen kontinuierlichen Wechsel der gefüllten Formen gegen leere Formen (bzw. Lauf des Extruders). Der Formenwechseil erfolgt bei laufendem Extruder. Nach Abkühlung kann das Produkt der Form entnommen werden (Entformstation).
Der Durchsatz der Anlage beträgt 300 kg/h entsprechend 600 Mg/a.

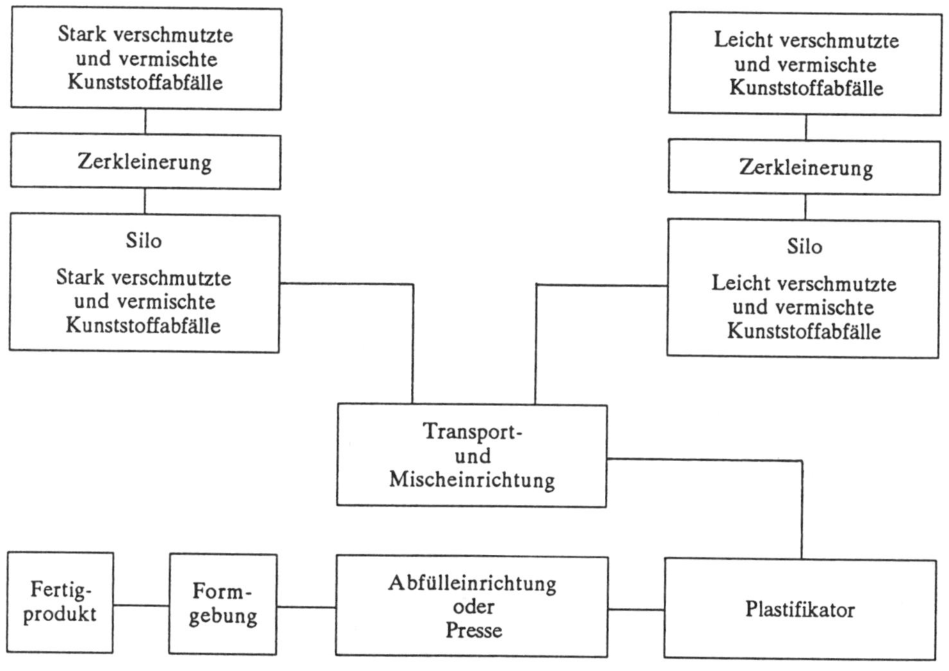

Bild 9.4-18 Aufbereitungsverfahren der Fa. WKR [2]

Die installierte elektrische Leistung liegt bei 70 kW. Die installierte Heizleistung beträgt 100 kW. Mit den Produkten aus Recycling-Kunststoff sollen Rohstoffe wie tropische Harthölzer, Beton und Metall substituiert werden. Hergestellt werden u. a. Rasengitter, Palisaden, Blumenkübel, Gartenmöbel, Begrenzungspfähle und Bakenfüße.
Beim herkömmlichen Spritzpressen können Formkörper mit Wandstärken von ca. 10 mm erreicht werden, während beim Spritzgießen z. Zt. die Wandstärkeuntergrenze bei 60 mm liegt.
Als Eckdaten für eine Anlage zur Entsorgung eines Einzugsgebietes von ca. 80 000 Einwohnern zzgl. Kunststoffen aus Gewerbeabfällen werden genannt [2]:

1 Extruder mit Direktabfüllverfahren u. Entformstation:	ca. 500 000,– DM
Bedienungspersonal:	2 Mann
Platzbedarf:	200 m^2 überdacht
	500 m^2 Freigelände
Erlös:	1500 – 2000 DM/Mg
Zerkleinerungskosten:	0,28 – 0,32 DM/kg

9.4.3 Marktübersicht über Schmelzverfahren

Die Zusammenstellung der Verfahren zur Aufbereitung von Kunststoffabfällen aus Hausmüll und Gewerbeabfällen zeigt Tabelle 9.4-16.
Tabelle 9.4-16 Zusammenstellung der Aufbereitungsverfahren für Kunststoffabfälle aus Haus- und Gewerbemüll [2]

9.4.4 Einflußmöglichkeiten auf Anfall und Verwertung von Kunststoffabfällen

Überlegungen zur Verwertung von Kunststoffabfällen setzen zumeist erst bei den vorliegenden Reststoffen an. Dieses Verhalten hat zur Folge, daß nur ein geringer Teil der Kunststoffe recycelt bzw. verwertet werden kann und dies oft nur durch technisch aufwendige Verfahren, wie z. B. Pyrolyse. Ein anderer Weg wäre, bereits bei der Konzeption und Konstruktion eines Erzeugnisses Recyclinganforderungen (Kennzeichnung, Verbindungstechnik oder Homogenität) zu berücksichtigen. Dadurch könnte eine größere Menge an Kunststoffen wirtschaftlich zu Regranulat wieder aufbereitet werden.

9.4.4.1 Produktgestaltung

Zur Realisierung dieses Ziels bieten sich verschiedene Ansatzpunkte an:
- Wahl der Kunststoffart und des Verarbeitungsverfahrens,
- Wahl von Mischkonstruktionen statt Verstärkungen.

Bei der Auswahl der Kunststoffart sollte immer geprüft werden, ob für den Anwendungszweck Thermoplaste oder physikalisch vernetzte Elastomere – weder verschäumt noch verstärkt und mit homogenem Aufbau – ausreichen, so daß der Einsatz von Duroplasten, verstärkten, geschäumten oder mehrschichtigen Thermoplasten auf ein Minimum reduziert werden kann.
Erweiterte Einsatzmöglichkeiten für homogene Thermoplaste sind künftig durch Methoden der Eigenverstärkung zu erwarten. Dazu werden Polymere mit Flüssigkristallen verwendet oder Molekülorientierungen gezielt eingesetzt, wobei der makromolekulare Aufbau weiterhin homogen bleibt.
Ein gezielter Einsatz von Mischkonstruktionen, bestehend aus Kunststoffen und Nicht-Kunststoffen, erhöht die Recyclingfähigkeit dieser Produkte gegenüber heute üblichen faserverstärkten Erzeugnissen. Es sollte im Einzelfall geprüft werden, ob ein stark beanspruchtes Werkstück statt aus verstärktem Kunststoff aus einem hochfesten anderen Werkstoff in Kombination mit einem Thermoplasten hergestellt werden kann. Der Thermoplast wird dabei so eingesetzt, daß er weitgehend frei von Belastungen ist. Dies erfordert i. d. R. Änderungen in der Konstruktion und der Prüfung des Produktes. Bild 9.4-10zeigt verschiedene Konstruktionsalternativen für einen Leichtbauträger. Der Preis, die Belastungsfähigkeit, das Belastungs-/Gewichtsverhältnis sowie der Recyclingaufwand sprechen für den Stahl-Kunststoff-Träger in Mischkonstruktion.

Ing. Büro Meyer u. Faudrich

„Planungsbüro für Umwelttechnik u. Abfallwirtschaft“

- Umwelttechnische Gutachten für Haushalte, Gewerbe und Industrie
- Weiterbildungen zum oder für Abfall- Umwelt- und Gefahrstoffbeauftragte
- Planung umwelttechnischer und abfallwirtschaftlicher Anlagen
- Optimierung umwelttechnischer und abfallwirtschaftlicher Verfahren
- Optimierung der Energieeinsparung in Gewerbe und Industrie
- Unterstützung und Beratung bei Genehmigungsverf. im Umweltrecht

Gesellschaftsform GbR

Investitionsaufwand anfangs

ca. 15000,- DM

Tel. 05751/87499

Tabelle 9.4.16

Anbieter	Einsatzstoffe	Produkte	Verfahrensschritte (Erläuterung s.u.)	Durchsatz [kg/h]	Energiebedarf [kWh/Mg]	Kosten [DM/Mg]
AKW	verschmutzte + vermischte Kunststoffe	hochwertiges PE-Granulat	1, 2, 4, 8, 9, 10	1.000	750	3 Schicht: 600,–
Andritz	verschmutzte Folien	hochwertiges PE-Granulat	1, 2, 4, 5, 4, 8, 10	1.000	600	1 Schicht: 560,–
B. u. B.	verschmutzte PE-Abfälle	gereinigte PE-Schnitzel	3, 1, 4, 7, 4, 6, 8, 8	500	275[1, 2)]	Keine Angaben
Göschl	verschmutzte Kunststoffe		3, 2, 7, 8, 10	150–300	250–600	nur Investitionskosten: 300.000,–
Herbold	verschmutzte Kunststoffe	hochwertiges PE-Granulat	2, 5, 1, 8, 9	100–1500	120–160[1)]	1 Schicht, 100 kg/h: Aufbereitung: 300–500 Extrusion: 200–300
Real	verschmutzte + vermischte Kunststoffe	dickwandige Produkte	1, 6, 3, 7, 8, 9, 10	300	790	1 Schicht: 940,–
Recycloplast	verschmutzte + vermischte Kunststoffe	dickwandige Produkte	3, 1, 10, 11	500–1000	300–600	1 Schicht: 700,– 2 Schicht: 590,– 3 Schicht: 550,–
RGR	sortenreine + vermischte Kunststoffe	Mahlgut/ hochwertiges Granulat	1, (10)	250–750	850–2500	500,– bis 1000,–
WKR	verschmutzte + vermischte Kunststoffe	dickwandig f. Straßen-/ Gartenbau	1, 10, 11	300	340[2)]	1 Schicht, nur Zerkleinerung: 280–320,–

Verfahrensschritte:

1 Zerkleinerung
2 Naßzerkleinerung
3 Magnetscheider
4 Hydrozyklon
5 Schwimm-Sink-Scheider
6 Siebung
7 Wäscher
8 Trockner (mech./therm.)
9 Homogenisierung
10 Plastifizierung
11 Produktherstellung

1) p. Plastifizierung
2) 60 % der install. Leistung

AfA/Personal/Energie, jedoch o. Rohstoff-Kosten

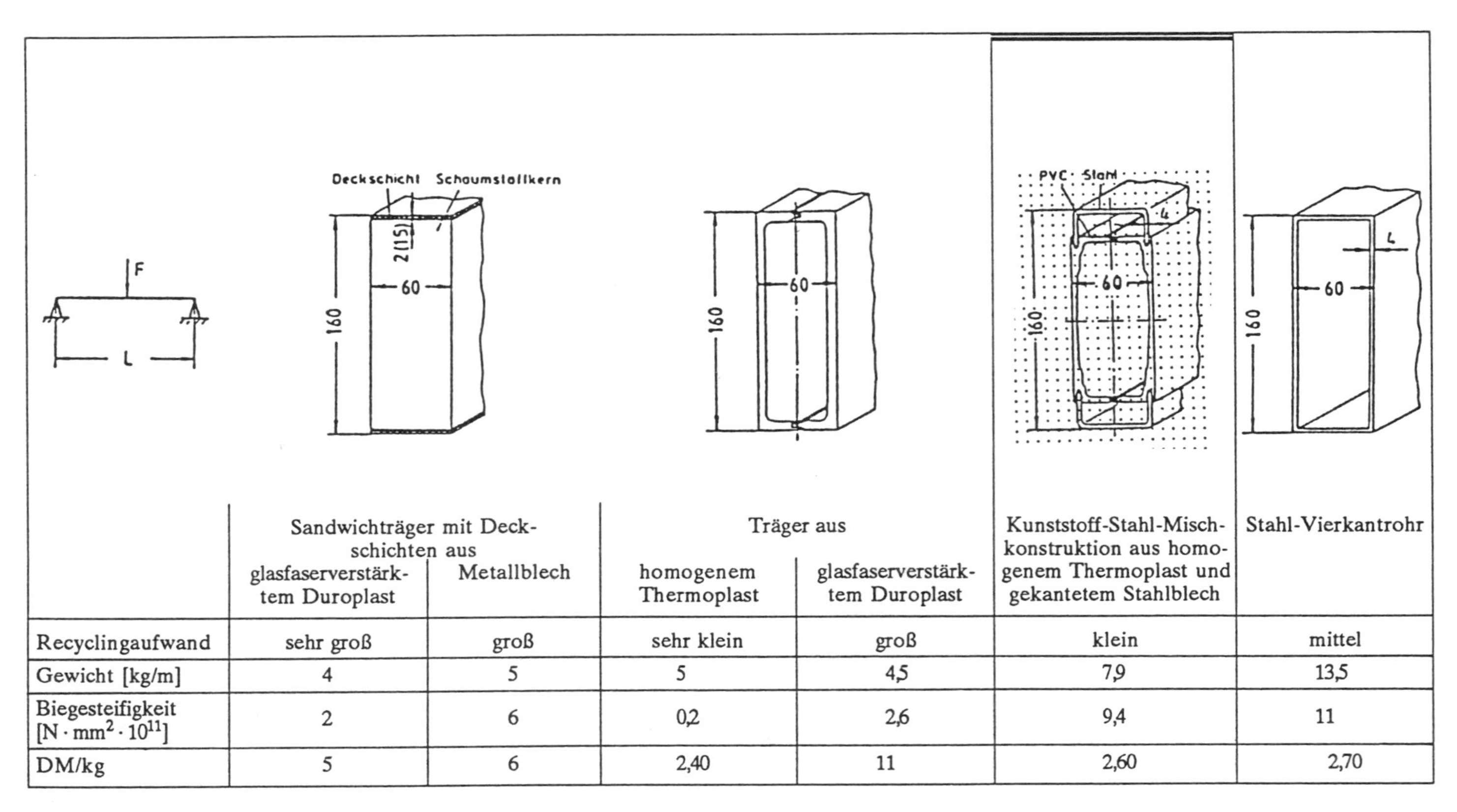

	Sandwichträger mit Deckschichten aus		Träger aus		Kunststoff-Stahl-Mischkonstruktion aus homogenem Thermoplast und gekantetem Stahlblech	Stahl-Vierkantrohr
	glasfaserverstärktem Duroplast	Metallblech	homogenem Thermoplast	glasfaserverstärktem Duroplast		
Recyclingaufwand	sehr groß	groß	sehr klein	groß	klein	mittel
Gewicht [kg/m]	4	5	5	4,5	7,9	13,5
Biegesteifigkeit [$N \cdot mm^2 \cdot 10^{11}$]	2	6	0,2	2,6	9,4	11
DM/kg	5	6	2,40	11	2,60	2,70

Bild 9.4-19 Verschiedene Konstruktionen für einen Leichtbauträger [16]

9.4.4.2 Kennzeichnung von Kunststoffen

Die Herstellung dickwandiger Produkte aus gemischten Runststoffabfällen (z. B. aus Hausmüll), die mit Werkstoffen wie Beton oder Stein konkurrieren, kann nicht primäres Ziel der Kunststoffverwertung sein. Ein wirtschaftliches, in großem Maßstab betriebenes Recycling von vermischten Kunststoffabfällen setzt daher neben der Abtrennung der Störstoffe vor allem die Trennung der einzelnen Kunststoffarten voraus.
Die maschinelle Auftrennung eines Kunststoffgemisches ist bislang nicht Stand der Technik. Für Hausmüll konzipierte Anlagen sind in der Lage, die PE/PP-Fraktion aus dem Kunststoffgemisch abzutrennen und zu hochwertigem Granulat zu verarbeiten. Die weitere Auftrennung in eine PVC-, PS- oder andere Fraktionen unterbleibt aus technischen und/oder wirtschaftlichen Gründen. Zwischen 20 und 40 % der Kunststoffe fallen an diesen Anlagen als Abfall an [2].
Eine weitergehende Auftrennung kann daher nur von Hand durch den Verbraucher geleistet werden und auch nur dann, wenn dieser von dem Hersteller eines Produktes entsprechende Hinweise (Kennzeichnung) erhält. Bei einer allgemeinen Kennzeichnung der Produkte könnte der Verbraucher z. B. im Rahmen eines Bringsystems – ähnlich dem Altglas – seine Kunststoffe in unterschiedliche Behälter einwerfen. Die getrennte Verwertung könnte ohne große Probleme erfolgen.
Einen anderen Aspekt stellt die mögliche Verdrängung einzelner Kunststoffe durch ein sich wandelndes Verbraucherverhalten dar. Vorstellbar ist, daß die Öffentlichkeit auf Umweltbeeinträchtigungen einzelner Kunststoffarten bei der Herstellung, Entsorgung oder Verwertung hingewiesen wird und mit einem veränderten Kaufverhalten reagiert. Analoge Beispiele sind phosphatfreie Waschmittel und Pfandflaschen für Milch.
Vor- und Nachteile der Kennzeichnung waren deshalb Ursache umfangreicher Diskussionen. Die chemische Industrie wie auch der Verband der Kunststofferzeugenden Industrie sahen in einer Kennzeichnungspflicht die Gefahr der Diskriminierung einzelner Kunststoffarten - im wesentlichen des PVCs - mit entsprechenden Absatzauswirkungen. Auch Überlegungen einer speziellen, für den Verbraucher nicht lesbaren Codierung wurden wieder fallen gelassen [2].
Im Automobilbau wird die Kennzeichnung bald für verbessertes Recycling sorgen.

9.4.4.3 Qualitätsstandard

Die Einsetzbarkeit eines Produkts oder Recyclats für einen Verwendungszweck ist durch eine Materialprüfung nachzuweisen. Der vorgesehene Einsatzbereich bestimmt Art und Umfang der Materialprüfung.
Für eine allgemeine Beurteilung des Recyclats werden möglichst umfassende Informationen über das Eigenschaftsniveau benötigt, um einen Vergleich mit Primärprodukten zu ermöglichen.
Für die spezielle Beurteilung eines Produkts sind Tests erforderlich, die eine Beurteilung hinsichtlich des Verhaltens bei Praxisbeanspruchungen ermöglichen. Die Auswahl der Prüfungen erfolgt zielgerichtet auf den Einsatzzweck.
Der Grad der Vorschädigung und der Verschmutzung wird weitgehend von der Herkunft der Recyclingmaterialien bestimmt.
Fertigungsabfälle, die in großer Menge und gleichbleibender Qualität über längere Zeit anfallen, sind das erfolgversprechendste Material für Recyclingmaßnahmen. Diese Abfälle werden vielfach in den Verarbeitungsbetrieben, in denen diese entstehen, dem Neumaterial erneut zugemischt. Sofern dies auf einen geringen Anteil beschränkt ist, werden keine Eigenschaftsänderungen durch die Zumischung feststellbar sein. Bei höheren Anteilen oder ausschließlicher Verwendung dieser Abfälle hingegen ist eine Materialprüfung unerläßlich, um die Produktqualität sicherzustellen. Die nur geringen Qualitätseinbußen eröffnen einen großen Anwendungsspielraum, so daß nicht nur einfache Artikel, sondern auch technisch hochwertige und beanspruchbare Teile hergestellt werden können.
Gebrauchte Massenartikel bilden neben den Fertigungsabfällen ebenfalls ein wertvolles Potential für die Gewinnung von Sekundärmaterialien. Trotz unterschiedlicher Herkunft und teilweise großer Typenvielfalt sind Massenartikel häufig aus dem gleichen Grundwerkstoff hergestellt. In diese

Gruppe der Massenartikel fallen u. a. Flaschenkästen aus PE (Getränkeabfüllung), Einweggeschirr aus PS (Großküchen) und Gehäuse von Kfz-Batterien (Schrotthandel). Die Bandbreite der Produktanwendungen ist hierbei bereits deutlich eingeschränkt. Unabhängig von der Herkunft ist der direkte Kontakt des Sekundärprodukts mit Lebensmitteln nicht vertretbar. Neben der notwendigen Aufbereitung ist eine eingehende Materialprüfung erforderlich.
Kunststoffe aus Privathaushalten fallen gemischt und in unterschiedlichem Maße auch verschmutzt an. Eine Aufbereitung zu Recyclaten, die für die Herstellung hochwertiger technischer Teile notwendig wäre, übersteigt i. d. R. den Preis für Neumaterial. Deshalb ist die Bandbreite für mögliche Einsatzzwecke erheblich kleiner als bei Neuware, und die Materialprüfung wird sich auf die Beurteilung der Verarbeitbarkeit sowie den engen Anwendungsbereich beschränken.
Recyclate für hochwertige Teile müssen über ein gleichbleibend hohes Qualitätsniveau verfügen. Hierbei sind nicht nur die Produkt, sondern auch die Verarbeitungseigenschaften zu berücksichtigen, um eine störungsfreie Produktion mit gleichbleibenden Maschinenparametern zu gewährleisten [2].
Nach der Werkstoffprüfung erfolgt die endgültige Eignungsprüfung anhand der Fertigteile. Art und Umfang der Fertigteilprüfungen werden durch Beanspruchung und Lebensdauer vorgegeben. Die tatsäche Lebensdauer läßt sich nur in Zeitstandversuchen mit hinreichender Sicherheit bestimmen.
Als Vorabschätzung für die Lebensdauer hat sich bei Primärmaterialien der Kurzzeit-Zugversuch bewährt. Es hat sich jedoch herausgestellt, daß die Ergebnisse mit Sekundärmaterialien nicht in gleicher Weise übertragbar sind. In [2] wird über einen Vergleich zwischen einem Kurzzeit-Zugversuch und einem Zeitstand-Innendruckveruch mit mehrfach extrudierten PE-Rohren berichtet. Dabei wurde das Material nur den für die mehrfache Verarbeitung notwendigen Belastungen ausgesetzt. Auf eine Beanspruchung während der normalen Nutzung wurde verzichtet. Während beim Zugversuch die Abhängigkeit zwischen der Zahl der Extrusionen und der Streckdehnung vernachlässigbar klein ist (Bild 9.4-20), konnte beim Innendruckversuch eine deutliche Abnahme der Standzeit mit zunehmender Extrusionshäufigkeit festgestellt werden (Bild 9.4-21).
Die Ergebnisse des Innendruckversuchs wurden an einem PP-Material bestätigt. In der Praxis kommt eine zusätzliche Schädigung des Materials (Festigkeitsabnahme) durch die Beanspruchung während der jeweiligen Nutzungsdauer hinzu.
Daraus muß gefolgert werden, daß der Kurzzeit-Zugversuch bei Recyclaten eine nur sehr geringe Aussagekraft besitzt. Soll dennoch auf die langwierige und teure Zeitstandprüfung verzichtet werden, so bietet sich eine Kombination aus dem Schmelzindex und der Molekülmassenverteilung an. Diese gibt summarisch Auskunft über die Vorschädigung des zu verarbeitenden Materials.

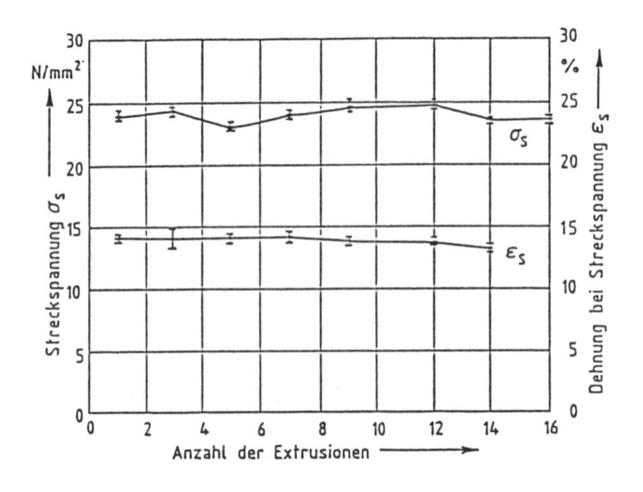

Bild 9.4-20
Kurzzeit-Zugversuch an Rohren aus mehrfach extrudiertem PE [2]

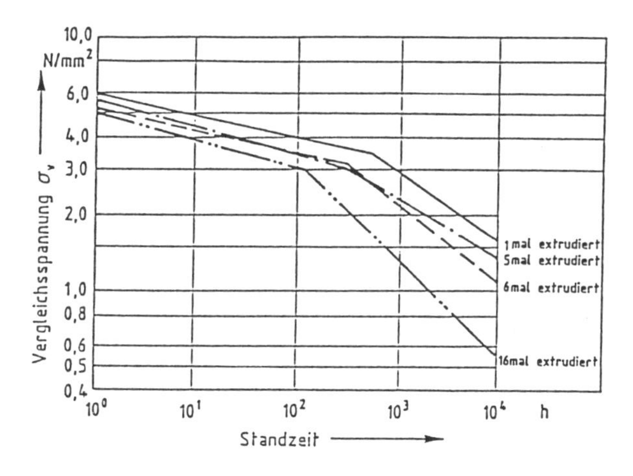

Bild 9.4-21
Zeitstand-Innendruckversuch an Rohren aus mehrfach extrudiertem PE [21]

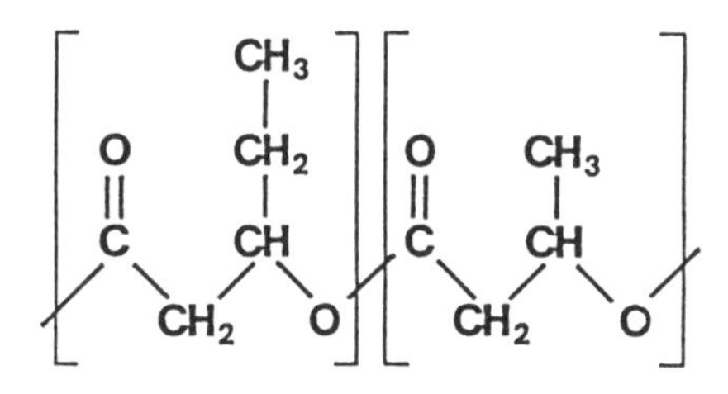

Bild 9.4-22
Biopol-Copolymere [13]

Für Artikel mit geringer Praxisbeanspruchung spielen diese Parameter nur eine untergeordnete Rolle. Statt dessen sind Einfärbung, Oberflächenbeschaffenheit und Reinheit der Produkte zu prüfen.
Qualitätsstandards werden überall dort geschaffen, wo an Produkte und Materialien verschieden hohe Anforderungen gestellt werden, um Preis und Qualität aufeinander abstimmen zu können.
Für Sekundärkunststoffe sind in der Bundesrepublik bislang keine Normen vereinbart worden.
Nachdem in Japan Recycling-Kunststoffe eine größere Verbreitung gefunden haben, wurde 1979 eine erste Japanische Norm (Japanese Industrial Standard, JIS) für Stäbe, Platten und Stangen (JIS K 6931) geschaffen, der später eine Norm für Markierungsstangen (JIS K 6932) folgte [2].

9.4.4.4 Biologisch abbaubare Kunststoffe

Die Vorteile biologisch abbaubarer Kunststoffe liegen darin, daß die Entsorgungswege Deponierung und Kompostierung wesentlich entlastet würden. Versuche zur Entwicklung von biologisch abbaubaren Thermoplasten laufen bereits seit einigen Jahrzehnten. Diese Versuche erfolgten in der Vergangenheit zunächst unter dem Aspekt als Einsatzstoff nicht Erdöl, sondern ein biologisch produziertes Ausgangsmaterial zu verarbeiten, um natürliche Recourcen zu schonen.
Die Fa. ICI berichtete Ende 1986 von einem Verfahren, mit dem biologisch abbaubare Thermoplaste industriell hergestellt werden können [32], die aus den aliphatischen Polyestern Polyhydroxybutyrat (PHB) und Polyhydroxyvaleriat (PHV) bestehen (Bild 9.1-17).
Das Material wird von einer bestimmten Bakterienart produziert und in deren Zellen eingelagert. Dies kann in großen Reaktoren auf einer Vielzahl von Nährsubstraten erfolgen. Danach werden die

übrigen Zellbestandteile entfernt. Das Polymer ist nach herkömmlichen Verfahren mit vorhandenen Anlagen verarbeitungsfähig.
Durch die Einstellung des Mischungsverhältnisses zwischen PHB und PHV lassen sich die Eigenschaften des Thermoplasten variieren, so daß diese entweder einem sehr harten Material (vergleichbar PVC ohne Weichmacher) oder einem zähen Produkt (ähnlich PE) entsprechen.
Nach Angaben der Fa. ICI ist eine mehrfache Wiederverwertung des Materials innerhalb der industriellen Verarbeitung möglich. Der Abbau des Produktes findet unter anaeroben Bedingungen statt, der in Deponien oder Kompostwerken erfolgen kann.
Es ist jedoch anzumerken, daß dem Verfahren die Praxisreife bislang fehlt. Die Fa. ICI betreibt seit Anfang 1987 eine Betriebsanlage mit einem Durchsatz von 3 Mg/Wo. Bis Ende 87 sollte die Kapazität auf 20 Mg/Wo ausgedehnt werden. Das Produkt soll sich bei einer Anlagenkapazität von 1 000 Mg/a für 27 bis 35 DM/kg und bei 10 000 Mg/a für 5 bis 7 DM/kg herstellen lassen [2].

9.4.4.5 Beschränkung und Rücknahmepflicht von Einwegverpackungen

Die Rücknahmeverpflichtung durch den Händler oder Hersteller für Produkte nach deren Gebrauch wird seit einiger Zeit im Rahmen einer geordneten Abfallentsorgung diskutiert.
In einer Zielfestlegung für Kunststoffverpackungen erwartet die Bundesregierung von der Industrie folgende Maßnahmen:

1. Eine Kennzeichnung der Kunststoffarten bis Ende 1990;
2. Verringerung der Anzahl der Arten bis 01.03.1991;
3. Maßnahmen zur Verbesserung der stofflichen Verwertung bis 31.12.1990;
4. Vermeidung von Kunststoffarten, welche die thermische Verwertung behindern bis 30.09.1991;
5. Verzicht auf umweltgefährdende Additive auf Druckfarben (Quecksilber, Cadmium, Blei, etc.) bis zum 31.12.1991;
6. Vorschläge für ein Rücknahmesystem bis zum 30.06.1990.

9.4.5 Umweltauswirkungen bei dem Betrieb von Recyclinganlagen

Beim Reinigungsvorgang gelangen die an den getrennt gesammelten Kunststoffen aus Haushaltsabfällen anhaftenden 4 bis 6 % Verunreinigungen in die Wasch- oder Sortierflüssigkeit. Um die Ableitung belastender Abwässer zu verhindern, wird eine Kreislaufführung des Reinigungs- und Sortierwassers angestrebt. Dazu ist sowohl eine mechanische wie auch eine chemische Wasseraufbereitung erforderlich, die es bereits jetzt ermöglicht, den Frischwasserzusatz auf 3 m^3/h bei einem Kunststoffdurchsatz von 1 000 kg/h zu begrenzen [33].
Da Kunststoffe eine schlechte Wärmeleitfähigkeit besitzen, führt selbst bei einem dünnen Knetfilm der Temperaturgradient innerhalb des Plastifikats zu überhöhten Temperaturen an den Wärmeübergangsgrenzen vom heißen Plastifkator zum Plastifikat. Dadurch werden Crackprozesse unterstützt und neben organischen Stoffen auch anorganische Chlor- und Schwermetallverbindungen emittiert.
Die Crackprodukte liegen in der flüssigen, dampfförmigen oder gasförmigen Phase vor. Um eine Beeinträchtigung des Bedienungspersonals und der Umwelt zu vermeiden, müssen die Crackprodukte kontinuierlich aus dem Plastifikator abgesaugt und einer chemischen und physikalischen Behandlung zugeführt werden.
Bei der Behandlung der abgesaugten Abluft muß die Arbeitstemperatur des Plastifikators, die je nach Kunststoffart bei 150 bis 230 °C liegen kann, berücksichtigt werden. Dies bedeutet, daß flüssige Anteile sich bei Abkühlung auf eine Ablufttemperatur von 20 bis 35 °C verfestigen und gasförmige Anteile sich zumindest teilweise verflüssigen können. Die Abscheidung dieser Crackprodukte stellt ein weniger großes Problem dar, da diese der Abluft auf physikalischem Wege entzogen werden können. Das Hauptproblem ist die Abscheidung der selbst bei Abkühlung gasförmig verbleibenden Crackprodukte.
Das Verfahrensschema einer beispielhaft ausgeführten Abluftreinigungsanlage besteht aus folgenden Prozeßschritten [2]:

- Auswaschen von Feststoffen,
- Kondensieren und Auswaschen dampfförmiger und gasförmiger Inhaltsstoffe,

- Oxidieren und Auswaschen flüssiger und gasförmiger Inhaltsstoffe,
- Austragung der abgeschiedenen bzw. im Waschmedium aufgenommenen Stoffe,
- Vorbehandlung des verworfenen Waschmediums.

Bei der Betrachtung der Umweltverträglichkeit von Pyrolyseprozessen muß zwischen systemimmanenten und prozeßspezifischen Schadstoffen unterschieden werden [7].
Systemimmanente Schadstoffe reslutieren aus den in den Abfällen enthaltenen Verbindungen bzw. Elementen. Zu ihnen zählen insbesondere die Verbindungen des Schwefels, Fluors, Chlors, Stickstoffe, der Schwermetalle und des Quecksilbers.
Die prozeßspezifischen Schadstoffe sind dadurch charakterisiert, daß sie erst bei der Durchführung der thermischen Behandlung entstehen. Art der Anlage und Betriebsbedingungen (Temperatur, Verweilzeit) bestimmen dabei das Schadstoffspektrum wie zum Beispiel PCB's, Dioxine und Furane.
Um zu beurteilen, welche Umweltbelastungen von der Pyrolyse ausgehen, müssen die Stoffströme betrachtet werden, die das System verlassen. Unmittelbar nach dem Reaktor fallen zwei Fraktionen an: das Pyrolysegas sowie die festen Rückstände. Beim Abkühlen der Gase entsteht ein Kondensatgemisch aus Wasser, Teeren und Ölen.
Hinsichtlich möglicher Umweltbelastungen sind also die drei Fraktionen Pyrolysegas, Pyrolyseabwasser und feste Rückstände und deren zukünfige Verwendung von Bedeutung.

9.4.6 Ausblick

Vorwiegend verwertbar sind sortenreine Kunststoffe aus dem kunststoffbe- und -verarbeitenden Gewerbe, wobei das innerbetriebliche Recycling zur Zeit statistisch nicht erfaßt wird und ebenfalls berückichtigt werden muß. Die gemischten Kunststoffe aus den Haushalten werden kaum wiederverwertet. 1984 betrug die verwertete Menge an Kunststoffen aus dem Hausmüll nur ca. 1000 Mg, die sich auf ca. 1500 Mg im Jahre 1989 erhöhte.
Kunststoffabfälle können, wie die Untersuchungen in Hamburg, Berlin etc. gezeigt haben, besonders gut in den Ballungsgebieten sowie in Gewerbebetrieben verstärkt erfaßt werden. Der Kunststoffabfall im Haus-, Sperr- und Gewerbemüll wird bis zum Jahre 2000 auf ca. 3 – 4 Mio Mg anwachsen, da in Zukunft langlebige Produkte einen größeren Anteil am Abfall ausmachen werden. Logistik, Verfahrenstechnik und Marketing müssen daher verstärkt eingesetzt werden, um in Zukunft diese wertvollen Reststoffe sinnvoll zu nutzen und das Deponievolumen zu entlasten.
Bereits heute wird deutlich, daß im Bereich der billigen Massenware aus Recyclingkunststoff nur geringe Innovationschancen liegen dürften. Dieser Bereich erlaubt weder eine kostendeckende Preisgestaltung noch eine langfristige Marktausschöpfung. Mit Massenprodukten wie Topfuntersetzer, Schalen, Blumenkästen, Kübel, Pfähle etc. wird das Kunststoffverwertungspotential der Zukunft nicht genutzt werden können.
Um in der Zukunft auf dem Markt mit Recyclingprodukten aus Kunststoff bestehen zu können, müssen zukunftsträchtige Produktbereiche ermittelt werden. Zur Zeit werden verschiedene Produkte von kleineren Firmen hergestellt, ohne daß Gutachten über die technischen Eigenschaften bzw. die Marktmöglichkeiten erstellt wurden. Vermutlich aus Kostengründen wird diese Aufgabe an Zwischenhändler und auf Kunden abgewälzt.
Bei der Überlegung nach möglichen Produkten lassen sich die folgenden Marktbereiche darstellen, die für Innovationen in Frage kommen [2]:

1. Konsumbereich, Wohnumfeld und Gartenbau
   - Wand- und Deckenprofile
   - Bodenplatten, Abflußrinnen und Möbel
   - Lagerbehälter, Schallschutzwände, Palisadensteine
   - Abfallbehälter, Mülltonnen
2. Straßenbau, Bauhilfsmittel und Rohstoffe
   - Gitterblöcke, Randsteine, Kanalsohlen
   - Betonschalungsplatten, Gerüstbelagsplatten
   - Bitumenersatz bzw. -zuschlagsstoffe

3. Industriebereich
   - Fahrzeug- und Anlagenbau
   - Elektrobereich und Sicherheitstechnik
   - technische Kunststoffe im Umweltschutz
   - Substitution von Sekundärrohstoff
   - Pyrolyse zur Herstellung von Rohstoffen

Das Marktpotential für Recyclingprodukte entsprechend den obigen Marktbereichen auf der Datenbasis von 1986 wurde auf ca. 130 500 Mg Recyclingkunststoffe geschätzt [2].

Die Probleme bei der Verwertung von Altkunststoffen und der damit anvisierten Mengenziele bestehen in den folgenden Punkten [2]:

- Der Altkunststoff aus dem Hausmüll ist sehr heterogen und hat je nach Sammel- und Aufbereitungsmethode einen hohen Verschmutzungsgrad durch Hausmüllkomponenten wie anhaftende Speisereste, Farben, Kleber etc. Die Erfassungs- und Sammelkosten betragen für das Holsystem ca. 2 500 DM/Mg und für das Bringsystem 400 bis 700 DM/Mg und stellen bezüglich der Wirtschaftlichkeit einer Verwertungsanlage einen hohen Kostenfaktor dar.
- Die Qualitätsanforderungen an das Kunststoffrohmaterial sind außerordentlich hoch. Die Verwendung von nicht sortenreinen Kunststoffen stößt auf große Skepsis, da Schwierigkeiten mit Abnehmerbetrieben befürchtet werden. Die Verarbeitungsmöglichkeiten werden als nicht erprobt und die Eigenschaften der Recyclingprodukte (dickwandig, mangelnde Farbbeständigkeit etc.) als nicht marktgerecht angesehen.
- Kunststoffverarbeitende Betriebe sind nur zögernd bereit, außerhalb ihrer eigenen Produktionsrichtung zu diversifizieren, zumal mit einem nicht imagefördernden Produkt.
- Der Ölpreis wirkt sich besonders im Kunststoffbereich stark aus. Die Preisschwankungen von Primärkunststoffen am Markt schränken den Spielraum für ein wirtschaftliches Kunststoffrecycling stark ein. Im Durchschnitt liegt der Preis z. B. für sortenreine Sekundärware um ca. ein Drittel unter dem Preis für vergleichbare Primärkunststoffe. Durch den Preisverfall sinkt die absolute Höhe des Preisvorteils von Sekundärware, so daß der wirtschaftliche Vorteil vom Einkäufer nicht mehr so deutlich gesehen wird.

Das Marktpotential an Recyclingprodukten kann das gegenwärtig erfaßbare Altkunststoffpotential von ca. 1 000 000 Mg/a nur zum Teil nutzen. Vor allem der verstärkte Anfall an langlebigen Kunststoffprodukten im Abfall der nächsten Jahre erfordert die thermische Verwertung und Nutzbarmachung. Die Pyrolyseverfahren bieten in wirtschaflichen Baugrößen von mindestens 15 000 bis 20 000 Mg/a die Möglichkeit, die polymeren Kunststoffe auf monomere Chemierohstoffe zurückzuführen und damit neue Rohstoffe zur Verfügung zu stellen.

Aus energetischer Sicht sollten die direkten Recyclingverfahren über die Schmelze vorrangig genutzt werden, da neben den Verlusten und der Prozeßenergie für die aufwendige Aktivierung der zu verwertenden Pyrolysekokse die Energie für die Polymerisation von neuen Kunststoffen bei der Gesamtenergiebilanz hinzugerechnet werden muß.

Die Pyrolyse eignet sich aber für die überschüssigen und nicht thermoplastischen Kunststoffabfälle sowie auch für die zukünftigen Recyclingprodukte, die, heute produziert, bis zur Jahrtausendwende auch wieder zu Abfall werden.

Nach der Erprobung der Pyrolysetechnik im Großmaßstab bietet sich auf der heutigen Datenbasis die Möglichkeit, ca. 20 Pyrolyseanlagen in den Ballungszentren der Bundesrepublik mit Altkunststoff zu beschicken und zu betreiben [2].

Ein weiterer wichtiger Bereich stellt der Kunststoffeinsatz im Automobilbau dar, der die bisherige abfallwirtschaftliche Lösung der Autoshredderanlagen in spätestens 5 bis 10 Jahren unwirtschaftlich macht.

Gegenwärtig fallen beim Verschrotten von Autrowracks mit dem Shreddermüll ca. 200 000 Mg/a Kunststoffe an, die überwiegend auf Hausmülldeponien abgelagert werden [11].

Geht man von der stofflichen Verwertung als der langfristig ökologisch und ökonomisch sinnvollsten Recyclingmethode aus, ergibt sich die Notwendigkeit zur Demontage der Autrowracks zwangsläufig. Zur Optimierung des Transportaufwandes kann die Granulierung in mobilen Anlagen erfolgen [11].

Unterstützend für die Demontage wirken sich recyclinggerechte Konstruktionen und die Kennzeichnung der Kunststoffe aus, so daß der Demontageaufwand minimiert wird. Durch die Pyrolyse der Schaumstoffe und Regranulierung der Thermoplaste läßt sich die anfallende Kunststoffmenge auf ein Drittel des Gesamtanfalls – gegenwärtig entsprechend etwa 70 000 Mg/a reduzieren [11].

Anbieter

Amberger Kaolinwerke
Anbieter: AKW Apparate + Verfahren GmbH
Postfach 11 69
D-8452 Mirschau
Tel.: (0 96 22) 1 83 20

B. u. B. Anlagenbau
Anbieter: B. u. B. Anlagenbau GmbH
Breite Straße 8
D-4156 Willich 1
Tel.: (0 21 54) 25 23

Real
Anbieter: Real GmbH
Postfach
D-8717 Mainbernheim
Tel.: (0 93 23) 35 25

Recycloplast
Anbieter: Recycloplast AG
8195 Egling Neukolbing 1
Tel.: (0 81 76) 5 21

Wormser Kunststoff Recycling
Anbieter vertreten durch B & B Marketing
Hornstr. 1
D-4503 Lissen ATW
Tel.: (0 54 21) 7 48

Literatur

[1] ABB: Div. Firmenunterlagen
[2] Härdtle, G.; Marek, K.; Bilitewski, B.; Kijewski, K.: Recycling von Kunststoffabfällen, Beiheft zu Müll und Abfall, Erich Schmidt Verlag, Berlin 1988
[3] Käufer, H.: Probleme und Konzepte des Kunststoffrecyclings aus der Sicht der Arbeiten des Kunststofftechnikums, in: Thome-Kozmiensky, K.-J. (Hrsg.): Recycling von Abfällen 1, EF-Verlag, Berlin 1989, S. 203–220
[4] Bilitewski, B.; Härdtle, G.; Marek, K.: Abfallwirtschaft – Eine Einführung, Springer Verlag, Berlin April 1990
[5] Bilitewski, B.: Der Einfluß der Altpapiervorwegnahme auf die Müllverbrennung, in: Thome-Kozmiensky, R.-J.; Schenkel, W. (Hrsg.): Müllverbrennung und Umwelt 3, EF-Verlag, Berlin 1989, S. 75–84
[6] Bilitewski, B.: Beeinflussung der Schwermetallfraktion durch mechanische Sortierung und getrennte Sammlung, in: Thome-Kozmiensky, K.-J. (Hrsg.): Biogas – Anaerobtechnik in der Abfallwirtschaft, EF- Verlag, Berlin 1988, S. 261–286

[7] Bilitewski, B.; Härdtle, G.; Marek, K.: Grundlagen der Pyrolyse von Reststoffen, in: Thome-Kozmiensky, K.-J. (Hrsg.): Pyrolyse von Abfällen, EF-Verlag, Berlin 1985, S. 1–77
[8] Barghoorn, M. et.al.: Bundesweite Hausmüllanalyse 1979/80, Bericht Nr. 10303503 im Auftrag des UBA, Berlin 1981
[9] Barghoorn, M. et.al.: Bundesweite Hausmüllanalyse 1983-85, Bericht Nr. 10303508 im Auftrag des UBA, Berlin 1986
[10] Barniske, L.: Stand der thermischen Abfallbehandlung in der Bundesrepublik Deutschland, in: VDI Berichte 637, Thermische Abfallbehandlung in Entsorgungskonzepten, VDI-Verlag, Düsseldorf 1987
[11] Kijewski, K; Härdtle, G.: Die Aufbereitung und Verwertung von Kunststoff aus Altautos, in: Thome-Kozmiensky, K.-J. (Hrsg.): Recycling von Abfällen 1, EF-Verlag Berlin 1989, S. 285–291
[12] Herrler, J.: Stand der Entwicklung von Recyclingverfahren für Kunststoffabfälle aus Müll unter besonderer Berücksichtigung der Umweltverträglichkeit, Öko-Institut, Freiburg 1985
[13] ICI: BIOPOL – natürliche Thermoplaste, (Firmeninformation)
[14] INTECUS: Untersuchung von Kunststoffabfällen; Abfallvermeidung – parallel zur optimalen Wertstoffverwertung bei der getrennten Sammlung –; unveröffentlichte Studien im Auftrag der Baubehörde Hamburg 1987/88
[15] Bilitewski, B.: Recyclinganlagen für Haus- und Gewerbeabfälle, Beiheft 21 zu Müll und Abfall, Erich Schmidt Verlag, Berlin 1985
[16] Käufer, H.: Aktives Recycling von Kunststoffen, in: Thome-Kozmiensky, K.-J.; Käufer, H. (Hrsg.): Recycling von Kunststoffen 1, EF-Verlag Berlin 1987, S. 1–12
[17] Kaminsky, W.: Pyrolyse von Kunststoffabfällen und Altreifen, in: Thome-Kozmiensky, K.-J. (Hrsg.): Pyrolyse von Kunststoffabfällen, EF Verlag, Berlin 1985
[18] Brahms, E.; Eder G.; Greiner, B.: Papier-Kunststoff-Verpackungen – Mengen und Schadstoffbetrachtung – BMFT-Forschungsbericht 143 03 68, 1988
[19] Kaminsky, W.; Sinn, H.: Pyrolyse von Kunststoffabfällen eilprojekt des Forschungsprogrammes Wiederverwertung von Kunststoffabfällen, Hamburg 1981
[20] Kanuit, P.: Wirtschaftliche Kunststoffrückgewinnung aus kommunalen und industriellen Abfällen, in: VKS (Hrsg.): Ausstellerforum Abfall, Kommunalschriften-Verlag, München 1987
[21] Lützow, W; Pastuska, G.: Materialprüfung zur Beurteilung mehrmals wiederverarbeiteter Thermoplaste, in: Thome-Kozmiensky, K.-J.; Käufer, H. (Hrsg.): Recycling von Kunststoffen 1, EF-Verlag Berlin 1987, S. 58–67
[22] Niederdellmann, G. et al.: Hydrolyse von Kunststoffabfällen, Teilprojekt 6 des Forschungsprogrammes Wiederverwertung von Kunststoffabfällen, 1979
[23] Dahlern, I. von: Neuer Kunststoff aus PUR-Abfällen, Der Tagesspiegel, 20.02.88
[24] N.N.: Erfahrung mit der Pyrolyse kann nicht schrecken, Handelsblatt v. 24.02.88
[25] Peters, H.: Die Wand des Behälters besteht aus sechs Schichten verschiedener Werkstoffe, in: Handelsblatt v. 29.04.87
[26] Drink, H.M; Rühmann, H.: Erfassung von Kunststoffabfällen, Teilbericht 1 des Forschungsprogrammes Wiederverwertung von Kunststoffabfällen, RWTH Aachen, Aachen 1977
[27] Eder, G.: Aufkommen und Schadstoffbelastung von Kunststoffabfällen, in: Thome-Kozmiensky, K.-J.; Käufer, H. (Hrsg.): Recycling von Kunststoffen l, EF-Verlag Berlin 1987, S. 31–37
[28] Schönborn, H.: Verwertbarkeit von Kunststoffen; in: Konzepte zur Gewinnung von Wertstoffen aus Hausmüll, 9. Mülltechnisches Seminar TU München 1986
[29] Statistisches Bundesamt (Hrsg.): Statistisches Jahrbuch 1986 für die Bundesrepublik Deutschland, Verlag W. Kohlhammer, Stuttgart/Mainz 1986
[30] Thome-Kozmiensky, K.-J. (Hrsg.): Pyrolyse von Abfällen, EF Verlag, Berlin 1985
[31] VKE: Diverse Informationsblätter
[32] Wirsing, G.: Biokunststoff kommt in Marktnähe, VDI Nachrichten 34/21.08.87, S. 22
[33] Herrler, J.: Ist ein umweltverträgliches Recycling von Kunststoffabfällen aus Haushaltsabfällen möglich, in: Thome-Kozmiensky, K.-J.; Käufer, H. (Hrsg.): Recycling von Kunststoffen 1, EF-Verlag Berlin 1987, S. 231–240

9.5 Metallrecycling

von *Karl-Heinz Pitz*

Patente und Patentanmeldungen

von *Joachim Helms*

Die im folgenden aufgeführten Druckschriften stellen lediglich eine kleine Auswahl aus der Vielzahl der angemeldeten Erfindungen dar. Für spezielle Problemstellungen wird empfohlen, eine gesonderte Recherche durchzuführen.

DE-38 12 403 A1

Verfahren zur Rückgewinnung und Wiederverwendung von Nickel, Cobalt und Rhodium aus Gemischen, die aliphatische Carbonsäuren enthalten

Verfahren zur Rückgewinnung und Wiedergewinnung von Nickel, Cobalt und Rhodium aus Gemischen, die aliphatische Mono- und Dicarbonsäuren mit 3 bis 10 C-Atomen enthalten und die man durch Hydrocarboxylierung von Ethylen in Gegenwart von Nickel, Cobalt oder Rhodium enthaltenden Katalysatoren erhält, wobei aus dem Gemisch destillativ die C_3-Carbonsäure abgetrennt, der Rückstand mit Wasser extrahiert und der die Metallsalze enthaltende Extrakt erneut in die Hydrocarboxylierung eingesetzt wird.

DE-39 40 959 C1

Verfahren zur Autoverschrottung

Bei bekannten Verfahren zur Autoverschrottung werden die Autokarossen nach einer Zwischenlagerung auf dem Schrottplatz im Anlieferungszustand der Zerkleinerungs- und Separierungseinrichtung zugeführt. Der dort erzeugte ungeordnete Mengenstrom von zerkleinertem Material wird aufgeteilt in weiterverwertbares Eisen und Nichteisenmetall sowie in ein kunststoffbelastetes, bisher nicht separierbares Materialgemenge. Letzteres wird auf Deponien zur Endlagerung gebracht und als Sondermüll verbrannt. Zur Reduzierung des Sondermülls werden die Autokarossen zerlegt und das herausgelöste Material aufgeteilt in Schrott mit Öl und Kunststoffen, in Schrott ohne Öl mit recycelfähigen Kunststoffen und in Schrott ohne Öl mit nichtrecycelfähigen Kunststoffen. Die Zerkleinerung und Separierung erfolgt anschließend in diskontinuierlicher Arbeitsweise unabhängig voneinander zu verschiedenen Zeiten in der gleichen Zerkleinerungsanlage und der gleichen Separierungsanlage. Die kunststoffbelasteten Materialien werden dabei aufgeteilt in ölfreien Müll, ölhaltigen Müll und in Kunststoffgemenge. Letzteres wird in Kunststofftrennanlagen in einzelne verwertbare Kunststoffarten weiterzerlegt. Vorteile sind somit die Mengenverminderung des Sondermülls, Gewinnung von Kunststoff in wiederverwertbarer Form und damit Verbesserung der Wirtschaftlichkeit von Shredderanlagen.

9.5.1 Problemstellung

Alle Bemühungen des Bundes, der Länder, der Kommunen und auch privater Organisationen zum Abbau oder zumindest zur Begrenzung der Abfallmengen durch Abfallvermeidung haben nicht zu einer wesentlichen Reduzierung des Müllanfalls geführt. Lediglich das weitere Anwachsen der Müllberge konnte verlangsamt werden.

Damit kommt dem zweiten Gebot des Bundesabfallgesetzes, der Wiederverwertung der Abfälle, eine besondere Bedeutung zu. Eine Abschöpfung von Stoffen aus den Abfällen durch Wiederverwertung setzt aber voraus, daß

(1) Verfahren und Technologien zur Verfügung stehen, um aus Abfällen einsatzfähige Fraktionen möglichst sortenrein und störstofffrei für eine Wiederverwertung bereitzustellen.
(2) die Wirtschaft bereit ist, Recyclingmaterial bei der Herstellung neuer Produkte einzusetzen und hierzu die fertigungstechnischen und absatzbezogenen Voraussetzungen schafft.
(3) der Verbraucher bereit ist, Produkte aus Recyclingmaterial zu kaufen und zu benutzen. Die öffentliche Hand als Verbraucher könnte hier wegweisend tätig werden.

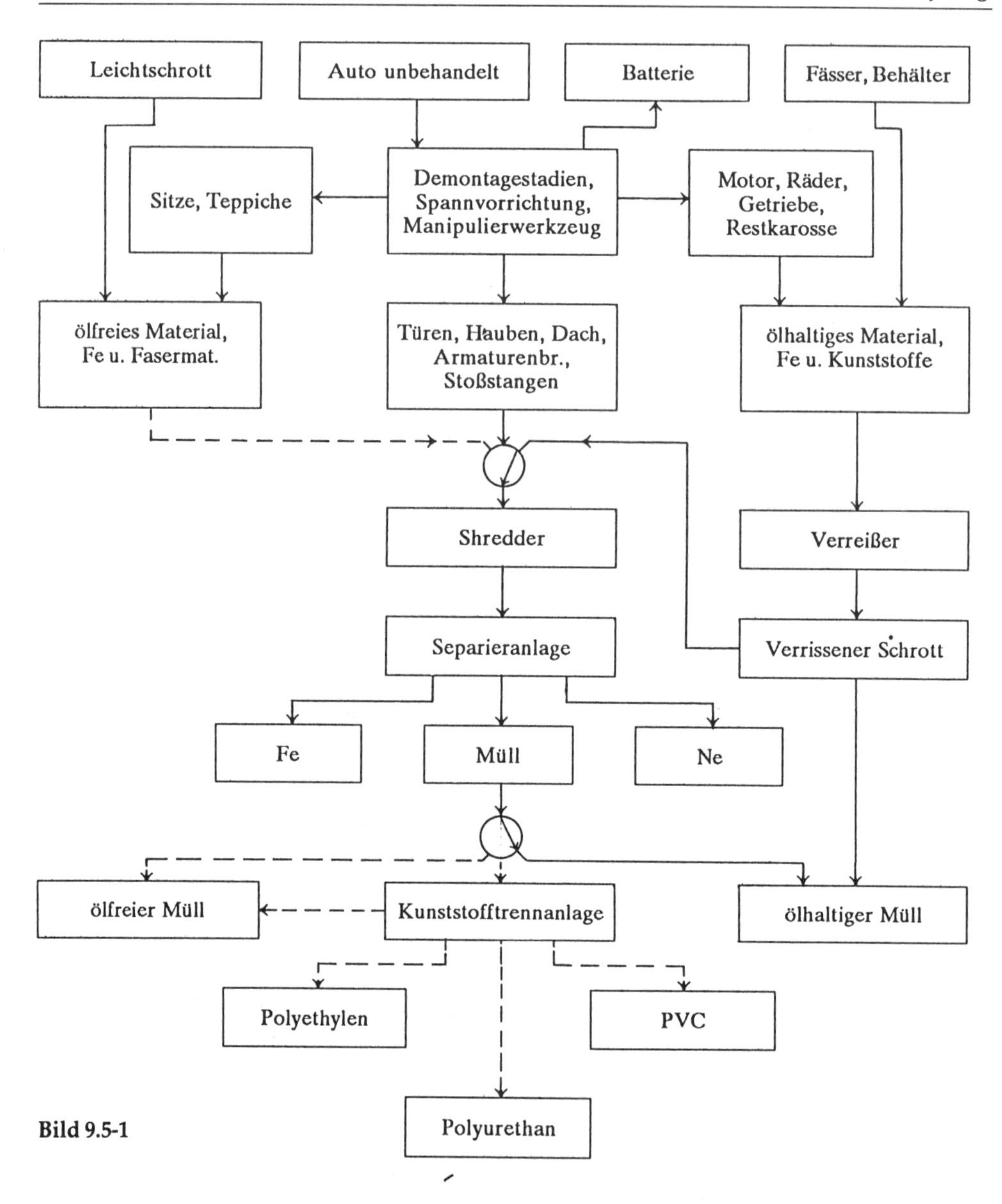

Bild 9.5-1

(4) der Gesetzgeber bestehende Gesetze, Verordnungen und Normen so abändert und anpaßt, daß ein Einsatz von „Sekundärrohstoffen" teilweise überhaupt erst möglich wird. Dies gilt auch für die normgebenden Institutionen und Verbände der Wirtschaft (z. B. DIN-Ausschüsse).

Der Umfang der Wiederverwertung von Abfällen oder Teilen davon hängt somit ab vom Stand der Separationstechnik, von der Bereitschaft der Marktteilnehmer zur Mitwirkung und von einer Fortschreibung und Anpassung der Normen gemäß Stand der Technik.

Die hier angesprochene Abschöpfung von Metallen aus Siedlungsabfällen kann nicht als ein isoliertes Problem betrachtet werden – dies gilt insbesondere für die Buntmetalle. Vielmehr ist eine solche Abschöpfung nur möglich und wirtschaftlich tragfähig im Rahmen von Verfahrenstechniken, die auch auf die Rückgewinnung anderer Stoffgruppen ausgerichtet sind.

Nachfolgend werden daher anhand eines der technisch ausgefeiltesten Sortier- und Aufbereitungsverfahren, der ORFA-Verfahrenstechnik, die Möglichkeiten der Separationstechnik für die Wiedergewinnung von Sekundärrohstoffen aus Siedlungsabfällen dargestellt. Im Mittelpunkt der Betrachtung steht dabei die Rückgewinnung und Wiederverwertung von Metallen, Eisenmetallen und Buntmetallen.

9.5.2 Metalle in Siedlungsabfällen

9.5.2.1 Mengengerüst

Für den Eisen- und Buntmetallschrott aus der verarbeitenden Industrie bestehen bereits seit Jahrzehnten Erfassungskonzepte, Aufbereitungsanlagen und Wiederverwertungstechnologien. Der Schrotthandel ist weltweit organisiert. Für Schrott gibt es Marktpreise. Über den Schrotthandel werden auch Eisen- und Buntmetallabfälle aus privater Hand erfaßt, soweit sie in relevanter Menge anfallen – Gebäudeabriß, Autoschrott, etc.
Eine nicht unerhebliche Menge an Eisen- und Buntmetallen wandert jedoch aufgrund
(1) der geringen Menge und der damit nicht wirtschaftlichen Erfassung und
(2) der nicht mehr flächendeckenden getrennten Einsammlung („Klüngelskerl") sowie
(3) als Verbundmaterial (Taschenrechner, Computer, Haushaltsgeräte, etc.)
in die Siedlungsabfälle (= Hausmüll, hausmüllähnlicher Gewerbemüll und Sperrmüll).
Nach Regionen und Jahreszeiten schwankend enthalten die Siedlungsabfälle Eisen- und Buntmetalle in einer Größenordnung von
3,0 – 5,0 % für Eisenmetalle
0,5 – 1,5 % für Buntmetalle.
Obwohl vom Prozentsatz her nur eine Randgröße der Siedlungsabfälle, sind die absoluten Tonnagen nicht unbeachtlich. Bei einem Gesamtanfall von rd. 30 Mio/t Siedlungsabfälle jährlich in der Bundesrepublik ergeben sich daraus
900 000 - 1 500 000 t Eisenmetalle und
150 000 - 450 000 t Buntmetalle.

9.5.2.2 Bedeutung der Metallrückgewinnung

Trotz der relativ geringen Menge kommt der Rückgewinnung und Wiederverwertung von Metallen aus gemischten Siedlungsabfällen aus mehrererlei Sicht eine besondere Bedeutung zu:
Zum einen können rd. 5 % des Müllvolumens abgeschöpft und gleichzeitig in gleichem Umfang Rohstoffquellen geschont werden. Zudem stellt sich die Wiederverwertung, sonst ein Problem, bei Metallen im Vergleich zu anderen Müllkomponenten relativ unproblematisch dar.
Eine Eliminierung der Metalle, insbesondere aber der Buntmetalle, bedeutet gleichzeitig eine Entfrachtung des verbleibenden Mülls von „Schadstoffen" (Schwermetallen). Je höher der Grad der Entfrachtung, desto besser sind die Voraussetzungen, die in den Siedlungsabfällen enthaltenen Organikanteile (ca. 40–50 % TS) in Form von Kompost oder Bodenverbesserungsmaterial einzusetzen. Die Bedeutung geht aus der nachfolgenden Tabelle hervor, in der die Schwermetallbelastung von Hausmüll, die Grenzwerte für eine Ausbringung nach Kompostverordnung sowie die Meßwerte nach Abschöpfung der Metalle im ORFA-Verfahren aufgeführt sind:
Die Tabelle 9.5.1 zeigt deutlich, daß sich die ORFA-Verfahrenstechnik in besonderer Weise zur Lenkung der Metallströme in den Siedlungsabfällen eignet: Entfrachtung der organischen Fraktion von Schwermetallen und Konzentration in der Reststoffraktion, die nur noch 15–20 % des Gesamtmülls ausmacht. Die so angereicherte Reststofffraktion (Schwerteilgranulat) ist das Ausgangsprodukt für die weitere Separierung von Metallen.
Es findet dabei eine solche Entfrachtung der organischen Substanz statt, daß die RAL-Norm für Kompost unterschritten wird, selbst wenn man einen Masseverlust von rd. 30 % beim Kompostiervorgang berücksichtigt.

Tabelle 9.5.1 Schwermetallbelastung in ppm Trockensubstanz

Metalle	Hausmüll	lt. Kloke tolerierbar	ORFA-Fasern grob	ORFA-Reststoff
Eisen	9000	–		5090
Blei	330	100	38	956
Kupfer	658	100	69	3837
Zink	448	300	118	1705
Chrom	90	50	67	137
Nickel	34	50	8	130
Quecksilber	0,6	2	0,7	1,2
Cadmium	3,4	3	0,3	19,6

9.5.3 ORFA-Verfahrenstechnik

9.5.3.1 Verfahrensprinzip

Beim ORFA-Verfahren handelt es sich um ein Verfahren zur mechanischen Sortierung und Aufbereitung von Siedlungsabfällen. Aufbereitet werden Hausmüll, Sperrmüll und hausmüllähnlicher Gewerbemüll. Die Besonderheiten des Verfahrens liegen in der weitgehenden Zerkleinerung des Mülls, der Trocknung und Ozonisierung sowie der ausgefeilten Sicht- und Siebtechnik. Die Trennung der Stoffströme erfolgt auf Basis der magnetischen und elektrostatischen Eigenschaften der Müllbestandteile sowie nach dem spezifischen Gewicht der enthaltenen Stoffe.

Das spezifische Gewicht als Trennungskriterium kann jedoch nur wirksam werden, wenn diese charakteristische Eigenschaft der Stoffe auch verfügbar ist und nicht durch Störfaktoren überlagert oder verzerrt wird:

(1) Das spezifische Gewicht der Einzelstoffe kann als Separierkriterium nur wirken, wenn die zu separierenden Stoffe eine gleiche Partikelgröße aufweisen. Siedlungsabfälle sind in ihrer Struktur und Zusammensetzung aber gerade von der Stückgröße her sehr heterogen – Kohlkopf, Zeitung, Asche, Kartoffelschale, Kurbelwelle, etc.
Ohne vorhergehende Aufbereitung (= Zerkleinerung/Homogenisierung) ist das spezifische Gewicht der Abfallkomponenten aufgrund der unterschiedlichen Stück- und Partikelgröße somit nicht verfügbar.

(2) Wesentliche Störfaktoren bei der Sortierung und Separierung der hier angesprochenen Siedlungsabfällen sind
- der Wassergehalt und
- die organischen Stoffe mit Klebewirkung (Eiweiß, Fette, Öle, etc.).

Auch nach Homogenisierung der Partikelgröße verändert der Wassergehalt das Gewicht der Einzelpartikel – ein Stück nasse Zeitung und ein gleichgroßes Stück Aluminium sind gleich schwer. Eiweiß und Fette lassen Partikel unterschiedlicher Provenienz zusammenhaften; die einzelnen Stoffe sind nicht mehr verfügbar, das Konglomerat hat ein abweichendes spezifisches Gewicht. In beiden Fällen ist das spezifische Gewicht der Einzelstoffe nicht verfügbar.

Durch die Wahl des spezifischen Gewichts als Trennungskriterium und zur Eliminierung der dargestellten Störfaktoren werden Verfahrenstechnik und Verfahrensschritte zur Aufbereitung und Sortierung der Siedlungsabfälle determiniert:

(1) Grobe Vorzerkleinerung
(Homogenisierung Korngröße)

(2) Differenzierte Nachzerkleinerung
(Homogenisierung Korngröße)

(3) Trocknung
(Entzug des Wassers)
(4) Oxidation
(Aufhebung der Klebekräfte)
(5) Siebung
(Homogenisierung der Korngröße)
(6) Windsichtung
(Trennung Schwerteil-/Leichtfraktion aufgrund des spezifischen Gewichts)

Es ist unmittelbar einsichtig, daß eine Verfahrenstechnik, die das spezifische Gewicht der Stoffe als Trennkriterium benutzt, zur Aussortierung von Metallen geeignet ist. Soweit die Metalle in Verbindung mit anderen Stoffen – z. B. in einem Taschenrechner – vorliegen; sind die Zerkleinerungsschritte des Verfahrens (Korngröße < 8 mm) sowie die Zerkleinerungsmaschinen (Hammermühlen) geeignet, die Metalle freizulegen und für die Sichtung verfügbar zu machen.

9.5.3.2 Anlagentechnik

Müllanlieferung/Aufgabe
Die Siedlungsabfälle werden mit konventionellen Sammelfahrzeugen in der geschlossenen Müllbunkerhalle der Anlage angeliefert und dort in den Aufgabebunker abgekippt. Aus dem Aufgabebunker wird der Abfall über ein horizontales Plattentransportband und ein Aufgabeband der Mahlanlage zugeführt. Durch die unterschiedlichen Bandlaufgeschwindigkeiten wird der Materialstrom vergleichmäßigt.
Der Müllbunker ist an das Luftabsaug- und Luftreinigungssystem der Gesamtanlage angeschlossen.

Vorzerkleinerung
In der Mahlanlage wird der Müll über ein Reißprallwerk, Mahlbahnschwinge und Rost auf eine Stückgröße von ca. 80–100 mm zerkleinert. Hart- und Sprödstoffe werden stärker in ihrer Stückgröße reduziert als die mehr elastischen Teile. Über einen gesonderten Auswurfschacht werden von der Maschine nicht zerkleinerbare Teile ausgetragen. Hierzu gehören u. a. auch größere Eisen- und Nichteisenmetallteile.
In der Vorzerkleinerung erfolgt somit eine erste Metallabscheidung von Eisen- und Nichteisenmetallen.

Magnetabscheidung
Aus der Mahlanlage gelangt der zerkleinerte Rohmüll durch einen Auslaufkasten über einen Abzugförderer auf einen aufsteigenden Gurtbandförderer. Über dem Gurtbandförderer ist ein Überbandmagnet angeordnet, der magnetische Bestandteile des Rohmülls aus dem Materialstrom selektiert. Die Eisenbestandteile gelangen über eine Austragsschurre in einen Schrottcontainer.
Auf dem Transport von der Mahlanlage zur Siebung/Sichtung erfolgt somit die zweite Abscheidung von Eisenmetallen.

Siebung/Sichtung
Über ein Kurzzeitzwischenlager wird das Material einer Spannwellensiebmaschine in Doppeldeckausführung zugeleitet. Der Müll wird in drei Korngrößenklassen aufgetrennt (< 8 mm, 8–25 mm, > 25 mm).
Die beiden groben Fraktionen werden einem Steigsichter zugeführt. Das abgesiebte Feinmaterial gelangt über ein Transportband in ein Zwischenlager.
Im Steigsichter werden leichte und schwere Stoffe getrennt. Das flugfähige Material wird über Zyklone und Zellradschleusen Messermühlen zugeleitet. Die nicht flugfähigen Anteile werden über ein Bandsystem zu Hammermühlen transportiert.

Nachzerkleinerung
Das flugfähige Material (> 8 mm) wird in Messermühlen auf < 8 mm zerkleinert und dem Zwischenbunker zugeleitet.
Das nicht flugfähige Material wird in Hammermühlen zerschlagen und so lange im Kreislauf gefahren, bis es das Sieb der Siebmaschine (< 8 mm) passiert.

Das in den Hammermühlen zerkleinerte Material wird über eine Magnettrommel dem Zwischenbunker zugeführt. Die abgeschiedenen Eisenkleinteile gelangen über eine Austragsschurre in den Schrottcontainer.
Nach der Hammermühle erfolgt somit die dritte Metallabscheidung von Eisenmetallen.

Trocknung

Das in den mechanischen Bearbeitungschritten zerkleinerte, durchmischte und homogenisierte Material wird aus dem Zwischenbunker einer dreizügigen, mit Einbauten versehenen, rotierenden Trockentrommel zugeführt. Mit einem aus Erdgas oder Öl erzeugten Heißgasstrom (170°–350°) wird der Müll auf eine Restfeuchte von rd. 2–5 % getrocknet. Die Materialerwärmung überschreitet dabei 105° nicht. Die Aufenthaltszeit im Trockner beträgt 30 bis 60 Sekunden. Getrocknete Materialteile werden sofort vom Luftstrom erfaßt und aus der Trockentrommel ausgetragen.
Über einen Zyklon, einen Saugventilator und eine Zellradschleuse wird das Material mit einem Eintragschneckenförderer einer Ozontrommel zugeführt.

Ozonierung

In der Ozontrommel erfolgt eine intensive Durchmischung des Materials mit Ozon. Die Ozonierung bewirkt den Abbau noch vorhandener geruchsbildender Stoffe (Eiweiß, Fette, etc.). Die Ozonkonzentration beträgt 20 mg/Nm^3. Die mit Ozon angereicherte Abluft aus der Ozontrommel wird als Zuluft in den Brenner der Trocknungsanlage geleitet.

Siebung

Von der Austragsschnecke der Ozontrommel wird das Material über ein Transportband und einen Steilförderer zur Siebung transportiert. Auf den Siebmaschinen erfolgt eine Auftrennung in drei Korngrößen – fein (< 1,5 mm), mittel (1,5–3,5 mm) und grob (3,5–8 mm).

Folienabscheidung

Da der Müll vor der Siebanlage auf eine Korngröße von max. 8 mm reduziert, getrocknet und rieselfähig ist, können die enthaltenen Folienstücke in einem isostatischen Prozeß abgeschieden werden. Hierzu werden durch Bürsten statisch aufgeladene Plastiktrommeln mit Abstreifvorrichtungen eingesetzt. Die statisch aufgeladene Trommel zieht die Folien an. Sie werden abgestreift und pneumatisch einem Silo zugeführt.

Windsichtung

Der Siebüberlauf vom Oberdeck (> 3,5 mm) und Unterdeck (1,5–3,5 mm) wird nach Folienabscheidung jeweils Zick-Zack-Sichtern zugeleitet. In den Sichtern wird schweres und leichtes Material über einen auf die Korngröße abgestimmten Luftstrom getrennt.
Der Siebdurchfall wird pneumatisch zu einem Multizyklon transportiert und gleichfalls in schwer und leicht aufgeteilt.
Bei den leichten Materialien handelt es sich um die organische Substanz der Siedlungsabfälle. Die Schwerteilfraktion beinhaltet neben Glas, Stein, Keramik, Leder, Gummi, Holz, Hartplasten u. a. auch die Nichteisenmetalle und die noch nicht abgeschöpften Feineisenteile.
In diesem Verfahrensschritt werden die Eisen- und Nichteisenmetalle (Schwermetalle) in einer Schwerteilfraktion konzentriert, die nur noch rd. 15–20 % des Gesamtmülls umfaßt.
Die Produkte des ORFA Sortier- und Aufbereitungsverfahrens für Siedlungsabfälle sind
(1) die über Magnetabscheider und Prallmühlenauswurf abgeschiedenen FE-Metalle;
(2) drei Fraktionen Fasermaterial (grob, mittel und fein);
(3) drei Fraktionen Schwerteilgranulat (grob, mittel und fein) und
(4) eine Folienfraktion.
Die hier zu betrachtenden verbleibenden Metalle sind nunmehr nur noch im Schwerteilgranulat enthalten. Es handelt sich um ein trockenes, rieselfähiges, geruchsfreies Granulat in drei Korngrößenklassen (< 1,5 mm, 1,5–3 mm, 3,5–8 mm).
Der schematische Ablauf des Verfahrens ist im nachfolgenden Schaubild dargestellt.

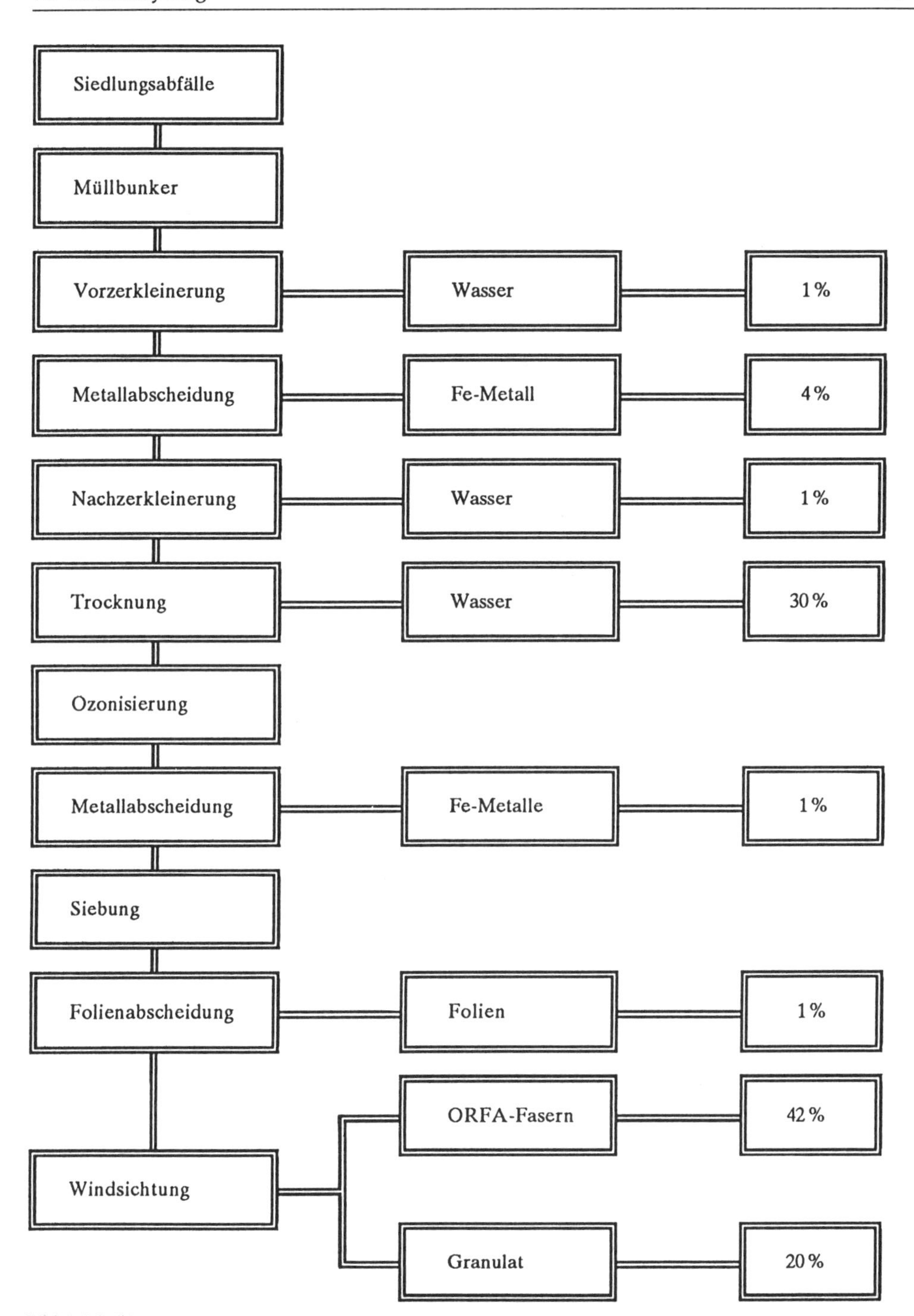

Bild 9.5-2 Verfahrensfließbild/Mengenflüsse

9.5.4 Schwerteilsortierung

In Anbetracht der zunehmenden Abschöpfung von Biostoffen und Papier kommt der weiteren Sortierung und Aufbereitung der Restmüllfraktion aus der ORFA-Anlage eine wachsende Bedeutung zu. Der Anteil dieses Granulats am Gesamtmüll beträgt derzeit rd. 15–20 % – mit steigender Tendenz.

Die im Windsichter aussortierten drei Schwerteilfraktionen bestehen im wesentlichen aus
Inertien – Glas, Stein, Keramik, etc.
Hartplasten – Bakelit, Duroplaste, etc.
Organik – Gummi, Leder, Holz, etc.
Metallen – Eisenmetallen, Nichteisenmetallen.

Die vorgenannten Granulatbestandteile unterscheiden sich wiederum ganz erheblich hinsichtlich ihrer spezifischen Gewichte.

In einem weiteren Prozeßschritt kann daher erneut differenziert werden zwischen einer schweren inerten Fraktion
Inertien/Metallen
und einer leichten energiereichen Fraktion
Hartplaste/Organik.

Die Separierung erfolgt auf rein mechanischer Basis. Es stehen hierzu unterschiedliche Verfahren zur Verfügung:
Windsichtverfahren,
Gewichtsausleseverfahren,
Ballistische Verfahren,
Wirbelstromverfahren.

9.5.4.1 Windsichtverfahren

Aufgrund der homogenen Korngröße der feinen (0–1,5 mm), mittleren (1,5–3,5 mm) und groben Schwerteilfraktion (3,5–8 mm) können Windsichter so exakt eingestellt werden, daß eine Separierung in die vorgenannten Stoffgruppen

Inertien
Hartplaste/Organik
Metalle

möglich ist. Zur Trennung eignen sich vorzugsweise Steigsichter. Die Trennschärfe hängt dabei entscheidend von der exakten Einstellung der Luftgeschwindigkeit ab. In einem zweiten Lauf oder bei kaskadenförmiger Anordnung von Windsichtern ist eine weitergehende Auftrennung der Organik/Hartplastfraktion möglich. So können z. B. sortenrein die Holzbestandteile herausgeholt werden.

Die separierten Stoffraktionen werden siliert oder unmittelbar zur Weiterverwertung in Säcke abgefüllt.

Das Ergebnis dieser Windsichtung ist u. a. eine weitestgehend sortenreine, gemischte Metallfraktion, aus der über einen weiteren Magnetabscheider noch enthaltene Eisenfeinteile abgeschieden werden können. Es verbleibt eine reine Buntmetallfraktion zur Weiterverwertung („ORFA-Nuggets").

9.5.4.2 Gewichtsausleseverfahren

Alternativ zu den Windsichtern kann das Gewichtsausleseverfahren eingesetzt werden. Dabei handelt es sich um eine Technologieanleihe aus dem Bereich der Landwirtschaft. Hier werden schon seit langen Jahren kombinierte Sieb-/Sichtanlagen zur sauberen Trennung von Getreide eingesetzt. Ziel ist es, Fehlkorn und Mutterkorn zu separieren.

Gewichtsausleser werden grundsätzlich überall dort eingesetzt, wo annähernd gleich großes Material nach dem spezfischen Gewicht getrennt werden soll – Kaffee, Erdnüsse, Knochen, Metallschrott, Kunststoffgranulate.

Der zu sortierende, annähernd gleich große körnige ORFA-Reststoff wird kontinuierlich über eine Beschickungseinrichtung der Arbeitsfläche eines Schütteltisches zugeführt, so daß die Tischfläche immer vollkommen bedeckt ist. Die Mengenregulierung erfolgt über die Beschickungseinrichtung.
Der Arbeitstisch ist in seiner Längs- und Querneigung verstellbar und mit einem luftdurchlässigen Drahtgewebe bespannt, durch das ein gleichmäßiger Luftstrom gepreßt wird. Das auf dem Sortiertisch befindliche Sortiergut wird durch den Luftstrom, entsprechend seinem spezifischen Gewicht, horizontal geschichtet. Durch die Schwingbewegung des Tisches wandern die schweren Materialteile zu den höher gelegenen Abläufen, die leichten Materialteile zu den unten gelegenen Abläufen.
Der Arbeitstisch erhält über einen Exzenterantrieb eine schüttelnde Bewegung in der Querrichtung, wobei die Hubzahl und auch die Luftmenge stufenlos regelbar sind. Durch die Schüttelbewegung und durch die von unten kommende Luft wird die Reibung zwischen den auf der ganzen Tischfläche verteilten Granulaten aufgehoben. Das Material verhält sich dadurch ähnlich einer Flüssigkeit: die schweren Teile sinken ab, die leichteren Granulate schwimmen oben.
Die Neigung des Tisches ist so, daß vom Einlauf zur Schwergutseite eine Steigung und vom Einlauf zur Leichtgutseite ein Gefälle herrscht. Die Granulatmasse fließt vom Einlauf weg fächerförmig auseinander. Die absinkenden schweren Körner haben mit der rauhen Tischbespannung besseren Kontakt und bewegen sich infolge der Schüttelbewegung in Richtung Schwergutseite. Die oben schwimmenden leichten Teile folgen dem Gefälle in Richtung Leichtgutseite. Das in Schwer- und Leichtgut getrennte Material wird in Sammelgossen geleitet und siliert.
Der Gewichtsausleser trennt schon nach geringsten Gewichtsunterschieden. Um eine präzise Trennung auch bei unterschiedlichen Materialien zu erreichen, sind Beschickung, Tischneigung, Luftstrom (in Menge und Verteilung) und die Schwingfrequenz feinfühlig regelbar.
Die Trennschärfe dieser Anlagentechnik ist so exakt, daß es gelingt, z. B. Winterstreu sauber aus dem Schwerteilgranulat zu separieren.
Das Ergebnis dieses Prozesses ist u. a. eine gemischte Metallfraktion, aus der über einen Metallabscheider noch enthaltene Eisenfeinteile abgeschieden werden können. Es verbleibt eine reine Buntmetallfraktion. Die Sortenreinheit und die Anzahl der aussortierten Fraktionen kann erhöht werden, indem mehrere Gewichtsausleser in Kaskade geschaltet werden.

9.5.4.3 Ballistische Verfahren

Eine dritte, noch im F + E-Stand befindliche Verfahrensweise sieht vor, die Schwerteilgranulate horizontal zu beschleunigen, so daß sie entsprechend ihrem spezifischen Gewicht nach einer kleineren oder größeren Flugbahn in Auffangbehälter fallen und siliert oder abgesackt werden können. Die Trennschärfe kann dadurch erhöht werden, daß die Flugbahn gegen einen entsprechend dosierten Gegenwind aus einem Gebläse gerichtet ist.
Ergebnis ist auch hier, neben anderen Fraktionen, eine weitgehend sortenreine Metallfraktion, aus der nach Stand der Technik Eisenmetalle über Magnetabscheider eliminiert werden können.

9.5.4.4 Wirbelstromabscheidung

Sofern aus dem ORFA-Schwerteilgranulat lediglich die Metalle ausgesondert werden sollen, kann dies mit Hilfe der Wirbelstromtechnik geschehen. Sie wird heute von verschiedenen Herstellern angeboten.
Im Wirbelstromabscheider werden Metalle aufgrund ihrer Leitfähigkeit identifiziert und aus dem Materialstrom über eine sich schnell öffnende Materialschleuse abgeschieden. Da es sich bei dieser Technologie nicht verhindern läßt, daß Störstoffe mitausgesondert werden, werden in der Regel mehrere dieser Abscheider in Kaskadenform aneinandergereiht. Die Empfindlichkeit der Abscheider kann in Abhängigkeit von der Granulatkorngröße eingestellt werden.
Der Verfahrensablauf ist wie folgt:
(1) Das Granulat gelangt über einen Vibrationsförderer zum ersten Metallseparator. Dieser scheidet mit einstellbarer Empfindlichkeit eine metallreiche Fraktion vom Förderstrom ab.

(2) Die metallhaltige Fraktion fällt aus diesem ersten Separator auf einen zweiten Vibrationsförderer, der die Fraktion entzerrt und die Granulate nacheinander in den zweiten Metallseparator leitet. Dieser scheidet erneut eine weitergehend angereicherte Metallfraktion ab.
(3) Anschließend fällt die metallhaltige Fraktion auf einen dritten Vibrationsförderer, der diese Fraktion noch einmal entzerrt und die Granulate nacheinander in einen dritten Metallseparator fördert.
(4) Der dritte Metallseparator scheidet nun die Metalle in einer sehr hohen Metallkonzentration (> 85 %) ab. Diese Fraktion wird der Weiterverarbeitung zugeführt.

Bei einem Versuchslauf mit grobem ORFA-Schwerteilgranulat wurde folgendes Abscheideergebnis erreicht:

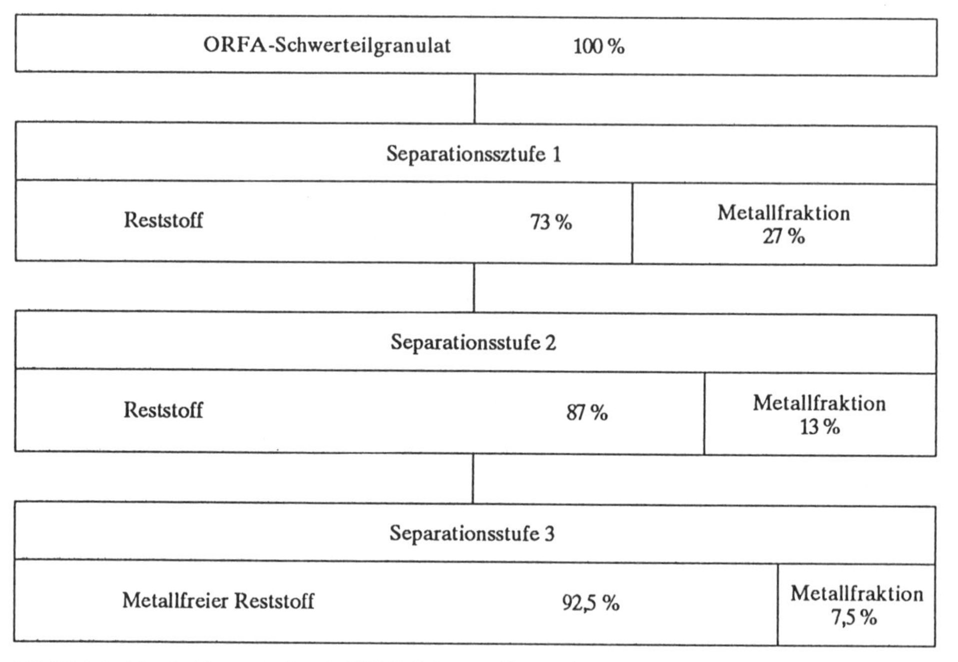

Bild 9.5.-3 Abscheideergebnis mit ORFA-Schwerteilgranulat

Vergleichende Untersuchungen über die Effizienz der dargestellten alternativen Verfahren liegen bisher nicht vor. Die Trennschärfe war bei allen vier Verfahren bezogen auf die Wiederverwertungsmöglichkeiten befriedigend.

Bei Anwendung der Windsicht-, Gewichtsauslese- und ballistischen Verfahren weisen sowohl die Organik/Hartplast- Fraktion als auch die inerte Fraktion Verunreinigungen durch Aluminiumstükke auf, die einer Weiterverarbeitung teilweise im Wege stehen. Das gilt nicht für das Wirbelstromverfahren. Insoweit sind die nächsten Verfahrensschritte darauf ausgerichtet, diesen Störstoff zu eliminieren und den Buntmetallen bzw. einer unmittelbaren Aufbereitung und Weiterverwertung zuzuführen.

9.5.5 Aluminiumseparierung/-recycling

Die Aufgabenstellung dieses Verfahrensschrittes besteht darin, Aluminiumstücke – aus Dosen, Küchengegenständen, Elektronikbauteilen, etc. – aus der Schwerteilfraktion (Organik- und Inertfraktion) zu separieren. Da dies nur noch sehr begrenzt über eine verfeinerte Windsichtung möglich ist, werden hier andere Technologien zum Einsatz gebracht: Mahl-/Siebtechnik und die Wirbelstromabscheidung

9.5.5.1 Mahl-/Siebtechnik

Das mit Aluminiumstücken durchsetzte Inertmaterial wird in Mahlwerken zermahlen. Hierfür eignen sich sowohl Walzen- als auch Kugelmühlen. Das Ergebnis dieses Mahlprozesses ist ein Gemisch von

- Sand aus Glas, Stein, Keramik
- Aluminiumstücken in plattgewalzter Form
- sonstigen Störstoffen (Hartplaste, etc.)

Dieses Gemisch wird auf feinmaschigen Sieben abgesiebt. Als Produktergebnis erhält man „Sand" einerseits und Aluminium/Störstoffe andererseits, da letztere als Siebrest verbleiben. Soweit mehrere Siebe eingesetzt werden, erhält man den „Sand" in definierten Feinkorngrößen.
Der Sand kann einer Weiterverwertung im Bausektor, in der Kalksandsteinindustrie oder im Straßenbau zugeführt werden. Die Siebreste aus Aluminium/Störstoffen werden mit der Organik-/Hartplastfraktion der nachfolgend dargestellten Aufbereitung zugeführt.

9.5.5.2 Wirbelstromabscheider

Der nunmehr noch verbleibende Rest, bestehend aus Organik-/Hartplastgranulaten und Aluminiumstücken und/oder -plättchen sowie einem geringen Anteil an sonstigen Störstoffen wird über eine Materialzuführung, die gleichzeitig den Materialstrom vergleichmäßigt, einem Wirbelstromabscheider zugeführt. Die Wirbelstromtechnik wurde bereits uner IV.4. dargestellt.
Der Wirbelstromabscheider differenziert zwischen metallischen und nicht-metallischen Stoffen und separiert die hier zur Diskussion stehenden Aluminiumstücke sowie sonstige Buntmetallreste durch Ausschleusen aus dem Materialstrom.
Die so ausgeschleusten Aluminiumstücke und sonstigen Buntmetallgranulate werden siliert und in die Wiederverwertung gegeben.

9.5.6 Schwimm-Sink-Verfahren

Die gemischten Buntmetallgranulate, die mit den oben dargestellten Separier- und Sortiertechniken aus den Siedlungsabfällen abgeschieden wurden, müssen vor einer Wiederverwertung nunmehr noch nach Metallarten separiert werden. Hierfür gibt es bestehende Technologien – z. B. das Schwimm-Sink-Verfahren.

Literatur

B. Bilitewski, u.a., Abfallwirtschaft (1990) Springer Verlag, Berlin
G. Fleischer, Computerschrott-Recycling (1992) Erich Schmidt Verlag, Berlin
G. Gruhn, u.a., Mechanische Verfahrenstechnik (1977) Deutscher Verlag für Grundstoffindustrie, Leipzig
GDMB Gesellschaft Deutscher Metallhüten- und Bergleute, Abfallstoffe in der Nichteisen-Metallurgie (1986) VCH Verlagsgesellschaft, Weinheim
E. Keller, u.a., Abfallwirtschaft und Recycling (1992) Vulkan Verlag, Essen
G. Schubert, Aufbereitung metallischer Sekundärrohstoffe (1983) VEB, Verlag für Grundstoffindustrie, Leipzig
H. Schubert, Aufbereitung fester mineralischer Rohstoffe, Band 1–3 (1984) VEB, Verlag für Grundstoffindustrie, Leipzig
H. Sutter, Vermeidung und Verwertung von Sonderabfällen (1991) Erich Schmidt Verlag, Berlin
K. Tiltmann, Recycling betrieblicher Abfälle (1993) WEKA Fachverlage, Kissing Loseblattversammlung
Umweltbundesamt, Handbuch der Recyclingverfahren (1992) Erich Schmidt Verlag, Berlin

Sachwortverzeichnis